# Allgemeine und technische
# Elektrochemie nichtmetallischer Stoffe

Von

**Dr. Robert Müller**
o. ö. Professor an der Montanistischen Hochschule
Leoben



Mit 125 Abbildungen im Text

Springer-Verlag Wien GmbH 1937

ISBN 978-3-662-42799-6 ISBN 978-3-662-43079-8 (eBook)
DOI 10.1007/978-3-662-43079-8


Ursprünglich erschienen bei Julius Springer in Vienna 1937
Softcover reprint of the hardcover 1st edition 1937

# Vorwort.

Das vorliegende Werk „Allgemeine und technische Elektrochemie nichtmetallischer Stoffe“ erscheint zwar als selbständiges Ganzes, fügt sich seinem Wesen nach jedoch an meine 1932 erschienene „Allgemeine und technische Elektrometallurgie“ und soll mit dieser zusammen das ganze Gebiet der Elektrolyse umfassen. Es ist deshalb selbstverständlich, daß auf die Behandlung von Grundlagen der elektrolytischen Erscheinungen, die schon in der „Elektrometallurgie“ besprochen wurden, in diesem Bande nur verwiesen wird. Nur so konnte es gelingen, das umfangreiche Gebiet in zwei knappen Bänden zusammenzufassen. Was ich über die Fassung des Bandes „Elektrometallurgie“ im zugehörigen Vorwort sagte, gilt auch für diesen Band.

Der Grundgedanke ist das Bestreben, in knapper, aber in bezug auf Literaturhinweise möglichst erschöpfender Form eine Darstellung der elektrolytischen Verfahren zu geben, die nicht zur Metallgewinnung dienen. So wie in der „Elektrometallurgie“, ist auch hier meine Absicht, nicht nur die derzeit technisch angewendeten Verfahren zu beschreiben, sondern durch kritische Sichtung möglichst aller Arbeiten, die dieses Gebiet betreffen, den Techniker und Studierenden auf alle bestehenden Möglichkeiten aufmerksam zu machen und dadurch unmittelbar oder mittelbar durch Anregungen das Beschreiten neuer Wege zu erleichtern.

Die Gliederung des Stoffs erwies sich auf diesem Gebiet weit schwieriger als auf dem Gebiet der Elektrometallurgie. Während dort durch die Anordnung der Metalle in der Reihenfolge des periodischen Systems eine natürliche und straffe Gliederung erzielt werden konnte, war dies schon wegen der weitaus geringeren Zahl der chemischen Elemente, die bei nichtmetallisch-elektrolytischen Prozessen eine Rolle spielen, nicht so leicht möglich. Trotzdem wurde die Einteilung auch dieses Bandes nach denselben Grundsätzen durchgeführt wie die der „Elektrometallurgie“.

Eine theoretische Einleitung über die allgemeinen elektrochemischen Grundlagen ist schon in der „Elektrometallurgie“ gegeben worden. Es erübrigt sich hier nur noch, jene Teile hinzuzufügen, die dort nicht behandelt wurden, da sie für die Metallgewinnung von untergeordneter Bedeutung waren. Da diese Ergänzungen ziemlich spezieller Natur sind und den Zusammenhang mit den behandelten Prozessen verlangen, wurde darauf verzichtet, sie als selbständige theoretische Einleitung an die Spitze zu stellen. Sie finden sich vielmehr als Einleitungen zu den betreffenden Kapiteln.

Was die Einteilung selbst betrifft, so erschien es mir am zweckmäßigsten, im Anschluß an die Besprechung der Metallgewinnung im ersten

Band hier zunächst die Gewinnung nichtmetallischer Elemente zu behandeln, und zwar zunächst den Sauerstoff und die hierbei auftretenden Nebenerscheinungen. Hieran schließt sich naturgemäß die technisch sehr wichtige Wasserelektrolyse, die allerdings neben Sauerstoff auch den an der Kathode entstehenden Wasserstoff liefert. Da die Grundlagen der kathodischen Wasserstoffabscheidung wegen ihrer Wichtigkeit auch für die Metallgewinnung schon im theoretischen Abschnitt der „Elektrometallurgie" behandelt wurden, wird darauf in diesem Band nur verwiesen. Dagegen wird auf spezielle technische Einzelheiten eingehend Rücksicht genommen. Am Schlusse dieses Abschnitts ist auch die erst in den letzten Jahren bekanntgewordene Erzeugung von schwerem Wasserstoff aufgenommen worden. Es folgt dann die Besprechung der Abscheidung der übrigen, wenig bedeutsamen Metalloide: Stickstoff, Kohlenstoff, Schwefel und einiger anderer amphoterer Elemente. Als letzte Metalloide folgen die Halogene. Entsprechend der überragenden technischen Bedeutung und dem Umfang dieses Gebiets, ist dieser Abschnitt weitgehend unterteilt.

Zunächst werden allgemein die Abscheidungsbedingungen der Halogene und dann diese im einzelnen besprochen.

Naturgemäß beansprucht das Chlor als das technisch wichtigste Glied dieser Elementengruppe in dem Kapitel: „Die technische Darstellung von Chlor und Alkali" den meisten Raum. Nach der Behandlung der übrigen Halogene folgt die Behandlung der Folgereaktionen bei der Elektrolyse von Alkalihalogeniden, nämlich die Hypochlorit- und Chloraterzeugung.

Als zweite Gruppe von nichtmetallischen elektrochemischen Vorgängen folgt die Besprechung der Reduktionen an der Kathode und der Oxydationen an der Anode.

Bei Behandlung der einzelnen Stoffe sind diese wieder, soweit dies möglich war, nach dem Schema des periodischen Systems geordnet worden.

Auch in diesem Bande wurden für jeden einzelnen Stoff tunlichst neben den allgemeinen elektrochemischen Herstellungsbedingungen und der technischen Gewinnung und Reinigung kurz auch die Eigenschaften, die Verwendung und wirtschaftlichen Daten berücksichtigt. Im übrigen wurde so wie in der „Elektrometallurgie" auf eine Behandlung von Hilfsprozessen und dergleichen verzichtet. Durch immer wiederkehrende Hinweise wird der Zusammenhang zwischen allgemein theoretischen und praktisch-technischen Erörterungen gewahrt. Die Materialfülle ist in diesem Band womöglich noch drückender als in der Elektrometallurgie, es wurde deshalb so wie dort der zur Verfügung stehende knappe Raum durch Anwendung von Kleindruck für spezielle Ausführungen, die für den Zusammenhang von geringer Bedeutung sind, weitgehend ausgenutzt.

Dem Verlage J. Springer habe ich für sein weitgehendes Entgegenkommen in allen Fragen der Herausgabe dieses Werkes zu danken.

Graz-Leoben, im April 1937.

**Robert Müller.**

# Inhaltsverzeichnis.

# Einleitung.

Im ersten Bande dieses Werkes „Allgemeine und technische Elektrometallurgie" wurde jener Teil der technischen Elektrochemie sowohl in theoretischer als auch praktischer Hinsicht behandelt, der die elektrolytische Abscheidung der Metalle sowie deren elektrochemisches Verhalten umfaßt. Auf die übrigen Gebiete der Elektrochemie wurde nur insoweit kurz hingewiesen, als sie für die Elektrometallurgie Bedeutung haben.

Der vorliegende zweite Band befaßt sich mit der Elektrochemie nichtmetallischer Stoffe.

Dies sind vor allem zwei Gebiete: Die elektrolytische Abscheidung der Metalloide vorwiegend an der Anode und die Depolarisationserscheinungen an der Kathode und Anode, die sogenannten elektrolytischen Reduktionen und Oxydationen.

# Die Abscheidung der Metalloide an der Anode.

Gelegentlich der Besprechung der Anodenvorgänge im 1. Teil, S. 89, wurde erwähnt, daß bei der Elektrolyse an der Anode grundsätzlich zwei Fälle möglich sind: Erstens die anodische Metallauflösung, die vorwiegend elektrometallurgisches Interesse hat (siehe auch S. 273), und zweitens die Abscheidung der Anionen im elementaren Zustande oder von Verbindungen dieser, die durch Depolarisation unmittelbar nach der Entladung der Ionen entstehen.

Im ersten Fall handelt es sich um lösliche Anoden, als welche fast immer Metalle in Frage kommen.

Im zweiten Fall wird die anodische Stromarbeit vorwiegend oder ausschließlich durch den Vorgang der Entladung von Anionen bestritten.

Der Fall praktisch vollständiger Unlöslichkeit der Metallanode ist nur bei Anoden aus Platin und annähernd bei Iridium, Palladium, Eisen oder Nickel verwirklicht, bei den beiden zuletzt genannten Metallen besonders dann, wenn sie in Alkalilauge als Anoden dienen.

Desgleichen können, vornehmlich in saurer Lösung, Elektroden aus Kohle, Graphit oder Magnetit (1. Band S. 146ff.) sich als ziemlich unlöslich erweisen. Es lassen sich also nur an solchen Elektroden einigermaßen erhebliche anodische Polarisationen beobachten.

Es ist natürlich zu erwarten, daß auch für die Anionen in bezug auf das allgemeine Verhalten bei der Elektrolyse ganz ähnliche Erwägungen gelten müssen, wie dies im 1. Band, S. 58ff., für die Abscheidung der Kationen ausgeführt wurde, nur sind hier die Vorgänge viel verwickelter.

Während die Kationen mit verhältnismäßig wenig Ausnahmen nach Abgabe ihrer elektrischen Ladungen ohne jede weitere materielle Veränderung fortexistieren können, indem die Metallionen in Metalle, Wasserstoffionen in Wasserstoffgas übergehen, ist ein solches Verhalten bei Anionen eine Ausnahme. Chlor, Brom, Jod und in untergeordnetem Maße Schwefel und Sauerstoff sind fast die einzigen sich derartig verhaltenden Anionen; die übrigen Anionen erfahren nach ihrer elektrischen Entladung die mannigfaltigsten Umwandlungen, welche dazu meist nicht umkehrbar sind.

Die häufigste Erscheinung, welche man bei der elektrolytischen Abscheidung zusammengesetzter Anionen beobachtet, ist die Entwicklung von Sauerstoff.

Wird z. B. Schwefelsäure elektrolysiert, so entwickelt sich eine der Elektrizitätsmenge entsprechende Sauerstoffmenge und gleichzeitig konzentriert sich die Säure an der Anode. Seitdem erkannt worden war, daß das Wasser sich nicht meßbar an der Leitung des Stromes beteiligt, ist der Vorgang in dem Sinne aufgefaßt worden, daß das entladene Ion $SO_4''$ mit dem Lösungswasser in dem Sinn reagiert, daß Wasser zersetzt, Schwefelsäure gebildet und Sauerstoff abgeschieden wird gemäß der Formel:

$$SO_4'' + H_2O = H_2SO_4 + O.$$

Dieser Auffassung stellen sich dieselben Gründe entgegen wie der analogen für die Deutung der Elektrolyse der Alkalisalze (S. 10). Man nahm früher an, daß die $SO_4''$-Ionen bei der Elektrolyse ihre Ladungen an die Elektrode abgeben und die entladenen Ionen unter den gleichen Verhältnissen die Fähigkeit besitzen sollen, mit Wasser Schwefelsäure zu bilden, d. h. den Hydroxylionen des Wassers die Ladungen zu entziehen, um selbst wieder in den Ionenzustand überzugehen. Aus dem entladenen Hydroxyl sollte dann Wasser und Sauerstoff entstehen. Man nimmt mit anderen Worten an, daß zuerst das Ion mit der fester gebundenen Ladung diese an die Elektrode verliert, um hernach auf Kosten eines Anions mit weniger fest gebundener Ladung wieder in den Anionenzustand überzugehen. Eine solche Annahme ist offenbar unzulässig und durch die einfachere zu ersetzen, daß jenes Ion von vornherein seine Ladung einbüßen wird, welches unter den vorhandenen Umständen sie am schwächsten gebunden enthält; das ist im vorliegenden Falle das Hydroxylion des vorhandenen Wassers.

M. Le Blanc[1], der zuerst auf den Widerspruch der bis dahin gebräuchlichen Annahmen mit den Ergebnissen einer genaueren Beobachtung der besprochenen Vorgänge hingewiesen hat, ist zur Erkenntnis dieses Widerspruches durch die Tatsache gelangt, daß es für die elektromotorische Kraft, bei welcher gerade die Elektrolyse von Säurelösungen beginnt, einen von der Natur der Säure unabhängigen Grenzwert gibt, der für die verschiedensten Säuren den praktisch gleichen Wert besitzt.

Er fand für dieses Zersetzungspotential folgende in Tabelle 1 wiedergegebene Werte, die für 1-normale Lösungen gelten, wo nichts anderes bemerkt ist.

Wie man sieht, wird der Wert von rund 1,70 Volt nicht überschritten, und das Mittel von 1,68 Volt entspricht demnach unter den vorhandenen Verhältnissen der Summe der zur Entladung der Hydroxylionen einerseits, der Wasserstoffionen anderseits erforderlichen elektromotorischen Kräfte. Wenn andere Produkte der Elektrolyse auftreten, wie bei den Halogenwasserstoffsäuren,

---

[1] M. Le Blanc: Ztschr. physikal. Chem. 8, 315 (1891).

Tabelle 1.

| | Zersetzungsspannung in Volt | | Zersetzungsspannung in Volt |
|---|---|---|---|
| **Säuren:** | | Bromwasserstoffsäure | 0,94 |
| Schwefelsäure | 1,67 | Jodwasserstoffsäure | 0,52 |
| Salpetersäure | 1,69 | | |
| Phosphorsäure | 1,70 | **Basen:** | |
| Monochloressigsäure | 1,72 | Natronlauge | 1,69 |
| Dichloressigsäure | 1,66 | Kalilauge | 1,67 |
| Malonsäure | 1,69 | Ammoniak | 1,74 |
| Überchlorsäure | 1,65 | $^1/_4$-normales Methylamin | 1,75 |
| Rechtsweinsäure | 1,62 | $^1/_4$-normales Diäthylamin | 1,68 |
| Salzsäure | 1,31 | $^1/_8$-normales Tetramethylammoniumhydroxyd | 1,74 |
| Stickstoffwasserstoffsäure | 1,29 | | |
| Oxalsäure | 0,95 | | |

der Stickstoffwasserstoffsäure, der Oxalsäure usw., ist die elektromotorische Kraft geringer.

Auch die Basen zeigen den gleichen Zersetzungswert für die Summe beider Elektrodenspannungen. Natürlich sind die Einzelpotentialwerte der Sauerstoff- und der Wasserstoffabscheidung an den einzelnen Elektroden bei Säuren und Basen verschieden. Da aber einerseits nach den Darlegungen im 1. Band auf S. 30 die Abscheidung von Wasserstoff aus einer Säure ein um etwa 0,8 Volt geringeres Potential erfordert als aus einer Base, normale Lösungen vorausgesetzt, anderseits aber die entsprechenden Sauerstoffpolarisationen im umgekehrten Sinne um den gleichen Betrag verschieden sind, muß die Summe beider gleich sein.

Man muß daher, wie bei den Kationen, zwischen „wasserzersetzenden" und „nichtwasserzersetzenden" Anionen unterscheiden, d. h. solchen, welche zur Entladung unter den vorhandenen Bedingungen ein positiveres Potential erfordern als Hydroxylionen, und solchen, welche bei geringerem, negativerem Elektrodenpotential ihre Ladung abgeben. Zu den ersteren gehören die Anionen der meisten anorganischen Sauerstoffsäuren, zu den letzteren z. B. die Halogenwasserstoffsäuren.

Diese Unterscheidung ist im übrigen ebensowenig absolut wie bei den Kationen. Verdünnt man eine Säure der zweiten Art mehr und mehr, so erfordert die Abscheidung ihres Anions proportional dem Logarithmus der Verdünnung höhere positivere Potentiale. Gleichzeitig nimmt aber durch die Abnahme der relativen Konzentration der Wasserstoffionen die der Hydroxylionen zu, und in demselben Verhältnis wird die Abscheidung der Hydroxylionen erleichtert. Mit zunehmender Verdünnung wird daher das Verhalten der Stoffe der zweiten Art in jenes der ersten übergehen.

Dieser Übergang kann bei der Salzsäure innerhalb experimentell zugänglicher Grenzen beobachtet werden. Konzentrierte Lösungen derselben geben bei der Elektrolyse nur Chlor und Wasserstoff, verdünnte dagegen geben daneben auch Sauerstoff, und zwar um so mehr, je mehr die Verdünnung und je mehr die Stromdichte zunimmt.

Eine weitere Komplizierung bei der Elektrolyse von Säuren ergibt sich noch aus folgendem:

Aus den Tatsachen, welche über die elektrische Leitfähigkeit mehrbasischer Säuren bekanntgeworden sind, ließ sich mit Sicherheit der Schluß ziehen, daß in konzentrierteren Lösungen diese Säuren der Hauptsache nach nur ein Wasserstoffatom abspalten, während die anderen erst mit steigender Verdünnung stufenweise abdissoziieren.

Demgemäß werden in Lösungen solcher Säuren verschiedenartige Anionen in verschiedenen Konzentrationsbeträgen, je nach der Gesamtkonzentration der Lösung, vorliegen. Demnach liefern mehrbasische Säuren bei der Elektrolyse je nach den Bedingungen entsprechend ihren verschiedenen Anionen verschiedene Elektrolysenprodukte.

## Die anodische Entwicklung und die Überspannung des Sauerstoffs.

Die anodische Entladung der Sauerstoffionen und die Entwicklung gasförmigen Sauerstoffs erfolgt nicht immer bei dem für Sauerstoff ermittelten Gleichgewichtspotential, sondern es tritt ähnlich wie bei Wasserstoff eine Verzögerung der Gasentwicklung in dem Sinne ein, daß zur Sauerstoffentwicklung je nach dem verwendeten Anodenmetall und seiner Oberflächenbeschaffenheit höhere, in diesem Falle positivere Spannungen notwendig sind, als dem Sauerstoffpotential in den betreffenden Lösungen entspricht.

Diese Erscheinung, die bei allen elektrolytisch entwickelten Gasen, wie z. B. Wasserstoff (1. Band, S. 71) oder Chlor (S. 81), auftritt, nennt man Überspannung.

Das aus der freien Energie des Sauerstoffs berechnete Normalpotential liegt bei —1,23 Volt, bezogen auf die normale Wasserstoffelektrode, ein Wert, der praktisch wegen der Löslichkeit des Sauerstoffs und der Bildung von unbeständigen Oxyden an Platin praktisch nicht gemessen wird.

An platiniertem Platin treten in 2-normaler Schwefelsäure die ersten Sauerstoffbläschen erst bei etwa 1,5 Volt auf, während an mit Iridiummohr überzogenen Elektroden die Sauerstoffentwicklung schon bei 1,4 Volt eintritt[1].

Entsprechend dem relativ hohen Anodenpotential, das der Sauerstoff zu seiner Abscheidung erfordert, wird in saurer Lösung nur bei Verwendung der edelsten Metalle die anodische Lösung der Metalle durch Sauerstoffentwicklung abgelöst.

Die Sauerstoffüberspannung läßt sich daher nicht bei anodisch leicht in Lösung gehenden, also unedlen Metallen verfolgen.

Eine Ausnahme macht jene Gruppe von Metallen, die bei anodischer Behandlung in den Zustand chemischer Passivität (1. Band, S. 97ff.) übergehen und damit die Eigenschaften sehr edler Metalle annehmen.

Es soll im folgenden, entsprechend der im 1. Band, S. 71ff. gegebenen Definition der Wasserstoffüberspannung, die Differenz zwischen dem zur anodischen Sauerstoffentwicklung unter beliebigen Bedingungen tatsächlich notwendigen und dem für gleiche Verhältnisse zu fordernden reversiblen Potential des Sauerstoffs als die jeweilige „Überspannung" des Sauerstoffs bezeichnet werden.

---

[1] H. v. Helmholtz: Ber. Berl. Akad. **1873**, 587; **1883**, 647. — W. Nernst: Ber. Dtsch. chem. Ges. **30**, 1547 (1897). — M. Le Blanc: Ztschr. physikal. Chem. **51**, 65 (1905). — K. Bennewitz: Ztschr. physikal. Chem. **72**, 216 (1910).

Wie im Falle des Wasserstoffs, ist das Abscheidungspotential auch beim Sauerstoff stark mit der Natur des Elektrodenmaterials veränderlich. Die zahlenmäßige Angabe der „Überspannung“ begegnet aber hier einer neuen Art von Schwierigkeit, weil, wie erwähnt, auch das Ruhepotential des Sauerstoffs sowohl mit dem Elektrodenmaterial sich ändert, als auch großen zeitlichen Schwankungen unterliegt, so daß kaum ein gesichert erscheinender Normalwert aus den Messungen abgeleitet werden kann. Auch ist die Sauerstoffüberspannung bisher nicht so systematisch untersucht wie die des Wasserstoffs, vor allem ist die Zahl der Elektrodenmetalle, an denen genauere Untersuchungen vorliegen, nur gering, da man sich naturgemäß im allgemeinen auf solche Elektroden beschränken muß, die unter den Bedingungen der Messung nicht nennenswert in Lösung gehen. Für den Eintritt dauernden Stromdurchganges unter Sauerstoffentwicklung wurden in 1-normaler Kalilauge gegen eine gleichfalls in 1-normales Alkali tauchende Wasserstoffelektrode[1] die folgenden in Tabelle 2 wiedergegebenen Mindestüberspannungen bei Zimmertemperatur beobachtet.

Es ist von allen Zahlen bereits —1,23 Volt, der theoretische Wert des reversiblen Sauerstoffpotentials, in Abzug gebracht, so daß sie nunmehr Überspannungen gemäß voranstehender Definition darstellen.

Tabelle 2.

| Elektrodenmaterial | Überspannung in Volt | Elektrodenmaterial | Überspannung in Volt |
|---|---|---|---|
| Nickel, schwammig .... | 0,05 | Blei ............... | 0,30 |
| „ blank ......... | 0,12 | Silber .............. | 0,40 |
| Kobalt ............... | 0,13 | Kadmium .......... | 0,42 |
| Platin, platiniert ...... | 0,24 | Palladium .......... | 0,42 |
| Eisen ................ | 0,24 | Platin, blank ....... | 0,44 |
| Kupfer .............. | 0,25 | Gold ............... | 0,52 |

Die Reihenfolge der Metalle ist, soweit die Unsicherheiten der Messung ein Urteil zulassen, eine durchaus andere, als sie sich für die Wasserstoffüberspannung ergeben hatte (1. Band, S. 72).

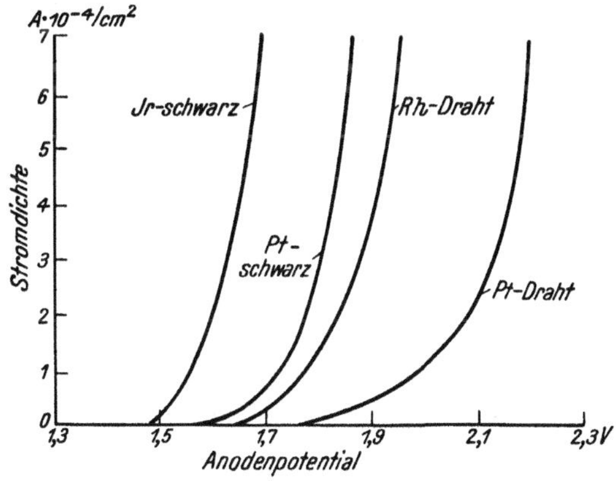

Abb. 1. Sauerstoffentwicklung an verschiedenen Platinmetallen.

Was den weiteren Verlauf der Stromdichtepotentialkurven betrifft, so verlaufen diese im allgemeinen viel gestreckter, als die Kurven der Wasserstoffentwicklung.

Abb. 1 und 2 zeigen

[1] A. Coehn u. Y. Osaka: Ztschr. anorgan. allg. Chem. **34**, 86 (1903).

den Verlauf der anodischen Stromdichtepotentialkurven der Sauerstoffentwicklung an verschiedenen Platinmetallen in 0,1-normaler $H_2SO_4$[1], bzw. an den Eisenmetallen in 1,0-normaler KOH[2].

Auch die zeitliche Veränderlichkeit des einer bestimmten Stromdichte entsprechenden Potentials ist für die elektrolytische Sauerstoffentwicklung noch weit stärker und allgemeiner verbreitet als für die Wasserstoffentwicklung,

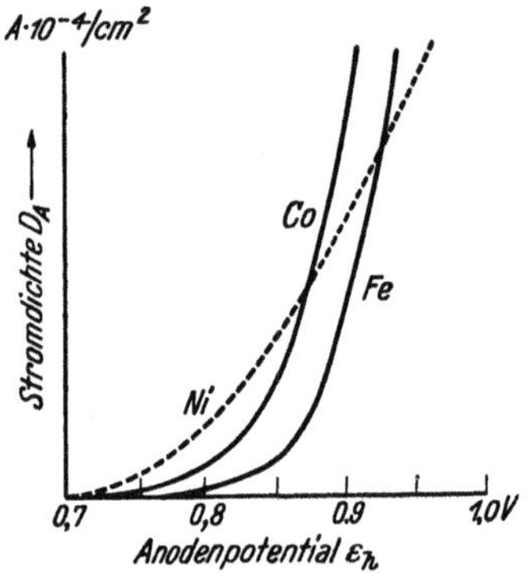


Abb. 2. Sauerstoffentwicklung an Eisen, Kobalt und Nickel.

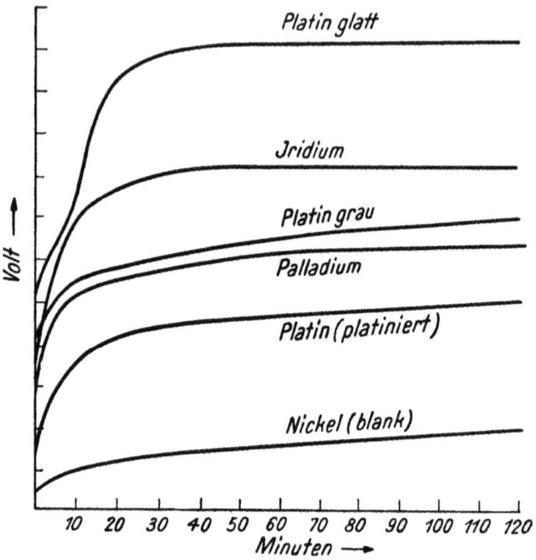


Abb. 3. Zeitliche Abhängigkeit der Sauerstoffüberspannung.

weshalb den Daten voriger Tabelle kein entscheidender Wert beigelegt werden kann.

In bezug auf den zeitlichen Verlauf der Überspannung verhalten sich die einzelnen Elektroden verschieden (Abb. 3). Während die Kurven der Sauerstoffüberspannung für glattes Platin, Iridium und Palladium[3] schließlich parallel zur Abszissenachse auslaufen, zeigen diejenigen für Eisen, Nickel und namentlich für platiniertes Platin einen stetigen Weiteranstieg, für den konstante Endwerte bisher anscheinend nicht beobachtet wurden. (Die Kurve für Eisen verläuft ganz wenig über der Kurve für Ni.)

Zuverlässigere Werte, die auch nicht wesentlich von der Vorgeschichte der Elektroden abhängen, hat kürzlich T. Onoda[4] nach der Bläschenmethode (1. Band, S. 72) erhalten. Seine Messungen an Nickel, Platin und Gold sind in Tabelle 3 wiedergegeben.

Temperaturerhöhung drückt im allgemeinen auch die Sauerstoffüberspannung herab[5].

Aus den bisher geschilderten Erscheinungen bei der anodischen Sauer-

[1] J. B. Westhaver: Ztschr. physikal. Chem. **51**, 65 (1905).
[2] M. Traun: Dissertation, Dresden. 1905.
[3] F. Förster u. A. Piguet: Ztschr. Elektrochem. **10**, 714 (1904).
[4] Ztschr. anorgan. allg. Chem. **165**, 79 (1927).
[5] T. Onoda: Ztschr. anorgan. allg. Chem. **165**, 79 (1927).

Tabelle 3.

| Elektrode | Sauerstoffüberspannung in Volt | Überspannung, bezogen auf platiniertes Platin |
|---|---|---|
| Nickel mit Nickelschwarz | 1,399 | — 0,042 |
| Glattes Nickel | 1,405 | — 0,036 |
| Platiniertes Platin | 1,441 | + 0,000 |
| Kupfer | 1,465 | + 0,024 |
| Glattes Platin | 1,663 | + 0,222 |
| Gold | 1,693 | + 0,252 |

stoffentwicklung geht hervor, daß die dabei einschließlich der Überspannung auftretenden erheblichen Polarisationen als chemische Polarisationen aufzufassen sind.

Bei Ausschluß verschiedener Störungsmöglichkeiten fanden Tafel[1] und in neuerer Zeit Baars[2] u. a., daß die Abhängigkeit der Wasserstoffüberspannung von der Stromdichte eine logarithmische ist gemäß dem Ausdruck:

$$\eta_A = a + b \cdot \log I_A,$$

worin $\eta_A$ die anodische Überspannung, $I_A$ die Stromdichte an der Anode und $a$ und $b$ Konstanten bedeuten, die bei gegebenem Druck, Temperatur und Elektrolytzusammensetzung für jedes Material charakteristische Werte besitzen.

Auch für die Abhängigkeit der Sauerstoffüberspannung von der Stromdichte dürfte ein ähnlicher Ausdruck genügen, doch ist die experimentelle Feststellung einer solchen Gesetzmäßigkeit deshalb kaum möglich, weil die Sauerstoffüberspannung in ungleich höherem Maße zeitlichen Änderungen unterliegt wie die Wasserstoffüberspannung.

Die vielfachen Parallelen, die bei der Wasserstoff- und Sauerstoffüberspannung zu beobachten sind, legen von vornherein die Vermutung nahe, daß die Ursachen der Polarisation in beiden Fällen gleicher Art sind. Man wird deshalb als Ursache der Sauerstoffüberspannung als wahrscheinlich annehmen dürfen, daß bei der Vereinigung der nach den Gleichungen:

$$O'' + 2 \oplus = O,$$

bzw.

$$2\,OH' + 2 \oplus = O + H_2O$$

gebildeten Sauerstoffatome zu Molekeln

$$2\,O \rightleftarrows O_2$$

derartige Reaktionshemmungen vorhanden sind, daß eine Stauung von Sauerstoffatomen in der Elektrode bis weit über deren Gleichgewichtskonzentration im Gleichgewicht mit gasförmigem Sauerstoff die Folge ist.

Diese einfache Annahme, welche im Falle des Wasserstoffs (1. Band, S. 74) zur Erklärung der Überspannungserscheinungen vollständig ausreichte, muß für den Fall der Sauerstoffüberspannung wegen dessen verwickelterer Natur noch ergänzt werden.

Vor allem verlangt die Erfahrung, daß das experimentell bestimmte Ruhepotential des Sauerstoffs unter gewöhnlichen Bedingungen stets

[1] Ztschr. physikal. Chem. **50**, 641 (1905).
[2] Ber. Marb. Akad. **63**, 213 (1928).

unter den theoretisch zu erwartenden, thermodynamisch begründeten Werten bleibt und sowohl zeitlichen Schwankungen ausgesetzt ist als auch mit dem Material der Ableitungselektrode veränderlich erscheint. Zur Erklärung wurde die Annahme gemacht, daß sich in den Reaktionsverlauf zwischen Sauerstoff bzw. Hydroxylionen und gasförmigem Sauerstoff sogenannte Primäroxyde des Elektrodenmetalls einschalten.

Nach dieser von F. Förster[1] erdachten Deutungsmöglichkeit bilden die primär entstehenden Sauerstoffatome höhere Metalloxyde, die unter Lieferung von molekularem Sauerstoff mit von Metall zu Metall wechselnder Geschwindigkeit freiwillig in niedere Oxyde überzugehen bestrebt sind.

Der unmittelbare Übergang der auf der Elektrode entladenen Sauerstoffatome in gasförmigen, molekularen Sauerstoff nach $2O \rightleftarrows O_2$ erfolgt dann mit beschränkter, jedenfalls geringerer Geschwindigkeit als der Vorgang der Bildung dieser Oxyde und ihres Zerfalles unter Abgabe von molekularem Sauerstoff.

Nur bei genügender, theoretisch unendlich großer Geschwindigkeit aller in Betracht kommenden Vorgänge würde die jeweilige O-Konzentration an der Elektrodenoberfläche der Gleichgewichtskonzentration im gasförmigen Sauerstoff entsprechen, die Überspannung also Null sein. Eine Verzögerung im Ablauf auch nur eines der Teilvorgänge muß zu einem Überschreiten des reversiblen Sauerstoffpotentials Veranlassung geben.

Im allgemeinen neigt man zu der Auffassung, daß die Einstellung des Gleichgewichts zwischen Elektrodenmetall, Sauerstoffatomen und Primäroxyd relativ rasch verläuft und die eigentlichen Hemmungen in dem anschließenden Vorgang der Bildung von molekularem Sauerstoff und niederem Oxyd zu suchen sind.

Die durch diese Hemmung bewirkte Anreicherung des Primäroxyds an der Elektrode bewirkt eine erhöhte Konzentration der mit demselben im Gleichgewicht befindlichen Sauerstoffatome und macht somit das Potential der Sauerstoffelektrode weit über den dem Gleichgewichtspotential des Sauerstoffs entsprechenden Wert positiver.

Die Grenze dieser Anreicherung wird ähnlich wie bei der Wasserstoffelektrode dann erreicht, wenn die Zersetzung des unbeständigen Oxyds in der Elektrodenoberfläche die gleiche Geschwindigkeit erlangt hat wie seine Bildung aus dem vom Strom abgeschiedenen Sauerstoff. Diese Verbindungen dürften in der Oberfläche der Elektrode des Grundmetalls in wechselnder Konzentration, etwa als feste Lösungen oder Adsorptionsverbindungen auftreten.

Auch das zeitliche Anwachsen der Überspannung findet auf Grund der geschilderten Annahmen eine einleuchtende Erklärung in der Vorstellung, daß die allmähliche Anreicherung niederer, ebenfalls vom Elektrodenmaterial mehr oder minder aufgenommener Oxyde die Löslichkeit des Primäroxyds herabsetzt, wodurch die einer bestimmten Primäroxydkonzentration entsprechende und mit ihr im Gleichgewicht stehende Sauerstoffkonzentration erhöht wird.

Wenn schließlich in manchen Fällen zeitliche Grenzwerte des Anodenpotentials erreicht werden, so handelt es sich dabei nicht um Gleichgewichtspotentiale des gasförmigen Sauerstoffs, vielmehr sind diese konstanten Werte nichts als Anzeichen dafür, daß stationäre Zustände in der Elektrodenoberfläche eingetreten sind.

[1] Ztschr. physikal. Chem. **69**, 236 (1909).

Notwendig für die sichere Begründung der entwickelten Oxydtheorie ist der Nachweis, daß wirklich Oxyde der geforderten Eigenschaften existieren.

Als solche höhere, freiwillig Sauerstoff abgebende Oxyde sind bekannt[1]: das Kupfersuperoxyd $Cu_2O_3$, das sich bei starker anodischer Polarisierung von Kupferanoden in Natronlauge bildet[2], das Nickeldioxyd, $NiO_2$, das unter Sauerstoffabgabe in Nickelsesquioxyd, $Ni_2O_3$, übergeht, sowie vermutlich[3] das analoge Oxyd des Kobalts[4].

Ähnliche Oxyde entstehen auch bei der Sauerstoffentwicklung an Eisen[5].

Besonders eingehend ist aber das zuerst von L. Wöhler[6] beobachtete Oxyd des Platins, $PtO_3$, untersucht worden.

Wöhler hat auf elektrolytischem Wege Alkalisalze einer höheren Platinsauerstoffsäure hergestellt, die beim Behandeln mit Säure das Anhydrid $PtO_3$ liefern, welches in Berührung mit Wasser in Sauerstoff und das Hydrat des $PtO_2$ zerfällt. Die Sauerstoffentwicklung läßt dabei allmählich nach, was der Bildung fester Lösungen von $PtO_3$ und $PtO_2$ zuzuschreiben ist, womit die gleichzeitige stetige Abnahme des Anfangspotentials $\varepsilon_h = +1{,}5$ Volt (gegen 2-normale $H_2SO_4$) in bestem Einklang steht. Auch anodisch vorpolarisierte Elektroden aus platiniertem Platin zeigen in demselben Elektrolyten den gleichen Anfangswert und gleichen Verlauf des Potentials[7].

Alle an Sauerstoffelektroden beobachteten Potentiale bis hinauf zu $\varepsilon_h = +1{,}5$ Volt (in 2-normaler $H_2SO_4$) lassen sich also durch Gegenwart einzelner bzw. mehrerer Primäroxyde deuten. Für die höheren Spannungen könnte die Wirksamkeit eines noch energiereicheren, bisher nicht isolierten Oxyds, etwa $PtO_4$, zu Hilfe genommen werden, sofern man nicht annehmen will, daß das Gleichgewichtspotential des $PtO_3$ höher als $\varepsilon_h = +1{,}5$ Volt liegt und daß dieser immer wieder gemessene Wert schon einem teilweisen Zerfall des reinen Oxyds entspricht.

## Die elektrolytische Wasserzersetzung.

Bei der Wasserzersetzung kann man als Elektrolyten Sauerstoffsäuren, Basen oder Salze der Alkalimetalle verwenden.

Die Ionenvorgänge sind dabei folgende:

Bei Säuren werden an der Kathode die in hoher Konzentration vorhandenen und dorthin wandernden Wasserstoffionen entladen, während die Säureanionen zur Anode wandern. Dort werden sie aber nicht entladen, sondern zunächst die im Wasser immer in kleiner Konzentration vorhandenen OH-Ionen, welche ein niedrigeres Abscheidungspotential haben (siehe S. 2). Da immer den entladenen OH-Ionen äquivalente Mengen $H^{\cdot}$-Ionen an der Anode zurückbleiben, bilden diese mit den Anionen wieder die ursprüngliche Säure.

---

[1] E. Müller: Ztschr. Elektrochem. **13**, 133 (1907). — E. Müller u. E. Spitzer: Ztschr. Elektrochem. **13**, 25 (1907).

[2] Ztschr. Elektrochem. **13**, 414 (1907).

[3] E. Müller u. E. Spitzer: Ztschr. Elektrochem. **13**, 25 (1907). — K. A. Hofmann u. B. Wurthmann: Ber. Dtsch. chem. Ges. **52**, 1185 (1918).

[4] Vgl. C. Tubandt: Ztschr. anorgan. allg. Chem. **45**, 368 (1905).

[5] W. Manchot: Ztschr. anorgan. allg. Chem. **27**, 420 (1901). — E. Müller u. E. Spitzer: Ztschr. Elektrochem. **13**, 25 (1907).

[6] Ztschr. Elektrochem. **15**, 773 (1909). — L. Wöhler, W. Plüddemann u. P. Wöhler: Ztschr. physikal. Chem. **62**, 670 (1908).

[7] E. Müller: Ztschr. Elektrochem. **6**, 573 (1900); **7**, 750 (1901); **8**, 426 (1902). — L. Wöhler u. W. Frey: Ztschr. Elektrochem. **15**, 129 (1909). — G. Grube: Ztschr. Elektrochem. **16**, 621 (1910). — V. Kohlschütter u. H. Stäger: Helv. chim. Acta **4**, 821 (1921).

$H^{\cdot}$- und $OH'$-Ionen werden laufend durch Zerfall von Wasser ersetzt.

Es ergeben sich daher folgende Konzentrationsänderungen, wenn die Rückdiffusion der gelösten Elektrolyte verhindert wird:

An der Kathode verschwindet ein Mol Säure, dementsprechend wird an der Anode ein Mol Säure rückgebildet. Gleichzeitig verschwindet dort auch ein Mol Wasser. Die Säure wird mithin an der Anode aus zweifachen Gründen konzentrierter.

Besteht der Elektrolyt aus einer Base, z. B. Natriumhydroxydlösung, so werden an der Kathode nicht die $Na^{\cdot}$-Ionen, sondern die in sehr geringer Menge vorhandenen $H^{\cdot}$-Ionen entladen. Die $OH'$-Ionen wandern zur Anode, wo sie entladen werden und nach der Gleichung $2\,OH = H_2O + O$ Sauerstoff und Wasser bilden. Es tritt also an der Kathode eine Anreicherung an NaOH, an der Anode wegen der Wasserbildung eine Konzentrationsverminderung des Elektrolyten ein. Für jedes Mol zersetztes Wasser werden somit an der Kathode zwei Mol Wasser verbraucht, während an der Anode ein Mol Wasser gebildet wird.

Ist der Elektrolyt die Lösung eines Alkalisalzes einer Sauerstoffsäure, so bildet sich an der Anode, wie früher geschildert, durch Entladung von $OH'$-Ionen des Wassers Sauerstoff und die zurückbleibenden $H^{\cdot}$-Ionen des Wassers bilden mit den zuwandernden Säureanionen die Säure. An der Kathode werden nicht Alkaliionen, sondern Wasserstoffionen des Wassers entladen. Die zurückbleibenden $OH'$-Ionen bilden mit den zuwandernden Na -Ionen NaOH. Die Umgebung der Kathode wird demnach alkalisch, die der Anode sauer. Pro Mol zersetztes Wasser werden an der Kathode zwei Mol Wasser verbraucht, an der Anode aber nur ein Mol, so daß die Lösung an der Kathode konzentrierter wird.

Während die Gewinnung von Alkali auf diesem Wege schon lange geübt wird (siehe Chloralkalielektrolyse, S. 86), wurde die Möglichkeit der Gewinnung von Säuren auf diesem Wege bisher kaum beachtet. Erst in letzter Zeit wurde die elektrolytische Gewinnung von Schwefelsäure durch Elektrolyse von $CaSO_4$-Lösungen angeregt[1].

Wenn bei der Elektrolyse einer wäßrigen Lösung einer Säure oder Base keine anderen Elektrolyseprodukte als Sauerstoff und Wasserstoff auftreten, beträgt die Polarisationsspannung, wie S. 2 ausgeführt wurde, an glatten Platinelektroden im Mittel 1,68 Volt. Wenn, wie dies bei der Elektrolyse von Alkalisalzen der Fall ist, zur Wasserstoff- und Sauerstoffentwicklung noch die Bildung von Säure an der Anode, von Alkali an der Kathode hinzukommt, so wird die Zersetzungsspannung entsprechend der freien Energie der Alkalibildung größer, denn es bildet sich an den beiden Elektroden eine Säurealkalikette aus, deren elektromotorische Kraft der polarisierenden Spannung entgegengeschaltet ist.

Aber auch schon unterhalb dieses Wertes beginnt die Wasserzersetzung, indem die gebildeten Elemente teilweise im gelösten Zustande in die Elektrode, teilweise in die Lösung diffundieren, ohne die zur Ausbildung von Bläschen-

[1] E. Martin: F. P. 41334 (1932); Chem. Ztrbl. **1931 II**, 3373; **1933 I**, 2154; Quatorz. Congr. Chim. ind. Paris 1934. Commun. 2. 1935.

form nötige Konzentration zu erreichen, und zwar, wie A. P. Sokolow[1] feststellte, bereits bei einer Klemmspannung von 5 Millivolt.

Den der eintretenden Zersetzung entsprechenden Strom bezeichnet man als „Reststrom" (1. Band, S. 62). Dieser wird noch dadurch verstärkt, daß der abgeschiedene Wasserstoff durch den im Elektrolyten gelösten Luftsauerstoff oxydiert, seine Abscheidung also „depolarisiert" wird (S. 194ff.).

Die elektrolytische Wasserzersetzung besitzt erhebliche technische Bedeutung zur Herstellung der Gase Wasserstoff und Sauerstoff in großem Maßstabe. Die technische Durchbildung des an sich einfachen Vorganges soll im folgenden Abschnitt besprochen werden.

## Die technische Wasserelektrolyse.

Als erster benützte d'Arsonval in Paris (1885—1887) eine elektrolytische Zelle zur Gewinnung von Sauerstoff für seine Vorlesungen.

In industriellem Maßstab wurde die Wasserzersetzung erstmalig von dem Russen D. Latschinoff[2] durchgeführt. Fast gleichzeitig bauten in Frankreich Ducreté und Renard Zellen, die hauptsächlich der Wasserstofferzeugung für Luftschiffe dienten.

Es folgten in größerem Maßstabe Glockenzellen (S. 17) der Firma L'Oxhydrique und bald darauf die Schuckertschen Glockenzellen, die Zelle von O. Schmidt (Filterpreßzelle, S. 18), die hauptsächlich von dem Schweizer Werk Oerlikon als Oerlikon-Schmidt-Zellen herausgebracht wurden und die auch in Amerika von der Firma Shriver & Co. gebaut wurden. Später erschienen in Amerika verschiedene Zellen der Davis-Bournonville Co., der International Oxygen Co., der Electrolytic Oxy-Hydrogen Laboratories Inc. usw.

Die meisten Zellenkonstruktionen der einzelnen Firmen erfahren fortlaufende Umgestaltungen und Verbesserungen, auf die historische Entwicklung im einzelnen einzugehen, würde zu weit führen.

### Der Elektrolyt.

Um die Zellenspannung möglichst niedrig zu halten, ist die Verwendung eines möglichst gutleitenden Elektrolyten geboten.

Für die technische Wasserzersetzung benutzte man früher vielfach verdünnte Schwefelsäure. Heute ist man davon so gut wie völlig abgekommen und verwendet Alkalilauge, obwohl deren Leitfähigkeit geringer ist, weil gegen Lauge unempfindliche Gefäße und Elektrodenmaterialien sich leichter auftreiben lassen. Für Schwefelsäure kommt als Gefäß und Elektrodenmaterial eigentlich nur Blei in Frage, welches Material jedoch eine hohe Überspannung hat. Die Haltbarkeit des Elektrolyten ist in geschlossenen Zellen praktisch unbegrenzt, nur geringe Verluste durch Nebelbildung müssen ersetzt werden. In offenen Zellen ist die Haltbarkeit schlecht, weil die Lauge Kohlensäure aus der Luft anzieht und sich zum Teil in Karbonat verwandelt. Ein Karbonatgehalt wirkt einerseits wegen der geringeren Leitfähigkeit, anderseits wegen des stärkeren Angriffs der Anoden ungünstig.

[1] Wied. Ann. 58, 209 (1896).
[2] DRP. 51998 (1888); E. P. 15925 (1888).

Was die sonstigen Verunreinigungen betrifft, so wirken besonders Chloride und Sulfate störend, weil durch sie die Anoden zerstört werden. Solche Verunreinigungen können durch das Speisewasser eingeführt werden. Man benutzt deshalb zum Nachfüllen immer destilliertes Wasser bzw. Kondenswasser. In neuerer Zeit kommt zur Reinigung des Speisewassers auch das elektroosmotische Verfahren in Betracht (S. 402ff.). Sehr störend wirken auch organische Verunreinigungen, wie Fette, Öle, die mit der Lauge Seifen bilden und ein starkes Schäumen des Elektrolyten hervorrufen.

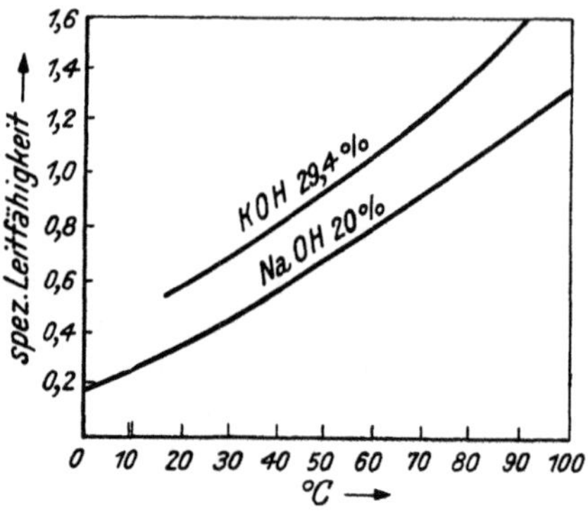


Abb. 4. Leitfähigkeit von KOH und NaOH.

Sowohl Natron- als auch Kalilauge besitzen bei bestimmten Konzentrationen ein Minimum des spezifischen Widerstandes, dessen Lage, wie Abb. 4 zeigt, von der Temperatur abhängt. In Abb. 5 sind die Abhängigkeit des Prozentgehaltes der bestleitenden Lösungen von der Temperatur (linke Ordinate) und die Werte der spezifischen Leitfähigkeit von der Temperatur (rechte Ordinate) wiedergegeben[1]. In Kalilauge liegen die Verhältnisse ähnlich[2]. Das Leitfähigkeitsmaximum ist im übrigen ziemlich flach, so daß kleinere Abweichungen von der optimalen Konzentration keine Rolle spielen. Obwohl die spezifische Leitfähigkeit der Kalilauge bedeutend höher liegt als die der Natronlauge, wird dieselbe wegen ihres höheren Preises und ihres stärkeren Angriffsvermögens kaum bevorzugt.

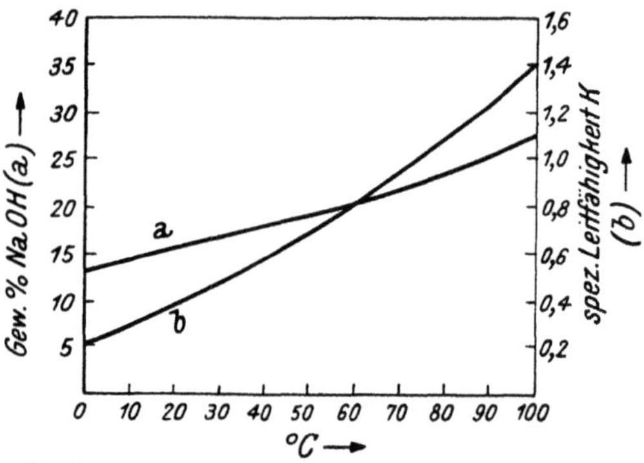


Abb. 5. Zusammensetzung bestleitender NaOH bei verschiedenen Temperaturen (linke Ordinate, Kurve *a*); Leitfähigkeit bei verschiedenen Temperaturen für die bestleitenden Lösungen (rechte Ordinate, Kurve *b*).

Bei Normaldruck und -temperatur (0°, 760 mm) werden theoretisch zur Gewinnung von 1 $m^3$ $H_2$ und $^1/_2$ $m^3$ $O_2$ 805 g $H_2O$ verbraucht. Dazu kommt in Wirklichkeit der durch Verdampfung bedingte $H_2O$-Verlust, der aus dem Dampfdruck des Wassers bei der Arbeitstemperatur der Zelle ($\pi$ mm Hg) und dem Gesamtdruck der Gase $p$ leicht nach der Formel

[1] Busfield u. Lowry: Philos. Trans. Roy. Soc. London **204**, 253 (1914).
[2] Vgl. Kohlrausch u. Holborn: Leitvermögen der Elektrolyte, S. 159. 1916.

$1207 \cdot \frac{\pi}{p-\pi}$ g je Kubikmeter entwickelten Wasserstoffes unter Normalverhältnissen zu berechnen ist.

Ist den Zellen eine Kondensationsvorrichtung vorgelegt, die das bei erhöhter Zellentemperatur verdampfte Wasser in die Zelle zurückführt, so ist bei der Berechnung des Wasserverlustes die Temperatur im Kondensationsraum einzusetzen.

## Einfluß von Zellenspannung und Widerstand auf den Energiebedarf der Wasserzersetzung.

Der Strombedarf der Wasserzersetzung berechnet sich in einfacher Weise aus dem Faradayschen Gesetz (1. Band, S. 51). Durch 1 Ah werden 0,336 g Wasser unter Bildung von 0,419 l Wasserstoff und 0,209 l Sauerstoff (unter Normalbedingungen, 0° C und 760 mm) zerlegt.

Zur Erzeugung von 1 $m^3$ Wasserstoff und 0,5 $m^3$ Sauerstoff braucht man demnach 2390 Ah.

Der Energiebedarf ergibt sich als Produkt aus Strombedarf und Zellenspannung.

Die Zellenspannung setzt sich aus mehreren Faktoren zusammen: den Elektrodenspannungen, bzw. deren Summe, der Zersetzungsspannung und der zur Überwindung des Zellenwiderstandes notwendigen Spannung. Die Höhe der Elektrodenspannungen sind gegeben durch das Einzelpotential von Wasserstoff und Sauerstoff und deren Überspannungen und der durch Konzentrationsänderungen bei der Elektrolyse bedingten Konzentrationspolarisation.

Die Höhe der Einzelpotentiale hängt von der Natur des Elektrolyten ab. In Summa besitzen sie jedoch immer den Wert der Spannung der Knallgaskette (1,23 Volt bei Zimmertemperatur und Normaldruck). Dazu kommt die Überspannung des Wasserstoffs (1. Band, S. 71) und Sauerstoffs (S. 4), welche sehr wesentlich von dem Material der Elektroden, der Stromdichte und der Temperatur abhängt. Es ist daher schwer, bestimmte Werte anzugeben.

Die folgende Tabelle 4 nach Pfleiderer[1] gibt Aufschluß über die Höhe der unter verschiedenen betriebstechnischen Bedingungen auftretenden Überspannungen.

Wie man aus dieser Zusammenstellung sieht, schwankt die Überspannung der beiden Gase von sehr kleinen Werten bis mehr als ein halbes Volt und ist, außer von den genannten Faktoren, weitgehend von der Oberflächenbeschaffenheit und Vorgeschichte der Elektroden abhängig, welche Tatsache die Reproduzierbarkeit der gemessenen Werte sehr beeinträchtigt.

Die Unsicherheit dieser Werte wird noch dadurch erhöht, daß während des Betriebes der Zellen Änderungen der Elektrodenoberfläche auftreten können, sei es durch Aufrauhung bei höheren Stromdichten, sei es durch Abscheidung geringer Mengen von Verunreinigungen, welche eine bedeutende Änderung der Überspannungen zur Folge haben können.

[1] Engelhardt: Handbuch der technischen Elektrochemie.

Tabelle 4. Überspannung der Wasserstoff- und der

| Strom-dichte | Platin platiniert | | Schwefelhaltige Vernicklung[2] | | Nickelstahlblech (5% Ni) mit Sandstrahl abgeblasen[3] | | Eisenstahl mit Sandstrahl abgeblasen | |
|---|---|---|---|---|---|---|---|---|
| A/m² | Z. t.[1] | 80° | Z. t. | 80° | Z. t. | 80° | Z. t. | 80° |
| 100 | —0,04 | —0,01 | —0,11 | —0,02 | —0,21 | —0,11 | —0,26 | —0,12 |
| 500 | —0,06 | —0,03 | —0,16 | —0,06 | —0,31 | —0,15 | —0,35 | —0,18 |
| 1000 | —0,08 | —0,04$_5$ | —0,19 | —0,08 | —0,36 | —0,18 | —0,39 | —0,22 |
| 2000 | —0,09$_5$ | —0,05$_5$ | —0,21 | —0,10 | —0,40 | —0,23 | —0,45 | —0,27 |
| 100 | — | — | 0,32 | 0,18 | 0,35 | 0,25 | — | — |
| 500 | — | — | 0,36 | 0,22 | 0,40 | 0,27$_5$ | — | — |
| 1000 | — | — | 0,38$_5$ | 0,24 | 0,44 | 0,29 | — | — |
| 2000 | — | — | 0,42 | 0,26$_5$ | 0,48 | 0,31 | — | — |

Die in der Tabelle angegebenen Überspannungen sind für Sauerstoff positiv, für Wasserstoff negativ, da sie ja einen Teil des positiven Sauerstoff- bzw. negativen Wasserstoffpotentials bilden.

Man kann, wie schon lange bekannt ist, die Überspannung auch durch Überlagerung des Gleichstroms mit einem Wechselstrom herunterdrücken. Es läge also im Bereich der Möglichkeit, durch Anwendung dieses Mittels noch Energieersparnisse zu erzielen.

Als dritter Faktor zur Berechnung der zur Elektrolyse notwendigen Zellenspannung ist endlich der innere Widerstand der Zellen zu berücksichtigen. Wenn man von den Widerständen der Stromzuführungen absieht, ist dieser durch den Spannungsabfall im Elektrolyten bedingt.

Dieser ist nach dem Ohmschen Gesetz gleich dem Produkt aus Stromstärke mal Elektrolytwiderstand. ($J \cdot W$) oder praktisch Stromdichte pro cm² $I$ mal Elektrodenabstand $d$ cm mal dem spezifischen Widerstand $w$ des Elektrolyten, also: $I \cdot d \cdot w$.

In der Praxis genügt es jedoch nicht, den spezifischen Widerstand des Elektrolyten, der leicht in Tabellen zu finden ist, einzusetzen, vielmehr muß man berücksichtigen, daß der Elektrolyt während des Betriebes der Zellen mit kleinen Gasbläschen erfüllt ist, welche durch Verringerung des wahren Elektrolytquerschnittes den Zellenwiderstand bedeutend erhöhen. Die Menge der schwebenden Gasbläschen hängt sowohl von der Form der Zelle, der Strombelastung, als auch vom spezifischen Gewicht und der Viskosität des Elektrolyten ab.

Außerdem kann der Widerstand der Zelle noch durch Festhaften von Gasblasen an den Elektroden, die sich u. U. zu ganzen Gasfilmen vereinigen, außerordentlich erhöht werden. Die Ursache dieser Erscheinung liegt in einer elektrostatischen Aufladung der Bläschen, die dann je nach

[1] Z. t. = Zimmertemperatur.
[2] Nach DRP. 411528 und 414969 (siehe S. 19).
[3] Nicht abgeblasen, anodische Überspannung zirka 0,1—0,3 Volt höher.

Sauerstoffentwicklung in 16%iger Natronlauge (Volt).

| Nickelblech walzblank | | Vernicklung, galvanisiert auf Eisenblech (a b nach zwei verschiedenen Rezepten[4] | | | | Verkobaltung, galvanisiert auf Eisenblech | | Vernicklung, galvanisiert auf Kupferblech | |
|---|---|---|---|---|---|---|---|---|---|
| Z. t. | 80° | Z. t | | 80° | | Z. t. | 80° | | |
| | | a | b | a | b | | | | |
| —0,37 | —0,30 | —0,40 | —0,24 | —0,25 | —0,16 | — | —0,20 | abnorm hoch, zeitlich und je nach Vorbenutzung sehr wechselnd, z. B. | Kathodische Überspannung |
| —0,47 | —0,39 | —0,52 | —0,30 | —0,39 | —0,24 | — | —0,30 | | |
| —0,51 | —0,43 | —0,58 | —0,33 | —0,49 | —0,26 | —0,42 | —0,36 | —0,57 } 80° | |
| —0,55 | —0,47 | —0,64 | —0,37 | —0,56 | —0,30 | —0,47 | —0,42 | —0,77 } 80° | |
| 0,55 | 0,31 | — | — | — | — | 0,31 | 0,23 | | Anodische Überspannung |
| 0,77 | 0,36 | — | — | — | — | 0,35 | 0,25 | | |
| 0,82 | 0,40 | — | — | — | — | 0,37 | 0,27 | | |
| 0,85 | 0,43 | — | — | — | — | 0,39 | 0,29 | | |

ihrer Ladung elektrophoretisch (S. 359 ff.) zur Anode oder Kathode wandern und sich dort festsetzen. Es handelt sich hier prinzipiell um dieselbe Erscheinung, die schon im 1. Band, S. 143, unter der Bezeichnung „Anodeneffekt" erwähnt wurde.

Im ganzen setzt sich mithin die Betriebsspannung $E$ der Zelle folgendermaßen zusammen:

$$E = \varepsilon_A - \varepsilon_K + \eta_A - \eta_K + I \cdot W.$$

Dazu kommt streng genommen noch die Konzentrationspolarisation, deren Größe aber in den praktisch nur verwendeten sauren und alkalischen Lösungen vernachlässigt werden kann. In diesem Ausdruck hat man die Werte mit den richtigen Vorzeichen einzusetzen.

Versuche haben ergeben, daß die Zersetzungsspannung bei ganz geringen Stromstärken (bei beginnender Gasentwicklung) etwa 1,6—1,7 Volt beträgt. Theoretisch müßte die sichtbare Zersetzung schon bei der Spannung der Knallgaskette, d. i. 1,23 Volt, beginnen. Da aber die Gase von der Elektrode zuerst teilweise gelöst werden, im gelösten Zustande teilweise von ihr wegdiffundieren, tritt sichtbare Gasentwicklung erst bei höheren Gaskonzentrationen auf, deren Ausbildung eine höhere Spannung erfordert[1].

Eine Erniedrigung der Zellenspannung wird auch durch Temperaturerhöhung erreicht. In vielen Fällen wird daher die Wasserelektrolyse bei erhöhter Temperatur durchgeführt. Ein Nachteil liegt darin, daß mit steigender Temperatur der chemische Angriff auf sämtliche Zellenmaterialien größer wird, weshalb die Temperatur nicht zu hoch gewählt werden darf. Gewöhnlich arbeitet man bei 60—80°. Ein weiterer Nach-

---

[4] Ein Teil der Polarisationsspannung, der offenbar auf Veränderungen an den Elektroden beruht, bleibt bei der Wasserelektrolyse jedoch auch nach Stromunterbrechung noch bestehen.

[1] N. Jessanlow: Chimstroi (russ.) **7**, 71 (1935); Chem. Ztrbl. **1935 II**, 3418.

teil erhitzter Bäder liegt darin, daß der Dampfdruck des Wassers bedeutend steigt und daher eine rasche Verdampfung des Elektrolyten eintritt. Diese wird noch dadurch verstärkt, daß die entweichenden Gase den Wasserdampf abführen. Bei etwa 90° würden die abgeleiteten Gase etwa zur Hälfte aus Wasserdampf bestehen. Um die Verdampfung bei hohen Zellentemperaturen möglichst zu verringern, hat E. Paur[1] vorgeschlagen, als Elektrolyten eine wasserhaltige Ätzalkalischmelze zu verwenden, in welcher der Wasserdampfdruck ein viel niedrigerer ist. Die Betriebsspannungen würden bei der Verwendung dieses Elektrolyten bei 1,4—1,5 Volt liegen, doch scheitert dieser Vorschlag hauptsächlich daran, daß die Ätznatronschmelze nahezu alle Materialien angreift.

Zur Erwärmung der Zellen reicht meist die Wärmeentwicklung des elektrischen Stromes aus. Größere Zellen müssen sogar gekühlt werden. Gewöhnlich werden die Zellen gegen Wärmeverlust isoliert, auch wenn während des Betriebes eine Kühlung notwendig ist, weil man dadurch erreicht, daß bei Betriebsunterbrechungen der Elektrolyt warm bleibt und bei Wiederinbetriebnahme nicht erst aufgeheizt werden muß.

Die Zellenspannung beträgt im Großbetrieb etwa 1,9—2,6 Volt, je nach der Zellenkonstruktion, was einem Energieverbrauch von 4,5—6,2 kWh für den Kubikmeter Wasserstoff und den doppelten Betrag für den Kubikmeter Sauerstoff unter Normalbedingungen ausmacht.

Die elektrische Energie, die bei der Wasserzersetzung aufgewendet werden muß, wird zum Teil zur Leistung chemischer Arbeit verbraucht, die zur Trennung der Bestandteile des Wassers notwendig ist, der übrige Teil wird in Wärme verwandelt.

Die Annahme, daß die über die Bildungsenergie (Spannung der Knallgaskette 1,23 Volt · 2 · 96500 Cb) verbrauchte elektrische Energie in Wärme verwandelt wird, wäre jedoch deshalb nicht richtig, weil diese Bildungsenergie sich auf die Vereinigung von in Metallelektroden gelösten Gasen bezieht. Zwischen diesem Lösungszustand und dem Gaszustand besteht aber eine bedeutende Energiedifferenz. Der Übergang aus dem einen Zustand in den anderen ist ein irreversibler Vorgang, weil zur Abscheidung der beiden Gase dafür eine bestimmte Spannung aufgewendet werden muß, die man aber umgekehrt bei der Vereinigung der beiden Gase zu Wasser in der Knallgaskette **nicht** in Form einer entsprechend hohen Spannung zurückgewinnen kann.

Die bei der Wasserzersetzung entwickelte Wärme $Q$ berechnet sich am einfachsten aus der Differenz des Wärmeäquivalents der gesamten aufgewendeten elektrischen Energie $J \cdot E \cdot 0{,}860$ und der Verbrennungswärme von Knallgas $q$.

$$Q = 0{,}86 \cdot J \cdot E - q.$$

Da die Verbrennungswärme für ein Mol Knallgas 68 kcal beträgt und zur elektrolytischen Erzeugung dieser Knallgasmenge 2 · 26,8 A/h notwendig sind, so ist für die Stromstärke $J$ die Verbrennungswärme des erzeugten Knallgases $J \cdot 1{,}27$ kcal.

Die stündlich während der Elektrolyse entwickelte Wärme beträgt demnach:

$$Q = J \cdot (0{,}86\, E - 1{,}27) = 0{,}86\, J\, (E - 1{,}48)\ \mathrm{kcal/h}.$$

[1] Helv. chim. Acta 4, 325 (1921); DRP. 345048.

## Die zwei Haupttypen der Wasserzersetzungszellen.

Die Forderungen, die an eine Wasserzersetzungszelle gestellt werden, sind: möglichst kleiner Energieverbrauch (niedrige Zellenspannung), möglichst vollständige Trennung von Wasserstoff und Sauerstoff und niedrige Anschaffungs- und Bedienungskosten. Diese Forderungen wurden auf verschiedenem Wege zu erreichen versucht. Man kann die bekannten Konstruktionen in zwei Haupttypen einteilen: Unipolarzellen und Bipolarzellen. Erstere enthalten Anoden und Kathoden, die mit eigenen Stromzuführungen versehen sind, letztere enthalten eine Reihe von Elektroden, von denen nur die erste und letzte mit der Stromquelle verbunden sind, während die übrigen Elektroden als „Mittelleiter" fungieren, d. h. ohne eigene Stromzuführungen sind, und auf einer Seite als Anode, auf der anderen als Kathode wirken.

### a) Unipolarzellen.

Diese können entweder so gebaut sein (Abb. 6), daß die Anode *A* und Kathode *K* in einen Elektrolyttrog tauchen, oder indem die Elektroden selbst die Gefäßwandungen bilden.

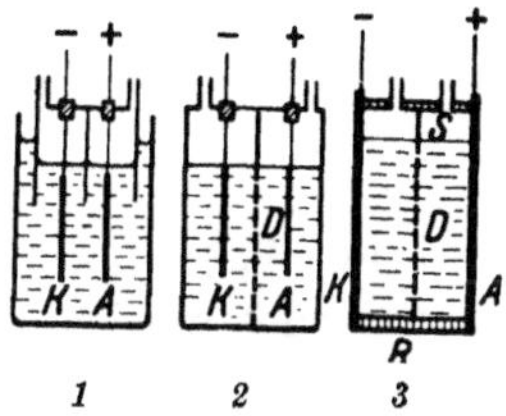

Abb. 6. *1* Unipolare Trogzelle mit Gasglocken, *2* Unipolare Trogzelle mit Diaphragma, *3* Unipolare Zelle mit Diaphragma.

Im Falle *1* sind in einem Trog zwei Elektroden parallel angeordnet, über welche je eine Glocke, zum Auffangen der Gase, gestülpt ist. Die beiden Glocken können auch aus einem Stück bestehen und besorgen die getrennte Gasabfuhr. Die Tröge können offen oder geschlossen sein. In diesem Falle sind die Niveau- und Druckverhältnisse nur in kleinen Grenzen, aber leichter zu regeln, der Elektrolyt erleidet aber durch die Luftkohlensäure Veränderungen.

Zur besseren Gastrennung werden an den Glocken vielfach Diaphragmen (poröse Wände) angebracht, welche den Zellenraum in einen Anoden- und einen Kathodenraum trennen. Bei Anwendung eines Diaphragmas brauchen die Glocken weniger tief in den Elektrolyten einzutauchen. Natürlich können in solchen unipolaren Trogzellen auch von jeder Art mehrere Elektroden parallel geschaltet eingebaut werden.

Im Falle *2* bilden Anode und Kathode einen Teil der Gefäßwände. Praktisch geschieht das so, daß man die Elektroden isoliert an einem Metallrahmen *R* befestigt oder anpreßt, der oben in der Mitte eine Scheidewand *S* trägt, die bis in den Elektrolyten eintaucht und die getrennte Gasabfuhr ermöglicht. An dieser Wand kann auch ein Diaphragma *D* hängen.

Meist werden mehrere solcher Zellen hintereinandergeschaltet, und es war naheliegend die Elektroden gleich als Zellentrennwandungen auszubilden, wodurch man zu den sogenannten Bipolarzellen (Zelle mit bipolaren Elektroden) gelangt.

### b) Bipolarzellen.

In diesen wirken die mittleren Elektroden ohne Stromzuführungen auf der einen Seite als Kathode, auf der anderen Seite als Anode (Abb. 7).

Eine solche Reihe bipolarer Elektroden kann nun wieder in einen Trog getaucht werden, man spricht dann von einer bipolaren Trogzelle.

Häufiger werden solche Bipolarzellen aus Einzelgliedern zusammengestellt und wie bei einer Filterpresse durch Druck auf zwei Endplatten zusammengehalten, ein Trog ist nicht notwendig. Diese Form nennt man daher auch Filterpreßzellen. Zwischen den Elektroden sind wegen des kleinen Elektrodenabstandes wohl immer Diaphragmen angeordnet. Der Vorteil der Bipolarzellen liegt in dem geringen Raumbedarf und dem Fortfall der Stromzuführung zu jeder einzelnen Elektrode. Durch die Hintereinanderschaltung so vieler Zellen wird auch eine leichtere Anpassung an die üblichen Netzspannungen erreicht.

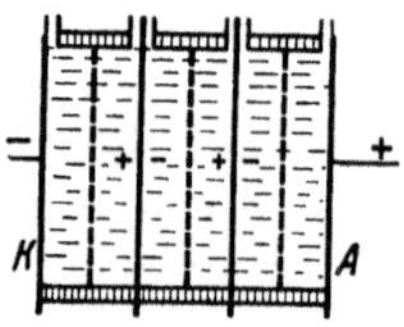

Abb. 7. Bipolare Zelle (Filterpreßzelle).

## Zellen- und Elektrodenmaterial.

Für die Bestandteile der Zellen kann bei alkalischem Elektrolyten Eisen verwendet werden, welches in Alkalilauge passiv wird. Das Eisen wird zwar mit der Zeit langsam angegriffen, doch schadet das den Zellen kaum. Unangenehm macht sich das aufgelöste Eisen jedoch dadurch bemerkbar, daß es an der Kathode oder an den Metalldiaphragmen wieder abgeschieden wird, und zwar in schwammiger Form. Mit der Zeit nimmt dieser Niederschlag solche Dimensionen an, daß Kurzschlüsse, Verstopfungen und dergleichen entstehen können. Man verwendet daher in neuerer Zeit als Anodenmaterial hauptsächlich Nickel oder vernickeltes Eisen und auch Nickelstahl. Die Kathoden können ohne Gefahr aus Eisen hergestellt werden, wenn man nicht mit längeren Betriebspausen rechnen muß, da sie, wenn bei Ausschaltung der kathodische Schutz wegfällt, mit der Zeit angegriffen werden, um so mehr, als die Passivität des Eisens durch die kathodische Wasserstoffbeladung aufgehoben wird. Als Material für die Stromzuleitungen zu den Elektroden verwendet man ebenfalls Eisen, oder Kupfer, das durch Eisen- oder Nickelüberzüge geschützt ist. Die Verbindung mit den Elektroden erfolgt durch Nieten oder bei Eisen vielfach durch Schweißen. Als Material für isolierende Teile der Zelle eignet sich Hartgummi, Marmor, Asbestzement oder Zement. Letzterer wird allerdings auch von alkalischen Elektrolyten langsam angegriffen. Als Dichtungsmaterial wird vielfach Weichgummi benutzt, der aber nicht immer dem vereinigten Angriff von heißer Lauge und Sauerstoff widersteht. Gewisse Gummisorten, insbesondere der von der I. G. Farbenindustrie A. G. empfohlene synthetische Kautschuk, werden nicht angegriffen. Sehr geeignet sind auch Asbestdichtungen, die mit bituminösen Stoffen imprägniert sind.

Die Natur des Elektrodenmaterials ist vor allem für die Größe der Überspannung von maßgebender Bedeutung (S. 14). Wegen des Angriffs durch den Elektrolyten einerseits und wegen der Kosten des Elektrodenmaterials anderseits ist aber, wie oben bemerkt, der Kreis der zur Verfügung stehenden Elektrodenmetalle sehr klein. Es kommt nur Eisen, Nickel, vernickeltes Eisen oder Eisennickellegierungen in Betracht. Besonders geeignet wegen seiner niedrigen anodischen Überspannung ist nach einem Patent der I. G. Farbenindustrie A. G.[1] Nickelstahl.

Eine Herabsetzung der Zellenspannung gelingt auch durch Vergrößerung der Elektrodenoberfläche, also Verminderung der Stromdichte, weil mit zunehmender Stromdichte die Überspannung der Elektroden zunimmt (S. 13). Eine solche Vergrößerung der Oberfläche soll natürlich ohne Vergrößerung der äußeren Abmessung (abgesehen von der Dicke) erfolgen. Zu diesem Zwecke werden die Elektroden mit Erhöhungen, vorspringenden Rippen hergestellt oder sie werden aus mehreren übereinandergelegten und am Rande verschweißten Drahtnetzlagen gemacht. Eine wirksame Oberflächenvergrößerung wird auch durch die Ausbildung der Lamellenelektrode von Stuart[2] erreicht, welche aus einer großen Anzahl von dünnen Blechstreifen besteht, die senkrecht zur Elektrodenoberfläche in geringerem Abstand von wenigen Millimetern mit den Flächen nebeneinandergestellt werden, so daß die Längskanten die äußere Elektrodenebene bilden[3].

Schließlich kann das Elektrodenmaterial oberflächlich mit einem leicht herauslösbaren Metall legiert werden (z. B. Nickel mit Zink). Nach dem Herauslösen des Zinks bleibt das Nickel mit aufgerauhter vergrößerter Oberfläche zurück[4].

Hierher gehört auch die Verwendung von schwefelhaltigem Nickel für beide Elektroden[5]. Dieses hat auch bei höheren Stromdichten an der Kathode eine ähnliche niedrige Überspannung wie platiniertes Platin. Solche Elektroden können nach Angabe der Patentschrift durch Abscheidung von Nickel aus einem thiosulfathaltigen Nickelbade erhalten werden und sollen ein Sulfid $Ni_3S_2$ in feiner Verteilung enthalten. Der Schwefelgehalt verschwindet bei Gebrauch der Elektroden bald, ohne daß die Überspannung erniedrigende Wirkung verlorengeht, woraus man schließen kann, daß die Wirkung des Schwefels darin besteht, daß beim Herauslösen desselben aus der Elektrode die Oberfläche aufgelockert und dadurch vergrößert wird.

Von Lewin[6] wird auch empfohlen, die Anode mit Kobalt, die Kathode mit Eisen galvanisch zu überziehen, um beide Überspannungen zu erniedrigen. Durch nachträgliche anodische Behandlung solcher mit Überzug versehener Elektroden wird die Überspannung weiter erniedrigt. Auch hier handelt es sich jedenfalls um eine Aufrauhung der Oberfläche.

Mehrere Vorschläge gehen dahin, die Elektrodenoberfläche elektrolytisch mit schwammigem Eisen oder Nickel zu überziehen[7]. Auch nichtmetallische Substanzen in kolloidaler Verteilung werden als Überspannung erniedrigende Mittel vorgeschlagen, so z. B. Ferrihydroxydgel[8].

## Trennung und Abscheidung der Gase, Diaphragmen.

Zur Trennung der Gase dienen meist Diaphragmen. Darunter versteht man Scheidewände, die vorwiegend aus nichtleitendem Material

---

[1] DRP. 378136 (1921). [2] DRP. 482189 (1926).
[3] Siehe auch Maschinenfabrik Oerlikon: F. P. 629650 (1927).
[4] Maschinenfabrik Oerlikon: Schweiz. P. 161836 (1932).
[5] DRP. 411528 (1923), 414969 (1924).
[6] A. P. 1214934 (1915). — Coehn u. Osaka: Ztschr. anorgan. allg. Chem. **34**, 86 (1903). — Rideal: Journ. Amer. chem. Soc. **42**, 104 (1920).
[7] Smith: A. P. 1427171 (1920). — Vogel: Schweiz. P. 135211 (1928).
[8] F. P. 696788; DRP. 231545.

hergestellt sind, durch deren Poren oder Löcher aber elektrolytische Stromleitung möglich ist. Diaphragmen im strengen Sinne sind solche Scheidewände, welche die Diffusion des Elektrolyten vollständig verhindern. Im Falle der Wasserelektrolyse kommt die Verwendung solcher feinporiger Diaphragmen jedoch nicht in Frage, da nicht der Elektrolyt zwischen Kathoden- und Anodenraum, sondern nur die anodisch und kathodisch entwickelten Gase voneinander getrennt werden sollen. Für die Wasserelektrolyse sind sogar besonders poröse und durchlässige Diaphragmen vorteilhaft, damit die Konzentrationsunterschiede zwischen Anode und Kathode sich besser ausgleichen können (S. 10). Das Material muß so beschaffen sein, daß es dem Angriffe des Elektrolyten widersteht.

Das am meisten verwendete Diaphragmamaterial ist Asbestgeflecht bzw. Asbest mit Drahteinlage. Dazu wird möglichst reiner, langfaseriger Asbest ohne organische Verunreinigungen verwendet. Asbest ist gegen Alkalilauge zwar nicht völlig beständig, doch bei schonender Behandlung jahrelang verwendbar. Allerdings ist er gegen mechanische Beanspruchung, Dehnung, Druck, Durchscheuern ziemlich empfindlich. Um dem Asbestgewebe eine größere Haltbarkeit zu verleihen, werden in manchen Fällen die Diaphragmen mit Drahteinlage hergestellt, und zwar so, daß entweder Mischgewebe aus getrennten Asbestfäden und Drähten oder Gewebe aus mit Asbest umsponnenen Drähten hergestellt werden. Statt Drahteinlagen können auch Drahtauflagen verwendet werden, die gleichzeitig als Elektroden dienen. Hierher gehören auch jene Konstruktionen, bei welchen das Asbestgewebe an einer perforierten Blechelektrode befestigt wird. Im einfachsten Falle kann auch Asbestpapier, das zwischen zwei Drahtnetzen fest eingeschlossen ist, verwendet werden. Als Material für die Drahteinlagen kommt selbstverständlich nur unangreifbares Metall, wie bei den Elektroden, also Eisen, Nickel und Eisennickellegierungen in Betracht. Gelegentlich wurde auch Silberdraht verwendet.

Man ist dann dazu übergegangen, statt des nichtleitenden Asbestes die Diaphragmen aus Metall allein (Drahtnetz oder perforiertes Metall) herzustellen. Die anfänglichen Bedenken, das Metalldiaphragma könne sich als Mittelleiter betätigen, indem es auf der Anodenseite kathodisch und auf der Kathodenseite anodisch polarisiert wird und im Anodenraum Wasserstoff und im Kathodenraum Sauerstoff entwickelt und dadurch die Elektrodengase verunreinigt würden, haben sich als hinfällig erwiesen. Der Grund liegt darin, daß der Spannungsabfall des Metalldiaphragmas nicht die Zersetzungsspannung des Wassers erreicht, weshalb die Stromaufnahme durch das Diaphragma minimal ist und auch keine Gase entwickelt werden[1]. Nur wenn die Diaphragmen zu dicht oder die Maschen desselben durch Verunreinigungen oder Gasblasen verstopft sind, kann sich das Diaphragma als Mittelleiter betätigen. Auch für die Metalldiaphragmen eignen sich vorwiegend die Metalle Eisen, Nickel und Nickelstahl, vorgeschlagen wurde auch Kobalt und Silber. Feinere Drahtnetze aus Eisen sind zu wenig haltbar, besser

[1] Buffa: Bull. l'Assoc. Ing. Electr. **11**, 305 (1900).

sind solche aus Chromnickelstahl[1]. Am besten eignen sich fein perforierte Nickelfolien, die nach Pechkranz[2] auf galvanischem Wege hergestellt werden, indem das Nickel auf Kupferkathoden niedergeschlagen wird, die mit einem rasterähnlichen System zahlreicher feiner, vertiefter und mit einem Isolator ausgefüllter Punkte versehen sind. Die Zahl der Löcher beträgt etwa 800—1400 pro cm². Die Löcher sind nicht rund, sondern eckig hergestellt, damit sich die Gasblasen, die infolge der Oberflächenspannung immer bestrebt sind, die Kugelgestalt anzunehmen, darinnen sich nicht zu leicht festsetzen können.

Metalldiaphragmen dürfen selbstverständlich mit der Elektrode nicht in leitende Berührung kommen, da sie sonst selbst wie Elektroden wirken würden oder auch Kurzschlüsse entstehen könnten. Es ist deshalb notwendig, bei ihrer Verwendung größere Elektrodenabstände herzustellen, und die Berührung des Diaphragmas durch über die Fläche verteilte isolierende Distanzstücke zu verhindern.

Auch starre Diaphragmen aus Ton oder anderem keramischen Material können verwendet werden, wenn man nach dem Patent der Siemens & Halske A. G.[3] die Elektrodenplatten oder die Diaphragmenrahmen mit einer Einfassung aus Weichgummi oder einem ähnlich nachgiebigen Isoliermaterial versieht.

Als nichtleitendes Diaphragmenmaterial wurde auch poröser Kautschuk vorgeschlagen.

Während die Haltbarkeit solcher Kautschukdiaphragmen nicht erwiesen ist, scheinen sich Diaphragmen aus synthetischem Kautschuk, welche die I. G. Farbenindustrie A. G. herstellt, bewährt zu haben.

Die Herstellung von dichten Diaphragmen gelingt nach G. B. Sabo[4], indem Asbestgewebe zunächst mit Wasserglas imprägniert und mit HCl oder $H_2SO_4$ behandelt wird. Das so mit Kieselsäuregel imprägnierte Gewebe wird mit einem Steinkohlenteer, der auf 230—250° erhitzt wurde, getränkt und in einem Ofen in Abwesenheit von Luft auf etwa 430° erhitzt.

Hierher gehören auch die sogenannten Suspensionsdiaphragmen, die entweder so hergestellt werden, daß ein feinverteilter kolloider Stoff, wie Magnesiumhydroxyd, Magnesiumsilikat, $Fe(OH)_3$ oder organische Kolloide, elektrophoretisch auf groben Drahtnetzen, gelochten Folien oder Asbestgewebe niedergeschlagen wird und dadurch ein wirksames und billiges Diaphragma liefert, das bei Beschädigung einfach durch Zusatz der Suspension zum Elektrolyten wieder ausgebessert werden kann. Vorschläge gehen auch dahin, als „Diaphragma" überhaupt bloß eine solche Suspension zu verwenden, die sich zwischen den Elektroden schwebend halten und die Diffusion der Gasblasen verhindern soll (kolloidales Diaphragma). In diesem Falle ist die Verwendung von Gasglocken oder ähnlichen Vorrichtungen notwendig[5].

Auf feste Diaphragmen wird bei der Verwendung von Glocken (Glockenzellen) meist ganz verzichtet. Die Glocken haben schmale, langgestreckte Form, sind den Elektrodenplatten angepaßt und werden über deren oberen Teil gestülpt. Da die aufsteigenden Gasblasen durch die ebenfalls an den Elektroden aufsteigende Flüssigkeit im oberen

---

[1] Bamag-Meguin A. G.: Schweiz. P. 118710 (1925).
[2] DRP. 370118 (1921), 396994 (1920).
[3] DRP. 597955 (1934).
[4] Russ. P. 31934 (1931).
[5] G. F. Jaubert: F. P. 638346 (1926); E. P. 281674 (1926).

Teil seitlich abgetrieben werden, ist die Gastrennung bei Verwendung von Glocken nicht ganz verläßlich. Solche Zellen besitzen heute auch keine praktische Bedeutung mehr. Statt Glocken wurden auch Leitflächen angeordnet, welche die Gasblasen in die Sammelkammern leiten sollen. Solche Leitflächen können durch die Elektrode selbst gebildet werden, wenn sie jalousieartige Form erhalten.

Alle Anordnungen ohne Diaphragma dürften sich praktisch nicht bewähren, da die Gase durch die immer auftretenden Flüssigkeitsströme allzu leicht vermischt werden können.

Da die im Elektrolyten suspendierten Gasblasen, wie schon S. 14 erwähnt, den Widerstand des Elektrolyten bedeutend erhöhen, ist es wichtig, Einrichtungen zu treffen, um die entwickelten Gasblasen möglichst schnell aus dem Raum zwischen den Elektroden zu entfernen. Dies kann dadurch erreicht werden, daß die Blasen durch eine rasche Bewegung des Elektrolyten hinausgespült werden oder daß Elektroden zur Verwendung kommen, die in einer Weise durchbrochen sind, daß die Gasblasen auf die Rückseite der Elektroden geleitet werden und dort Gelegenheit zum Aufsteigen finden. Bei möglichster Zurückdrängung der Gasei füllung kann auch der Elektrodenabstand bedeutend vermindert werden, was ebenfalls im Sinne einer Widerstandsverminderung und damit einer Herabsetzung der Zellenspannung wirkt. Eine lebhafte Elektrolytbewegung wirkt auch deshalb spannungserniedrigend, weil dadurch die Konzentrationspolarisation (Verarmung des Elektrolyten in der Nähe der Elektroden) herabgedrückt wird. Häufig wird der durch die Aufwärtsbewegung der Blasen mitgerissene Elektrolyt durch bestimmte Bauart der Zellen so geleitet, daß eine kreisförmige Strömung im Elektrolyten entsteht.

Für geringen Elektrodenabstand wird beispielsweise von Clark[1] eine Anordnung mit künstlicher Elektrolytbewegung empfohlen, bei welcher dieser zwischen den engstehenden Elektroden ohne Diaphragma durch eine Kreiselpumpe hindurchgepreßt wird und dabei die entwickelten Gasblasen sofort mit sich reißt. Die Trennung der beiden Gase erfolgt dadurch, daß der Elektrolytstrom am oberen Ende der Elektroden durch eine scharfe Schneide in zwei Teile getrennt wird, in welchen die Sauerstoff- bzw. Wasserstoffblasen getrennt enthalten sind. Die beiden Ströme gelangen dann in Gasabscheider, aus welchen der Elektrolyt durch die Kreiselpumpe wieder in die Zelle zurückgeführt wird[2].

Ein Entweichen der Gasblasen auf die Rückseite der Elektroden wird durch die Verwendung von Drahtnetzelektroden oder perforierten Blechen oder Lamellenelektroden erreicht. In diesem Falle werden die Elektroden direkt an das Diaphragma angelegt, so daß die Gasblasen nach rückwärts entweichen müssen.

Zur raschen Abtrennung der Gasblasen von der Elektrode wurde nach einem Vorschlag von E. Thomson[3] auch versucht, die Zentrifugalkraft zu verwenden, indem die ganze Zelle in Rotation versetzt wird, wodurch

[1] A. P. 1476284 (1921), 1757235 (1921).
[2] Vgl. auch Smith: A. P. 1450156 (1921), 1476303 (1921).
[3] General Electric Co.: A. P. 1701346.

die Gasblasen nach innen getrieben und durch entsprechende Öffnungen abgeleitet werden.

Bei hohen Zellen werden die Elektroden der Höhe nach unterteilt, um zu verhindern, daß sich im oberen Teil des Elektrolysierraumes zu große Gasmassen ansammeln. Dies erreicht z. B. Fauser[1] durch Anordnung mehrerer Elektroden mit Gasglocken übereinander. Einen ähnlichen Zweck verfolgt die Konstruktion der I. G. Farbenindustrie A. G.[2], bei der die Elektroden in übereinandergestellte Taschen aufgeteilt sind. In jeder Tasche ist gewissermaßen eine eigene Elektrode mit selbständiger Gasabscheidung angeordnet (Abb. 27, S. 46).

Sehr wichtig für die vollständige Trennung der Gase ist auch die Anordnung der Gasabführung, die meist durch Gasglocken erfolgt, an denen das Diaphragma, welches die Elektrode sackförmig umgibt, durch Nuten und Draht oder Klemmen befestigt ist. Gelegentlich wird auch nur eine Elektrode in dieser Art entgast, während sich das Gas der anderen Elektrode im oberen Teil der mit einem dichtschließenden Deckel verschlossenen Zelle sammelt und von dort abgeleitet wird. Eine geeignete Form für kammartig ineinandergreifende Kathoden und Anoden in größerer Zahl ist auch die zickzackförmige Anordnung des Diaphragmas, wobei ein einziger zusammenhängender Streifen desselben in zickzackförmigen Schleifen zwischen den Elektroden geführt wird, so daß alle Anoden auf der einen, die Kathoden auf der anderen Seite des Diaphragmas stehen. Es wird hier nicht jede einzelne Elektrode vom Elektrolysenraum abgetrennt, sondern die ganze Zelle wird ohne Rücksicht auf die Elektrodenzahl in einen Anoden- und in einen Kathodenraum getrennt. Die Befestigung des Diaphragmas am oberen Ende erfolgt entweder durch eigens angebrachte Formstücke oder an den Glockenelementen, die über den Anoden und Kathoden angebracht sind. Bei Zellen, in denen zur Gasabscheidung nur wenig Raum zur Verfügung steht (Filterpreßzellen), wird meist auf die Abscheidung der Gase in den Zellen selbst verzichtet, und es wird der aus Gasblasen und Elektrolyt bestehende Schaum durch Kanäle in einen gemeinsamen Gasabscheider geführt, von wo der gasfreie Elektrolyt wieder in die Zellen zurückfließt.

Diese Anordnung, die wesentliche Vorteile bietet, hat nur den einen Nachteil, daß durch den elektrolyterfüllten Gasabscheider vom Kathodenraum zum Anodenraum ein Nebenschlußstrom fließen kann, der unter Umständen zu fremden Gasabscheidungen in den Kanälen, zu Korrosion von Metallteilen und anderseits zur Wiederabscheidung solcher gelöster Metalle in Schwammform und dadurch verursachten Verstopfungen führen kann. Auch bei Bipolarzellen verwendet man eine derartige Abscheidung, indem man eine größere Anzahl bipolarer Aggregate an einen Abscheider anschließt, aus dem der entgaste Elektrolyt wieder auf die einzelnen Aggregate verteilt wird. Nebenschlußströme werden dadurch unterdrückt und unschädlich gemacht, daß die Metallrohre der Ableitungen in kurze Stücke unterteilt und durch Isolatorstücke verbunden werden. Wenn der Spannungsabfall in jedem Teilstück unter der Zersetzungsspannung des Wassers bleibt, so ist die Nebenschlußstromstärke ähnlich wie in Metalldiaphragmen (S. 20) nur gering. Eine isolierende Unterbrechung der Rohrleitungen wird von der

[1] F. P. 551302 (1922). [2] DRP. 432670 (1925).

I. G. Farbenindustrie A. G. auch dadurch erreicht, daß in den Elektrolytweg, besonders am Ein- und Ausfluß der Zellen, freie Flüssigkeitsstrahlen eingeschaltet werden, wodurch überdies an diesen Stellen der Querschnitt des Elektrolyten verengt, der Widerstand also erhöht wird.

Die vollständige Trennung des Wasserstoffs und Sauerstoffs voneinander gelingt in modernen Zellen fast vollkommen, von den meisten Werken werden heute Reinheitsgrade von 99,5—100% für Wasserstoff und 99—99,8% für Sauerstoff angegeben. In früheren Jahren, als die Zellenkonstruktionen eine so vollständige Trennung noch nicht erreichten, hatte man damit zu rechnen, daß die gegenseitige Verunreinigung der Gase bis zu den Explosionsgrenzen führen konnte, welche für Wasserstoff bei zirka 6% $O_2$ und bei Sauerstoff bei zirka 11% $H_2$ liegen. Um die Verunreinigungen unschädlich zu machen, wurden die Gase in Reinigungsanlagen über Katalysatoren unter gleichzeitiger schwacher Erhitzung geleitet, wobei die Verunreinigungen verbrannten. Heute ist die Verwendung solcher Reinigungsanlagen nicht mehr notwendig, man begnügt sich mit automatischen Analysenapparaten mit Alarmvorrichtung (katalytische Verbrennung, Wärmeleitung, Dichtemessung).

Beim Arbeiten unter erhöhter Elektrolyttemperatur spielt als Verunreinigung der Wasserdampf, der ein Viertel bis zur Hälfte des Gasvolumens ausmachen kann, eine besonders störende Rolle, weil er sich bei der Abkühlung in den Rohrleitungen kondensiert und Druckstöße oder im Winter Einfriergefahr hervorruft. Es müssen daher an den tiefliegenden Stellen der Gasleitungen Syphonauslässe vorgesehen werden. Zur vollständigen Trocknung der Gase für die Weiterleitung über lange Strecken ist es wegen der Gefriergefahr notwendig, die Gase sorgfältig etwa durch aktive Kieselsäure zu trocknen. Die Hauptmenge des kondensierten Wassers wird den Zellen mit dem Speisewasser wieder zugeführt.

Als Verunreinigung kommt insbesondere für den Sauerstoff auch der Elektrolyt, also Lauge in Betracht, der in Form eines feinverteilten Nebels mitgeführt wird. Es ist daher üblich, die Gase zu waschen, indem man sie durch eine Wasservorlage hindurchleitet. Die sich sammelnde Lauge läßt man durch einen Überlauf den Zellen mit dem Kondenswasser durch die Speisewasserleitung wieder zufließen. Da beim Sauerstoff das Waschen allein meist nicht genügt, muß man zu Mitteln greifen, die für die Entstaubung von Gasen bekannt sind (Rieseltürme, Elektrofilter). Auch Sauerstoff, der frei entweicht, muß von der Lauge befreit werden oder muß aus den Elektrolyseräumen über Dach geführt werden, da die Atmungsorgane durch Laugennebel stark angegriffen werden. Beim Komprimieren der Gase zwecks Füllung in Gasflaschen wird der Laugennebel mit dem Wasserdampf zusammen ausgeschieden.

Sehr wichtig ist auch die Regelung des Drucks der beiden Gase. Es ist ohne weiteres einzusehen, daß Druckdifferenzen in den beiden Gasleitungen zu störenden Niveauverschiebungen in den Anoden- und Kathodenräumen führen müssen, die Dehnung der Diaphragmen, Verstopfung oder sogar Zerreißung derselben und Übertritt der Gase verursachen können. Zur Vermeidung solcher Druckunterschiede verwendet man **Druckausgleicher**, die auch gleichzeitig als Gaswäscher dienen.

Diese bestehen z. B. (Abb. 8) aus je einer Wasservorlage $A$ und $B$, die miteinander ziemlich tief unterhalb der Wasserlinie in Verbindung $C$ stehen. Außerdem ist ein offener Sicherheitsauslaß $D$ vorgesehen. Es ist dann die Differenz der Drucke $P_H$ und $P_O$ in den Zuführungsleitungen $H$ und $O$ nur von der Höhendifferenz $d$ der Austrittsöffnungen $E$ und $F$ abhängig. Diese wird dagegen unabhängig von den Drucken $P_H$ und $P_O$ in den Abführungsleitungen $G$ und $K$ sein, solange deren Druckdifferenz nicht so groß ist, daß eine der beiden Austrittsöffnungen aus der Flüssigkeit austaucht. Dies hat seine Ursache darin, daß sich in den beiden Wasservorlagen $A$ und $B$ eine Höhendifferenz des Waschwassers ausbildet, die gleich der Druckdifferenz in den Abführungsleitungen ist, wie aus den in der Abbildung gezeichneten Druck- und Höhendifferenzen $a$, $b$, $c$ und $d$ hervorgeht. Durch solche Vorrichtungen kann man die Differenz der Gasdrucke in den Zellen auf Null oder auf einen beliebigen Wert einstellen.

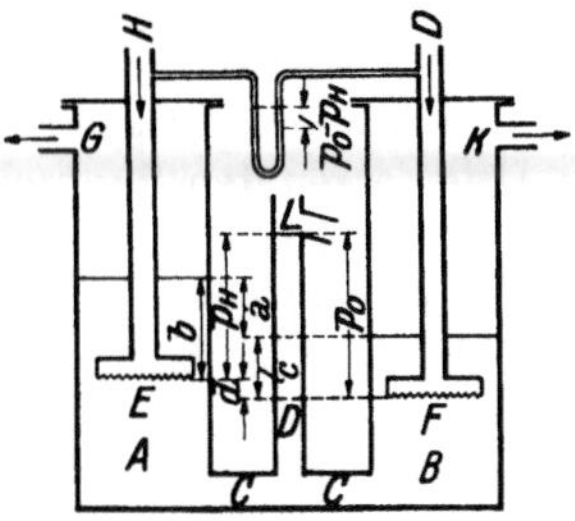


Abb. 8. Druckausgleicher und Gaswäscher.

## Speisewasserzuführung, Niveau- und Konzentrationsunterschiede im Elektrolyten.

Während man früher das durch die Elektrolyse verbrauchte Wasser von Hand aus in geeigneten Zwischenräumen nachfüllte, ist man bei modernen Anlagen fast ausschließlich zu einer selbsttätigen Nachfüllung übergegangen. Dies geschieht bei Zellen mit äußerem Elektrolytumlauf am einfachsten so, daß man in einen mit dem Gasabscheider kommunizierenden Behälter einen Schwimmer mit Speisewasserventil einbaut, so daß das Niveau konstant bleibt. Vielfach wird auch für ganze Batterien an einer Stelle ein Speisewassergefäß mit konstantem Niveau eingerichtet, das durch Verteilungsleitungen mit den einzelnen Zellen verbunden ist. Auch hier wird der Zufluß durch ein Schwimmerventil geregelt.

Bei Verwendung von Alkalilauge als Elektrolyt wird, wie S. 10 gezeigt wurde, das Wasser allein an der Kathode verbraucht. Es entstehen deshalb zwischen Kathode und Anode bedeutende Niveau- und Konzentrationsunterschiede. Man führt deshalb das Speise- und Kondenswasser nur dem Kathodenraum zu. Aber auch dann bleibt der Katholyt während des Betriebes immer noch konzentrierter als der Anolyt. Ein Unterschied im Betrage von etwa 6% ist ohne Nachteil. Nur bei Verwendung hoher Stromdichten muß man Einrichtungen zur Durchmischung des Elektrolyten treffen. Dies kann z. B. durch Anbringen von Verbindungskanälen in den Diaphragmen erfolgen, die so beschaffen sein müssen, daß die Gefahr einer Gasvermischung ausgeschlossen ist. Bei manchen Konstruktionen sind die Diaphragmensäcke unten offen, wodurch der Elektrolyt frei zirkulieren kann.

## Gegenwärtig benützte Zellenkonstruktionen.

### Unipolarzellen.

Im folgenden sollen aus der großen Zahl der vorgeschlagenen Zellenkonstruktionen nur die wichtigsten, welche sich im praktischen Betrieb bewährten, beschrieben werden, und zwar die Unipolarzellen und Bipolarzellen getrennt.

**Unipolare Trogzelle von Holmboe.** Diese von De Noriske Fabriker, Oslo, erzeugten Trogzellen sind mit Deckel versehen, die durch einen Flüssigkeitsverschluß oder durch isolierende Dichtungen gegen die Zelle abgedichtet sind[1]. Die Zelle enthält Elektroden abwechselnder Polarität, früher aus einfachen Blechen bestehend, jetzt aber eine Art gröberer Lamellenelektroden[2]. Diese bestehen aus waagrechten Bolzen, auf denen senkrecht Blechstreifen aus Eisen oder Nickel getrennt, durch Rohrstücke aufgezogen sind, so daß die Streifen senkrecht zur Elektrodenebene stehen. Sie werden durch Endmuttern zusammengepreßt. Die Streifen können auch in der Mitte geschlitzt und die Kanten so herausgebogen werden, daß sie parallel zur Elektrodenebene stehen (Abb. 9).

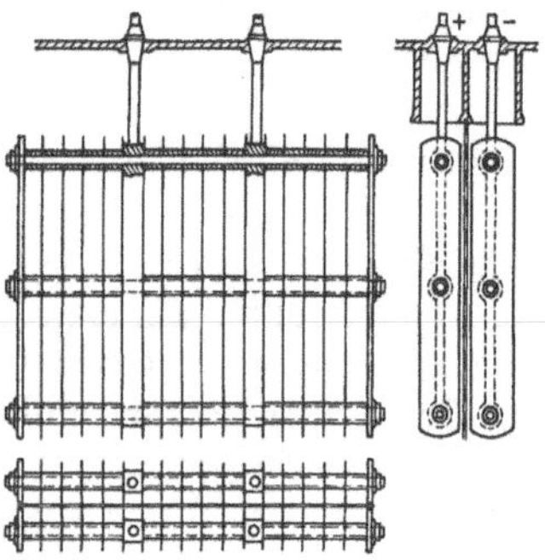

Abb. 9. Elektroden nach Holmboe.

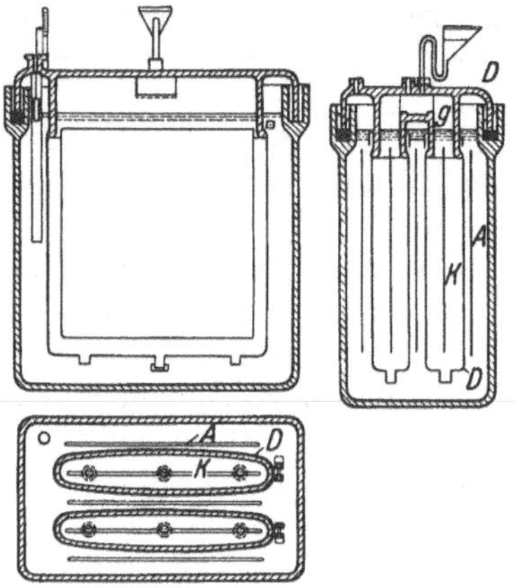

Abb. 10. Holmboezelle.

Nach Angabe der Patentschrift[3] sind die Kathoden *K* von Diaphragmasäcken *D* umhüllt, welche bis auf einige kleine Öffnungen geschlossen sind (Abb. 10). Die Diaphragmen sind an den Gasglocken *g* befestigt, die mit dem Deckel *D* ein Stück bilden. Sie sind aus besonders gewebtem und sehr haltbarem Asbesttuch gefertigt.

Die Anoden *A* sind an dem Gefäß leitend befestigt, so daß auch dieses als Anode und zugleich als Stromzuführung dient.

Das durch die Gase mitgeführte Wasser wird in einem Kondensationsapparat abgetrennt, dessen Kühlwasser, nachdem das Gas den Kondensator

[1] DRP. 453685 (1925); Norw. P. 46781 (1927).
[2] Norw. P. 42078 (1923), 43902 (1925); siehe auch Norw. P. 40205 (1923); F. P. 600331 (1925); Österr. P. 108289 (1925).
[3] DRP. 467399 (1924).

passiert hat, zur Auswaschung der mitgerissenen Alkaliverbindungen verwendet wird. Daran schließt sich noch eine Waschung mit kaltem Wasser, um die letzten Spuren Alkali aus den Gasen zu entfernen[1].

Die Wassernachfüllung ist nicht automatisch, der Flüssigkeitsstand wird durch einen Schwimmer angezeigt.

Spannung 1,99—2,09 Volt.

Reinheit der Gase: Wasserstoff 99,95—99,99% und 99,5—99,9% für Sauerstoff. Es wurden Zellen für 1500—18000 A gebaut, diese Zellen gestatten im Vergleich zu anderen eine besonders hohe Dauerbelastung und sind im Betrieb sehr verläßlich.

Außer den De Noriske Fabriker erzeugt auch die Firma Krebs u. Co., Paris-Oslo-Berlin, einen etwas veränderten Holmboe-Krebs-Elektrolyseur.

**Unipolare Trogzelle von Knowles.** Diese von der International Electrolytic Plant Co., Chester, England, hergestellte offene Trogzelle

Abb. 11. Knowleszelle.

besitzt Elektroden aus einfachen Blechen abwechselnder Polarität, über welchen Gasglocken *D* angeordnet sind, von denen jede zweite einen unten offenen Asbestdiaphragmasack trägt (Abb. 11). Die Elektroden *B* hängen an Stromzuführungsbolzen *E*, die, geschützt, durch die Gasglocken hindurchgeführt und mit einer Flüssigkeitsdichtung versehen sind. Die

[1] Norw. P. 44685 (1926).

Anoden sind vernickelt. Die Glocken hängen mittels Nasen auf dem Rand des Troges. Jede Glocke besitzt ein Gasauslaßrohr. Diese Rohre werden in einem Sammelrohr *L* vereinigt und dann durch Gasableitungsrohre *N* abgeführt, die erst senkrecht aufwärts und dann schräg abwärts gebogen sind. Diese Form hat den Zweck, den mitgerissenen Elektrolyten in die Zelle zurückfließen zu lassen. In letzter Zeit ordnet Knowles wegen möglicher Stauung der rückfließenden Lauge ein eigenes Rückflußrohr an. Der Elektrolyt ist 15—18%ige Natronlauge. Auf die Verwendung der besserleitenden Kalilauge wird verzichtet, weil, wie das bei offenen Trogzellen unvermeidlich ist, die Lauge durch die Kohlensäure der Luft in Karbonat verwandelt wird und deshalb zeitweise erneuert werden muß.

Der Elektrolyt wird nach 4—5 Jahren ersetzt. Im Laufe dieser Zeit karbonisiert er sich bis zu 40%.

Eine Kühlung ist nur für Zellen mit hoher Leistung vorgesehen. Bei einer Belastung von 3000 A ist die Spannung 2,25 Volt, bei 4500 A ist sie 2,5 Volt. Die Zellen sind für eine Höchstbelastung von 6000—7000 A gebaut.

Bei einer normalen Belastung je Elektrolyseur von 4500 A beträgt die Stromdichte 600 A/m$^2$, die Badtemperatur 60—70° C.

Der Energieverbrauch für den Kubikmeter Wasserstoff beträgt 5,5—6,3 kWh. Der Reinheitsgrad der erzeugten Gase ist groß, es wird für 99,5% beim Wasserstoff und 99,0% bei Sauerstoff garantiert.

Die Zellen werden in verschiedenen Normaltypen erzeugt, die sich durch ihre Breite und die dadurch bedingte Elektrodenanzahl unterscheiden. Die abgebildete Zelle enthält 6 Elektrodenpaare. Je 20 Zellen sind mit einer Gaswaschanlage verbunden, von der aus auch eine automatische Regelung der Speisewassernachfüllung erfolgt. Nach einem neuen Patent[1] ist bei diesen Gaswäschern auch Druckausgleich vorsehen. Da während des Betriebes in die Gassammler Schaum und Elektrolyt geraten, hat man auf jeder Zelle zusätzlich zwischen Zelle und Sammler Tropfenfänger mit einem Durchmesser von 200 mm und einer Länge von 300 mm eingebaut. Eine in Nagoya (Japan) aufgestellte Anlage (Abb. 12) besteht aus 1080 10000 Amp.-Zellen welche in 4 Batterien gruppiert sind und in welcher 4950 m$^3$ Wasserstoff pro Stunde erzeugt wird. Außer der geschilderten Unipolarzelle hat Knowles auch Patente für eine Bipolarzelle genommen. Die Besonderheit dieser Zellen besteht darin, daß die Einzelzellen nicht wie gewöhnlich nebeneinander, sondern übereinander an-

Abb. 12. Knowleszellenanlage in Nagoya (Japan).

[1] DRP. 528265 (1930).

geordnet sind (Säulenzellen). Die Elektroden der einen Art sind am Boden befestigt und stehen kammartig in die Höhe, die Elektroden der anderen Art hängen vom Deckel herab. Darüber sind oben und unten offene Glocken angeordnet, an denen Asbestsäcke hängen, welche die von oben herabhängenden Elektroden umgeben. Der Deckel der Zelle ist doppelwandig, so daß sich das eine Gas in dem hohlen Deckel, das andere in dem Raum unterhalb des Deckels sammelt und von dort abgeleitet wird. Der Platzbedarf dieser Zellen ist besonders klein.

**Die unipolare Trogzelle von Fauser.** Wie die Abb. 13 zeigt, befinden sich bei dieser Zelle in einem Trog abwechselnd eine beliebige Zahl von

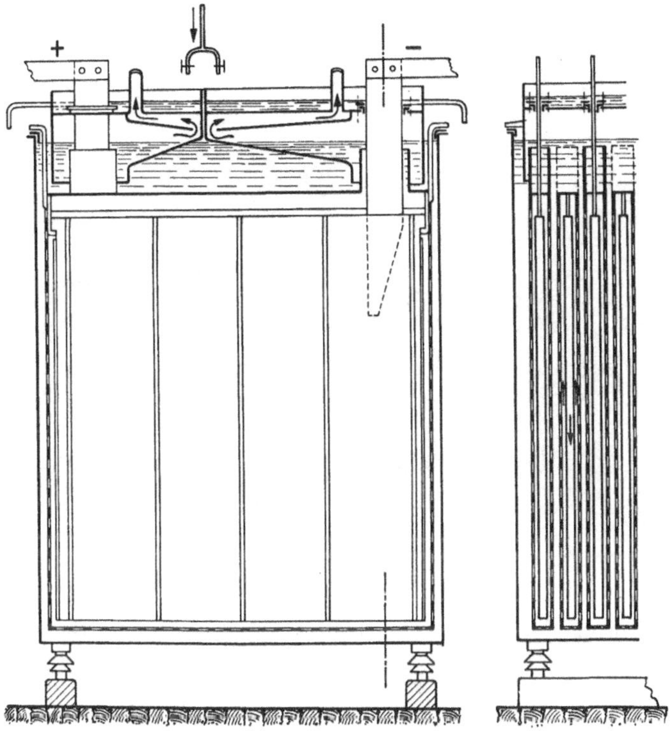


Abb. 13. Fauserzelle.

Doppelelektroden, die aus zwei Blechen bestehen, welche durch eingewalzte vertikale Nuten in bestimmtem Abstand miteinander verbunden sind. Sie besitzen eine Oberfläche von 1 m². Die Anoden sind vernickelt. Über den Elektroden befinden sich Gasglocken, an denen die Elektroden isoliert aufgehängt sind und die ihrerseits auf einer Leiste unter dem Rande des Troges aufliegen. Als Diaphragmen dienen Asbestsäcke, und zwar hängt an jeder Elektrode ein solcher, unten offener oder auch geschlossener Sack, so daß also zwischen zwei Elektroden das Diaphragma doppelt ist. Über die gleichartigen Gasglocken ist je eine Sammelglocke gestülpt, die ebenfalls noch in die Flüssigkeit eintaucht. Die Wassernachfüllung erfolgt automatisch und wird durch Schwimmerventile in jeder Zelle geregelt. Die Belastung der Zelle ist verhältnismäßig gering und beträgt 400 $A/m^2$. Die Badtemperatur ist 60°, als Elektrolyt wird Kalilauge vom spezifischen Gewicht 1,2—1,25 verwendet. Um die Kohlensäureaufnahme der Lauge zu verhindern, sind bei neueren Typen Deckel aus Asbestzement für die Zellen vorgesehen. Auch eine primitive Kühlung wurde angebracht. Die Zellenspannung liegt bei 2,0 Volt.

Abb. 14. Fauserelektrolyseanlage.

Der Vorteil der Fauserzelle liegt in ihrer einfachen Bauart. Nachteile sind: die Verwendung von Doppeldiaphragmen, einmal wegen der höheren Kosten und auch wegen der Möglichkeit der Ansammlung von Knallgas zwischen den beiden Diaphragmen. Bei den offenen Zellen ist die Reinhaltung durch versprühten Elektrolyten schwierig.

Infolge der Veränderung des Elektrolyten durch Kohlensäureaufnahme steigt die Spannung mit der Zeit etwas an. Die Lauge soll etwa alle Jahre einmal erneuert oder regeneriert werden. Die Gase sind sehr rein, der Wasserstoff wird durchschnittlich mit 99,9% angegeben.

Fauserelektrolyseure stehen auf einer Reihe von Großanlagen in Italien, die seit 1921 in Betrieb sind.

Eine solche Batterie von 28000 kW arbeitet u. a. in Meran (Abb. 14). Eine Anzahl von Fauserelektrolyseuren befindet sich auch auf einem kanadischen Werk in der Stadt Trail.

Erzeugt werden solche Zellen von der Montecatini Soc. Generale per l'Industria Mineraria et Agricola, Mailand.

**Unipolarzelle der International-Oxygen Company (I. O. C.-Zelle).** Diese von Benjamin und Levin besonders einfach gebaute, geschlossene Unipolarzelle wird in Amerika schon längere Zeit unter der Bezeichnung „Einheitszelle" benutzt[1] (Abb. 15).

Als Kathode *K* und Anode *A* dienen zwei Eisenplatten, die isoliert auf einen Rahmen aufgesetzt sind und die zugleich die Gefäßwände bilden. Die innere Seite der Elektroden ist zur Vergrößerung der Oberfläche mit Erhöhungen oder Rippen versehen. Die Anode ist vernickelt. Im Rahmen ist ein Asbestdiaphragma *D* mittels Klemmleiste befestigt.

Oben befinden sich drei Glastuben, von denen die beiden seitlichen die Wasch- und Druckausgleicher für $O_2$ und $H_2$ enthalten und der mittlere *N* zum Nachfüllen des Spülwassers dient. Dieses durchfließt zunächst die Waschvorrichtungen und gelangt dann in den Sammelraum *E*.

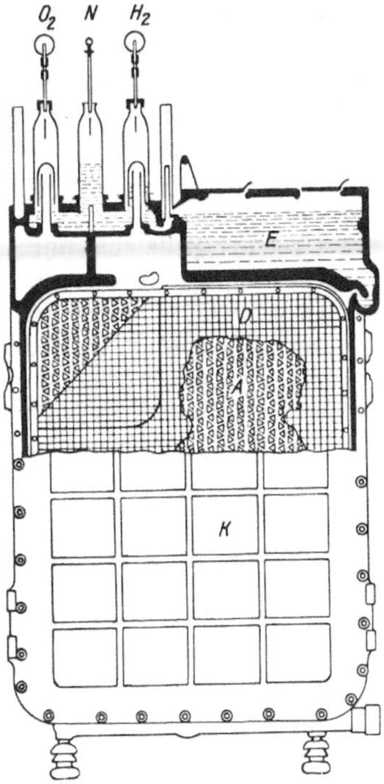

Abb. 15. I. O. C.-Zelle.

Normalmaße: 1,07 m breit, 1,83 m hoch, 9 cm dick.

Die Zellen werden dicht aneinandergereiht und bei *a* unmittelbar verbunden. Normale Belastung: 600 A bei einer Spannung von 2,22 Volt. Bei Belastung mit 1000 A 2,54 Volt. Gasreinheit: Wasserstoff 99,7%, Sauerstoff 99,5%.

**Unipolarzelle der Electrolabs Comp., Pittsburgh (Pa.) (Electrolabs-Zelle).** Diese auf Patenten von Levin beruhende geschlossene Unipolarzelle wurde vor Jahren von der Electrolytic Oxy-Hydrogen Laboratories Inc., New York, später von der Electrolabs Comp., Pittsburgh (Pa.), gebaut und im Jahre 1925 endlich von der Gas Industries Comp., Pittsburgh (Pa.), übernommen. Bei dieser Zelle sind eigene Gehäuseteile vorgesehen, die schalenförmig vertieft sind. Zwischen zwei solchen Seitenteilen werden zwei Anoden[2] und ein Mittelrahmen mit einer als Doppelelektrode ausgebildeten Kathode isoliert eingelegt. Beide Elektroden sind mit Kobalt überzogen und anodisch vorbehandelt (S. 19). Zwischen Anode und Kathode befindet sich je ein Asbestdiaphragma, das in

Abb. 16. Elektrolabszelle.

[1] Benjamin: A. P. 1344220 (1917). — Levin: A. P. 1328981 (1922), 1434548 (1920). [2] Levin: DRP. 335992 (1920).

einen flachen Blechrahmen eingespannt ist. Gehäusewände und Diaphragmenrahmen werden nach der Zusammenstellung verschweißt, die Zelle kann dann nicht mehr zerlegt werden, bedarf auch außen keiner Dichtungen und ist sehr widerstandsfähig (Abb. 16). Durch Verlängerung des oberen Teils der Elektrode und des Diaphragmenrahmens und in ersterem vorgesehene Aussparungen werden zwei Gassammelräume gebildet.

Über der Zelle sind außen der m t Anoden- und Kathodenraum verbundene Speisewassertrichter und Druckausgleicher angebracht[1].

Gasreinheit: Wasserstoff und Sauerstoff 99,8%.

Normalmaße: Type B 109 cm hoch, 94 cm breit, 22 cm dick, Gewicht 147 kg. Stromaufnahme normal 600 A. Die Spannung wird nicht angegeben, jedenfalls aber nicht hoch.

Die Gas Industrie Co., welche die Erzeugung der Electrolabs-Zelle übernommen hat, baut außer der beschriebenen Zelle ebenfalls auf Grund der Patente von Levin eine geschlossene unipolare Trogzelle (Type M)[2]. Auch diese Zelle enthält drei Elektroden, die am Deckel befestigt sind, an welchem auch die Gasglocke samt Asbestdiaphragma für die mittlere Elektrode (Anode) hängt. Alle Metallteile sind vernickelt, die Kathoden verkobaltet. Auf dem Deckel befinden sich wie bei der vorbeschriebenen Zelle Gasabscheider und Ableitung sowie der Speisewassertrichter.

Stromaufnahme je nach der Größe 400—2500 A.

**Unipolare Trogzelle System Kent.** Der Elektrolyseur System Kent ist eine geschlossene Trogzelle mit unipolaren, doppelten Elektroden (Anoden vernickelt), aus schwach perforierten Eisenblechen, mit einfachem Asbestdiaphragma, welches die Kathoden umgibt und mit getrennter innerer Elektrolytzirkulation.

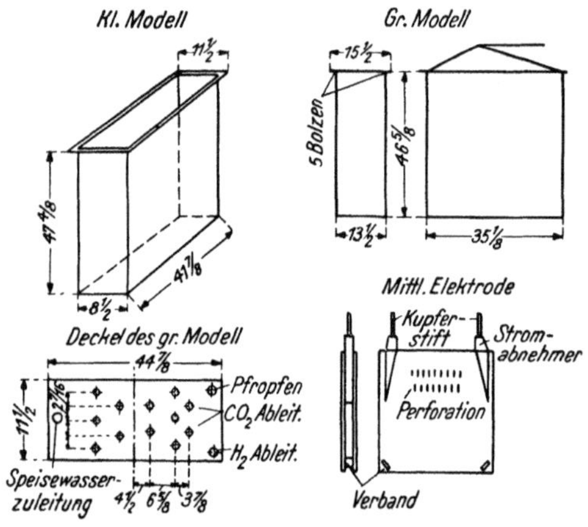


Abb. 17. Elektrolyseur System Kent. Detail des Elektrolyseurs (Abmessungen in Zoll).

Die Elektrolyseure mit einer Stundenleistung von 0,5 und 1,0 m³ unterscheiden sich nur durch die Elektrodenzahl und die Zellenabmessungen (Abb. 17).

Der Zellenkörper des am weitestverbreiteten kleinen Modells wird aus Blechen von 3 mm Stärke elektrisch geschweißt ausgeführt und ist 1065 mm lang, 215 mm breit und 1210 mm hoch.

Der Elektrolyseurdeckel wird aus Gußeisen oder Stahl ausgeführt und besitzt auch gußeiserne Gassammelglocken entsprechend der Zahl der Anoden, d. h. der Deckel des kleinen Typs für drei Elektroden hat eine Glocke, der Deckel des großen Elektrolyseurtyps hat zwei Glocken. Kathode und Anode werden aus zwei 3 mm

[1] J. H. Levin: A. P. 1372442 (1917).
[2] A. P. 1478340 (1920), 1478341 (1920), 1504359 (1920), 1560250 (1921).

starken Eisenblechen ausgeführt, welche elektrisch an zwei eisernen Stromabnehmern angeschweißt sind. Die Stromabnehmer führen den Strom bis zur Mitte der Höhe der Elektrode und haben an dem unteren Teil einen kleineren Querschnitt. Vor der Montage werden die Kathoden mit Salzsäure gebeizt und mit einem Sandstrahlapparat zur Rostentfernung bearbeitet. Die Anoden werden vernickelt. Die Dichtung der Stromzuleitungen durch den Deckel des Elektrolyseurs wird durch Formfutter aus Ebonit und Gummifutter erzielt.

Das Diaphragma aus reinem Asbeststoff mit einer Stärke von 1,9 kg/m² wird an den Deckelglocken mittels Laschen und Schrauben befestigt. Das Diaphragma umschließt die Anoden der Zellen, ist von unten offen und hängt ganz frei. Die Entfernung zwischen den Mitten der Nachbarelektroden beträgt 62 mm, die Entfernung zwischen der Anode und der Kathode ist 12 mm. Das Diaphragma befindet sich in der Mitte.

Die innere Zirkulation in der Zelle erfolgt nach folgendem Schema: In dem Raum zwischen dem Diaphragma und der Elektrode wird der Elektrolyt durch aufsteigende Gasblasen nach oben geführt. In dem oberen Teil der Zellen trennt sich der Elektrolyt von den Gasblasen und sinkt dann in dem Raum zwischen den beiden Blechen einer Elektrode.

Die Elektrolyseure sind für eine Belastung von 1200 und 2400 A gebaut, was einer Leistung von 0,5—1,0 m³ Wasserstoff je Stunde entspricht. Sie bedürfen keiner Wasserkühlung und arbeiten wegen großer Wärmeabgabe durch die äußere Körperwand und den Deckel bei einer Temperatur von 40—50°. Bei der Inbetriebsetzung wird der Beharrungszustand bezüglich Temperatur, Belastung und Spannung nach rund 25—30 Stunden erreicht.

Bei Verwendung von Ätznatron als Elektrolyt und einer Stromdichte von 600—650 A/m² arbeiten die Elektrolyseure bei einer Spannung von 2,02—2,08 Volt, was einem Energieverbrauch von 4,88—5,03 kWh/m³ $H_2$ entspricht.

Die Gase verlassen die Elektrolyseure unter einem Druck von 125 bis 200 mm WS. Reinheit des Wasserstoffs 99,9%, die des Sauerstoffs 99,5%.

Die Elektrolyseure von Kent sind sehr zuverlässig im Betrieb, bedürfen weniger Ausbesserungen und liefern bei geringem Stromverbrauch je Kubikmeter Wasserstoff hochprozentig reine Gase. Eine große Verbreitung haben diese Elektrolyseure in U. S. A. gefunden, wo etwa 15 kleine Anlagen mit einer stündlichen Wasserstoffleistung von 30—125 m³ aufgestellt sind.

Es befinden sich Anlagen im Betrieb, welche im Laufe von 5—7 Betriebsjahren keiner Ausbesserung oder Elektrolyterneuerung bedurften. Auf der Anlage in der Stadt Gretna (U. S. A.) wurden nur einige Anoden nach 4—5 Betriebsjahren erneut vernickelt.

**Unipolare Trogzelle System Steward.** Diese Trogzelle mit unipolaren, nahestehenden Elektroden ist mit einfachem Asbestdiaphragma, welches die Anoden umschließt, und einer gemeinsamen Zirkulation des Elektrolyten in der Zelle ausgestattet.

Der Zellenkörper (Abb. 18) ist aus drei Eisenblechen von 4,5—5 mm Stärke geschweißt. Der Elektrolyseurdeckel besteht aus einem Eisenblech von 6 mm, hat die Abmessungen 1245 × 540 mm und wird an dem Zellenkörper mit 36 Schrauben befestigt. Im Deckel sind Löcher für die Stromzuführungen der Elektroden (14 Löcher für die Kathoden und 12 für die

Anoden). Die Anodenzuleitungen gehen innerhalb der Glocke, die der Kathoden außerhalb der Glocke. Die Kathoden bestehen aus 600 Platten mit einer Stärke von 0,25 mm mit beiderseitig ausgestanzten Vorsprüngen von 1 mm Höhe.

Die Anoden bestehen aus 220 Platten deren jede 0,63 mm stark ist und besitzen beiderseitig ausgestanzten Vorsprünge mit einer Höhe von 1,60 mm. Die Entfernung zwischen den Mitten der Stromabnehmer beträgt 851 mm. Nach dem Zusammenbau werden die Anoden mit Sandstrahlapparat gereinigt und nach gewöhnlicher Bearbeitung mit Lauge und Säure in einem Bad aus besonders zusammengesetztem Elektrolyt vernickelt.

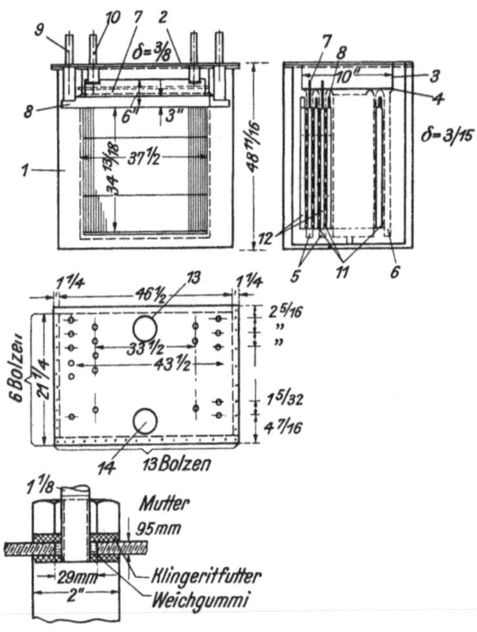


Abb. 18. Elektrolyseur System Steward. Gesamtansicht (Abmessungen in Zoll).

*1* Elektrolyseurkörper, *2* Deckel, *3* Spannringe der Glocke, *4* Rahmen für die Befestigung der Diaphragmen, *5* Diaphragma, *6* Zirkulationssack, *7* Sammelleiste der Anoden, *8* Sammelleiste der Kathode, *9* Stromabnehmer der Kathode, *10* Stromabnehmer der Anode, *11* Kathode aus 600 Platten, *12* Anode aus 220 Platten, *13* Sauerstoffwascher, *14* Wasserstoffwascher.

Als Material für das Diaphragma dient ein Stoff aus langfaserigem kanadischen Asbest. Die Stoffdichte ist dieselbe wie bei K e n t = 1,9 kg/m². Das Diaphragma umschließt die Anoden, ist von oben offen und hängt 30 mm tiefer als die Elektroden. Die Diaphragmen können getrennt von dem Deckel und den Elektroden zusammengebaut werden, was die Montage des Elektrolyseurs erleichtert.

Für die Zirkulation des Elektrolyten wird an dem Diaphragmabefestigungsrahmen zwischen der äußeren Kathode und der Zellenwand von einer Seite des Elektrolyseurs ein leerer Diaphragmasack befestigt, welcher von oben und unten offen ist. Der mit den Gasblasen an den Elektroden hochsteigende Elektrolyt sinkt, nachdem die Gasbläschen entwichen sind, durch diesen Zirkulationssack.

Jeder Elektrolyseur ist mit Waschkühlung für jede Gasart ausgerüstet. Sie werden für eine Belastung von 10000 A gebaut, was einer Wasserstoffleistung von 4,1 m³/h entspricht.

Die Elektrolyseure System Steward der oben beschriebenen Konstruktion mit 15 Elektroden sind auf einem kanadischen Werk in einer Anzahl von 20 Stück aufgestellt. Sie arbeiten bei einer Stromdichte von rund 1000 A/m² und 55—65°. Die Spannung je Elektrolyseur beträgt 1,80—1,92 Volt.

Nach der Inbetriebsetzung der Elektrolyseure fällt die Reinheit der Gase sehr rasch ab, bei einzelnen Elektrolyseuren für Sauerstoff auf 89,5%! Durch Waschen der Diaphragmen läßt sich die Sauerstoffreinheit wieder bis 99,4—99,9% steigern. Nach einigen Monaten Arbeit sinkt die Gasreinheit wieder. Um einigermaßen reine Gase zu bekommen, muß man die Elektrolyseure 2—3mal jährlich reinigen.

Die Gasverunreinigungen sind durch Kurzschlüsse innerhalb der Zelle, welche durch von den Anoden abfallende Nickelblättchen verursacht werden, bedingt. Infolge des Kathodenstromschlusses mit der Glocke wirkt diese als Kathode und verunreinigt den unter der Glocke sich sammelnden Sauerstoff. Außerdem wird die schlechte Gasbeschaffenheit durch das Mitreißen der Gasblasen mit dem Elektrolyt bei seiner Bewegung nach unten durch den Zirkulationssack bedingt.

Durch Vergrößerung der Entfernung zwischen den Elektroden und Behebung einiger anderer Konstruktionsfehler ließ sich die Gasreinheit des Sauerstoffs von 99 auf 99,8% und die des Wasserstoffs von 99,1 auf 99,9% verbessern.

Der Elektrolyseur liefert, wie es die Betriebserfahrung zeigt, Gas schlechter Qualität, bedingt viele Ausbesserungsarbeiten und öftere Diaphragmareinigung. Die Plattenelektroden sind sehr schwierig anzufertigen.

Wegen der oben genannten Mängel haben die Steward-Elektrolyseure trotz des niedrigen Stromverbrauchs und der gelungenen Lösung einer Reihe von konstruktiven Fragen keine breite Betriebsverwendung gefunden.

**Unipolare Trogzelle System Siri.** Der Elektrolyseur System Siri (Abb. 19) ist eine offene Trogzelle mit doppelten, nahestehenden Netzunipolarelektroden, einzelnem Diaphragma aus Asbeststoff und einer eigenen Gassammelglocke für jede Elektrode. Das Hauptmerkmal dieses Elektrolyseurs ist die Einfachheit seiner Montage und Demontage wegen der eigenartigen Ableitung des Gases aus den Glocken nach unten.

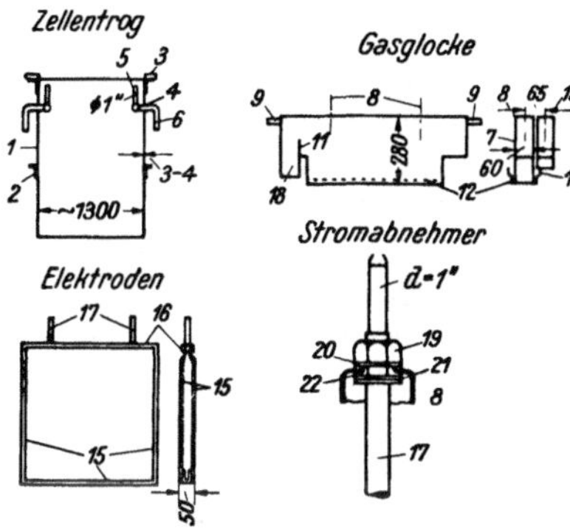


Abb. 19. Elektrolyseur System Siri. Detail des Elektrolyseurs.

*1* Zellenkörper, *2* Winkel, *3* Unterstützungslasche für die Glocken, *4* Sammelrohr, *5* Stutzen für die Gasableitung aus der Glocke, *6* Stutzen für die Gasableitung in den Serienkollektor, *7* Glocke, *8* Löcher für den Durchgang der Stromabnehmer, *9* Klauen, *10* Öffnungen für den Stutzen, der das Gas aus der Glocke ableitet, *11* Scheidewand, *12* Diaphragmabefestigungsbolzen, *13* Anodenglocke, *14* Lasche, *15* Drahtnetz, *16* Stromverteilungsleiste, *17* Muttern, *18* Bündel aus Schmiedeeisen, *19* Mutter, *20* und *21* Scheibe, *22* Futter aus Asbestkarton.

Der eiserne geschweißte Körper des Elektrolyseurs ist mit einem Verband von Winkeleisen ungefähr auf einem Drittel der Höhe der Zellen ausgerüstet und besitzt auf dem oberen Rand der Zellen Winkel mit angeschweißten Leisten, auf welche sich die Glocke stützt. Im Körperinnern sind zwei Gassammelröhren angeschweißt, eine für Wasserstoff, die andere für Sauerstoff. Jedes Rohr besitzt je einen Stutzen, welcher für die Leitung des Gases in den Sammler durch die Körperwand geht und Stutzen für die Ableitung des Gases aus den Glocken, welche senkrecht von hinten in die Glocken eingeführt sind.

Das Asbestdiaphragma umkleidet die Kathoden und ist von unten offen. Die Elektroden bestehen aus zwei Drahtnetzen. Der obere Rand des Netzes wird mit der Stromverteilungsleiste zusammengeschweißt. Die seitlichen Ränder und der untere Rand des Netzes werden mit schmiedeeisernen Laschen, die an der inneren Seite angeschweißt sind, befestigt. Die Entfernung zwischen den Arbeitsflächen der Anode und Kathode beträgt rund 15 mm.

Bei einer Stromdichte von 450 A/m² und einer Temperatur von 65° arbeiten die Zellen bei einer Spannung von 2,05—2,10 Volt, was einem Stromverbrauch von 4,96—5,10 kWh je Kubikmeter Wasserstoff entspricht.

Durchschnittlich einmal im Jahr müssen die Diaphragmen durchgewaschen werden. Wegen der Schwierigkeit einer guten Vernickelung der Netzelektroden und unvermeidlichen kleineren Fehler der Vernickelung wurde das Eisen der Anode zerstört, was in Verbindung mit dem schwachen Kreislauf des Elektrolyts zu der Bildung von Schwammeisenniederschlägen auf der Kathode, zur Metallisierung des Diaphragmas und Notwendigkeit des öfteren Waschens des Diaphragmas geführt hat. Wegen der niedrigen Stromdichte, mit der die Elektrolyseurserien arbeiten, brauchen sie eine sehr große Betriebsfläche.

Die Elektrolyseure System Siri haben keine nennenswerte Verwendung in Europa und Amerika gefunden. Eine Anzahl dieser Elektrolyseure mit 8 Elektroden für eine Belastung von 4000 A wurde auf einem Versuchswerk in Terni (Italien) aufgestellt. Mit denselben Elektrolyseuren wurde auch eine spanische Anlage ausgerüstet.

## Bipolarzellen.

**Bipolare Trogzelle der Siemens & Halske A. G. (vorm. Elektrizitäts A. G. bzw. Schuckert & Co.).** Die Siemens & Halske A. G. bzw. ihre Vorgänger, die sich früher mit dem Bau von Glockenzellen und Unipolarzellen befaßt haben, baut neuerdings bipolare Trogzellen (Konstrukteure: F. Petz, H. Koelsch und A. Fischer)[1].

Bei dieser Zellenform sind die einzelnen Elektroden nicht wie bei Filterpreßzellen durch Pressen dicht miteinander verbunden, sondern sie werden in einem offenen rechteckigen Trog eingesetzt. Die Elektroden schließen dicht an die Wandungen an, so daß, wie bei den Filterpreßzellen, ein Aggregat hintereinandergeschalteter Einzelzellen entsteht. Der Vorteil dieser Anordnung besteht in einer leichteren Auswechselbarkeit der Elektroden und Diaphragmen. Da der Trog aus nichtleitendem Material bestehen muß, anderseits aber die Herstellung von größeren Trögen aus nichtleitendem Material Schwierigkeiten macht, stellt die genannte Firma ihre Tröge aus metallischen Gliedern von U-Form her, die senkrecht zur Stromrichtung durch isolierendes Material verbunden sind (sogenannte Spanten). Die Metallglieder bestehen aus U-förmigen Profileisen, und zwar sind die Spanten so gebogen, daß die offene Seite des U-Profils abwechselnd nach außen und innen gekehrt ist. Die einzelnen Spanten werden nun so zusammengesetzt, daß die Stege des U-Profils ineinandergreifen. Um die Berührung der einzelnen Glieder miteinander zu verhindern, wurden die Zwischenräume früher mit Zement ausgegossen. Als Abschluß der so entstehenden Tröge dienten zwei Blechwände, die an die endständigen Spanten angeschweißt wurden. In dem so entstandenen massiven Trog, der den Strom in der Längsrichtung praktisch nicht leitet, waren auf der Innenseite der Seitenwände zwischen je zwei U-Eisen im Zement Nuten ausgespart, in welche die Elektroden und die Diaphragmarahmen eingeschoben wurden.

In letzter Zeit wurde nach Übernahme der Wasserstoffanlagenerzeugung durch die Siemens & Halske A. G. eine neue Trogform entwickelt, die aus aneinandergereihten U-Rahmen mit zwischengelegten Isolierrahmen, welche die Isolation und Dichtung besorgen, besteht.

Bei größeren Einheiten wird das Eisengerippe durch gegenseitige Verklammerung zusammengehalten[2].

---

[1] DRP. 348483 (1921), 410772 (1923), 416494 (1924), 469328 (1927), 469329 (1927), 499434 (1929), 513290 (1929), 527614 (1930). — Petz: Elektrotechn. Ztschr. **46**, 43 (1925); Chem.-Ztg. **53**, 610 (1929). — Siehe auch Elektrizitäts A. G. u. F. Petz: DRP. 469330 (1927), 449603 (1926), 499434 (1929).

[2] Elektrizitäts A. G.: DRP. 527614 (1930).

Der konstruktive Aufbau der Zelle ist in Abb. 20 schematisch dargestellt. Es bezeichnen $T$ den Zellenbehälter, $E$ die Eisenelektrodenplatten, auf denen zur Verringerung des Zwischenraumes über die Platten vorstehende Bleche aufgeschweißt sind, $D$ die Diaphragmenrahmen, $G$ die Gassammelglocken, von denen Metallschläuche zum Abführen der Gase aus den Glocken über Verbindungsrohre $V$ nach den Hauptrohrleitungen führen.

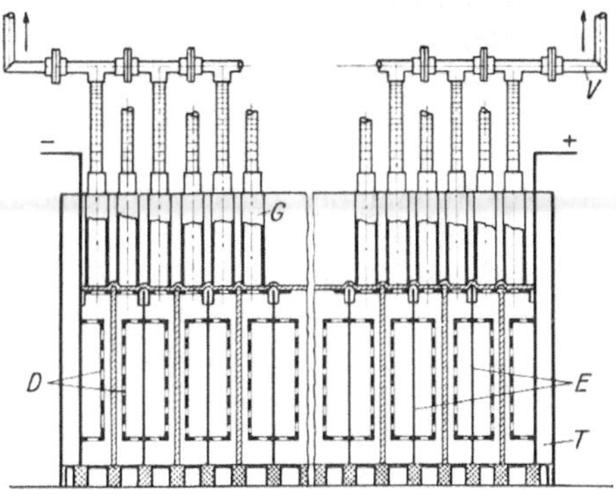

Abb. 20. Siemenszelle.

Zur Verhütung des Stromübertrittes zwischen den Metallschläuchen und zu den Hauptrohrleitungen sind in die Flanschverschraubungen der Metallschläuche Isolierstücke eingesetzt und die Verbindungsrohre $V$ durch Glasrohrstücke unterbrochen.

Die Elektroden sind dreiteilig, bestehen aus einem Mittelblech mit beidseitig vorgesetzten gelochten Elektrodenblechen. Als Diaphragma

Abb. 21. Siemensanlage.

wird erstklassiges Asbestgewebe verwendet. Nach einem Patent dieser Firma kamen früher auch sogenannte Suspensionsdiaphragmen (S. 21), das sind Eisendrahtnetze unter gleichzeitigem Zusatz von Magnesiumhydroxydpaste zur Lauge (zirka 70 g pro Liter), zur Anwendung. Zur Gasableitung dient ein Asbesttuch, in welchem Schlitze für den Gasdurchlaß ausgespart sind, und das über die durch die oberen Kanten der Diaphragmen und Elektroden gebildete ebene Fläche gebreitet ausgespannt ist. Über jeder Zelle sind zwei Gasglocken *g* angebracht, die mit ihrer unteren Kante über die Öffnungen im Asbesttuch gedrückt werden, durch welche die Gase entweichen.

Zur Füllung der Zellen dient eine Lösung von etwa 25 Gewichtsteilen Ätzkali (KOH) in 100 Gewichtsteilen Wasser. Der Gehalt des Ätzkalis an Chlorkali (KCl) darf 1 Gewichtsprozent des reinen KOH nicht übersteigen.

Die Zellen werden für Strombelastungen von 100—2000 A und bei Hintereinanderschaltung der Tröge für Netzspannungen bis 500 Volt ausgeführt (Abb. 21).

Auch Zellen für den Kleinverbrauch im Laboratorium u. dgl. hat dieselbe Firma in letzter Zeit herausgebracht. Hierbei werden Hartgummitröge verwendet, in welchen die Elektroden und Diaphragmarahmen in eine Tauchglocke gesetzt sind[1].

Der Energieverbrauch je 1 $m^3$ Wasserstoff oder 0,5 $m^3$ Sauerstoff ist abhängig von der Höhe der Stromdichte in den Elektroden; er wird in den Zellen bei einer Elektrolyttemperatur von 65—75° in den Grenzen von 4,5—5,6 kWh gehalten. Mit zunehmender Strombelastung steigt, wie bereits erwähnt, der Energieverbrauch, während sich der Kapitalaufwand an Anlagekosten je Kubikmeter erzeugten Gases verringert. Es ist in jedem einzelnen Fall unter Berücksichtigung des Kilowattstundenpreises zu prüfen, mit welcher Strombelastung die größte Wirtschaftlichkeit zu erzielen ist. Unter anderem erfolgt die Wasserstoffversorgung des Luftschiffes „Graf Zeppelin" im Flughafen Recife (Pernambuco) mit einer derartigen Anlage mit einer Stundenleistung von 100 $m^3$.

**Die Egascozelle der Toronto Power Co., Ontario (Kanada).** Seit 1916 befaßt sich die Toronto Power Co., Ontario (Kanada) mit dem Bau von Wasserzersetzungszellen, die im Prinzip Bipolarzellen mit durchlässigen, an den Diaphragmen anliegenden Drahtnetzelektroden enthalten und durch besondere Größe der Zelleneinheiten ausgezeichnet sind.

Die Bauart der heute verwendeten Zellen geht hauptsächlich von den Patenten von W. G. Allan[2] aus, der wellenförmig gebogene Drahtnetzelektroden vorschlägt, die einander derart gegenübergestellt werden, daß die Wellen der Kathode und Anode ineinandergreifen. Dazwischen wird ein ebenfalls wellenförmiges Diaphragma angeordnet: Die Wellen können entweder sinusförmig oder sehr langgestreckt sein, so daß die Wellenberge sehr weit von der Elektrodenbasis abstehen. Die Elektroden bestehen aus einem korbartig geflochtenen gewalzten Stahldrahtnetz. Die Anoden werden vernickelt. Die Länge der Wellen beträgt bis zu 38 cm.

---

[1] DRP. 501304 (1928).
[2] A. P. 1620052 (1924), 1771984 (1925).

Nach Übernahme der Egascozelle durch die Westinghouse Electric Manufacturing Co. in Pittsburgh führte diese weitgehende Streckung in den neuen Zellen (Abb. 22) zu einer Auflösung der Wellen in parallele Elektroden-

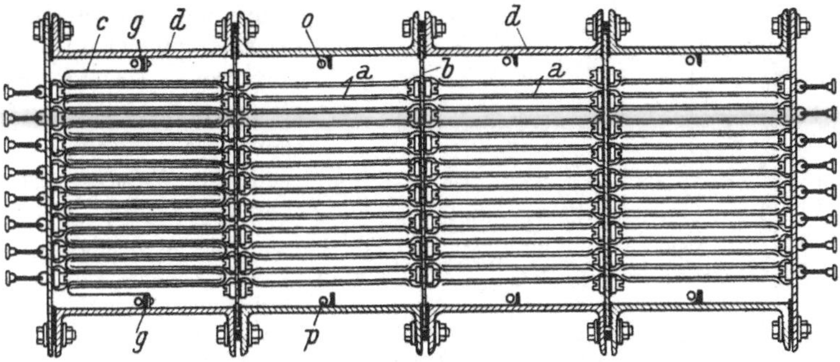


Abb. 22. Egascozelle (Horizontalschnitt).

paare *a*, die senkrecht von der Stützplatte *b*, an der sie befestigt sind, abstehen. Nur das Diaphragma *c* ist noch in ununterbrochenen Schleifen zwischen Anoden und Kathoden eingezogen und liegt an der Elektrode unmittelbar auf, so daß die Gase nach rückwärts durch die Drahtnetzelektroden entweichen müssen. Die einzelne Zelle besteht aus einem breiten, rahmenförmigen Gehäuse *d*, dessen zwei gegenüberliegende senkrechte Seiten durch die Stützplatten der beiden Elektrodensätze gebildet sind, und die durch gummierten Asbest vom Gehäuse isoliert sind. Meist sind 4—6 solcher Einheiten zu einem Aggregat vereinigt.

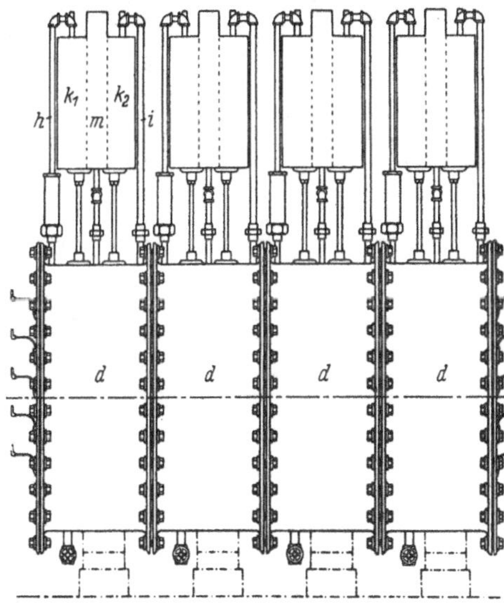


Abb. 23. Egascozelle (bipolare Vierzelleneinheit).

Das Diaphragma ist oben an einer horizontalen Platte gasdicht befestigt, so daß die oberen Teile der Zelle in einen Anoden- und Kathodenraum geteilt werden. Da das Asbesttuch nicht ganz an den Boden reicht, hängen die Räume unten zusammen.

Gasabscheider[1] sind für jede Einzelzelle unmittelbar über diesen vorgesehen, das Gas-Elektrolyt-Gemisch gelangt durch senkrechte Steigrohre in Abscheidekammern (Abb. 23 und 24), aus denen oben das Gas abgeführt wird. Der Elektrolyt sammelt sich seitlich in einer gemeinsamen

[1] Allan: A. P. 1771984 (1925).

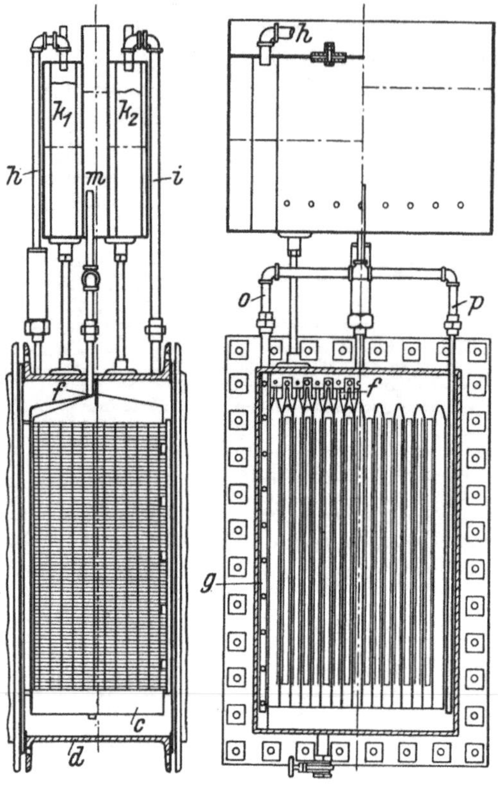


Abb. 24. Egascozelle (Vertikalschnitte).

Mittelkammer und strömt durch eine in zwei Zweige geteilte Rohrleitung auf den Boden der Zelle. Die Gase einer ganzen Batterie werden zu den mit selbsttätigem Druckausgleich, Sicherheitsauslaß und Speisewassernachfüllung versehenen Gaswäschern geführt.

Die bei verschiedenen Stromstärken notwendigen Zellenspannungen sowie die dabei auftretenden Temperaturen sind in der Tabelle 5 wiedergegeben.

Die Normalbelastung einer solchen aus vier Einzelzellen bestehenden Batterie ist 10000 A, die Maximalbelastung 20000 A.

Die Ausmaße einer solchen Zelle sind: 2 m lang, 0,80 m breit, 1,20 m hoch. Die Zellen sind mit einem wärmeisolierenden Mantel mit Kanälen versehen, durch die je nach Bedarf Heizung oder Kühlung mit Gasen oder Flüssigkeiten erfolgen kann[1].

Tabelle 5.

| Stromstärke Ampere | Ohne Wärmeisolierung | | Mit Wärmeisolierung | | Bei konstanter Temperatur[2] von 90° Zellenspannung Volt |
|---|---|---|---|---|---|
| | Elektrolyttemperatur °C | Zellenspannung Volt | Elektrolyttemperatur °C | Zellenspannung Volt | |
| 2000 | 32 | 1,80 | 40 | 1,775 | 1,740 |
| 4000 | 45 | 1,925 | 54 | 1,865 | 1,825 |
| 6000 | 60 | 2,00 | 70 | 1,925 | 1,900 |
| 8000 | 70 | 2,05 | 81 | 1,975 | 1,975 |
| 10000 | 80 | 2,10 | 92 | 2,025 | 2,050 |
| 12000 | 88 | 2,15 | 101 | 2,070 | 2,125 |
| 14000 | 94 | 2,20 | 108 | 2,095 | 2,200 |
| 16000 | 99 | 2,25 | 114 | 2,125 | 2,280 |
| 18000 | 103 | 2,30 | 119 | 2,150 | 2,360 |
| 20000 | 105 | 2,35 | 122 | 2,175 | 2,425 |

[1] J. N. Smith: A. P. 1797374 (1928). — Vgl. auch Allan: Trans. Amer. electrochem. Soc. **48**, 253 (1925/26).

[2] Anfangs geheizt, später gekühlt.

Die Zelle gestattet einen Betrieb mit sehr hohen Stromdichten. Nach Angaben der Firma kann zum Nachfüllen ohne weiteres gewöhnliches, gegebenenfalls nach Art von Kesselspeisewasser enthärtetes Wasser verwendet werden. Verunreinigungen sollen sich als loser Niederschlag abscheiden und in den Gasabscheider in der mittleren Elektrolytkammer absetzen, aus der sie von Zeit zu Zeit entfernt werden können.

**Filterpreßzelle von Pechkranz.** Die Pechkranzzellen wurden früher als rechteckige, jetzt als runde (etwa 1,80 m im Durchmesser) Filterpreßzellen gebaut (Abb. 25)[1].

Der Elektrolyseur (Abb. 26) besteht aus einer Anzahl Elektrodenplatten[2], zwischen welchen in Metallrahmen eingespannte feingelochte Nickel-

Abb. 25. Pechkranzelektrolyseur.

blechdiaphragmen angebracht sind. Elektrodenplatten und Diaphragmen sind durch vier starke Schraubenbolzen *a* zwischen zwei starken gußeisernen Platten zusammengepreßt, deren eine *b* feststehend und die andere *c* auf den Schraubenbolzen horizontal beweglich angeordnet ist. Da der Elektrolyseur samt dem Elektrolyten sehr schwer ist, wird er außer durch die Füße obiger Platten noch durch Zwischenstützen *d*, die unter den unteren Schraubenbolzen befestigt sind, getragen. An dem einen, die feststehende Platte *b* enthaltenden Ende des Apparates sind zwei eiserne Behälter *e*, *f* angebracht, die zum Auffangen und Waschen des Wasserstoffs und Sauerstoffs sowie zum Kühlen der Elektrolytflüssigkeit bestimmt sind.

Die Elektroden *g* bestehen aus Eisenblechen von quadratischer, rechteckiger oder runder Form, entsprechend dem Apparatetyp, und sind an der einen Seite mit einem dichten galvanischen Nickelüberzug versehen. In den Ecken der rechteckigen und im oberen und unteren

---

[1] Schweiz. P. 122058 (1926).
[2] DRP. 396994 (1920), 370118 (1921).

Teile der runden Elektroden sind Öffnungen angebracht, die durch ihre Aneinanderreihung Kanäle bilden, die sowohl zum Weiterbefördern der Gase zu den Behältern als auch zur Erneuerung des Elektrolyten dienen. Die Diaphragmen *h* besitzen 800 und mehr Löcher pro Quadratzentimeter und bestehen aus einer Reinnickelfolie, die in besonderen Metallrahmen

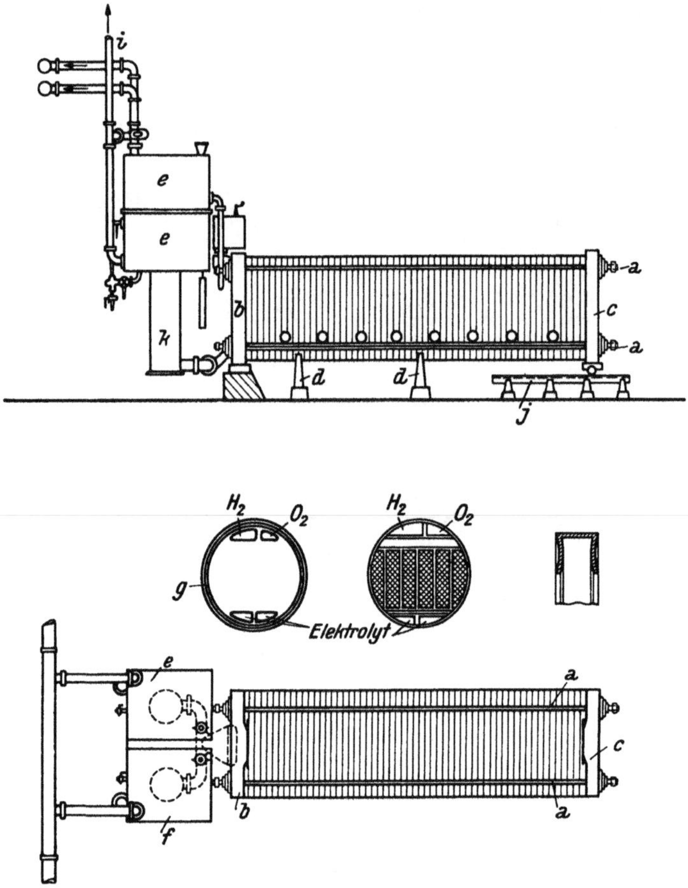


Abb. 26. Pechkranzelektrolyseur (Vertikal- und Horizontalschnitt).

durch einen Spezialkitt befestigt sind. Diese Ni-Folien werden, um einer Biegung vorzubeugen, durch vernickelte Flacheisenstäbe versteift. Sie sind im oberen Teil nicht gelocht, so daß dieser Teil als Gasglocke wirkt[1].

Im oberen Teil des Rahmens sind den Öffnungen in den Elektroden entsprechend, ebenfalls Öffnungen vorgesehen, welche durch ihre Aneinanderreihung die Kanäle für die Gase und den Elektrolyten bilden[2].

[1] DRP. 400375 (1921), 403713 (1921); Schweiz. P. 113545 (1924).
[2] Schweiz. P. 122349 (1926).

Als Dichtungsmaterial für Diaphragmen und Elektroden dient Asbest in Form von Schnüren, die mit Goudron, einem unverseifbaren Kohlenwasserstoff, imprägniert sind.

Die gußeisernen Endplatten *b*, *c* müssen, um den zur Dichtung benötigten starken Druck auszuhalten, entsprechend stark bemessen sein. Die beweglichen Endplatten *c* besitzen keine Kanäle, dagegen sind die auf der Kühlerseite befindlichen feststehenden Platten *b* mit solchen versehen. Diese befinden sich in der Verlängerung der durch die Rahmen und Elektrodenöffnungen gebildeten Kanäle und sind, oben und unten, durch Verbindungsstücke an die Kühler angeschlossen. Sie dienen oben der Weiterleitung und unten für die Zurückleitung der gekühlten und von Gasblasen befreiten Lauge. Während die feststehende Platte auf einem kompakten isolierenden Porzellanstück oder desgleichen ruht, ist die bewegliche Platte auf Rollen gelagert, die sich auf einer gleichfalls isolierten Bahn *j* bewegen, wie aus der Abb. 26 ersichtlich. Beide, bewegliche und feststehende Platten, sind durch mit Gewinde versehenen starken Bolzen miteinander verbunden und werden durch Schraubenmuttern angezogen. Diese Bolzen werden gegen die Platten, durch welche sie hindurchgeführt sind, gleichfalls isoliert. Aus dem oberen Kanal der Elektrolyseure treten die Gase durch das Verbindungsstück als Schaumemulsion unter eine Haube. Diese Haube hat den Zweck, das Gas in kleine Blasen zu verteilen, um Druckstöße auszugleichen, bevor das Gas an die Oberfläche des Elektrolyten gelangt. Zu diesem Zweck ist die Haube perforiert und trägt außerdem noch einen Windkessel. Für jedes der beiden Gase ist ein solcher Behälter vorhanden, der mit einem Wasserstandsrohr und einem Thermometer versehen ist, um den Stand des Elektrolyten und dessen Temperatur kontrollieren zu können, welche 80° C nicht übersteigen soll. Dies wird durch Regulieren des Kühlwasserzuflusses in den Kühler erreicht. Um zu vermeiden, daß sich Sauerstoff und Wasserstoff im Innern des Apparats mischen, muß der Elektrolyt auf einer bestimmten Höhe im Behälter gehalten werden. Etwa entstehendes Knallgas wird nicht zum Gasometer, sondern durch das Rohr *i* an die Luft geleitet.

Während der untere Teil *k* der Behälter ein Röhrenbündel für Kühlwasser enthält und aus praktischen Gründen am besten zylindrische Form besitzt, stellt der obere rechteckige Teil einen Gaswäscher dar, für den als Waschwasser das zur Speisung der Elektrolyseure benutzte destillierte Wasser dient und den Zweck hat, in erster Linie die als Nebel mitgerissene Kalilauge zurückzuhalten, da Verluste an Kalilauge, sehr ins Gewicht fallen.

Der Verlauf der Speisung und Waschung ist folgender: Das Wasser gelangt durch einen Trichter in den oberen Behälter, verteilt sich durch ein Verbindungsrohr bzw. Ausgleichsrohr auf beide Behälter, um alsdann durch einen Überlauf in den mittleren Behälter zu gelangen, wo es sich mit dem Elektrolyten mischt. Das Gas dagegen steigt aus dem mittleren, rechteckigen Behälter, auf den der obere Behälter von gleichem Querschnitt aufmontiert ist, unter die aus perforiertem Blech bestehende Haube und von da durch die Flüssigkeit in die Gasableitung. Der Reinheitsgrad der beiden

Gase wird stündlich durch Analyse kontrolliert. Haben die Gase nicht den erwünschten Reinheitsgrad, der für Sauerstoff bei etwa 99 Vol.-%, dagegen für Wasserstoff bei etwa 99,6 Vol.-% liegt, so werden sie durch das Rohr *i* an die Luft statt in den Gasbehälter geleitet, bis der geforderte Reinheitsgrad erreicht ist.

Solange der Elektrolyseur nicht unter Strom gesetzt ist, ruht der Elektrolyt. Wird jedoch Strom eingeschaltet, so verringert sich die Dichte der im Elektrolyseur befindlichen Flüssigkeit infolge der sich darin bildenden Gasblasen gegenüber der Flüssigkeitsdichte im zylindrischen Kühlkörper *k*. Diese Gasblasen gelangen durch entsprechende Kanäle, deren Größe dem Verhältnis der sich bildenden Gaskomponenten entspricht, in den unteren Behälter, wo sie sich von der als Emulsion mitgerissenen Flüssigkeit scheiden, indem die Gasblasen hochsteigen, wohingegen die Flüssigkeit in den Kühler *k* herabsinkt, um durch den unteren Kanal in die Zelle des Elektrolyseurs zurückzugelangen. Dieser Umlauf wird um so schneller und lebhafter vor sich gehen, je mehr Strom in den Apparat hineingeschickt wird, was eine stärkere Gasentwicklung bedingt. Wie schon oben erwähnt, soll die Elektrolyttemperatur möglichst nahe an 80° C gehalten werden, was bequem durch die Kühlwasserzufuhr im Kühler *k* zu erreichen ist.

Die Elektrolyseure arbeiten mit einer Stromdichte von 650—700 A/m². Eine Stromdichte von 700 A/m² bedingt eine Spannung von 2,35—2,40 Volt, was einem Stromverbrauch von 5,73—5,85 kWh/m³ $H_2$ entspricht. Im Laufe der Arbeit erhöht sich mit der Zeit die Zellenspannung, besonders wegen der Verstopfung der Diaphragmenporen und der damit verbundenen Erhöhung des Widerstandes. Die Spannung der Zelle erhöht sich dabei auf 2,5—2,6 Volt, was einem Stromverbrauch von 6,1 bis 6,34 kWh/m³ $H_2$ entspricht. — Mit dem Wachsen des Widerstandes während des Betriebes fällt auch die Reinheit der Gase. Die Reinheit des Wasserstoffes verringert sich bei einzelnen Elektrolyseuren bis auf 99% und die des Sauerstoffes bis auf 97,6—97,8%.

Als Elektrolyt dient 20—25%ige Natron- oder Kalilauge.

Für einen Kubikmeter $H_2$ braucht man bei geringerer Belastung der Elektrolyseure etwa 5,3 kW, bei mittlerer Belastung etwa 5,7 kW. Bei angenommenem Strompreis von 0,5 Pf. je Kilowattstunde betragen die Stromkosten für den Kubikmeter Wasserstoff zirka 27,5 Pf.

Dieser Strombedarf und Preis bezieht sich auf die Gleichstromseite der Installation, mithin sind Spannungsverluste zwischen Zentrale und Gleichrichteranlage, deren Höhe von der Entfernung zwischen diesen beiden Stellen abhängig ist, sowie Transformatoren- und Gleichrichterverluste in diesem Strompreise nicht enthalten. Man kann diese Verluste, richtige Dimensionierung des Leitungsmaterials vorausgesetzt, bei einer Entfernung der Elektrizitätszentrale von zirka 3 km rund mit etwa 10% in Anschlag bringen. Die Produktionskapazität einer Elektrolyse ist von der Anzahl der Elektroden und der Größe ihrer Flächen abhängig.

So liefert eine Elektrolyse, bestehend aus 18 Batterien, 9 positive, 9 negative mit Nulleiter mit je 110 Elektroden vom ⌀ 1,8 m, also mit je 109 Zellen und ebensoviel Nickeldiaphragmen bei einer Belastung von 3000 kW = 600 m³ $H_2$/h = 14400 m³ $H_2$ pro 24 h = 7,3 m³ $H_2$ je Zelle.

Jeder Apparat enthält 80—115 Einzelzellen, so daß er direkt an die Netzspannung angeschlossen werden kann.

Da die vorteilhafteste Maschinenspannung zwischen 500—700 Volt liegt, werden bei einer Zellenzahl von 110—150 je Apparat und einer Belastung von etwa 1800 A je zwei Apparate in Serie geschaltet, und zwar normalerweise so, daß eine Hälfte der Apparate an die positive, die andere Hälfte an die negative Sammelschiene angeschlossen wird.

In der Mitte dieser Anordnung, d. h. auf der Seite der feststehenden Endplatten, sind diese Apparate durch eine gemeinsame Schiene verbunden, die sogenannte Nullspannungsschiene, da sie bei normalem Arbeitsgang, d. h. mit ebensoviel positiven und negativen Apparaten, stromlos ist. Diese Schiene muß geerdet sein. Durch eine derartige Schaltung ist die jeweilige Maschinenspannung, z. B. 500 Volt, unterteilt und beträgt zwischen positiver Schiene und Nulleiter nur die Hälfte, also 250 Volt, ebenso auf der anderen Seite zwischen der Minusschiene und Erde. Hierdurch wird auch die Gefahr, der das Bedienungspersonal ausgesetzt ist, herabgemindert, da die Hochspannung durch Unterteilung mittels des Nulleiters in Niederspannung verwandelt wird.

Die Belastung je Einzelelektrolyseur schwankt bei einem solchen Schaltsystem sehr stark, was durch eine unregelmäßige Erhöhung des Widerstandes von Einzelaggregaten und auch teilweise durch die Temperaturschwankungen des Elektrolyten verursacht wird.

Die Angaben über die ununterbrochene Arbeitsdauer der Pechkranzelektrolyseure sind ganz verschieden. Wie es die Erfahrungen verschiedener Werke beweisen, ist die Arbeitsdauer der Elektrolyseure von deren Ausnutzung und Wartung abhängig. So wurden z. B. auf den Werken in Nera Montoro und Visp fast alle Elektrolyseure alljährlich demontiert. Dagegen hat die Betriebspraxis des Werkes in Pierrefitte bewiesen, daß auch diese Elektrolyseure ohne Demontage 4—5 Jahre arbeiten können. Auf dem letztgenannten Werk hat man nach vierjähriger Arbeitsdauer einzelne Elektrolyseure demontiert, wobei einige Apparate auch nach 5 Betriebsjahren in gutem Zustande waren.

Die Anzeichen der notwendigen Demontage sind schlechte Gasreinheiten wegen Diaphragmabeschädigungen, Erhöhung der Zellenspannung und Defekte der Dichtung.

Die Ausbesserungsarbeiten bei den Elektrolyseuren beziehen sich nach der Demontage auf die Reinigung der Elektroden von Ansätzen, welche sich auf der Kathodenseite bilden, auf die Reinigung der Diaphragmen und deren Auswaschen in 1—2%iger Salzsäurelösung, auf die Ausbesserung von einzelnen Beschädigungen der Nickeldiaphragmen und anderer Metallteile. Gewöhnlich werden an den Diaphragmen im Laufe der Arbeit einzelne Löcher mit einer Größe von 2,3—10 mm festgestellt. Dieselben werden durch Plättchen mit Nickelnieten verschlossen. Die Beschädigungen der Nickelschicht werden, wie die Betriebspraxis in Pierrefitte zeigt, im Laufe von 4—5 Jahren bei ungefähr 10% aller Anoden beobachtet.

Die bisher größte Wasserzersetzungsanlage der Norsk Hydro Elektrisk Kvaelstof A. S. in Rjukan (Norwegen) mit einer Energieaufnahme von 100000 kW benutzt Pechkranzzellen.

Elektrolyseure von Pechkranz sind in den großen Werken in Nera Montoro (Italien), Visp (Schweiz), Trail (Kanada) und Pierrefitte (Frankreich) aufgestellt.

Baufirmen: Hydrogene S. A. Genf, Maschinenfabrik Sürth bei Köln.

**Filterpreßzelle der I. G. Farbenindustrie A. G.** Diese Firma, bzw. vor dem Zusammenschluß die Badische Anilin- und Sodafabrik in Ludwigshafen benutzt schon seit längerer Zeit Wasserzersetzungszellen zur Gewinnung von Wasserstoff für die synthetische Ammoniakherstellung, die nach verschiedenen Gesichtspunkten konstruiert wurden[1]. In letzter Zeit

[1] DRP. 378136 (1921), 396036 (1922), 471925 (1925), 453750 (1925), 432670 (1925), 514741 (1926), 530820 (1929), 545779 (1927), 552355 (1929).

wurden von dieser Firma hauptsächlich Bipolarzellen benutzt. Eine solche Zelle, die nach Art der Filterpreßzellen gebaut ist, enthält zwischen den aus U-Profil hergestellten Zwischenräumen die auf ein Mittelblech beiderseits vorgesetzten Blechelektroden sowie das Asbestdiaphragma. Zwischen den Rahmen sind isolierende Auflagen angebracht. Auf jede Zelle kommen zwei solche Rahmen. Zur Abführung des Wasserstoffs führen aus allen Kathodenabteilungen nach unten gebogene Rohrstücke, durch welche der Wasserstoff im Verein mit dem Elektrolyten als Schaum austritt. Diese Rohrstücke werden mittels Gummischlauch mit einem horizontalen Sammelrohr verbunden. Nach der Trennung von Wasserstoff wird der Elektrolyt von oben her durch ein Verteilungsrohr in Form feiner Strahlen, die in hohe Trichterrohre auf der Oberkante der Rahmen fließen, zurückgeführt. Dadurch werden Nebenschlußströme in den Rohrwandungen unmöglich gemacht (S. 23).

Das Sauerstoffsammelrohr ist oberhalb der Zellen angebracht. Die Zelle wird auf einem Gestell aus Eisenschienen, die mit Gummitüchern und darüber mit Marmorplatten belegt sind, zusammengesetzt. Etwa 30 solcher Zellen bilden ein Aggregat und werden durch schwere U-Eisen und Zuganker zusammengepreßt. Jede Einheit nimmt 100 kW bei einer Strombelastung von 2000 A und einer Zellenspannung von knapp 2 Volt auf.

Eine andere Konstruktion ist als bipolare Trogzelle ausgebildet, bei welcher die Trogwand aus einzelnen Metallgliedern besteht, die unter Zwischenlage von Gummidichtungen mittels Preßrahmen und Zuganker zusammengehalten werden. Als Elektroden dienen wie bei den Filterpreßzellen vorgesetzte Bipolarelektroden, die Gaskammern werden durch den Diaphragmenrahmen gebildet. Die Tröge zeigen sehr gute Haltbarkeit doch wird dieser Vorteil durch die teurere Konstruktion aufgehoben.

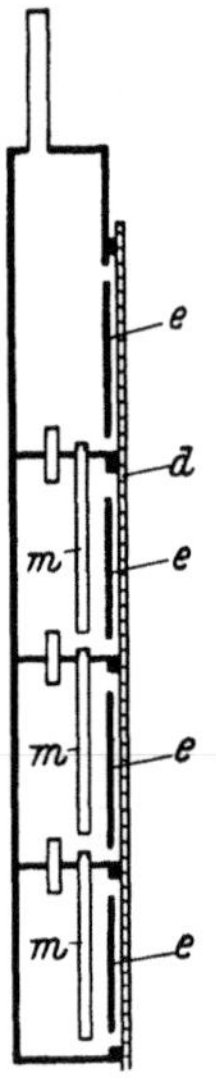

Abb. 27. Taschenelektrode der I. G. Farbenindustrie A. G.

Auch eine andere Art Filterpreßzellen mit sehr hoher Bauart hat dieselbe Firma gebaut, in welcher die S. 23 erwähnten Taschenelektroden zur Anwendung kommen. Wie Abb. 27 zeigt, besteht eine solche Elektrode aus einer senkrechten Mittelwand *m*, welche die Querwände trägt, die die Elektrode in innen vernickelte „Taschen“ unterteilen.

Die eigentlichen Elektroden sind vorgesetzte ganze oder perforierte Bleche *e*, vor welchen unmittelbar das Diaphragma *d* angebracht ist. Die Gasblasen werden in das Innere der Elektrode geleitet. Durch ihre aufsteigende Bewegung entsteht durch die Öffnungen eine ausgiebige Elektrolytzirkulation. Durch diese Unterteilung der Elektroden wird eine raschere Vereinigung der Gasblasen und gute Durchmischung des Elektrolyten erreicht. Kühlkanäle in den gegossenen Elektrodentrögen und angegossenen Kühlrippen sorgen für ausreichende Kühlung. Elektrolyt 20% NaOH, Arbeitstemperatur 70—80° C.

Etwa 30—40 Einzelglieder werden zu einem Block zusammengefaßt, die durch zahlreiche Zuganker zusammengepreßt werden. Mehrere Blöcke werden hintereinandergeschaltet. Die einzelnen Blöcke sind bei Störungen leicht auswechselbar.

Reinheit des Wasserstoffs 99,9%.

Der Hauptvorteil dieser Zellen liegt in ihrer hohen Leistung bei geringer Spannung.

Abb. 28. Bamagelektrolyseur.

**Die Bamag-Zdansky-Zelle.** Die Bamag-Meguin A. G., Berlin, baut seit einigen Jahren große Wasserelektrolyseure vom Typ der Bipolar-Filterpreßzellen (System Zdansky, Abb. 28)[1].

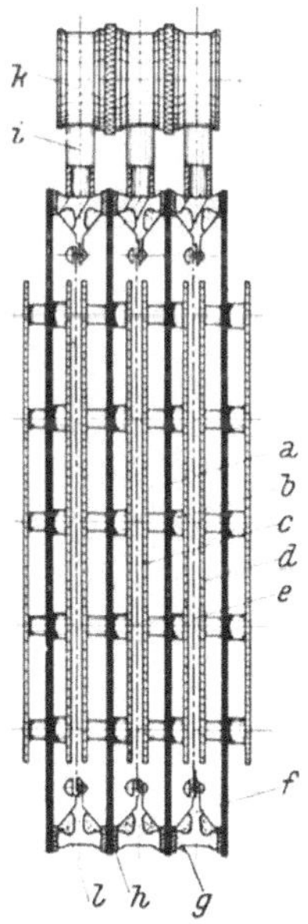


Abb. 29. Bamagelektrolyseur (Querschnitt).

Der Aufbau der Zelle neuerer Konstruktion geht im einzelnen aus Abb. 29 hervor. An der Hauptelektrode *a* von 5 mm starkem Stahlblech sind mittels Bolzen *b* beiderseits vorgesetzte Elektroden *c* (Kathode) und *d* (Anode) befestigt. Man verwendete zunächst durchlässige Drahtnetzelektroden[2], bei neueren Typen dient als vorgesetzte Elektrode stark gelochtes Stahlblech. Der Elektrodenabstand beträgt etwa 10 mm. Als Diaphragma dient lockeres Asbestgewebe mit Nickelstahl- oder Silberdrahteinlage[3], das in einen Metallrahmen flach eingespannt wird. Auf jedem dieser Rahmen werden unter Zwischenlage von isolierenden Dichtungen je zwei Elektrodenplatten gelegt. Die so entstehende Einzelzelle ist etwa 6 cm dick. Alle Zellenteile sind vernickelt, mit Ausnahme der Kathodenfläche.

Die Oberfläche der Kathode unterzieht man einer besonderen Formierung, indem man bei Inbetriebsetzung der Zellen mit wechselnder Stromrichtung arbeitet. Da die Kathode nicht vernickelt ist, löst sich

---

[1] Chem. Fabrik **1933**, 49.

[2] F. P. 673038 (1929); A. P. 1788904 (1929).

[3] A. E. Zdanski: Schweiz. P. 118709 (1925). — Wolinski: DRP. 468452 (1927); E. P. 315551 (1928); Schweiz. P. 136034 (1928).

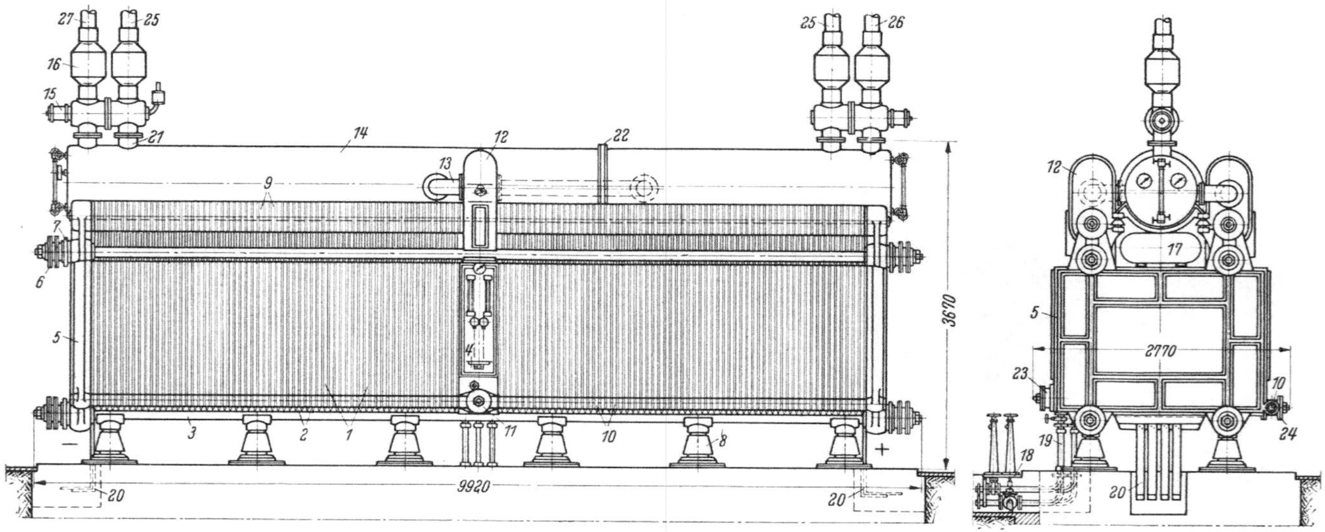


**Abb. 30. Bamagelektrolyseur.**

*1* Zellenrahmen, *2* Porzellangleitschuhe, *3* Zuganker, *4* Mittelkammer, *5* Stahlgußrahmen, *6* Tellerfedern, *7* Porzellanplatten, *8* Porzellanfüße, *9* Gaskanal, *10* Elektrolytrücklaufkanal, *11* Laugefilter, *12* Gasdom, *13* Rohrleitung, *14* Kühltrommel, *15* Umschaltventil, *16* Glasisolatoren, *17* Laugetrommel, *18* Ventilplatte. *19* Glasrohr, *20* Stromleitungen, *21* Sicherheitsrohr, *22* Trennwand, *23* Absperrventil, *24* Absperrventil, *25* Gas zur Überdachleitung, *26* Sauerstoff zum Netz, *27* Wasserstoff zum Netz.

bei anodischer Polarisierung etwas Eisen, das sich dann bei normaler Stromrichtung an den Kathoden als fein verteilte schwammige Schicht niederschlägt und die Überspannung weitgehend vermindert. Eine andere Verarbeitung der Kathode besteht darin, daß die Anodenoberflächen mittels eines Schoopapparates durch eine stark oxydierende Flamme mit einer Schicht Eisenoxyd-Oxydul bedeckt werden[1].

Die Elektrolytzirkulation wird durch die lebhaft aufsteigenden Gase bewirkt. Jede Einzelzelle enthält rund 130 l Kalilauge vom spezifischen Gewicht 1,24—1,25.

Für die Gasableitung aus der Zelle hat der Diaphragmarahmen in dem oberen Teil zwei Löcher: das eine auf der Kathodenseite und das andere auf der Anodenseite. An diesen Löchern werden Gasableitungsrohre angeschweißt. An jedem Rohr wird ein Glied des Gassammelkanals angeschraubt. Dieses Glied ist genau so breit wie die Zelle.

Die Aggregate bestehen aus 100—160 dieser Einzelzellen, die mittels schwerer gegossener Endplatten durch Zuganker zusammengepreßt werden. Dabei werden die Glieder der Gasableitungsrohre zu zwei Gassammelkanälen verbunden; der eine für Wasserstoff, der andere für Sauerstoff, in welche die Gase durch abwärts gebogene Rohre eingeführt werden. Der abgeschiedene Elektrolyt fließt aus den Trommeln direkt in die Zelle zurück. Das Gas tritt in ein Sammelrohr, das aus einzelnen voneinander isolierten Ringgliedern zusammengesetzt ist. Bei einer neueren Type wurde die Abscheidetrommel weggelassen. Die Gasabscheidung erfolgt noch innerhalb der Zelle, von wo die Gase unmittelbar in den Gassammelkanal eintreten.

Aus der Mitte der Gassammelkanäle werden die Gase in die Gaswascher für Wasserstoff und Sauerstoff geleitet, welche oberhalb der Zellen aufgestellt sind. In den Gaswaschern werden die Gase von Laugeteilchen befreit und gekühlt. Das ganze Aggregat hat eine Länge von 8—10 m und eine Breite von etwa 2 m und ruht auf großen Porzellanisolatoren (Abb. 28). Die Zelle arbeitet mit einer maximalen Stromdichte von 2500 A/m². Für die Abkühlung im Inneren jeder Zelle befindet sich eine Schlangenwindung für das Kühlwasser. Im Inneren der Gaskanäle für Wasserstoff und Sauerstoff befinden sich zusammengesetzte Kanäle für die Zu- und Ableitung des Kühlwassers in die Zellen.

Das Kühlwasser gelangt zuerst in die Kühlschlangen der auf dem Elektrolyseur liegenden Gaswascher und von dort durch einen Verteilungskanal, welcher in dem Gaskanal für Wasserstoff eingebaut ist, in die Schlangen der Zellen. Das verbrauchte Wasser wird in einem gleichartigen Sammelrohr des Sauerstoffkanals gesammelt und abgeleitet.

Bei dem neuesten Typ wurde die Kühlung und die Zirkulation des Elektrolyten durch Einbau einer Mittelkammer in die Aggregate verbessert (Abb. 30). Zu diesem Zweck wird in die Mitte des Elektrolyseurs eine geschweißte Eisenkammer mit einer Breite von 300—400 mm, in allen anderen Abmessungen gleich dem Diaphragmarahmen, eingebaut.

---

[1] Schweiz. P. 166781 (1932).

Die Kammer ist mit einer senkrechten Zwischenwand und Kühlrohren, welche in deren Mitte eingewalzt sind, ausgerüstet.

Das Arbeitsschema des Elektrolyseurs solcher Konstruktion ist aus der Abb. 31 ersichtlich. Aus der Mitte der Gassammelkanäle werden die Gase in die Wascher geleitet, welche aus eisernen Trommeln bestehen, die bis zur Hälfte mit Speisewasser gefüllt sind.

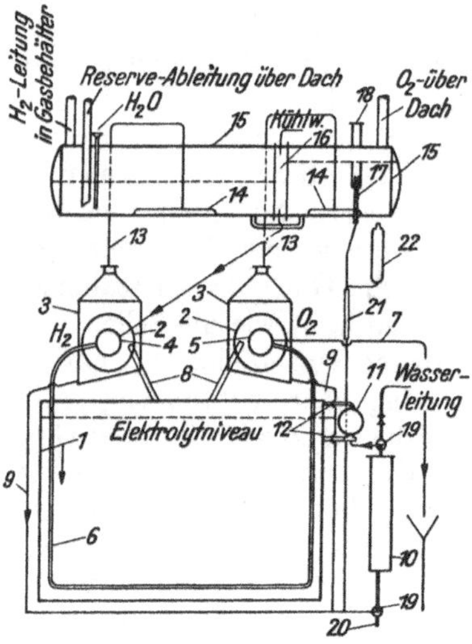


Abb. 31. Schema des Elektrolyseurs Bamag.

*1* Elektrolyseurrahmen, *2* Gaskanäle, *3* die verbreiterten Mittelelemente des Gaskanals, *4* Kühlwasserzuleitungskanal in die Elektrolyseurrahmen, *5* Sammelkanal für das Kühlwasser aus den Rahmen, *6* Kühlschlange — eine Windung pro Rahmen, *7* Kühlwasserleitung, *8* Gasableitungsröhrchen, *9* Elektrolytabfluß aus den mittleren Elementen des Gaskanals, *10* Elektrolytfilter, *11* Speisungskanal, *12* Verbindung des Speisekanals mit dem Rahmen, *13* Gasableitung in den Wascher, *14* Barboteur des Waschers, *15* Wascher, *16* mittlerer Teil des Waschers für die Verteilung des Kühlwassers, *17* Überlauf für das Speisungswasser von dem Wascher in den Elektrolyseur, *18* Stutzen für die Regulierung der Höhe des Überlaufs, *19* Dreiweghahn zum Spülen des Filters, *20* Schlammablaßstutzen in der Kanalisation, *21* Schauglas, *22* Luftregler.

Die Gase sprudeln durch eine Wasserschicht und werden dabei gekühlt und gewaschen. Darauf verlassen sie den Elektrolyseur. Für die bessere Abkühlung werden die Wascher außer den Schlangen noch mit Zwischenwänden versehen, um dem Gasstrom eine bestimmte Form zu geben. Der Elektrolyt, der mit den Gasen in Form von Spritzern und Schaum mitgerissen wird, trennt sich von den Gasen in den Gaskanälen und wird aus dem Mittelteil des Gaskanals in die Mittelkammer rückgeleitet. Aus dem Wasserstoffkanal kommt der Elektrolyt auf die eine Seite der Zwischenwand der Mittelkammer, aus dem Sauerstoffkanal auf die andere Seite.

In der Mittelkammer wird der Elektrolyt gekühlt und sinkt in den unteren Teil. Von dort aus geht er durch ein Eisendrahtfilter und fließt in die Zelle durch einen unteren Speisekanal wieder zurück.

Da das spezifische Gewicht des Elektrolyten in den Zellen, dank des Vorhandenseins von Gasblasen und höherer Temperatur, niedriger ist als in der Mittelkammer, wird diese Zirkulation ununterbrochen durchgeführt und sichert genügende Mischung und Kühlung des Elektrolyten.

Die Speisung des Elektrolyseurs mit destilliertem Wasser wird durch einen besonderen Speisekanal vorgenommen, welcher auf den oberen Rand der Rahmen gelegt ist. Der Speisekanal ist ähnlich wie der Elektrolyseur aus einzelnen Gliedern zusammengesetzt. Jedes Glied des Kanals hat eine Zuleitung zu dem Kathodenraum der entsprechenden Zelle.

Das Speisewasser wird in den Gaswascher für Wasserstoff geleitet, fließt durch ein Verbindungsrohr in den Wascher für Sauerstoff und gelangt von dort in die Zellen.

Der Elektrolyt, der in Form von Spritzern mit dem Gas in die Gaskammern mitgerissen wird, wird aus deren Mitte abgeleitet, mit Speisewasser vermischt, läuft durch ein Filter und wird schließlich durch den Speisekanal in die Zellen zurückgeleitet.

Die Zuleitung des Speisewassers wird mit der Hand nach Angaben des Elektrolytstandanzeigers reguliert.

Das Kühlwasser fließt zuerst durch die Wascherschlangen und gelangt dann in die Mittelkammer, um diese abzukühlen.

Um starke Niveauschwankungen des Elektrolyten in der Zeit der Inbetriebsetzung und der Stillegung des Elektrolyseurs zu vermeiden, diese Schwankungen sind bedingt durch die im Elektrolyt vorübergehend befindlichen Gasblasen, werden die Elektrolyseure mit Laugepuffertrommeln ausgerüstet, die oberhalb montiert sind.

In die Gasableitungsröhrchen und in die Röhrchen, welche die Rahmen mit dem Speisekanal verbinden, werden Eterniteinlagen mittels Zementkitt eingesetzt.

Auch werden die Rahmen, die Glieder der Gas- und Speisungskanäle während der Montage mit einer Zementschicht bedeckt.

Damit werden alle Elektrolyseurteile, welche unter Strom stehen, vor der Laugewirkung und Korrosionsmöglichkeiten auf das beste geschützt.

Die Zementfutterschicht hat besonders in dem Speisekanal die Aufgabe, die Stromverluste zu vermindern und die damit verbundene Verschlechterung der Gasreinheit durch die Produkte einer Nebenelektrolyse in den Speise- und Gaskanälen zu verringern.

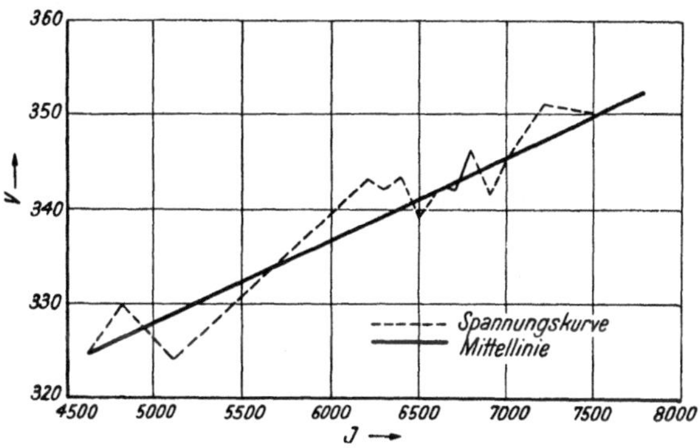

Abb. 32. Abhängigkeit der Spannung von der Stromstärke beim Bamagelektrolyseur.

Bei voller Belastung arbeiten die Elektrolyseure bei 75—80°.

Bei einer Stromdichte von 2500 A/m² ergibt sich eine Zellenspannung von 2,18—2,20 Volt, was einem Stromverbrauch von 5,32—5,37 kWh/m³ $H_2$ bei 0° und 760 mm Hg entspricht.

Abb. 32 zeigt eine Kurve, die die Abhängigkeit der Spannung von der Stromdichte für den Bamagelektrolyseur darstellt, welcher aus 160 Zellen besteht und mit Ätzkali bei 71—78° arbeitet.

Wird die Leistung auf 100 m³ Wasserstoff/h reduziert, so sinkt der Verbrauch auf etwa 4 kWh/m³ $H_2$. Diese Zahl stellt die niedrigste Verbrauchsziffer dar bei noch wirtschaftlicher Belastung einer Batterie, bei welcher bisher überhaupt elektrolytische Zellen gearbeitet haben.

Ein 116zelliger Elektrolyseur liefert stündlich etwa 200 m³, ein 125zelliger 300 m³ und ein 160zelliger 500 m³ Wasserstoff. Die Stromausbeute wird mit 99,5% angegeben. Bei einer Elektrodenfläche von 2,35 m² nimmt jede Zelle bei Normalbelastung 900 kW auf.

Was den Elektrolyseur System Bamag besonders auszeichnet, ist die hohe Stromdichte bei verhältnismäßig niedriger Zellenspannung.

Die von einer Batterie bedeckte Bodenfläche beträgt 23 m², somit werden pro Quadratmeter Bodenfläche über 13 m³ Wasserstoff erzeugt. Vergleicht man demgegenüber den Platzbedarf der Unipolarzellen, welche 1—5 m³ Wasserstoff pro Quadratmeter erzeugen, so geht daraus deutlich die Platzersparnis der Filterpreßzellen hervor. Der erzeugte Wasserstoff hat auch nach jahrelangem Betrieb eine Reinheit von 99,9%, der Sauerstoff 99,5—99,7%. Die Gase können mit einem Druck von 500 mm WS und mehr aus der Batterie entnommen werden, sie verlassen die Batterie auf 20° gekühlt, so daß weitere Kühlanlagen nicht notwendig sind.

Nachstehend sind Anlage- und Erzeugungskosten für eine Anlage von 5000 m³ $H_2$/h bei 20° angegeben. Energiepreis zu 0,8 Pf./kWh angenommen.

A. Anlagekosten.

| | | | | |
|---|---|---|---|---|
| 1. | 12 Großbatterien je 150 Zellen | etwa | 1320000,— | RM |
| 2. | Montagekosten und Leitungen | ,, | 80000,— | ,, |
| 3. | 100 t Ätzkali | ,, | 70000,— | ,, |
| 4. | 3 Großgleichrichter, 6500 A, 1250 Volt | | 650000,— | ,, |
| 5. | Montage und Leitungen | | 70000,— | ,, |
| 6. | Destillieranlage, 5000 l/h, mit Kesselanlage, Vorratsbehälter, Montage | ,, | 30000,— | ,, |
| 7. | Gebäude, 1500 m² Bodenfläche | ,, | 100000,— | ,, |
| | | etwa | 2320000,— | RM |

B. Erzeugungskosten/m³ $H_2$.

Jährliche Erzeugung $8500 \cdot 5000 = 42{,}5$ Mill. m³ $H_2$.

| | | | |
|---|---|---|---|
| 1. | $42{,}5 \cdot 4{,}5 = 190$ Mill. kWh ... 0,8 | 1520000,— | RM |
| 2. | 45000 t dest. Wasser | 60000,— | ,, |
| 3. | Ätzkaliersatz und Betriebsmaterial | 20000,— | ,, |
| 4. | Bedienung 6 Mann, 1 Meister, 60000 Stunden à 1 RM | 60000,— | ,, |
| 5. | 15% Amortisation und Verzinsung | 350000,— | ,, |
| | | 2010000,— | RM |

$$\frac{2010000}{42500000\,\text{m}^3\,\text{H}_2} = \text{rund } 4{,}75 \text{ Pf./m}^3\,\text{H}_2 \text{ einschließlich Amortisation.}$$

Die ersten Elektrolyseure dieses Systems mit einer Wasserstoffleistung von 200 m³/h wurden im Jahre 1929 aufgestellt. Seither wurde die Bauart ständig verbessert und die Leistung vergrößert.

Eine größere Zahl von Anlagen wurde in Deutschland (Harburg, Düsseldorf, Stettin), Frankreich (Schneider & Co., Paris), Schweiz, Schweden, Dänemark, Norwegen, Italien, Tschechoslowakei, ferner in Südamerika (Buenos Aires) und Indien aufgestellt.

Neuerdings soll eine Zellentype mit einer Wasserstoffleistung von 750 m³/h gebaut werden, die bei einer Belastung von 10000 A eine Leistung von 4200 kW aufnehmen würde.

Auf Grund des Vergleichs verschiedener Wasserzersetzer durch eine russische Expertenkommission[1] dürfte die Bamag-Zdansky-Zelle auch

[1] L. Jakimenko: Chimstroi Nr. 6 und 7 (1934).

in der von der Sowjetregierung geplanten großen Wasserstoffanlage Tschirtschikstroi (Taschkent-Turkistan) gewählt werden. Die elektrolytische Wasserstoffanlage Tschirtschikstroi, mit einer stündlichen Wasserstofferzeugung von etwa 30000 m³ und 160000 kW Energieaufnahme, wird die größte der Welt sein.

## Wasserelektrolyse unter Druck.

**Allgemeines.** Um die Gase Wasserstoff und Sauerstoff unter höherem Druck zu gewinnen, war es naheliegend, die Elektrolyse in geschlossenen druckfesten Zellen zu versuchen. Es interessiert zunächst festzustellen, ob eine solche Elektrolyse einen größeren oder geringeren Energieaufwand erfordert.

Vom theoretischen Standpunkt ergibt sich zunächst aus der Nernstschen Theorie der galvanischen Ketten (siehe 1. Band, S. 29) für die Druckabhängigkeit des Wasserstoffs die Formel:

$$E = -0{,}0001 \cdot T \log \frac{p_1}{p_2}$$

und für Zimmertemperatur:

$$E = -0{,}029 \cdot \log \frac{p_1}{p_2},$$

worin $E$ die E. M. K. einer Kette mit zwei Wasserstoffelektroden mit den $H_2$-Drucken $p_1$ und $p_2$ bedeuten.

Die Wasserstoffelektrode muß demnach bei Drucksteigerung um eine Zehnerpotenz um den Wert —0,029 Volt negativer werden.

Eine ganz entsprechende Abhängigkeit vom Druck müßte theoretisch auch das Sauerstoffpotential zeigen, nur sollte hier die Änderung mit Druckerhöhung zu positiveren Werten erfolgen und 0,014 Volt pro Zehnerpotenz Drucksteigerung betragen, so daß also die algebraische Summe der beiden Potentiale, welche dem Wert der Knallgaskette entspricht, mit zunehmendem Druck etwa um 0,043 Volt pro Zehnerpotenz zunehmenden Druckes ansteigen müßte. Somit ergibt sich unter Druck für die Zersetzungsspannung zweifellos ein höherer Wert als bei niederen Drucken, damit muß aber auch der Energiebedarf der Wasserelektrolyse höher werden, was selbstverständlich erscheint. da ja auch der Energiegehalt der gewonnenen komprimierten Gase ein höherer ist.

Dies gilt jedoch nur für die reversible Wasserzersetzung an Platinelektroden und dort, wie Versuche von Tammann und Diekmann[1] zeigten, auch nur für Wasserstoff entsprechend der Theorie, während für Sauerstoff zwar ebenfalls ein Anstieg des Potentials, aber nicht der Theorie entsprechend gefunden wurde.

Bei der praktischen Wasserelektrolyse zeigt sich jedoch[2], daß die Spannung und damit der Energieaufwand mit zunehmendem Druck nicht größer, sondern sogar kleiner wird, und zwar ist die Abnahme der

[1] Ztschr. anorgan. allg. Chem. **150**, 129 (1926).
[2] Noeggerath: Ztschr. Ver. Dtsch. Ing. **72**, 373 (1928).

Zellenspannung mit zunehmendem Druck um so größer, je höher die Stromstärke ist (Abb. 33).

Ein Vergleich der von den verschiedenen Verfassern[1] gefundenen Ergebnisse bei der Untersuchung der Abhängigkeit der Klemmenspannung der Wasserelektrolyse vom Druck zeigt, daß bei niederen Drucken die Klemmenspannung bei Drucksteigerung sehr stark sinkt, bei Druck oberhalb von 40—50 A nur noch wenig.

Aus dieser Tatsache schließen zu wollen, daß die oben angegebenen theoretischen Schlußfolgerungen unzutreffend sind oder gar, daß damit die thermodynamischen Grundlagen umgestoßen würden, wäre abwegig. Es ist vielmehr naheliegend, daß ein Spannungsabfall, der den theoretischen Spannungsanstieg kompensiert, dadurch zustande kommt, daß elektrische Energie, die sich bei gewöhnlichem Druck in Wärme verwandelt, bei höheren Drucken zur Elektrolyse ausgenutzt wird. Dies tritt z. B. dadurch ein, daß, wie Noeggerath[2] gezeigt hat, ein erheblicher Anteil des Spannungsabfalles durch Verkleinerung der isolierenden Gasblasen im Elektrolyten bei Druckerhöhung, also durch Widerstandsverminderung zustande kommt.

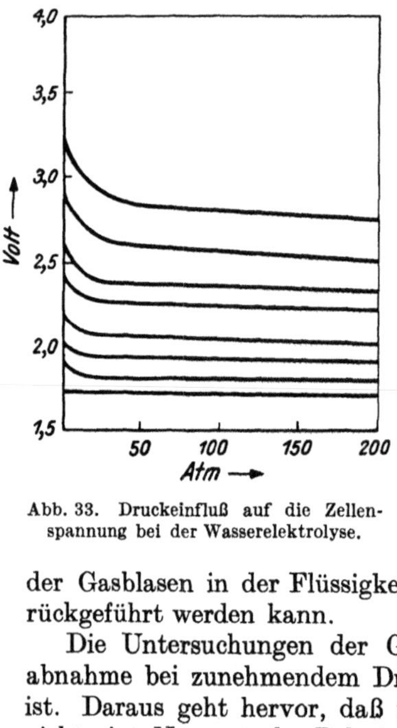

Abb. 33. Druckeinfluß auf die Zellenspannung bei der Wasserelektrolyse.

Nach V. Schischkin und I. Dubkof[3] kann man übrigens rechnerisch zeigen, daß die Abhängigkeit der Klemmenspannung vom Druck allein auf den Einfluß des Druckes auf das Volumen der Gasblasen in der Flüssigkeit und in den Poren des Diaphragmas zurückgeführt werden kann.

Die Untersuchungen der Genannten ergaben, daß die Spannungsabnahme bei zunehmendem Druck direkt proportional der Stromstärke ist. Daraus geht hervor, daß nur ein Ohmscher Spannungsabfall und nicht eine Nernstsche Polarisation die Ursache sein kann.

Jedenfalls läßt sich die Druckelektrolyse bei niederen Spannungen durchführen. Dadurch wird, wie es scheint, ein beachtenswerter Energiebetrag erspart, um so mehr, als auch die Kompressionsarbeit, die man nach der gewöhnlichen Wasserelektrolyse aufwenden müßte, um die Gase zu komprimieren, wegfällt.

Die Leistung der Druckelektrolyse ist nach Noeggerath bei 100 A um etwa 22%, bei 200 A um etwa 20% größer als bei gewöhnlichem

[1] A. Coehn u. Jenckel: Ber. Dtsch. chem. Ges. **60**, 1078 (1927). — Schnurmann: Ztschr. angew. Chem. **42**, 949 (1929).
[2] Ztschr. Ver. Dtsch. Ing. **72**, 373 (1928). — Siehe auch G. Fauser: Giorn. Chim. ind. appl. **11**, 479 (1929).
[3] Ztschr. Elektrochem. **40**, 724 (1934).

Druck. Dementsprechend würde der Energieverbrauch bei der Druckelektrolyse unter Anwendung normaler Stromdichten 3—3,5 kWh für den Kubikmeter Knallgas betragen, während man bei Atmosphärendruck und derselben Stromdichte 4—4,5 kWh braucht.

Dagegen hat G. Fauser[1] auf Grund seiner Versuche eingewendet, daß die durch die Erniedrigung der Zellenspannung eintretende Energieersparnis nur eine scheinbare ist, da anderseits wegen der mit Druckzunahme steigenden Löslichkeit der Gase eine Abnahme der Ausbeute eintritt.

Durch die erhöhte Löslichkeit der Gase erfolgt durch Diffusion eine gegenseitige Depolarisation an den Elektroden, wodurch einerseits die Spannung erniedrigt, anderseits aber die Ausbeute verkleinert wird, indem z. B. bei 100 A $4^1/_2\%$ der Gase durch gegenseitige Wiedervereinigung verlorengehen. Diese Verluste werden nach Fausers Versuchen annähernd durch die Abnahme der Zellenspannung kompensiert. Allerdings findet Fauser bei seinen Versuchen im Gegensatz zu anderen Autoren eine kleinere Abnahme der Zellenspannung mit dem Druck und eine schlechtere Ausbeute. Es werden neuerliche Versuche notwendig sein, um diese einander widersprechenden Ergebnisse aufzuklären.

Schließlich wäre noch der Einfluß der Änderung der Überspannung mit dem Druck zu berücksichtigen. Darauf bezügliche Versuche haben zu keinem eindeutigen Ergebnis geführt. Nach Angaben von W. D. Harkins und H. S. Adams[2] sind Druckänderungen auf die Wasserstoffüberspannung an Nickelkathoden praktisch ohne Einfluß.

## Allgemeine Gesichtspunkte zur technischen Durchführung der Druckelektrolyse.

Die Schwierigkeiten der Druckelektrolyse des Wassers liegen einerseits in der notwendigen druckfesten Umhüllung der Zellen, anderseits vor allem in dem Druckausgleich in der Zelle.

Letztere Schwierigkeit wird dadurch hervorgerufen, daß die beiden Gase im Elektrolyten verschieden stark löslich sind, wodurch größere Druckunterschiede entstehen.

Bei den zahlreichen Vorschlägen von Druckzersetzern[3] wird der Druckausgleich durch mehr oder minder komplizierte Druckausgleichsvorrichtungen erreicht. Die Zellen sind entweder selbst druckfest gebaut, oder aber es befinden sich gewöhnliche, meist eng gebaute bipolare Aggregate in Druckbehältern. Die Mehrzahl der vorgeschlagenen Zellen

---

[1] Giorn. Chim. ind. appl. **11**, 479 (1929). — Siehe auch Cassel u. Voigt: Ztschr. Elektrochem. **36**, 241 (1930).

[2] W. D. Harkins u. H. S. Adams: Journ. physical. Chem. **29**, 205 (1925). — M. Knobel: Journ. Amer. chem. Soc. **46**, 2751 (1924). — Siehe auch H. M. Cassel u. E. Krumbein: Ztschr. physikal. Chem. (A), **171**, 70 (1934).

[3] Siehe E. Vesme: DRP. 351383 (1920). — Haak: DRP. 374032 (1920), 396221 (1921). — W. Voigt: DRP. 422530 (1925), 453275 (1925). — Jahnke: A. P. 1623246 (1925).

wurde bisher praktisch nicht erprobt. Nur drei Konstruktionen, die im folgenden näher beschrieben werden sollen, sind, wenigstens als Versuchsanlagen, wirklich ausgeführt worden.

**Druckzersetzer von Hausmeister.** Nach den Patentangaben[1] ist bei diesem Druckzersetzer eine Filterpreßzelle in einen liegenden Druckzylinder eingesetzt (Abb. 34). Die Filterpreßzelle besteht wie üblich aus bipolaren Platten *f*, zwischen denen Isolierrahmen mit Diaphragma angeordnet sind. Das ganze wird durch Zuganker *g* zusammengehalten. Der Druckmantel ist innen mit einer Isolierschicht überzogen, da der Elektrolyt den ganzen Raum zwischen Zelle und Mantel ausfüllt, mit Ausnahme des oberen Teiles, in welchem sich die Gase sammeln. Dieser Raum ist durch eine Trennwand *k*, die in eine Aussparung in den Elektroden und Rahmenaggregat hineinpaßt, in zwei Teile geteilt. Die

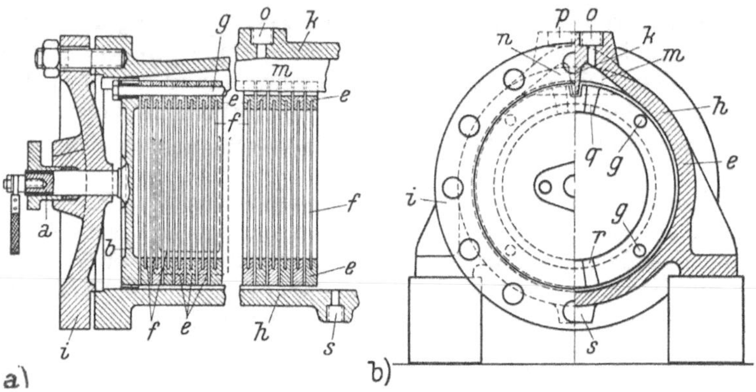


Abb. 34. Druckelektrolyseur von Hausmeister.

Gase treten durch Öffnungen in den Diaphragmenrahmen in die beiden getrennten Gasräume und werden durch *o* und *p* getrennt abgeführt.

Um eine Vermischung der Gase unterhalb der Trennwand zu verhindern, soll der Elektrolyt möglichst hoch stehen, so daß in den Gassammelräumen eigentlich nur ein Gasblasenelektrolytgemisch vorhanden ist.

Hausmeister hat auch Druckzellen ohne Gastrennung in verschiedener Ausführung gebaut[2], die zur Erzeugung von Knallgas zu Schweißzwecken und zur Verbrennung in Motoren dienen sollen. Da die Verwendung von Knallgas aber keine Vorteile bieten kann, dürften diese Zellen ohne Bedeutung bleiben.

**Druckzersetzer von F. Lawaczek und Mitarbeitern.** Auch dieser Druckzersetzer besteht nach den Patentschriften[3] aus bipolaren Einzelzellen, die in größerer Anzahl hintereinandergeschaltet in einem Druckzylinder ursprünglich stehend, später liegend angeordnet sind. Die

[1] Hausmeister: DRP. 514391 (1924).
[2] Umschau **33**, 734 (1929); Industrieblatt **34**, 9 (1929).
[3] Lawaczek: A. P. 1600478 (1924). — R. Rhode: DRP. 402150 (1923).

Zellen enthalten ineinandergreifende bipolare Elektrodengebilde, die zur Hälfte in der einen, zur anderen Hälfte in der anderen Zelle liegen und durch einen geknickten Doppelboden leitend zusammenhängen (Abb. 35). Die Elektrodenbleche sind schräggestellt, um die getrennte Ableitung der Gase nach entgegengesetzten Richtungen zu bewirken. Ein Diaphragma soll dabei entbehrlich sein. Die in den Sammelrohren hochsteigenden Gase veranlassen eine Zirkulation der Elektrolyten in den Zellen. In neueren Patenten Lawaczeks und Mitarbeitern[1] werden reibeisenartig durchbrochene Elektroden beschrieben, die eben oder konzentrisch zylindrisch unter Zwischenlage von Diaphragmen zu voneinander isolierten Paketen vereinigt sind, in welchen die einzelnen Elektroden entweder nebeneinander oder bipolar hintereinandergeschaltet sind (Abb. 36).

Die Gase treten durch die durchbrochenen Elektroden nach rückwärts aus. Gelegentlich der bei der Lawaczek G. m. b. H., München, und

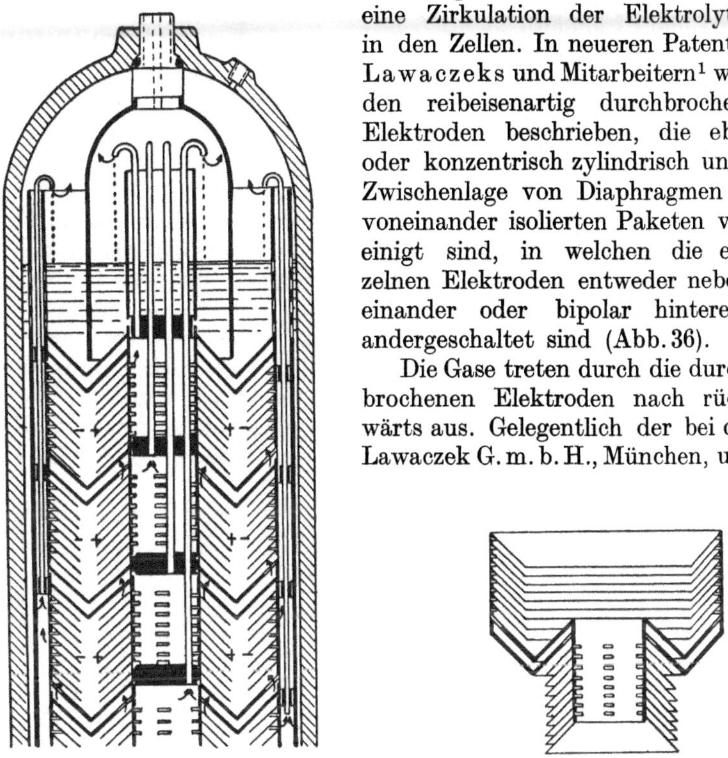

Abb. 35. Druckelektrolyseur nach Lawaczek (rechts bipolare Elektrode).

dem Chemisch-technischen Studienbüro in München durchgeführten praktischen Versuchen wurde die Ausführungsform dieser Druckzersetzer noch mehrmals geändert.

Die neueste Ausführungsform, die von Niederreither entworfen wurde, enthält Filterpreßzellen von 19 hintereinandergeschalteten Zellengruppen für eine Gesamtspannung von 40—50 Volt und eine Höchststromstärke von 500 A, die in einem liegenden Druckzylinder von 1 m Länge und 200 mm Durchmesser untergebracht sind. Das Zellenaggregat liegt im Druckzylinder in Paraffinöl, das unter Wasserstoffdruck steht.

[1] F. P. 635660 (1926). — K. Neureuther u. W. Ernst: DRP. 585501 (1929). — R. Rhode: DRP. 532208 (1926), 488028 (1925), 461688 (1923).

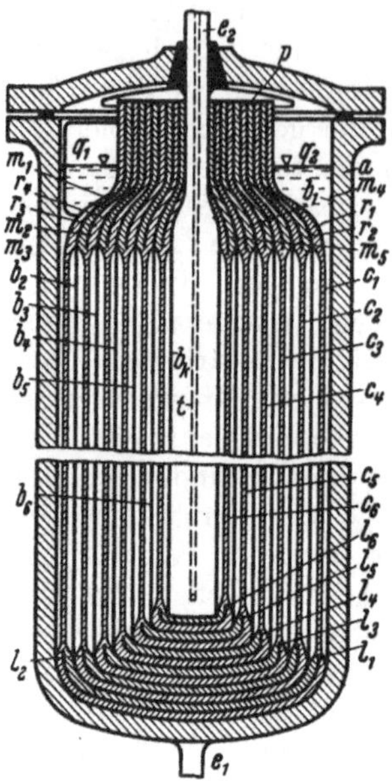

Abb. 36. Druckelektrolyseur nach DRP. 585501 (Neureuther u. Ernst).

Die Zellenspannung bei 80° C ist 2,06 Volt, bei normaler Energieaufnahme von 14,5 kWh. Bei maximaler Aufnahme von 20 kWh ist sie etwa 2,2 Volt.

Die Stromausbeute wird bei 200 A Druck mit mehr als 99% angegeben, was mit den S. 55 erwähnten Einwendungen Fausers nicht in Einklang zu bringen ist.

Die Gesamtanlage (Abb. 37) umfaßt außer den Druckzersetzern noch einen Gasabscheider, eine Nachfüllvorrichtung, einen Druckausgleicher mit Sicherheitsvorlage, einen Reiniger und eine umfangreiche Druckregelapparatur. Der Preis einer solchen Anlage bei serienmäßiger Herstellung wird einschließlich der Nebenapparate, aber ohne Montage, Fracht, elektrischer Anlage, zu etwa 100 RM/kW angegeben.

Vor ganz kurzer Zeit wurde von Siemens eine Großanlage für Druckelektrolyse, System Lawaczek, in Danzig errichtet.

**Druckzersetzer von Noeggerath.** J. E. Noeggerath, Berlin, hat auf Grund seiner Untersu-

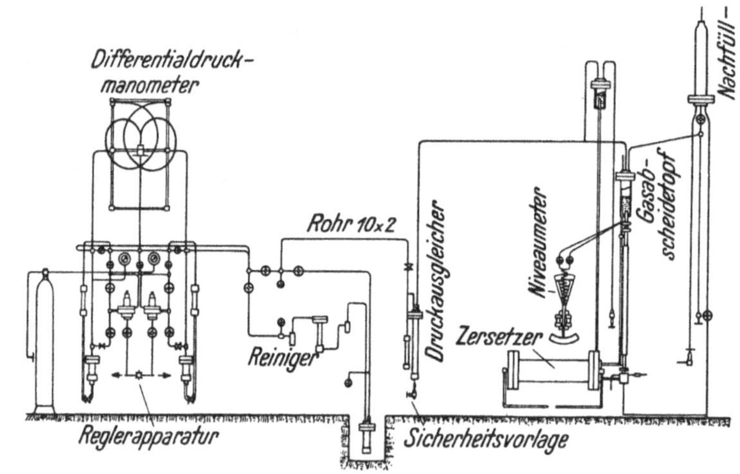


Abb. 37. Schema einer Lawaczekanlage zur Druckelektrolyse.

chungen zahlreiche Varianten von Druckzersetzern vorgeschlagen, von denen einige praktisch erprobt sind. Seine Zelle der neuesten Ausführungsform[1] (Abb. 38) besteht im wesentlichen aus Druckzylindern *1*, die gleichzeitig

[1] Ztschr. Ver. Dtsch. Ing. **72**, 373 (1928); Ztschr. angew. Chem. **41**, 139 (1928); F. P. 671587 (1929).

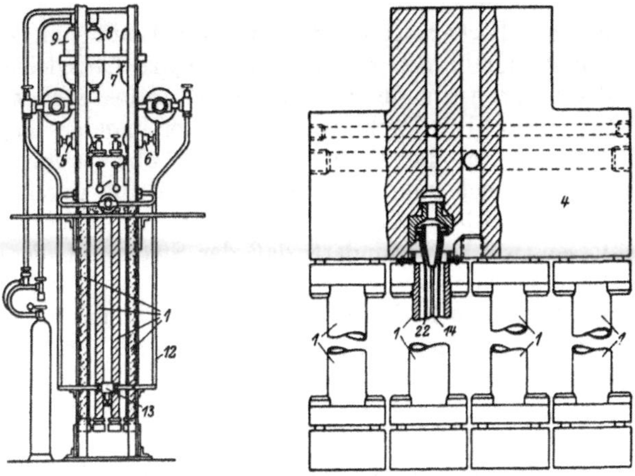


Abb. 38. Druckzersetzer von Noeggerath.

als Elektrode geschaltet sind und in welche die andere Elektrode mit sternförmigem Querschnitt aus Nickel *14* eingesetzt ist. Zwischen den beiden Elektroden befinden sich Diaphragmen *22*. Mehrere solcher Zersetzungszylinder werden hintereinandergeschaltet und sind am oberen Ende an einen Schmiedeblock *4* angeschlossen, in welchen sich Bohrungen für die Sammlung und Weiterleitung der Gase befinden. Die Gase werden über Ventile *5* und *6* in Gassammelräume *7*, *8* und *9* geleitet. Durch eine lange absperrbare Ausgleichsleitung *12*, in welche das Speisewasser bei *13* eingepreßt wird, sind die beiden Gassammelräume verbunden. Der Druckausgleich wird durch verschieden rasches Nachströmen des Wassers reguliert.

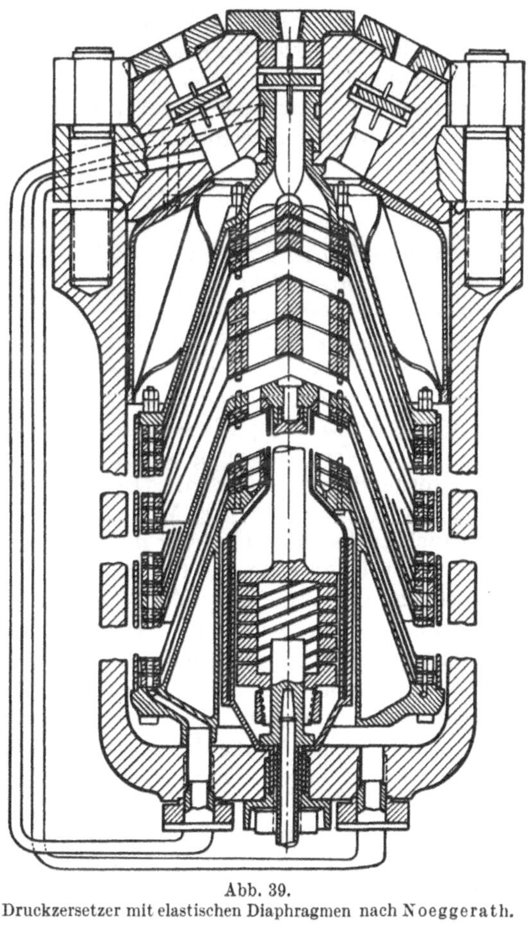

Abb. 39.
Druckzersetzer mit elastischen Diaphragmen nach Noeggerath.

Ein wesentlicher Fortschritt wurde durch die Einführung elastischer Diaphragmen und Membranen zum Zwecke des Druckausgleichs erzielt[1]. Eine Zelle, die unter Anwendung dieses Kunstgriffes gebaut ist, zeigt Abb. 39). In einem Druckzylinder sind übereinander angeordnete bipolare Elektroden von der Form eines stark abgestumpften Kegelmantels unter Zwischenlegung von Diaphragmen, die durch Zuganker zusammengehalten werden. Der Zellkörper ist von einer isolierenden Hülle umschlossen, welche verhindert, daß der Strom auf die Wandung des Druckzylinders übergeht.

Zum Ausgleich der Druckschwankungen sind die Trennwände zwischen Anoden- und Kathodenraum und gegebenenfalls auch die Diaphragmen selbst aus elastischem Material gefertigt.

Ähnliche Druckzersetzer können auch in liegender Ausführung gebaut werden.

Die für 150—200 Atm. gebauten Druckzersetzer erfordern für den Kubikmeter erzeugtes Knallgas 3—3,5 kWh. Dies entspricht einem Energieverbrauch von 4,5—5,25 kWh für den Kubikmeter Wasserstoff, also dem Energieverbrauch eines gewöhnlichen Wasserzersetzers. Erspart wird allerdings die Kompressionsenergie von rund 0,3 kWh für beide Gase zusammen. Als Vorteil der Druckelektrolyseure kann noch der geringere Raumbedarf angeführt werden. Dagegen stehen wiederum höhere Anschaffungskosten.

### Wirtschaftliches.

Die Hoffnungen, die auf die elektrolytische Wasserzersetzung, namentlich von den Konstrukteuren der Zellen gesetzt wurden, haben sich im großen und ganzen nicht erfüllt. Um so mehr als es eine Reihe anderer Verfahren zur Gewinnung von Wasserstoff, teilweise sogar als Nebenprodukt, gibt, wie z. B. bei der Chlor-Alkali-Elektrolyse (S. 86ff.). Die elektrolytische Wasserzersetzung wird in erster Linie zur Gewinnung besonders reinen Wasserstoffs verwendet, der zur Durchführung katalytischer Verfahren, wie Ammoniaksynthese, Kohleveredlung, Fetthärtung u. a., dient, bei welchen Verunreinigungen, die als Kontaktgifte wirken können, nicht vorhanden sein dürfen. Der jährliche Weltverbrauch für diese Zwecke wird auf etwa 3000 Millionen Kubikmeter geschätzt. Der Verbrauch an Sauerstoff beträgt dagegen nur etwa 150 Millionen Kubikmeter. Würde es gelingen, für den Sauerstoff entsprechende Absatzmöglichkeiten zu schaffen, um das vielfach nutzlos über Dach geführte Gas zu verwerten, würde die Wasserelektrolyse sicherlich noch weitgehend an Umfang zunehmen. Dabei wäre an die Verwendung des Sauerstoffs für hüttenmännische Zwecke, für Feuerungen u. dgl. ins Auge zu fassen, und es müßte wegen der meist nicht möglichen örtlichen Vereinigung solcher Werke daran gedacht werden, das Gas durch Fernleitungen seiner Verwendung zuzuführen. Im übrigen ist eine Erweiterung auch des Wasserstoffverbrauchs durch seine mögliche Anwendung zur Erzreduktion denkbar.

[1] Noeggerath: E. P. 268426 (1925), 245119, 282688 (1926); DRP. 508480 (1926), 578705 (1933), 598180 (1929).

Gegenwärtig ist die Frage der Wirtschaftlichkeit der Wasserelektrolyse hauptsächlich durch den Strompreis bedingt, der nicht mehr als etwa 1 Pfennig pro Kilowattstunde betragen darf[1]. Diese obere Grenze wird an Orten, wo andere billige Rohstoffe für die chemische Wasserstoffgewinnung vorhanden sind, noch wesentlich herabgesetzt. Solche niedrige Strompreise können aber nur bei Ausnutzung besonders günstiger Wasserkräfte erzielt werden, wie dies beispielsweise in Norwegen der Fall ist. Vielfach führten aber nationale Gesichtspunkte zur Errichtung solcher Anlagen, wie etwa in Italien und in Deutschland. Wenn nur mittlere oder kleinere Mengen von Wasserstoff gebraucht werden, erweist sich allerdings die elektrolytische Wasserzersetzung wirtschaftlicher, weil die Kosten der meisten chemischen Verfahren bei Verkleinerung der Anlage im Verhältnis stark ansteigen, was für die elektrolytischen Anlagen nicht zutrifft.

Gewisse Hoffnungen wurden auch auf die Wasserelektrolyse zum Zwecke der Energiespeicherung gesetzt. Vor allem wurde daran gedacht, billigen Nacht- oder sonstigen Überschußstrom der Elektrizitätswerke durch Wasserzersetzung nutzbar zu machen, um so mehr als dies im großen Maßstabe als auch bei kleineren Werken technisch möglich wäre[2]. Die Wirtschaftlichkeit solcher Projekte wird jedoch dadurch beeinträchtigt, daß unter solchen Umständen die Elektrolyseanlagen nur zeitweise in Betrieb stehen und nur kurze Zeit, etwa 6 Stunden im Tag, voll belastet werden können. Dadurch erhöhen sich die Kosten für Amortisation und Verzinsung, wodurch der billigere Strompreis zum Teil wieder wettgemacht wird. Auch ist die Wirtschaftlichkeit nur dann gegeben, wenn eine sichere Abnahme für beide Gase vorhanden ist.

Von Lawaczek wurde z. B. der Vorschlag gemacht, elektrolytisch erzeugtes Knallgas im großen Maßstabe zum Betrieb von Explosionsmotoren zu verwenden oder wenigstens den Betriebsstoffen einen Zusatz von Knallgas zu geben. Letzterer Vorschlag soll den Zweck haben, auch schwerer flüchtige Brennstoffe, wie Petroleum, Rohöl usw., für den Betrieb solcher Motoren verwendbar zu machen.

Ein ans Utopische grenzender Vorschlag Noeggeraths[3] geht dahin, die Energie, die durch Windmotoren erzeugt wird, in turmähnlichen Druckbehältern in Form der elektrolytisch gewonnenen Gase zu speichern, wobei der turmähnliche Aufbau, der auch die Druckzersetzer enthält, gleich als Träger für den Windmotor dienen soll.

Auch die Druckelektrolyse, die, wie es vor einigen Jahren schien, die anderen Verfahren verdrängen zu können glaubte, ändert nichts an der gesamten Sachlage, da die Herstellungskosten durch diese Verfahren nur unbedeutend herabgesetzt werden konnten. Darin liegt auch der Grund, warum die Druckelektrolyse bis heute noch kaum über das Stadium von Versuchsbetrieben hinausgekommen ist.

[1] Vergleichszahlen siehe Bräuer-Reitstötter-Siebeneicher: Ztschr. angew. Chem. **46**, 9 (1933).
[2] H. Niederreither: Elektrotechn. Ztschr. **55**, 999 (1934).
[3] F. P. 610073.

Von den nichtmetallurgischen Elektrolysen hat sich trotzdem die Elektrolyse des Wassers in den letzten Jahren am stärksten ausgedehnt.

## Die elektrolytische Darstellung des schweren Wasserstoffisotops.

In jüngster Zeit erfuhr das Gebiet der Elektrolyse des Wassers durch die Entdeckung eines schweren Wasserstoffisotops und dessen Darstellung durch Wasserelektrolyse eine interessante Erweiterung.

Auf die Entdeckungsgeschichte und die Eigenschaften des schweren Wasserstoffisotops kann hier nicht eingegangen werden[1].

Es sei nur ganz kurz erwähnt, daß im Jahre 1932 von Urey, Brickwedde und Murphy dieses Isotop des Wasserstoffs entdeckt wurde, welches das Atomgewicht 2 besitzt und das man als schweren Wasserstoff $H^2$ oder auch als Deuterium D bezeichnet. Die Reindarstellung wurde von Lewis 1933 erstmalig durchgeführt.

Infolge des großen Gewichtsunterschiedes der beiden Isotopen sind die Unterschiede in ihren Eigenschaften nicht so unbedeutend wie in anderen Fällen von Isotopie. Die Entdeckung dieses Stoffs hat daher weite Ausblicke für Physiker, Chemiker und Biologen eröffnet und zu fieberhafter Tätigkeit auf diesem Gebiete geführt. Von großer Bedeutung war die Entdeckung von E. W. Washburn und H. C. Urey[2], daß sich das schwere Wasserstoffisotop bei der Elektrolyse von Wasser im zurückbleibenden Wasser anreichert. Auf dieser Erkenntnis aufbauend, hat dann G. N. Lewis und R. T. MacDonald[3] eine Methode zur Reindarstellung von „schwerem Wasser" $D_2O$ und damit auch des schweren Isotops selbst ausgearbeitet.

Massenspektroskopische und chemische Versuche haben ergeben, daß im gewöhnlichen Wasser jedes 2500ste Molekül ein schweres H-Atom enthält; daß also die im gewöhnlichen Wasser vorhandenen Mengen der beiden Isotope sich wie 1 : 5000 verhalten.

Und zwar gilt diese Zahl für Seewasser, in anderen Gewässern, insbesondere solchen, die im Wasserkreislauf eben erst eine Destillation durchgemacht haben, z. B. Flußwasser, ergeben sich Werte von 1 : 6500, weil das „schwere Wasser" einen höheren Siedepunkt (101,42° C) hat, so daß es im Verdampfungsrückstand sich anreichert.

Im übrigen lassen sich durch Destillation die beiden Wasserarten selbst bei Anwendung sehr wirksamer und großer Fraktionierkolonnen nur in ganz geringem Ausmaße trennen. Anders verhält es sich bei der Elektrolyse des Wassers, die meist in alkalischer Lösung vorgenommen wird. Dabei wird das Verhältnis der beiden Isotope stark verschoben, indem der entwickelte Wasserstoff nur einen kleinen Bruchteil des in der Lauge vorhandenen schweren Isotops enthält.

Dies macht es erklärlich, daß die ersten Gehaltsbestimmungen an $D_2$, die an Elektrolytwasserstoff gemacht wurden, viel zu niedrige Werte ergaben. Auch die Darstellung von Wasserstoff aus Metall (Zink) und Säure ist im Prinzip eine elektrolytische und der so hergestellte Wasserstoff ebenfalls sehr arm an schwerem Isotop.

Die elektrolytische Darstellung des schweren Wassers ist derzeit die beste Methode. Sie ermöglichte es erst, Untersuchungen auf breiterer Basis anzustellen.

Eine quantitative Behandlung der elektrolytischen Darstellung des schweren Wasserstoffisotops D hat G. N. Lewis gegeben.

Bezeichnet man die Konzentration des leichten Isotops im Wasser mit (H), jene des schweren mit (D), so verhalten sich die im elektrolytisch entwickelten

[1] Siehe die Zusammenfassung von H. Mark: Das schwere Wasser, Leipzig u. Wien: F. Deuticke. 1933. — L. Farkas: Naturwiss. **37**, 614, 658 (1934).

[2] Proceed. Acad. Science U. S. A. **18**, 496 (1932).

[3] Journ. chem. Physics **1**, 341 (1933).

Wasserstoff enthaltenen Mengen der Isotope nicht wie $\frac{\mathrm{H}}{\mathrm{D}}$, sondern wie $S \cdot \frac{(\mathrm{H})}{(\mathrm{D})}$, worin $S$ eine Konstante bedeutet.

Wenn man die im Wasser und im entwickelten Gas enthaltenen absoluten Mengen von H und D mit $a_{\mathrm{H}}$ und $a_{\mathrm{D}}$ bezeichnet, wobei $a_{\mathrm{H}} = (\mathrm{H})\,v$ und $a_{\mathrm{D}} = (\mathrm{D})\,v$ ist (wo $v$ das verwendete Volumen bedeutet), so gilt die Beziehung von Lewis:

$$d \ln a_{\mathrm{H}} = S \cdot d \ln a_{\mathrm{D}},$$

worin $S$ den obenerwähnten konstanten Faktor bedeutet, der angibt, wievielmal weniger vom schweren Wasserstoff als vom leichten entwickelt wird. Durch Integration des obigen Ausdrucks ergibt sich die Formel:

$$\frac{(\mathrm{H})_0}{(\mathrm{H})} \cdot \frac{(\mathrm{D})_0{}^S}{(\mathrm{D})} = \frac{v_a{}^{S-1}}{v},$$

welche der sogenannten Rayleighschen Formel der fraktionierten Destillation entspricht.

Daraus folgt für $S$ die Definition:

$$S = \frac{\frac{(\mathrm{H})}{(\mathrm{D})}\,\mathrm{Gas}}{\frac{(\mathrm{H})}{(\mathrm{D})}\,\mathrm{Wasser}}.$$

Man nennt diese Zahl den Trennungsfaktor, der praktisch nur sehr wenig von der Temperatur, von der Konzentration des Elektrolyten und der Stromdichte abhängt. Die erste Bestimmung dieses Faktors durch Lewis ergab den Wert von ungefähr 5, später werden höhere Werte (5,5—7,5) gefunden. Nimmt man einen Mittelwert von $S = 6$, so wird das Verhältnis des elektrolytisch entwickelten Wasserstoffs nicht mehr 1 : 5000, sondern 1 : (6 × 5000), das ist 1 : 30000 sein.

Tabelle 6. Gehaltsberechnung des elektrolytischen Wasserkonzentrates nach der Lewischen Gleichung mit $S = 7$.

| Leichtes Wasser $H_2O$ in g | Schweres Wasser $D_2O$ in g | Gesamtmenge in g | Prozentgehalt an $D_2O$ |
|---|---|---|---|
| 1000000 | 200 | 1000200 | 0,02 |
| 100000 | 144 | 100144 | 0,14 |
| 10000 | 104 | 10104 | 1,03 |
| 1000 | 74 | 1074 | 6,9 |
| 100 | 53 | 153 | 34 |
| 10 | 38 | 48 | 79 |
| 1 | 28 | 29 | 96,5 |
| 0,1 | 20 | 20 | 99,5 |
| 0,01 | 14 | 14 | 99,9 |

Tabelle 7. Gehaltsberechnung des elektrolytischen Wasserkonzentrates nach der Lewischen Gleichung mit $S = 5$.

| Leichtes Wasser $H_2O$ in g | Schweres Wasser $D_2O$ in g | Gesamtmenge in g | Prozentgehalt an $D_2O$ |
|---|---|---|---|
| 1000000 | 200 | 1000200 | 0,12 |
| 100000 | 122 | 100122 | 0,12 |
| 10000 | 80 | 10080 | 0,79 |
| 1000 | 50 | 1050 | 4,7 |
| 100 | 32 | 130 | 24 |
| 10 | 20 | 30 | 67 |
| 1 | 12 | 13 | 92 |
| 0,1 | 8 | 8 | 98,7 |
| 0,01 | 5 | 5 | 99,8 |
| 0,001 | 3 | 3 | 99,96 |

Bei der Elektrolyse reichert sich also im zurückbleibenden Elektrolyten der schwere Wasserstoff dementsprechend mehr und mehr an.

Zur Berechnung der Konzentrationszunahme an D verwendet man den Ausdruck

$$\log \frac{a_{\mathrm{H}}}{a_{\mathrm{H}_0}} = S \cdot \log \frac{a_{\mathrm{D}}}{a_{\mathrm{D}_0}},$$

worin $a_{\mathrm{H}_0}$ und $a_{\mathrm{D}_0}$ die bei Beginn der Elektrolyse vorhandenen Mengen bedeuten.

Da 1 m³ Wasser etwa 200 g schweres Wasser $D_2O$ enthält, so möge der Einfachheit halber von einer Wassermenge von 1000200 g Wasser ausgegangen werden. In dieser Menge Wasser sind dann 1000000 g leichtes und 200 g schweres Wasser enthalten.

Wenn man nun diese Menge durch Elektrolyse auf $^1/_{10}$, $^1/_{100}$ usw. einengt, so kann man nach obiger Gleichung durch Einsetzen für $a_H = 100000$ usw. den absoluten und Prozentgehalt des schweren Wasserstoffs im Konzentrat errechnen, unter der vereinfachten Voraussetzung, daß nur $H_2O$ und $D_2O$, nicht aber HDO (halbschweres Wasser) entsteht.

Für $S = 7$ und $S = 5$ ergeben sich die in der Tabelle 6 und 7 enthaltenen Zahlen.

Die Wasserelektrolyse zum Zwecke der Gewinnung von schwerem Wasserstoff kann durch Elektrolyse saurer oder alkalischer Lösungen durchgeführt werden. An verschiedenen Metallen ist der Trennungsfaktor etwas verschieden (Tabelle 8).

Tabelle 8. Trennungsfaktor in sauren Lösungen.

| Kathodenmetall | Trennungsfaktor 0,5 A/cm² |
|---|---|
| Pb | 6,3—7,4 |
| Pt | 4,7—7,6 |
| Pt platiniert | 3,4—4,7 |
| Fe | 6,9—7,6 |
| Ni | 4,0—6,5 |
| Cu | 5,5—6,8 |
| Ag | 5,3—6,0 |
| Hg | 2,8—2,9 |

Der Trennungsfaktor ist sonst anscheinend von Konzentration, Stromstärke, Temperatur und anderen Bedingungen nur wenig abhängig.

Über die Ursachen der Isotopentrennung durch Elektrolyse können derzeit noch keine eindeutigen Angaben gemacht werden.

Wahrscheinlich dürften dabei folgende Vorgänge eine Rolle spielen:

1. Der Unterschied in der Geschwindigkeit der Entladung der H·- und D·-Ionen an der Kathode.

2. Der Unterschied in der Geschwindigkeit der Vereinigung der H- und D-Atome zu molekularen Gasen am Kathodenmetall.

3. Die Geschwindigkeit der Gleichgewichtseinstellung:

$$H_2O + D_2 = D_2O + H_2$$

an der Kathode.

Die beiden ersten Vorgänge hängen wahrscheinlich mit der Überspannung des Wasserstoffs an der Kathode zusammen.

Versuche von M. Polanyi[1] haben allerdings keine eindeutige Abhängigkeit des Trennungsfaktors von dem Kathodenmetall gefunden. Es ist also anzunehmen, daß auch Vorgänge, wie unter 3 erwähnt, eine Rolle spielen[2].

Außer der beschriebenen Anreicherung von $D_2O$ wurde auch bei der Wasserelektrolyse eine Anreicherung eines Wassers mit dem schweren Sauerstoffisotop $O^{18}$ beobachtet[3].

**Gewinnung von schwerem Wasser in größerem Maßstabe.** Aus obigen Berechnungen ergibt sich, daß die Ausbeuten an schwerem Wasser recht klein sind. Es wurde deshalb vorgeschlagen, bei den höheren Konzentraten den entstehenden Wasserstoff zu verbrennen und das so wiedergewonnene Wasser weiter zu elektrolysieren. Dies lohnt sich erst, wenn die Konzentration des Isotops in der Elektrolytlösung größer als 0,4% geworden ist, also nach Einengung auf etwa $^1/_{50}$ des Anfangsvolumens, dann aber in steigendem Maße.

[1] Naturwiss. **21**, 316 (1933). — Topley u. Eyring: Journ. chem. Physics **2**, 217 (1934). — Fowler: Proceed. Roy. Soc., London, Serie A, **144**, 452 (1934). — R. P. Bell: Journ. chem. Physics **2**, 104 (1934).

[2] H. S. Taylor, H. Eyring u. A. A. Frost: Journ. chem. Physics **1**, 823 (1933). — B. Topley u. H. Eyring: Nature **133**, 292 (1934). — R. P. Bell u. J. H. Wolfenden: Nature **133**, 25 (1934); Proceed. Roy. Soc., London, l. c. — P. Harteck: Proceed. physical Soc., London **46**, 277 (1934); Proceed. Roy. Soc., London, l. c. — A. Güntherschulze u. F. Keller: Ztschr. Elektrochem. **40**, 182 (1934). — A. J. Edwards, H. F. Walton, R. P. Bell u. J. H. Wolfenden: Journ. chem. Soc. London **1936**, 286.

[3] H. S. Taylor: C 1934, I, 3551. — G. Ogden: Nature, London **1936**, 912.

Man kann die Herstellungskosten auch dadurch verringern, daß man bei der Elektrolyse nicht vom gewöhnlichen Wasser ausgeht, das oft nicht einmal ein D/H-Verhältnis von 1 : 5000 besitzt, sondern von wäßrigen Elektrolytrückständen, die von der Einengung größerer Wassermengen stammen, wie dies im kleinen bei Akkumulatoren, im großen bei der technischen Wasserelektrolyse der Fall ist. In solchen elektrolytischen Rückstandslaugen findet sich ein D/H-Verhältnis von 1 : 2000, im besten Falle bis 1 : 1000.

Im technischen Betrieb, z. B. bei der Wasserelektrolyse, tritt durch das Nachfüllen von frischem Speisewasser schließlich ein stationärer Zustand ein. Das ist bei einem Trennungsfaktor von $S = 5$ dann der Fall, wenn im Elektrolyten eine D-Konzentration von 0,1% erreicht ist. Dann entweicht nämlich ein Wasserstoffgas, welches dasselbe D/H-Verhältnis wie gewöhnliches Wasser (also 1 : 5000) besitzt, so daß keine weitere Anreicherung mehr erfolgen kann.

Für die praktische Durchführung der elektrolytischen Gewinnung von schwerem Wasser sind eine Reihe von Vorschlägen gemacht worden.

So beschreiben z. B. K. Schwarz, L. Küchler und H. Steiner[1] eine einfache und billige Anordnung, bestehend aus mehreren Aggregaten, von je 60 langen Reagenzgläsern, die mit 0,5—0,8-normaler NaOH gefüllt und durch U-förmig gebogene Elektroden aus Fe- oder Ni-Draht in Serie geschaltet werden. Jedes Aggregat wird an 220 Volt Gleichspannung gelegt und verbraucht 3—4 A; durch äußere Kühlung wird die Temperatur unter 18° gehalten. Mit einer Reihe solcher Aggregate können täglich zirka 15 l Wasser aufgearbeitet werden. Durch wiederholtes Nachfüllen von destilliertem Wasser hält man die Zellen stets gefüllt, bis insgesamt zirka 20 l nachgefüllt worden sind.

Wenn somit die anfangs 0,5—0,8-normale Lauge auf $^1/_{10}$ des Anfangsvolumens einelektrolysiert ist, wird mit $CO_2$ neutralisiert und nach der Destillation wieder Alkali aufgelöst usw.

Wenn der D-Gehalt der Lauge einige Prozente überschreitet, geht man daran, den entwickelten Wasserstoff zu sammeln und — meist katalytisch — zu verbrennen, so daß auch der mit dem Wasserstoffgas entweichende D nicht verlorengeht.

Ein in letzter Zeit von Urey und M. H. Wahl[2] angegebener elektrolytischer Kaskadenprozeß arbeitet mit 5 elektrolytischen Zellen mit je zirka 40 cm³ KOH und innengekühlten Ni-Elektroden, bei welchen bei einer Stromstärke von 33 A in 72 Stunden zirka 35 cm³ schweres Wasser mit einer 1000fach höheren Konzentration als das Ausgangsmaterial erzeugt wird. Das Prinzip ist folgendes: Die Gase $2\,H_2$—$O_2$ aus der $(i—l)$ten Zelle werden wieder zu $H_2O$ vereinigt und in die $i$te Zelle überführt. Gleichzeitig wird Wasser aus dieser Zelle in die $(i—l)$te Zelle destilliert. Nach genügend langer Zeit entsteht so zwischen diesen Zellen ein Konzentrationsverhältnis, das gleich dem Trennungsfaktor der Isotopen (hier zirka 4) ist.

Der Strombedarf für die Herstellung eines Gramms schweren Wassers beträgt etwa 1000 kWh, die kWh zu 15 Pf. gerechnet, ergibt pro Gramm 150 RM Stromkosten. Bei einem Großabnahmepreis von 2,5 Pf. pro kWh würden sich die Stromkosten auf 25 RM ermäßigen.

Rechnet man zu den Kosten der elektrischen Energie noch den Verbrauch an Lauge, den Verschleiß der Elektroden, die Kosten für Kühlwasser und die Arbeitszeit dazu, dann wird es verständlich, daß das schwere Wasser heute noch ein sehr kostbarer Stoff ist, obwohl er in der Natur durchaus nicht selten, sondern nur sehr verdünnt vorkommt.

In letzter Zeit scheinen verschiedene Werke, die sich mit Wasserelektrolyse befassen, darangegangen zu sein, der großen Nachfrage nach schwerem Wasser zu Versuchszwecken durch Einführung betriebsmäßiger Herstellung dieses Wassers entgegenzukommen. Wie die Imperial Chemical Industries Ltd.[3] berichten, wurde in ihrem Werk in Billingham eine solche Anlage

[1] Ztschr. Elektrochem. angew. physik. Chem. **40**, 298 (1934).
[2] Physical Rev. (2), **45**, 566 (1934). [3] Chem. and Ing. **53**, 362 (1934).

errichtet, in der schweres Wasser mit einem Gehalt von 30% in einer täglichen Menge von 5 g erzeugt werden kann.

Auch die norwegischen Wasserkraftwerke Oslo in Rjukan haben die Erzeugung größerer Mengen schweren Wassers[1] aufgenommen. Die Produktionskapazität beträgt derzeit mehr als 50 kg pro Tag, und zwar in Konzentrationen von 5—99/100%. Bei 99,95%iger Konzentration beträgt der Preis ab Werk norw. Kr. 10,— je Gramm, für 99%ige norw. Kr. 2,50 pro Gramm.

Schweres Wasser wird auch von der Physikalisch-technischen Reichsanstalt Berlin hergestellt und abgegeben[2].

## Sonstige Literatur.

T. Titani, K. Kurano u. M. Harada: Anreicherung von Deuterium durch Elektrolyse von Schwefelsäurelösungen. Bull. chem. Soc. Japan **9**, 269 (1934). — T. Titani, K. Okabe u. M. Harada: Anreicherung von Deuterium durch Elektrolyse von neutralen Salzlösungen. Bull. chem. Soc. Japan **9**, 272 (1934). — A. Farkas u. L. Farkas: Die elektrolytische Trennung der Wasserstoffisotopen. Proceed. Roy. Soc., London, Serie A, **146**, 623 (1934). — H. Erlenmeyer u. H. Gärtner: Über eine Laboratoriumsanlage zur elektrolytischen Fraktionierung des Wasserstoffisotopen. Helv. chim. Acta **17**, 1226 (1934). — Allgemeine Diskussion. Ztschr. Elektrochem. **40**, Nr. 8 (1934). — Proceed. Roy. Soc. London, Serie A, **144**, 1—28 (1934). — Edward W. Washburn, Edgar R. Smith u. Francis A. Smith: Fraktionierung der Wasserstoff- und Sauerstoffisotopen in einem handelsüblichen Elektrolysierapparat. Journ. Res. nat. Bur. Standards **13**, 599 (1934). — G. Champetier: Laboratoriumsapparate zur elektrolytischen Anreicherung des Wasserstoffisotops. Bull. Soc. chim. France (5), **2**, 162 (1935). — W. G. Brown u. A. F. Daggett: Eine Anlage zur Erzeugung von schwerem Wasser. Journ. chem. Physics **3**, 216 (1935). — A. Farkas: Orthohydrogen, Parahydrogen and Heavy Hydrogen. Cambridge, at the University Press, 1935. — R. Frerichs: Ergebnisse der exakten Naturwissenschaften. Das schwere Wasser.

## Patentliteratur über Wasserelektrolyse.

Adams, A. P. 1471641, 1922. Wasserzersetzungszelle.

Aigner, DRP. 198626, 1906. Wasserzersetzungszelle.

Allan, W. G., (Scott), A. P. 1502708, 1920. Vorgesetzte durchlässige Elektrode.

—, (Toronto Power Co.), A. P. 1513728, 1920. Vorgesetzte durchlässige Elektrode.

—, (Scott), Can. P. 239780, 1920. Drahtnetzelektrode aus 1—12 Lagen, am Rande verschweißt.

—, (Scott), A. P. 1496966, 1920. Abänderung von A. P. 1513728, vgl. Scott. Vorgesetzte Elektrode, vgl. Scott, E. P. 198933. Vorgesetzte Elektrode.

—, (Toronto Power Co.), A. P. 1464689, 1920. Elektrolytische Zelle, insbesondere zur Wasserzersetzung, bipolar.

—, (Toronto Power Co.), A. P. 1464840, 1920. Elektrolytische Zelle, insbesondere zur Wasserzersetzung, bipolar.

—, (Scott), A. P. 1508758, 1920. Bipolarzelle.

—, (Toronto Power Co.), A. P. 1441200, 1920. Rohranschluß an den Zellenrahmen.

—, (F. G. Clark), A. P. 1660147, 1920. Äußerer Elektrolytumlauf mit Gasabscheidung.

—, (Scott), A. P. 1552812, 1920. Wasserzersetzungszelle.

---

[1] L. Tronstad: Nature London **133**, 872 (1934).

[2] Siehe auch I. G. Farbenindustrie A. G., G. Pfleiderer, DRP. 623336, 1934.

Allan, W. G., (F. G. Clark), A. P. 1592512, 1921. Filterpreßzelle.
—, (Scott), A. P. 1575609, 1923. Methode zum Vereinigen (hauptsächlich Schweißen) von metallenen Gegenständen.
—, (F. G. Clark), A. P. 1702924, 1923. Äußerer Elektrolytumlauf mit Gasabscheidung für elektrolytische Batterien, insbesondere Bipolarzellen.
—, E. P. 271685, 1926. Wasserzersetzungszelle.
Allen, I. M., A. P. 1467080, 1922. Glockenzelle.
Ascherl, Ö. P. 44/5862, 1894. Glockenzelle.

Bamag-Meguin A. G., DRP. 440336, 1924. Durchlässige Elektrode.
—, DRP. 496310, 1924. Diaphragmenrahmen für Filterpressen, Elektrolyseure T-förmiges Profil.
—, DRP. 524080, 1924, Schweiz. P. 119464, 1925. Diaphragmarahmen.
—, F. P. 608757, 1925, F. P. 609022, 1926, Schweiz. P. 120249 (Zdanski), 1926. Filterpressenelektrolyseur.
—, F. P. 608922, 1926. Diaphragmagewebe aus Silber oder Silberlegierungen.
—, Schweiz. P. 118709 (Zdanski), 1925, Schweiz. P. 118710, 1925. Diaphragma.
—, F. P. 656833, 1928, Norw. P. 46614, 1928, Asbest-Metall-Diaphragma.
—, Schweiz. P. 166781, 1932. Erzeugung einer porösen Elektrodenoberfläche mittels Metallspritzverfahrens.
Baur, DRP. 345048, 1920, A. P. 1543357, 1921. Wasserelektrolyse in Ätzkalischmelze.
Beckmann, M. H., DRP. 425770, F. P. 606989, 1925. Zusatz dazu: F. P. 32422, 1926, F. P. 37521, 1929, Schweiz. P. 122938, Ö. P. 107580, E. P. 338698, D. Prior. 1928. Mikroporöses Kautschukdiaphragma.
Bell, DRP. 78146, 1893. Unipolarzelle.
Benjamin (Internat. Oxygen Co.), Schweiz. P. 93265, 1919. Unipolarzelle (E. 575); (I. O. C. Einheitszelle).
Benker, F. P. 461981, 1913, Norw. Prior. 1912. Glockenzelle.
Benson, E. P. 226613, 1923. Wasserelektrolyseanwendung bei Verbrennungskraftmaschinen.
Bradig, A. P. 1452589, 1922. Wasserzersetzungszelle (unipolar).
Burdett, (Davis-Bournonville Co.), A. P. 1107257, 1914. Glockenzelle.
—, A. P. 1107258, 1912, A. P. 1107259, 1912, A. P. 1086804, 1913. Unipolare Trogzelle.
McCarty, A. P. 721068, 1903. Unipolarzelle.
—, A. P. 736868, 1903, A. P. 816355, 1906. Sehr ähnlich A. P. 721068. Elektrolyt für Wasserzersetzung.
—, A. P. 813105, 1906, A. P. 814155. Unipolarzelle.

Casale, DRP. 388465, 1922, E. P. 200376, 1922, Schweiz. P. 98305, 1922, F. P. 553744, 1922, A. P. 1547362, 1922, Schwed. P. 56846, 1922, It. Prior-1921. Unipolarzelle ohne Diaphragma.
—, E. P. 221102, 1923, Schweiz. P. 107195, 1923, F. P. 571231, 1923. Unipolarzelle.
—, It. P. 248203, 1926. Zusatz dazu: It. P. 251578, 1926, E. P. 268998, 1926. Offene Trogzelle.
—, Norw. P. 42839, 1922. Elektrolyseur.
Cauchemez, F. P. 409753, 1909. Unipolarzelle mit durchbrochenen Elektroden.
Citovich, F. P. 673168, 1928. Elektrochemische Reaktionen.
—, E. P. 303027, 1928, Schweiz. P. 140647, 1927, D. Prior. 1927. Druckelektrolyse.
Clark F. G., A. P. 1446736, 1919. Vgl. Scott DRP. 427398. Vgl. auch Smith, A. P. 1450156 und A. P. 1476303. Wasserelektrolyse mit Stromdichten über 1500 A/m².
Compagnie Française pour l'Exploitation des Procédée Thomson-Houston, F. P. 631382, 1927. Wasserelektrolyse.
Cons. Elektrochem. Ind., DRP. 329177, 1919. Katalytische Reinigung von elektrolytischem Wasserstoff und Sauerstoff durch Verbrennung.

Cons. Elektrochem. Ind., DRP. 414187, 1924, Schweiz. P. 116150, 1925. Verfahren und Vorrichtung zur Trennung von Wasserstoff und Sauerstoff aus elektrolytisch entwickeltem Knallgas durch Tiefkühlung.

Cowper Coles, E. P. 14285, 1907. Unipolarzelle ohne Diaphragma (E. 558).

Dansette, F. P. 391793, 1907. Elektrothermische Wasserdampfzersetzung (E. 558).

Davis-Bournonville Co., F. P. 496425, 1919, A. P. 1172932, 1916. Unipolarzelle mit Diaphragma und doppelter Anode (E. 582).

Delmard, (Renard, Ducretet), DRP. 58282, 1890. Unipolarzelle.

Dohmen, A. P. 1121687, 1913, 1917. Filterpreßzelle mit Metalldiaphragma und Entgasung in den Einzelzellen.

McDonald, A. P. 1740659, 1928. Unipolarzelle.

McDougall u. Middleton, (Toronto Power Co.), A. P. 1269566, 1917. Wasserelektrolyseur, insbesondere Bipolarzelle, mit äußerem Umlauf des Elektrolyten.

Druckzersetzer G. m. b. H., F. P. 770440, 1934. Druckelektrolyse.

Elektr. A. G. vorm. Schuckert & Co., D. R. G. M. 80504, 1896. Glockenzelle.

—, DRP. 174845, 1905, DRP. 188900, 1907, E. P. 3000, 1908. Glockenzelle.

—, DRP. 231545, 1910. Wasserzersetzung mit Glockenzelle.

—, DRP. 294909, 1914. Glockenzelle.

—, DRP. 347971, 1921. Abdichtungen von Elektrodenzuführungen beim Durchtritt durch Gassammelglocken.

— u. F. Petz u. H. Koelsch, DRP. 349538, 1920, E. P. 165071, 1921, Schweiz. P. 93267, 1921, Can. P. 221614, 1921, F. P. 534564, 1921. Zusatzpatente zu dem deutschen Patent: DRP. 381420, 1922, DRP. 375788, 1922, DRP. 375789, 1922, DRP. 383535, 1922. Unipolarzelle mit Asbestdiaphragma.

— u. H. Koelsch u. F. Petz, DRP. 412217, 1923. Bipolarzelle.

— u. F. Petz, Schweiz. P. 110106, 1924, E. P. 222856, 1924, F. P. 582525, 1924, Norw. P. 46824, 1927. Bipolarzelle.

Ellis, A. P. 1087937, 1914. Unipolarzelle mit Großoberflächen (T-Ripp-Elektroden).

Eldridge, Clarke u. Blum, A. P. 603058, Elektrothermische Wasserzersetzung durch Lichtbogen unter Wasser (Knallgas).

Enzor, O. K., A. P. 1963959, 1933. Elektrolyseur.

Ernst, DRP. 488444, 1927. Regelung der Elektrolytkonzentration in Elektrowasserstoffzellen.

Erren, R. A., E. P. 432698, 1935. Druckausgleich.

Escher, Wyss & Cie, (Soc. An. des Ateliers de Construction Mécaniques), F. P. 670211, 1929, Schweiz. P. 137203, 1928. Wasserdestillation für Wasserzersetzer. Ausnutzung der Abwärme der Zellen.

Euler, C. F., DRP. 352124, 1917. Unipolarzelle zur Knallgaserzeugung.

Eycken, Leroy, Moritz, DRP. 114391, 1899. Elektrode.

—, DRP. 235308, 1909, E. P. 15170, F. P. 397319, 1908, A. P. 981102, 1909. Bipolarzelle, eventuell unter Druck.

—, DRP. 235308, 1909. Zusatz zum DRP. 235308, E. P. 15279. Trennung von Gasblasen und Elektrolyt durch Zentrifugalseparator.

Fauser, (Montecatini), A. P. 1495681, 1922, Jap. P. 61272, 1922. Unipolarzelle mit doppeltem Diaphragma.

Fischer, J. H., A. P. 1353332, 1919. Speisewassernachlauf für Wasserzersetzer.

Fischer, Luening u. Collins, A. P. 1004249, 1911. Unipolarzelle mit Metalldiaphragma.

Fischer, M., DRP. 317666, 1915. Filterpreßzelle.

Fuchs, G. u. Späth, H., F. P. 716782, 1931. Elektrothermische Wasserzersetzung.

Garuti, (Soc. L'Oxhydrique), DRP. 83110, 1892, It. Prior. 1892, A. P. 534295, E. P. 16588, Trogzelle mit „Metalldiaphragma“ (Glockenzelle),

Garuti, DRP. 157450, DRP. 157474, 1902, It. Prior. 1902, A. P. 629070, 1899, E. P. 23663, 1896. Desgleichen Unipolarzelle mit Metalldiaphragma.
Geeraerd, DRP. 325153, 1917, E. P. 101598, 1916. Unipolarzelle ohne Diaphragma.
General Electric Co. (E. Thomson), A. P. 1701346, 1926. Rotierende Bipolarzelle.
Goddard, A. P. 1154009, 1915. Druckelektrolyseur.
Griffin, A. P. 1117185, 1914. Unipolarzelle mit Asbestdiaphragma.

Haak, DRP. 329361, 1914, (B. A. S. F.). Druckelektrolyse.
Halter, (Davis-Bournonville Co.), A. P. 1172885, 1913. Unipolarzelle mit Asbestdiaphragma.
—, A. P. 1172887, 1914. Elektrolytische Wasserzersetzungsanlage.
Halvorsen, B. F., siehe Norsk Hydro.
Harris, DRP. 390934, 1917, Norw. P. 38639, 1920. Wasserzersetzungszelle mit Doppeldiaphragma.
— u. Rose, DRP. 388788, 1920, A. P. 1420037, 1919, E. P. 175672, 1920, Schweiz. P. 95658, 1920, Ö. P. 87177, 1920, Norw. P. 39515, 1920. Unipolarzelle mit Doppelelektroden.
Hausmeister, DRP. 431570, 1921, E. P. 572099, 1923. Elektrolytisches, unter Druck entwickeltes Knallgas.
—, E. P. 228231, 1923, A. P. 1581944, 1923. Druckelektrolyse.
—, DRP. 409712, 1924. Rückschlagsicherung für explosive Gase.
Hazard-Flamand, DRP. 106499, 1898, F. P. 280374, 1899, A. P. 646281, 1898. Unipolarzelle mit Jalousiediaphragma und Druckausgleicher.
—, A. P. 1003456, 1911. Unipolarzelle mit Asbestdiaphragma.
Heinemann, E. P. 171751, 1920. Wasserzersetzungszelle mit Drahtnetzdiaphragma und Quecksilberkathode.
Hepburn, E. P. 12730, 1915, A. P. 1213871, 1917. Bipolarzelle.
Van Heutsz, E. P. 408767, 1933. Kathode und Anode mit verschieden wirksamer, bei gleicher projizierter Oberfläche.
Hirohashi, Jap. P. 85774, 1929. Elektrode für Wasserzersetzung ohne Diaphragma.
Hoffmann, K., DRP. 509933, 1928. Druckelektrolyse. Vgl. auch Niederreither, H., u. Ernst, W., A. P. 1819917. Druckelektrolyse.
Holmboe, siehe Nordiske Fabriker.

I. G. Farbenindustrie A. G., (Badische Anilin- und Sodafabrik), DRP. 375058, 1921. Diaphragma für elektrolytische Zellen.
—, DRP. 396036, 1922. Zusatz zu vorstehendem: Schweiz. P. 102029, 1922, It. P. 214365, 1922, Norw. P. 39116, 1922. Elektroden und Gefäß für die Elektrolyse von alkalischen Laugen und Alkalischmelzen aus Eisen-Nickel-Legierungen.
, DRP. 393636, 1922. Druckelektrolyse.
—, DRP. 521542, 1923. Ausführung chemischer Reaktionen mit Wasserstoff.
—, Schweiz. P. 111783, 1924, It. P. 57876, 1924, A. P. 1818579, 1924, Norw. P. 44684, 1924. Kathode für elektrolytische Zellen, insbesondere zur Wasserzersetzung mit schwefelhaltiger Metalloberfläche.
—, Zusatz zum DRP. 411528, It. P. 227865, 1924. Elektrode gemäß Hauptpatent mit entschwefelter Oberfläche.
—, DRP. 421784, 1923, It. P. 234745, 1924, Norw. P. 44935. Abdichtung von Bipolarzellen.
—, Schweiz. P. 119972, 1926, Norw. P. 44442, 1926, It. P. 245543, 1926, Can. P. 261989, 1926, A. P. 1790248, 1926, A. P. 1790249, 1928. Elektrode in einzelne Taschen unterteilt.
—, DRP. 462351, 1925, Schweiz. P. 120793, 1926, Norw. P. 44561, 1926, It. P. 249458, 1926, A. P. 1793136, 1926, Can. P. 300568, 1926. Speisewassernachlauf für elektrolytische Zellen.
—, Zusatz zu DRP. 471925, Norw. P. 45941, 1927, Schweiz. P. 129875, 1927. Bipolarzelle mit innerer und äußerer Elektrolytzirkulation.

I. G. Farbenindustrie A. G., (Badische Anilin- und Sodafabrik), DRP. 527142, 1927. Isoliermaterial in elektrolytischen Zellen.
—, F. P. 668045, 1929, E. P. 331227, 1929, E. P. 331197, 1929. Diaphragmen aus künstlichem Kautschuk, beständig gegen heiße Natronlauge.
—, Schweiz. P. 129875, 1921. Wasserelektrolyse.
—, DRP. 471925, 1923. Elektrolyseur.
—, E. P. 335151, 1929, Schweiz. P. 143382, 1929. Diaphragma aus gemischtem Asbest-Draht-Gewebe.
International Electrolytic Plant Co., siehe Knowles.
International Oxygen Co., siehe Levin u. Benjamin.
Ipatiew, M. D., Russ. P. 33136, 1932. Anoden.

Jaubert, E. P. 102974, 1916, A. P. 1255096, 1918.
—, F. P. 562357, 1921, A. P. 1461661, 1922, Schweiz. P. 102271, 1926. Unipolarzelle mit Metalldiaphragma und Nickelelektroden.
—, F. P. 638346, 1926, E. P. 281674, 1927, A. P. 1837050, 1927, Can. P. 297210, 1927. Kolloidales Diaphragma.
—, F. P. 696788, 1929. Elektroden mit kolloidalen Überzügen.
Jones, A. P. 1212229, 1917. Unipolarzelle.

Kabushiki Kaisha Hitachi Seisakusho, DRP. 605575, 1931. Elektrodenkontakte.
Knöfler u. Gebauer, DRP. 80617, 1892. Filterpreßzelle.
Knowles, A. E., DRP. 393997, 1922, E. P. 190924, 1922, A. P. 1485461, 1922, Schwed. P. 85459, 1922, Norw. P. 40657, 1922, Ö. P. 95703, 1922. Bipolarzelle mit übereinander angeordneten Einzelzellen.
—, DRP. 421569, 1924, E. P. 219381, 1923, A. P. 1566543, 1924, Ö. P. 105793, 1924, Schweiz. P. 107389, 1923, F. P. 584066, 1924. Gaswäscher und selbsttätiger Wassernachlauf.
—, DRP. 467726, 1926, E. P. 261164, 1925, A. P. 1767292, 1926, Schweiz. P. 124760, 1926, Norw. P. 45597, 1926. Gaswäscher und selbsttätiger Wassernachlauf.
—, E. P. 320388, 1928. Wassernachlauf.
—, E. P. 335987, 1929. Druckausgleich und Wassernachlauf.
—, DRP. 441858, 1926, E. P. 261080, 1925, F. P. 623526, 1926, Schwz. P. 121103, 1926. Kühlung für Unipolarzellen.
—, E. P. 278447, 1926. Abschluß gegen Luft für Wasserzersetzungszellen.
—, DRP. 541563, 1930, F. P. 697043, 1930, A. P. 1821018, 1930, E. Prior. 1929. Gasabführung für Wasserzersetzungszellen.
—, E. P. 354232, 1930. Diaphragmaanordnung.
Knowles Oxygen Co. Ltd., E. P. 1812/13, 1913, F. P. 463507, 1913. Besondere Zellen zur elektrolytischen Reinigung des Elektrolyten für Wasserzersetzungszellen.
Koelsch, DRP. 340752, 1920. Zellulosediaphragma.
Koller, Schweiz. P. 81904, 1917, D. Prior. 1915. Wasserelektrolyse zur Aufspeicherung der Abfallenergie von Wasserkräften.

Lacher, L., DRP. 582725, 1931. Druckelektrolyse.
— u. Niederreither, H., F. P. 392838, 1932. Druckelektrolyse.
Lambercier, F. P. 687297, 1929, D. Prior. 1929. Unipolarzelle.
Lane, E. P. 318734, 1928. Unipolarzelle.
Lawaczeck, A. P. 1815410, 1925, D. Prior. 1923. Ammoniaksynthese.
— u. Neureuther, A. P. 1771091, 1925, D. Prior. 1924 (vgl. R. Rhode, DRP. 416541 und 484761). Druckelektrolyseur.
—, F. P. 635660, 1927, A. P. 1835955, 1927, D. Prior. 1926 (vgl. R. Rhode, DRP. 488028 und 532208). Druckelektrolyseur.
Lembke, DRP. 497299, 1925. Fernleitung von der Druckelektrolyse erzeugtem Wasserstoff.
Levin, J. H., (International Oxygen Co.), A. P. 1153168, 1913. Bipolare Filterpreßelektrode.

Levin, J. H., (International Oxygen Co.), DRP. 288776, 1914, A. P. 1094728, 1913, F. P. 467945, 1914, E. P. 3654, 1914. Filterpreßzelle.
—, (I. O. C.), A. P. 1247694, 1915, und 1199472, 1916. Filterpreßzelle.
—, E. P. 102933 und 108477, 1916. Unipolarzelle mit Asbestdiaphragma, ringsum verschweißt.
—, A. P. 1219966, 1916, E. P. 114483, 1917. Unipolarzelle, ringsum verschweißt.
—, (El. Oxy-Hydr. Lab.), A. P. 1481648, 1920. Stromzuführung für unipolare Trogzellen.
—, A. P. 1490332, 1921. Asbestdiaphragma.
—, A. P. 1515348, 1921. Elektrode (Stromzuführung).
Löwenstein, DRP. 299832, 1914. Verfahren zur Prüfung von Wasserstoff und Sauerstoff auf gegenseitige Verunreinigung.
Luening, A. P. 1555424, 1921. Unipolarzelle.

Marsh, Schweiz. P. 93264, 1919, A. P. 1443797, 1919. Elektrolytische Zelle.
—, A. P. 1727552, 1919. Elektrolytische Zelle.
Mentzel, A., Ö. P. 125888, 1931, E. P. 362219, 1931. Entspricht A. P. 1819917 von Niederreither und Ernst. Einrichtungen an Druckelektrolyseuren.
—, E. P. 356645, 1931. Entspricht Lawaczeck, A. P. 1815410. Ammoniaksynthese.
—, F. P. 710298, 1931. Druckelektrolyseur.
—, F. P. 712727, 1931. Laugenfeste, isolierende Bauelemente für elektrolytische Zellen.
Metallgesellschaft, F. P. 712479, 1931, D. Prior. 1930. Anwendung der Druckelektrolyse.
Miller, A. P. 1334668. Glockenzelle.
Montecatini (Fauser), F. P. 605125, 1925, E. P. 242635, 1925. Unipolare Trogzelle.
—, Schweiz. P. 118708, 1925, It. Prior. 1924, Jap. P. 88254, 1928, E. P. 292130, 1928, It. Prior. 1927. Unipolare Trogzelle.
—, siehe auch Fauser.
Montecatini Soc. Generale per l'Industria Mineraria ed Agricola, E. P. 292130, 1928. Elektrolyseur.
—, Schwed. P. 60914, 1924. Elektrolyseur.
Morishima, F. P. 694346, 1930, Jap. Prior. 1929. Thermische Wasserzersetzung mit Widerstandsheizung.
Mueller, R. J. J., A. P. 1221206, 1915. Unipolarzelle ähnlich A. P. 1220262.
— u. Rowlands, A. P. 1219843, 1913. Unipolarzelle.
— —, A. P. 1220262, 1914. Unipolarzelle mit Diaphragma.
— u. Univers. Oxygen Co., DRP. 341153, 1916. Unipolarzelle mit Diaphragma und doppelter Anode.

National Electro-Products Ltd., E. P. 143002, 1919. Bipolare Elektrode und bipolare Trogzelle.
Neureuther, siehe Lawaczeck.
Niederreither, H., A. P. 1980873, 1933. Elektrolyseur und Akkumulator.
—, (Lawaczeck G. m. b. H.), DRP. 480430, 1925. Wassernachlauf für Druckelektrolyseure.
—, DRP. 600583, 1932. Druckelektrolyseur.
— u. Ernst, W., (Lawaczeck G. m. b. H.), A. P. 1819917, 1930, D. Prior. 1928, Druckelektrolyse.
Nithack, DRP. 95532, 1896. Wasserelektrolyse bei Gegenwart von Stickstoff an der Kathode (unter Druck gesättigt).
Noeggerath, J. E., F. P. 610073, 1925, Schweiz. P. 121102, 1925, D. Prior. 1924. Druckelektrolyseur.
—, E. P. 312674, 1927. Elektrolyseur, insbesondere Druckelektrolyseur.
—, E. P. 282688, 1927, D. Prior. 1926. Druckelektrolyseur.
—, F. P. 664219, 1926, Schweiz. P. 134610, 1927, A. P. 1799116, 1927. Druckelektrolyseur.

Noeggerath, J. E., D. Prior. 1926, E. P. 307934, 1929, Schweiz. P. 141304, 1929, D. Prior. 1928, Druckelektrolyseur.
—, Ö. P. 123611, 1930. Druckelektrolyseur.
De Nordiske Fabriker (De-No-Fa), Holmboe, E. P. 211189, 1924, E. P. 246228, 1924, A. P. 1548840, 1924, F. P. 117770, 1925, A. P. 1588579, 1925. Elektrode für elektrolytische Zersetzer.
—, Norw. P. 40680, 1924, E. P. 229624, 1924, A. P. 1548362, 1924. Unipolarzelle.
—, Norw. P. 44685, 1926. Gaswäscher.
—, Norw. P. 45940, 1927. Unipolare Trogzelle.
Norsk Hydro El. Kvaelstof A. S., DRP. 321771, 1919, A. P. 1311506, 1918. Schutz der Anoden bei der Elektrolyse gegen Korrosion.
—, F. P. 626582, 1926. Entfernung des $O_2$ aus Elektrolytwasserstoff.
—, Norw. P. 48074, 1927. Elektrode für elektrolytische Wasserzersetzung.
—, (B. F. Halvorsen), Norw. P. 45860, 1927. Wasserzersetzungszelle.

Oerlikon, (Maschinenfabrik), DRP. 275515, 1913. Filterpreßzelle.
—, Schweiz. P. 117990, 1925. Elektrode.
—, DRP. 442035, 1926, Schweiz. P. 118711, 1926, F. P. 629650, 1927, Norw. P. 46061, 1927. Drahtelektrode für elektrolytische Zwecke.
—, DRP. 486762, 1928. Zusatz zu DRP. 442035, Schweiz. P. 132486, 1928, DRP. 486763, 1928. Zusatz zu DRP. 442035. Schweiz. P. 134080, 1928. Drahtelektrode.
—, DRP. 478725, 1928, Schweiz. Prior. 1927. Befestigung von Diaphragmen an Gasauffangglocken.
—, DRP. 486291, 1928, F. P. 654922, 1928. Unipolarzelle.
—, DRP. 592130, 1932, Schweiz. P. 161836, 1933. Aufrauhung der Elektrodenoberfläche.
Olier, (Soc. An. Etabl.), F. P. 543991, 1921. Elektrolyseur.
L'Oxhydrique Soc. An., Garuti, DRP. 83097, E. P. 23663, 1896, A. P. 629070, 1899. Unipolarzelle mit gelochtem Metalldiaphragma.
—, DRP. 106226, 1898, E. P. 12950, 1900. Unipolarzelle mit gelochtem Metalldiaphragma.
—, DRP. 153036, 1902, E. P. 12950, 1900. Unipolarzelle mit gelochtem Eisendiaphragma.
—, DRP. 277434, 1913, F. P. 459967, 1912. Zusatz dazu: F. P. 17889, 1913, E. P. 18818, 1913. Filterpreßzelle mit Holzrahmen.

Pechkranz, R., E. P. 144719, 1920, Dän. P. 32033, 1921, Schweiz. Prior. 1919. Metallische (Ni-) Diaphragmen und ihre galvanische Herstellung.
—, A. P. 1388754, 1920, E. P. 173470, 1921, Schweiz. Prior. 1920. Galvanische Herstellung von fein durchlöcherten Metallfolien (als Diaphragma).
—, DRP. 359299, 1920, Schweiz. P. 94446, 1919, F. P. 518296, 1920. Unipolare oder bipolare Wasserzersetzungszelle.
—, Schweiz. P. 100170, 1922, A. P. 1448037, 1922, Ö. P. 1875/22, 1922. Filterpreßzelle.
—, Schweiz. P. 100169, 1921. Diaphragmarahmen für Bipolarzelle.
—, E. P. 237903, 1925, A. P. 1721407, 1925. Isolierende Abdichtung für elektrolytische Zellen.
—, Schweiz. P. 117991, 1926, F. P. 628540, 1927, A. P. 1643900, 1927, E. P. 265606, 1927. Elektrode für Filterpreßzellen.
—, E. P. 271043, 1927. Rahmen für Filterpreßzellen.
—, F. P. 631138, 1927. Filterpressenelektrolyseur mit Unterteilung der Ableitungskanäle.
—, Schweiz. P. 121336, 1926. Filterpreßzelle. Vermeidung von Korrosion.
—, Schweiz. P. 118957, 1926. Spannungsunterteilung an den Gasableitungen von Elektrolysierzellen.
Plausons-Forschungsinstitut G. m. b. H., DRP. 369943, 1918. Diaphragmen mit Drahtgewebe.

Rathjen, DRP. 329061, 1920. Metallfiltergewebe.
Reichert, DRP. 389005, 1922. Laugenverteiler für elektrolytische Bäder.
Renard, siehe Delmard.
Riiber, Norw. P. 29542, 1916. Geschlossene unipolare Trogzelle.
Rhode, R., (Lawaczeck), DRP. 416541, 1924. Elektrode für elektrolytische Zellen.
—, DRP. 484761, 1925. Elektrodenanordnung für Druckzellen.

Schaar, DRP. 181656, 1904. Wasserzersetzungszelle.
Schmidt, O., DRP. 111131, 1899. Filterpreßzelle.
Schönbeck, DRP. 416326, 1924. Unipolarzelle zur Knallgasgewinnung.
Schoof, U. M., D. R. G. M. 141049, 1899, Ö. P. 1285, 1900. Unipolarzelle mit zylindrisch gelochten Elektroden.
Schuckert, siehe Elektrizitäts A. G., vorm. Schuckert & Co.
Scott, J. P., DRP. 472398, 1922, F. P. 554384, 1922, Schweiz. P. 104330, 1922, E. P. 210102, 1922, Schwed. P. 59184, 1922. Wasserelektrolyse mit hohen Stromdichten.
—, E. P. 205883, 1922. Bipolares oder unipolares Elektrodengebilde mit vorgesetzter durchlässiger Elektrode.
—, Schwed. P. 59184, 1922, vgl. auch Schweiz. P. 107388, 1922, und Allan, A. P. 1502708 und 1513728. Wasserelektrolyse.
—, E. P. 198933, 1922, Norw. P. 39514, 1922, vgl. Allan, A. P. 1496966. Vorgesetzte Elektrode.
—, DRP. 404409, 1922, Schweiz. P. 102977, 1922, Schwed. P. 58104, 1922, E. P. 205884, 1922, Norw. P. 40244, 1922. Wasserzersetzungszelle.
—, DRP. 412211, 1922, E. P. 207630, 1922, Norw. P. 40245, 1922. Äußerer Elektrolytumlauf mit Gasabscheidung und Speisewasserzuführung (eventuell für Batterie von Bipolarzellen gemeinsam).
—, DRP. 441600, 1922. Versteifung einer aus mehreren Schichten bestehenden Drahtnetzelektrode durch Randschweißung.
—, DRP. 388466, 1922, E. P. 202882, 1922, E. P. 207630, 1922, Schweiz. P. 107000, 1922. Bipolarzelle.
—, DRP. 407836, 1922, E. P. 211946, 1922, Schweiz. P. 107388, 1922. Anschluß von Zellen an Sammelleitungen, speziell für Batterien mit gemeinsamem äußeren Elektrolytumlauf.
—, DRP. 411048, 1923, F. P. 574885, 1923, E. P. 229792, 1923, Schweiz. P. 108697, 1923. Äußerer Elektrolytumlauf mit Gasabscheidung für elektrolytische Batterien, insbesondere Bipolarzellen.
—, Schwed. P. 59185, 1922. Wasserelektrolyse.
—, DRP. 483408, 1926, E. P. 271726, 1926. Wasserzersetzungszelle mit star., gewellten ineinandergreifenden durchlässigen Elektroden. Vgl. Allan, A. Pk E. P. 271685.
Van Scoyoc, A. P. 813844, 1905. Glockenzelle.
Sébille, A. P., A. P. 1222809, 1916, und 1230803, 1916. Druckelektrolyseur in Filterpressenform.
Shaw, A. P., A. P. 1208722, 1916. Unipolarzelle mit leicht auswechselbarer Anode.
Shim-Etsu Chisso Hiryo, K. K., (Kensuke Kirohashi), Jap. P. 86306. Entgasung bei der elektrolytischen Wasserzersetzung.
Shriver, H. T., A. P. 1181549, 1915. Filterpreßzelle.
—, A. P. 1239530, 1915. Speisewassernachführung, insbesondere bei Filterpreßzellen mit Einzelentgasung.
Siemens Brothers u. Obach, E. P. 11973, 1893. Unipolarzelle mit Drahtnetzdiaphragma.
Siemens & Halske, DRP. 439885, 1922, Norw. P. 40639, 1923. Elektrolyse mit hohen Stromdichten. Ozon.
—, DRP. 597955, 1931. Weichgummifassung der Elektroden.
Siemens-Schuckert-Werke, DRP. 532068, 1928. Mittelblech für bipolare Elektroden für Wasserzersetzungszellen.

Siemens-Schuckert-Werke, DRP. 534117, 1928, Zusatz zu DRP. 532068. Mittelblech für bipolare Elektroden.
Smith I. N., (Westinghouse Electric & Manufacturing Co.), A. P. 1797375, 1928. Elektrode.
—, A. P. 1797376, 1928. Trogzelle.
—, A. P. 1797377, 1928. Diaphragmabefestigung.
—, A. P. 1815078, 1928. Wasserzersetzungszelle.
—, A. P. 1815079, 1928. Elektrische Verbindung von Einzelzellen.
—, A. P. 1815080, 1928. Wasserzersetzungszelle.
Sokolow, P. I., u. L. M. Woltschkowa, Russ. P. 43413, 1934. Verminderung des Elektrolytwiderstandes.
Späth, H., siehe Fuchs.
Spencer, A. P. 1431602, 1921. Äußerer Elektrolytumlauf mit Gasabscheider und -wäscher, spez. gemeinsam für Batterie von Bipolarzellen.
—, (Scott), A. P. 1535185, 1920. Elektrolytische Zelle, insbesondere für Wasserzersetzung.
Stampe, G., siehe Thiel.
Strasser, DRP. 342976, 1920. Diaphragma aus gelochten dünnen Platten.
Stuart, A. Th., A. P. 1303519, 1918. Wasserzersetzungszellen mit Lamellenelektroden.
—, F. P. 614951, 1926, A. P. 1597553, 1925, E. P. 254268, 1926, Schweiz. P. 121559, 1926, Can. Prior. 1925. Unipolarzelle mit Lamellen- oder ähnlich gebauten Elektroden.
—, F. P. 715801, 1931, E. P. 364462, 1931, Can. Prior. 1930. Waschen der elektrolytisch erzeugten Gase.
—, DRP. 608254, 1931. Elektrolyseur.
—, F. P. 715802, 1931. Unipolare Trogzelle.
—, A. P. 1965813, 1930. Gasreinigung.
—, A. P. 1941816, 1930. Elektrolyseur.
—, (Electrolytic Cells Incorp.), DRP. 376632, 1920, Schweiz. P. 91329, 1920, Ö. P. 91011. Bipolarzelle mit Lamellenelektroden bei der jede Lamelle bipolar wirkt.
—, A. P. 1597552, 1923. Unipolarzelle mit Lamellenelektrode.
—, (Toronto Power Co.), A. P. 1269128, 1917. Lamellenelektrode.
Sürth, (Maschinenfabrik), F. P. 462394, 1913. Filterpreßzelle mit Metalldiaphragma und geschweißtem Rahmen.
Swartley, (Davis-Bournonville Co.), A. P. 1176105, 1915. Gassammelglocke für Unipolarzelle.
—, A. P. 1263959, 1916. Anoden für die Wasserzersetzung.

Thatcher, A. P. 1291253, 1915. Diaphragma.
Thiel, A., u. G. Stampe, DRP. 433520, 1925. Herstellung wohldefinierter hoher Konzentrationen aktiven Wasserstoffs.
Tobler, A. P. 1380852, 1918. Unipolarzelle.
Tommasini, A. P. 1035060, 1912. Unipolarzelle ohne Diaphragma.

Vareille, DRP. 1178123, 1905, F. P. 355652, 1905, F. Zus.-P. 1908, A. P. 823650, 1906. Wasserzersetzungszelle mit zusammengesetzter Scheidewand zwischen den Elektroden.
Verein für chemische und metallurgische Produktion, DRP. 440335, 1926. Elektrolyseur.
Verney, F. P. 280374. Inhalt = Hazard-Flamand DRP. 106499.
Vesme, E. P. 188370, 1921, Schweiz. P. 100701, 1921, It. Prior. 1920. Verringerung des Widerstandes des Elektrolyten durch Erwärmen.
—, F. P. 524468, 1920, Schweiz. P. 94849, 1920, E. P. 171743, 1920, It. Prior. 1915 u. 1917. Druckelektrolyse.
Vlessing & Co., F. P. 762580, 1933. Elektrolyseur.
Vogel, E. P. 292131, 1928, D. Prior. 1927. Verminderung der Überspannung bei elektrolytischen Wasserzersetzern.
Vogt, W., DRP. 453275, 1925. Druckelektrolyse.

Wacker, Ges. f. Elektrochem. Ind., F. P. 651998, 1928. Diaphragma.
Weber, DRP. 202501, 1907. Wasserzersetzungszelle zur Erzeugung von Knallgas.
Weineck, Ö. P. 36/1484, 1886. Druckelektrolyse.
Westinghouse Electric and Manufacturing Co., siehe J. N. Smith.
Westphal, DRP. 135615, 1900. Druckelektrolyseur.
Wildermann, DRP. 423079, 1922, A. P. 1651567, 1922, E. P. 245252, Schweiz. P. 106211, 1923. Hartgummidiaphragma.
—, A. P. 1791437, 1927. Hartgummidiaphragma.
—, F. P. 693701, 1930. Gummidiaphragma.
Wolinski, Norw. P. 46614, 1928. Asbestdiaphragma mit Metalleinlage.

Zorzi, DRP. 344876, 1920, It. P. 156594, 1916, Schweiz. P. 91152, 1920, A. P. 1310727, E. P. 117450, F. P. 492030, Argent. P. 18760, Jap. P. 40504, Basil. P. 18542. Unipolarzelle ohne Diaphragma.

## Zeitschriftenliteratur.

Allan, W. G.: Elektrolytische Herstellung von Wasserstoff und Sauerstoff. Trans. Amer. electrochem. Soc. **41**, 239 (1922/23); Journ. Soc. chem. Ind. **1922**, Abstr. 423.
D'Arsonval: Elektrotechn. Ztschr. (Uppenborn) **1891**, 197.
Aubert, A.: Chem. metallurg. Engin. **1929**, 481.

Bamagzelle: Chem. Fabrik **1928**, 675.
Barnitz: Elektrolytische Herstellung von Wasserstoff. Chem. metallurg. Engin. **22**, 201 (1920).
Baur: Wasserzersetzung durch Ätzalkalischmelzelektrolyse. Helv. chim. Acta **4**, 325 (1921).
Bayerl, V.: Neue Grundsätze beim Bau von elektrolytischen Wasserzersetzern. Chem.-Ztg. **1936**, 297.
Beckmann: Mikroporöse Gummidiaphragmen. Elektrotechn. Ztschr. **51**, 1605 (1930); Kautschuk **1931**, 149.
Billiter, J.: Neuere Fortschritte der technischen Elektrochemie. Ztschr. angew. Chem. **43**, 157 (1930).
— Stand und Aussichten der technischen Elektrochemie. Ztschr. Elektrochem. **37**, 715 (1931); Chem.-Ztg. **55**, 416 (1931).
Bircher u. Harkins: Einfluß von Druck auf die Überspannung. Journ. Amer. chem. Soc. **45**, 2890 (1923); Chem. Ztrbl. **1924 II**, 862.
Bräuer u. Reitstötter: Neuerungen auf dem Gebiete der anorganisch-chemischen Industrie 1927/30. I. Technische Gase. Ztschr. angew. Chem. **44**, 406 (1931).

Carlowitz: Druckelektrolyse. Illustr. Technik **7** oder Technik Voran **11** oder Das Industrieblatt Stuttgart **34**, H. 1, S. XIII (1929).
Coehn, A.: Druckelektrolyse. Ber. Dtsch. chem. Ges. **60**, 1078 (1927).
— u. Neumann: Ztschr. Physik **20**, 54, 68 (1923).
— u. Duhme: Ztschr. Physik **27**, 358 (1924).
— u. Schnurmann: Ztschr. Physik **46**, 354 (1928).

Dobson u. Barnes: Sauerstoff und Wasserstoff in der Industrie. Trans. Amer. electrochem. Soc. **56**, 77 (1929/30).
Ducretetzelle: La Lumière électrique **39**, 39; **43**, 432.

Electrolabszelle (Levin), siehe Hale, Kershaw, Lof.
Elworthy: Pechkranzelektrolyseur. Chem. metallurg. Engin. **38**, 714 (1931).
Ernst, Reed u. Edwards: Wasserstoffgewinnung. Ind. engin. Chem. **17**, 775 (1925).

Fahnberg, H. G.: Großelektrolyseure für die Wasserstofferzeugung. Engin. Progr. **14**, 209 (1933).
Fauser, G.: Prozeß zur Stickstoffbindung. Chem. Trade Journ. **72**, 631 (1923).
— Verfahren zur Ammoniaksynthese. World Trade Notes **1930**, Nr. 7.

Firmin, L.: Wasserstoffherstellung. Ind. chimique **11**, 440 (1924).
Fischer: Ztschr. physikal. Chem. **113**, 326 (1900).

Goods: Chemist-Analyst **1930**, 19.
Goodwin: Einfluß von überlagertem Wechselstrom auf die Wasserstoff-Überspannung. Chem. metallurg. Engin. **22**, 727 (1920).
— u. Wilson: Wasserstoff-Überspannung und Druck. Trans. Amer. electrochem. Soc. **40**, 173 (1922).
Grube u. Gmelin: Anodischer Eisenangriff in Laugen. Ztschr. Elektrochem. **26**, 459 (1920).

Haber u. Pick: Anodischer Angriff von Eisen in Alkalilauge. Ztschr. Elektrochem. **7**, 215, 713 (1901).
Hale: Übersicht über neuere amerikanische und englische Zellen. Journ. Soc. chem. Ind. **40**, 122 (1921).
— Moderne elektrolytische Zellen. Chem. and Ind. **43**, 1224 (1924).
Hanssen: Holmboezelle. Elektrotechn. Ztschr. **45**, 462 (1924); Chem. and Ind. **43**, 458 (1924).
Hausmeister, P.: Druckelektrolyse. Verwendung des Knallgases für Motor. Chem. Fabrik **2**, 45 (1920).
— Druckelektrolyse. Das Industrieblatt Stuttgart **34** oder Illustr. Technik **7** oder Technik Voran **11**, H. 11, S. IX (1929).
Henckel: Druckeinfluß auf die Potentiale von Wasserstoff. Dissertation. Göttingen, 1918. — Vgl. auch Coehn.
Holmboe: $NH_3$-Synthese. Ztschr. kompr. flüss. Gase **26**, 17 (1927); Ztschr. Elektrochem. **29**, 530 (1923); **30**, 88 (1924).
— Kohlensäureaufnahme durch den Elektrolyten von Wasserzersetzungszellen. Ztschr. Elektrochem. **29**, 535 (1923).
— „Glossen zur Stickstoffindustrie“. Chem. Ind. **50**, 500 (1927).
— Über die Passivität des anodisch polarisierten Eisens. Physikal. Ber. **13**, 530 (1932). Referat nach Avh. Oslo **1930**, Nr. 3, S. 14.
— Abhängigkeit der Zersetzungsspannung vom Druck bei konstanter Temperatur. Ztschr. Elektrochem. **34**, 67 (1928).
Holmboezellen: Verwendung in einer projektierten italienischen Ammoniakfabrik. Ind. engin. Chem. News Ed. **9**, 336 (1931); Chem. Trade Journ. **89**, 605 (1931).
Hulubei, H.: Elektrolytische Gewinnung sehr reinen Wasserstoffs durch eine Palladiumkathode hindurch. Compt. rend. Acad. Sciences **191**, 134 (1930).

Jaubert: Diaphragma zur elektrolytischen Wasserzersetzung. Compt. rend. Acad. Sciences **191**, 1447 (1930); Chem. Ztrbl. **1931 I**, 2099.

Karsten: Wasserelektrolyse bei hohem Druck. Chem. Apparatur **17**, 3 (1930).
Kato: Elektrolyseur ohne Diaphragma. Journ. chem. Ind. Japan **18**, 919 (1915); Chem. Abstracts **1916**, 561.
Kershaw: Wasserstofferzeugung. The Engineer **134**, 315 (1922).
— Produktion und Verwendung von Wasserstoff und Sauerstoff. Ind. Chemist chem. Manufacturer **1**, 98, 149, 206 (1925).
Kirkpatrick: Düngemittelfabrik der Consol. Mining and Smeling Co. in Trail, Canada. Chem. metallurg. Engin. **38**, 626 (1931).
— B. P. Sutherland u. C. H. Wright: Elektrolytwasserstoff. Chem. Trade Journ. **92**, 397 (1933).
Knowles: Knowleszelle. Chem. Trade Journ. **73**, 704 (1923).
— Wasserstoff für die Hydrierung von Ölen. Chem. and. Ind. **45**, 121, 137 (1926).
— -Anlage in Bussi. Chem. and Ind. **44**, 131 (1925).
— -Anlage in den Pyrenäen (Pierefitte). Chem. Trade Journ. **76**, 701 (1925).
— -Anlage in den Pyrenäen (Pierefitte). Elektrolytische Erzeugung von Wasserstoff und Sauerstoff. The Engineering **123**, 480 (1927).

Kowles: Knowlesanlage im Werk Warfield der Consol. Mining and Smeling Co., Canada. Chem. and Ind. **51**, 355 (1932).
Knowlessäulenzelle: Journ. chem. Soc. London **43**, 119 (1924).
Krasso, Tibir: Wasserstoffüberspannung. Dissertation. Braunschweig, 1927.

Larson u. White: Bestimmung von Spuren Sauerstoff in Wasserstoff. Journ. Amer. chem. Soc. **44**, 20 (1922).
Latschinoff: Latschinoffelektrolyseur. Chem.-Ztg. **14**, 906 (1890).
— Chem.-Ztg. **16**, 461 (1892).
— Elektrotechn. Ztschr. **1894**, 338, 368, 382 (E. 537, Eg. 10).
— Ztschr. Elektrochem. **1894/95**, 106.
— La Lumière électrique **40**, 234.
Lof: Elektrolytische Wasserstoff- und Sauerstofferzeugung. Chem. Age **31**, 109 (1923).

MacInnes u. Adler: Überspannung und Druck. Journ. Amer. chem. Soc. **41**, 194 (2013) (1919).

National Ox. Hydric Co.: Filterpreßzelle. Chem. metallurg. Engin. **1916**, 288.
Newitt u. Sen: Druckelektrolyse. Chem. Trade Journ. **90**, 74, 102 (1932).
— — Druckelektrolyse. Trans. Inst. Chem. Engin. **10**, 22 (1933).
Niese: Elektrolytische Reindarstellung von Wasserstoff. Physikal. Ztschr. **24**, 12 (1923).
Nitzschmann: Die Strom- und Energieausbeute der Wasserelektrolyse. Metallbörse **18**, 1352 (1928).
Noeggerath, J. E.: Energiespeicherung durch Druckelektrolyse von Wasser. Dtsch. Allg, Ztg. v. 11. 2. 1932 (Nr. 6 von „Kraft u. Stoff"); Metallbörse **22**, 339 (1932) (Vortragsreferat); Chem. Trade Journ. **90**, 74, 97, 102, 396 (1932).
— Technische Verwertung der Druckelektrolyse. Ztschr. Ver. Dtsch. Ing. **72**, 373 (1928).
— Die Druckelektrolyse des Wassers. Chem. metallurg. Engin. **35**, 421 (1928).
Nusselt: Spontane Entflammung von ausströmendem Wasserstoff. Ztschr. Ver. Dtsch. Ing. **66**, 203 (1922).

Paets van Troostwijk u. Delmann: Elektrolytische Wasserzersetzung. Observations sur la physique etc. **35**, 369, 1789.
Pease u. Taylor: Verbrennung von in Wasserstoff enthaltenem Sauerstoff an Kupferkontakt. Journ. Amer. chem. Soc. **44**, 1637 (1922). Chem. Ztrbl. **1922 III**, 1281.
Perschka u. Popowa: Korrosion von Metallen durch Ätzalkalien. Journ. chem. Ind. **7**, 16 (1930).
Petz: Ursachen der Bildung explosiver Gasmischungen in elektrischen Wasserzersetzungsanlagen. Zentralblatt Gewerbehygiene Unfallverhüt. (N. F.) **3**, Nr. 5 (1926).
Pfleiderer, G.: In V. Engelhardt, Handb. d. techn. Elektrochem., Bd. 2, Teil 1. Leipzig. 1933.
Pincaß, H.: Druckelektrolyseur von Noeggerath. Metallbörse **18**, 6 (1928).
— Wasserelektrolyseure. Metallbörse **17**, 2721 (1927).
— Neuere Diaphragmenmassen für die chemische Industrie. Chem.-Ztg. **53**. 437 (1929).
Pothmann: Spontane Entflammung von ausströmendem Wasserstoff. Ztschr. Ver. Dtsch. Ing. **66**, 983 (1922); Chem. Abstracts **17**, 451 (1923),
Puig: Elektrolytische Erzeugung von Wasserstoff und Sauerstoff. Quimica e Industria **2**, 146, 171, 227 (1925); Chem. Ztrbl. **1925 II**, 2082, 2223.

Renardzelle: La Lumière électrique **40**, 234; **43**, 432.
Richards: Wasserelektrolyse. Journ. Franklin Inst. **1905**, 377.

Ross: Elektrolytische Erzeugung von Wasser- und Sauerstoff. Electric Rev. **86**, 197 (1920).

Sacher: Zersetzungsspannung von geschmolzenem Ätznatron. Ztschr. anorgan. allg. Chem. **28**, 385 (1901).

Sander: Fortschritte der elektrolytischen Gewinnung von Wasserstoff und Sauerstoff. Ztschr. kompr. flüss. Gase **24**, 29 (1925); **27**, 45, 85, 105 (1928); **29**, 53 (1931); **30**, 33, 41, 93 (1933/34).

— Elektrolytischer Großerzeuger für Wasserstoff und Sauerstoff. Ztschr. Ver. Dtsch. Ing. **76**, 420 (1932).

Sarrot du Bellay: Elektrolyse des Wassers. Rev. Produits chim. **1925**, 28.

Schmidt, O.: Über elektrolytische Wasserzersetzung im großen. Ztschr. Elektrochem. **7**, 295 (1901).

Schmidt-Oerlikon-Filterpreßzelle: Elektrolyseursystem Dr. O. Schmidt. Ztschr. Elektrochem. **22**, 3, 37 (1915/16).

Schoopelektrolyseur: Ztschr. f. Elektrochem. **7**, 224 (1900/01).

Schuckertglockenzelle: Elektrochem. Ind. **1903**, 579 (E. 551).

Schurmann: Druckelektrolyse. Ztschr. angew. Chem. **42**, 949 (1929).

Sconzo, A.: Technische Elektrolyse des Wassers. Giorn. Chim. ind. appl. **15**, 494 (1933).

Sestini, Q.: Giorn. Chim. ind. appl. **9**, 318 (1927).

Sevin: Elektrolytische Wasserzersetzeranlage in Soulom der S. A. des Phosphates Tunisiens. Feur electr. **39**, 8 (1930).

Shipley: Wasserelektrolyse mit Wechselstrom. Trans. Amer. electrochem. Soc. **55**, 253 (1929).

— Die Wechselstromelektrolyse von Wasser. Canadian Journ. Res. **1**, 305 bis 358 (1929); Chem. Ztrbl. **1930 I**, 3585.

Siemens & Halske-Elektrolyseur: Elektrochem. Ind. **1904**, 28.

Swearingen u. Reyerson: Katalyse der Sauerstoffverbrennung in Wasserstoff. Journ. physical Chem. **32**, 113 (1928); Chem. Ztrbl. **1928 I**, 1611.

Thompson u. Kaye: Wasserstoff-Überspannung an Nickel-Eisen-Legierungen. Trans. Amer. electrochem. Soc. **60** (1931).

Tiede, E., u. Schleede: Entstehung von Ammoniak bei der Wasserelektrolyse bei Gegenwart von Stickstoff? Ztschr. Elektrochem. **27**, 112 (1921).

Viall: Modernes Schweißen und Schneiden. Wasserstoff und Sauerstoff elektrolytisch. Amer. Machinist **1921**, 733.

v. Wartenberg u. Kannenberg: Die Entzündungstemperatur von Knallgas. Ztschr. physikal. Chem. **105**, 205 (1923).

Waeser, B.: Die Entwicklung der anorganischen Großindustrie und der Düngemittelindustrie in den letzten Jahren. Metallbörse **21**, 939 (1931); **22**, 81 (1932); Chem. Fabrik **5**, 248, 273 (1932).

Weber, K.: Die Gewinnung von Wasserstoff durch Elektrolyse. Metallbörse **23**, 3910 (1933).

Westman: Die elektrolytische Gewinnung von Wasserstoff und Sauerstoff. Canadian Chem. Metallurg. **14**, 338, 350 (1930); Chem. Ztrbl. **1931 I**, 1654.

Wilkens: Druckelektrolyse. Chem.-Ztg. **42**, 428 (1918).

Wilson, F. P. jun.: Anwendung von Sauerstoff und Wasserstoff für industrielle Zwecke. Gen. Electric Rev. **31**, 200 (1928).

Windkraftturm: Projekt bei Berlin. Dtsch. Allg. Ztg. **71**, Nr. 159/160 v. 7. 4. 1932.

Wulf: Ztschr. physikal. Chem. **48**, 87 (1904).

Zambianchi: Fauserzelle. Chem. Age **31**, 413 (1923).

Zorzizelle: Elettrotecnica **5**, 85.

Zdanski, A. E.: Moderne Großbatterien zur elektrolytischen Wasserstofferzeugung. Chem. Fabrik **6**, 49 (1933).

# Die elektrolytische Abscheidung einiger anderer zum Teil amphoterer Metalloide.

Hierher gehört die anodische Abscheidung der sich amphoter verhaltenden Elemente Wasserstoff, Schwefel, Stickstoff und Kohlenstoff.

## Wasserstoff.

Neben den typischen, metalloiden Ionenbildnern, den Halogenen, ist, wie auf Veranlassung von W. Nernst, K. Moers[1] gezeigt hat, auch der Wasserstoff, und zwar als Verbindungsgenosse mit stark positiven Metallen z. B. in geschmolzenem Lithiumhydrid befähigt, einwertige Anionen zu bilden und sich demgemäß bei der Elektrolyse an der Anode abzuscheiden, wobei der abgeschiedene Betrag dem Faradayschen Gesetz entspricht. Lösungen der Hydride, insbesondere des Kalziumhydrids, $CaH_2$, stellte erstmalig D. C. Bardwell[2] her, indem er geschmolzene Chloride, und zwar eine eutektische Mischung von 40% Chlorkalium und 60% Chlorlithium vom Schmelzpunkt 352°, als Lösungsmittel für Metallhydride verwendete. Eine Lösung von Kalziumhydrid in dieser eutektischen Mischung gab bei der Elektrolyse an der Anode ebenfalls Wasserstoff in Mengen, die dem Faradayschen Gesetz entsprachen.

Auch bei der Elektrolyse von festem Lithiumhydrid bei 550—560° wird, wie K. Peters[3] gezeigt hat, anodisch Wasserstoff in einer dem Faradayschen Gesetz entsprechenden Menge entwickelt.

## Stickstoff.

Aus Lösungen der Erdalkalinitrite in den entsprechenden Hydriden gelang[4] auch die anodische Abscheidung von Stickstoff.

Wie L. Wöhler und Fr. Stang-Lund[5] angeben, wird Stickstoff anodisch auch bei der Elektrolyse der geschmolzenen Alkaliamide neben Ammoniak entwickelt.

Die bei der Elektrolyse von Ammoniumazid in flüssigem Ammoniak von A. W. Browne und M. E. Holmes[6] an einer Graphitelektrode abgeschiedene Stickstoffmenge entspricht einer einfachen Entladung $2\,N_3' = 3\,N_2$.

In wasserfreier Stickstoffwasserstoffsäure haben A. W. Browne und G. E. F. Lundell[7] Kaliumtriazid, $N_3K$, bei —80° elektrolysiert; die elektrolysierte Substanz explodierte bei dieser Temperatur beim geringsten Stoß, weshalb die Autoren die Abscheidung einer polymeren Stickstofform, etwa $N_3$, annehmen. Das an der Anode ausgeschiedene Gas war reiner Stickstoff.

E. Briner und P. Winkler[8] fanden, daß bei der Elektrolyse der wäßrigen Lösungen der Alkaliazide an der Anode aktiver Stickstoff entweicht, der jedoch nicht mit dem von Strutt[9] dargestellten aktiven Stickstoff identisch ist, da er weder bei Atmosphären noch bei vermindertem Druck die für diesen charakteristische Lumineszenz zeigt. Er verbindet sich mit naszierendem Sauerstoff, der sich durch die Entladung der OH′-Ionen bildet, wenn man

[1] Ztschr. anorgan. allg. Chem. **113**, 179 (1920).
[2] Journ. Amer. chem. Soc. **44**, 2499 (1922).
[3] Ztschr. anorgan. allg. Chem. **131**, 140 (1923).
[4] A. Guntz u. Benoit: Compt rend. Acad. Sciences **176**, 970 (1923).
[5] Ztschr. Elektrochem. **24**, 261 (1918). — H. W. H. Schellhaas: Ztschr. Elektrochem. **14**, 121 (1908).
[6] Journ. Amer. chem. Soc. **35**, 672 (1913).
[7] Journ. Amer. chem. Soc. **31**, 435 (1909).
[8] Helv. chim. Acta **6**, 429 (1923).
[9] Proceed. Roy. Soc., London, Serie A, **85**, 219 (1911).

eine alkalische Anodenlösung anwendet, so daß in dem Anolyten $HNO_3$ nachweisbar ist.

Weiter hat T. W. B. Welsh[1] in wasserfreiem Hydrazin die Elektrolyse von Natriumhydrazid, $NaN_2H_3$, ausgeführt, wobei ebenfalls an der Anode Stickstoff ausgeschieden wurde. Welsh erklärt die $N_2$-Bildung durch stufenweise Ionisation:

$$N_2H_3' \rightarrow N_2H_2'' \rightarrow N_2H''' \rightarrow N_2'''' \rightarrow N_2.$$

## Kohlenstoff.

Daß auch der Kohlenstoff als Anion auftreten kann, haben die Versuche von A. Guntz und Benoit[2] gezeigt, welche Lösungen von Lithiumkarbid, $Li_2C_2$, oder Kalziumkarbid, $CaC_2$, in geschmolzenem Lithiumhydrid elektrolysierten, wobei sich an der Anode schon bei 0,05 Volt Kohlenstoff ausschied, während noch bei 0,1 Volt keine anodische H-Ausscheidung bemerkbar war.

## Schwefel, Selen, Tellur.

Die anodische Abscheidung von Schwefel aus Lösungen von Alkalisulfiden gelingt leicht, und so reiht er sich am nächsten den typischen Anionenbildnern, dem Sauerstoff und den Halogenen, an.

Ähnlich den Halogenen löst sich der abgeschiedene Schwefel unter Bildung von Polysulfiden bis zur Sättigung auf und kann unter Umständen die Anode mit einer nichtleitenden Haut überziehen, welche den weiteren Stromdurchgang hindert. Im weiteren Verlauf der Elektrolyse kann deren abwechselnde Abscheidung und Lösung periodische Schwankungen der Stromstärke und Spannung verursachen.

Nach Versuchen von M. Le Blanc[3] und M. Le Blanc und D. Reichinstein[4] gehen auch Schwefel, Selen und Tellur in Alkalilauge nicht nur anodisch, sondern auch kathodisch in Lösung. Und zwar bilden sich bei anodischer Lösung beim Tellur, welcher Fall eingehender untersucht wurde, $Te^{\cdot\cdot\cdot\cdot}$ Kationen, bei der kathodischen Lösung dagegen $Te''$-Anionen.

# Die anodische Abscheidung der Halogene.

Die Abscheidungsspannung der Halogene wird wesentlich durch deren Löslichkeit im Elektrolyten beeinflußt.

Elektrolysiert man beispielsweise eine Halogensalzlösung, so wird das bei geringster dauernder Stromstärke sich einstellende Potential außer von der Konzentration des Halogenions im Elektrolyten vom Werte der Löslichkeit des betreffenden Halogens im betrachteten Elektrolyten abhängen, da diese den Wert der in der Elektrode gelösten elektromotorisch wirksamen atomaren Halogene bestimmt.

Diese Löslichkeit wird einerseits nach den Gesetzen der Löslichkeitsbeeinflussung um so kleiner, je höher die Halogensalzkonzentration ist, anderseits erfährt sie aber eine Erhöhung durch Bildung von Polyhalogeniden.

Diese ist bei Jod und Brom so stark ausgeprägt, daß sich in 1-normalem

---

[1] Journ. Amer. chem. Soc. **37**, 497 (1915).
[2] Compt. rend. Acad. Sciences **176**, 970 (1923).
[3] Ztschr. Elektrochem. **11**, 813 (1905); **12**, 649 (1906).
[4] Ztschr. Elektrochem. **15**, 261 (1909).

KBr[1] 6,1mal soviel $Br_2$, in 1-normalem KJ[2] 41mal soviel Jod als in reinem Wasser löst, während die Neigung zur Polyhalogenidbildung beim Chlor so wenig ausgeprägt ist, daß sie höchstens in sehr konzentrierten Cl′-Lösungen ein wenig hervortritt[3] und somit bei Chlor im Gegensatz zu Br und J die Löslichkeitsverminderung bei steigender Halogenidkonzentration überwiegt.

Es wird also bei Stromdurchgang das abgeschiedene Brom und Jod die Abscheidung dieser beiden Halogene depolarisieren, und zwar mit steigender Halogensalzkonzentration in steigendem Maße, so daß schon unterhalb des Brom- bzw. Jodpotentials ein beträchtlicher Stromdurchgang erfolgen kann, wogegen ein solcher bei Chlor unterhalb des Chlorpotentials aus dem gleichen Grunde nur mit ganz geringer Stromstärke möglich ist. Vorausgesetzt ist natürlich hierbei, daß das abgeschiedene Halogen dauernd von der Elektrode entfernt wird. Ist dies aber nicht der Fall, sondern wird das freie Halogen bei einem konstanten, etwas unter dem Halogenpotential gehaltenen Anodenpotential von der Anode nicht so schnell beseitigt wie es entsteht, so erlangt es schließlich unter immer weiter verminderter Stromstärke die dem Anodenpotential entsprechende Konzentration in der Umgebung der Elektrode und schließlich im ganzen Elektrolyten.

Infolgedessen hört der Stromdurchgang ganz auf, vorausgesetzt, daß das Halogen nicht auf irgendeine Weise, z. B. durch Verdampfen, sich aus der Lösung entfernen kann.

Erst nach Überschreitung der Anodenspannung, welche dem Potential der an Halogen gesättigten Lösung entspricht, tritt dauernder Stromdurchgang ein.

Alle diese Überlegungen setzen voraus, daß die elektrolytische Abscheidung der Halogene ungehindert eintreten kann, sobald das zu ihrer Durchführung erforderliche Potential der Elektrode erteilt ist, also die völlige Reversibilität gewährleistet erscheint und Überspannungserscheinungen nicht eintreten. Daß in der Tat die elektrolytische Abscheidung der Halogene reversiblerweise möglich ist, belegt beispielsweise der von E. Bruner[4] untersuchte Vorgang der Jodabscheidung aus Jodwasserstoffsäure.

Die Zersetzungsspannungen bzw. anodischen Abscheidungsspannungen der Halogenwasserstoffsäuren an Platinelektroden ergeben sich jedoch im allgemeinen so, daß sich der einfache reversible Verlauf der Halogenabscheidung nur unter eng begrenzten Bedingungen verwirklichen läßt[5].

Bei weiterer Verfolgung der Stromspannungskurven zeigt es sich, daß an den für Halogenabscheidung fast ausschließlich in Frage kommenden Platinanoden im Verlaufe der Elektrolyse sehr starke Verzögerungserscheinungen auftreten, die zur Halogenabscheidung erheblich positivere Potentiale erfordern, als dem reversiblen Verlaufe entspräche.

## Chlor.

Eine beträchtliche Überspannung zeigt sich vor allem bei der Abscheidung von Chlor[6]. Wie aus der graphischen Darstellung (Abb. 40)

[1] F. Boerike: Ztschr. Elektrochem. **11**, 61 (1905); Löslichkeit von $Br_2$ in NaBr vgl. Journ. Amer. chem. Soc. **34**, 14 (1912).

[2] A. A. Noyes u. J. Seidensticker: Ztschr. physikal. Chem. **27**, 357 (1898).

[3] Siehe M. Berthelot: Compt. rend. Acad. Sciences **91**, 191 (1880). — E. Oliveri-Mandala: Gazz. chim. Ital. **50**, II, 89 (1920). — Vgl. A. Jakowkin: Ztschr. physikal. Chem. **29**, 635 (1899).

[4] Ztschr. physikal. Chem. **58**, 1 (1907).

[5] Siehe z. B. E. Wilke u. O. Kieninger: Ztschr. physikal. Chem. **116**, 221 (1925). — Braley u. Hall: Journ. Amer. chem. Soc. **42**, 1770 (1920). — Schneider u. Braley: Journ. Amer. chem. Soc. **45**, 1121 (1923). — Inanendra Chandra Gosh: Journ. physical Chem. **21**, 426 (1917).

[6] E. Müller: Ztschr. Elektrochem. **6**, 573 (1900); **7**, 750 (1901); **8**, 426 (1902).

ersichtlich ist, überschreitet die Stromdichtepotentialkurve der Chlorabscheidung in 1-normalem HCl und bei geringer Stromdichte in 1-normaler NaCl-Lösung völlig stetig das Chlorpotential und verläuft dann, anstatt, wie es dem reversiblen Verlaufe entsprechen würde, weiterhin steil anzusteigen, eine Strecke mehr oder weniger waagrecht oder unter Umständen auch ein wenig wieder abfallend, um erst dann wieder als logarithmische Kurve anzusteigen.

Wie die Versuche von R. Luther und F. J. Brislee[1] bzw. von G. Pfleiderer[2] gezeigt haben, erfolgt das Eintreten zum waagrechten Teil um so früher, je rascher man die polarisierende Spannung steigert,

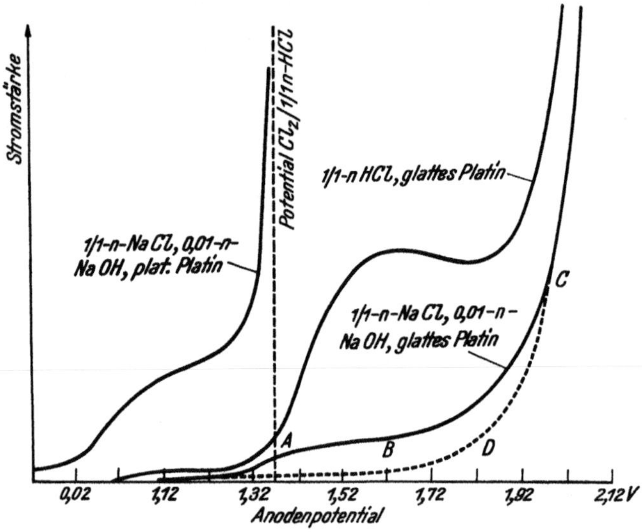


Abb. 40. Anodische Stromspannungskurven der Chlorentwicklung an Platinanoden in verschiedenen Elektrolyten.

bzw. bei gleich schnellem Ansteigen von dieser, je verdünnter die angewandte Salzsäure, je kleiner also die Wasserstoffionenkonzentration ist.

Die steil ansteigenden Äste der Stromdichtepotentialkurve liegen in 1-normalem NaCl und in 1-normaler HCl-Lösung ziemlich nahe beisammen und sind 0,6 Volt positiver als das Chlorpotential. Bei Verminderung der polarisierenden Spannung, also rückläufiger Betrachtung der Stromdichtepotentialkurve verläuft sie stetig im Sinne einer logarithmischen Kurve (in Abb. 40 ab *C* gestrichelt).

Es hat also die Elektrode durch die Entladungsvorgänge gegenüber ihrem Anfangszustand eine auf die Chlorentladung zurückwirkende Veränderung erfahren. Diese tritt am schärfsten im mittleren Kurventeil in Erscheinung, der dadurch eine horizontale Ausbiegung erfährt, und erreicht von einem bestimmten Potentialwert an ihren Höchstwert, nach dessen Überschreitung erst der steile, d. h. die weitere Entladung der Chlorionen vor sich gehen

[1] Ztschr. physikal. Chem. **45**, 216 (1903).
[2] G. Pfleiderer: Ztschr. physikal. Chem. **68**, 49 (1900).

kann. An platinierten Platinelektroden dagegen nähert sich, wie Abb. 40 zeigt, der Verlauf der Stromdichtepotentialkurve der Chlorentladung ziemlich dem für reversiblen Verlauf zu erwartenden Gange. Das Chlorpotential wird nicht überschritten und die Verzögerungserscheinungen kennzeichnen sich nicht durch ein horizontales Stück, sondern viel schwächer durch einen zweimaligen Inflexionspunkt. An platinierten Anoden kann man daher[1] Chlor bei mindestens um 0,6 Volt niedrigeren Potentialen abscheiden als bei gleichen Stromdichten an glatter Anode.

Aber auch an platinierten Platinelektroden zeigen sich bei näherer Betrachtung Abweichungen vom reversiblen Verlauf.

Bei konstanten Konzentrationen der Cl'-Ionen und bei bestimmten Stromdichten müßte nämlich im Falle der Reversibilität die Anode durch ein zeitlich konstantes Potential gekennzeichnet sein. In Wirklichkeit zeigten aber Versuche[2] bei der Elektrolyse einer 4,35-normalen Chlornatriumlösung bei etwa 12° und einer Anodenstromdichte von 0,0013 A/cm²

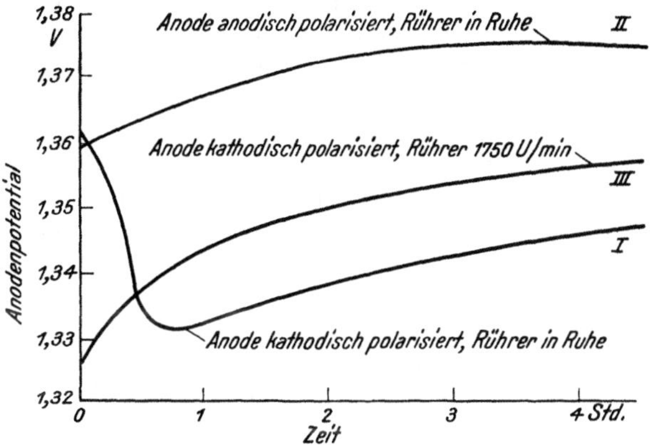


Abb. 41. Zeitliche Abhängigkeit des Abscheidungspotentials des Chlors.

an platinierten Elektroden einen zeitlichen Gang des Anodenpotentials. Arbeitet man unter Vermeidung der Rührung des Elektrolyten, damit die Elektrodenumgebung sich rasch mit Chlor sättigt, so steigt das Potential erst, nachdem es durch einen Mindestwert gegangen ist, wie in Abb. 41 Kurve I es kennzeichnet.

Bei kräftiger Rührung tritt dagegen, wie Kurve III es zeigt, nur der starke zeitliche Anstieg hervor.

Die Abnahme des Potentials (Kurve I) ist auf die Konzentrationsverringerung von freiem Halogen durch Hypochloritbildung zurückzuführen, die im folgenden (S. 157 ff.) besprochen werden soll. Da aber die Hypochloritkonzentration nach einiger Zeit konstant wird, wäre zu erwarten, daß nach der gleichen Zeit das Potential konstant werden müßte.

---

[1] R. Lorenz u. H. Wehrlin: Ztschr. Elektrochem. **6**, 437 (1900). — F. Foerster u. E. Müller: Ztschr. Elektrochem. **8**, 515 (1902); **9**, 200 (1903).

[2] A. Tenne: Dissertation. Dresden. — F. Foerster: Ztschr. Elektrochem. **22**, 86 (1916).

Da das, wie aus Abb. 41 zu sehen ist, nicht zutrifft, muß man schließen, daß der anfänglich reversibler Chlorentladung entsprechende Gang der Potentiale durch einen die Chlorentwicklung hemmenden Vorgang überlagert wird, der erst hervortritt, wenn man durch lebhafte Elektrolytbewegung eine Anreicherung des Chlors an der Anode verhindert, und als welcher jedenfalls die Sauerstoffentwicklung bzw. Beladung der Anode mit Platinoxyden anzusehen ist, die mit Zunahme der Hypochloritkonzentration erleichtert wird. G. Pfleiderer[1] hat festgestellt, daß das nach Eintritt der Polarisation an glatten Platinanoden entweichende Chlor sich stets als sauerstoffhaltig erweist. Diese Ansicht wird aber vor allem durch den Versuch bestätigt, bei dem unter sonst gleichen Arbeitsbedingungen an einer durch anodische Vorpolarisation in verdünnter Schwefelsäure zuerst mit Sauerstoff beladenen, platinierten Platinanode bei der darauffolgenden Chloridelektrolyse das Potential positivere Beträge annimmt, die der Kurve II in Abb. 41 entsprechen. Gegen diese Kurve II konvergieren die Kurven I und III gegen ein nach längerer Zeit zu erreichendes gleiches Potential hin, wobei die Gesamtpolarisation in diesem Fall weniger als 0,1 Volt beträgt.

Wenngleich sich z. B. in 1-normalem HCl nicht schon beim Chlorpotential von + 1,36 Volt, sondern erst bei + 1,68 Volt Sauerstoffgas entwickeln kann, so wird sich das Platin auch schon bei + 1,36 Volt, und zwar um so stärker, je verdünnter die Salzsäure ist, mit sehr kleinen Mengen Sauerstoff bzw. Platinoxyden beladen, die als Ursache der Verzögerung bei der Chlorentwicklung anzusprechen sind.

Besonders der oben erwähnte Einfluß der Wasserstoffionenkonzentration stützt diese Auffassung, da ja bei deren Verringerung, die gleichbedeutend ist mit einer Erhöhung der Hydroxylionenkonzentration, die Mitentladung dieser Ionen immer mehr erleichtert wird[2].

Man hätte sich also vorzustellen, daß analog den Verhältnissen bei der Wasserstoff- und Sauerstoffentwicklung die Vereinigungsgeschwindigkeit der Chloratome zu Molekeln eine beschränkte ist, welche durch Platin als Katalysator zwar genügend beschleunigt werden kann, um bei nicht zu hohen Stromdichten eine annähernd reversible Entladung zu gestatten, daß aber die Anreicherung von Oxyden in der Platinelektrode deren katalytische Wirkung stark beeinträchtigt. In guter Übereinstimmung mit dieser Vorstellung ist es, wenn die anodische Überspannung bei der Abscheidung der Halogene in der Reihenfolge Chlor, Brom, Jod fortschreitend schwächer wird, denn die Normalpotentiale werden in gleicher Reihenfolge weniger positiv, so daß die möglichen Sauerstoffbzw. Oxydkonzentrationen in der Elektrodenoberfläche, die diesen Werten entsprechen, ebenso abnehmen müssen.

Die Chlorentwicklung aus saurer Lösung[3] scheint an Iridium annähernd reversibel zu erfolgen, was mit der geringeren Sauerstoffspannung an diesem Material in Übereinstimmung ist.

[1] Ztschr. physikal. Chem. **68**, 49 (1909).
[2] G. Glasstone u. A. Hicking: Journ. chem. Soc. London **1934**, 10.
[3] Luther u. Brislee: Ztschr. physikal. Chem. **45**, 216 (1903).

Die Chlorüberspannung an verschiedenen Elektrodenmaterialien hat vor allem E. Newbery[2] mit Hilfe der Kommutatormethode eingehend studiert.

Von den untersuchten Anoden blieben nur Kohlenstoff, Rhodium, Palladium, Iridium und Platin durch das anodisch entwickelte Chlor unangegriffen.

Platiniertes Platin zeigt die niedrigsten und Graphit die höchsten Werte der Überspannung.

Mit einer frischen Kohleelektrode erhält man zunächst infolge Cl-Absorption eine negative Überspannung. Auch nach der Sättigung bleibt die Überspannung fast Null, bis sie, bei Anwendung einer mäßig hohen Stromdichte, plötzlich auf mehr als 0,4 Volt steigt. Bei weiterer Benutzung wächst die Überspannung noch weiter; die Oberfläche der Elektrode wird anscheinend angegriffen und graphitisiert. Überzieht man zur Vermeidung dieser Erscheinung die Elektrode mit geschmolzenem Paraffin, so wird die Absorption verhindert und die Überspannung steigt auch bei geringen Stromdichten unmittelbar auf Werte von mehr als 0,4 Volt. An Achesongraphitelektroden ist die Cl-Absorption offenbar sehr gering, die Überspannung steigt bald auf einen Wert von etwa 0,18 Volt, aber erst nach langer Benutzung bei sehr hohen Stromdichten wird der konstante Wert von 0,45 Volt erreicht. Paraffinierte Achesongraphitelektroden zeigen nur bei sehr niedrigen Stromdichten den niedrigeren Wert, sowie ein plötzliches Ansteigen auf einen ziemlich konstanten Wert von mehr als 0,4 Volt bei Erhöhung der Stromdichte. Bei höheren Stromdichten tritt ein weiteres rasches Steigen auf etwa 0,7 Volt ein; dieser Wert bleibt trotz Oberflächenzerfall bestehen. Platin zeigt drei ausgesprochene Überspannungswerte: 0, 0,18 und 0,45 Volt. Wenn die Stromdichte den Wert 200 mA/cm$^2$ erreicht, steigt die Überspannung plötzlich von nahezu 0 auf 0,45 Volt; dieser Wert bleibt bis 1000 mA/cm$^2$. Wird die Stromdichte dann verdoppelt, so wird die Anodenoberfläche brüchig und die Überspannung nimmt bis auf 0,18 Volt ab. Dieser Wert bleibt bei hohen und mittleren Stromdichten bestehen und der höhere Wert kann nur durch Reinigen und erneutes Polieren der Elektrode wieder hergestellt werden.

Außer den beschriebenen langsamen, zeitlichen Änderungen tritt auch bei den Halogenen[3] der sehr rasche Potentialabfall nach Unterbrechung des polarisierenden Stromes auf, wie er auch bei der Wasserstoff- und Sauerstoffabscheidung beobachtet wurde[4].

---

[1] M. Knobel, P. Caplan u. M. Eiseman: Trans. Amer. electrochem. Soc. **43**, 55 (1923).

[2] Journ. chem. Soc. London **119**, 477 (1921).

[3] M. Knobel: Journ. Amer. chem. Soc. **46**, 2613 (1924).

[4] Siehe auch F. T. Chang u. H. Wick: Ztschr. physikal. Chem. (A), **172**, 448 (1935).

## Die technische Gewinnung von Chlor und Alkali durch Elektrolyse.

### Allgemeines.

Durch Elektrolyse von Salzsäure in nicht zu geringer Konzentration kann man auch an Kohlenelektroden ohne nennenswerte Sauerstoffpolarisation und daher unter großer Schonung der Elektroden Chlor gewinnen[1]. Die hier einzig möglichen Stromverluste entstehen durch kathodische Reduktion des entstandenen Chlors und können mittels Luftdurchblasen oder Anwendung hinreichender Stromdichte vermindert werden. Aus einer 2 NaCl + $H_2SO_4$ bzw. 2 $NaHSO_4$ enthaltenden, anfangs 4,4-normal sauren Lösung kann man z. B. mit einer Stromdichte von 0,03 A/cm² bei gewöhnlicher Temperatur mit 68% Stromausbeute, 1 kg $Cl_2$ mit 3,06 kWh gewinnen, indem zugleich ihr Aziditätsgrad auf 2,4-normal sinkt[2].

Die Zerlegung der neutralen, wäßrigen Lösungen der Alkalichloride liefert dagegen außer dem Chlor die für die ganze chemische Industrie sehr wichtigen Alkalihydrate. Um die beiden Produkte rein zu gewinnen, muß die Elektrolyse der Alkalichloridlösungen so geleitet werden, daß die anodischen Produkte von den kathodischen dauernd möglichst getrennt bleiben. Dem wirkt unter anderem der an der Kathode zugleich mit dem Alkali gebildete Wasserstoff entgegen, indem er bei seinem Entweichen den Elektrolyten in lebhafte Bewegung bringt und so die durch Diffusions- und Wanderungsvorgänge nur langsam erfolgende Vermischung der kathodischen und der anodischen Produkte begünstigt. Es muß daher für die gesonderte Ableitung des kathodisch entwickelten Wasserstoffs Sorge getragen werden, dessen Gewinnung als Nebenprodukt z. B. zur Fetthärtung u. a. eine willkommene Steigerung der Wirtschaftlichkeit der Alkalichloridelektrolyse bedingt.

Dieses auf W. Bein[3] zurückgehende Verfahren ist später vielfach modifiziert worden.

Das Problem der gesonderten Gewinnung der Elektrolysenprodukte ist in der Technik bisher auf drei Wegen zu lösen versucht worden. Die erste Art besteht in der Anwendung von „Diaphragmenverfahren", bei denen der Anodenraum vom Kathodenraum durch ein poröses Diaphragma getrennt wird, wobei entweder, wie beim Griesheimer Verfahren, der Elektrolyt ruht oder, bei senkrecht oder waagrecht angeordnetem Diaphragma, der Elektrolyt die Elektrolysierzelle durchströmt.

Auf dem zweiten Weg, bei den Schichtungs- oder Glockenverfahren, erreicht man die Trennung der Elektrolyseprodukte durch eine derartige Anordnung der Elektroden, daß die von den Elektrodengasen getroffenen Flüssigkeitsschichten sich weder untereinander noch mit den zwischen den Elektroden befindlichen Anteilen des Elektrolyten vermischen.

[1] F. Oettel: Ztschr. Elektrochem. 2, 57 (1895/96). — Vgl. auch G. v. Knorre u. M. Purkert: DRP. 83565 (1895).
[2] Chemische Ind. **1911**, 411.
[3] Ztschr. Elektrochem. 2, 276 (1906).

Die dritte Methode vermeidet überhaupt das Entstehen von Alkalihydrat und Wasserstoff an der Kathode, indem als Kathodenmaterial Quecksilber verwendet und das an der Kathode entstandene Alkaliamalgam außerhalb der eigentlichen Zelle durch Wasser unter Rückgewinnung des Quecksilbers und Bildung von Alkalihydrat und Wasserstoff zersetzt wird.

Die Elektrolyse verlangt zu allen diesen Verfahren sehr reine Lösungen der Alkalichloride, die durch vorherige Ausfällung einerseits sulfatfrei, aber auch frei von Ca- und Mg-Salzen gemacht werden müssen.

Das hierbei neben Wasserstoff an der Kathode gewonnene Alkalihydroxyd wird stets in mehr oder weniger verdünnter Lösung gewonnen, aus denen es durch Abdampfen unter gleichzeitiger Trennung von den gleichzeitig in Lösung befindlichen Chloriden zu scheiden ist. Nur nach dem Quecksilberverfahren erhält man durch bloßes Eindampfen und Schmelzen reines Alkalihydrat.

Das anodisch entwickelte Chlor enthält bei Verwendung von unangreifbaren Elektroden, wie von Platin oder Eisenoxyduloxyd als Verunreinigungen den für die weitere Verwendung des Elektrolytchlors weniger schädlichen Sauerstoff, bei Verwendung von Kohlenanoden dagegen Kohlendioxyd, das, wenn es in größerer Menge (1—2% überschreitend) auftritt, sehr schädlich sein kann und daher in einem der Erzeugung folgenden Prozeß entfernt werden muß.

Für die Sauerstoffentwicklung kommen die Anionen $ClO'$ und $OH'$ in Betracht. Die Entladung von $ClO'$-Ionen wird bei hoher anodischer Chloridkonzentration nur gering sein und mit Abnahme der Chloridkonzentration wachsen, wobei die zum Teil von Chloratbildung begleitete Entladung von $ClO'$-Ionen und die gleichzeitige Sauerstoffentwicklung zunehmen. Mit weiter fortschreitender Verdünnung vermögen aber auch die $ClO'$-Ionen den Strom nicht völlig zu beschäftigen, und es werden die $OH'$-Ionen zur weiteren Sauerstoffentwicklung herangezogen.

Dieser Sauerstoffentwicklung erwächst aber anderseits durch die durch sie bedingte Erhöhung der Azidität (auf 1 Atom O entstehen 2 Atome $H^{\cdot}$) eine hemmende Wirkung, so daß z. B. bei der Elektrolyse von Salzen mit deren steigender Konzentration die Menge des entwickelten Sauerstoffs abnimmt, weil mit steigender Salzkonzentration die anodisch sich ausbildende Azidität wächst. Diese Verhältnisse sind durch die tabellarische Wiedergabe der Versuchsergebnisse bei der Elektrolyse von Kaliumchloridlösungen bzw. Salzsäurelösungen verschiedener Konzentration mit einer 30 $cm^2$ großen engmaschigen Platindrahtnetzanode, 1 A Stromstärke durch 1,5 Stunden und einem bis zur unteren Fläche der Anode gemessenen Volumen von 180—200 $cm^3$ gekennzeichnet (Tabelle 9).

Tabelle 9.

| Elektrolyt | Konzentration des Elektrolyten in Normalitäten | Prozent der Stromarbeit zur Sauerstoffentwicklung | Nach dem Versuch betrug dicht unter der Anode die Konzentration der freien Säure |
|---|---|---|---|
| KCl | 3,16—3,04-normal | 0,09 | 0,0001-normal |
| | 1,96—1,92-normal | 0,20 | 0,0007-normal |
| | 1,47—1,42-normal | 0,43 | 0,0014-normal |
| | 0,98—0,92-normal | 1,20 | 0,0024-normal |
| | 0,48—0,43-normal | 3,15 | 0,005-normal |
| | 0,30—0,22-normal | 6,3 | 0,01-normal |
| HCl | 1,09—0,99-normal | 0,0 | — |
| | 0,49—0,36-normal | 0,9 | — |
| | 0,30—0,21-normal | 4,9 | — |

Auch in mäßig verdünnter Salzsäure treten noch leicht nachweisbare Mengen Sauerstoff an der Anode auf.

Natürlich setzt die Sauerstoffentwicklung in Salzsäure erst dann merklich ein, wenn die Anode von vornherein sauerstoffbeladen ist oder im Verlauf der Elektrolyse unter gleichzeitigem Potentialanstieg sich mit Sauerstoff beladen hat[1]. Sie ist dann aber immer mit Chloratbildung verbunden.

Tabelle 10.

| Konzentration der Salzsäure | Prozent der Stromarbeit | | | |
|---|---|---|---|---|
| | zur Bildung von Chloratsauerstoff | | zur Bildung von Sauerstoffgas | |
| | an glatter Anode | an platinierter Anode | an glatter Anode | an platinierter Anode |
| 1,0-normal | 1,04 | 0,0 | 0,9 | 0,0 |
| 0,33-normal | 6,54 | 2,1 | 9,7 | 3,2 |
| 0,1-normal | 34,62 | 5,5 | 34,41 | 5,5 |
| 0,033-normal | 26,50 | 4,1 | 53,6 | 31,3 |

Wie die einschlägigen Versuche von F. Haber und S. Grinberg[2] bei Stromdichten von 0,02 A/cm² bei gewöhnlicher Temperatur, die in der folgenden Tabelle 10 wiedergegeben sind, ergaben, nimmt, wie die Theorie es erwarten läßt, der auf Chlorsäurebildung entfallende Stromanteil mit fortschreitender Verdünnung der Salzsäure zunächst zu, um dann bei den verdünntesten der untersuchten Lösungen wieder kleiner zu werden, während, jedenfalls infolge stärkeren Hervortretens der Entladung von OH'-Ionen, die Sauerstoffentwicklung dauernd an Umfang zunimmt.

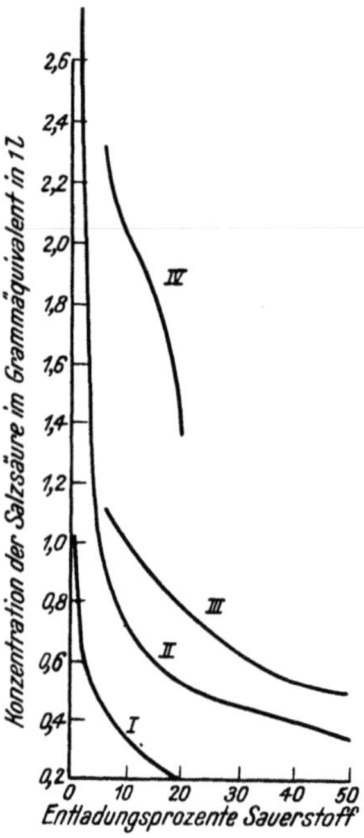


Abb. 42. Abhängigkeit der Alkalielektrolyse von der Konzentration der HCl.

Verwendet man nun Kohle statt Platin als Anodenmaterial bei der Chloridelektrolyse, so hat das zur Folge, daß auch bei Benützung eines konzentrierten Elektrolyten doch nur eine verdünnte Lösung in den Poren der Anode der Elektrolyse unterliegt, und zwar erfolgt die Elektrolyse um so mehr, je größer und zugänglicher die Poren sind. Es wird also an Kohlenanoden aus einer Chlorionen enthaltenden Lösung anodisch mehr Sauerstoff entweichen und sich eine anfangs neutrale Chloridlösung stärker ansäuern als an Platin. Deshalb wird einerseits neben Sauerstoff in der Lösung Chloratsauerstoff auftreten, anderseits infolge der Angreifbarkeit der Kohlenanoden je nach ihrer Individualität und Charakteristik der anodisch entwickelte Sauerstoff mehr oder weniger, ja selbst völlig durch $CO_2$ ersetzt sein. Diese Verhältnisse kennzeichnen die in Abb. 42 dargestellten Beobachtungen von L. Sproesser[3] zunächst bei der Elektrolyse von Salzsäure bei 18—20° C mit 3 A auf einer Anode von 1 dm² aus Platin (Kurve I), aus einer sehr dichten Retortenkohle (Kurve II), aus einer viel poröseren und angreifbaren Kunstkohle (Kurve III) und einer von vielen Hohlräumen durchsetzten Kohle (Kurve IV).

Bei der Elektrolyse einer neutralen und im Kathodenraum durch dauernde Neutralisierung neutral erhaltenen 3,5-normalen NaCl-Lösung bei 78—80° an den oben als

[1] G. Pfleiderer: Ztschr. physikal. Chem. **68**, 63 (1910).
[2] Ztschr. anorgan. allg. Chem. **16**, 221, 344, 346 (1898).
[3] Ztschr. Elektrochem. **7**, 1085 (1900/01).

II und III bezeichneten Kohlen wurde beobachtet, daß im Verlaufe längerer Elektrolyse 2 bzw. 9% $CO_2$ im Anodengase sind und nach Durchgang von 28 A/h die Anodenlauge durch freie Säure eine Azidität von 0,046 bzw. 0,32 erlangt hat, während der Chloridgehalt noch etwa 3-normal ist.

Bei der Abnahme des Chloridgehaltes geht die anodische Sauerstoffentwicklung stark in die Höhe. In einem Falle, wo infolge der Angreifbarkeit der Kohlenanode, z. B. bei Kohle III, die Sauerstoffentwicklung sehr gering war, zeigt die obige Tabelle 11 den Gang der hier sehr reichlichen $CO_2$-Entwicklung während der Abnahme der Chloridkonzentration von anfangs 2-normal auf 1,4-normal.

Tabelle 11.

| Zeit nach Beginn der Elektrolyse in Stunden | Temperatur °C | Stromstärke in A auf 100 cm² | Prozent $CO_2$ im Anodengas |
|---|---|---|---|
| 1 | 20 | 3,0 | 4,2 |
| $1^1/_2$ | 23 | 3,0 | 4,8 |
| $2^3/_4$ | 83 | 3,0 | 35,9 |
| $3^1/_4$ | 81 | 3,0 | 27,2 |
| $3^1/_2$ | — | 3,0 | 24,7 |
| 4 | 79 | 3,0 | 21,7 |
| $4^1/_2$ | 83 | 3,0 | 25,2 |
| $5^1/_2$ | 82 | 1,0 | 74,2 |
| 6 | 83 | 1,0 | 74,4 |
| 7 | 84 | 6,0 | 13,5 |
| $7^1/_4$ | 81 | 6,0 | 12,4 |
| $8^1/_2$ | 18 | 3,0 | 2,8 |
| $9^1/_2$ | 19 | 3,0 | 4,5 |

Die von der Theorie für etwas höhere Stromdichten, namentlich bei feinporigen Kohlen erwartete Zunahme der Sauerstoffentwicklung bei abnehmender Chloridkonzentration tritt namentlich bei höherer Temperatur hervor, wenn man das während der Elektrolyse entstandene Alkali im Kathodenraum nicht neutralisiert[1].

## Zellen mit flüssigkeitsundurchlässigen Diaphragmen.

Das älteste Verfahren geht auf die Versuche von Höpfer und Bräuer zurück, welche die ersten Versuche zur technischen Chlorkalielektrolyse ausführten. Die größten Schwierigkeiten machte in erster Linie die Diaphragma-, in zweiter Linie die Anodenfrage.

A. Bräuer gelang es, Platten, welche für Diaphragmen geeignet sind, aus Portlandzement[2] herzustellen. Dieselben wurden im Jahre 1900 in den Großbetrieb eingeführt und im Jahre 1902 durch B. S. Scheid abgeändert. Die Herstellung der Diaphragmenplatten ist durchaus nicht einfach und muß mit ganz besonderer Sorgfalt ausgeführt werden.

Nach der Patentangabe wird der Portlandzement in gewissen Verhältnissen mit Salzlösung und HCl, gegebenenfalls unter Zusatz von feingepulvertem Kochsalz oder KCl zu einem dicken Brei gemengt, aus dem die Platte gegossen wird. Zum Abbinden brauchen die Platten 3—4 Tage. Sie müssen aber dann noch behufs vollständigen Abbindens weitere sechs Wochen liegen bleiben, bevor man sie in die Zellengerippe einbauen kann. Ist dies geschehen, so stellt man das fertige Diaphragma noch 4—6 Wochen in Wasser, damit alle Salze ausgelaugt werden und der Zement vollständig erhärtet. Trotz der Beschreibung in dem genannten Patent wurde der wesentliche Herstellungsvorgang sorgfältigst geheimgehalten.

Wesentlich dürfte der Zusatz von festem feingepulverten Salz sein, durch dessen nachträgliche Auslaugung die Poren entstehen. Die Verwendung gesättigter Salzlösung und Salzsäure zum Anmachen des Zements hat offenbar den Zweck zu verhindern, daß sich die zugesetzten festen Salzteilchen schon vor dem Erhärten des Zements auflösen und damit unwirksam werden.

[1] B. Young: Dissertation. Dresden 1911, S. 43 und 49.
[2] Mathes u. Weber: DRP. 34888 (1885).

Im übrigen wurde noch eine Reihe von Vorschlägen gemacht, andere gepulverte Stoffe dem Zement beizumischen, die nachträglich durch Auslaugen oder Verdampfen entfernt werden können.

Hierher gehören Vorschläge[2] zur Verwendung von paraffiniertem Salzpulver oder Auslaugen des noch nicht abgebundenen Zements mit Wasser, ferner Anwendung von feingepulvertem Eis oder Schwefel, ferner von Anthrazen[3], also Körpern, die sich durch Erhitzen leicht austreiben lassen. Praktische Verwendung dürften diese Vorschläge wohl nicht gefunden haben.

Wie man sieht, ist die Diaphragmenherstellung eine sehr umständliche Arbeit und erfordert eine größere Anlage.

Als Anodenmaterial wird vorwiegend Graphit in Form von Platten von 30 cm Breite, 6—8 cm Dicke und 73 cm Höhe verwendet. Aber auch die Anwendung von Magnetithohlzylindern ist möglich.

Die Graphitelektroden werden vor dem Einbau in der Wärme und im Vakuum derart mit Teer getränkt, daß ihre Poren sich bis in die Mitte derselben mit Teer anfüllen. Die Anwendung der Graphitanoden bietet, abgesehen von ihrem geringen Leitungswiderstand, wesentliche Vorteile gegenüber den früher verwendeten ungraphitierten Kohlen. Letztere zeigten den Übelstand, daß sie durch den anodischen abgeschiedenen $O_2$ verhältnismäßig leicht oxydiert wurden, wodurch ihre Lebensdauer nur eine kurze war und außerdem das Chlor durch $CO_2$ verunreinigt wurde. Abgesehen von den Kosten, sind daraus erhebliche Betriebsstörungen und Lohnaufwendungen erwachsen. Graphitierte Anoden zeigten diese Übelstände in weit geringerem Maße. Besonders hervorzuheben ist auch, daß der kathodische Elektrolytablauf bei Anwendung nichtgraphitierter Kohlen durch die Zerstäubung derselben erheblich verunreinigt wurde.

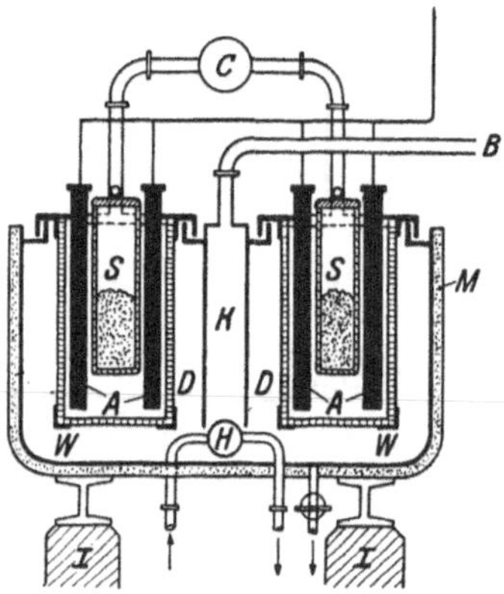

Abb. 43. Griesheimzelle.

Die Form der Zellen, welche in der ältesten Anlage in Griesheim bis zum heutigen Tage in Verwendung stehen, ist folgende (Abb. 43): Als Gefäß dient eine schmiedeeiserne Wanne *M* von $2^1/_2$ mm Blechstärke, welche durch Winkel und Flacheisen entsprechend verstärkt ist. Zum Schutz gegen Wärmeverluste nach außen ist sie äußerlich mit einer Kieselgurschicht gut isoliert. Die Länge der ganzen Wanne beträgt 4,8 m, ihre Breite 3,3 m, die Tiefe 1,0 m. Um Erdschluß zu verhindern, ist sie auf Isolatoren *I* aufgestellt.

Die Seitenwände der Wanne dienen gleichzeitig als Kathoden und tragen daher die entsprechenden Stromanschlüsse. Doch sind in der Wanne außerdem noch eine Anzahl von Kathoden *K* aus Eisenblech angebracht. Die Entfernung dieser Kathodenbleche wie die Blechwandungen der Wanne von den sogleich zu erwähnenden Anoden beträgt 10 cm.

Die Anoden *A* befinden sich innerhalb zellenartiger Diaphragmenkasten *D*. Jede dieser Anodenzellen besteht aus einem aus Winkeleisen *W*

[1] Ochs: DRP. 109362, 143591.
[3] Holland u. Lauric: E. P. 5200 (1899).

zusammengenieteten Gerippe, dessen Eisenteile durch eine Zementumkleidung gegen Angriffe des freiwerdenden Chlors geschützt sind. In die fensterartigen Seitenöffnungen dieses Gerippes passen nun die Zementdiaphragmen, d. s. Tafeln von 1 cm Stärke, genau hinein und sind mit Zementbrei dicht eingekittet. Dieses Einpassen der Zementtafeln erfolgt in die nach innen gekehrten Winkel der Rippen, so daß ein Herausdrücken dieser Tafeln durch den Flüssigkeitsdruck nicht erfolgen kann. Jede einzelne Anodenzelle ist 1,1 m lang, zirka 75 cm breit und 1 m hoch.

Der fertige Anodenkasten erhält einen Zementdeckel, der an den Fugen bestens verstrichen ist. In diesem Deckel befinden sich zunächst 6 Schlitzöffnungen zum Einführen der passenden Anoden *A*, welche je gegenüber einem Zementfenster angeordnet sind, wie der Horizontalschnitt der Zelle in Abb. 44 zeigt. Alle sich ergebenden Fugen werden mittels Zementverstriches luftdicht geschlossen.

Die Anodenkasten sind vermittels Krageneisen und Rinnen in ihrem Deckel in die Wanne dicht eingesetzt, so daß der Kathodenraum als Ganzes vollständig geschlossen erscheint. Die Deckel der Anodenkasten oder Zellen haben in der Mitte ein rundes Loch zur Aufnahme eines Fülltopfes aus Steinzeug *S*, der mit Salz gefüllt gehalten wird, um die Konzentration des Elektrolyten auf normaler Höhe zu erhalten. Sonst würde im Verlaufe des Prozesses eine Verarmung des Elektrolyten an Salz erfolgen, die sowohl eine schlechtere Stromausbeute als auch einen stärkeren Anodenverbrauch bewirken würde. Endlich befinden sich in diesem Deckel noch Steinzeugrohre zum Abzuge des anodisch gebildeten Chlors nach einer bleiernen Chlor-Gassammelleitung *C*, durch welche das Chlor seiner Verwendungsstelle zugeführt wird.

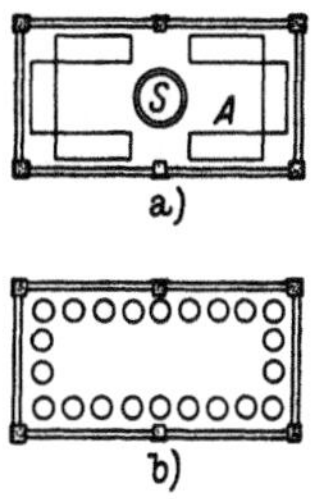


Abb. 44. Griesheimzelle. Horizontalschnitt durch den Anodenkasten a) mit Graphitanoden, b) mit Magnetitanoden.

In jeder Wanne liegt zwischen den beiden Anodenzellenreihen à 6 Zellen nahe am Boden ein 500-mm-Eisenrohr *H*, das mit Abdampf geheizt wird. Die Anwärmung des Bades behufs Verminderung des Leitungswiderstandes ist notwendig, da bekanntlich der warme Anodenelektrolyt einen erheblich geringeren Widerstand hat.

Um unerwünschte Stromableitungen und damit Verluste zu vermeiden, erhält sowohl das Dampfzuleitungsrohr als auch das Kondensatableitungsrohr je eine Einschaltung eines Stückes nicht leitenden Rohrs, welches je nach den Umständen aus Steinzeug oder Glas gebildet sein kann.

Unter der Wanne ist noch eine Sammelrinne angeordnet, in welche mittels eines Bodenhahnes der Kathodenablauf genannte Wanneninhalt nach je 3 Tagen abgelassen werden kann. Über jeder Kathode, handelt es sich nun um die vorerwähnten Bleche oder um die eisernen Ränder der Kathodenzellen, welche ebenfalls als Kathode dienen, sind dachförmig gewölbte Rinnen angeordnet, in welchen sich die an den Kathoden aufsteigenden Wasserstoffbläschen sammeln. Durch eine genau bemessene Saugwirkung am H-Sammelrohr, das unter der Wanne liegt und das mit diesen dachförmigen Rinnen in Verbindung steht, wird der dort angesammelte Wasserstoff abgezogen.

Wird Chlorkaliumlauge elektrolysiert, so gelangt eine Lösung von 20° Bé zur Anwendung, welche zirka 280 g KCl im Liter enthält. Wird eine NaCl-Lösung elektrolysiert, so enthält ein Liter des Elektrolyten 300 g NaCl.

Jede Wanne besitzt im Deckel einen Trichter aus Steinzeug, durch den an jedem dritten Tag die vorher durch den Bodenhahn entleerte Badflasche neu gefüllt wird. Zu diesem Zwecke ist oberhalb der Wannenreihe eine Leitung angebracht, welche die Sole aus den Vorratsgefäßen den Trichtern zuführt. Alle Rohrleitungen über der Wanne müssen so hoch angeordnet sein, daß die Anodenkasten herausgehoben werden können.

An eine Netzspannung von 110 Volt werden bei einer Belastung von 2500 A 30 Wannen angeschlossen, von welchen 28 in Betrieb sind. Eine Wanne ist immer im Entleeren begriffen und eine in Reparatur. Die Klemmenspannung eines Bades beträgt sonach 3,5—3,8 Volt, im Mittel 3,65 Volt. Dazu kommt ein Gesamtverlust in den Leitungen von 3 Volt und ein Übergangswiderstand von 0,1—0,25 Volt an den Klemmen eines jeden Bades. Bei einer gegebenen Badbelastung von 2500 A verteilt sich diese auf die gesamte Anodenfläche so, daß pro 1 dm² zirka 2 A entfallen. Wendet man höhere Belastungen an, so steigt natürlich die Badspannung entsprechend dem Ohmschen Gesetz und beträgt dann bei einer Gesamtbelastung von 3000 A etwa 4 Volt.

Die Bäder werden mit dem Elektrolyten so hoch angefüllt, daß das Niveau 12 cm unter dem Zellenrand steht.

Die mittlere Stromausbeute beträgt normal 81%, kann aber bis auf 70% sinken und bis 82,6% steigen. Die Badtemperatur wird auf 90 bis 94° C gehalten, um dem Elektrolyten die erforderliche Leitfähigkeit zu sichern.

Theoretisch soll 1 A/h 2,09 KOH geben. 2500 A in 28 hintereinander geschalteten Zellen sollen demnach 146,3 kg KOH liefern. Da man praktisch nur 118,5 kg KOH erhält, so ist die Stromausbeute 118,5 : 146,3 × 100 gleich 81%.

Da während der Arbeit viel Wasser verdunstet und mit den Gasen $Cl_2$ und $H_2$ fortgeführt wird, muß der Wasserabgang durch Nachfüllen ersetzt werden. Ferner muß man täglich jeden Fülltopf mit 4—5 kg KCl beschicken und gut umrühren, um die Konzentration des Elektrolyten aufrechtzuerhalten, da sich sonst die oben erwähnten, unangenehmen Störungen ergeben würden. Die aus dem Kathodenraum abgelassene Lauge, der Kathodenablauf, wird mittels Zentrifugalpumpen nach den Verdampfapparaten transportiert.

Wird ein Diaphragma nach etwa 2 Jahren schadhaft (dies kann aber auch schon nach 4 Monaten geschehen) so wird die betreffende Anodenzelle aus der Wanne herausgehoben und entweder eine vorbereitete neue sofort eingesetzt, oder aber es wird das Loch provisorisch durch einen Deckel geschlossen, die Zelle repariert und dann wieder eingesetzt. Der Betrieb läuft unterdessen weiter.

Der Kathodenablauf wird behufs Entfärbung mit etwas Hypochloritlösung versetzt (mit 80 g aktivem Cl pro Kubikmeter). Die Lauge wird im Vakuum auf 50° Bé eingedampft. Dabei scheidet sich das unveränderte Chlorid aus und wird auf einem Salzfilter abgetrennt. Dieses besonders feinkörnige Salz wird zum Nachsättigen verwendet. Die Dicklauge hiervon gelangt auf den Verdampfkessel und auf die Schmelzkessel aus Spezialguß, in denen sie auf Ätzkali verschmolzen wird.

Der Betrieb des Griesheim-Elektron-Diaphragmenverfahrens ist, wie eingangs bemerkt, ein intermittierender; man hat versucht, diesen Betrieb kontinuierlich zu gestalten, doch ist dies nur auf Kosten der Stromausbeute gelungen, weshalb man beim intermittierenden Verfahren geblieben ist.

Die beschriebenen Zellen, die früher vielfach verwendet wurden, gelten heute als veraltet und arbeiten im Vergleich zu den modernen Zellenkonstruktionen unwirtschaftlicher, doch stehen die Anlagen in Griesheim noch heute in Betrieb.

Außer dem Griesheimverfahren waren noch eine Reihe anderer Konstruktionen mit schwerdurchlässigem Diaphragma im Betrieb, die jedoch ebenfalls nur mehr historisches Interesse haben. Es sei nur die Zelle von Le Sueur und Carmichael[1] erwähnt, die ein horizontales Diaphragma aus einer Asbestmasse benutzten, welche direkt auf einer horizontalen Netzkathode gelagert ist.

Das Verfahren Outhenin Chalandre[2] bedient sich einer Anzahl röhrenförmiger Diaphragmen aus gebranntem Ton, da offenbar die Herstellung größerer Diaphragmen Schwierigkeiten machte.

Die Caustic Soda and Chlorise Syndicate Ltd., London, baute Zellen nach Greenwood mit Diaphragmen, die aus V-förmigen übereinandergelegten Porzellanträgern bestanden, die mit porösen Stoffen, wie Asbest, Speckstein, gefüllt waren.

## Zellen mit Filterdiaphragmen.

Diese Bauart kann entweder mit vertikalen oder mit horizontalen Diaphragmen ausgestattet sein. Die großen Mängel der Verfahren mit flüssigkeitsundurchlässigen Diaphragmen, als deren Folge beispielsweise bei Verwendung von Kohlenelektroden ein großer $CO_2$-Gehalt im $Cl_2$-Gas infolge anodischer Oxydation der Kohlen und daher ein großer Elektrodenverbrauch selbst auftritt, sind ein Ergebnis der Wanderung der Hydroxylionen im elektrischen Potentialgefälle aus dem Katholyt und mithin auch durch das Diaphragma hindurch. Um diese Wanderung wenigstens zum Teil unschädlich zu machen, führt man bei den Zellen mit Filterdiaphragmen den Elektrolyten ständig in der entgegengesetzten Richtung zur Wanderungsrichtung der Hydroxylionen durch das Diaphragma hindurch. Dadurch werden die in den Anodenraum eingedrungenen Hydroxylionen in mehr oder minder großem Ausmaß in den Kathodenraum zurückgedrängt. Dies kann natürlich nicht zur Gänze erfolgen, sondern nur zum großen Teil. Bei dieser Strömung der Flüssigkeit aus dem Anodenraum, in dem sich frei abgeschiedenes Chlor befindet, könnte befürchtet werden, daß auch Chlor, in der Flüssigkeit gelöst, in den Kathodenraum gelangen würde. Dies ist nur in sehr untergeordnetem Maß der Fall, weil sich Chlor in der gesättigten Salzlösung, welche den Elektrolyten vorstellt, nur in ganz geringem Maß auflöst, und dann auch deshalb, weil der Elektrolyt beim Durchgang durch die Zelle erwärmt wird, wobei sich wieder dessen Lösungsvermögen für Chlor stark vermindert. In Summe ergibt sich, daß es durch diese Einrichtung der Filterdiaphragmen und durch die Erwärmung der Lauge möglich wird, die Verluste stark einzuschränken, ganz zu beseitigen sind sie aber nie.

---

[1] DRP. 80454. — Le Sueur: Ztschr. Elektrochem. **1**, 213 (1894/95). — Carmichael: Ztschr. Elektrochem. **1**, 140 (1894/95); **4**, 215 (1897/98); **5**, 29 (1898).

[2] DRP. 73964.

Eine Schwierigkeit, die bei Filterdiaphragmen leicht auftritt, ist die Verstopfung derselben durch ausgefällte Verunreinigungen, vor allem Erdalkalien. Diese werden durch die kathodisch gebildeten OH'-Ionen als Hydroxyde ausgefällt. Man kann das dadurch verhindern, daß man den Elektrolyten von vornherein etwas alkalisch macht und so die Ausfällung schon außerhalb der Zelle erzielt.

Über den Einfluß der Durchflußgeschwindigkeit des Elektrolyten durch Filterdiaphragmen gibt die Tabelle 12 nach Moore[1] Aufschluß.

Tabelle 12.

| Durchgeflossene Lösung in $cm^3$ pro Quadratfuß Diaphragmenfläche und A-Stunden | Stromausbeute in Prozent | Umgesetzte Salzmenge in Prozent | Durchgeflossene Lösung in $cm^3$ pro Quadratfuß Diaphragmenfläche und A-Stunden | Stromausbeute in Prozent | Umgesetzte Salzmenge in Prozent |
|---|---|---|---|---|---|
| 1,3 | 90 | 22,5 | 0,7 | 97,5 | 34,5 |
| 1,2 | 93 | 23,5 | 0,6 | 96,5 | 40 |
| 1,1 | 95 | 25 | 0,5 | 94,5 | 47 |
| 1,0 | 97 | 26,5 | 0,4 | 92,5 | 55,5 |
| 0,9 | 97,7 | 28 | 0,3 | 90 | 67,5 |
| 0,8 | 98 | 32 | 0,2 | 87,5 | 77,5 |

Man sieht, daß die Stromausbeute mit der Durchflußgeschwindigkeit bis zu einem Maximum zunimmt und dann wieder abnimmt. Dagegen nimmt die Menge des umgesetzten Salzes mit steigender Durchflußgeschwindigkeit stetig ab. Die Abnahme der Stromausbeute bei sehr hohen Geschwindigkeiten liegt vor allem daran, daß die Temperatur in diesem Falle niedriger bleibt, so daß sich mehr Chlor auflösen und Verluste verursachen kann.

### Verfahren mit vertikalen Filterdiaphragmen.

**Zelle von Hargreaves-Bird.** Diese Zelle, die heute als überholt gelten kann, soll jedoch kurz beschrieben werden, da Hargreaves und Bird[2] die Urheber des dieser Art von Zellen zugrunde liegenden Gedankens, nämlich der Strömung des Elektrolyten entgegen der Wanderung der OH'-Ionen, waren. Auch sind die heute in Verwendung stehenden Zellen dieser Gruppe im wesentlichen der Hargreaves-Bird-Zelle nachgebildet.

Diese Zellen waren lange Zeit in Verwendung, und auch heute noch sind zwei solcher Anlagen, die eine in Middlewich (England), die andere bei der West-Virginia Pulp and Paper Co. (Amerika) in Betrieb.

Wie Abb. 45 zeigt, besteht diese Zelle aus einem etwa 2 m hohen und 3 m langen und etwa $^1/_2$ m breiten Eisenkasten, welcher innen mit säurefestem Material ausgekleidet ist. Zwei vertikale Diaphragmen teilen den Innenraum in drei Kammern, von denen die innere als Anodenraum, die beiden äußeren als Kathodenräume dienen.

Die Filterdiaphragmen wurden in großen Tafeln aus Asbest, Wasserglas und Zement hergestellt und fanden ihre Stützung durch die außen

[1] Chem. metallurg. Engin. **23**, 1011, 1125 (1920).
[2] DRP. 113055 (1899), 114193 (1899).

anliegenden gelochten Kupferkathoden *K*, die ihrerseits wieder durch Blechstreifen *St* gegen die Wandungen abgestützt sind. Die großen Anoden wurden in komplizierter Weise aus einzelnen Retortenkohlen zusammengesetzt, da man zunächst Elektrographit noch nicht kannte.

Der Elektrolyt, bestehend aus gesättigter Kochsalzlösung, wurde von unten durch ein Rohr *L* in den Anodenraum geleitet und strömte nun zum Teil durch die durchlässigen Diaphragmen und die gelochten Kathoden in den Raum hinter der Kathode und floß dort gleich ab, ohne diesen Raum anzufüllen. Es wurde dieser Raum vielmehr zum Durchleiten von Dampf zur Heizung und von Kohlendioxyd verwendet, welch letzteres die Kathodenlauge in $Na_2CO_3$ verwandelte.

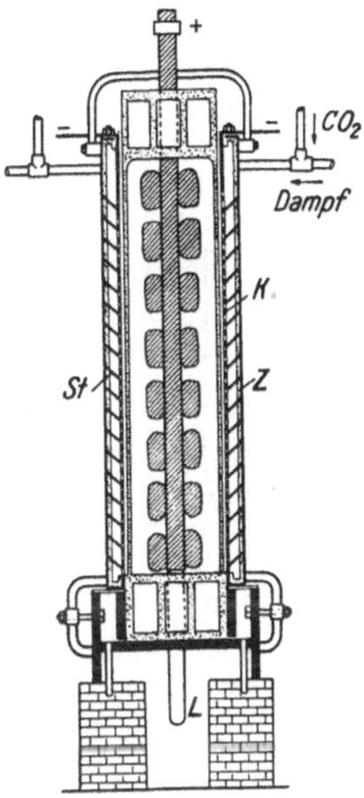

Abb. 45. Hargreaves-Bird-Zelle.

Der größere Teil der Elektrolyten gelangte durch einen Überlauf aus der Zelle und wurde mit Salz nachgesättigt, um unten wieder zugeführt zu werden.

Diese Zellen relativ großer Kapazität wurden mit 3000 A bei einer Spannung von 4,2 Volt betrieben. Die Kathodenlaugen enthalten 170 g $Na_2CO_3$ im Liter und die Stromausbeute betrug etwa 90%.

Abgesehen von der Elektrolytströmung, wurde durch die Überführung der Kathodenlauge in Karbonat die Rückwanderung der OH'-Ionen in den Anodenraum noch weiter erschwert.

Die Nachteile dieser Bauart liegen in den sehr bruchempfindlichen Diaphragmen, die allerdings heute durch weit elastischere Asbestdiaphragmen ersetzt werden könnten, ferner in der durch den verschieden großen hydrostatischen Druck bedingten ungleichmäßigen Strömungsgeschwindigkeit des Elektrolyten, ein Nachteil, der im übrigen bei allen derartigen Zellentypen, in diesem Falle aber durch die außergewöhnliche Höhe der Zellen in verstärktem Maße auftritt.

Die im folgenden beschriebenen Zellen bieten keine prinzipiellen Neuerungen, sie enthalten nur mehr oder weniger sinnreiche Abänderungen, die einerseits eine gleichmäßigere Stromverteilung, anderseits leichtere Zerlegbarkeit bezwecken sollen.

**Townsendzelle.** Die Zelle von Townsend (Abb. 46)[1] ist nach dem Vorbild der Hargreaves-Bird-Zelle gebaut, weicht aber in einigen Punkten von dieser wesentlich ab. Sie besteht aus einem auf einem Sockel isoliert aufgestellten U-förmigen Betonrahmen (Abb. 47). An diesem Rahmen ist beiderseits je eine in der Mitte ausgebauchte Eisenplatte *B* flüssigkeitsdicht aufgeschraubt. Damit ist der Raum der

---

[1] A. P. 779383, 772947.

Zelle gebildet. Mit der Eisenplatte wird gleichzeitig das Diaphragma *D* und die Kathode *K*, welche flach aufeinandergelegt sind, an den Betonrahmen angepreßt.

Die Kathode besteht aus perforiertem Eisenblech. Das Diaphragma ist ein Asbestgewebe, welches mit einem Schutzanstrich, bestehend aus einer Eisenoxydpaste, versehen ist. Diese Paste wird nach dem Patent von Bakeland[1] hergestellt, indem man gefälltes Eisenhydroxyd $(Fe(OH)_3$ mit Eisenoxydpulver, Asbestpulver und Wasser verreibt. Es ist Vorsorge getroffen, daß sich Kathode und Asbestgewebe gegen die Mitte zu nicht durchdrücken.

Sonach ist der Kathodenraum einerseits begrenzt von der ausgebauchten Eisenplatte, anderseits von der perforierten Eisenblechkathode. Der Anodenraum ist gebildet vom Betonrahmen und von den beiderseits anschließenden Diaphragmen. Innerhalb des Kathodenraumes ragen, von oben beiderseits glatt am Diaphragma anliegend, noch Schutzplatten so tief herein, daß sie bis in den Elektrolyten eintauchen. Diese Anordnung ist aus dem Grunde getroffen, damit das im Anodenraum abgeschiedene Chlor nicht zerstörend auf das Asbestgewebe des Diaphragmas einwirken kann.

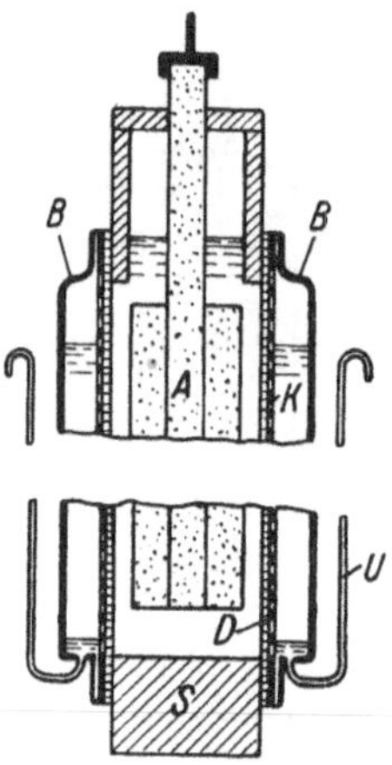

Abb. 46. Townsendzelle (Vertikalschnitt).

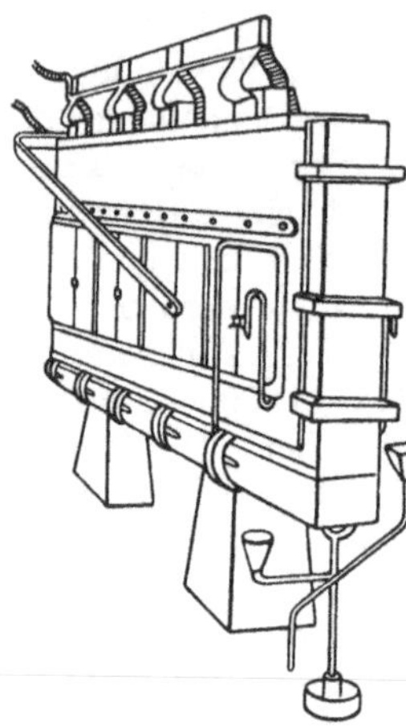
Abb. 47. Townsendzelle.

Der Kathodenraum ist nicht mit Elektrolyt, sondern mit einer spezifisch leichteren Flüssigkeit, und zwar Petroleum gefüllt. Dadurch wird gegenüber Bauarten mit leeren Kathodenräumen der Vorteil erzielt, daß einerseits die einseitige Belastung des Diaphragmas wegfällt, anderseits aber dem Durchgang des Elektrolyten durch das Diaphragma kein sehr großer Widerstand entgegengesetzt wird.

Die Anode besteht aus prismatischen Graphitkörpern, welche an einem Anodenhalter *A* von Graphit aufgeschraubt sind, der durch den Deckel des Anodenraumes geführt ist und oben die Stromzuführung trägt.

An der einen Schmalseite des Betonrahmens ist von oben aus ein Kanal im Beton vorgesehen, der zum Inneren des Anodenraumes führt und zur Einbringung der Salzlösung dient. Der Abfluß aus dem Anodenraum ist in dem Betonkörper der anderen Schmalseite des Betonrahmens gelegen. Der Stand des Elektrolyten im Anodenraum kann von unten durch ein in diesen Kanal mittels Dichtung eingeführten Rohres reguliert

[1] A. P. 855221 (1907).

werden. Dieses Ablaufrohr dient gleichzeitig zum Abzug des im Anodenraum gebildeten Chlorgases.

Will man den Anodenraum behufs Reinigung oder aus anderen Gründen rasch entleeren, so bedient man sich einer seitlichen Ableitung, die für gewöhnlich geschlossen ist.

Der Weg des Elektrolyten (NaCl vom spezifischen Gewicht 1,2) führt also durch den Einlaufkanal in den Anodenraum. Ein Teil fließt mit einem spezifischen Gewicht von 1,18 aus diesem durch das soeben genannte Regulierrohr zum Salzauflöseapparat zurück, woselbst eine Nachsättigung mit Salz erfolgt. Da dieser Teil des Elektrolyten anodisch gebildetes Chlor mitführt, sind alle Teile, mit denen er in Berührung kommt, durch Schutzüberzüge zu sichern. Statt der Sättigung außerhalb der Zelle kann vorteilhaft die Nachsättigung[1] auch in der Zelle selbst durch Einführung von feinstgepulvertem Kochsalz erfolgen. Voraussetzung dafür ist genügend rasche Bewegung des Elektrolyten, damit sich das Kochsalz nicht absetzen kann.

Die Hauptmenge des Elektrolyten fließt jedoch nicht durch das Regulierrohr ab, sondern sie sickert durch das Diaphragma und gelangt so durch dasselbe zu der am Diaphragma eng anliegenden Kathode, woselbst durch Elektrolyse NaOH und $H_2$ entsteht. Der Raum zwischen Kathode und ausgebauchter Eisenwand ist, wie erwähnt, mit Petroleum gefüllt. Die Wasserstoffbläschen, die sich an der Kathode abscheiden, steigen nun im Petroleum des Kathodenraumes nach oben und reißen die an der Kathode sich absetzenden Ätznatrontröpfchen rasch von derselben los.

Die Hydroxylionen werden dann keine Zeit haben, sich gegen die Anode zu bewegen, und es gelangen deren nur wenige bis an das Diaphragma, von wo sie von dem durchfließenden Elektrolyten wieder in den Kathodenraum zurückgeschwemmt werden. Der im Petroleum hochgestiegene Wasserstoff kann durch eine oben angebrachte Öffnung in die Sammelleitung entweichen.

Die Laugentröpfchen sinken im Petroleum unter, sammeln sich am Boden des Kathodenraumes an und fließen durch einen Überlauf zur Laugenableitung fort.

Der Nutzeffekt dieser Zelle soll etwa 96—97% betragen. Die Townsendzelle ist leichter zerlegbar, erfordert aber eine sehr sorgfältige Wartung und Pflege. Sie muß allmonatlich demontiert und gereinigt werden, das Diaphragma muß gebürstet und neu angestrichen werden. Man kann sich denken, daß hieraus sehr hohe Unkosten an Löhnen erwachsen; außerdem ist es notwendig, eine erhebliche Anzahl von Reservezellen zur Verfügung zu haben.

Eine Zelle von 2,5 m Länge, 0,5 m Höhe und 0,4 m Breite kann mit 2000—2300 A belastet werden. Die anodische Stromdichte ist demnach im Vergleich zu der Griesheimelektronzelle sehr hoch und kann sogar bis 1800 A/m² gesteigert werden. Begreiflicherweise ist bei dieser Stromdichte auch die Klemmenspannung wesentlich höher und beträgt 4,3—4,7 Volt. Da etwa die Hälfte der elektrischen Energie in Wärme verwandelt wird, ist eine Beheizung der Zelle überflüssig. Die Arbeitstemperatur

[1] Hooker: A. P. 1388466. — Lyster u. Kenneth-Stuart: A. P. 1388474 (1921).

beträgt etwa 60° C. Auch größere Zellen bis zu 5000 A Belastung werden gebaut.

Der Kathodenablauf enthält durchschnittlich 15% Ätznatron und 21% NaCl, unter günstigen Bedingungen sogar bis zu 20% NaOH und nur wenig Hypochlorit. Vergleicht man diese Alkalikonzentration mit jener der Griesheimelektronzelle, so fällt sofort auf, daß sie eine wesentlich höhere ist, woraus sich die Überlegenheit der Townsendzelle gegenüber dieser ergibt.

Die Anoden halten ein halbes Jahr, die Anodenhalter sogar 2 Jahre. Diese Lebensdauer ist natürlich ganz vom Anodenmaterial, ferner von der anodischen Belastung und endlich von der Zellentemperatur abhängig. Jedenfalls besteht zwischen Anodenverbrauch und Stromausbeute eine Relation, da der Verbrauch bzw. die Oxyydation der Anoden durch den Strom erfolgt. Ein höherer Anodenverbrauch wird auf eine niedrige Stromausbeute schließen lassen.

Die Diaphragmen halten nur 3 Monate und gehen namentlich im oberen Teil, der nicht benutzt wird, trotz der Schutzplatten unter der Einwirkung des Chlorgases vorzeitig zugrunde. Dies ist ein Übelstand, der allen vertikalen Diaphragmenanordnungen gemeinsam ist. Die Kathoden müssen allmonatlich ausgewechselt werden.

Der erhaltene Kathodenablauf wird, wie bereits gesagt wurde, der Laugenverarbeitung zugeführt, d. h. er wird wie bei den anderen Verfahren auf 50° Bé eingedampft und enthält dann nach Abscheidung des ausfallenden Salzes 50% NaOH, 0,8% $Na_2CO_3$ und 2% NaCl.

Beim Eindampfen der Lauge des Kathodenablaufes, scheidet sich das gelöste NaCl zum größten Teil aus, weil dessen Löslichkeit in der NaOH desto geringer wird, je konzentrierter diese ist.

Das anodisch erzeugte Chlor enthält 15—20% Luft, weil das Gas aus dem Anodenraum abgesaugt wird, um einen Übertritt auf die Diaphragmen zu verhindern. Dadurch wird ein Eindringen von Luft unvermeidlich. Außerdem enthält das Gas 2% $CO_2$.

Townsendzellen stehen hauptsächlich in Amerika, und zwar bei der Hooker Elektrochemical Co., eine kleine Anlage auch in Frankreich.

**Die Allan-Moore-Zelle.** Allan und Moore[1] wollten zunächst den ungleichmäßigen Flüssigkeitsdurchtritt der Hargreaves-Bird-Zelle dadurch verbessern, daß sie die Diaphragmen und Kathodenplatten nicht senkrecht, sondern nach außen divergierend anordnen, wodurch die raschere Durchflußgeschwindigkeit im unteren Teil der Diaphragmen durch einen geringeren Elektrodenabstand und dadurch bedingte höhere Stromdichte ausgeglichen wird. Der Raum hinter der Kathode enthält keine Flüssigkeit, die Lauge sammelt sich am Boden.

Die spätere Ausführung dieser Zelle[2] gleicht der Hargreaves-Bird-Zelle weitgehend, nur die Kathoden sind niedriger (etwa 50 cm) und lassen sich wie bei der Townsendzelle leichter auswechseln. Auch hier ist ein Betonrahmen vorgesehen, an welchem Diaphragmen, Kathoden und Abschlußbleche befestigt sind.

---

[1] A. P. 703289 (1902).

[2] E. A. u. H. I. Allan: DRP. 282749.

Die Zellenspannung beträgt anfangs 3,5—3,6 Volt und steigt später etwas an.

Die anodische Stromdichte beträgt etwa 450 A/m². Die Zellen werden für 1200 und 1500 A Strombelastung gebaut. Die Stromausbeute beträgt 90—94%, die Konzentration der Laugen 10—11%. Die neueste Ausführungsform, die für 1500 A gebaut wird, gleicht der Krebszelle (S. 100) in allen wesentlichen Punkten.

**Zelle von De Nora.** De Nora hat besonderen Wert auf die Herstellung eines widerstandsfähigen Diaphragmas gelegt.

Er verwendet Diaphragmen aus Asbestpappe oder -gewebe, das durch ein Gerüst von Eternit gestützt wird. Ein Anstrich mit einer Paste aus Eisenoxyd, Bariumkarbonat oder Flußspat mit einem Bindemittel wird auch hier zur Erhöhung der Haltbarkeit und Regulierung der Durchlässigkeit aufgebracht.

Die Zelle, die im übrigen jener von Townsend ähnlich ist, zeigt noch höhere und schmälere Bauart (Abb. 48).

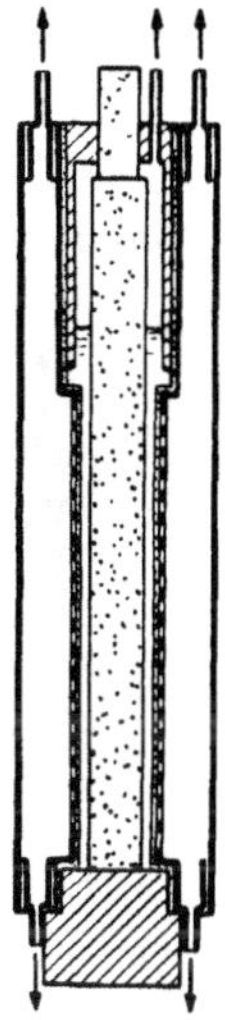
Abb. 48. De Norazelle.

Ein U-förmiger Rahmen aus Eternit trägt die Diaphragmen und das gelochte Kathodenblech, welches so nach innen gebogen ist, daß der Elektrodenabstand dadurch verringert und das Flüssigkeitsvolumen im Anodenraum möglichst klein wird. Der schachtelförmige Eternitdeckel, der in den Elektrolyt eintaucht und oben eine Öffnung für das Chlorgas hat, verschließt die Zelle.

Auf die oberen und unteren Kathodenränder werden U-förmige Eisenprofile, die mit Gas- und Laugenableitungen versehen sind und auf diesen Abschlußplatten aus Eisen befestigt.

Der Raum hinter der Kathode ist leer, der Elektrolyt fließt von der Kathode sofort ab. Die durch den verschieden großen hydrostatischen Druck bedingte Zunahme der Durchflußgeschwindigkeit im unteren Teil der Zelle kompensiert De Nora dadurch, daß er den Anstrich der Diaphragmen nach unten verstärkt. Die Zellenspannung beträgt bei einer Strombelastung mit 250 A 2,8—3,3 Volt. Die Badtemperatur ist 75 bis 85° C, die Stromausbeute 88—95%. Diese Zellen haben den Vorteil großer Leichtigkeit, leichter Demontierbarkeit, sie liefern Laugen bis 20% NaOH. Das Anodenchlor ist 95,5%ig und enthält 2,4% $CO_2$ und 2,1% $O_2$.

**Die Zelle von De Vain.** Auch diese Zelle bietet wenig Neues und stellt eine Kombination verschiedener bekannter Konstruktionselemente dar.

Der U-förmige Rahmen ist aus Zement gefertigt. Die daran befestigten Kathoden bilden mit den Außenwänden eine Einheit, letztere bestehen aus 3 mm dickem Eisenblech und sind durch aufgeschweißte Eisenleisten verstärkt.

Die mit den Außenwandungen fest vernieteten Kathoden bestehen aus 1 mm dickem Eisenblech, das hier nicht gelocht, sondern mit 2 cm langen und 2 mm breiten Schlitzen versehen ist. Das Diaphragma besteht aus Asbestgewebe und mehreren Lagen dünnen Asbestpapiers, welches alle drei Wochen ausgewechselt werden muß.

Durch den Zementdeckel, der den Anodenraum abschließt, sind die Anodenkohlen durchgeführt. Die Dichtung erfolgt durch Öl.

Die Anoden bestehen aus einer Trägerkohle und mehreren daran befestigten Graphitplatten von 13 × 65 cm. Jede Zelle enthält 24 Anodenplatten und hat eine wirksame Anodenoberfläche von 2 $m^2$. Die wirksame Kathodenfläche ist kleiner ($1^1/_2$ $m^2$).

Der Raum hinter der Kathode ist etwa zu einem Viertel mit Flüssigkeit gefüllt. Folgende Betriebsdaten werden für diese Zelle angegeben:

Spannung 3,8 Volt, Stromaufnahme 700 A, anodische Stromdichte 350 A/$m^2$, kathodische Stromdichte 470 A/$m^2$, Arbeitstemperatur 75 bis 80° C, Stromausbeute 93%.

Eine de-Vain-Anlage ist in Frankreich (Compiègne) in Betrieb.

**Die Nelsonzelle.** Die Nelsonzelle unterscheidet sich dadurch wesentlich von den vorher besprochenen Typen, daß hier kein U-Träger für die Kathode vorgesehen ist.

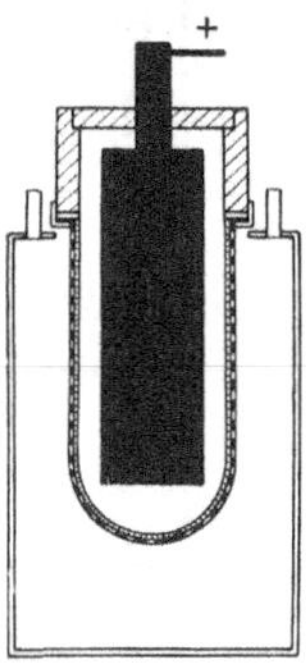


Abb. 49. Nelsonzelle.

Die Kathode besteht, wie Abb. 49 zeigt, aus taschenförmig gebogenem gelochten Eisenblech. Das Diaphragma wird durch einige Lagen Asbestpapier gebildet, mit welchen die U-förmige Anodentasche innen ausgelegt wird.

Die Kathodenbleche sind an den oberen Kanten mit Winkeleisen an den Zellenkasten befestigt und gedichtet. Darüber ist ein Deckel aus Zement oder Schiefer angebracht.

Die Anoden werden durch Graphitrundstäbe gebildet, und zwar 14 in jeder Zelle. Sie werden nach einem besonderen Verfahren getränkt, um ihre Haltbarkeit zu erhöhen. Die Nachfüllung der Salzlösung, die nach sorgfältiger Reinigung in die Anodenräume geleitet wird, erfolgt automatisch durch eine Vorrichtung mit Schwimmerventil. Der Raum hinter der Kathode ist flüssigkeitsleer, es wird zur Heizung Dampf eingeleitet.

Betriebsdaten: Spannung 3,75 Volt, Stromaufnahme 1000 A, anodische Stromdichte 480 A/$m^2$, Stromausbeute 90%, Laugenkonzentration 9—10% NaOH.

Diese Zelle, deren einfacher Aufbau eine billige Herstellung ermöglicht, hat nur den Nachteil, daß infolge Undichtwerdens der Kathodenbefestigung im oberen Teil der Zelle unter Umständen eine Vermischung von $H_2$ und $Cl_2$ stattfinden und zu Chlorknallgasexplosionen führen kann. Diese Zellen haben namentlich in Amerika Verbreitung gefunden und werden von der Warner Chemical Co. gebaut. In Europa befindet sich eine Anlage in Sarpsborg (Schweden) und in Hallein (Österreich).

**Die Krebszelle.** Die Zelle von E. Krebs[1] hat, ähnlich der Nelsonzelle, eine taschenförmige Kathode, die mit dem oberen Rande an dem

[1] F. P. 627865 (1927), 630799 (1927), 631002 (1927); E. P. 264865 (1926).

eigentlichen Zellenkörper befestigt ist. Nur ist die Kathode als Doppeltasche ausgebildet (Abb. 50 und 51).

Die wesentliche Verbesserung dieses heute am vollkommensten durchgebildeten Zellentyps gegenüber der Nelsonzelle besteht darin, daß hier der Anodenraum als vollkommen in sich geschlossener Raum ausgeführt ist, der sich leicht aus den Zellen herausheben läßt. Als Träger $T$ für den Anodenraum sind T-Eisen angebracht, mit welchen der obere Rand des doppelt U-förmigen, gelochten Blechkathodenkastens $K$ verschweißt ist.

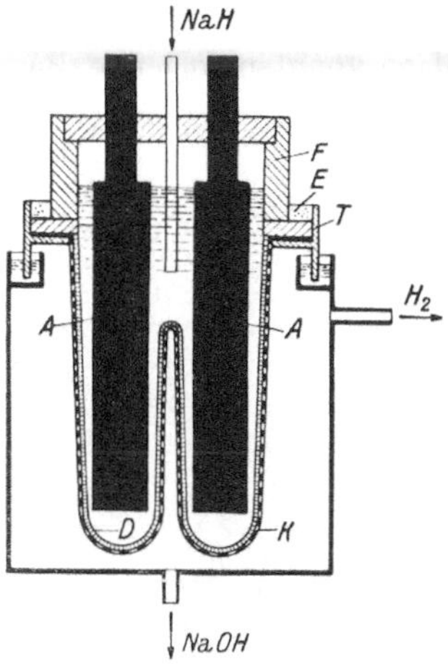


Abb. 50. Krebszelle (Schmitt).

Als Diaphragma $D$ dient Asbestpapier in mehreren Lagen. Um die Durchflußgeschwindigkeit im oberen und unteren Teil der Zelle auszugleichen, wird das Diaphragma nach unten zu mit zunehmender Schichtdicke gelegt.

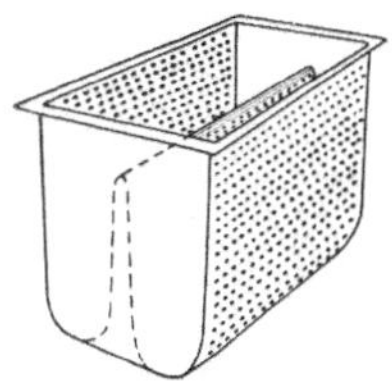

Abb. 51. Kathode der Krebszelle.

Der Zellenoberteil $F$ ist leicht abhebbar, er wird bei $E$ eingekittet, die Anoden $A$ sind gasdicht durch den Deckel geführt und bestehen je aus einem Graphitrundstab, an den die Achesongraphitplatten angeschraubt sind. Die Platten sind angeblich mit Leinöl getränkt, wodurch eine durch-

Abb. 52. Anlage mit Krebszellen (vertikales Diaphragma), Schweden.

schnittliche Haltbarkeit von 2 Jahren erzielt wird. Die Diaphragmen halten 7—10 Monate. Eine Vorrichtung zur Elektrolytniveauregulierung ist vorgesehen.

Abb. 52 zeigt eine Chlorkalielektrolyseanlage, die mit vertikalen Diaphragmazellen, System Krebs, ausgerüstet ist. Die Form der einzelnen Aggregate zeigt Abb. 53 und 54.

Die Zellen sind im Laufe der Zeit erheblich verbessert worden, und bei einer vor kurzem in Betrieb gesetzten Anlage konnten folgende Betriebsresultate festgestellt werden:

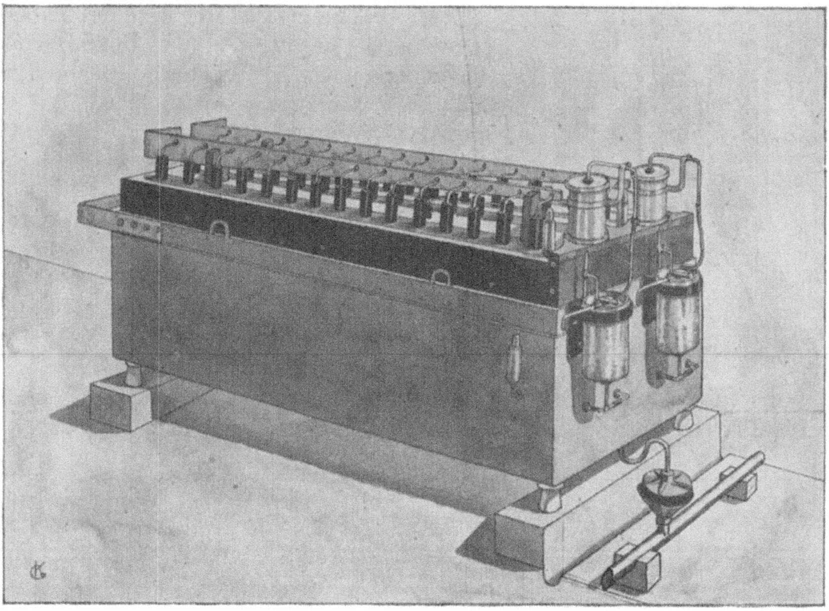

Abb. 53. Krebszelle.

Stromausbeute 95%, anodische Stromdichte 6—7 A/dm$^2$, Laugenkonzentration 125 g NaOH im Liter, Zellenspannung 3,7 Volt, Chlorkonzentration 95—96%, das Chlor ist frei von Wasserstoff, Wasserstoffkonzentration 99,5%.

Lebensdauer der Diaphragmen: 9 Monate, der Anoden: 24 Monate.

Da die vertikalen Diaphragmazellen in bezug auf Stromausbeute und Spannung gegenüber den besten Zellen mit horizontalen Diaphragmen nun mindestens gleichwertig sind, ist als ein besonderer Vorteil dieser Zellen hervorzuheben, daß sie einen ganz bedeutend geringeren Raumbedarf haben, dieser beträgt nur ein Viertel bis ein Sechstel desjenigen, welchen horizontale Diaphragmazellen (S. 110) beanspruchen.

Diaphragmazellenanlagen wurden von Krebs & Co. in der letzten Zeit für insgesamt 20000 kW gebaut.

Neuerdings wird von dieser Firma auch eine Diaphragmazelle hergestellt, die zeitweise ausschaltbar ist, was bei den bis jetzt gebräuch-

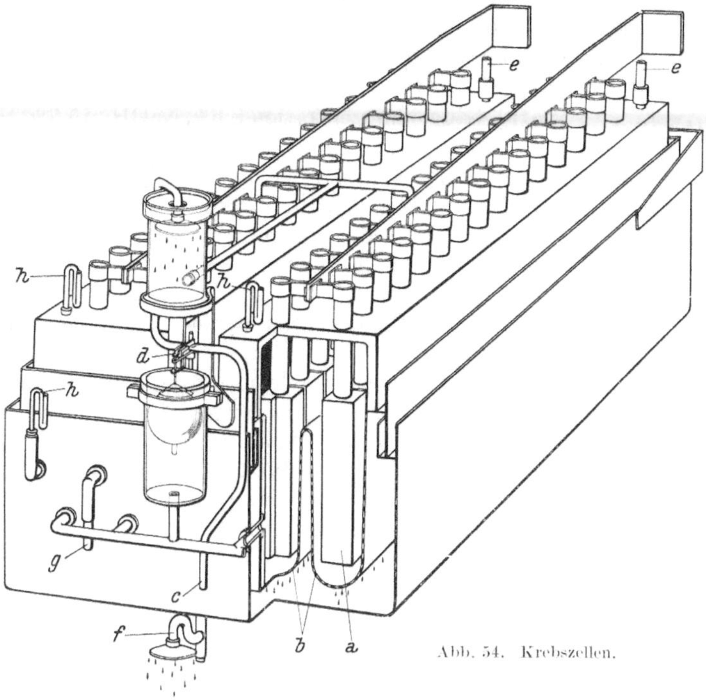


Abb. 54. Krebszellen.

lichen Konstruktionen nicht ohne weiteres möglich war. Die für kürzere oder längere Unterbrechung des Stromes gebaute Zelle hat im Gegensatz zu anderen, den gleichen Zweck verfolgenden Konstruktionen eine sehr hohe Ausbeute und ist von den Zufälligkeiten der Diffusion zwischen Anolyt und Katholyt unabhängig.

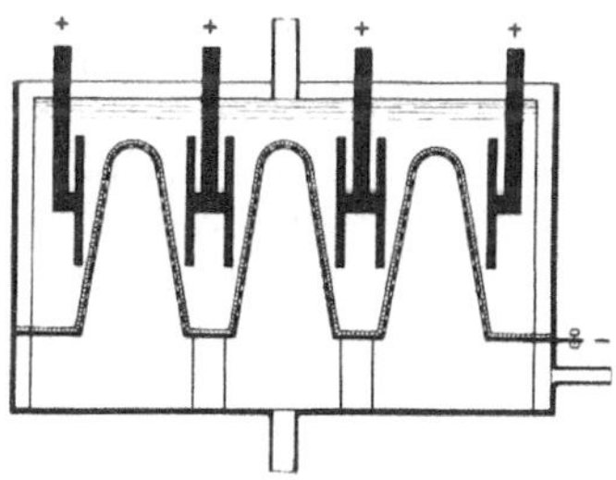

Abb. 55. Moritzzelle.

**Zelle von Moritz.** Diese Zelle lehnt sich in der Ausbildung der Kathoden an die Krebszelle an. Wie Abb. 55 zeigt, sind hier mehrere Kathodenwannen aus gelochtem Blech vorgesehen, die aber umgekehrt, nämlich von unten in die Zelle eingesetzt werden. Als Anoden dienen Graphitstäbe mit daran befestigten Graphitplatten.

Eine Anlage aus solchen Zellen bestehend, befindet sich in Belgien.

**Gibbszelle.** Das Hauptkennzeichen dieser Zelle[1], die von Vorce und Whealer verbessert wurde, ist ihr runder Querschnitt. Wie Abb. 56

[1] E. P. 27830 (1907), 28147 (1908).

zeigt, ist die Kathode ein zylinderförmiges, gelochtes Blech, in welches das Diaphragma aus Asbestpapier gelegt ist. Die Kathode ist unten durch einen Zementring fixiert. Als Anoden dienen 8—24 Graphitstäbe. Der Raum hinter der Kathode ist leer.

Betriebsdaten: Spannung 3,5—3,6 Volt, Stromaufnahme 950 A, kathodische Stromdichte 500 A/m², Stromausbeute 92—94%, Arbeitstemperatur 60—65° C, Anodengas 95% $Cl_2$, 1,2% $CO_2$, 1% $H_2$, Laugenkonzentration 8,6% NaOH, 15,8% NaCl, 0,07% $NaClO_3$.

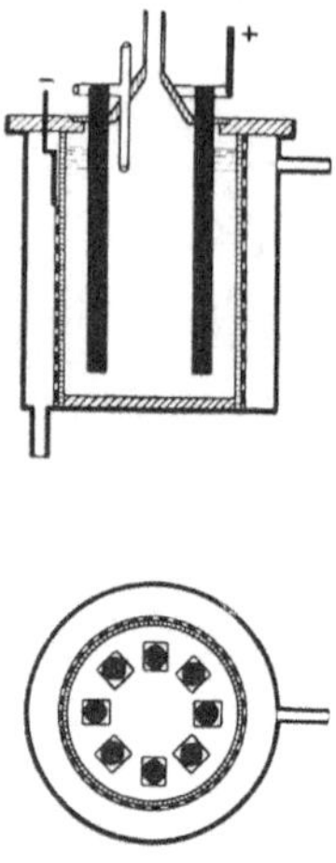

Abb. 56. Gibbszelle.

Die besonderen Vorteile dieser Zelle sind: Geringer Raumbedarf, sehr leichte Auswechselbarkeit der Diaphragmen und gute Gasreinheit, wodurch die Lebensdauer der Anoden recht günstig wird. Bei einem Anodenverschleiß von etwa 8 kg für die erzeugte Tonne Ätznatron beträgt die Lebensdauer einer Zelle durchschnittlich ein Jahr.

Die erste Versuchsanlage entstand 1907 bei der Pennsylvania Salt Manufacturing Co., die später eine große Anlage in West-Vaco (South Charlston) und eine 10000 PS-Anlage in Wyandotte (Michigan) baute. In England ist eine noch größere Anlage bei der United Alcali Co. in Betrieb.

**Die Giordano Pomilio-Zelle.** Diese Zelle weicht im Bau nur unwesentlich von der Townsendzelle (S. 95, Abb. 46) ab. Der einzige bedeutendere Unterschied liegt darin, daß der Raum hinter der Kathode mit Elektrolyt gefüllt ist. Um den nötigen Überdruck zu erzeugen, steht der Elektrolyt im Anodenraum höher als im Kathodenraum. Dadurch wird eine viel gleichmäßigere Druckverteilung erreicht.

Man kann daher diese Zelle viel höher bauen und dadurch Platz sparen.

Betriebsdaten: Spannung 3,8—4 Volt, Stromaufnahme 3000 A, Kathodenstromdichte 450 A/m², Stromausbeute 92—96%, Laugenkonzentration 12—15% NaOH.

Die Haltbarkeit der Diaphragmen beträgt 8—14 Monate, der Anodenverschleiß 7 kg pro Tonne erzeugtes Chlor.

In Neapel wurde 1921 von der Societa Elettrochimica Pomilio eine größere Anlage gebaut. Auch in Argentinien wird diese Zellentype verwendet.

**Die Ciba- (Monthey-) Zelle.** Diese Zellentype, auch Baselerzelle genannt[1], unterscheidet sich wesentlich von allen vorher beschriebenen Zellen mit Filterdiaphragmen (Abb. 57). Die Bewegung des Elektrolyten wird hier nicht durch den hydrostatischen Druck des Elektrolyten im Anodenraum erzeugt, sondern durch den Auftrieb der an den Kathoden aufsteigenden Wasserstoffblasen. Die Kathoden wirken demnach wie kleine Pumpen,

[1] DRP. 277433 (1912), 283596 (1913), 284022 (1913).

die den Elektrolyten durch das Diaphragma saugen. Die Kathoden bestehen aus 4 Stück Eisendrähten von 5 mm Stärke und 60 cm Länge, die durch mehrere, mit 4 Bohrungen versehene Ringe zusammengehalten werden. Der untere Abschlußring, in welchem die Enden der vier Drähte stecken, ist abgerundet. Die oberen Enden sind an einem Reduzierstück angeschweißt, auf welchen ein enges Eisenrohr sitzt. Über das so entstandene Gerüst wird dann ein Eisendrahtnetz und darüber das Asbestdiaphragma gewickelt. Dieses reicht bis über eine Nut im Reduzierstück und wird dort festgebunden. Das oben herausragende enge Eisenrohr wird außen durch Farbe oder einen Gummischlauch isoliert.

10—14 Stück solcher Kathoden werden an einer Eisenschiene, die als Stromzuleitung dient, befestigt und bilden eine Kathodeneinheit.

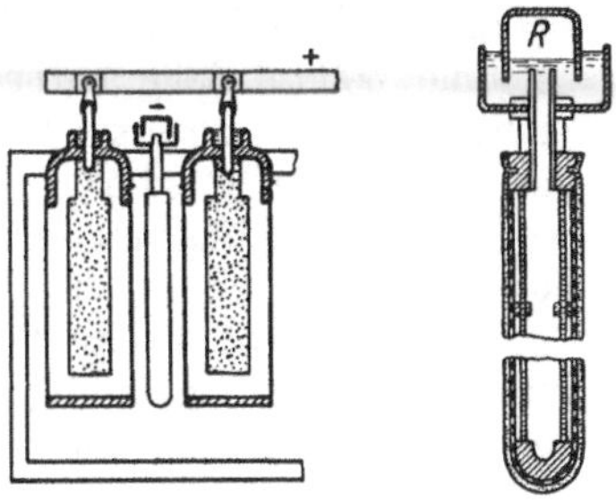


Abb. 57. Cibazelle (Schnitt und Kathode).

Die Anoden sind Graphitstäbe, im Querschnitt 10,5 cm, die sich oben verjüngen. 8 Anoden *A* werden zu einer Einheit (Abb. 58) derart vereinigt, daß sie unter einer gemeinsamen Glocke aus Steinzeug mit einem durch dieselbe geführten Graphitbolzen befestigt werden. Der Bolzen ist mit Paraffin getränkt, damit der Elektrolyt nicht hoch steigen kann, und ist mit einer Bleikappe an die Stromzuführungen angeschlossen.

Zur Abdichtung der Anodenbolzen ist auf der Oberseite der Steinzeugglocke um jede Durchführungsöffnung eine napfartige Umwallung *N* vorgesehen, in welche die Dichtungsmasse (Asbest und Zement, darüber Miniumfarbe) gebracht wird.

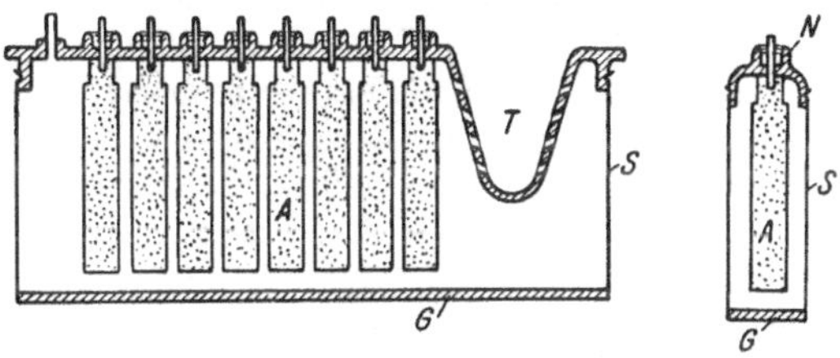


Abb. 58. Cibazelle (Längs- und Querschnitt durch eine Anodeneinheit).

Die Steinzeugglocke trägt an ihrem unteren Rand einen Asbestsack *S*, der mittels Kohlekeilen in einer Horizontalnut der Glocke befestigt ist und die Anodeneinheit nach unten abschließt. Damit der Sack gespannt bleibt, wird unten eine Glasplatte *G* eingelegt.

Jede Steinzeugglocke ist mit einem gelochten Salztopf *T* ausgestattet, durch welchen die Nachsättigung des Elektrolyten erfolgt.

Bei Stromdurchgang wird an der Kathode lebhaft Wasserstoff entwickelt, der als Schaum die gebildete Lauge mitreißt und neuen Elektrolyt durch das Diaphragma einsaugt. Das Gemisch steigt in dem Rohr auf und sammelt sich in einer, die einzelnen Kathoden verbindenden geschlossenen Rinne *R*, wo sich die Lauge vom Wasserstoff trennt (Abb. 57).

Die Stromdichte muß an den Kathoden auf einem bestimmten Mindestwert gehalten werden, da sonst die Trennung von Lauge und Gas schon im Kathodenraum selbst erfolgt, wodurch dann die saugende Wirkung nachläßt.

Überbelastungen mit höheren Stromdichten als den normalen schaden nichts, da die lebhaftere Gasentwicklung eine vermehrte Saugwirkung bedingt und so den Elektrolytstrom beschleunigt.

Eine 6000-A-Zelle enthält 15 Anodeneinheiten und 14 Kathodeneinheiten. Die wirksame Oberfläche einer Anode beträgt 10,4 $cm^3$, jene einer Kathode 4,8 $dm^3$. Die Cibazelle ist mit einer automatischen Nachfüllvorrichtung mit Schwimmer und elektromagnetischer Steuerung ausgestattet.

Betriebsdaten: Anodische Stromdichte 450 $A/m^2$, kathodische Stromdichte 900 $A/m^2$, Spannung 3,3—4,5 Volt, Stromausbeute 93%, Arbeitstemperatur 45—50°, Lauge 110—130 g NaOH bzw. 150—170 g KOH im Liter, Gasreinheit 98% $Cl_2$, 2% $CO_2$.

Die Zellen können in beliebigen Größen ausgeführt werden.

Die Kathodenstromdichte ist deshalb so hoch, um die saugende Wirkung der aufsteigenden Gasblasen in genügender Stärke zu halten. Doch kann die Stromstärke der Bäder in weiten Grenzen erniedrigt werden, indem man einfach Kathodeneinheiten abschaltet. Bei Verwendung von reinen Elektrolyten sind die Diaphragmen sehr haltbar. Die Anoden werden erst nach 3 Jahren gewechselt. Die Gastrennung ist sehr vollkommen.

Die erste Anlage wurde in Monthey errichtet, später weitere Anlagen in Bussi (Soc. Elettrochim. Italiana), Seriate (Società per l'Industria Chimica), Roussilion (Ursines du Rhône) und Pont de Claise (Soc. Progil).

**Die Zelle der I. G. Farbenindustrie A. G.** Diese Zelle hat insofern Ähnlichkeit mit der Cibazelle, als auch hier sowohl Kathoden als Anoden mit eigenen Diaphragmen ausgestattet sind.

Über den Bau dieser Zelle werden von der Firma keine Angaben gemacht. Nach den Angaben der Patentschrift[1] wird der Elektrolyt durch einen Niveauunterschied zwischen Kathoden- und Anodenraum durch das Kathodendiaphragma getrieben.

Die Verwendung zweier oder mehrerer Diaphragmen hat, so wie bei der Cibazelle, den Vorteil, daß der laugenhaltige Katholyt nicht direkt an den chlorhaltigen Anolyten grenzt, sondern zwischen den getrennten Diaphragmen eine schwach alkalische Zwischenschicht bleibt, wodurch die Hypochloritbildung zurückgedrängt wird.

Die Zelle wird ausschließlich bei der I. G. Farbenindustrie A. G. in Ludwigshafen angewendet, und zwar als Ersatz für die alten Griesheimzellen (S. 90).

**Dowzelle.** Der Aufbau dieser Zelle ist dadurch gekennzeichnet, daß mehrere Zellen filterpressenartig aneinandergereiht werden und die Elektroden somit bipolar wirken. Diese Idee wurde schon von Kellner[2]

[1] DRP. 268816.

[2] B. P. 5547 (1891). — Guthrie: B. P. 24276 (1893). — Finlay: B. P. 1716 (1906).

zu verwirklichen gesucht, aber erst Dow[1] hat sie in eine technisch brauchbare Form gebracht.

Abb. 59 zeigt einen Längs- und Querschnitt der Zelle. Das Gerüst bilden rahmenartige Betonkörper *B*. Diese bestehen aus einer Mittelwand *b*, die den Kathoden- vom Anodenraum trennt, und einem glockenförmigen Aufsatz, der einen größeren Raum *C* enthält, der mit dem Anodenraum in Verbindung steht und wie dieser vollständig mit Elektrolyt gefüllt ist. Das Steigrohr *S* zeigt die Höhe des Elektrolyten in der Glocke an.

Die Anoden *A* bestehen aus rechteckigen Graphitplatten, an deren Mitte mittels Graphitschraube ein Graphitbolzen *a* befestigt ist. Die Anodenbolzen sind durch Öffnungen der Betonmittelwand *b* hindurchgeführt, welche als Träger für die Anoden dienen. Die Bolzen liegen auf der im benachbarten Kathodenraum befindlichen Drahtnetzkathode *K* an und werden mit derselben in leitende Verbindung gebracht, so daß Anode und Kathode ein bipolares Elektrodenpaar bilden. Auf dem Kathodendrahtnetz *K* liegt das Asbestdiaphragma *D*, welches auf einen Holzrahmen gespannt ist. Kathode und Asbestrahmen liegen in einer Nut des Betonrahmens und werden durch Aneinanderfügen der Rahmen eingeklemmt. Im Kathodenraum steht der Elektrolyt tiefer. Das Niveau kann durch ein verstellbares Überlaufrohr *r* je nach der Durchlässigkeit des Diaphragmas geregelt werden.

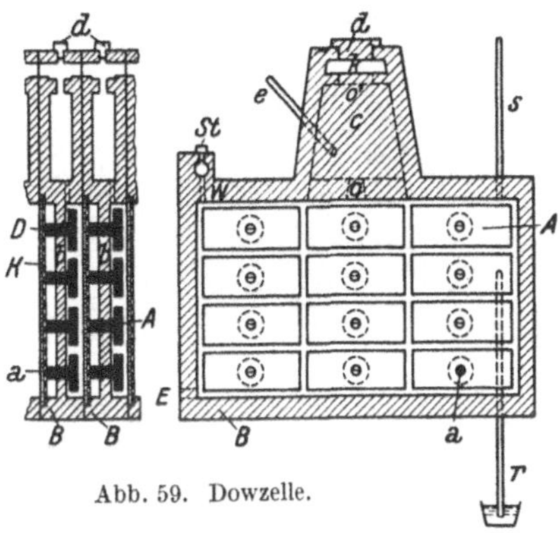

Abb. 59. Dowzelle.

In einer Endzelle wird der Elektrolyt durch das Rohr *e* in den elektrolytgefüllten Raum *c* der Glocke eingeführt. Alle Glocken stehen durch Kanäle miteinander in Verbindung, so daß der frische Elektrolyt in alle Zellen gelangen kann. Das Anodenchlor strömt durch die Öffnung *o* und *o'* in eine Kammer *k*, die durch einen Deckel *d* verschlossen und durch diesen jederzeit zugänglich ist. Die Kammern jedes Gliedes hängen zusammen, so daß ein Chlorsammel- und Ableitungskanal gebildet wird. Die im Kathodenraum sich sammelnde Lauge fließt durch das Rohr *r* in eine Sammelrinne. Der Wasserstoff strömt durch den Kanal *W* in ein Sammelrohr, das ebenfalls aus einzelnen Zellengliedern gebildet wird, oberhalb dessen in jedem einzelnen Rahmen eine mit Stopfen *St* versehene Öffnung angebracht ist. Seitlich besitzt jede Zelle einen Abfluß *E* zur Entleerung der Anodenräume.

Die bipolare Anordnung der Zellen, die sich an die Filterpreßzellen der Wasserelektrolyse (S. 18) anlehnt, macht es möglich, auf einfache Weise so viele Zellen aneinanderzureihen, als es die Betriebsspannung er-

[1] F. P. 529603 (1921); B. P. 175401.

fordert. Die so gebildeten Aggregate werden an beiden Enden durch besondere Endelektroden abgeschlossen. Mehrere solcher Blöcke können parallel geschaltet werden.

Wenn eine Zelle schadhaft wird, muß man den ganzen Block außer Betrieb setzen. Um das möglichst lange zu vermeiden, baut man von vornherein mehr Zellen ein, als der Betriebsspannung entspricht. Diese Reservezellen werden zunächst einfach kurzgeschlossen. Beim Schadhaftwerden einzelner Zellen werden sie durch Aufhebung des Kurzschlusses in Betrieb gesetzt und dafür die beschädigten Zellen kurzgeschlossen. Zugleich muß auch die Öffnung *o* des Anodenraumes der beschädigten Zelle verschlossen werden, damit nicht Chlorgas in die leere Zelle strömt. Verwendung hat diese Zelle nur bei der Dow Chemical Co. gefunden, die täglich etwa 75 t Chlor erzeugt.

**Die Zelle der Hooker Electrochemical Co., New York.** Der leitende Gedanke bei der Konstruktion dieser Zelle war nach Angabe der Erfinderin[1] die Unterbringung der größtmöglichen Energiemenge auf dem kleinstmöglichen Raum durch Einbau einer möglichst großen Elektrodenoberfläche unter Aufrechterhaltung der freien Zirkulation des Elektrolyten, so daß eine möglichst niedrige Badspannung erzielt wird. Es sollen sich auf diese Weise Zellen für bis zu 10000 A Kapazität bauen lassen. Eine längere Zeit in Betrieb befindliche Zelle, die mit 6000 A belastet war, soll 3,25 Volt Badspannung aufgewiesen haben und bei 130 g NaOH je Liter in der abfließenden Kathodenlauge 95% Stromausbeute und 67% Energieausbeute ergeben haben. Dabei beanspruchte die Zelle nur 2 m² Bodenfläche.

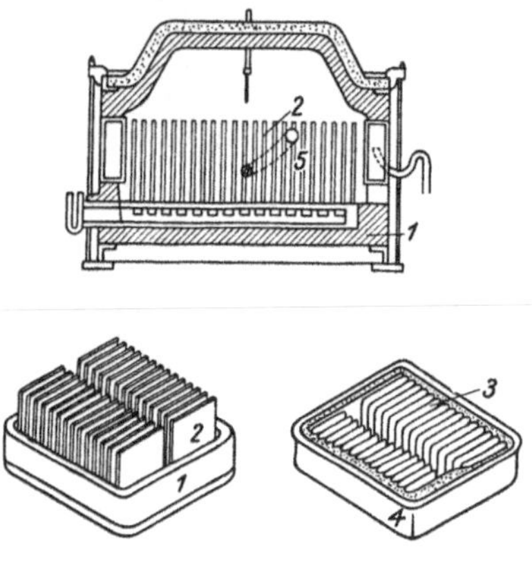

Abb. 60. Hookerzelle.

Im Prinzip ist die Zelle wie folgt konstruiert:

Ein Bodenteil *1* (Abb. 60) nimmt die senkrecht angeordneten Anodenplatten *2* auf mit soviel Zwischenraum zwischen zwei Anodenplatten, daß sich eine taschenförmig ausgebildete Diaphragmenkathode *3* dazwischenschieben kann. Die Anodenplatten sind mittels einer metallischen Vergußmasse (Blei) in dem Bodenteil verankert und in ihrer Lage festgehalten. Jede Anodenplatte hat an ihrem unteren Ende zwei Bohrungen, durch die das Blei beim Vergießen dringt und die Stabilität des Systems erhöht. In die Bleimasse ist auch eine verzinnte Kupferschiene eingebettet, welche die Stromzufuhr übernimmt. Die Platten sind in zwei Reihen angeordnet, so daß ein Mittelraum bleibt, der zur Zuführung und Verteilung des Elektrolyten dient.

Auf dem Bodenteil *1* ruht ein Rahmenteil *4* mit den Kathodentaschen. Diese werden von einem einzigen Lochblech oder Metallgewebe gebildet,

---

[1] DRP. 594563 (1931). — R. Strauß: Chem.-Ztg. **1934**, 1039.

die sich nach einem vom Rahmenteil begrenzten Rinnraum zur Aufnahme der Kathodenlauge oben öffnen. Dieser Rahmenteil trägt auch die Zu- und Ableitung des Elektrolyten. Auf das Kathodenblech bzw. Drahtgeflecht wird das Diaphragma aufgetragen. Zu diesem Zwecke werden die Taschen in eine Aufschwemmung von Asbestfasern in eine mit Natronlauge versetzte Kochsalzlösung gebracht und durch Unterdruck innerhalb der Taschen die Faser in die Löcher der Taschen gepreßt. Es wird Sorge getragen, daß sich ein lückenloser Belag auf der Kathode bildet. Das Alkali in der Suspension erhöht die Viskosität und erhält die Suspension aufrecht. Gleichzeitig verhütet es ein Anrosten der Kathoden (50 g NaOH je Liter sollen genügen). Der Kathodenrahmen besteht aus einem Hauptrahmen, einem U-förmigen Stahlträger und einem inneren Tragrahmen, der die Taschen gegen Verformung schützt. Die Anordnung von Anoden und Kathodentaschen ist so getroffen, daß je einer Anode der einen Reihe eine Kathode auf der anderen Reihe gegenübersteht. Durch diese Anordnung der Elektroden wird der innere Widerstand der Zelle auf ein Minimum herabgedrückt. Die Anoden werden weder auf Zug noch auf Druck beansprucht, die Erneuerung der Diaphragmen kann ohne Entfernung der Anoden vorgenommen werden.

Der Eintritt des Elektrolyten kann in einem starken Strahl mit ganz geringer Geschwindigkeit oder auch in schwachem Strahl mit großer Geschwindigkeit (Zuführen von Düsen) erfolgen. Der Anolyt muß ununterbrochen zirkulieren, um Salzablagerungen an einer Stelle oder Verarmung des Anolyten an einer anderen zu verhindern. Die Salzlösung kann oberhalb der Badoberfläche eingeführt werden oder auch unter der Oberfläche, immer wird eine genügende Durchmischung durchgeführt werden können.

Der Ringraum, der die Kathodenlauge aufnimmt, steht in Verbindung mit einem Schwenkrohr *5*, durch das das Niveau in der Zelle reguliert werden kann und das die fertige Lauge einem Trichter zuführt. Dieser befindet sich in genügendem Abstand vom Ausfluß des Schwenkrohres, so daß kein zusammenhängender Flüssigkeitsstrahl gebildet wird, der Anlaß zu Stromnebenschlüssen geben könnte. Auf den Kathodenrahmen setzt sich der Zellendeckel auf, der mit wärmeisolierendem Material, wie Asbestzementmassen, überzogen ist und die Gasabfuhrrohre trägt.

Wie bei allen Zellen mit senkrechter Elektrodenanordnung, ist auch bei dieser Zelle das Diaphragma auf der Anodenseite der Einwirkung der im Anolyten enthaltenen freien, unterchlorigen Säure ausgesetzt, die außerordentlich aggressiv ist. Erfahrungsgemäß widersteht Asbest der Einwirkung des Anolyten nur kurze Zeit. Es wird daher das Diaphragma verhältnismäßig oft erneuert werden müssen. Das bedingt eine Außerbetriebsetzung der Zelle und bei der hohen Kapazität der Zelle einen beträchtlichen Produktionsausfall. Daß bei der Erneuerung der Diaphragmen die Anoden nicht entfernt zu werden brauchen, ist unbestritten ein Vorteil, wiegt aber den Nachteil einer oft erforderlichen Außerbetriebsetzung nicht auf. Die Anode saugt infolge ihrer Porosität Anolyt auf, und dieser wird an der Berührungsstelle mit dem Blei die Bildung von Chlorblei bzw. Bleisuperoxyd verursachen. Dadurch kann eine Erhöhung des Übergangswiderstandes und damit der Badspannung erfolgen.

Für die Rentabilität des Verfahrens wird in erster Linie eine Verlängerung der Lebensdauer des Diaphragmas zur Aufrechterhaltung einer guten Stromausbeute und zur Vermeidung eines empfindlichen Produktionsausfalles durch zu häufige Außerbetriebsetzung der Zelle nötig sein.

Eine Zelle nach Filterpressenbauart mit regelbarem Durchfluß des Elektrolyten wurde kürzlich Ch. Pouyaud[1] geschützt.

---

[1] F. P. 43690 (3. 7. 1933; 7. 5. 1934), Zusatz zu F. P. 721208 (1932).

Im Hauptpatent ist eine Zelle nach Filterpressenbauart aus Schiefer mit anodischen und kathodischen Elementen voneinander getrennt durch nichtfiltrierende Diaphragmen, beschrieben. Nach dem Zusatzpatent wird der Kathodenraum nahezu leer gehalten, so daß das Diaphragma filtrierend wirkt. Das Diaphragma wird in seiner vertikalen Stellung einerseits durch den perforierten Schiefer, der den Anodenraum abschließt, und anderseits durch die Kathode gehalten. Die Elemente sind untereinander durch eine nichtleitende Wand getrennt. Alle Kathodenauslässe vereinigen sich in einer Sammelleitung, aus der die Flüssigkeit mit einem Syphon entnommen wird. Indem man diesen verschiedene Neigungen annehmen läßt, kann man die Höhe des Katholyten und damit die Filtrationsgeschwindigkeit und die Konzentration, z. B. von 10—120 g/l regeln.

## Zellen mit horizontalem Diaphragma.

**Allgemeines.** Zellen mit vertikalem Diaphragma haben zwei Nachteile:

1. Die ungleiche Durchflußgeschwindigkeit und 2. die starke Beanspruchung der Diaphragmen.

Was den ersteren Nachteil betrifft, so ist, wie S. 95 erwähnt, bei gegebener Gesamtbelastung bei einer Zelle das Verhältnis der Stromstärke pro Flächeneinheit des Diaphragmas zu der Menge des durchfließenden Elektrolyten verschieden, je nachdem man den oberen oder unteren Teil des Diaphragmas in Betracht zieht. Dies ist aus dem Grunde nachteilig, weil nur bei einem bestimmten Durchflußverhältnis das Optimum der Zurückdrängung der Hydroxylionen in den Kathodenraum erreicht wird. Während es, wie oben gezeigt wurde, verschiedene Wege gibt, diesen Nachteil zu vermeiden, gelingt dies bezüglich des zweiten Nachteiles, der raschen Abnützung der Diaphragmen nicht.

Da bei der vertikalen Anordnung immer der schwach saure, chlorhaltige Anolyt direkt an das Diaphragma grenzt, wird auch der verhältnismäßig widerstandsfähige Asbest angegriffen.

Bei horizontaler Anordnung des Diaphragmas wäre dieser Übelstand nicht zu befürchten, wenn die Anode oberhalb und die Kathode unterhalb des Diaphragmas angebracht wird. Eine Schwierigkeit taucht allerdings als Folge der horizontalen Anordnung auf: der unterhalb derselben an der Kathode entwickelte Wasserstoff steigt nach oben an das Diaphragma und kann nicht leicht entweichen. Man kann dem Übelstand in der Weise begegnen, daß man dem Diaphragma, unter allgemeiner Einhaltung seiner horizontalen Lagerung, eine schwache Neigung gibt.

Der Hauptvorteil der horizontalen Anordnung ist aber folgender: Die wandernden Hydroxylionen haben das Bestreben, Alkali durch das Diaphragma zur Anode zu führen. Bei vertikaler Anordnung ist dieses Alkali dann sofort verloren, weil es mit Chlor im Anodenraum reagiert. Bei der horizontalen Anordnung sammelt sich das Alkali vermöge seines höheren spezifischen Gewichts auf dem Diaphragma an und wird von dem von oben nach unten strömenden Elektrolyten in den Kathodenraum zurückgedrängt. Damit dieser Vorteil zustande kommt, muß der Zulauf des Elektrolyten von oben in geeigneter Weise in den Anodenraum erfolgen, damit ein schichtenweises Herausdrängen ohne Vermischung der horizontalen Flüssigkeitsschichten möglich wird.

Wichtig ist, daß Erschütterungen der Bäder und Eindringen von Wasserstoffbläschen aus dem Kathodenraum durch das Diaphragma nach oben sorgfältig vermieden werden, denn sie würden die Schichtenbildung erheblich stören.

Wird die Schichtenbildung gestört, so geben die in den Anodenraum eingedrungenen Alkalien Veranlassung zur Bildung unterchlorigsauren und chlorsauren Alkalis mit dem daselbst vorhandenen freien Chlor, welche Verbindungen infolge der Wanderung dann zum Teil durch das Diaphragma an die Kathode gelangen, wo sie unter Sauerstoffabscheidung zersetzt werden. Das Ergebnis dieser Reaktion ist dann eine ungünstige Stromausbeute, ein höherer Anodenverbrauch und ein Gehalt von $CO_2$ im Chlorgas. Es ergibt sich daraus die Notwendigkeit, eine fortlaufende analytische Kontrolle des Chlorgases auf seinen Gehalt an $CO_2$, CO und $O_2$ vorzunehmen und auch die dringende Notwendigkeit einer ständigen Kontrolle des Kathodenablaufs auf unterchlorigsaures und chlorsaures Alkali. Nur durch eine solche scharfe Kontrolle ist man in der Lage, Defekte in der Filterschicht und Ungleichmäßigkeiten in der Beschickung sofort zu erkennen und richtigzustellen.

Im ganzen ist also zu erwarten, daß die Stromausbeute bei guter Wartung besser als bei vertikalen Diaphragmen sein wird, außerdem werden die Diaphragmen weit weniger beansprucht, da sie nur von alkalischen Flüssigkeiten beiderseits benetzt werden, also nicht mit dem zerstörenden Chlor in Berührung kommen. Diesem Vorteil steht ein Übelstand gegenüber: der Raumbedarf ist infolge der horizontalen Anordnung größer als bei der vertikalen Anordnung der Diaphragmen.

**Die Siemens-Billiter-Zelle.** Die Siemens-Billiter-Zelle[1] (Abb. 61) besteht aus einer flachen Eisenwanne *E*, in welcher vier senkrechte Seitenwände aus Beton *B* eingebaut sind, die nach innen noch mit Schamotteplatten oder Kacheln verkleidet werden. Die ganze Zelle ist zur Vermeidung von Erdschluß auf der Unterlage isoliert aufgestellt. Über dem Boden der Eisenwanne ist die nahezu horizontale Netzkathode *K*, ein Eisendrahtgeflecht von 3—4 mm Drahtstärke angeordnet und gegen ein Durchbiegen nach unten durch Unterlagen von U-Eisen geschützt. (Diese sind in der Abbildung nicht angegeben.) Neuerdings wird als Kathode auch ein Rost aus etwa 4 mm starken vierkantigen Eisenstäben, die parallel angeordnet sind, verwendet. Alle Eisenteile sind gut leitend miteinander verbunden und an die negative Stromzuleitung angeschlossen. Über der Kathode ist das Diaphragma *D* angeordnet. Es besteht aus einem dichten

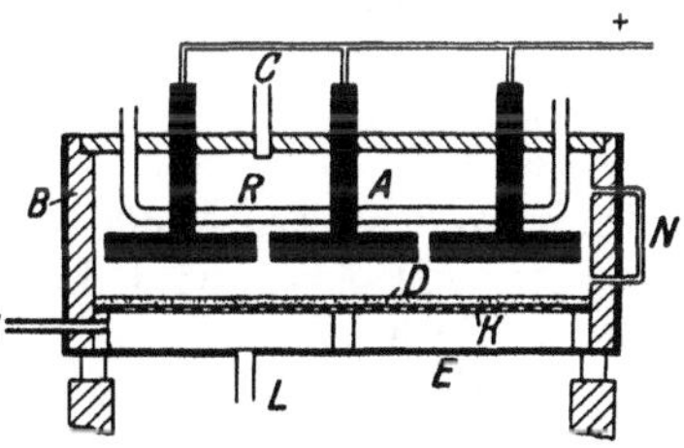

Abb. 61. Siemens-Billiter-Zelle.

[1] DRP. 191234, 254779; Österr. P. 40421. — Siehe auch Siemens & Halske: DRP. 274964, 191234.

Asbestgewebe, frei von pflanzlichen und tierischen Fasern. Auf diesem Gewebe wird eine teigförmige Schicht aufgetragen, hergestellt aus Schwerspatpulver, Asbestwolle und Wasser oder Salzlösung. Durch eine passende Wahl der Dicke dieser sehr sorgfältig hergestellten Schicht wird die Durchflußgeschwindigkeit des Elektrolyten geregelt. Meist hat diese Schicht eine Stärke von 1 cm. Sie nimmt mit der Zeit an Stärke zu infolge der aus dem Wasser gefällten Erdalkalien. Die Beimengung von Asbestwolle verleiht ihr die notwendige Zähigkeit.

6 cm über der Schicht sind die plattenförmigen Graphitanoden *A* angebracht, die durch eingeschraubte Graphithalter, welche durch den Deckel der Zelle nach oben gehen, befestigt sind. Oberhalb des Betondeckels sind die Graphithalter an die positive Stromzuführung angeschlossen. Bei großen Zellen ist der Deckel unterteilt, da er sonst zu schwer würde. Der Elektrolyt kann durch Abdampf, der eine oberhalb der Anoden liegende Ton- oder Glasröhre *R* durchströmt, gewärmt werden. Der Zufluß der Speiselösung muß über die ganze Oberfläche gleichmäßig schichtenweise verteilt werden. In dem Maße, in dem die Lauge durch das Diaphragma hindurchfiltriert, muß oben Speiselösung nachfolgen, jedoch so, daß die horizontale Flüssigkeitsschicht gleichmäßig heruntersinkt.

Die Ätznatronlösung tropft durch die Netzkathode in den unteren leeren Raum der Zelle und fließt aus diesem durch einen schwanenhalsförmigen Ablauf im Boden derselben in die gemeinschaftliche Sammelleitung, welche den gesamten Kathodenablauf sämtlicher Zellen der Verarbeitungsstelle zuführt. Der Wasserstoff wird durch ein seitliches Abzugrohr *H*, das an der höchsten Stelle des unteren leeren Raumes angeordnet ist, abgezogen.

Der Vorgang in der Zelle während des Stromdurchganges ist nun folgender:

Das Chlor entweicht aus dem Anodenraum durch das Abzugsrohr *C* im Bodendeckel in die bleierne Chlorgassammelleitung. Infolge des Abganges von Chlor und der Abwanderung von Na-Ionen verarmt die Flüssigkeit an der Anode an gelöstem Salz und wird dadurch spezifisch leichter. Dagegen wird der Elektrolyt in der Umgebung der Kathode durch Einwanderung der Na-Ionen spezifisch schwerer.

Durch diesen Vorgang erfolgt im Elektrolyten die Schichtenbildung. Die durch das Kathodennetz durchdringenden spezifisch schwereren Schichten tropfen der Schwerkraft folgend nach unten in den leeren Raum ab. Nur ein geringer Teil wird im Asbestgewebe festgehalten. In diesen Teil wandern die OH-Ionen gegen die Anode, werden aber durch den nachdrängenden Elektrolyten nach unten gegen die Kathode zurückgeschwemmt. Bei sorgfältiger Arbeit wird ein guter Nutzeffekt und damit ein sehr geringer Verschleiß an Anoden erzielt. Die Lauge wird bei *L* abgezogen. Das Rohr *N* dient als Niveauanzeiger.

Betriebsdaten: Stromaufnahme 2000 A, Spannung 3,5—4,7 Volt, Anodenstromdichte 500—1000 A/m², Elektrolysetemperatur 70—90°, Laugenkonzentration 12—16% NaOH bzw. 18—20% KOH, Stromausbeute 95%, Anodenchlor $CO_2$ 1,5%.

Abb. 62. Siemens-Billiter-Anlage mit hochgezogenen Anoden.

Abb. 63. Siemens-Billiter-Anlage.

Die beschriebenen Zellen werden mit geringen Abänderungen von der Firma Siemens & Halske A. G. in Größen von 200—12000 A Stromaufnahme gebaut (Abb. 62 und 63). Am häufigsten werden Zellen mit 2000—4000 A verwendet, die man ohne Gefahr bis zum doppelten Wert überlasten kann.

Der Platzbedarf der Zelle ist größer als jener der Vertikalzellen, doch stehen dagegen Vorteile, vor allem die lange Betriebsfähigkeit. Sie hat von allen Chloralkalizellen die weiteste Verbreitung gefunden, und zwar befinden sich Anlagen in fast allen europäischen Staaten, ferner China, Japan, U. S. A. usw. Die größte Anzahl von Zellen arbeitet in Deutschland bei der I. G. Farbenindustrie A. G. in Leverkusen, ferner in Wolfen und Gersthofen und in den chemischen Fabriken in Bitterfeld.

In Österreich errichtete die erste Großanlage die Bosnische Elektrizitäts A. G. in Brückl (Kärnten).

Außer diesem Verfahren gibt es noch eine Reihe anderer, welche sich der horizontalen Filterdiaphragmen bedienen[1].

Das Billiterverfahren ist jedoch das einzige, das ausgedehntere Verwendung gefunden hat.

## Schichtungsverfahren.

### Allgemeines.

Man hat erkannt, daß es gar nicht notwendig ist, den Anodenraum vom Kathodenraum durch ein Diaphragma flüssigkeitsdicht abzuschließen, sofern man nur die Ausbildung von Schichten im Elektrolyten ermöglicht, bzw. solange man die sich von selbst ergebende Bildung von Schichten nicht stört. Ein gegebenenfalls vorhandenes Diaphragma hat also hier nicht mehr die Aufgabe der Trennung der gelösten Elektrolyseprodukte, sondern die Aufgabe des Diaphragmas besteht lediglich darin, die an der Kathode aufsteigenden Wasserstoffbläschen seitlich unschädlich abzuleiten, damit dieselben nicht in der darüber stehenden Flüssigkeit aufsteigen und so die Schichtenbildung stören. Die eingebaute Fläche, welche zur unschädlichen seitlichen Ablenkung bzw. Ableitung der H-Bläschen dient, ist also kein Diaphragma mehr, sondern sie verdient nur mehr den Namen eines Gasschirmes.

Ein solcher Gasschirm muß vor allem gasundurchlässig und stromdurchlässig sein. Im übrigen kann er flüssigkeitsdurchlässig sein oder auch nicht. Denkt man sich die Ablenkung der Wasserstoffbläschen in einer anderen, die Schichtung nicht störenden Weise durchgeführt, so kommt man zu den reinen Schichtungsverfahren, bei denen weder Diaphragma noch Gasschirme angewendet werden, bei denen die Trennung der Elektrolytprodukte lediglich durch die Schichtung im Elektrolyten durchgeführt ist und in den Kathodenraum überführt.

Auf diesem Gedanken fußen einige Zellenkonstruktionen:

---

[1] Hargreaves u. Bird: DRP. 76047. — Kellner: E. P. 20889. — Chem. Ges. f. Chem. Industrie in Basel: DRP. 80454.

Die Zelle von Carmichael[1], Askenasy und Koller[2] und das Seriendiaphragmenverfahren von Kellner[3].

Letzteres Verfahren verwendet anstatt eines Diaphragmas Platten aus Natronseife, die in Kochsalz und NaOH-Lösungen praktisch unlöslich sind und dabei einen sehr geringen Leitungswiderstand bilden. Diese Verfahren, namentlich das letztere, stellen eine Zwischenform dar, welche bei weiterer konsequenter Verfolgung des Gedankens zu den reinen Schichtungsverfahren führen.

Die Ionenwanderung spielt hier noch eine weit wichtigere Rolle als bei den vorherigen Gruppen, und sie muß auch hier von einem ganz anderen Gesichtspunkt aus betrachtet werden.

Bei allen Diaphragmenverfahren ist die Trennung der Elektrolyseprodukte durch die Ionenwanderung wesentlich erschwert. Beim Schichtungsverfahren wird gerade durch die Ionenwanderung die Schichtenbildung und damit die Trennung der Elektrolyseprodukte herbeigeführt, sie ist also geradezu die notwendige Voraussetzung hierzu.

Da das $Na^{\cdot}$ wesentlich rascher wandert als das $Cl'$, muß es sich an der Kathode verhältnismäßig mehr anreichern als das Chlor an der Anode. Dazu kommt noch, daß das Chlor entweicht, während das $Na^{\cdot}$ an der Kathode nicht entladen wird, sondern mit den dort vorhandenen $OH'$-Ionen NaOH bildet. Es wird sich also in der Umgebung der Kathode eine spezifisch schwerere Laugenschicht ausbilden.

Es spielen hier die Überführungszahlen (1. Band, S. 7) der beiden Ionen $Na^{\cdot}$ 0,65 und $Cl'$ 0,35, deren Summe immer gleich ist, eine wichtige Rolle.

Hittdorff zeigte, daß diese Überführungszahlen außer von der Konzentration auch von der Temperatur des Elektrolyten abhängig sind.

Für die Schichtungsverfahren ist wichtig, daß die Überführungszahl für $Cl'$ mit steigender Temperatur sinkt, demnach für $Na^{\cdot}$ noch weiter wachsen muß. Daraus folgt, daß eine Erhöhung der Temperatur eine raschere Verarmung an der Anode mit sich bringen muß. Hieraus erklärt sich die Zuträglichkeit des Arbeitens mit erwärmtem Elektrolyten im Hinblick auf bessere Ausbeuten.

Da auch bei den Schichtungsverfahren die in der Umgebung der Kathode infolge der Wasserstoffionenentladung aus dem Lösungswasser zurückbleibenden OH-Ionen in der Richtung des Potentialgefälles, also von unten nach oben gegen die Anode wandern und so die Schichtenbildung stören würden, muß auch hier der Elektrolyt in der entgegengesetzten Richtung bewegt werden, um dauernd gute Stromausbeuten zu liefern. Der Elektrolyt muß also durch Regulierung des Zuflusses von oben nach unten bewegt werden. Die Geschwindigkeit, mit der sich die OH-Ionen nach oben zu bewegen suchen, also die Wanderungsgeschwindigkeit derselben, ist bedeutend größer als die Wanderungsgeschwindigkeit der Cl-Ionen, wenn man sie in Zentimetern pro Stunde mißt. Infolge der großen Wanderungsgeschwindigkeit der OH-Ionen sollte der Elektrolyt in gleich rascher Weise entgegen bewegt werden, was praktisch nicht möglich ist. Hier liegt der wunde Punkt der reinen Schichtungsverfahren, denn es ist die Menge der Speiselösung, welche erforderlich ist, um dem Anolyten das notwendige Chlorid zuzuführen, geringer als das Flüssigkeitsvolumen, welches erforderlich wäre, um die entsprechenden OH-Ionen zurückzudrängen. Dieser Umstand ist für die Stromausbeute dieser Gruppe von Verfahren von ausschlaggebender Bedeutung.

---

[1] A. P. 518710.
[2] DRP. 162361.
[3] DRP. 79258.

## Billiter-Leykam-Zelle.

Diese einfach zu bedienende Zelle von Billiter[1] wurde zuerst bei der Leykam-Josefsthal A. G. bei Graz aufgestellt[2].

Abb. 64 zeigt ein schematisches Bild dieser Zelle. Unterhalb der Graphitanode *A* befindet sich die Kathode *K*, die aus je zwei Winkeleisen oder einem T-Eisen besteht. Über diese sind Asbestschläuche gezogen, die durch eine Eternitplatte verspreizt werden, wie dies die Abb. 65 im Querschnitt zeigt. Der Eternitstreifen, der so lang wie die Kathoden, nämlich 1 m ist, wird nicht parallel, sondern an einem Ende breiter zugeschnitten, so daß der damit verspreizte Asbestschlauch dem Wasserstoffgas das Entweichen nach der leicht ansteigenden Seite ermöglicht. Aus den Schläuchen gelangt der Wasserstoff in eine Seitenkammer *K* der Zelle, in der er entweder aufgefangen wird oder auch frei entweicht. Oberhalb der Anode ist eine Speiseleitung *S* mit Verteiler angebracht. Der Elektrolyt fließt zwischen den Kathoden nach unten und wird bei *Z* abgezogen. An den Kathoden sind biegsame Eisenbänder als Stromzuleitungen angenietet.

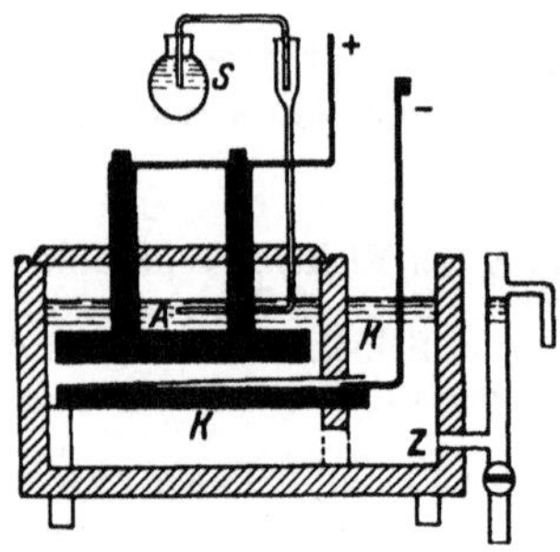


Abb. 64. Billiter-Leykam-Zelle (Vertikalschnitt).

Betriebsdaten: Stromaufnahme der Zellen 1200—2000 A, Spannung 3,2 Volt, Stromdichte 400 $A/m^2$, Stromausbeute 93,8%, Laugenkonzentration NaOH 12,5%.

Bei erhöhter Spannung kann die Zelle auch mehr Energie aufnehmen. Dieser Zellentyp hat den Vorteil langer Betriebsfähigkeit und einfacher Wartung, die es ermöglicht, daß solche Anlagen auch durch nicht besonders geschulte Leute bedient werden können. Sie eignet sich besonders auch für kleinere Betriebe.

Abb. 65. Schnitt durch die Kathoden mit Gasschirm.

Die Betriebsdauer beträgt mehrere Jahre, ohne daß die Zellen auseinandergenommen zu werden brauchen. Erst nach völligem Verschleiß der Anoden muß die Zelle erneuert werden.

## Pestalozzazelle.

Die ebenfalls auf dem Schichtungsprinzip beruhende Zelle von P. Pestalozza[3] enthält horizontale Anoden und unterhalb der Anoden Kathoden, die quer zu den Anoden liegen und von einem Gasschirm umgeben sind. Neu ist das Vorhandensein eines Zellennebenraumes zur Aufnahme der alkalischen Kathodenlauge.

Die in Abb. 66 wiedergegebene Zelle ist durch eine Zwischenwand in einen Hauptraum *A* und einen Nebenraum *B* von verhältnismäßig ge-

---

[1] DRP. 254779 (1907), 263432 (1910).
[2] DRP. 265168 (1910), 265169 (1910).
[3] DRP. 591533 (1928). — R. Strauß: Chem.-Ztg. **1934**, 1040.

ringem Inhalt mit starker Verengung nach oben geteilt. Der Boden des Hauptraumes hat Gefälle in der Richtung nach dem Nebenraum, dessen Bodenteil in gleicher Richtung geneigt ist. Verbunden sind beide Räume durch einen oder mehrere Durchlässe *C* von geringem Querschnitt. Innerhalb dieser Durchlässe sind noch Filter angebracht, die die Flüssigkeitsbewegung noch verzögern. Die Durchlässe sind an der tiefsten Stelle des Bodens vorgesehen, so daß die spezifisch schwerste Lauge durchtreten muß. Ebenso befindet sich an der tiefsten Stelle des Nebenraumes das Abzugrohr *D* für die Kathodenlauge, die durch das Überlaufrohr auf die Höhe des Zellenniveaus geführt wird.

Die Anoden bestehen aus horizontal gelagerten Kohlenplatten *E* mit vertikaler Stromzuführung. Um eine Bewegung im Anolyten durch das an den Anoden in Blasen entweichende Chlor zu vermeiden, sind die Zwischenräume zwischen den Kohlenplatten mit Diaphragmenplatten *F* überdeckt, die noch über die Kohlen greifen, um bei Abnutzung der Kohlen den erweiterten Zwischenraum noch zu überdecken. Diese Diaphragmenplatten befinden sich in geringer Höhe über den Anoden. Die Zwischenräume zwischen diesen Platten sind nun wieder durch gelochte Deckplatten aus widerstandsfähigem Material *G* überdeckt. Die Öffnungen in diesen Platten verengen sich nach oben, so daß das durchströmende Chlor in Bläschen aufgelöst wird, die keine Erschütterung des Elektrolyten mehr verursachen. Diese Platten aus chemisch unangreifbarem Material (Dämpfungsplatten) sind mit ihren Rändern direkt auf die Diaphragmenplatten aufgelegt.

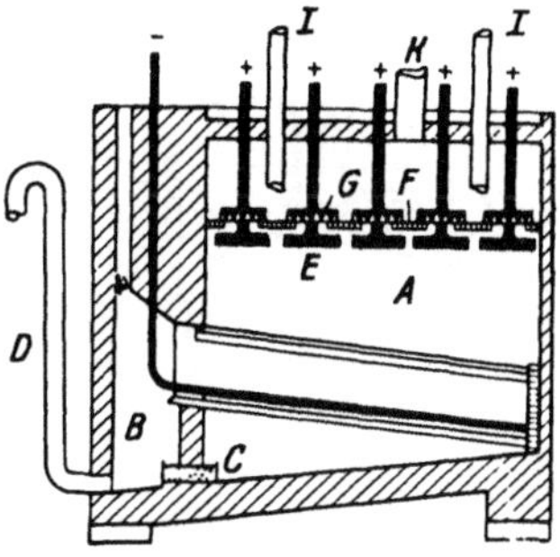

Abb. 66. Pestalozzazelle.

Die Kathoden werden aus zwei winkelförmigen Elementen von Eisen gebildet, die durch eine Sammelschiene mit der Stromleitung verbunden sind. Als Gasschirm tragen sie eine Umhüllung aus starrem Metallgewebe, das nur als Stütze für das an der den Anoden zugewendeten Außenseite liegende Netz aus nichtleitendem, chemisch widerstandsfähigem Material (z. B. Asbestgewebe) dient. Die Kathoden sind in schräger Lage, nach dem Nebenraum ansteigend, eingebaut und reichen von der dem Nebenraum gegenüberliegenden Gefäßwand bis unter die Trennungswand. Aus diesen Kathodenröhren geht ein Abzugrohr für den Wasserstoff nach einem Gassammelrohr.

Die Zufuhr des Elektrolyten erfolgt durch Zuleitungen *I*, die zu einem Verteilungsrohr oberhalb der Anoden führen. Der Deckel trägt auch das Abzugrohr für das Chlorgas *K*.

Ein schwacher Punkt scheint in der Verwendung der Membranplatten über den Anoden zu liegen. Es ist noch unklar, aus welchem Material diese Membranen hergestellt werden sollen, um der Einwirkung des Anolyten mit seinem Gehalt an Chlor und unterchloriger Säure auf längere Dauer zu widerstehen. Die Zelle wird derzeit bei der Siemens & Halske

A. G. erprobt. Über eine praktische Verwendung in Betrieben und über nähere Daten ihrer Leistung ist nichts bekannt und es scheinen der Einführung noch Schwierigkeiten entgegenzustehen.

Von weiteren Verfahren mit Gasschirmen[1] ist die Zelle von Bein[2] zu erwähnen, die in ihrer ursprünglichen Konstruktion[3] die Vorläuferin des Aussiger Glockenverfahrens geworden, des einzigen Verfahrens, welches das Schichtungsprinzip in vollster Reinheit zur Durchführung bringt.

## Die Aussiger Glockenzelle.

Das Aussiger Glockenverfahren (Verein für chemische und metallurgische Produktion) ist das einzige, auch im Großbetrieb bewährte reine Schichtungsverfahren. In einer Wanne aus Beton $B$ (Abb. 67) sind 25 prismatische Glockenzellen eingebaut. Jede Glocke besteht aus einem Eisenblechmantel $E$, der innen mit Glasplatten oder Zement $G$ ausgekleidet ist, sie ruht auf einem Vorsprung der Betonwanne $B$ auf. In ihr befindet sich eine plattenförmige Graphitanode von 1 m Länge, 6 cm Breite und 5 cm Stärke. Sie ist horizontal gelagert und in der Mitte mittels eines zylindrischen Graphitstabes von 30,5 cm Länge und 5 cm Durchmesser als Halter, der durch die Decke der Glocke isoliert durchgeführt ist, am positiven Pol angeschlossen. Die Graphitanoden sind geteert und halten mehrere Jahre.

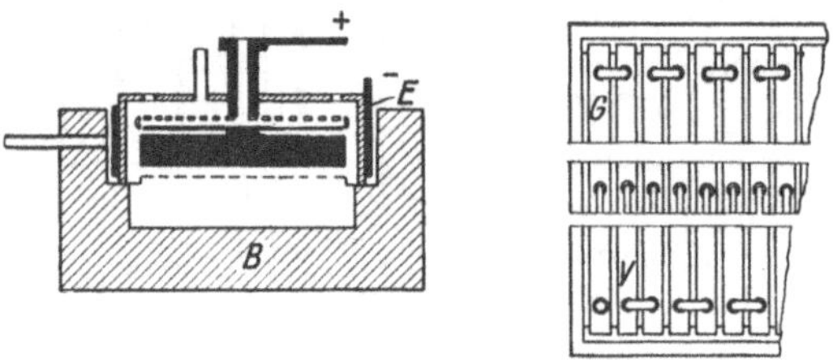

Abb. 67. Aussiger Zelle (Quer- und Horizontalschnitt).

Die Anode muß genau horizontal sein und nahezu den ganzen Querschnitt der Glocke ausfüllen. Der Halter derselben ist der Länge nach durchbohrt. In der Bohrung ist ein Glasrohr eingesetzt, welches die Speiseflüssigkeit in das Innere der Glocke zur Verteilungsrinne ober der Anode führt. In neuen Zellen ist die Bohrung des Anodenschaftes weggelassen und die Zuführung der Speiselösung erfolgt durch ein Rohr neben den Anoden. Die Speisevorrichtung besteht aus einem T-Rohr, dessen waagrechter Teil an der Oberfläche mit Löchern versehen ist.

Dadurch wird erreicht, daß die Speiselösung sich gleichmäßig über die genau horizontale Anode ergießt, so daß die Vermischung mit der alten Lösung in dem engen Zwischenraum zwischen Anode und Wanne, durch den auch das entwickelte Chlor perlt, erfolgt. In dem Deckel der Glocke sind zwei Öffnungen. Die eine dient für die Verbindungsrohre $V$, die alle Zellen miteinander verbinden, um den Gasdruck möglichst auszugleichen. Die andere führt zur Chlorsammelleitung, die aus Blei besteht.

Als man den Wasserstoff noch nicht zu gewinnen brauchte, war als Kathode der untere Rand der eisernen, nach unten offenen Glocke wirksam, da der ganze Eisenmantel derselben an die negative Stromzuführung angeschlossen war. Später war man genötigt, den kathodisch

[1] Johams: A. P. 724580. — Richardson: E. P. 5694.
[2] Bein: DRP. 107917. [3] DRP. 84574.

abgeschiedenen Wasserstoff zu verwerten. Zu diesem Zweck wurde der untere Rand der Glocke nicht mehr leitend gemacht, sondern bestens isoliert. Parallel mit demselben, jedoch noch außerhalb der Glocke liegend, wurde in der Längsrichtung der Glocke ein Winkeleisen dachförmig neben dem unteren Rand eingebaut, mit einer schwachen Neigung nach oben, und dieses Winkeleisen wurde als Kathode benutzt. Die Wasserstoffentwicklung findet nun unterhalb derselben statt und der Wasserstoff gelangt unter diesem Winkeleisendach zur gemeinschaftlichen Abzugleitung. Es ist von Wichtigkeit, an dieser Abzugleitung eine Saugwirkung in der Art zu betätigen, daß dieselbe genau der Menge des entwickelten Wasserstoffs entsprach. Ist dieselbe zu schwach, so wird ein Teil des entwickelten Wasserstoffs mangels Abzug unter dem Winkeleisen hervorperlen und verlorengehen. Bei zu starker Saugwirkung wird es anderseits geschehen können, daß die Saugvorrichtung Kathodenlauge in die Wasserstoffleitung saugt. Der Wasserstoff wird über $H_2SO_4$ getrocknet und einer Glasglocke zugeführt.

Der Ablauf für die alkalische Kathodenflüssigkeit ist in der Wanne in einer Höhe angeordnet, daß durch die Lage desselben der Stand der Flüssigkeit in der Wanne und damit auch in den Glocken festgelegt ist.

Bei der Elektrolyse verarmt der Anolyt in der Umgebung der Graphitanode, während sich gleichzeitig in der Umgebung der Kathode die spezifisch schwere alkalihaltige Flüssigkeit ansammelt, die den ganzen Raum unterhalb und auch zwischen den Glocken bis auf eine gewisse Distanz unterhalb der Graphitanode ausfüllt.

Die Speisung erfolgt, wie oben erwähnt, oberhalb der Anode, damit an der Anode trotz der Verarmung des Anolyten doch stets genügend Salzmengen vorhanden sind. Würde in der Nähe der Anode ein Mangel an Cl'-Ionen eintreten, so würden in größerem Umfang auch fremde Ionen, und zwar $SO_4$-Ionen (von der Verunreinigung des Salzes herrührend) und Chlorationen zur Entladung gelangen. Hierbei bildet sich $O_2$, der die Anoden unter $CO_2$-Entwicklung oxydiert und die fremden Ionen immer wieder regeneriert. Würde also kein Chlorid der Anode zugeführt werden, so würden nur die durch die Ionenwanderung zur Anode gelangenden Cl-Ionen entladen werden. Bei einer Überführungszahl von 0,65 würde dann die Stromausbeute unter 65% sinken, da nur 65% des nach dem Faradayschen Gesetz theoretisch zu erwartenden Chlors durch Ionenwanderung überhaupt zur Anode gelangen könnten.

Eine Beheizung dieser Zelle findet nicht statt. In den Apparaten für das Glockenverfahren können natürlich sowohl NaCl- als auch KCl-Lösungen elektrolysiert werden. Die Vorbereitung der Speiselösung zum Behufe der Elektrolyse erfolgt beispielsweise bei der Verarbeitung des KCl in Aussig folgendermaßen: Zur Verarbeitung gelangt KCl aus dem Staßfurter Bezirk mit 99% KCl, 0,3% $H_2O$, 0,15% $K_2SO_4$, Spuren von $CaSO_4$ und Mg. Die Auflösung erfolgt im Keller des Elektrolysegebäudes, und zwar in einem Planetenrührwerk. Höhe 150 cm, Durchmesser 250 cm, Inhalt 7,3 $m^3$, Zur Auflösung verwendet man zum Teil kaltes Wasser, zum Teil wird warmes Kondenswasser zugegeben. Auf 4000 l Wasser pflegt man 600 kg Frischsalz und 830 kg Salz aus den Eindampfapparaten, zusammen also 1430 kg Salz zu nehmen. Man erhält so etwa 500 l Lauge, gesättigt mit 300 g KCl pro Liter bei 18°. Die Verunreinigungen des Salzes, Ca, Mg, $H_2SO_4$ müssen durch Fällung entfernt werden.

Mg und Ca wird mit KOH, und $H_2SO_4$ mit $BaCl_2$ ausgefällt. Die Ausfällung erfolgt in dem zur Auflösung bestimmten Rührwerke. Für eine Auflöseoperation des genannten Umfanges werden 1—6 kg $BaCl_2$ verwendet.

Die so vorgerichteten Laugen gelangen aus dem Auflösegefäß in zwei Klärzylinder. Der eine wird zunächst mit frischer Lauge vollgepumpt, die dann darin klärt, während der andere volle Zylinder, der geklärt ist, abgezogen wird. Diese Zylinder haben eine Höhe von 150 cm, einen Durchmesser von 300 cm, einen Inhalt von 10,5 $m^3$ und entspricht 1 cm Stand 70,6 l. In jeden Zylinder kommt ein Auflöserührwerk.

Die Versorgung der Zelle mit Lauge ist nicht ganz einfach. Für 140 Bäder dient ein Meßgefäß von 1000 l Inhalt. Aus diesem Gefäß erfolgt der Laugenzulauf nach den Zellen nicht kontinuierlich, sondern es wird intermittierend in je einer halben Stunde eine Füllung durch ein System von Meßflaschen vorgenommen. Es ist die Einrichtung getroffen, daß ein einziger Mann von seinem Stand aus mittels Saug- und Druckluftbetätigung der ganzen Fabrikationsanlage die Lauge in der exaktesten Weise zuführen kann.

Betriebsdaten: Stromaufnahme 500 A, anodische Stromdichte 400 $A/m^2$, Spannung 3,0—4,2 Volt, Stromausbeute 80—95%, Kathodenlauge 12% NaOH.

Wie man sieht, ist die Stromdichte im Vergleich zu anderen Zellen niedrig und ist in der größeren Entfernung von Anode und Kathode sowie dadurch begründet, daß bei höheren Stromdichten die ruhige Schichtung der Flüssigkeiten gestört würde. Daher ist der Platzbedarf dieser Zellen ein recht großer.

Zusammenfassend kann gesagt werden, daß trotz der Einfachheit und technisch hervorragenden Durchbildung dieser Zelle wegen ihres großen Platzbedarfes und geringer Stromaufnahme kein Vorteil anderen Zellen gegenüber gewonnen wurde.

## Quecksilberverfahren.

### Allgemeines.

Das gemeinsame Kennzeichen aller bisher beschriebenen Verfahren besteht darin, daß sich das Kathodenmaterial an der Reaktion bei der Elektrolyse nicht beteiligt. Infolge des kleineren Entladungspotentials der $H^{\cdot}$-Ionen gegenüber denen der Alkaliionen werden an der Kathode nur erstere entladen, die Alkaliionen wandern zwar zur Kathode, bleiben aber als solche in der Umgebung derselben. Dies hat zur Folge, daß diese Alkaliionen durch Diffusion teilweise wieder von der Kathode weggeführt werden können und Nebenreaktionen verursachen.

Im Interesse der Ausbeutesteigerung wäre es von Vorteil, wenn das Alkalimetall an der Kathode abgeschieden würde und wenn man erst nachträglich außerhalb der Zelle die Bildung von Alkalihydroxyd durch Reaktion mit Wasser durchführen könnte.

Um das Alkalimetall aus wäßrigen Lösungen abscheiden zu können, muß man sein Abscheidungspotential unter jenes des Wasserstoffions drücken. Dies gelingt dadurch, daß man als Kathode ein Metall verwendet, mit welchem sich das abgeschiedene Alkalimetall legierungsartige Verbindungen bildet, die energieärmer sind als das reine Alkalimetall.

Praktisch kommt hiefür in wäßrigen Lösungen nur Quecksilber in Betracht, von dem es schon lange bekannt ist, daß sich bei Verwendung desselben als Kathode Alkalimetalle aus wäßrigen Lösungen in Form von Amalgamen abscheiden lassen (1. Band, S. 152). Es bildet demnach die Grundlage des sogenannten Hg-Verfahrens.

Ein verwandtes Verfahren ist das sogenannte Bleikathodenverfahren, das aber nur im Schmelzfluß möglich ist und schon im 1. Band, S. 177 besprochen wurde.

Das Quecksilberverfahren besteht kurz darin, daß Alkalichlorid in einer Zelle mit Quecksilberkathode elektrolysiert wird, wobei sich an der Kathode Alkaliamalgam, an der Anode Chlor bildet.

Das Alkaliamalgam wird aus der Zelle geführt und mit Wasser zur Reaktion gebracht, wobei eine Lösung von Alkalihydroxyd und reines Quecksilber anfällt.

Die Überspannung des Wasserstoffs dem Quecksilber gegenüber ist sehr hoch. Diesem Umstand verdanken die Alkaliamalgame ihre relative Beständigkeit gegen Wasser, und durch diesen Umstand erst werden die Quecksilberverfahren möglich.

Anderseits bringt die Trägheit der Zersetzung besonders alkaliarmer Amalgame auch gewisse Schwierigkeiten bei der nachträglichen Reaktion mit Wasser mit sich. Man darf auch nicht zu konzentrierte Amalgame herstellen, da sonst die Zersetzung derselben schon im Elektrolysiergefäß vor sich gehen und auch das Potential unverhältnismäßig steigen würde. Die unmittelbaren Folgen hiervon wären Energieverluste und Alkalibildung im Anodenraum. Außerdem würde sich der dort entwickelte Wasserstoff mit dem Chlor des Anodenraumes vermengen und das im Sonnenlicht explosible Chlorknallgas bilden, das die ganze Apparatur zerstören könnte. Es ergibt sich also praktisch die Aufgabe, elektrolytisch ein schwaches Amalgam zu bilden und dieses dann außerhalb der Zelle möglichst vollständig vom Alkali zu befreien. Die Schwerlöslichkeit des Chlors in starken Chloralkalilösungen bedingt, daß bei den hohen kathodischen Stromdichten, wie sie bei diesem Prozeß vorkommen (etwa 0,1 $A/cm^2$), die dadurch verursachten Stromverluste auf ein Minimum reduziert werden, denn es gelangt sehr wenig Chlor an die Kathode, wo sich sekundäre Reaktionen abspielen könnten.

Die Zersetzungsspannung liegt an Hg-Kathoden wesentlich höher als an Fe-Kathoden. Das Potential des Kaliumamalgams gegen normale KCl-Lösung beträgt 1,83 Volt, das des Na-Amalgams gegen normale NaCl-Lösung 1,81 Volt. Das Chlorpotential selbst beträgt in beiden Fällen minus 1,36 Volt. Demnach ergibt sich eine theoretische Zersetzungsspannung im ersten Falle von 3,19 und im letzten Falle von 3,17 Volt. Es ist aus Gründen, die in dem Widerstand der Apparatur gelegen sind, unvermeidlich, daß die gesamte Klemmenspannung bzw. Badspannung wesentlich höher liegt.

Das Alkaliamalgam ist spezifisch leichter als Quecksilber und schwimmt daher auf demselben. Praktisch beträgt der Gehalt des Quecksilbers an Alkalimetall 0,2%. Bei 1,6% K und 1,7% Na wäre das Amalgam bereits fest, bei 1% schon dickflüssig. Zu solchen Konzentrationen darf es im Betriebe niemals kommen. Die Stromausbeute der Quecksilberverfahren erreicht im besten Fall 95% bis 96%, bleibt aber meist tiefer.

Die Alkaliamalgame, die den Elektrolysierapparat verlassen, sind mit Wasser nur sehr langsam zersetzbar. Durch Berührung des Amalgams mit einem edleren Metall unter Wasser läßt sich jedoch ein kurzgeschlossenes galvanisches Element herstellen, so daß die Zersetzung dann rasch und glatt erfolgt. In der Praxis wählt man meist Eisen, das sich bekanntlich in Quecksilber kaum löst. Auch durch anodische Schaltung des Amalgams kann eine rasche Auflösung erzielt werden.

Quecksilberverluste sollen pro Jahr 5% nicht übersteigen. Sie sind teils mechanischer Natur und entstehen beim Reinigen der Apparate, auch durch Undichtheiten derselben, ferner bei der Solvayzelle gelegentlich der Überleitung des Amalgams von der Elektrolysierzelle in die Zersetzungszelle. Größere Verluste können durch Mullbildung erfolgen. Chemische Verluste treten auf, wenn das Quecksilber der Einwirkung von Chlor ausgesetzt wird, bevor der Strom durchgeht, also bei plötzlichen Stillständen. Man vermeidet sie, wenn man das Amalgam nicht bis auf die letzte Alkalimetallspur zersetzt, sondern einen Rest davon zurückläßt. Chemische Verluste treten ferner auf durch Oxydbildung bei falscher Schaltung der Quecksilbermasse oder wenn in die Zersetzungszelle Salze gelangen, die lösliche Quecksilberverbindungen bilden, z. B. Nitrate oder Chlorate. Eine weitere Verlustquelle ergibt sich durch die Notwendigkeit des Ausglühens amalgamierter Eisenkathoden (siehe S. 126).

Als Elektrolyt kommt NaCl oder KCl in Betracht. Es ist notwendig, nur Salzlösungen anzuwenden, die vorher einem Reinigungsverfahren unterworfen worden sind, wie es auch für andere Verfahren notwendig ist. Ganz besonders wichtig ist, daß die Salzlösung keine Eisenverbindungen enthält. Die Verluste könnten sonst sehr hoch werden und es würde in der Elektrolysierzelle leicht eine gefährliche Wasserstoffentwicklung auftreten. Ein Kieselsäuregehalt ist ebenfalls bedenklich, weil ausgeschiedene Flocken hiervon Störungen verursachen können. Es muß besonderer Wert darauf gelegt werden, daß die Salzlösung nicht kalt angewendet wird und daß sich im Verlaufe des Betriebes der Wärmevorrat derselben durch die Zirkulation nicht verringert.

Im folgenden kann nicht auf die zahlreichen Zellenkonstruktionen eingegangen werden, die auf dem beschriebenen Prinzip beruhen. Es sollen nur kurz die ältesten und bis heute bewährten Zelltypen von Castner und Kellner, die unabhängig voneinander gleichzeitig brauchbare Lösungen fanden, sowie ihre neuesten Ausführungsformen und einige andere bewährte Konstruktionen beschrieben werden.

## Die Castnersche Schaukelzelle.

Die Besonderheit dieser Zelle besteht darin, daß die Zersetzung des Amalgams nicht selbsttätig, sondern dadurch erfolgt, daß die Amalgame als Anode in den Elektrolysestromkreis geschaltet und so das unedlere Alkalimetall rasch in Lösung gebracht wird.

Der Amerikaner H. Y. Castner[1] verwendet hierzu folgende Anordnung (Abb. 68):

[1] DRP. 88230 (1892); E. P. 16046 (1892); DRP. 77064 (1893).

Als Behälter dient ein flacher, quadratischer, innen auszementierter und sorgfältig geteerter Eisenkasten *E*, der durch zwei Vertikalwände *V* und *V'* aus isolierenden Stoffen in drei gleich große Abteilungen geteilt ist. Die Trennwände reichen bis fast auf den Boden, der an diesen Stellen rinnenförmig vertieft ist. Das Quecksilber bedeckt den Boden der Zelle in dünner Schicht *S* und sperrt die drei Räume voneinander ab, so daß der Elektrolyt nicht von einer Kammer zur anderen fließen kann.

In den beiden äußeren Kammern, den Chlorzellen *C*, *C'*, die mit Deckeln verschlossen sind, wird Kochsalz zerlegt und Amalgam und Chlor gebildet. In dem mittleren Abteil der Laugenzelle *L* erfolgt die Zersetzung des Amalgams unter Laugenbildung. In den Chlorzellen befinden sich plattenförmige Graphitelektroden *G*, *G'*, die mit dem positiven Pol der Stromquelle verbunden sind. Sie sind entweder mit Graphitstäben im Deckel oder seitlich befestigt. In jedem Deckel ist ein Chlorableitungsrohr *R* in einer Seitenwand, die Zu- und Ableitung für den Elektrolyten, angebracht.

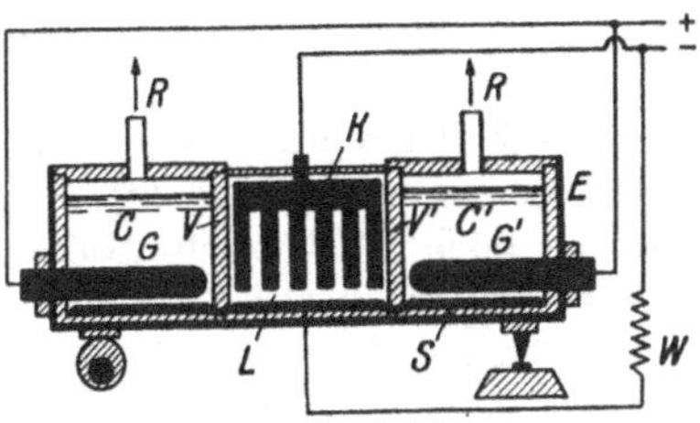

Abb. 68. Schaukelzelle von Castner.

Die Laugenzelle ist nur mit einer Eisenplatte abgedeckt, die ein Ableitungsrohr für Wasserstoff trägt. In ihr befindet sich eine große Eisenkathode, die aus Eisenstäben rostförmig zusammengesetzt ist und auf Ebonitfüßen ruht. An den Seitenwänden sind auch hier Rohrstutzen für die Wasserzufuhr und den Laugenabfluß angebracht.

Die Zelle ruht einerseits auf einer Stützkante, anderseits auf einer Exzenterrolle. Durch Drehung derselben wird die Zelle ständig auf und ab bewegt, also in eine schaukelnde Bewegung versetzt.

Die Bewegung erfolgt sehr langsam, die Zelle wird pro Minute nur 1 cm gehoben bzw. gesenkt. Dadurch wird erreicht, daß beispielsweise bei Hebung der linken Zellenhälfte das Quecksilber nach rechts strömt, wodurch das Amalgam, das in der linken Zelle gebildet wurde, in die mittlere Zelle strömt, wo es nun als Anode geschaltet ist und zersetzt wird. An der Eisenkathode entwickelt sich Wasserstoff. Bei der nun folgenden Hebung der rechten Zellenhälfte strömt das Amalgam der rechten Chlorzelle in die Mitte und das regenerierte Quecksilber in die linke Zelle usw.

Da die Stromausbeute in der Chlorzelle infolge der sofort einsetzenden Zersetzung des Amalgams nur etwa 90% beträgt, ist in der Laugenzelle zu wenig Natrium vorhanden, um den ganzen Stromtransport zu bewerkstelligen. Es geht daher unter Verschiebung des Anodenpotentials nach der positiven Seite etwas Quecksilber in Lösung, da jedoch Merkurosalze leicht hydrolysieren, bildet sich bald eine Haut von HgO auf der Quecksilberoberfläche, die den Widerstand bedeutend erhöht. Um diese Störung zu vermeiden, verbindet man, wie dies schematisch auch in Abb. 68 angedeutet ist, die Eisenkathode über einen Widerstand *W* mit dem

Quecksilber des mittleren Abteils. Dieser Widerstand ist gerade so groß, daß er etwa 10% des Gesamtstroms aufnimmt, so daß dann nur 90% des Gesamtstroms vom Amalgam des mittleren Abteils zur Eisenkathode fließt, wodurch der 10%ige Ausfall an Natrium aufgehoben ist.

Die beiden äußeren Abteile werden laufend mit gesättigter Chloridlösung gespeist. Die ablaufende Lösung wird außerhalb der Zelle wieder mit Chlorid gesättigt. Die Lauge soll im Mittelabteil einen Gehalt von 20% NaOH erreichen, höhere Konzentrationen sind wegen der angreifenden Wirkung auf die Zementauskleidung nicht rätlich. Es wird von Zeit zu Zeit ein Teil der Lauge abgezogen und reines Wasser nachgefüllt. Das auf diesem Wege gewonnene Hydroxyd ist sehr rein, vor allem chloridfrei.

Betriebsdaten: Stromaufnahme 600—900 A, Spannung 4,3 Volt, anodische Stromdichte 1800 A/m², kathodische Stromdichte 1200 A/m², Temperatur 40°, Stromausbeute 90%, Laugenzusammensetzung NaOH 97—99%, $Na_2CO_3$ 1—2%, NaClO 3—0,8%, $Na_2SO_4$ 0,03—0,1%, $Na_2SiO_3$ 0,01—0,05%.

Die Zellen werden wegen der schaukelnden Bewegung nur im kleinen Maßstab gebaut. Eine 600-A-Zelle mißt 120 cm im Quadrat und ist 15 cm hoch. Zwischen Rinnenboden und Mittelwänden bleibt ein Zwischenraum von 1,5 mm. Eine solche Zelle enthält 45 kg Quecksilber, also 75 g pro Ampere. Der Abstand zwischen Graphitanode und Quecksilberoberfläche beträgt 1,5 cm.

Castnersche Schaukelzellen wurden von der Castner Co. in Niagara Falls (6000 PS), ferner in dem Solvay-Werk in Osternienburg bei Bernburg (1500 PS) und in Weston Point (7500 PS) verwendet. Nur im ersteren Werk sind sie heute noch in Betrieb.

## Die Kellnersche Druckluftzelle.

Gleichzeitig mit Castner konstruierte der Österreicher Kellner Zellentypen, die auf ähnlichen Prinzipien aufgebaut sind wie die Castnerzellen. Ursprünglich baute C. Kellner[1] zweiteilige Zellen, in denen das Quecksilber über den schwach geneigten Zellenboden langsam aus der Chlorzelle in die Laugenzelle floß, in welcher das Amalgam in Berührung mit Eisen, bzw. über einer kurzgeschlossenen Eisenelektrode durch die Wirkung der elektromotorischen Kraft des Elements Na(Hg)/Lauge/Fe sich von selbst zersetzte.

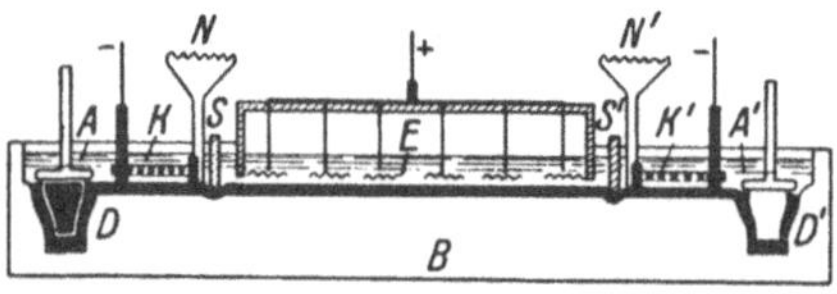

Abb. 69. Druckluftzelle von Kellner.

Später lehnte sich Kellner enger an die Bauart der Castnerzelle an. Nach den Patenten der Bosnischen E. A. G.[2] besteht diese Zelle (Abb. 69) aus einem Betongefäß *B*, welches durch 2 Schieferplatten *S* und *S'* in 3 Räume geteilt ist. Zum Unterschied von der Castnerzelle ist hier der mittlere

[1] DRP. 73224 (1892). [2] DRP. 261397, 265414.

Raum der eigentliche Elektrolysierraum, die Chlorzelle. Beiderseits schließen sich Räume *A*, *A'* an, in denen das in der Chlorzelle gebildete Amalgam zersetzt wird (Laugenzellen).

Jede Laugenzelle besitzt eine Vertiefung, in welche je ein eisernes Druckgefäß *D*, *D'* eingesetzt wird. Diese Druckgefäße sind unten offen und oben geschlossen. Sie tauchen in das Quecksilber ein, so daß dieses durch die Öffnung im unteren Teil des Gefäßes in das Innere eindringt. Während des Betriebes wird abwechselnd in das eine und dann in das andere der beiden Druckgefäße Druckluft eingeblasen, und so wird das Quecksilber abwechselnd aus dem einen oder aus dem anderen Druckgefäß zum Teil herausgedrückt. So wird eine ständige Hin- und Herbewegung des Quecksilbers erzielt, die dreimal in der Minute vor sich geht. Eine öftere Bewegung ist nicht tunlich, da sonst das Quecksilber nicht Zeit haben würde, aus einer Laugenzelle in die andere zu fließen und Interferenzen der hin- und hergehenden Quecksilberwellen entstehen würden, die streng zu vermeiden sind. In jeder Zelle zirkulieren 200 kg Quecksilber. Der Apparat (und damit der Weg des Quecksilbers) ist 3,6 m lang und 1,1 m breit. Die eigentliche Elektrolysierzelle in der Mitte desselben hat eine lichte Weite von 1,67 m und 0,9 m und enthält 6 Anodenaggregate.

Kellner[1] verwendete zuerst Platinanoden. Reines Platin ist wohl sehr widerstandsfähig gegen Chlor, weit widerstandsfähiger ist jedoch eine Legierung von 90% Pt und 10% Iridium. Derartige Bleche, selbst von 0,007 mm Stärke, weisen bei stärkster Inanspruchnahme bei der Elektrolyse eine solche Widerstandsfähigkeit gegen Cl auf, daß man mit einem Tilgungsfaktor von 5% auszukommen vermag.

Die Verhältnisse in und nach dem Kriege haben es mit sich gebracht, daß von einer Anwendung von Platinanoden keine Rede mehr sein konnte. Im Hinblick auf den hohen Platinpreis, der durch den Ausfall der russischen Uralproduktion und durch die allgemeine Geldentwertung bedingt war, konnten Neuanlagen nicht mehr mit Platinanoden ausgerüstet werden. Alte Anlagen haben ihr Platin abgegeben, sei es infolge Requisition für Zwecke der Verwendung als Katalysatoren usw., sei es aus dem Grunde, weil sie mit dem Verkauf desselben ein Geschäft gemacht haben, wie es der Betrieb in vielen Jahren nicht hätte ergeben können. Man ist in diesen Fabriken dazu übergegangen, die Platinanoden durch Graphitanoden zu ersetzen. Beim Aufhören der erwähnten abnormalen Verhältnisse kamen die Platinanoden wieder in allgemeine Verwendung, denn Anlagen, die von Platin zu Graphit übergegangen waren, konnten nicht annähernd mit derselben Stromdichte arbeiten. Solche Zellen konnten also bei gleicher Größe und gleichem Quecksilbervorrat nur einen Bruchteil ihrer früheren Leistung entwickeln.

Jede Zelle enthält einen Anodenraum mit 88 Platinelektroden *E*, welche in 6 Reihen angeordnet sind. Jede einzelne Platinelektrode hat ein Platingewicht von 1 g und eine Fläche von 50 × 50 mm.

Diese Fläche besteht aus einem kleinen quadratischen Netz aus Pt-Ir-Drahtgewebe von 0,05 mm Drahtstärke. Auf der Mittelrippe des Quadrats steht ein Platinstift von 1 mm Stärke senkrecht auf. Die Verbindung mit dem Quadrat ist verschweißt. Das obere Ende des Platinstifts ist in ein

---

[1] DRP. 85818.

Glasröhrchen eingeschmolzen und ragt innerhalb desselben empor. Dieses Einschmelzen muß sehr sorgfältig ausgeführt werden, das Glas muß die richtige Eignung haben, sonst springt es an der Einschmelzstelle. In das Glasröhrchen wird Kontaktquecksilber eingefüllt, in welches die anodischen Stromzuführungen aus Kupferdraht eintauchen. Springt das Röhrchen an der Einschmelzstelle, so läuft das Quecksilber in die Zelle aus und die Elektrode wird stromlos.

Ist dies bei einer Anzahl Kontakten der Fall, so verteilt sich die immer gleichbleibende Badbelastung auf die übrigen gesunden Kontakte, welche sich nun über Gebühr infolge Überlastung erwärmen und nun ebenfalls rissig werden, so daß das Übel rapid um sich greift.

Ein weiterer Übelstand der schadhaft werdenden Kontakte ist das Eindringen von Luft durch dieselben in die Chlorzelle infolge der Saugwirkung des Chlorventilators. Dadurch verdünnt sich das Chlor zum Schaden der Chlorproduktion.

Die Vereinigung der 88 Elektroden erfolgt in der Art, daß sämtliche Glasröhrchen in die Platte eines niedrigen Tischchens aus Beton eingesetzt sind. 6 solcher Tischchen stehen in der Chlorzelle. Die Flächen der Tischchen, aus denen die Glasröhrchen oben herausragen, schließen eng aneinander und bilden damit den Deckel der Elektrolysier- bzw. Chlorzelle. In der Wandung der Chlorzelle ist möglichst hoch oben eine seitliche Öffnung angebracht, welche sowohl den Abzug des Chlorgases als auch den Zulauf der Lauge gestattet.

Der ganze Apparat ist auf Traversen isoliert und erschütterungsfrei aufgestellt. Bei niedriger Stromdichte genügt es, als Kathoden in der Laugenzelle einfache Drahtnetze (5 mm Draht) zu verwenden. Bei hohen Stromdichten verwendet man schwere gußeiserne Roste $K, K'$, die eine genügende Oberfläche haben, denn es hat sich gezeigt, daß bei hohen Stromdichten in der Chlorzelle auch die Kathodenoberfläche entsprechend vergrößert werden muß. Sie sind 40 mm stark und bedecken eine Fläche von $840 \times 550$ mm. Jeder Rost besteht aus einem Gitterrahmen, bei welchem die Rohrstäbe parallel zur kürzeren Seite angeordnet sind. Die Roststäbe sind oben 8 mm breit und verjüngen sich unten auf 4 mm. Oben ist die lichte Öffnung 4 mm breit. An die Längsseite des Rostes ist ein kräftiger Eisenbarren angegossen, der zum Anschluß des negativen Pols der Stromquelle dient. Die Roste stehen auf isolierenden Ebonitfüßen über der Quecksilberfläche.

Nach einiger Zeit amalgamieren sich die Eisenroste und müssen herausgenommen und ausgeglüht werden. Da diese Auswechslung unter Betrieb erfolgt, die Roste in starker Alkalilauge liegen und außerdem das Kurzschließen der Zelle bei hohen Stromdichten eine fatale Sache ist, muß diese Operation mit der erforderlichen Vorsicht durchgeführt werden. Die Laugenzellen sind mit Glasplatten oben dicht abgedeckt und werden durch Wasser, das über den Glasplatten zirkuliert, gekühlt. Der abziehende Wasserstoff kann nach Abscheidung der mitgerissenen Laugentröpfchen gewonnen werden. Zwischen Kathode $K$ und dem Amalgam sind Kurzschlußvorrichtungen $N N'$ zum Ausgleich der Anoden- und Kathodenbelastung angebracht.

Der Betrieb dieser Zellen erfolgt in folgender Weise: Wenn der Apparat zusammengestellt und mit Quecksilber gefüllt ist und sich auch schon etwas

Wasser in den Druckgefäßen befindet, wird die Quecksilberzirkulation in Bewegung gesetzt. Dann wird Sole in die Elektrolysierzelle einlaufen gelassen und in die Laugenzelle etwas Lauge gegeben, damit das darin befindliche Wasser besser leitend wird. Sobald der Strom eingeschaltet ist, wird die Verbindung nach den Chlor- und Wasserstoffabzügen hergestellt. Vor dem Einschalten des Stroms muß man sich versichern, daß jede Zirkulation tadellos funktioniert. Während des Betriebs kontrolliert man den richtigen Solenzulauf und die Laugenleitung. Soll ein Apparat z. B. wegen Reinigung ausgeschaltet werden, so wird er einfach kurzgeschlossen.

Wie schon bemerkt, muß die Amalgamzersetzung so rasch erfolgen, daß sich das Amalgam mit Natrium nicht zu stark anreichert, weil es sonst dickflüssig wird, anderseits auch nicht alles Natrium verliert, weil sonst das Quecksilber anodisch gelöst würde. Jedenfalls muß das Amalgam täglich mehrmals analysiert werden. Geht die Amalgamzersetzung zu langsam vor sich, reichert es sich also über Gebühr an, so ist dies ein Zeichen, daß die Roste zu klein sind und man muß sich verschiedener Hilfsmittel bedienen. Ein solches Hilfsmittel ist ein geringer Zusatz von $NaNO_3$ zum Speisewasser, oder aber man entfernt in der Laugenzelle auf kurze Zeit die Kurzschlußvorrichtung zwischen Rost und Amalgam, so daß der ganze Strom durch den Rost geht. Durch öfteres Zirkulieren kann man die Konzentration der Lauge beliebig steigern, man geht aber nicht über 30—35%.

## Die Solvayzelle.

Im Jahre 1902 hat die Firma Solvay in Brüssel das Kellnerverfahren gekauft und wesentlich verändert[1].

Die wesentliche Neuerung in der Bauart dieser Zellen (Abb. 70) liegt darin, daß der Umlauf des Quecksilbers durch die Zellen so erfolgt, daß der Boden etwas geneigt ist. Das durchgelaufene Quecksilber, das zuerst von seinem Na-Gehalt befreit wird, gelangt durch ein Schöpfrad wieder in die Elektrolysierzelle. Die Apparate sind zweiteilig, sie bestehen aus zwei 14 m langen, in der Lichte 0,5 m breiten Flacheisenkasten $K, K'$, die mit Zementboden ausgefüttert sind. Beide Kasten stehen isoliert parallel nebeneinander und sind nach der Längsrichtung, und zwar im entgegengesetzten Sinn, um je 19 mm geneigt.

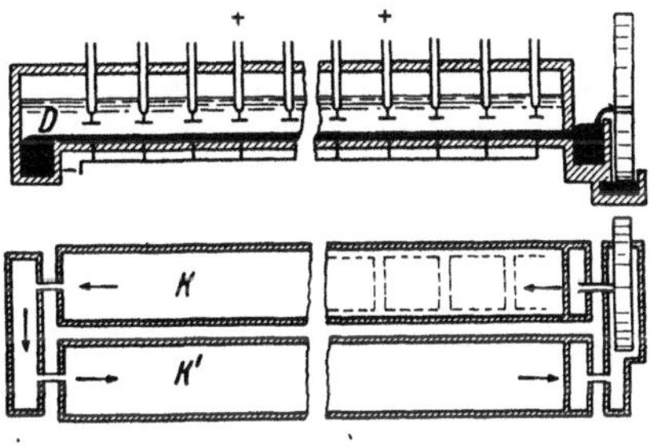

Abb. 70. Solvayzelle.

Der eine Kasten dient als Elektrolysierzelle, der andere als Amalgamzersetzer. Das Quecksilber fließt in den etwas höher gelegenen Anodenkasten über die schwach geneigte Fläche und verläßt diesen Kasten an seinem tiefsten Ende, läuft durch eine eiserne Rinne zum zweiten der Laugenkasten, in dem das Amalgam zersetzt wird, und durchfließt auch diesen der Länge nach. In dem ersten Kasten, der Elektrolysierzelle, ist beim Austritt des Quecksilbers ein Damm $D$ angebracht, über welchen das Amalgam hinwegfließen muß und der auch an seiner Höhe den not-

[1] DRP. 100560 (1898), 104900 (1898).

wendigen Quecksilberstand in der Zelle gewährleistet. Der Damm bewirkt, daß hauptsächlich das obenauf schwimmende leichtere Amalgam abfließt.

Der Elektrolyt, also die Alkalichloridlösung, läuft im gleichen Sinne wie das Quecksilber durch die Zelle. Es ist jedoch die Einrichtung getroffen, daß die frische, starke Sole unmittelbar über der Quecksilberfläche läuft und erst oberhalb derselben die verarmte, spezifisch leichtere Schicht sich ansammelt. Später ist man in Torda dazu übergegangen, die Sole und das Quecksilber nicht im gleichen, sondern im entgegengesetzten Sinn fließen zu lassen.

Die Chlorzelle ist mit starken Glastafeln abgedeckt. Hiervon sind 34 Stück mit Quecksilberkontaktröhrchen von ähnlicher Beschaffenheit, wie sie bei der Kellnerzelle (S. 125) beschrieben wurden, ausgerüstet. Die unten herausragenden Platinstiftchen sind an die Platinelektroden angeschweißt. Jede Glasplatte trägt 24 Kontaktröhrchen, aus welchen Kupferstreifen nach oben zur gemeinschaftlichen anodischen Stromzuführung gehen.

Bei der Solvayzelle bestehen die Platinelektroden aus Platinblechstreifen von 0,1 mm Stärke, 10 mm Breite und 450 mm Länge. Diese Streifen sind in der Längsrichtung der Zelle angeordnet und sind je zwei derselben durch drei kurze Querstreifen miteinander verbunden. Das Material ist auch hier wieder Platin-Iridium von der gleichen Zusammensetzung wie für die Zwecke der Kellnerzelle. Bezüglich der Einschmelzstellen gilt dasselbe, wie S. 125 für die Kellnerzelle gesagt wurde.

Im ganzen ergeben sich entsprechend den 34 gläsernen Deckplatten 34 Elektrodengruppen à 24 Kontaktröhrchen. Die gesamte Platinanodenfläche einer Zelle beträgt 2,5 $m^2$. Bei einer Badbelastung von 8000 A entfallen demnach auf ein Platinstiftchen der Stromzuführung 10 A und auf 1 $cm^2$ Platinblech 0,3 A Belastung.

Die Sole läuft in einer Tonrohrleitung durch einen $1^1/_2$zölligen, von Hand aus zu regulierenden Tonhahn am höheren Ende der Zelle ein. Die Strömungsgeschwindigkeit soll 18—20 l/min betragen. In jeder Anodenzelle sollen sich jeweils 500 l Sole befinden, und es soll dieselbe beim Einlauf 260 g, beim Auslauf 248 g NaCl pro Liter gelöst enthalten.

Das Quecksilber soll bei drei Touren des sogleich zu beschreibenden Schöpfrades pro Minute mit 7 m Geschwindigkeit die Anodenzelle und mit 5 m Geschwindigkeit die Laugenzelle durchfließen. Der Quecksilbervorrat einer Zelle soll 1300 kg betragen.

Die Zersetzungszelle, auch Laugen- oder Kathodenzelle genannt, wird mit reinem Wasser beschickt. Der Einlauf erfolgt aus einer Wasserleitung mittels von Hand gestellten Hahnes. Das Wasser läuft nicht unmittelbar in die Zelle ein, sondern es rinnt auf die etwas vertieft angeordnete gläserne Eindeckung derselben, und zwar von der höchsten Seite mit 18 mm Gefälle gegen die niedrigere Seite herunter und tritt dort durch ein Überlaufröhrchen in die Zelle ein. Dadurch wird die ganze Zelle gekühlt und das Wasser erhält eine etwas höhere Temperatur, die es für den Prozeß geeigneter macht. Der Zulauf wird so reguliert, daß eine 30—35° Bé starke NaOH-Lauge entsteht.

Aus der Chlorzelle wird das Chlorgas durch einen an der höchsten Stelle angebrachten Tonkrümmer gegen die bleierne Sammelleitung abgezogen, wobei mittels eines Ventilators eine Saugwirkung von etwa 1 mm aufrecht erhalten wird.

Der Elektrolysierraum hat einen Fußboden, der aus einem Lattenrost besteht. Geht an einer Stelle aus irgend einem Anlaß etwas Quecksilber verloren, so sammelt sich dasselbe unter diesem auf einem schrägen Betonboden und läuft in eine Betongrube zusammen.

Die negative Stromzuführung geht zu Kupferkontakten, die in den Boden der Chlorzelle eingelassen sind und durch die Betonauskleidung der Zelle bis an die Quecksilberschicht heranreichen.

Die Einrichtung, die dazu dient, das Quecksilber aus der einen Zelle in die andere zu transportieren, ist von Solvay geschaffen worden und unterscheidet sich wesentlich von der Einrichtung, welche die Bewegung des Quecksilbers in der Kellnerzelle von Jaice bewirkt.

Das Schöpfrad besteht aus einer gußeisernen Trommel, welche im Umkreis eine Anzahl Öffnungen besitzt. Im Inneren dieser Trommel befinden sich Schaufeln, die nach Art einer Zentrifugalpumpe gebogen sind.

Es wird durch einen Motor mit Stufenvorgelege angetrieben. Die Tourenzahl des Schöpfrades bedingt die Konzentration des Amalgams.

An einer bestimmten Zelle, welche mit 8000 A belastet war, wurde ermittelt: Bei drei Touren pro Minute entsprechend 7 m Laufgeschwindigkeit des Quecksilbers entsteht ein Amalgam mit 0,08% Na; bei fünf Touren pro Minute hatte das Amalgam 0,065% Na; bei sieben Touren pro Minute sank der Na-Gehalt auf 0,012%. Zweckmäßig verbleibt man innerhalb der Grenze von 0,08 bis allerhöchstens 0,2% Na.

Es soll noch ausdrücklich auf die unangenehme Eigenschaft des Quecksilbers, namentlich des Amalgams verwiesen werden, welche man als „vermullen" bezeichnet, d. h. es wird beobachtet, daß das Quecksilber mitunter nicht mehr zu einer kompakten Flüssigkeit zusammenläuft, sondern daß mehr oder weniger große Hg-Kügelchen getrennt nebeneinander verbleiben. Mitunter bildet sich sogar eine graue salbenartige Masse. Jede Verunreinigung des Hg aus dem Wasser, aus der Chlorsole durch organische Substanzen, besonders durch geringe Spuren von Fett, ruft diese unangenehme Erscheinung hervor. Eine solche Masse ist durch kein Mittel in flüssiges Quecksilber zu verwandeln, und es erübrigt nur als letzte Auskunft die Destillation des Mulls, welche natürlich nicht ohne Verluste abgeht. Begreiflicherweise ist daher die äußerste Vorsicht gegen Verunreinigung geboten.

Nach der Solvayschen Betriebsvorschrift muß jedes Bad nach längstens einem Monat abgestellt, demontiert, gereinigt und neu montiert werden. Diese Maßregel ist vollkommen begreiflich, wenn man bedenkt, wie sehr die Bäder infolge Verunreinigung der Sole und durch Amalgammull verunreinigt werden und wie viele Defekte an den Kontaktröhrchen vorkommen können. Eine Unterlassung dieser Maßregel bringt eine Steigerung der Badspannung und damit eine schlechtere Energieausbeute mit sich. Außerdem können Kurzschlüsse und damit schwere Bäderexplosionen erfolgen.

Die gesamte Energie, welche bei der Elektrolyse über den theoretischen Verbrauch hinaus verbraucht wird, tritt im wesentlichen als Wärme in Erscheinung. Dieser Umstand erklärt die wesentlich besseren Stromausbeuten bei höheren Belastungen. Es wird auch begreiflich erscheinen, wie wichtig es ist, den Wärmevorrat der Zellen bzw. der Chlorsole durch gute Isolierung vor Verlusten zu schützen.

Nach dem Prinzip der Solvayzellen arbeiten derzeit 5 Fabriken:

| | | |
|---|---|---|
| Die Fabrik von Jeneppe in Belgien | mit | 1500 PS |
| ,, ,, in Lissitschank........ | ,, | 1500 ,, |
| ,, ,, ,, Osternienburg...... | ,, | 1500 ,, |
| ,, ,, ,, Torda............. | ,, | 2000 ,, |
| ,, ,, ,, Brescia............ | ,, | 2000 ,, |

Nach dem Kellnerverfahren arbeitet nur die Fabrik in Jaice mit 1300 PS.

## Weitere Zellenkonstruktionen.

In neueren von Krebs & Co., Berlin-Paris-Oslo, erbauten Anlagen wird an Stelle des Schöpfrades eine archimedische Schnecke verwendet (Abb. 71 und 72). Die Zellen werden bis zu einer Stromstärke von 10000 A bei 4,1—4,2 Volt Spannung gebaut und haben 95—96% Ausbeute. Das Abgas enthält 97% Chlor, die Lauge 400—500 g/l. In der Sekundärzelle wird bei einer Temperatur von 80° C gearbeitet. Früher wurden die Tröge für die Zellen aus Beton gebaut, jetzt verwendet man ein Material, das gegen die chlorhaltige Sole besser beständig ist, wodurch die bekannten Störungen in der Primärzelle beseitigt sind. Die Quecksilberpumpen der Zellen werden individuell anstatt durch Transmissionen angetrieben.

Konstruktiv ist die Quecksilberzelle von der Firma Krebs & Co. unter dem Gesichtspunkt weiterentwickelt worden, daß sie sich als Pufferbetrieb eignet, wo zeitweise disponible Energiemengen ausgenutzt werden sollen, da ja die Zelle sich unter gewissen Bedingungen ohne Schaden für sich und den Betrieb ein- und ausschalten läßt.

Selbst nach einer Betriebsdauer von vier Monaten ergaben sich bei diesen Anlagen noch folgende Resultate:

Stromausbeute 94%, Zellenspannung 4,5 Volt, Laugenkonzentration 350—400 g/l, Chlorkonzentration 95—96%, das Chlor enthält 1—2% Wasserstoff.

Der Kraftbedarf dieser neuen Quecksilberzellen ist ungefähr der gleiche, welchen horizontale Diaphragmazellen beanspruchen.

Die Kosten für eine Gesamtanlage, unter Berücksichtigung sämtlicher Nebeneinrichtungen, sind beim Quecksilberverfahren ungefähr die gleichen wie bei einem guten Diaphragmaverfahren.

Während früher zur Füllung einer Anlage von 10000 A Kapazität mehr als 1200 kg des teuren Quecksilbers nötig waren, braucht man für die Neukonstruktion nur 660 kg bei einem jährlichen Verlust von 2%. Erreicht wurde dieser große Vorteil vor allem dadurch, daß man die Leitflächen für Quecksilber mit größtmöglicher Präzision ausführte. Die elektrolytische Abteilung besteht aus Zement und ist innen mit Schutzplatten verkleidet, wogegen die Zersetzungszelle nur aus Eisen besteht. Der Trog für erstere wird mittels Schablonen gegossen, die Schutzplatten sind ganz genau ausgeführt. So erhält man eine völlig ebene Grundfläche, die als Laufbahn für das Quecksilber praktisch keinerlei Un-

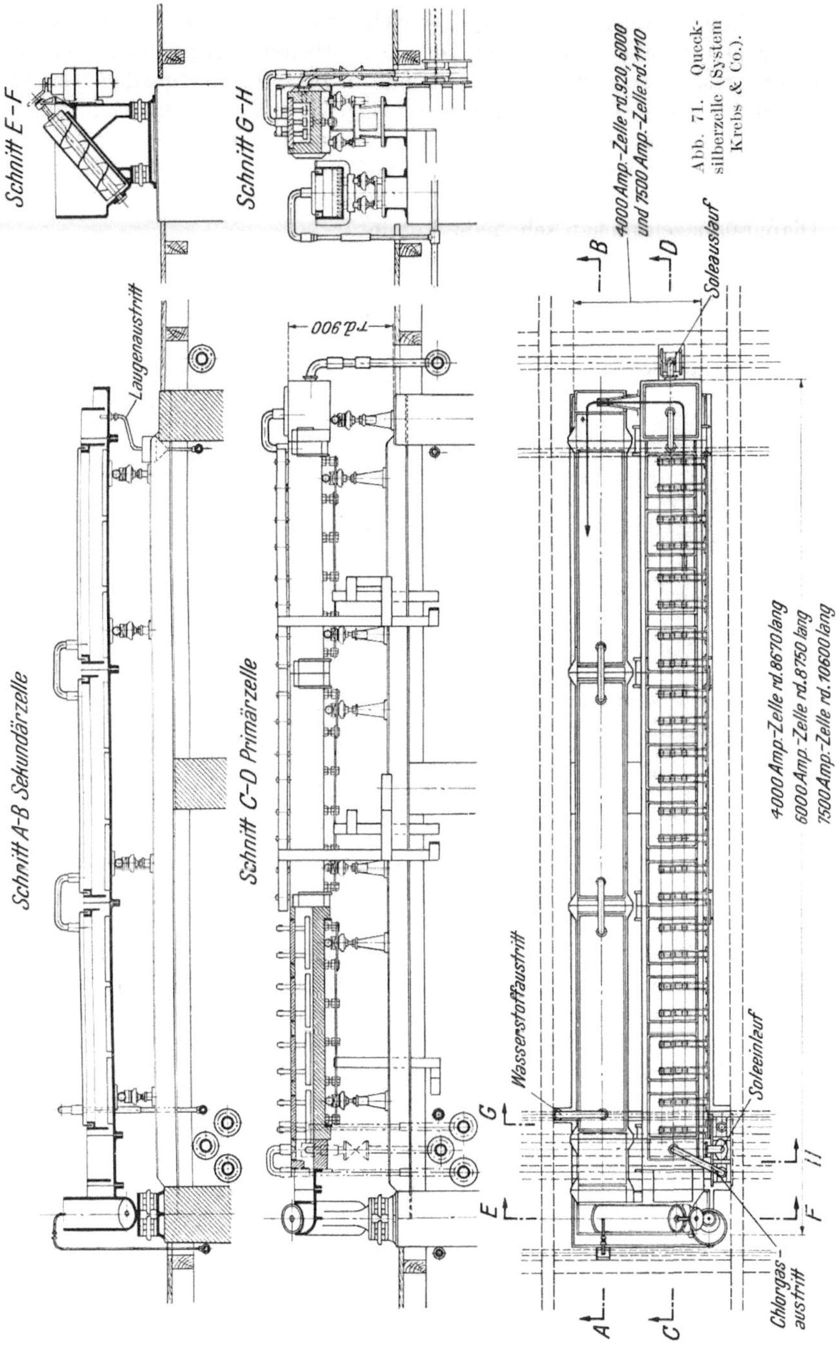


Abb. 71. Quecksilberzelle (System Krebs & Co.).

ebenheiten aufweist. Hierdurch erreicht man zweierlei: Erstens kann mit dem theoretisch geringsten Gefälle gearbeitet werden, und zweitens kommt man mit der dünnsten, gerade noch zusammenhängenden Schicht Quecksilber aus. Der Zersetzungstrog ist nach den gleichen Grundsätzen gebaut. Die ganze Zellenapparatur ruht auf Isolatoren, die eine ganz genaue Einstellung des notwendigen Gefälles gestatten. Die Spannung beträgt bei den neuen Zellen nur 4,2 Volt, ein Resultat, das dem der Diaphragmazelle schon sehr nahe kommt.

Dadurch, daß ferner die Möglichkeit besteht, jederzeit die Menge des zulaufenden Lösungsmittels im Zersetzungsraum genau und bequem zu

Abb. 72. Quecksilberzellen mit archimedischer Schnecke (erbaut von Krebs & Co.).

regeln, ist die Bedienung der Anlage sehr vereinfacht. Wenn aber auch die Laugenkonzentration, dem jeweiligen Bedarf entsprechend, beliebig stark eingestellt werden kann, so wird man sie doch zweckmäßig nicht unter 200 g NaOH sinken und nicht über 500 g im Liter steigen lassen. Für Kalilauge sind die entsprechenden Zahlen 250 und 640 g im Liter[1]. Der störungsfreie Betrieb der Quecksilberzelle erfordert die Verwendung reiner Kochsalzlösungen. Namentlich Erdalkalichloride verursachen eine rasche Verschmutzung der Primärzellen. Eisen erniedrigt die Überspannung der Quecksilberkathode derart, daß lebhafte Wasserstoffentwicklung eintritt, was außer Ausbeuteverlusten auch zu Chlorknallgasexplosionen führen kann.

Deshalb wurde in allen Betrieben reines Siedesalz oder eigens gereinigte Sole verwendet.

[1] B. Schulz: Chem.-Ztg. **1932**, 889.

Die Firma Krebs & Co. benutzt neuerdings Seesalz, welches auf höchst einfache Weise gereinigt wird. Das bekanntlich stark verunreinigte Seesalz wird mit ganz wenig Wasser vermahlen und der Kristallbrei durch kurzes Abbrausen auf Nutschen von allen Verunreinigungen befreit.

Auch die I. G. Farbenindustrie A. G.[1] hat neuerdings Quecksilberzellen gebaut.

Der Zellentrog besteht aus einem metallischen, von Quecksilber nicht angreifbaren Werkstoff und ist an den nicht vom Quecksilber bedeckten Teilen mit einem gegen Angriff schützenden und elektrisch isolierenden Überzug versehen, während der ungeschützte, vom Quecksilber bedeckte Boden gleichzeitig als Stromzuführung dient. Der Trog besteht im wesentlichen aus einem flachgelegten U- oder I-Eisen, in das die, die Stirnwände sowie die Trennwände zwischen Elektrolyseraum und Abscheidungsräumen bildenden senkrechten Bleche eingeschweißt sind. Zwei Zellen mit einem Amalgamzersetzer bilden eine Einheit.

Zur Herstellung von Alkalilaugen aus dem Alkaliamalgam verwendet die I. G. Farbenindustrie A. G.[2] Katalysatoren, wie Graphit, Koks, Kohle, Eisen und Eisenlegierungen, indem das Alkaliamalgam von oben nach unten durch einen mit dem Katalysator gefüllten Turm rieselt und im Gegenstrom von unten nach oben Wasser durch den Turm geführt wird. Dabei hält man die Temperatur so hoch, daß ein Kristallisieren der erhaltenen Alkalilauge vermieden wird. Der z. B. mit Graphit gefüllte, mit Heizröhren umgebene Turm aus Eisenblech faßt 100 l und ist für einen stündlichen Durchsatz von 3000 kg Amalgam mit 0,1% Na bestimmt, wobei er sich auf 60° erwärmt.

Nach weiteren Patenten der I. G. Farbenindustrie A. G.[3] kann die Amalgamzersetzung auch in Rührvorrichtungen in Gegenwart von Katalysatoren (Graphit, Koks, Kohle, Legierungen) im Gegenstrom und bei erhöhter Temperatur bei inniger Vermischung von Wasser und Amalgam vorgenommen werden. Man verwendet z. B. zwei Gefäße mit Rührvorrichtungen aus Graphit oder Fe-Ni-Legierung[4]. In der einen wird teilweise zersetztes Amalgam mit Wasser behandelt, wobei sich die Temperatur von 50—90° erhöht und eine 25—40%ige NaOH-Lauge entsteht. Diese wird im zweiten Rührwerk mit frischem Amalgam behandelt und gibt eine 60%ige Lauge. Nach diesem Verfahren gelingt es, Lösungen mit über 50% Alkalihydroxyd (nach dem britischen Patent bis 70% NaOH und 75% KOH) zu gewinnen und so das Eindampfen der Laugen zu ersparen.

Außer den beschriebenen Typen existieren noch eine Unzahl anderer Konstruktionen[5].

**Die Whitingzelle.** Die Besonderheit dieser Zelle ist eine Einrichtung, welche das Amalgam periodisch aus der Chlorzelle entfernt, worauf unmittelbar frisches Quecksilber und Sole eingeführt wird.

---

[1] Österr. P. 140204 (1932); Schweiz. P. 169036 (1932).

[2] Erfinder Herbert Gorke: DRP. 598314 (1932); B. P. 415466 (1933); Österr. P. 136378 (1933); F. P. 751312 (1933).

[3] Schweiz. P. 165502 (1932).

[4] Vgl. DRP. 448892.

[5] Siehe Patentliteratur (S. 146 ff.).

Diese diskontinuierlich arbeitende Zelle (Abb. 73) besteht aus einem Betonkasten *B*, der durch eine Wand *C* in zwei Teile geteilt ist, dem Chlor- oder Amalgamraum und dem Laugenraum. Der erstere ist der Breite nach durch niedrige Wände wieder in mehrere Abteilungen $Z_1$, $Z_2$ usw. unterteilt. Jede dieser Abteilungen ist durch einen in der Betonwand ausgesparten und durch ein Ventil *V* verschließbaren Kanal mit dem Laugenraum verbunden. Durch abwechselndes Öffnen dieser Ventile kann das Amalgam aus der Chlorzelle in die Laugenzelle abgelassen werden. Durch fünf Nocken, die auf einer Welle verteilt sind, werden diese Ventile der Reihe nach geöffnet, das Amalgam strömt in den etwas tiefer gelegenen Laugenraum, der mit aus Graphitplatten gebildeten, serpentinartigen Rinnen *K* stufenförmig abfallend unterteilt ist. Das Amalgam strömt so auf möglichst langem Wege über diese Rinnen, wobei es an Natriumgehalt verliert, bis zu einem Sammelraum, aus dem es durch ein Schöpfrad *P* in einen an der Stirnwand des Chlorraums im Beton ausgesparten Verteilungskanal *U* befördert wird, von wo es in die fünf Abteilungen $Z_1$ bis $Z_5$ des Chlorraums gelangt.

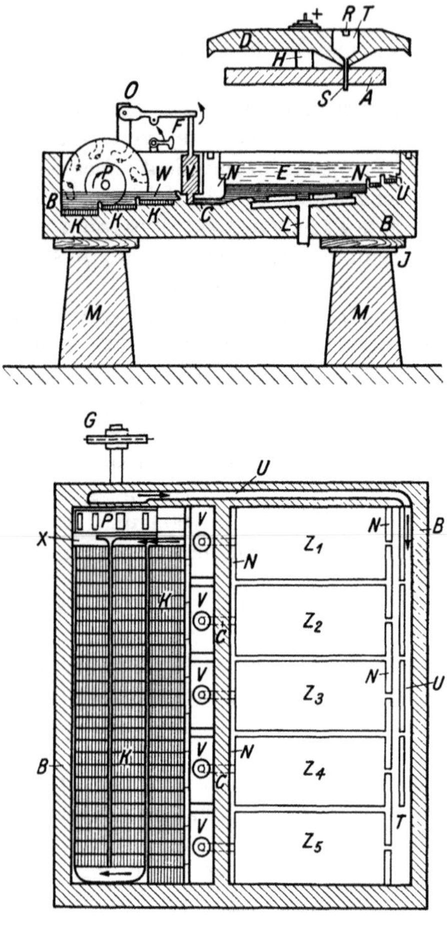


Abb. 73. Whitingzelle.

Gleichzeitig mit der Entleerung des Amalgams erfolgt automatisch auch der Austausch des Elektrolyten. Im Deckel jedes Abteils des Chlorraums ist ein Trichter *T* angebracht, der bis unter die Quecksilberoberfläche führt. Durch eine gemeinsame Leitung werden die Trichter mit frischer Salzlösung gefüllt. Wird nun das Amalgam abgelassen, so wird die untere Öffnung des Trichters freigegeben und der Elektrolyt kann in die Zelle fließen. Durch diese Anordnung wird auch eine Schichtung des Elektrolyten ausgebildet, indem sich die spezifisch schwerere Salzlösung knapp über den Quecksilberspiegel legt, während sich die alte chlorhaltige Lösung darüber schichtet. Wenn unmittelbar darauf frisches Quecksilber nachfließt, so wird dadurch der verbrauchte Elektrolyt durch ein Überlaufrohr hinausgedrängt. Die Anoden aus Graphit sind in den Deckeln der Chlorzellen angebracht.

Betriebsdaten: Zellenbelastung 1200 A, anodische Stromdichte 1200 A/m², Arbeitstemperatur 40° C, Stromausbeute 90—95%, Badspannung 4 Volt, Quecksilberbedarf 125 g pro Ampere, Laugenkonzentration 20—40%.

Diese Type ist bei der Oxford Paper Co. in Rumford, U. S. A., und bei der Uddeholm A. G. in Schweden in Betrieb.

Die erstere Anlage liefert täglich 2 t Ätznatron.

**Die Wildermannzelle.** Eine besonders sinnreiche Anordnung des Prinzips der Vereinigung rein chemischer Zersetzung mit der Erzeugung des Amalgams im gleichen Apparat stammt von M. Wildermann.

Eine Besonderheit dieser Zelle[1] ist die vertikale Anordnung der Anoden und die dadurch bedingte Anordnung der Quecksilberkathoden in Form von übereinandergelegten kreisförmigen Rinnen, die zusammen einen Zylinder bilden.

Diese Zelle besteht aus einem eisernen Kessel *K*, der durch eine ringförmige Platte *D* abgedeckt ist (Abb. 74).

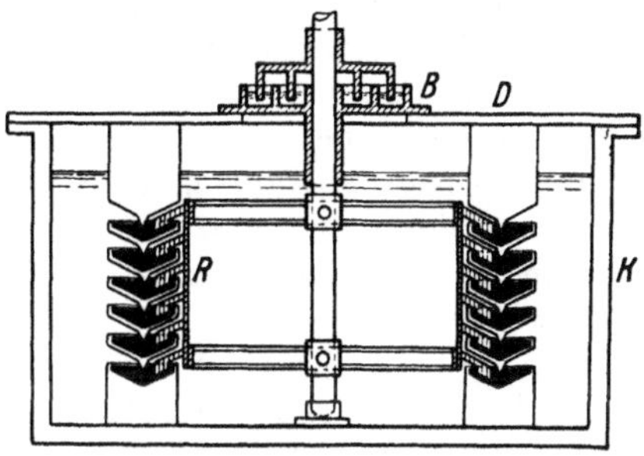

Abb. 74. Wildermannzelle.

In den Kessel sind in einen Rahmen *R*, der innen mit Hartgummi, außen mit Zement verkleidet ist, eine Anzahl kreisförmiger Rinnen von Y-Profil übereinander befestigt. Die Rinnen aus Eisen sind mit Ebonit überzogen und mit Quecksilber gefüllt. Sie sind so ausgeführt, daß die keilförmige Spitze der oberen Rinne in das Quecksilber der nächst tieferen taucht. Dadurch entsteht eine zylinderförmige Wand, welche die Zelle in zwei vollständig getrennte Räume teilt, die äußere ringförmige Laugenzelle und den inneren zylindrischen Anodenraum, der durch einen Betondeckel *B* verschlossen ist. Im letzteren befinden sich die vertikalen Graphitanoden, deren Zuleitungen gasdicht durch den Deckel geführt werden.

Die Laugenzelle wird mit Wasser, das oben austritt, die Chlorzelle mit Salzsole, die von unten ein- und oben austritt, gespeist. Das Quecksilber in den Rinnen ist mit dem negativen Pol verbunden.

Auf der den Anoden zugekehrten Seite entsteht Amalgam.

In der Achse der Zelle ist ein Rührer angebracht, der mit horizontalen Fahnen versehen ist, die in die Quecksilberrinne eintauchen und schwingende Bewegungen ausführen. Dadurch wird das Quecksilber durchgemischt, und es gelangt das Amalgam zum Teil in die äußere Hälfte der Rinnen, wo es sich wegen seiner geringeren Dichte an der Oberfläche sammelt und mit dem Wasser unter Laugenbildung reagiert. Um die

[1] Edser u. Wildermann: DRP. 130118 (1899). — Wildermann: DRP. 172403 (1902).

Zersetzung durch Lokalketten zu beschleunigen, läßt man kleine, mit Eisendraht umwickelte Graphitstäbchen auf der Oberfläche schwimmen.

Der Zellendeckel und die Welle des Rührers sind durch Wasserverschluß abgedichtet. Der Vorteil dieser Zelle liegt in dem geringen Raumbedarf und darin, daß das Quecksilber besser ausgenützt wird, weil durch das Rühren sich nicht so leicht festes Amalgam bilden kann. Der Quecksilberbedarf ist 80 g/A.

Dementsprechend ist die Strombelastung der Zelle hoch.

Bei einer Stromdichte von 20 A/dm² beträgt die Spannung 4,72 Volt, bei der Maximalbelastung von 60 A/dm² beträgt sie 7,88 Volt.

Betriebstemperatur 55° C, Stromausbeute 97—98%, Laugenkonzentration 20—25% NaOH.

Ein weiterer Vorteil der Zelle liegt darin, daß von der Anode absplitternde Graphitteilchen infolge der vertikalen Anordnung nicht in das Quecksilber hineinfallen können. Nachteile liegen in dem komplizierten Aufbau und der öfter nötigen Demontage, die durch Schäden an den Isolierüberzügen notwendig wird.

Die technische Ausbildung des Verfahrens wurde erst durch die Erfindung[1] eines besonders widerstandsfähigen Ebonitmaterials ermöglicht. Dieses wird aus Kautschuk, Schwefel, Graphit u. a. Stoffen hergestellt.

Das Verfahren wird noch in den deutschen Wildermannwerken in Mülheim a. d. Ruhr und der Zellstoffabrik Waldhof bei Mannheim verwendet.

Während auf je 1000 A die Castnerzelle 250—300 kg, die Kellnersche Druckluftzelle 200 kg und das Solvayverfahren 140—200 kg Quecksilber benötigen, braucht die Wildermannzelle nur 80 kg[2].

## Die Aufarbeitung der Elektrolyseprodukte.

### Darstellung von hochprozentigem NaOH.

Der Kathodenablauf der Chloralkalielektrolyse ist bei den verschiedenen Verfahren verschieden zusammengesetzt.

Die Lauge, welche nach einem der Diaphragmen oder Schichtenverfahren hergestellt wurde, enthält durchwegs mehr oder weniger große Mengen Chloralki und ist daher für viele Zwecke nicht unmittelbar verwendbar.

Beim Aussiger Glockenverfahren z. B. enthält der Kathodenablauf rund 12% NaOH, der Hauptmasse nach noch unzersetztes NaCl und geringe Mengen Chlorat. Diese Flüssigkeit wird in Vakuumapparaten bis zur Konzentration 40° Bé eingedampft. Da das NaCl und auch das KCl in alkalischer Lauge schwer löslich ist, scheiden sich die Alkalichloride beim Eindampfen aus und es kann auf Salzfiltern oder Zentrifugen die Trennung der alkalischen Dicklauge vom ausgefallenen Chlorid vorgenommen werden. Letzteres gelangt, wie bereits bemerkt, in die Auflösegefäße für die Herstellung der Elektrolytlauge.

Die Dicklauge fließt nun auf Verdampfpfannen aus Gußeisen, in denen

---

[1] Wildermann: DRP. 216227.

[2] Weitere, eine noch größere Beschränkung des Quecksilberbedarfes bezweckende Vorschläge stammen von L. Gurwitsch: DRP. 145749 (1902); J. J. Rink: DRP. 213808 (1916); W. Kettembeil: Ztschr. Elektrochem. **10**, 561 (1904); C. F. Carrier: Ztschr. Elektrochem. **10**, 566 (1904) sowie der Firma Hoesch & Co.: DRP. 279998, 280556 (1913).

sie bis auf eine Konzentration von 50° Bé gebracht wird, um dann in den Schmelzkesseln aus Gußeisen, Nickel oder Nickelstahl (KOH) bis auf geschmolzenes, wasserfreies NaOH bzw. KOH verschmolzen zu werden.

Dabei kann der Angriff der Lauge auf die Kesselwand am besten durch kathodische Polarisation[1] verhindert werden.

Hierzu wird in den Kessel von oben eine gekühlte Platinanode eingesenkt und der Kessel als Kathode geschaltet. Bei einem Stromdurchgang von 300—400 A wird durch die Elektrolyse der letzten Wasseranteile die Entwässerung beschleunigt.

Dann wird es in die Versandtrommeln aus Schwarzblech gegossen und erstarrt darin.

Für gewisse Zwecke gießt man das geschmolzene NaOH auf flache Blechtassen in dünne Schichten aus, läßt es erstarren und verpackt die zerbrochenen Kuchen in Holzfässer. Sehr beträchtlich ist auch das Quantum Ätzkalilauge, das in konzentriertem Zustand in Kesselwagen direkt an den Konsumenten versendet wird.

Die Aufarbeitung des Kathodenablaufs bei den Quecksilberzellen ist viel einfacher als bei den früher beschriebenen elektrolytischen Verfahren, weil diese Laugen praktisch rein, also frei von Alkalichlorid sind. Da sie auch eine erhebliche Konzentration besitzen, genügt es, sie in den Eindampfpfannen auf 50° Bé zu konzentrieren, worauf sie in den Ätznatronschmelzkesseln bis zu Ende verdampft, geschmolzen und das geschmolzene Ätzkali in Schwarzblechtrommeln zum Versand gegossen werden. Behufs Beseitigung einer grünlichen Färbung des Ätzkalis, welche von Manganspuren herrührt, die aus dem Eisen des Gußkessels stammen, setzt man beim Schmelzen im Kessel vorsichtig etwas Schwefel zu. Bräunt sich hierbei die Schmelze, so kann diese Färbung durch einen geringen Salpeterzusatz beseitigt werden, worauf dann die Schmelze rein weiß wird.

Die Chlorgasverarbeitung: Ehemals sind beträchtliche Mengen Chlorgas auf Chlorat verarbeitet worden. Man leitete das Gas in alkalische Laugen und stellte je nach der Temperatur unterchlorigsaure oder chlorsaure Verbindungen her. Diese Verbindungen scheiden nun ganz aus, da Chlorate nur mehr nach dem direkten elektrolytischen Verfahren erzeugt werden (S. 178).

Wichtig ist heute die Herstellung von flüssigem Chlor. Die erste Voraussetzung hierfür ist eine exakte Trocknung, die über $H_2SO_4$ erfolgt. Aus den Zellen mit Diaphragmen und aus den Glocken kommt das Chlor zwar ziemlich wenig feucht, um so feuchter ist es aber bei dem Hg-Verfahren. Die Hauptmasse des Wassers muß durch Kühlung beseitigt werden, da sonst der Verbrauch an konzentrierter $H_2SO_4$ zu groß wäre.

Für Zwecke der Komprimierung von Cl ist die exakte Entwässerung aus dem Grunde notwendig, weil selbst geringe Spuren von Wasser Veranlassung zu Verstopfungen in den Verdichtungsapparaten geben würden, namentlich in solchen, die mit niedriger Temperatur arbeiten.

In der Praxis sind zwei Arbeitsweisen für die Chlorkompression in Verwendung. Entweder man verdichtet das Chlor durch hohen Druck bei relativ geringer Unterkühlung. In diesem Falle sind Kompressionspumpen in Verwendung, bei denen das Gas durch einen Flüssigkeitspolster von den Pumpenteilen getrennt gehalten wird, um Korrosionen zu verhüten. Als Trennungsflüssigkeit dient $H_2SO_4$ (66° Bé). Oder aber es wird die Verdichtung ohne Kompression bewirkt, lediglich durch starke Unterkühlung in einem Röhrensystem auf — 50° C.

Das flüssige Chlor wird entweder in Bomben abgezogen oder aber in Kesselwagen gefüllt, in denen es der Verwendungsstelle zugeführt wird.

Früher wurde die Hauptmenge des Chlors auf Chlorkalk verarbeitet. Es sind dazu allgemein die kontinuierlich arbeitenden, sogenannten Hasencleverschen Rinnenapparate in Verwendung, doch ist die Nachfrage stark zurückgegangen.

---

[1] Sinding Larsen: DRP. 82876.

## Wirtschaftliches.

Von den nichtmetallischen Produkten, die durch Elektrolyse in wäßriger Lösung erzeugt werden, marschieren der Erzeugungsmenge nach Chlor und Alkali an der Spitze, zu deren Erzeugung in Deutschland 500—600 Millionen kWh jährlich verbraucht werden.

Die technische Chlor-Alkali-Elektrolyse kann jetzt auf ein etwa vierzigjähriges Bestehen zurückblicken. Von den zahllosen unter Patentschutz gestellten Verfahren haben nur verhältnismäßig wenige Verwendung in der Großindustrie erlangt, und davon findet man heute wieder nur eine kleine Zahl von Verfahren, die sich in jahrzehntelangem ununterbrochenen Betrieb bewährt haben. In Deutschland hat besonders das Schichtungsverfahren die Vorherrschaft. Infolge seiner Ausdehnung in die Horizontale erfordert dieses System eine größere Baufläche. Ihm gegenüber stehen die Systeme mit vertikaler Anordnung der Zellenelemente, die auf geringer Baufläche eine große Energiemenge unterzubringen imstande sind. Die hierhergehörigen Verfahren werden vom Ausland, besonders Amerika, bevorzugt. Weitgehende Verwendung in verschiedensten Ländern haben aber auch die Quecksilberverfahren gefunden.

Für die Beurteilung einer Zelle ist nicht nur ihre günstige Stromausbeute, ihr Platzbedarf und ihre Einfachheit der Bedienung maßgebend, sondern sehr wesentlich sind auch der Anschaffungspreis und die Erhaltungskosten.

Für kleinere Werke kommt neben niederem Anschaffungspreis und möglichst einfacher Bedienung auch häufig noch die Bedingung dazu, daß die Anlage zeitweise ohne Schaden außer Betrieb gesetzt werden kann.

Was den Anschaffungspreis betrifft, sind die Zellen mit vertikaler Filterdiaphragmenanordnung (Townsend, Gibbs, Krebs, Ciba usw.) am billigsten, da beide Seiten der Anoden wirksam sind. Dafür ist die Abnutzung sowohl der Anoden als auch der Diaphragmen dementsprechend größer.

Die Horizontalzellen (Siemens, Billiter) sind etwas höher in der Anschaffung, beanspruchen auch mehr Grundfläche, gestatten aber eine längere Betriebsperiode. Der größere Raumbedarf im Vergleich zu den Vertikalzellen wird allerdings zum Teil dadurch ausgeglichen, daß diese Zellen weniger große Zwischenräume brauchen, da die Montagearbeiten bei Erneuerung der Zelle einfacher sind. Der gesamte Raumbedarf ist bei Horizontalzellen nur etwa 20% größer. Die teuersten Anlagen waren bis vor kurzem die Quecksilberzellen, einerseits wegen der Platinanoden, aber auch wegen der notwendigen großen Quecksilbermengen. Heute haben sich die Anschaffungskosten beider Systeme fast ganz ausgeglichen.

Ein wesentlicher Faktor ist auch die Bedienung. Die sorgfältigste Überwachung erfordern die älteren Zellen mit Vertikaldiaphragma, bei diesen ist auch für das häufige Wechseln der Diaphragmen ein größerer Arbeitsaufwand notwendig. Die wenigste Bedienung erfordern die Quecksilberzellen.

Für diese sowie auch für die Zellen mit Horizontaldiaphragmen wirkt sich die lange Haltbarkeit der Diaphragmen und Elektroden auf die Kalkulation günstig aus. In bezug auf die Reinheit der Produkte stehen die Quecksilberverfahren obenan. Die Leistungen der einzelnen Typen sind im übrigen recht verschieden.

Die Tabelle 13 gestattet einen Vergleich in den wichtigsten Punkten.

Tabelle 13.

| Verfahren | Zellenspannung | Betriebsperiode | Stromdichte A/m² | NaOH im Liter Kathodenlauge in Gramm | Stromausbeute |
|---|---|---|---|---|---|
| Griesheim (Magnetitanode) | 4,1 | 3—4 Tage | 300 | 45—50 | 80 |
| Allan Moore | 3,8 | 1 Monat | 450 | 100—110 | 90—95 |
| Nelson | 3,7 | 1 „ | 400 | 80—100 | 90 |
| Townsend | 4,6—5,2 | 1 „ | 1000—1500 | 140—200 | 93—97 |
| Gibbs | 3,5—3,6 | 2—4 Monate | 450—600 | 90—110 | 93—95 |
| Krebs | 3,25 bis 3,75 | | 450 | 85—135 | 90—94 |
| Giordani-Pomilio | 3,8—4,2 | | 450 | 120—150 | 92—95 |
| Ciba | 3,3—4,5 | 12—15 Monate | 450 | 110—130 | |
| Siemens-Billiter | 3,4—4,6 | mehrere Jahre | 400—800 | 120—150 | 94—96 |
| Aussiger Glocken | 3,5—4,0 | „ „ | 200 | 120 | 85 |
| Billiter-Leykam | 3,1—4,5 | „ „ | 200—400 | 100—120 | 89—93 |
| Quecksilber (Platinanode) | 4,5 | ca. 2 Monate | 1000—1500 | 350 | 95 |
| Quecksilber (Graphitanode) | 5 | ca. 3—4 Monate | 2000—3000 | 350 | 95 |
| Quecksilber, neue Konstruktion v. Krebs u. Co. | 4,2 | 4—6 Monate | 2000—3000 | 350—400 | 94—96 |

Die Badspannung ist vor allem ein Moment, das in hohem Maß ökonomisch belastend wirkt. Sowohl hinsichtlich der Stromausbeute als auch hinsichtlich der Badspannung steht das Griesheimelektronverfahren an unterster Stelle. Betriebstechnisch ist in Erwägung zu ziehen, daß das Aussiger Verfahren das stabilste und ruhigste elektrolytische Verfahren ist, welches existiert, und mit einem Minimum an Arbeitskräften das Auslangen findet. Der letzte Umstand fällt um so schwerer ins Gewicht, wenn man bedenkt, daß heute der Arbeitslohn einen wesentlichen Anteil der Kosten bildet.

Als in der Kriegs- und Nachkriegszeit die Chloralkaliindustrie einen bedeutenden Aufschwung genommen hatte, schien kaum ein Zweifel mehr darüber zu bestehen, daß die Frage „Quecksilber- oder Diaphragmaverfahren" endgültig zugunsten des letzteren entschieden sei. Denn das erstere wies eine Reihe von Mängeln auf, wobei namentlich die hohen, durch den großen Quecksilberbedarf bedingten Anlagekosten sowie der verhältnismäßig starke Energieverbrauch unüberwindliche Schwierigkeiten boten. Es war daher zu verstehen, wenn die Industrie bei Neuanlagen dem Diaphragmaverfahren den Vorzug gab. Auch Fabriken, die bereits lange Jahre nach dem Quecksilberverfahren gearbeitet hatten, sahen sich schließlich aus Rentabilitätsgründen genötigt, ihre alte Anlage abzureißen und dafür Diaphragmazellen aufzustellen. Dieser Entwicklungsgang der Alkalielektrolyse hatte zwangsläufig die weitere Folge, daß chlorfreie Ätzalkalien immer mehr vom Markte verschwanden, um dafür den chlorhaltigen, aus den Diaphragmaanlagen stammenden Produkten Platz zu machen. Aber während die genannte Umstellung auf dem Gebiete der Alkalielektrolyse vor sich ging, begann sich die Kunstseidenindustrie ebenfalls zu ungeahnter Höhe zu entwickeln; diese schuf ihrerseits einen großen Bedarf nach den jetzt kaum vorhandenen chlorfreien Ätzalkalien, zu dessen Deckung die Diaphragmaanlagen kaum herangezogen werden konnten. Dadurch lenkte sich ganz von selbst die Aufmerksamkeit der interessierten Kreise zurück auf die bereits bekannten, eine absolut chlorfreie und dabei konzentrierte Lauge liefernden Quecksilberzellen. Es ist gelungen, die obenerwähnten Mängel zu beseitigen, so daß das qualitativ bessere und neuerdings stark gefragte Produkt auch im Preise mit dem aus den Diaphragmazellen stammenden konkurrenzfähig gemacht werden konnte.

Wenn die Aufnahmefähigkeit des Marktes für KOH genügend groß ist, wird man in Ländern, wie Deutschland, die über eine große KCl-Produktion verfügen, rationellerweise lieber die Elektrolyse von KCl als die von NaCl durchführen.

Chlor und Alkali fallen bei der Elektrolyse immer in einem zwangläufigen Verhältnis an; man hat es also nicht in der Hand, die Menge des einen Produkts oder die des anderen unabhängig und nach Belieben zu verändern. Die Verwendung des Chlors in der Bleicherei als Chlorkalk für Desinfektionszwecke, zum Chlorieren organischer Verbindungen war früher eine relativ beschränktere als die der Ätzalkalien. Auch die Einführung von Verfahren, aus elektrolytischem Chlor und elektrolytischem Wasserstoff durch Kontaktverbrennung HCl zu erzeugen, änderten zunächst wenig an der relativ ungünstigen Marktlage des Chlors. Diese Überlegung drängte im Zusammenhange damit, daß NaOH aus Ammoniaksoda unabhängig von Chlor ebenso billig dargestellt werden kann wie mittels Elektrolyse, dazu, bei der Entscheidung der Frage, Chlorkalium- oder Chlornatriumelektrolyse, die Entscheidung zugunsten des KCl zu fällen.

Es waren also die Aussichten der NaCl-Elektrolyse zunächst nicht gerade glänzend, wenn nicht ein sehr wichtiger Umstand der letzten Zeit in Betracht käme. Beim Ammoniaksodaprozeß gehen, abgesehen vom gesamten Cl, welches ursprünglich an das in Form von Soda produzierte Na gebunden war, noch 30% des in den Betrieb eingeführten NaCl direkt verloren, weil dieser Teil gar nicht in den Prozeß der Ammoniaksodabildung eingetreten ist. Da aber heute auch der Preis des früher fast wertlosen NaCl ein sehr beträchtlicher geworden ist, muß sich eine Verschiebung des Gestehungspreises des NaOH aus Ammoniaksoda nach oben ergeben, wodurch das NaOH aus Elektrolysen, die ihr NaCl-Rohmaterial vollkommen ausnützt, konkurrenzfähiger wird. Dieser Umstand und die Brennmaterialfrage, die für die Ammoniaksoda sehr wichtig ist, hat der mit billigen Wasserkraftwerken betriebenen elektrolytischen NaOH-Fabrikation wieder einen kräftigen Impuls nach oben gegeben. Dazu kommt die ständig steigende Nachfrage für flüssiges Chlor, so daß heute schon nicht mehr das Alkali, sondern das Chlor das Hauptprodukt der Elektrolyse geworden ist.

Der Wasserstoff, welcher als Nebenprodukt anfällt, wurde früher und wird gegenwärtig noch vielfach kurzerhand in die Luft entlassen. Die Darstellung von Salzsäure mittels Chlor und Wasserstoff durch einen Kontaktprozeß, z. B. nach Verfahren von Krebs & Co., hat auch hier zum Teil Wandel geschaffen. Als letzte Auskunft bleibt noch, den Wasserstoff durch Verbrennung im Werk selbst nutzbar zu machen oder ihn gegebenenfalls dem Leuchtgas beizumengen. An einzelnen Orten, an denen Elektrolyseanlagen und Fettindustrien benachbart liegen, ergibt sich eine Verwendungsmöglichkeit für die allergrößten Mengen Wasserstoff zum Zwecke der Fetthärtung, d. h. der Anlagerung von Wasserstoff unter hohem Druck und Gegenwart von Katalysatoren an die Doppelbindungen von wertlosen Ölen, wobei harte Fette (Speisefett, Ceres, Kunerol usw.) erzeugt werden.

Bei allen Anlagen eines elektrolytischen Chloralkalibetriebes wird die Frage aufgeworfen werden, wie groß der Energiebedarf für die Herstellung einer projektierten Menge Ätzalkali bzw. Chlorprodukte sei.

Als Beispiel sei im folgenden eine Rechnung aufgestellt, die den Energiebedarf für die Herstellung von täglich 5000 kg NaOH in 96%iger Ware nebst den entsprechenden Mengen Chlorkalk ermittelt.

1 A liefert bei 80% Nutzeffekt in 1 Stunde 1,19 g NaOH und 1,05 g $Cl_2$, somit in 24 Stunden 28,56 g NaOH und 25,2 g $Cl_2$. Demgemäß muß der Strom, der in 24 Stunden 1 kg NaOH produzieren soll, eine Stärke von 35 A haben. Nimmt man als Durchschnittswiderstand eines Bades einen solchen an, zu dessen Überwindung eine Badspannung von etwa 3,5 Volt erforderlich ist, so rechnet sich der dauernde Arbeitsaufwand für 1 kg NaOH zu 3,5 × 35, das sind 122,5 Volt/A. Für die Herstellung von 5000 kg NaOH sind somit 5000 × 122,5 — 612,5 kW-Tage — 612500 : 736 = 832 elektrische PS in 24 Stunden notwendig.

Damit fallen gleichzeitig 5000 × 35 × 0,0252 = 4410 kg Cl an. welche unter Berücksichtigung aller Verluste pro Tag 12500 kg 35%igen Chlorkalk liefern. Geht man nun von der Annahme aus, daß man die elektrische Kraft mittels Dampf erzeugt, so ergibt sich folgende weitere Überlegung: 1 elektrische PS = 1,1 Maschinen-PS gerechnet, ergibt zum Betrieb der Dynamomaschine einen Kraftbedarf von 832 × 1,1 = 915 effektive PS. Da man Kraft nicht für Zwecke der Elektrolyse, sondern auch für motorische Zwecke (Laugen-, Wasser-, Vakuumpumpen, Zentrifugen, Transportmittel und Beleuchtung) braucht, so soll angenommen werden, daß hierfür 85 PS ausreichend seien. Demnach stellt sich der Kraftbedarf für die ganze Anlage bei 24stündigem Betrieb auf rund 1000 PS. Es liefern also 24 PS-Stunden 5 kg NaOH. Große Dampfmaschinen moderner Konstruktion brauchen pro 1 PS und 1 Stunde etwa 0,8 kg Steinkohlen. Demnach erfordert der 24stündige Betrieb der Anlage 19200 kg Steinkohlen, also rund zwei Waggons, deren Preis nach der momentanen Lage zu berechnen ist.

Stellt man statt NaOH KOH dar, so stellt sich die Produktion im Verhältnis von 40 : 56 günstiger.

## Deutsche Patente über Chlor- und Alkaligewinnung.

### 1. Allgemeines.

10039. Th. Wastchuk und N. Glouchoff. Die gebildeten Gase (sauerstoffhaltiges Chlor bzw. Wasserstoff) werden getrennt aufgefangen und sollen für eine Chlorknallgaskette dienen.

16126. L. Wollheim. Reines Ätzkali soll dadurch erreicht werden, daß man den Kathodenraum vor Beginn der Elektrolyse nicht mit KCl-Lösung, sondern mit KOH-Lösung beschickt.

30222. C. Hoepfner. Behebung der Polarisation durch Depolarisatoren an der Kathode.

39554. M. Sprenger. Anwendung von Vakuum zur Entfernung des Chlors.

46318. J. Marx. Die Alkalihydroxyde sollen im Kathodenraum mit Kohlensäure, Kalk und Magnesia als Bikarbonate gefällt werden.

47592. W. Spilker und C. Löwe. Depolarisatoren.

49627. O. Knöfler, W. Spilker und C. Löwe. Verbindung der Anoden bzw. Kathoden durch Überlaufrohre.

53395. G. Nahnsen. Verbindung von Nebenreaktionen durch Kühlung.
55172. W. Spilker und C. Löwe. Kaskadenbäder zur Sodaerzeugung.
66089. F. Hermite und A. Dubosc. Herstellung von Alkalikarbonaten unter Zuhilfenahme von Tonerdesalzen.
67754. J. P. Roubertie, V. Lapeyre und U. Grenier. Erzeugung von Salzsäure aus den elektrolytisch abgeschiedenen Gasen.
69087. H. Blackmann. Rotierendes Bad.
69720. E. Andreoli. Diaphragma als Hilfskathode.
73637. Th. Craney. Parallel geschaltete Zellen mit regulierbaren Widerständen.
73651. Meister, Lucius und Brüning. Elektrolytzulauf.
73662. E. Straub. Die Erwärmung bzw. Abkühlung des Elektrolyten soll nicht durch separate Vorrichtungen, sondern durch die Anoden bzw. Kathoden als heizbare Hohlkörper bewirkt werden.
75930. A. Coehn. Verwertung des Wasserstoffs als Stromerzeuger.
76047. J. Hargreaves und Th. Bird. Zellenkonstruktion mit horizontaler Drahtnetzkathode und leerem Kathodenraum.
80735. C. Hoepfner. Kupferchloridlösung als kathodischer Depolarisator.
81893. P. L. Hulin. Elektrolyse mit strömendem Elektrolyten.
83527. J. Hargreaves und Th. Bird. Apparat mit strömenden Elektrolyten.
87735. G. B. Baldo. Darstellung von Chlor und Salzsäure aus Meerwasser und Salzsole.
105298. H. Schmalhausen. Endloses Band, welches sich bei der Elektrolyse mit Lauge ansaugt und außerhalb des Elektrolysengefäßes ausgepreßt wird.
116411. Société „Volta". Ein Teil des bei der Elektrolyse entstehenden Chlors wird zu Salzsäure umgesetzt und in den Anodenraum geleitet, um die Sauerstoffverbindungen des Chlors zu zerstören.
121931. G. Schollmeyer. Elektrolytische Gewinnung von Alkalikarbonat aus Hydroxyd mit Kohlensäure.
121932. H. A. Cohn und E. Geisenberger. Trennung des Alkalihydroxyds vom Chlorid.
130049. W. Barnes. Absaugen der gasförmigen Elektrolysenprodukte.
130186. A. Borchet und G. Ranson. Elektrolyse von Alkalichlorid mit Alkalisulfid.
141187. Verein in Aussig. Glockenverfahren.
156354. H. M. Granier. Gewinnung von Ätzalkalien und Salzsäure.
160967. J. Heibling. Versilberte Bleielektroden.
182940. C. P. Townsend. Zelle mit flüssigkeitsdurchlässigem Diaphragma und mit Mineralöl gefülltem Kathodenraum.
207701. C. Nissen Riiber. Phosphataufschluß durch Chloralkalielektrolyse.
216265. R. H. F. Finlay. Herstellung von Ammoniumkarbonat.
227096. A. Clemm. Elektrolyse von Barium- bzw. Strontiumchlorid zur Herstellung der entsprechenden Hydroxyde.
254594. J. Nußbaum. Heizung des Elektrolyten.
254779. J. Billiter. Kathoden mit schlauchartigen Diaphragmen.

## 2. Diaphragmen.

34888. E. Mathes & Weber. Zementdiaphragmen.
62912. Caustic Soda and Chlorine Syndicat. Diaphragmen aus Asbest und Speckstein.
63116. A. Riekmann. Diaphragma aus koaguliertem Albumin.
64671. Fabriken zu Leopoldshall. Asbestpapier mit niedergeschlagenen Kalzium- bzw. Magnesiumoxychloriden.
69720. E. Andreoli. Diaphragma als Hilfskathode.
70727. C. A. Faure. Zelle mit Tondiaphragma.
71378. A. Riekmann. Diaphragmen aus Leimlösung mit Asbestpulver und Kaliumbichromat.

73688. Meister, Lucius und Brüning. Asbestplatte mit jalousieartigen, schräg nach oben angeordneten Streifen.
73964. Soc. Quthenin Chalandre Fils et Cie. Porzellanröhren von geeignetem Porositätsgrad.
76047. J. Hargreaves und Th. Bird. Horizontales Filterdiaphragma.
76704. H. Riguelle. Asbestgewebe mit Kaolin oder Porzellanerde imprägniert.
78539. Th. Craney. Zellenboden mit Sand, Ton, Glas, Asbest od. dgl. bedeckt.
78732. C. Pieper. Durch Querstäbe versteifte Asbestdiaphragmen.
79258. C. Kellner. Diaphragmen aus Seife.
80454. A. Riekmann. Asbestdiaphragma mit einer Schicht Sand.
82352. Salines Dieuze. Diaphragma aus Karbonaten der Erdalkalien.
85154. J. Hargreaves und Th. Bird. Diaphragmenelektroden.
86101. F. Heeren. Hartgummidiaphragma.
89980. C. Hoepfner. Diaphragma aus durchlochten Glimmerplatten.
109362. K. Ochs. Zementdiaphragma mit wasserlöslichen Stoffen.
111289. J. Hargreaves. Elektrodendiaphragma aus 3 Schichten von Papier, Papier oder Ton, Zement, Asbest, Ton od. dgl.
136273. Ch. Combes und A. Bigot. Poröse Eisenoxyddiaphragmen.
143591. K. Ochs. Poröse Zementdiaphragmen.
144392 und 146101. H. Cuenod und Ch. Fournier. Doppeldiaphragmen.
162361. Konsortium für Elektrochem. Industrie Seifenblocks.
164720. Konsortium für Elektrochem. Industrie Diaphragma aus Sand, Glaspulver usw.
191234. J. Billiter. Filterdiaphragma aus Bariumsulfat und Asbestwolle.
237676. Ciba. Zickzackförmiges Asbestdiaphragma für Zelle mit Gasschirmen.
268816. Badische Anilin- und Sodafabrik. Mehrfachdiaphragmen.
273270. A. Clemm. Vertikales Filterdiaphragma.
286993. Bayer. Doppeldiaphragmen.
423079. Wildermann. Hartgummidiaphragma.

## 3. Zellenkonstruktionen.

### a) Vertikale Anordnung mit Diaphragmen von hohem Diffusionswiderstand.

62912. Chlorine Syndicate. Diaphragmen mit Asbest- oder Specksteinpulver gefüllt.
69461. E. B. Cutten. Zellenkonstruktion.
70727. C. A. Faure. Trennung von Anoden- und Kathodenraum durch poröse Mauern und Ziegel.
73964. Soc. Outhenin Chalandre Fils et Cie. Schräg liegende Porzellanrohre, welche beiderseits offen sind, zur Aufnahme der Kathoden.
160750. C. Arzano. Elektrolyt rinnt beiderseits des Diaphragmas herab.

### b) Vertikale Anordnung mit Filterdiaphragmen.

81893. P. L. Hulin. Elektroden aus porösem Material.
83527. J. Hargreaves und Th. Bird. Zwischen zwei porösen Elektroden gleicher Polarität befindet sich eine dritte Elektrode entgegengesetzter Polarität. In diesem Raum befindet sich der Elektrolyt während der Elektrolyse und fließt kontinuierlich durch die beiden äußeren Elektroden ab.
88001. J. Hargreaves und Th. Bird. Zelle mit 2 Filterdiaphragmen, die Kathodenräume sind leer.
89782. C. Hoepfner. Mit Nuten versehene Elektrodenplatten mit Zwischenlagen von geeigneten Membranen.
111289. J. Hargreaves. Herstellungsweise für ein aus 3 Schichten bestehendes Filterdiaphragma.

113055. J. Hargreaves. Konstruktionsdetails für das Arbeiten mit leeren Kathodenräumen.
114391. R. Eycken, Ch. Leroy und R. Moritz. Filterpressenartig zusammengesetzte Zellen.
182940. C. P. Townsend. Kathodenraum, gefüllt mit einer spezifisch leichteren Flüssigkeit.
227023. Bleach and Caustic Process Co. Vorrichtung zur raschen Abführung der Lauge von der Kathode.
277433. Ciba. „Förderelektroden".
282749. E. A. und H. I. Allen. Konstruktive Abänderung der Hargreaves-Bird-Zelle.
283596 und 284022. Ciba. Verbesserungen des Patents 277433.
286055. Hooker Electrochemical Co. Kathodenräume mit Kohlenwasserstoffen gefüllt.

c) Elektrolyseure mit Mittelzellen.

46318. J. Marx. Zelle mit zwei Flüssigkeitsdiaphragmen.
144392. H. Cuénod und Ch. Fournier. Anodenraum und Kathodenraum durch zwei Diaphragmen getrennt. In dem Mittelraum wird mit Metallperoxyd versetzter Elektrolyt durchgeleitet.
146101. H. Cuénod und Ch. Fournier. Mittelzelle, gebildet durch perforierte Asbestplatten.
162361. Konsortium für Elektrochem. Industrie. Seidendiaphragmen.
268816. Badische Anilin- und Sodafabrik. Verfahren mit zwei oder mehreren Diaphragmen und strömenden Elektrolyten.
284937. Bayer & Co. Filterdiaphragmen mit Kanälen.
286993. Bayer & Co. Doppeldiaphragmen mit Kanälen und jalousieartigen Kathoden.

d) Horizontale Anordnung mit Filterdiaphragmen.

60755. A. Riekmann. Glockenzelle, in der die Anoden aus Retortenkohle angeordnet sind. Der Boden der Glocke wird durch ein Diaphragma abgeschlossen, welches auf einer drahtnetzförmigen Kathode aufliegt. In dem Anodenraum herrscht Überdruck, um ein Eindringen von Wasserstoff in den Anodenraum bzw. ein Ausbrauchen des Diaphragmas zu verhindern.
75917. Th. Craney. Pulverförmige Anode, welche auf dem Diaphragma aufliegt.
76074. J. Hargreaves und Th. Bird. Anoden- und Kathodenraum durch ein Diaphragma getrennt, welches einer durchbrochenen Kathode eng anliegt. Der Anodenraum ist mit Lösung gefüllt. Der Kathodenraum ist leer.
78539. Th. Craney. Glocken mit Aussparungen.
79658. Th. Craney. Drahtnetzkathode und Kohlenpulveranode.
87676. H. Carmichael. Die horizontal angeordnete Anode und Kathode sind durch ein Diaphragma getrennt.
164720. Konsortium für Elektrochem. Industrie. Zirkulationsanordnung, welche bewirkt, daß keine OH′-Ionen zur Anode gelangen.
191234. J. Billiter. Schichtungsverfahren. Zusammensetzung des Diaphragmas aus Asbest und Bariumsulfat.
254594. J. Nußbaum. Heizung von Zellen.
254779. J. Billiter und Kaliwerke Aschersleben. Verbesserung der Schichtung durch Heizung in der Höhe der Anoden.
254780. J. Billiter. Speisung der Zellen in der Höhe der Anoden. Der gesamte Elektrolyt rinnt durch das Diaphragma.
274964, 286917 und 301831. Siemens & Halske. Regelung der Filtriergeschwindigkeit.
286918. Siemens & Halske. Um ruhigere Schichtung des Elektrolyten zu erzielen, wird statt einer Lage Bariumsulfat, welche die Spannung erhöht, eine solche aus Streifen bzw. Hohlkörpern aus nichtleitendem Material aufgebracht.

302712. R. van Hasselt. Speisung des Anodenraumes durch eine sehr konzentrierte Salzlösung, die im unteren Teile des Anodenraumes eintritt und ihn oben, an Chlorid verarmt, verläßt.

## e) Horizontale Anordnung und Diaphragma.

57670. J. Marx. Anoden und Kathoden gegeneinander versetzt angeordnet. Über jeder von ihnen befindet sich eine Glocke. Dadurch soll die Anwendung eines Diaphragmas entfallen und Chlor und Wasserstoff getrennt aufgefangen werden.
84574. W. Bein. Verfahren mit horizontalen Elektroden.
141187. Verein in Aussig. Glockenverfahren.
237676. Ciba. Anreicherung des Elektrolyten durch festes Salz zwischen Anode und Kathode.
241029. Ciba. Zusatz zu Patent 237676.
280830. K. Heinemann. Verfahren zum Regeln des Gasdruckes in Saugleitungen.
107917. W. Bein. Kathode und Anode sind übereinander angeordnet. Über der Kathode befindet sich ein schräges Diaphragma, welches den an der Kathode entwickelten Wasserstoff seitlich ableiten soll.
142245. W. Bein. Die Anode befindet sich unter einer Glocke. Die Kathoden sind seitlich angeordnet. Der Kathodenraum besitzt mehrere symmetrisch angeordnete Abflußrohre für die Lauge.
241029. Ciba. Zickzackförmig ausgebildeter Gasfänger.
263432. J. Billiter. Stabförmige, mit Schläuchen überzogene Kathoden. Die Schläuche bestehen aus Asbestgewebe zur Erzielung ruhiger Schichtung des Elektrolyten. Die Kathoden sind schwach geneigt unterhalb der Anode angeordnet.
265168. J. Billiter. Zusatz zu Patent 263432. Die Kathode besteht aus Winkeleisen, über welche die nach einer Seite verjüngte Membran gezogen wird.
265169. J. Billiter. Die Kathoden sind unter der Anode nahezu horizontal angeordnet.
288224. G. Herfeldt. Die Gasableitungen bestehen aus Halbrohren.
60755. A. Riekmann. Retortenkohle in Bleikopf gefaßt.
62912. Chlorine Syndicate. Die Kohlenanoden sollen durch Einreiben mit einer Paste (Bleisuperoxyd) unporös gemacht werden.
70727. C. A. Faure. Koksanoden.
71674. Th. Craney. Anoden aus Kohlepulver, durch Druck erzeugt und von Isoliermaterial so umgeben, daß der Elektrolyt nur mit einem nach oben gerichteten Teil der Oberfläche der Anode in Berührung kommt.
75917. Th. Craney. Das Anodenmaterial ist zum Teil auch auf dem Boden des Elektrolyseurs ausgebreitet.
75930. A. Coehn. Wasserstoff okkludierende Kathode.
75539. Th. Craney. Die in Patent 71674 beschriebenen Anoden ruhen auf einer Schicht Ton od. dgl., welche auf dem Boden der Zelle ausgebreitet ist. Die Ableitung des Chlorgases erfolgt durch Glocken, welche über die Anoden gestülpt sind.
81893. P. L. Hulin. Filterelektroden. Gegenbewegung des Elektrolyten.
85154. J. Hargreaves und Th. Bird. Herstellung von Diaphragmenelektroden.
88001. J. Hargreaves und Th. Bird. Durchbrochene Anoden und Kathoden.
88341. W. C. Heraeus. Platinröhren durch Stege verbunden.
89782. C. Hoepfner. Elektrodenplatten mit Nuten.
90032. E. Steffany. Anbringung von widerstandsfähiger Retortenkohle an den eigentlichen Anoden.
90636. C. Hoepfner. Aus kleinen Kohlestücken zusammengesetzte Elektroden.
114193. Parent Co. Elektrodenkonstruktion für Hargreaves-Bird-Zellen.

114391. R. Eyken, Ch. Leroy und R. Moritz. Plattenelektrodenkonstruktion.
124404. H. Carmichael. Schutz von Platinzuführungen.
125882. A. Nettel. Kontakt für Platinbleche.
128915. Fraissinet. Elektrodendichtung.
132588. W. C. Heraeus. Fahnenförmige Platinelektrode.
138537. W. C. Heraeus. Zusatz zu Patent 132588.
154653. Parent Co. Abänderung der in Patent 114193 beschriebenen Anordnung.
186543. Thiele. Isolierte Platindrahtzuführungen.
187029. C. Lindemann. Die Anodenkohlen werden durch Ausfüllen der Poren mit Platin widerstandsfähiger gemacht.
207007. Parent Co. Herstellung von Kohlenelektroden.
268061. Schott & Gen. Metallische Zuleitung durch einen Glasmantel geschützt.
279253. Schott & Gen. Wie Patent 286061.
92612. H. Blackman. Magnetitelektrode, erhalten durch Schmelzen von magnetischem Eisenoxyd. Eisenplatte umgeben von Magnetit.
157122. Griesheim. Herstellung von Magnetitelektroden.
193367. Griesheim. Verfahren zur Herstellung von Elektroden aus geschmolzenem Eisenoxyd beliebiger Herkunft.
211300. Konsortium für Elektrochem. Industrie. Verfahren zur Erzeugung von aus Eisenoxyd bestehenden Elektroden.
212795. P. Askenasy. Erzeugung von Eisenoxydulelektroden.
235307. Chemische Fabrik Buckau. Herstellung von Magnetitelektroden.
243543. P. Askenasy und J. Neustadt. Herstellung von Magnetitelektroden durch Verbrennung von Eisen.
254560. Chemische Fabrik Buckau. Herstellung einer gut leitenden Stromzuführung an Magnetitelektroden.
255072. Chemische Fabrik Buckau. Erzeugung von Elektroden durch Behandlung von Eisen oder Eisen-Sauerstoff-Verbindungen mit Wasserdampf.
281511. St. Lasczynski. Drahtnetz aus Eisen, Nickel usw. in eine Magnetitelektrode eingeschmolzen.

## 4. Einrichtungen für Speisung und Zirkulation.

73651. Höchst. Speisung in divergierenden Strömen, ohne Diaphragma.
75033. E. Andereoli. Einrichtung für Zirkulation.
77349. Th. Craney. Reguliervorrichtung für den Ablauf der Zersetzungsprodukte.
78146. F. Bell. Speisung durch Kapillarwirkung.
109248. R. Gibouard. Speisevorrichtung für elektrolytische Zersetzungsapparate in diskontinuierlicher Art ohne Anwendung beweglicher Teile.
121818. H. Carmichael. Speisevorrichtung, bestehend aus einem Schöpfer.
252606. J. Billiter. Rotierende Speisevorrichtung usw.
275616. Ciba. Speisevorrichtung mit periodisch wirkenden Hebern.

## 5. Quecksilberzellen.

67851. E. Hermite und A. Dubosc. Das Amalgam soll unter Schwefelkohlenstoff aufgefangen werden, um es vor Einrichtung des Elektrolyten zu schützen.
73224. C. Kellner. Zersetzung des Amalgams in galvanischen Batterien und Verwendung des so erzeugten Stroms.
80300. C. Kellner. Verfahren zur gleichzeitigen elektrolytischen Gewinnung von Chlor, Natriumhydroxyd und Ammoniak.
86567. C. Kellner. Verfahren zur Elektrolyse von Metallsalzen, deren elektropositiver Bestandteil mit Quecksilber Amalgam bildet.
88230. H. Y. Castner. Zusatzstrom.

272476. L. Th. Schouboe Madsen. Verwendung eines Elektrolyten, der gleichzeitig mehrere Alkalimetalle enthält.
73224. C. Kellner. Amalgamzersetzer als Sekundärelement ausgebildet.
86567. C. Kellner. Zersetzungszelle getrennt vom Elektrolyten.
90964. A. Sinding-Larsen. Die Amalgamzersetzung wird mittels einer Zentrifuge beschleunigt.
91204. F. Störmer. Verteilung des Amalgams mittels Stäben, welche durch auf- und abgehende Siebböden treten.
99958. Chem. Fabrik Griesheim-Elektron. Befreiung des Quecksilbers vom Natrium durch Wasserdampf, Luft oder einem anderen Körper, welcher imstande ist, mit dem Alkali Verbindungen einzugehen.
148044. P. La Cour. Zerlegung unter Zuhilfenahme eines Drahtnetzes.
198627. J. J. Rink. Auswaschvorrichtung für Amalgame unter Verwendung von Rieselflächen.
275047. M. Helbig. Beschleunigung der Zerlegung des Amalgams durch Zusatz geringer Mengen von Vanadin, Molybdän oder Wolframmetall.
73304. C. Th. J. Vautin. Quecksilber in dünner Schicht auf einem Drahtnetz ausgebreitet, durch dessen Poren es infolge seiner Kohäsion nicht durchfließen kann.
77064. H. Y. Castner. Zelle mit drei Räumen, die durch einen an einem Ende angeordneten Exzenter geschaukelt werden kann.
80212. C. Kellner. Die Zirkulation des Quecksilbers wird durch eine Glocke hervorgerufen, welche in das Quecksilber eintaucht.
88230. H. Y. Castner. Schaukelzelle mit Amalgamzersetzer, bei welchem ein Teil des Stromes durch Nebenschluß vernichtet wird, um die Bildung von Quecksilberoxyd hintanzuhalten.
89902. F. Strömer. Auf dem Quecksilber soll die Bildung einer Haut von Amalgamen gebildet werden, während die Zirkulation des Quecksilbers lediglich darunter erfolgt.
90637. A. Koch. Die auf dem Quecksilber sich bildende Haut von Amalgamen soll durch eine Abstreichvorrichtung entfernt werden.
95791. O. Arlt. Das Quecksilber rinnt in freiem Strahl in den Elektrolyten.
100560. Solvay & Cie. Schichtung im Elektrolyten wird daduch erzielt, daß die dem Quecksilber aufgelagerte Schicht stets an Chlorid gesättigt gehalten wird.
104900. Solvay & Cie. Entfernung des Amalgams, indem nur die oberste Schicht des Quecksilbers über eine Scheidewand abfließt.
107503. F. Störmer. Vorrichtung zur Vereinigung der bei der Elektrolyse entstehenden Chlorbläschen.
113603. H. Müller. Die Zirkulation wird durch Preßluft vermittelt.
123908. Lord Kelvis. Das Quecksilber zirkuliert in sich periodisch öffnenden Rinnen.
139389. J. D. Gilmour. Das Wasser (bzw. verdünnte Lauge), welches zur Zersetzung des Amalgams dient, wird stoßweise eingepumpt, wodurch gleichzeitig die Zirkulation des Quecksilbers bewirkt wird.
142713. J. Greenwood. Bodenplatte aus Eisen, teilweise durch Streifen nichtleitenden Materials bedeckt.
158590. R. F. Andersson. Die Zirkulation des Quecksilbers erfolgt durch die Eisenkathode, welche durch einen Elektromagneten in Rotation versetzt wird.
158968. P. la Cour und J. Rink. Zellenkasten mit vielen kleinen Anodenglocken. Der Kasten stellt den Kathodenraum dar. Das Quecksilber wird gezwungen, der Reihe nach alle Anodenglocken zu passieren.
172882. A. Sinding-Larsen. Drahtnetzkathode, amalgamiert, erzeugt eine zusammenhängende Quecksilberoberfläche an der Unterseite des Netzes.
239952. R. Carl. Die Zirkulation des Quecksilbers wird auf thermische Weise erzielt.
254261. R. Frank. Das Quecksilber bildet einen geschlossenen Ring und wird durch zwei Trommeln, welche mit Rippen versehen sind und in eine Mulde tauchen, in Zirkulation versetzt.

261397. Elektrobosna. Die Zirkulation des Quecksilbers erfolgt durch Druckluft, indem es abwechselnd von einer Seite des Elektrolyseurs zur anderen strömt.
265414. Elektrobosna. Anoden- und Kathodenraum sind zu einem Bad vereinigt, während die Druckluftgefäße außerhalb angeordnet sind.
286011. Hoesch & Co. Nahezu waagrechte Quecksilberoberfläche mit senkrecht zur Bewegungsrichtung angeordneten Hindernissen.
64409. G. J. Atkins und E. Applegarth. Das Quecksilber rinnt an der Kathode herab, wobei es durch geeignete Vorrichtungen in seinem Laufe etwas gehemmt wird, um ein längeres Verweilen auf der Kathode zu erzielen.
85360. C. Kellner. Das Elektrolysiergefäß besteht aus zwei konzentrisch ineinander angeordneten Zylindern. Von den zwei dadurch gebildeten Räumen stellt der innere den Anoden-, der äußere den Kathodenraum dar. Das Quecksilber läuft in einer Rinne, die spiralig um den inneren Zylinder angeordnet ist, und zwar so, daß das Quecksilber abwechselnd im Anoden- und Kathodenraum fließt.
126317. J. W. Kynaston. Das Quecksilber rinnt über horizontale, etagenförmig übereinander angeordnete Platten von Stufe zu Stufe herunter.
145749. L. Gurwitsch. Das Quecksilber rinnt über geriefte Eisenplatten.
130118. E. Edser und M. Wildermann. Kreisförmige Rinnen von Y-förmigem Querschnitt sind so übereinander angeordnet, daß sie, mit Quecksilber gefüllt, die Trennungswand zwischen Anoden- und Kathodenraum bilden.
172403. M. Wildermann. Rührvorrichtung.
244842. M. Wildermann. Detail der Rührvorrichtung.
78906. A. Sinding-Larsen. Bildung und Zersetzung des Amalgams an rotierender Platte.
83539. A. Sinding-Larsen. Zusatz zu Patent 78906.
89254. A. Sinding-Larsen. Amalgamzersetzer seitlich angeordnet.
102774. J. G. A. Rhodin. Kreisförmiger Elektrolyseur mit langsam rotierender Glocke und Rippen auf dem Boden.
108127. A. T. Wright. Eine Ausführungsform des durch Patent 102774 geschützten Apparats, wonach die Bodenrippen des äußeren Gefäßes im Sinne der Drehrichtung des inneren Gefäßes, von der radialen Richtung abweichend, angeordnet sind.
117971. Development Corp. Weitere Ausbildungsmöglichkeit des in Patent 102774 beschriebenen Apparats.
156196. F. E. Elmore. Rotierende Anoden und Kathoden bewirken die Bewegung des Quecksilbers.
172403. M. Wildermann. Rotierende Rührer.
244842. M. Wildermann. Rotierende Rührer, Detail.
70007. C. Kellner. Ruhende Quecksilberelektrode zwischen vertikalen Scheidewänden.
95764. G. Bell & Sohn. Apparat, bestehend aus Anodenkammer und darüber angeordneten Kathodenkammern.
96020. H. P. M. Brunel. Quecksilber unter verkehrt dachförmigem Diaphragma.
106717. O. March. Topf mit perforierter Wand und Schicht von Fasermaterial zur Aufnahme der flüssigen Elektrode.
193768. J. J. Rink. Teilung des Anodenraumes durch ein Diaphragma, um nicht nur am Quecksilber, sondern auch an der Anode hohe Salzkonzentration anwenden zu können.
213808. J. J. Rink. Vertikale Quecksilberkathode von beiden Seiten der Wirkung des Stroms ausgesetzt und durch Diaphragmen von den Anoden getrennt.
279998. Hoesch & Co. Kreislauf des Elektrolyten vom Kathoden- in den Anodenraum und dann zur Sättigung.
280556. Hoesch & Co. Kreislauf des Elektrolyten vom Anoden- in den Kathodenraum und dann zur Sättigung.
286011. Hoesch & Co. Bewegung des Quecksilbers über Flächen mit Querrippen.

295800. Bayer & Co. Quecksilberkathode über der Anode angeordnet und durch zwei Diaphragmen getrennt. Auf dem obersten ruht gleichzeitig das Quecksilber.

567729 (1927). E. Müller. Abführung des oberflächlich amalgamierten und verunreinigten Quecksilbers und Unterbrechung der leitenden Verbindung. Treppenförmige Bodenfläche des Elektrolyseurs.

599383 (1931). Siemens & Halske A. G., Erf.: V. Engelhardt und N. Schönfeldt. Zusatz zu Patent 556948 (1932). Quecksilberzelle.

## Buch- und Zeitschriftenliteratur über Chloralkalielektrolyse.

Hargreaves u. Bird: Elektrochem. Met. Ind. **6**, 227 (1908). — F. Haber: Ztschr. Elektrochem. **9**, 366 (1903). — L. L. Rostosky: Ztschr. Elektrochem. **11**, 21, 22 (1905). — A. Townsend: Elektrochem. Met. Ind. **5**, 209, 301 (1907). — Met. chem. Eng. **8**, 354 (1910). — F. G. Donnan, J. F. Barker u. B. P. Hill: Trans. Faraday Soc. **5**, 49 (1909). — J. Billiter: Die elektrolytische Alkalichloridzerlegung mit starren Metallkathoden, S. 1125. Halle: W. Knapp. 1912. — J. Nußbaum: Österr. Chemiker-Ztg. (2), **15**, 213 (1912). — H. Mühlhaus: Dissertation. Dresden, 1911. — J. Nußbaum bei Askenasy: Einführung in die technische Elektrochemie, S. 180. Braunschweig: Fr. Vieweg & Sohn. 1916. — W. Hempel: Ber. Dtsch. chem. Ges. **22**, 2475 (1889). — Mathes u. Weber: DRP. 34888 (1886). — G. Lunge: Ztschr. angew. Chem. **1896**, 519. — B. Lepsius: Ber. Dtsch. chem. Ges. **42**, 2911 (1909). — John B. C. Kershaw: Ind. Chemist chem. Manufacturer **2**, 75 (1926). Einige neue Hauptgebiete der elektrochemischen Industrie. II. Elektrolytisches Alkali und Chlor. Verf. beschreibt das Eindampfen der dünnen Alkalilaugen und die Herstellung von Bleichlaugen und Chlorkalk in Ontario (Canada). — John B. C. Kershaw: Ind. Chemist chem. Manufacturer **2**, 261 (1926). Neue Hauptgebiete elektrochemischer Industrie. III. Die Werke der Elektro-Chimica Pomilio zu Neapel. — D. A. Pritchard: Chem. Ztrbl. **1927 I**, 3122. — Trans. Amer. electrochem. Soc. **51**. Die Entstehung und die Fortschritte der Alkali-Chlor-Industrie. — S. Schoichet: Chimstroi (russ.) **6**, 197 (1934). Betriebsversuche mit Siemens-Billiter-Zellen bei verdoppelter Stromdichte. — W. S. Joffe: Ztschr. Elektrochem. **42**, 71, 76, 79 (1936). Über den Anodenprozeß bei der Elektrolyse wäßriger Alkalichloridlösungen mit imprägnierten und nichtimprägnierten Graphitelektroden. — W. W. Stender: Trans. elektroch. Soc. **67**. **1935**. Untersuchung über Asbestdiaphragmen. — F. Ullmann: Enzyklopädie der technischen Chemie, 2. Aufl., Bd. **3**, S. 235. Berlin. 1929. — J. Billiter, F. Fuchs in Viktor Engelhardt: Handbuch der technischen Elektrochemie, 2. Bd., 1. Teil. Leipzig. 1933. — Gmelin: Handbuch der anorganischen Chemie, 8. Aufl., Chlor, Syst. Nr. 6. Berlin. 1927. — H. Sarrot du Bellay: Rev. Produits chim. **35**, 1, 257 (1932); **36**, 225 (1933) (Allen-Moore-KLM-Zelle, Betriebsverhältnisse). — N. M. Ssolomatin: Kochsalzelektrolyse (russ.). Moskau-Leningrad. 1932. — A. Chilesotti: Progressi Ind. chimica Italiana II. Decennio Regimi fascista 1932. Chloralkalielektrolyse in Italien (Herstellung und Verwendung des Chlors). — Gösta Angel: Die Theorie der Alkalichloridelektrolyse in Diaphragmazellen, 1. Teil. Berlin. 1933.

## Brom.

So wie bei der Chlorabscheidung, treten auch bei der Entladung von Bromionen unter Abscheidung dieses Elements an glattem Platin Überspannungserscheinungen auf. An platiniertem Platin treten auch hier diese Abscheidungshemmungen zurück[1].

[1] F. Boerike: Ztschr. Elektrochem. **11**, 71 (1905). — F. Foerster u. J. Yamasaki: Ztschr. Elektrochem. **16**, 331 (1910).

Wie aus der graphischen Darstellung in Abb. 75 zu ersehen ist, überschreitet an glattem Platin die Stromdichtepotentialkurve den Wert des Brompotentials, und zwar um 0,3 Volt und weist wieder wie bei Chlor (siehe S. 82) nach dem ersten Anstieg einen flach verlaufenden und dann erst einen steilen Kurvenast auf. Auf rückläufigem Wege zeigt die gestrichelte Kurve im mittleren Teil für dieselbe Spannung wieder erheblich geringere Stromstärken und besitzt eine stetige logarithmische Gestalt. An platiniertem Platin entsprechen die Abscheidungspotentiale in Bromidlösungen Werten, die dem reversiblen Verlaufe sehr nahe liegen.

Es treten wie bei Chlor für konstante Stromdichten mit der Zeit geringe, einige Zehntel Volt betragende Potentialsteigerungen ein, und zwar in besonders ausgeprägtem Maße, wenn die platinierte Platinelektrode von vornherein mit Sauerstoff beladen war, während an frisch platinierten Anoden zunächst der für reversible Bromentladung zu erwartende geringe, zeitliche Potentialabfall zu beobachten ist. Mit den beschriebenen Polarisationserscheinungen steht die anodische Sauerstoffentwicklung, die die Elektrolyse neutraler Bromkaliumlösungen begleitet, im engsten Zusammenhang.

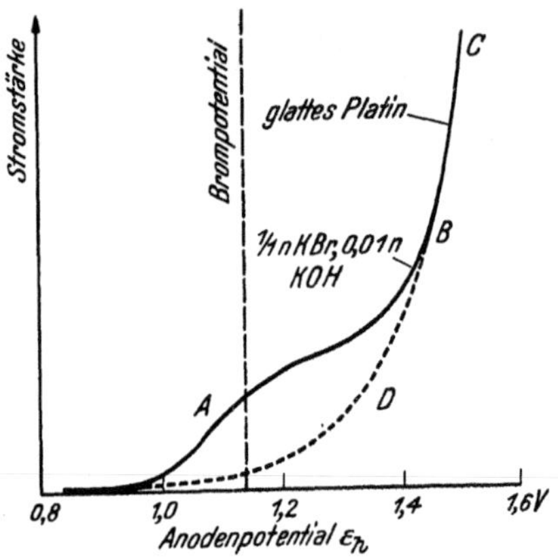


Abb. 75. Anodische Stromspannungskurve der Bromabscheidung.

Auch bei der technischen Elektrolyse von Alkalibromidlösungen ist die Verwendung von Diaphragmen unerläßlich, um eine Vereinigung der Anoden- und Kathodenprodukte zu verhindern.

In der Praxis ergibt sich durch die Verwendung von wenig Alkalichlorid- und magnesiumbromidhaltigen Endlaugen der Kalisalzindustrie in Deutschland allerdings die Möglichkeit auch ohne Diaphragma zu arbeiten, da bei der Elektrolyse solcher Lösungen an der Kathode nicht leichtlösliches Alkali, sondern schwerlösliches $Mg(OH)_2$ gebildet wird. Auch dieses reagiert mit dem anodisch abgeschiedenen Brom, doch führt dies nur zu einem Verlust von 2—4% der vorhandenen Brommenge[1].

Beim Arbeiten ohne Diaphragma tritt ein weitaus bedeutenderer Verlust von etwa 20% dadurch ein, daß das zur Kathode diffundierende, im Elektrolyten gelöste Brom mit dem dort entwickelten Wasserstoff reagiert, bzw. die Wasserstoffabscheidung unter Bildung von HBr depolarisiert. Außerdem wirken die HBr-Dämpfe schädlich.

Diese Schwierigkeit hat Höpfner[2] dadurch zu umgehen versucht, daß er den Bädern feste oder flüssige Depolarisatoren, die die Wasserstoffentwicklung verhindern sollten, zusetzte.

Technische Verwendung hat sein Verfahren nicht gefunden. Dasselbe gilt von dem Verfahren von Nahnsen[3], welches die Verwendung von tiefen Temperaturen 0—7° C und ziemlich starke Bromidlösungen vorschlug.

---

[1] Schlötter: Elektrolytische Gewinnung von Brom und Jod. Monographie über angewandte Elektrochemie. Halle. 1907.

[2] DRP. 30222 (1884). [3] DRP. 53395 (1889).

Man hat aber später eine Zeit hindurch trotzdem die elektrolytische Bromgewinnung aus den Endlaugen der Kaliindustrie, die neben 30—32% Chlormagnesium einige Prozente an Sulfaten sowie an Kalium- und Natriumsalzen und 0,2—0,3% Brom als Bromid enthalten, betrieben.

Technische Anwendung fand das Verfahren von Kossuth[1], das im wesentlichen darauf beruhte, daß der Elektrolyt mit großer Geschwindigkeit an den Elektroden vorbeigeführt und so eine Vereinigung des Broms mit dem $Mg(OH)_2$ zum Teil verhindert wird. Es wurden 1,5 m breite, langgestreckte (8 m) Elektrolysetröge aus Zement, Steinzeug oder Granitplatten verwendet, in welche bipolar wirkende Kohleplatten 72,5 × 35 cm und 1,5 cm Dicke in einer Entfernung von 1,3 cm angeordnet wurden, die abwechselnd dicht an den Seitenrändern befestigt waren und 1,5—2 cm über die Oberfläche des Bades hinausragten. Dadurch wurde der das Bad in der Längsrichtung durchfließende Elektrolyt gezwungen, im Zickzack um die Elektroden zu fließen. Die Badtemperatur betrug 50—60°. Die Ausbeute an Brom ist um so höher, je konzentrierter die Endlauge ist. Der Spannungsabfall zwischen den einzelnen Elektroden soll 3—3,5 Volt betragen.

Aus dem aus den Trögen abfließenden Elektrolyten wurde das Brom durch Destillation gewonnen. An der Kathode scheiden sich Krusten von $Mg(OH)_2$ ab, die von Zeit zu Zeit durch Umpolen der Elektroden abgelöst werden.

In der nach diesem Verfahren arbeitenden Alkalichloridfabrik Wansleben und in dem Kaliwerk Asse wurden bei einer Gesamtspannung von 112 Volt und 100 A Stromaufnahme bei einer Stromausbeute von 40% täglich etwa 320 kg Brom erzeugt. Der Energiebedarf für 1 kg Brom betrug 2,7—3 kWh.

Bei diesen nur in Deutschland in Betrieb gewesenen Verfahren geben die Bäder die elektrolysierte Lauge meist fortlaufend an Turmapparate ab, in denen das Brom in ununterbrochenem Betrieb durch Wasserdampf nach dem Gegenstromprinzip ausgetrieben wird; ebenso erfolgt die Beschickung der Bäder mit frischer Lauge kontinuierlich.

Ein weiteres Verfahren von H. Kossuth[2] kombiniert die Darstellung von KOH und Brom.

Wenn es sich um die Elektrolyse von Alkalibromiden handelt, müssen auch bei der elektrolytischen Bromgewinnung Diaphragmenverfahren angewendet werden.

Wünsche[3] beschreibt ein Diaphragmenverfahren, das in den Alkaliwerken Westeregeln einige Zeit in Betrieb war.

Die Zellen bestanden aus Zementwannen mit dichtschließendem Deckel, in welchen die Kohleanoden in Form von Rundstäben von 42 cm Länge und 3,5 cm Durchmesser eingegossen waren. Als Diaphragmen dienten Tonzellen, die zwischen die Anoden verteilt, ebenfalls in Deckel eingebettet waren.

In jeder Tonzelle wurden von oben durch Öffnungen im Deckel Kohlerohre von 45 cm Länge und 5 cm äußerem Durchmesser eingehängt und durch einen keilförmigen Zementkonus festgehalten. Anoden und Kathoden waren untereinander leitend verbunden.

Die bromhaltige Kaliablauge wurde auf 80° C vorgewärmt dem Anodenraum nahe des Bodens zugeführt und an der entgegengesetzten Seite am oberen Rand abgeführt und in die Destillationsanlagen geleitet, wo durch entgegenströmenden Dampf das Brom ausgetrieben wurde. Die von Brom befreite Restlauge diente zur Beschickung der Kathodenräume innerhalb der Tonzellen, und zwar erfolgt die Verteilung von einem Hochbehälter aus durch Rinnen im Deckel.

Die Badspannung beträgt 3,4 Volt, die Stromdichte an beiden Elektroden 115 $A/m^2$, die Stromausbeute 68—70%.

---

[1] DRP. 103644 (1897); Ztschr. Elektrochem. **6**, 240 (1899/1900).
[2] DRP. 211068 (1908). [3] Ztschr. Elektrochem. **7**, 347 (1901).

Das Verfahren machte wegen der Abscheidung harter Magnesia-Oxychloridniederschläge an den Kohlenkathoden Schwierigkeiten.

Mehns[1] verwendete scheibenförmige bipolar geschaltete Kohleelektroden, auf die unter Zwischenlage von Dichtungsringen, die mit Spannschrauben zusammengezogen waren, Asbestdiaphragmen aufgepreßt wurden.

Die abgeschiedene Magnesia sollte durch den kathodisch entwickelten Wasserstoff mitgerissen und in ein Sammelrohr geführt werden.

Diese Konstruktion war versuchsweise im Kaliwerk Beienrode bei Königslutter in Betrieb.

Eine andere Konstruktion von Wünsche[2] war auf dem Kaliwerk Hedwigsburg ebenfalls nur kurze Zeit in Betrieb. Auch hier wurden Kohleelektroden bipolar unter Zwischenschaltung von Asbestdiaphragmen verwendet, die Zellenspannung war 3,8 Volt, die Stromausbeute 70%. Zur Gewinnung von 1 kg Brom waren etwa 2 kWh notwendig.

Das Verfahren krankte an der Verstopfung der Diaphragmen durch Magnesia.

Ein Verfahren von Rinck[3] benutzte Eisenbromidlösung, um das Brom aus den Endlaugen anzureichern. Bei der Elektrolyse bleibt die schwere Eisenbromidlösung am Boden und reichert sich solange mit Brom an, bis sich dieses als schwerere Flüssigkeit abtrennt.

Verfahren zur elektrolytischen Bromgewinnung wurden auch bei der Dow Chemical Co., Midland, U. S. A.[4], ferner von Betts[5] und von der American Bromine Co., Mawood[6], ausgearbeitet.

Die Verfahren mit Diaphragma geben höhere Stromausbeuten, die Apparatur ist jedoch komplizierter und häufigen Störungen unterworfen[7]. Eine erhebliche Störung des Betriebes kann bei allen Verfahren durch die Bildung von $Mg(OH)_2$ verursacht werden, das sich zum Teil auf den Elektroden absetzt und sie unbrauchbar macht. Günstig wirkt auf die Anwendbarkeit der elektrolytischen Verfahren das hohe Äquivalentgewicht des Broms, ungünstig die geringe Bromkonzentration der Endlaugen, wodurch die Bäder mit großen Flüssigkeitsmengen belastet werden, ungünstig auch der Gehalt an $MgSO_4$, wodurch Nebenreaktionen ausgelöst und Stromverluste verursacht werden. Aus diesen Gründen ist es im Großbetrieb kaum möglich, Stromausbeuten von mehr als 50% zu erhalten; meist bleibt die Stromausbeute, namentlich bei dünnen und sulfathaltigen Endlaugen, unter 30%[8].

Ein teilweise indirektes Verfahren hat Pemsel[9] angegeben. Hierbei wird nicht die gesamte Endlauge elektrolysiert, sondern nur etwa $^1/_{50}$ der Gesamtmenge, und zwar bei so hoher Stromdichte, daß auch das Chlor abgeschieden wird. Durch das Einleiten des entwickelten Chlors in den größeren Teil der Lauge wird dann das Brom durch die Reaktion

$$Cl_2 + 2\,Br' = Br_2 + 2\,Cl'$$

in Freiheit gesetzt.

Da Chlor jedoch ohnedies billig von der Chlorkalielektrolyse zur Verfügung steht, hat dieses Verfahren keine Bedeutung erlangt. Die elektrolytische Bromgewinnung ist in Europa heute allgemein fallengelassen worden, da man mit Hilfe des billigen und leicht dosierbaren flüssigen Chlors in Flaschen die Entbromung nach obiger Reaktionsgleichung ohne Schwierigkeiten auf rein

---

[1] DRP. 134975 (1902).

[2] DRP. 196111 (1903). — Sauerbrey: DRP. 139661 (1901), 140274 (1902).

[3] DRP. 182298 (1906).

[4] Pietrusky: Chemische Ind. **30**, 85 (1907). — Dow Chemical Co.: DRP. 6554.

[5] Engin. Mining Journ. **1901**, 783.

[6] Tobler: A. P. 1380853 (1920).

[7] M. Mitreiter: Gewinnung des Broms, S. 14.

[8] W. Michels, C. Przibylla: Kalirohsalze, S. 227).

[9] DRP. 145879 (1902).

chemischem Wege durchführen kann, dagegen scheint diese in Nordamerika noch angewendet zu werden[1].

# Jod.

Die elektrolytische Jodabscheidung aus neutralen Jodidlösungen erfolgt ohne wesentliche Überspannungserscheinungen sowohl an glattem als auch an platiniertem Platin[2] bei Werten, die wenig oberhalb des Gleichgewichtspotentials des Jods von $E_h + 0{,}631$ Volt liegen[3].

Da das Sauerstoffabscheidungspotential in sauren Lösungen bei 1,68 Volt, in neutralen bei 1,27 Volt und in alkalischen Lösungen bei 0,88 Volt liegt, wird es nur im letzten Fall zu einer merklichen Sauerstoffbeladung der Anode und damit zu einer Verzögerung der Jodentladung kommen.

Für die anodische Jodabscheidung kommt neben der Wirkung der im Lösungsmittel gleichzeitig vorhandenen OH-Ionen noch eine depolarisierende Wirkung in Betracht, die dadurch zustande kommt, daß das Jod mit Alkalijodiden Polyjodide bildet[4].

Der Verlauf der Abscheidungskurve ist ein steil ansteigender, die Jodelektrode ist also kaum polarisierbar.

Die elektrolytische Jodgewinnung geht auf Steinberg[6] zurück, der zuerst eine elektrolytische Jodabscheidung festgestellt hat.

Es wurden in der späteren Zeit mehrere elektrolytische Verfahren zur Jodgewinnung ausgearbeitet, die aber den chemischen Gewinnungsverfahren nicht überlegen sind.

Als Ausgangsmaterial steht einerseits Tangasche mit 0,6% Jod, anderseits die Mutterlaugen der Chilesalpeterreinigung mit rund 2% Natriumjodat zur Verfügung.

Parker und Robinson[7] bedienen sich einer Diaphragmenzelle mit einer Platin- oder Kohlenanode und einer Eisenkathode. Der Kathodenraum wird mit KOH, der Anodenraum mit der angesäuerten jodidhaltigen Lösung beschickt. Die anodische Stromdichte beträgt 2 A/dm².

Das sich in Kristallen an der Anode abscheidende Jod wird gewaschen und getrocknet.

Nach dem Verfahren von Engelhardt und Huth[8] wird die Elektrolyse von Tangaschenlaugen, die immer größere Mengen Chlorkali enthalten, unter solchen Bedingungen (siehe S. 157ff.) vorgenommen, daß neben Jodabscheidungen aus dem Chlorid Chlorat gebildet wird.

---

[1] Über Bromgewinnung siehe auch A. Bräuer, J. D'Ans: Fortschritte in der anorganisch-chemischen Industrie, 1. Bd., 1. Teil, S. 353. Berlin. 1921. — K. Kubierschky in F. Ullmann: 1. Aufl., 3. Bd., S. 100; 2. Aufl., 2. Bd., S. 671.

[2] F. Foerster: Ztschr. Elektrochem. **22**, 89 (1916).

[3] Sammet: Ztschr. physikal. Chem. **53**, 641 (1905). — Maitland: Ztschr. Elektrochem. **12**, 263 (1906). — Crotogino: Ztschr. anorgan. allg. Chem. **24**, 225 (1900).

[4] R. Luther u. F. J. Brislee: Ztschr. physikal. Chem. **45**, 216 (1903).

[5] Haber u. Ruß: Ztschr. physikal. Chem. **47**, 257 (1904). — Boericke: Ztschr. Elektrochem. **11**, 72 (1905).

[6] Journ. prakt. Chem. **25**, 387 (1842).

[7] E. P. 11479 (1888); Electrician **23**, 344 (1889).

[8] Schlötter: Elektrolytische Gewinnung von Brom und Jod. Monograph. über angew. Elektrochemie **27**, S. 46. Halle 1907.

Das Jod wird dabei zuerst abgeschieden, mit einem Energieaufwand von 8 kWh für das Kilogramm Jod und sehr guter Materialausbeute (99,3 bis 99,8%). Die Badspannung beträgt 7,4 Volt.

Wegen der kleinen Mengen, die verarbeitet werden, lohnt sich jedoch dieses Verfahren kaum[1].

## Fluor.

Die Elektrolyse von Fluoriden gestaltet sich wesentlich anders als die der übrigen Halogenide. Bei der Elektrolyse von wäßrigen Lösungen der Fluoride reagiert das primär abgeschiedene Fluor nach der Gleichung:

$$F_2 + 2\,OH' = 2\,F' + H_2O + O_2$$

mit den in geringer, der Dissoziation des Wassers entsprechenden Konzentration vorhandenen Hydroxylionen unter Bildung von Fluorion und Entwicklung starken ozonhaltigen Sauerstoffs. Deshalb ist es unmöglich, das Potential des Fluors gegen wäßrige Fluoridlösungen zu ermitteln sowie Sauerstoffverbindungen des Fluors herzustellen. Die anodische Abscheidung von Fluor gelingt nur aus wasserfreien Lösungen oder Schmelzen.

Bei der Elektrolyse einer Lösung von Fluorkalium in wasserfreier Flußsäure erhielt Moissan[2] an der Anode elementares Fluor. Er verwendete als Gefäße ein U-Rohr aus Kupfer mit seitlichen Gasableitungen. Die wasserfreie Flußsäure wurde aus trockenem Kaliumbifluorid $KHF_2$ durch Destillation in Platingefäßen gewonnen. Der Elektrolyt enthielt etwa 25% $KHF_2$.

Die Elektroden waren zylinderförmig gebogene Platiniridiumbleche, die mit einem Pfropfen aus Flußspat dicht eingesetzt waren. Die Elektrolyse wurde unter starker Kühlung (— 80°) mit einer Spannung von 50 Volt und 15 A durchgeführt.

Das aus dem Anodenraum entweichende Fluor wurde durch eine auf — 50° gekühlte Platinschlange geleitet, um die Verunreinigungen zu kondensieren.

Ruff verwendete später eine 40%ige Lösung von $KHF_2$ in wasserfreier Flußsäure, wodurch der Dampfdruck letzterer so weit herabgesetzt wird, daß man nicht mehr kühlen muß. Die Strombelastung soll jedoch dann 6—7 A nicht übersteigen.

Die hohe Spannung ist durch die schlechte Leitfähigkeit dieser Lösungen bedingt. Die Stromausbeute ist sehr schlecht.

Der Fluorapparat der Société Poulence Frères und M. Meslans[3] enthält einen durchbrochenen Kupferzylinder als Diaphragma, die Elektroden sind konzentrisch angeordnet, wodurch der Widerstand wesentlich erniedrigt wird. Die Anode befindet sich innen und wird gekühlt.

Gallo[4] bediente sich eines Platintiegels als Kathode. In dem Deckel aus Schwefel ist ein Platinzylinder befestigt, in welchem sich eine Platinanode befindet. Der Zylinder dient als Sammelglocke für das entweichende Fluor.

Die Elektrolyse von geschmolzenem Kalihydrofluorid $KHF_2$ oder $NaHF_2$ nach Argo, Mathers, Humiston, Anderson[5] bietet die Möglichkeit, im offenen Gefäße zu arbeiten und als Anode einen Graphitstab an Stelle des teuren Platin- oder Iridiumstabes zu verwenden. Hiermit ist zugleich

[1] Siehe auch E. Viel: F. P. 790396 (1935); Chem. Ztrbl. **1936 I**, 2990.

[2] Ann. Chim. Phys. (6), **12**, 472 (1887); Compt. rend. Acad. Sciences **128**, 1543 (1899). — Siehe auch C. Poulenc u. Meslans: Rev. gén. l'acetyl **1900**, 230. — O. Ruff: Ztschr. angew. Chem. **20**, 1217 (1907). — G. Gallo: Atti R. Accad. Lincei (Roma), Rend. (5), **19**, I, 206 (1910), bei M. Krayn. — O. Ruff: Chemie des Fluors. Berlin: J. Springer. 1926.

[3] DRP. 129825 (1900).

[4] Atti R. Accad. Lincei (Roma), Rend. (5), **19**, 206, 753 (1910).

[5] Journ. physical Chem. **23**, 348 (1919); Trans. Amer. electrochem. Soc. **35**, 335 (1919); **36**, 207 (1919).

der Vorteil verbunden, daß Graphit, wie Moissan[1] beobachtete, bis zur beginnenden Rotglut gegen F beständig ist. Die Graphitanode, an der das Fluor entwickelt wird, steckt in einem mit Schlitzen versehenen Kupferdiaphragma, das inmitten des Gefäßes angeordnet ist. Der als Elektrolysiergefäß dienende starkwandige Kupferkessel ist Kathode; er wird durch eine isolierte Wickelung aus Chromnickeldraht geheizt.

Auf die Angaben von Argo und seinen Mitarbeitern gestützt, hat F. Meyer und Sandow[2], eine verbesserte Elektrolysezelle konstruiert. Zur Aufnahme des Elektrolyten dient ein Graphittiegel, der gleichzeitig als Kathode dient und zu diesem Zweck an seinem oberen Ende mit einer Kupferlasche, die eine Klemmschraube trägt, versehen ist. Der Tiegel ist von einem elektrisch geheizten Mantel umgeben. Die Anode besteht ebenfalls aus Achesongraphit.

Der im unteren Ende zur Vergrößerung der Oberfläche mit vertikalen Rillen versehene Stab verjüngt sich langsam zu einem Zylinder von 20 mm Durchmesser. Anoden- und Kathodenraum sind durch ein jalousieartiges Kupferdiaphragma aus nahtlosem Kupferrohr getrennt.

Als Elektrolyt dient $KHF_2$, das bei 240° eine klare, dünnflüssige Schmelze gibt.

Die Elektrolyse beginnt man zweckmäßig mit 4—6 Volt und 2—3 A, um das im Fluorid enthaltene Wasser zu zersetzen. Je nach dem Wassergehalt nach $^1/_2$—3 Stunden kann man mit der eigentlichen Elektrolyse beginnen, bei der man am günstigsten mit 9—11 A bei 14—16 Volt arbeitet. Die Temperatur beträgt normalerweise 240°; wenn der Elektrolyt schon stark verbraucht ist, steigert man die Temperatur bis maximal 270°. Die geringen Mengen von HF im so dargestellten Fluor können durch ein vorgelegtes Rohr mit NaF entfernt werden. Zu Beginn der Elektrolyse enthält das Fluor ziemlich viel Ozon. Die Stromausbeute beträgt 75—78%.

Nach J. Simons[3] hat der an sich kompliziertere Apparat von F. Meyer, Sandow, keine Vorzüge von dem von Argo, Mathers, Humiston, Anderson, mit dem er vor allem die Nachteile gemeinsam hat, daß sich das Ableitungsrohr leicht durch Kondensation von mit dem Fluor mitgerissenen Fluorid verstopft, daß die Regeneration des Hydrofluorids sehr unbequem ist und daß leicht nach kurzem Gebrauch Kurzschluß zwischen der Graphitanode und dem Kupferdiaphragma eintritt. Die erste Schwierigkeit läßt sich leicht durch Vertikalstellen des Ableitungsrohres beseitigen. Die Regeneration der Schmelze geschieht am besten, indem man sie in einem Kupfergefäß erkalten läßt, mit überschüssiger wäßriger HF unter Erwärmen löst und nun bei 200—220° unter Anwendung von Graphitelektroden mit Kupferdiaphragma, wie sie im Fluorentwicklungsapparat gebraucht werden, so lange elektrolysiert, bis alles Wasser entfernt ist. Das wasserfreie Hydrofluorid kann von den auf dem Boden des Gefäßes angesetzten Verunreinigungen dekantiert werden und ist nun von neuem zur Fluorentwicklung geeignet. Die dritte Schwierigkeit wird beseitigt, indem man die Graphitanode durch Portlandzement von dem Diaphragma isoliert. Bei einer Spannung von 10 Volt entwickelt der Apparat von Siemens bei einem Strom von 10—15 A etwa 4 l Fluor in der Stunde. Er arbeitet 20—30 Stunden ununterbrochen. Die Anfangstemperatur beträgt 220°; man steigert die Temperatur während der Elektrolyse, um das Bad geschmolzen zu erhalten, auf 280—300°.

Bemerkenswert ist ein Elektrolyseur zur Herstellung von Fluor, den M. Bodenstein, H. Jokusch und H. Krekeler[4] neuerdings beschrieben haben, weil das Material des Gefäßes Elektronmetall (Mg mit 2% Mn der I. G. Farbenindustrie A. G., Werk Bitterfeld) ist, das sich gegen die Schmelze und gegen Fluor ebenso resistent verhält wie reines Magnesium[5]. Die Legie-

[1] Compt. rend. Acad. Sciences **110**, 276 (1890).
[2] Ber. Dtsch. chem. Ges. **54**, 759 (1921).
[3] Journ. Amer. chem. Soc. **46**, 2175 (1924).
[4] Chem. Fabrik **8**, 283 (1935).
[5] N. C. Jones: Journ. physical Chem. **33**, 801 (1929).

rung wird teilweise als Guß, teilweise als gezogenes Material verwendet, die Verbindungen sind durch Verschweißen hergestellt.

Abb. 76 zeigt einen Längsschnitt und einen Querschnitt durch den unteren Teil. Der zylindrische Hauptteil *A* des Gefäßes ist senkrecht geschieden in Anoden- und Kathodenraum, und zwar im oberen Teil durch eine massive Wand *B*, die an einer Seite stark verdickt ist und eine Bohrung enthält, in die von oben ein Thermometer eingeführt ist. Im unteren Teil wird die Scheidung fortgesetzt durch eine Doppeljalousie von Winkelstücken *C*, die in zwei an gegenüberliegenden Stellen der Wand vorgesehene Rinnen mittels zweier entsprechend ausgefräster Flachstäbe eingeschoben ist. Sie verhindert die Mischung der Gase, ohne irgend nennenswerten Widerstand hereinzubringen. Der Deckel des Gefäßes trägt einen großen Dom, der durch die Scheidewand ebenfalls in zwei Teile, *D*, *D*, getrennt ist, in deren Köpfe die Ableitungsrohre für die beiden Gase mit Konusverschlüssen eingesetzt werden können. Der Deckel des Gefäßes ist ferner durchbrochen durch ein in den Kathodenraum eintauchendes Rohr *E*, das zur Einleitung von Fluorwasserstoff dient, wenn die Schmelze erschöpft ist, und in dessen unterem Ende ein kleines Rückschlagventil ein Aufsteigen der Schmelze bei zu lebhafter Absorption verhindert.

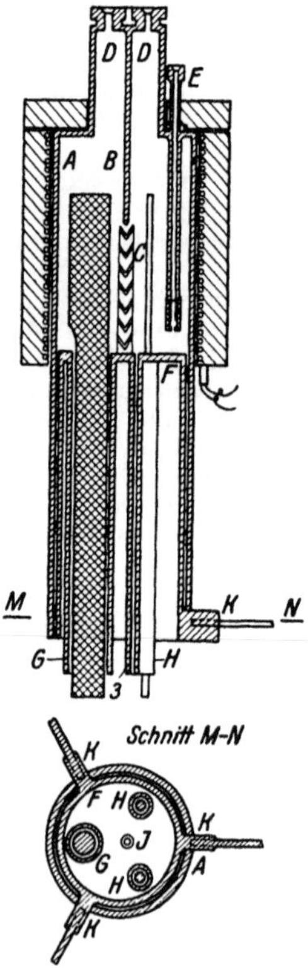


Abb. 76. Apparat zur elektrolytischen Fluorgewinnung nach Bodenstein.

Dieser zylindrische Hauptteil des Elektrolyseurs ist in seiner oberen Hälfte, die den eigentlichen Schmelzraum darstellt, umgeben von einer lose übergeschobenen elektrischen Heizung. In seine untere Hälfte ist von unten ein Rohr von wenig kleinerem Querschnitt als der Hauptteil, oben flach geschlossen, eingeschoben. Durch diese Verschlußplatte, die den Boden des Schmelzraumes bildet, gehen nach unten vier Rohre, ein weites für die Anode *G*, zwei engere für die Zuführungen der Kathode *H* und ein noch engeres *J*, durch das bei Bedarf die Schmelze abgelassen werden kann. Als Anode dient ein Graphitstab, und zwar von 60 mm Durchmesser, im unteren Teil exzentrisch auf 50 mm abgedreht, als Kathode ein gelochtes Feinsilberblech, das zwischen zwei oben durch einen Querbalken verbundenen Rohren von Feinsilber gespannt ist, die ihrerseits durch eingeschobene Rundeisenstäbe verstärkt sind.

Das Mantelrohr des Bodens trägt unten drei kräftige Ansätze *K*. Diese nehmen drei eingeschraubte Rundeisen auf, mit denen der Apparat in einem dreibeinigen Stativ mit Doppelmuffen fixiert ist. Auf diese Ansätze ist der Mantel des Hauptteils mittels dreier Aussparungen aufgesetzt, so daß er von den genannten Rundeisen ebenfalls getragen wird, solange der Apparat in Betrieb ist. Als Elektrolyt dient Kaliumbifluorid.

Die Stromspannungskurve ergab eine Zersetzungsspannung von 2,7 bis 2,8 Volt — ein Wert, der sich auch nach dem Abschalten einer kräftigen Elektrolyse als Polarisationsspannung einstellte.

Die Stromausbeute beträgt 74—77%. Stromdichte kathodisch: 0,575 A/dm$^2$; anodisch: 0,83 A/dm$^2$.

P. Lebeau und A. Damiens[1] verwenden als Elektrolyt anstatt $KHF_2$, das einen verhältnismäßig hohen Schmelzpunkt hat, $KF \cdot 3\,HF$, welches leichter schmilzt. Der Elektrolyt wird in eine Nickel- oder Kupferschale

[1] Compt. rend. Acad. Sciences **181**, 917 (1925).

gebracht, welche zugleich als Kathode dient. In der Mitte derselben befindet sich als Anode ein 8 mm dicker Stab von Nickel, der von einem flaschenartigen Mantel aus Kupfer umgeben ist. Letzterer reicht fast bis zum Boden des Gefäßes und ist unten, um die Bewegung des Elektrolyten zu gestatten, mit Löchern versehen. Er dient dazu, das F zu sammeln und die Diffusion desselben nach der Kathode zu verhindern. Das F scheidet sich an den ebenfalls positiven Wänden der Kupferflasche ab und bildet dort einen isolierenden Niederschlag, wodurch die Flasche vom Stromkreis isoliert ist. Fluorammonium haben O. Ruff und Geisel[1] verwendet.

B. Neumann und H. Richter[2] haben die Zersetzungsspannungen der geschmolzenen Fluoride KF, NaF, LiF, $CaF_2$, $SrF_2$, $BaF_2$, $MgF_2$, $BeF_2$ bei verschiedenen Temperaturen gemessen.

Unter Abrechnung der Metallpotentiale und geradliniger Extrapolation auf gewöhnliche Temperatur wurde das normale Fluorpotential zu 1,923 Volt berechnet. Die Richtigkeit dieses Verfahrens wurde jedoch von O. Ruff und W. Busch[3] bezweifelt.

Das Normalpotential des Fluors hat Bodländer aus der Bildungswärme und Löslichkeit von Bleifluorid zu 1,9 Volt berechnet[4].

# Folgereaktionen bei der Elektrolyse von Alkalihalogeniden.

## Allgemeines über Wechselwirkung der anodisch abgeschiedenen Halogene mit den kathodisch gebildeten Hydroxylionen.

Die Halogene reagieren mit den in der Lösung vorhandenen OH'-Ionen je nach ihrer Natur verschieden heftig: Wie schon S. 154 erwähnt wurde, reagiert das Fluor am stärksten, so daß dieses Halogen in Gegenwart von Wasser überhaupt nicht beständig ist, da schon die im Wasser vorhandene geringe OH'-Konzentration genügt, um das Fluor nach der Gleichung

$$F_2 + 2\,OH' = 2\,F' + H_2O + O$$

in Fluorionen überzuführen.

Bei den übrigen Halogenen kommen weniger die von vornherein im Wasser vorhandenen Hydroxylionen in Frage, als die, welche bei der Elektrolyse durch Bildung von Alkalihydroxyd von der Kathode her in

---

[1] Ber. Dtsch. chem. Ges. **36**, 2677 (1903). — Vgl. auch Warren: Chem. News **55**, 289 (1867).

[2] Ztschr. Elektrochem. **31**, 481 (1925).

[3] Ztschr. Elektrochem. **31**, 614 (1925). — Siehe auch R. Lorenz: Ztschr. Elektrochem. **32**, 172 (1926). — B. Neumann: Ztschr. Elektrochem. **32**, 274 (1926).

[4] Siehe auch Abegg: Ztschr. Elektrochem. **9**, 569 (1903). — Weitere Angaben über Fluorgewinnung siehe W. D. Bancroft u. N. C. Jones: Trans. Amer. electrochem. Soc. **55**, 13 (1929). Herstellung von gasförmigem $F_2$ durch Elektrolyse von geschmolzenem $KHF_2$. — K. Fredenhagen: Ztschr. Elektrochem. **35**, 670 (1929). — A. Tian: Bull. Soc. chim. France (5), **1**, 1010 (1934). Beobachtungen über die Darstellung von Fluor. — K. G. Denbigh u. R. Whytlaw-Gray: Journ. Soc. chem. Ind. **53**, 139 (1934). Eine Zelle zur Fluordarstellung. — L. M. Dennis, Veeder u. Rochow: Chem. Ztrbl. **1931 I**, 2845. — L. M. Dennis u. E. G. Rochow: Journ. Amer. chem. Soc. **56**, 879 (1934). Zelle zur Fluordarstellung. — E. I. Du Pont de Nemours: F. P. 755296 (1932). Herstellung von Fluor.

größerer Konzentration in den Elektrolyten gelangen und mit dem anodisch gelösten Halogen zusammentreffen oder von vornherein durch Zusatz freien Alkalis im Elektrolyten in größerer Konzentration vorhanden sind.

Es bilden sich hierbei bis zu einem Gleichgewichtszustande die Hypohalogenide, die als Salze schwacher Säuren zum größten Teil hydrolytisch gespalten sind.

Diese Vorgänge werden durch die folgenden Gleichungen ausgedrückt:

$$X_2 + OH' = X' + XOH, \qquad (1)$$
$$XOH + OH' = XO' + H_2O. \qquad (2)$$

Für die Gleichung (1) gilt die Gleichgewichtsbeziehung:

$$K_I = \frac{C_{X_2} \cdot C_{OH'}}{C_{XOH} \cdot C_{X'}}$$

oder nach Einführung der Wasserkonstanten $K_w = C_{H^\cdot} C_{OH'}$:

$$K_I = \frac{C_{H^\cdot} \cdot C_{X'} \cdot C_{XOH}}{C_{X_2}},$$

für die bei den einzelnen Halogenen[1] die folgenden in Tabelle 14 wiedergegebenen Werte bei 25° gefunden wurden.

Tabelle 14.

| | $K_I$ bei 25° | $C_{XOH}$ bei 25° in mit $X_2$ gesättigter 1-n NaX-Lösung |
|---|---|---|
| Chlor ...... | $3{,}9 \cdot 10^{-4}$ [1] | $5{,}5 \cdot 10^{-3}$ |
| Brom ...... | $5{,}2 \cdot 10^{-9}$ [2] | $4{,}5 \cdot 10^{-4}$ |
| Jod ....... | $0{,}3 \cdot 10^{-12}$ [3] | $2{,}2 \cdot 10^{-7}$ |

Für die Gleichung (2) gilt die Beziehung:

$$\frac{C_{XOH} \cdot C_{OH'}}{C_{XO'}} = K_{II} = \frac{K_w}{K_S},$$

in der sich die Gleichgewichtskonstante $K_{II}$ auch durch den Quotienten aus Wasserkonstante und der Dissoziationskonstante der unterhalogenigen Säure

$$K_S = \frac{C_{XO'} \cdot C_{H^\cdot}}{C_{XOH}}$$

ausdrücken läßt.

Chlor und Brom bilden niemals und Jod nur ganz ausnahmsweise durch Wechselwirkung mit Alkali etwas anderes als unterhalogenige Säure bzw. Hypohalogenite. Da diese aber keine beständigen Verbindungen sind, streben sie unter Abgabe freier Energie in die Halogenate überzugehen, was auf verschiedenen Wegen erfolgen kann. In Lösungen ohne nennenswerte Mengen freien Alkalis reagiert die freie unterhalogenige Säure mit ihrem aus ihrem Alkalisalz stammenden Anion in zeitlich verfolgbarem Reaktionsverlauf nach dem Schema:

$$2\,XOH + XO' = XO_3' + 2\,X' + 2\,H^\cdot$$

wobei in augenblicklich verlaufender Reaktion die entstehende Halogenwasserstoffsäure wieder unterhalogenige Säure in Freiheit setzt[4]:

$$2X' + 2H + 2XO' = 2XOH + 2X'.$$

[1] A. A. Jakowkin: Ztschr. physikal. Chem. **29**, 613 (1899).

[2] W. C. Bray: Journ. Amer. chem. Soc. **32**, 932 (1910). — W. C. Bray u. E. L. Connoly **33**, 1485 (1911).

[3] A. Skrabal: Sitzungsber. Akad. Wiss. Wien **120**, 684 (1911).

[4] F. Foerster: Journ. prakt. Chem. **63**, 141 (1901). — F. Foerster u. F. Jorre: Journ. prakt. Chem. **59**, 53 (1899); Ztschr. anorg. allg. Chem. **23**,

Demgemäß ist die Halogenatbildung nach der Geschwindigkeitsgleichung

$$-\frac{d\,C_{XO'}}{dt} = k\,(C_{XOH})^2 \cdot C_{XO'}$$

jeweils dem Quadrat der freien, unterhalogenigen Säure proportional.

Für 25° erfolgt die Chloratbildung entsprechend der Geschwindigkeitskonstante $k = 0{,}0023$ etwa 100mal langsamer als die Bromatbildung mit der Geschwindigkeitskonstanten $k = 0{,}25$, während die Jodatbildung fast momentan verläuft[1].

Bei Gegenwart kleiner Konzentrationen freien Alkalis dagegen bleiben selbst konzentrierte, 2—3 Mol XOH im Liter enthaltende Lösungen von Hypochlorit und Hypobromit bei gewöhnlicher Temperatur lange ungeändert. Gleichwohl erfolgt hier, wenn auch außerordentlich viel langsamer als nach schwacher Ansäuerung, Halogenatbildung, aber nach einem ganz anderen Reaktionsmechanismus: Es bildet sich aus Hypochlorit in erster Stufe Chlorit nach

$$2ClO' = ClO_2' + Cl',$$

das in zweiter Stufe bei 25° mit 35 mal größerer Geschwindigkeit zu Chlorat oxydiert wird[2]:

$$ClO'_2 + ClO' = ClO'_3 + Cl',$$

so daß hierbei immer nur ganz kleine Chloritmengen vorhanden sind.

Auch in alkalischer Lösung verläuft die an sich langsame Bromatbildung weit schneller als die des Chlorats[3], ebenso die des Jodats, so daß diese Reaktionen in alkalischer Lösung auch bei gewöhnlicher Temperatur in relativ kurzer Zeit beendet sind. Der endgültige Ruhezustand, der bei gewöhnlichen Temperaturen durch Reaktion von Halogen und Hydroxylion schließlich eintritt, ist durch die Bruttogleichung:

$$3X_2 + 6OH' = XO_3' + 5X' + 3H_2O \qquad \text{(III)}$$

darstellbar. Bei Zugabe von $H^{\cdot}$-Ionen kommt es aus Halogenion und Halogenation zur Rückbildung von freien Halogenen, und zwar unter vergleichbaren Bedingungen, bei Chlorat langsam, bei Bromat und namentlich Jodat mit großer Geschwindigkeit.

Hierbei muß man, wie die Bildung von Chlordioxyd bei der Einwirkung von HCl auf Chlorsäure wahrscheinlich macht[4], annehmen, daß auch diese Reaktion meist stufenweise über die niederen, aber schneller sich umwandelnden Oxydationsstufen der Halogene verlaufen. So kommt man zu dem schließlichen Endergebnis der Wechselwirkung von Halogen und Wasser zu einem Gleichgewicht:

$$12H + 2XO_3' + 10X' \rightleftarrows 6X_2 + 6H_2O$$

das schon in recht schwach saurer Lösung ganz linksseitig, in schwach alkalischer Lösung bereits ganz rechtsseitig liegt. Man kann dieses Gleichgewicht als das Endergebnis des Zusammenwirkens von drei reversiblen,

---

181 (1900). — H. Kretschmar: Ztschr. Elektrochem. **10**, 794 (1904). — J. Thomson: Journ. prakt. Chem.: **59**, 244 (1899). — E. Müller u. P. Koppe: Ztschr. Elektrochem. **17**, 425 (1911), bzw. P. P. Prausnitz: Ztschr. Elektrochem. **18**, 1030 (1912).

[1] A. Skrabal: Sitzungsber. Akad. Wiss. Wien **120**, 53 (1911).

[2] P. Dolch: Dissertation Dresden, 1912. — F. Foerster: Ztschr. Elektrochem. **23**, 137 (1917).

[3] H. Kretschmar: Ztschr. Elektrochem. **10**, 791 (1904). — P. Dolch: Dissertation. Dresden, 1912, S. 14 u. 19.

[4] W. Bray: Ztschr. anorg. allg. Chem. **48**, 242 (1906); Ztschr. physikal. Chem. **54**, 463 (1906). — R. Luther u. F. H. Mac Dougall: Ztschr. physikal. Chem. **55**, 477 (1906); **62**, 199 (1908).

elektromotorisch wirksamen Vorgängen auffassen: 1. der Bildung von Halogen aus Halogenat und Wasserstoffionen nach:

$$2XO_3' + 12H \rightleftarrows X_2 + 6H_2O + 10 \oplus, \qquad (1)$$

2. der Bildung von Halogenionen aus dem Halogenat und Wasserstoffionen nach

$$XO_3' + 6H^{\cdot} = 3H_2O + 6 \oplus, \qquad (2)$$

und 3. der Halogenionenbildung aus Halogen nach:

$$X_2 \rightleftarrows 2X' + 2 \oplus, \qquad (3)$$

deren Potentiale sich in bekannter Weise (siehe 1. Band: Oxydations- und Reduktionsketten, S. 34) der Reihe nach durch die Beziehungen:

$$\varepsilon_1 = {}_0\varepsilon_1 + \frac{RT}{10F} \ln \frac{(C_{XO_3'})^2 \cdot (C_{H})^{12}}{C_{X_2}},$$

$$\varepsilon_2 = {}_0\varepsilon_2 + \frac{RT}{6F} \ln \frac{C_{XO_3'} \cdot (C_{H^{\cdot}})^6}{C_{X'}}$$

und

$$\varepsilon_3 = {}_0\varepsilon_3 + \frac{RT}{2F} \ln \frac{C_{X_2}}{(C_{X'})^2}$$

darstellen lassen, wobei ${}_0\varepsilon_1$, ${}_0\varepsilon_2$, ${}_0\varepsilon_3$ die Normalpotentiale bedeuten. Mit Hilfe dieser Formeln läßt sich elektromotorisch obiges Gleichgewicht, dessen Konstante $K$ durch

$$K = \frac{(C_{H^{\cdot}})^6 \cdot (C_{XO_3'}) \cdot (C_{X'})^5}{(C_{X_2})^3}$$

gegeben ist, auf Grund des Getzes, daß im Gleichgewicht $\varepsilon_1 = \varepsilon_2 = \varepsilon_3$ sein muß, ermitteln.

Dann folgt bei der Gleichsetzung von $\varepsilon_1$ und $\varepsilon_2$:

$${}_0\varepsilon_2 - {}_0\varepsilon_1 = \frac{RT}{30F} \ln K$$

und bei Gleichsetzung von $\varepsilon_2$ und $\varepsilon_3$:

$${}_0\varepsilon_3 - {}_0\varepsilon_2 = \frac{RT}{6F} \ln K.$$

Experimentell bestimmbar sind die Werte von ${}_0\varepsilon_3$, die Potentialwerte der Halogene und die Werte ${}_0\varepsilon_1$ aus den Potentialen, welche in Lösungen wechselnder Konzentration von freier $HXO_3$ und freiem Halogen gemessen wurden und für Bromat $\varepsilon_h = +1{,}487$, für Jodat $\varepsilon_h = +1{,}177$ Volt betragen.

Die so gefundenen Beträge für $K$ bei 25°, ausgedrückt in Mol pro Liter, und die daraus für 1-normale Halogenlösungen im Gleichgewicht bei Sättigung an freiem Halogen möglichen Konzentrationen $XO_3'$ sind die folgenden[1]:

$$K_{ClO_3', Cl', Cl_2} = 5{,}9 \cdot 10^{-12}, \quad C_{ClO_3'} = 0{,}7 \cdot 10^{-2},$$

$$K_{BrO_3', Br', Br_2} = 7{,}3 \cdot 10^{-34}, \quad C_{BrO_3'} = 2{,}1 \cdot 10^{-5},$$

$$K_{JO_2', J', J_2} = 2{,}8 \cdot 10^{-46}, \quad C_{JO_3'} = 1{,}3 \cdot 10^{-8}.$$

Der so aus ${}_0\varepsilon_1$ und ${}_0\varepsilon_3$ berechnete Wert von $K$ stimmt z. B. für Jodat mit dem rein analytisch ermittelten bestens überein.

[1] R. Luther u. V. Sammet: Ztschr. Elektrochem. **11**, 293 (1905). — V. Sammet: Ztschr. physikal. Chem. **53**, 641 (1905). — A. Skrabal: Sitzungsber. Akad. Wiss. Wien **120**, 672 (1911). — E. Abel: Nernst-Festschrift 1 (1912).

Aus dem Vorhandensein dieser Gleichgewichte folgt, daß bei den ihnen naheliegenden Konzentrationsverhältnissen die Möglichkeit einer direkten Reaktion von Halogen mit Wasser zu Halogenat ohne Zwischenstufe gegeben ist. Doch scheint ein solcher Vorgang nur bei Jodat und da nur ganz in der Nähe des Gleichgewichts, also mit sehr kleiner Geschwindigkeit einzutreten. In allen anderen vom Gleichgewicht nach rechts oder links erheblich entfernten Anfangssystemen, also praktisch ganz allgemein, werden aber die rascher entstehenden Zwischenstufen auftreten und die dann eindeutig verlaufenden Vorgänge der Halogenatbildung bzw. Halogenatreduktion ihrem ganzen Gange nach überwiegend bestimmen.

Bei der geschilderten Einwirkung der Halogene auf Hydroxylionen entsprechen die Hypohalogenite einer ersten mit einem Mindestverlust an freier Energie entstehenden Reaktionsstufe, und die Halogenate stellen eine weitere Stufe auf dem Wege eines solchen Energieaustrittes dar. Dieser erreicht aber seinen höchsten Betrag erst bei der Entstehung von Halogenid und freiem Sauerstoff, die sich nach der Gleichung:

$$2OX' = 2X' + O_2$$

unmittelbar abspielen kann. Doch vollzieht sich dieser Zerfall gewöhnlich weit langsamer als die Halogenatbildung und begleitet diese höchstens als geringfügiger Nebenvorgang, doch kann er durch gewisse Oxyde, wie die des Kobalts, Nickels, Kupfers, Eisens u. a., oder durch Platinschwarz in erheblichem Maße katalytisch beschleunigt werden.

Bei der Elektrolyse von Chloridlösungen stellen sich an einer Chlor entwickelnden Anode stets in dem durch die jeweils hier herrschenden $Cl'$- und $OH'$-Konzentrationen bedingten Umfang die oben skizzierten Halogen-Hypohalogenit-Gleichgewichte ein, während das Halogen-Halogenat-Gleichgewicht sich nur relativ langsam einstellt. Am schnellsten erfolgt die Einstellung des letzteren Gleichgewichts für das System Jod-Jodat, wenn auch absolut immer noch träge.

Wenn an der Kathode bei der Elektrolyse von Alkali- oder Erdalkalihalogeniden Hydroxyde entstehen und diese mit dem anodisch gebildeten Halogen in Wechselwirkung treten können, dann erscheint als Endprodukt der Elektrolyse Hypohalogenit, bzw. aus diesem Halogenat.

Bei der Elektrolyse einer neutralen Alkalihalogenidlösung stehen von der Kathode her zwei Äquivalente Alkali mit einem Mol anodisch freigewordenen Chlors zur Wechselwirkung zur Verfügung.

Die sich zunächst einstellenden Halogen-Hypohalogenitgleichgewichte werden, da die zur Reaktion erforderlichen Stoffe räumlich getrennt auftreten, an verschiedenen Stellen im Elektrolyten eine verschiedene Lage haben.

Das obige Gleichgewicht wird in der Anodennähe zugunsten freien Halogens und der unterhalogenigen Säure, nahe an der Kathode zugunsten freien Alkalis und des Hypohalogenits verschoben sein, und zwischen den beiden Elektroden wird das dem Zusammentreffen von 1 Mol Halogen und 2 Mol Alkali entsprechende Gleichgewicht liegen, das bei Chlorid lediglich Hypochlorit, bei Bromid dem etwas stärker als jenem hydrolisierten Hypobromit und bei Jodid freiem Jod neben wenig unterjodiger Säure und noch weniger Hypojodit neben freiem Alkali entspricht.

Damit ist zumindest in der Anodennähe die Möglichkeit der rein chemischen oder, wie man gewöhnlich bei der Elektrolyse sagt, der sekundären Halogenatbildung gegeben. Diese verläuft bei den Jodverbindungen so leicht und rasch, daß im gesamten Elektrolyt nur sehr geringe Mengen von unterjodigen Verbindungen im Gleichgewicht mit Alkali und freiem Jod verbleiben.

Dagegen werden bei der Bromid- und Chloridelektrolyse, im Hinblick auf die geringere Geschwindigkeit, mit der die Bromat- und vornehmlich die Chloratbildung vonstatten geht, Hypohalogenite im Verlauf der Elektrolyse im wachsenden Maße im Elektrolyten entstehen, da die in Frage kommenden

Gleichgewichte sich immer mehr und mehr zugunsten von XOH und XO′ verschieben.

Die Konzentration des Hypohalogenits auch in neutralen Bromid- und Chloridlösungen kann aber deshalb nicht andauernd anwachsen, weil durch die Konzentrationssteigerung die Geschwindigkeit der Halogenatbildung wächst, das Hypohalogenit in dem Maße, als es entsteht, sekundär in Halogenat übergeht und sich so ein stationärer Zustand ausbildet, indem in der Zeiteinheit gleichviel Hypohalogenit entsteht, als durch Halogenatbildung verschwindet.

Da die im stationären Zustand auftretende Hypohalogenitkonzentration beim Chlorid geringer ist als beim Bromid, aber größer als beim Jodid, kann nicht allein die chemische Halogenatbildung in Frage kommen, die bei Hypochlorit am kleinsten und Hypojodit am größten ist, also gerade den umgekehrten Effekt haben müßte. Es müssen vielmehr durch die Elektrolyse noch weitere Möglichkeiten an Übergängen der Hypohalogenite in die Halogenate denkbar sein, die bei den Hypochloriten besonders hervortreten und sich aus dem Verhalten der Hypobromite und Hypochlorite bei der Elektrolyse ergeben (die Untersuchung der Hypojodite scheidet wegen ihrer Unbeständigkeit aus).

Nach Versuchen von H. Kretschmar[1] wird bei der Elektrolyse einer fast bromidfreien, durch freies Alkali 0,9-normalen, nach ihrem Sauerstoffgehalt 0,18-molaren Hypobromitlösung von dem anodisch sich entwickelnden Sauerstoff an platinierten Anoden etwa die Hälfte, an glatten etwa zwei Drittel seiner Menge nach der Gleichung von $BrO' + 2O = BrO_3'$ zur Oxydation von Hypobromit zu Bromat verbraucht. Es wird also das Hypobromition, sobald es in der alkalischen Lösung an eine sauerstoffentwickelnde Anode gelangt, durch primäre Oxydation zu $BrO_3$ oxydiert.

Ganz in ähnlicher Weise kann auch Hypochloritlösung[2] bei gewöhnlicher Temperatur mit 25—28% Stromausbeute ohne Nebenreaktion glatt zu Chlorat oxydiert werden, wenn man anodisch vorpolarisierte, platinierte Anoden verwendet. Dagegen wird das Hypochlorit an einer kathodisch vorpolarisierten, platinierten Anode nicht oxydiert, sondern der Sauerstoff entweicht gasförmig.

Bei Verwendung glatter Platinelektroden dagegen wird unter den gleichen Versuchsbedingungen[3] etwa die Hälfte der der Stromstärke entsprechenden Menge Sauerstoff verbraucht. Die Menge des gleichzeitig verschwindenden Hypochloritsauerstoffs ist im Vergleich zu der des entstandenen Chloratsauerstoffs etwa doppelt so groß, als er dem obenerwähnten, an platinierten, anodisch vorpolarisierten Platinanoden vonstatten gehenden Vorgang der primären Oxydation zu Chlorat nach $ClO' + 2O = ClO_3'$ entsprechen würde. Da hierbei an der Anode neben Chlorat aus dem Hypochlorit auch erhebliche Mengen von Chlorid entstehen, schließen F. Foerster und E. Müller, daß bei der Hypochloritelektrolyse außer der primären Oxydation zu Chlorat zum Teil die Chloratbildung, ganz ähnlich wie bei dem rein chemischen Vorgang auch ohne äußere Sauerstoffzufuhr lediglich auf Kosten des verschwindenden Hypochloritsauerstoffs erfolgen kann, und zwar so, daß die an der Anode zur Entladung kommenden Hypochloritionen im entladenen Zustande, ähnlich wie man es für entladene Anionen von Salzen der Sauerstoffsäuren annimmt, Wasser unter Sauerstoffentwicklung zersetzen:

$$6ClO' + 3H_2O - 6\oplus = 2ClO_3' + 6H^{\cdot} + 4Cl' + 3O,$$

wobei außerdem noch die entstehenden Cl′-Ionen an den Entladungsvorgängen teilnehmen.

Die neben diesem als „anodische Chloratbildung" bezeichneten Vorgang erfolgende primäre elektrolytische Oxydation zu Chlorat tritt bei der Elektro-

[1] Ztschr. Elektrochem. 10, 789 (1904).
[2] O. Jensen: Dissertation. Dresden, 1911.
[3] F. Foerster u. E. Müller: Ztschr. Elektrochem. 8, 638 (1902).

lyse der freien, zwecks Verbesserung ihrer Leitfähigkeit mit Phosphorsäure versetzten unterchlorigen Säure völlig zurück.

Eine entsprechende „anodische Bromatbildung“ erscheint möglich, ist aber nicht nachgewiesen.

Zusammenfassend kann man sagen, daß bei der Elektrolyse das gebildete Hypochlorit um so mehr der von Sauerstoffentwicklung begleiteten anodischen Chloratbildung verfällt, je mehr die freie, unterchlorige Säure vorwaltet, wogegen in alkalischer Lösung und an platinierten Anoden nebenher die durch Sauerstoffverbrauch gekennzeichnete primäre Chloratbildung eine Rolle spielt.

Von weiteren Reaktionen, die zum Verschwinden von Hypohalogenit führen, kann die bereits S. 159 erwähnte Möglichkeit der Bildung von chlorigsauren Salzen in alkalischen Lösungen infolge der sofortigen elektrolytischen Weiteroxydation zu Chlorat niemals zum Auftreten dieser Verbindung bei der Elektrolyse führen[1]. Der direkte Zerfall von Hypochlorit unter Sauerstoffentwicklung tritt, auch wenn er an platiniertem Platin eine katalytische Beschleunigung erfährt, gegen die anodische Chloratbildung zurück.

Nur bei Verwendung von Anoden, deren wirksame Oberfläche aus Kobaltoxyd besteht (durch Elektrolyse einer verdünnten Kobaltchloridlösung erhalten), wird bei der Elektrolyse einer neutralen Natriumchloridlösung sich das Anodenpotential auf **1,33—1,35** Volt, also dem zur Chlorentladung völlig ausreichenden Anodenpotential einstellen, und fast die ganze Stromarbeit besteht dann infolge Zerfalls des primär gebildeten Hypochlorits in der Entwicklung gasförmigen Sauerstoffs.

Ebenfalls beträchtlich, wenn auch nicht ganz so energisch wie an Kobaltoxyd, wird der Zerfall des Hypochlorits in Sauerstoffgas und Chlorid durch Elektroden aus Eisenoxyduloxyd begünstigt[2].

Die großen Reaktionswiderstände, die sicher einer unmittelbaren Halogenatbildung und wahrscheinlich auch einer unmittelbaren Hypohalogenitbildung bei der Elektrolyse von Alkalihalogenidlösungen entgegenstehen, sind der Grund, weshalb primär anodisch immer zuerst Halogen entsteht, das dann rein chemisch Hypohalogenit bildet.

Dieses kann sich, wie aus obigen Darlegungen hervorgeht, nur in beschränktem Maße ansammeln und geht während des Stromdurchganges bald auf verschiedenen Wegen in Halogenat über.

Die Oxydation zu Perhalogenaten findet an der Anode in geringem Umfange oder gar nicht statt, solange noch große Mengen von Halogenid anwesend sind. Man kann also als Hauptprodukt der Elektrolyse, wenn man Anoden- oder Kathodenräume nicht trennt, Halogenate oder unter bestimmten Bedingungen bis zu gewissem Grade Hypohalogenite erhalten.

Die elektrolytische Hypohalogenit- und Halogenatdarstellung erleidet jedoch durch die starke Reduzierbarkeit der meisten Halogensauerstoffverbindungen an der Kathode eine starke Beeinträchtigung.

Während bei der Chloridelektrolyse das Chlorat in neutralen und alkalischen Lösungen der Reduktion widersteht (außer an Eisenelektroden, an denen es sehr leicht zu Chlorit reduziert wird), wird das Hypochlorit so leicht reduziert, daß selbst bei der die Reduktion einschränkenden Anwendung hoher kathodischer Stromdichten[3] kathodische Stromverluste von 25—30% bei der Elektrolyse neutraler Chloridlösungen nicht zu vermeiden sind, die sich natürlich auch beim Arbeiten auf Chlorat auswirken, da ja das Hypochlorit das primäre Ausgangsprodukt für Chlorat ist.

---

[1] W. Oechsli: Ztschr. Elektrochem. **9**, 822 (1903). — P. Dolch: Dissertation. Dresden, 1912. — F. Foerster: Ztschr. Elektrochem. **23**, 147 (1917).

[2] A. Brochet: Bull. Soc. Chim. France (3), **23**, 611; Compt. rend. Acad. Sciences **130**, 1624 (1900). — F. Foerster u. E. Müller: Ztschr. Elektrochem. **8**, 521 (1902); **9**, 205 (1903). — A. Tenne: Dissertation. Dresden, 1913, S. 561. — E. Renschler: Dissertation. Stuttgart, 1911. — B. Young: Dissertation. Dresden, 1911, S. 41ff.

[3] E. Müller: Ztschr. anorg. Ch., **22**, 77ff. (1900).

Noch größer ist der Einfluß der kathodischen Reduktion bei der Elektrolyse von Bromid- und Jodidlösungen, weil nicht nur die Hypohalogenite, sondern auch die Halogenate der beiden Halogene an allen Kathodenmaterialien reduziert werden.

In dem Maße, als sich die Halogensauerstoffsalze anreichern, steigt an der Kathode der für ihre Reduktion zu Halogenid verbrauchte Stromanteil, und man gelangt zu einem stationären Zustande, in welchem an der Kathode ebensoviel Halogenwasserstoff wieder beseitigt wird, als durch das anodisch abgeschiedene Halogen erzeugt wird, und bei dem also die Stromausbeute auf Null herabgeht[1].

Man kann aber die kathodische Reduktion aller durch die anodischen Vorgänge erzeugten Halogensauerstoffverbindungen praktisch durch einen von E. Müller eingeführten und S. 208 besprochenen Chromatzusatz verhindern, der auf die Anodenvorgänge ohne Wirkung bleibt, da das Potential der Anode bei der Elektrolyse einer neutralen Chlornatriumlösung ganz das gleiche ist, ob die Lösung einen Chromatzusatz erhalten hat oder nicht[2].

## Die Hypochlorit- und Chloratbildung im Besonderen.

Die technische Herstellung von Bleichlaugen und von Chlorat auf elektrischem Wege wurde schon zu einer Zeit versucht, als die getrennte Gewinnung von Chlor und Alkali durch Elektrolyse noch in den ersten Anfängen steckte und die Theorie dieser Vorgänge noch unerforscht war.

Erst nachträglich wurde die Theorie dieser Vorgänge entwickelt.

Die Ausbeute an Hypochlorit und Chlorat bei der Elektrolyse von Chloridlösungen ohne Anwendung eines Diaphragmas ist verschieden, je nachdem die zu elektrolysierende Alkalichloridlösung neutral, schwach sauer oder ausgesprochen alkalisch ist.

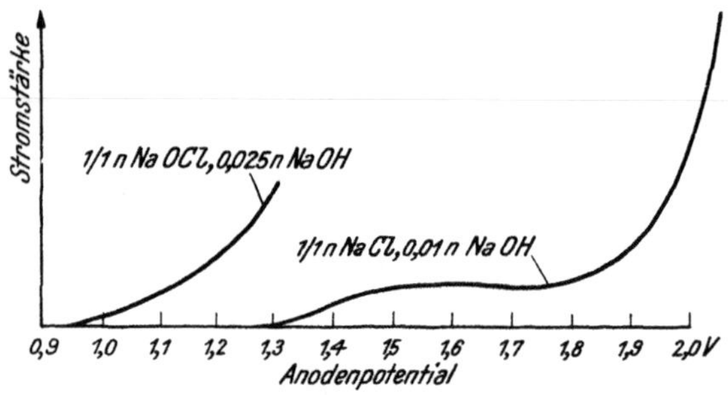

Abb. 77. Anodische Stromspannungskurven der Elektrolyse von alkalischen Chlorit- und Chloridlösungen.

In ausgesprochen neutraler Alkalichloridlösung ergibt sich das folgende, einem Grenzfall entsprechende Bild. Aus dem in Abb. 77 dargestellten, von F. Foerster und E. Müller[3] an glattem Platin aufgenommenen anodischen Stromdichtepotentialkurven in schwach alkalischer, 1-normaler NaCl-Lösung sieht man, daß bei gleicher Konzentration der Anionen in der Lösung die Hypochloritionen leichter als die Chloridionen an der Anode entladen werden, und zwar auch dann, wenn die an glattem Platin die Chlorentladung verzögernden Erscheinungen noch nicht wirksam geworden sind.

An platinierten Elektroden, an welchen mit wenigstens annähernd reversiblem Verlaufe der Entladung von Cl'- und wohl auch der ClO'-Ionen gerechnet werden kann, beobachtet man im Anfang der Elektrolyse, wo die Konzentration der unmittelbar an der Anode befindlichen Hypochloritionen nur gering ist, nur geringe Sauerstoffentwicklung als Folge der S. 162 gekennzeichneten anodischen Chloratbildung aus Hypochlorit. Im weiteren Verlaufe der Elektrolyse reichert sich in der hier maßgebenden anodischen Diffusionsschicht die Menge von Hypochlorition an und die von Chlor nimmt

---

[1] E. Müller: Ztschr. Elektrochem. 7, 509 (1900/01).
[2] A. Tenne: Dissertation. Dresden, 1913.
[3] Ztschr. Elektrochem. 8, 634 (1902).

ab, und man gelangt schließlich zu dem Zustande, bei welchem in der Zeiteinheit ebensoviel Hypochlorit durch den Vorgang der anodischen Chloratbildung zersetzt wird, als sich durch Wechselwirkung von Chlor mit Alkali neu bildet. Es entsteht also ein stationärer Zustand in bezug auf Hypochlorit und als dauernd im Elektrolysenverlauf sich anreicherndes Produkt erscheint das Chlorat.

Da dieses, solange die Chloridkonzentration im Elektrolyten nicht zu gering wird, an der Anode nicht zersetzt wird, beruht die ganze Sauerstoffentwicklung auf anodischer Zersetzung von Hypochlorit. Das Verhältnis

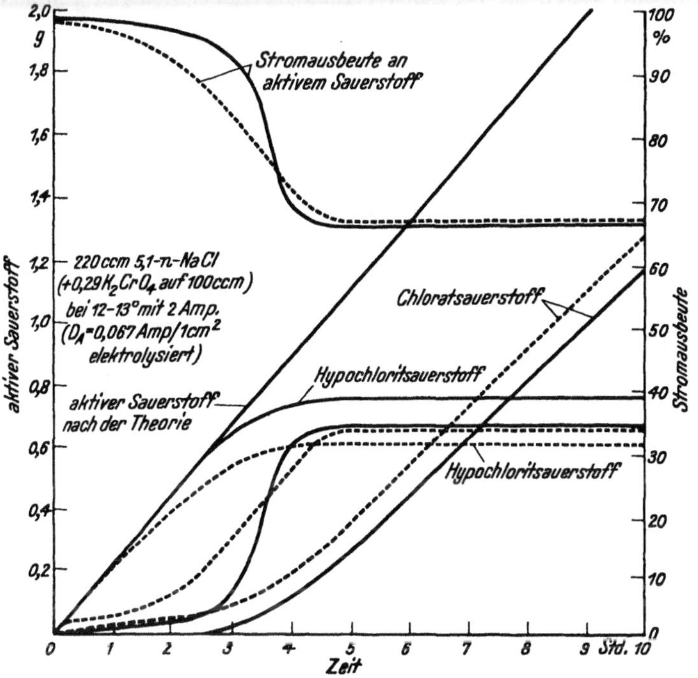


Abb. 78. Zeitliche Abhängigkeit der Bildung von Hypochlorit, Chlorat und Sauerstoff.

der gebildeten Stoffe bleibt im stationären Zustande konstant, und zwar beträgt in demselben die Stromausbeute an aktivem Sauerstoff (Chlorat) 66,7% der Stromverlust durch Sauerstoffentwicklung 33,3%.

Dieser stationäre Zustand gilt natürlich nur unter der Voraussetzung, daß nur die anodische Chloratbildung neben der Chlorentwicklung als anodische Vorgänge in Betracht kommen, ein Grenzfall, der nur in starker neutraler und chromathaltiger Alkalichloridlösung von gewöhnlicher Temperatur annähernd erfüllt ist.

Die beistehende Abb. 78 gibt den zeitlichen Verlauf der Entstehung der oben genannten drei Elektrolysenprodukte, Chlorat, Hypochlorit und Sauerstoff, bei Elektrolyse von 220 cm$^3$ 5,1-normaler NaCl-Lösung bei Zusatz von 0,44 g $K_2CrO_4$ bei 12,5° mit einer anodischen Stromdichte von 0,067 A auf den Quadratzentimeter, und zwar beziehen sich die ausgezogenen Kurven auf platinierte Anoden, die gestrichelten auf glatte Platinanoden.

Sie verlaufen in diesen beiden Fällen ganz konform, und nur die Sauerstoffentwicklungskurve setzt an glatter Platinanode früher ein und steigt langsamer auf den Endwert an als an platinierter. Demgemäß beginnt auch früher die Chloratbildung, und die Hypochloritbildung wird früher konstant. Das Gesamtbild beider Kurven zeigt, im Sinne obiger Darlegungen, wie der Strom zunächst nur Hypochlorit, nach einiger Zeit aber merkliche Mengen von Chlorat bildet, und daß zunächst nur sehr wenig Sauerstoff entwickelt wird, daß aber mit dem stärkeren Hervortreten der Sauerstoffentwicklung die Hypochloritzunahme zurücktritt und bald ganz aufhört, während Chlorat das alleinige Produkt der Elektrolyse wird.

Eine Verringerung der im stationären Zustand 33% betragenden Sauerstoffentwicklung kann eintreten durch kathodische Reduktion des Hypochlorits oder durch die bei hoher Stromdichte oder höheren Temperaturen, allerdings in Nebenreaktion mögliche sekundäre Chloratbildung. Eine Vermehrung der Sauerstoffentwicklung über die oberwähnten 33% kann dann eintreten, wenn es zu einer Mitentladung von OH-Ionen kommt, falls deren Konzentration in der Anodennähe durch gleichzeitiges Rücktreten der Konzentration von Chlor- und Hypochloritionen einen genügend hohen Betrag annimmt.

Es ist also für die Gesamtheit der bei der Elektrolyse neutraler Alkalichloridlösungen sich abspielenden Anodenvorgänge außer der Lage des Potentials das Verhältnis der Konzentrationen der Chlor-, Hypochlorit- und Hydroxylionen in der anodischen Diffusionsschicht bestimmend, wie es sich je nach den angewandten Bedingungen der ursprünglichen Chloridkonzentration, der Temperatur und Stromdichte und dem Grade der Elektrolytbewegung dicht an der Anode ausbildet.

Eine primäre Chloratbildung kommt bei der Elektrolyse von neutralen Chloridlösungen nicht in Betracht.

In allen Fällen wird durch Chromatzusatz die kathodische Reduktion so gut wie ausgeschlossen. Man hat gefunden, daß entsprechend der Theorie die Anwendung eines ruhenden Elektrolyten und die dadurch begünstigte Ausbildung einer Diffusionsschicht für das Zustandekommen einer etwas höheren Hypochloritkonzentration im Elektrolyten von allergrößter Bedeutung ist. Lebhafte Elektrolytbewegung setzt diese auf sehr kleine Beträge herab.

Einen möglichst späten Eintritt des stationären Zustandes und damit eine erhöhte Anreicherung an Hypochlorit bewirken, neben möglichster Ruhe der Diffussionsschicht und, wie oben erwähnt, Platinierung der Anode, hohe Chloridkonzentration, hohe Stromdichte und niedrige Temperatur.

Gesteigerte Chloridkonzentration wirkt durch Verminderung des Anodenpotentials und damit durch Erhöhung des für den stationären Zustand erforderlichen Betrages an Hypochloritionen in der Diffusionsschicht.

Erhöhte Stromdichte vermehrt wohl das Anodenpotential, vermindert aber in der Diffusionsschicht die Konzentration der Chlorionen, begünstigt also die $ClO'$-Entladung. Anderseits erhöht sie aber die Dicke der Diffusionsschicht und damit das Konzentrationsgefälle der Hypochloritionenkonzentration in derselben und in der gesamten Lösung.

Im entgegengesetzten Sinn wirkt zwar die Temperatursteigerung, doch erhöht sie die Konzentration der Hypochloritionen in der anodischen Diffusionsschicht, indem sie die grundlegenden Gleichgewichte zwischen Chlor, Hydroxylion und Hypochlorit zu deren Gunsten verschiebt.

Je mehr die Hypochloritkonzentration in der Diffusionsschicht zurückgedrängt wird (wie dies besonders durch Erhöhung der Stromdichte und der Konzentration der Chlorionen in der Diffusionsschicht bewirkt wird), um so schroffer erfolgt der Übergang in den stationären Zustand, also der Anstieg der Kurve der Sauerstoffentwicklung, und um so besser ist die bis zum Eintritt der maximalen Hypochloritkonzentration sich ergebende Gesamtstromausbeute.

Im stationären Zustand ist die Stromausbeute innerhalb weit wechselnder Bedingungen sehr nahe dem theoretisch zu erwartenden Wert.

Nur wenig größer als 33,3% wird die Sauerstoffentwicklung an platinierten Anoden im ruhenden Elektrolyten und in starker Chloridlösung bei nur kleiner Stromdichte oder erhöhter Temperatur. An glatten Anoden und bei höherer Stromdichte erfolgt das gleiche nur bei Temperatursteigerung und gleichzeitiger starker Verminderung der Chloridkonzentration. Eine Verminderung des obigen Wertes von 33,3% kann nur bei ruhendem Elektrolyten und beträchtlich gesteigerter Temperatur eintreten, weil dann durch Steigerung der Geschwindigkeit der Wechselwirkung zwischen HOCl und ClO′ ein kleiner Teil des Hypochlorits der sekundären Chloratbildung unterliegt[1]. Will man aber die Stromausbeute der elektrolytischen Chloratdarstellung über den in neutralen Lösungen theoretisch erreichbaren Wert von 66,7% steigern, so muß man den Raum, in dem HOCl und ClO′ sich begegnen, über die Diffusionsschicht hinaus in den ganzen Elektrolyten ausdehnen, was man durch schwaches Ansäuern erreicht.

Die Alkalichloridelektrolyse schwach saurer Lösungen wird also fast ausschließlich zur sekundären Chloratbildung ohne nennenswerter Sauerstoffentwicklung führen und nicht zur anodischen, mit Sauerstoffentwicklung verbundenen Chloratbildung. Man muß also unter Bedingungen arbeiten, bei denen die sekundäre Chloratbildung bei tunlichst geringen Hypochloritkonzentrationen noch nicht abgelöst wird von der anodischen Chloratbildung, was an platinierten Platinelektroden der Fall ist.

Während an glatten Anoden, wie aus Abb. 78 auf S. 165 hervorgeht, bei sehr geringer Hypochloritkonzentration eine Sauerstoffentwicklung von 5—10% stattfindet und die anodische Stromausbeute günstigstenfalls 95—90% beträgt, beläuft sich an platinierten Anoden die Sauerstoffentwicklung auf nur etwa 1%, die Stromausbeute an Chlorat auf etwa 99%. Letzteres tritt schon bei recht beträchtlichen Hypochloritkonzentrationen durch nahezu völlige Rückdrängung der anodischen Chloratbildung ein.

Um die sekundäre Chloratbildung zu begünstigen, muß man unter solchen Bedingungen arbeiten, bei denen durch Ausbildung der anodischen Diffusionsschicht die anodische Chloratbildung möglichst zurückgedrängt wird, d. h. also, mit möglichst ruhendem Elektrolyten, hoher anodischer Stromdichte und Platinblech- (nicht Netz-) Anoden sowie hoher Chloridkonzentration Die erforderliche Ansäuerung kann durch Zusatz von Bikarbonat[2], von Flußsäure[3], von Bichromat statt Monochromat, durch Einleiten von Chlor[4], am sichersten aber durch Zusatz von so viel Salzsäure[5] zu einer eine Zeitlang bereits elektrolysierten neutralen, an Hypochlorit angereicherten Alkalichloridlösung erfolgen, daß etwa ein Drittel des Hypochlorits in unterchlorige Säure übergeht.

Ebenso ist ein Zusatz von Kalzium- und Magnesiumsalzen[6] sowie aller Salze, die schwerlösliche Hydroxyde geben, günstig für die Stromausbeute an Chlorat, ungünstig für eine solche an Hypochlorit, weil sie an der Kathode durch Ausfallen ihrer Hydroxyde alkalientziehend, also im Sinn einer Ansäuerung wirken.

Da die unterchlorige Säure in einer Chloridlösung nur im Gleichgewicht mit freiem Chlor bestehen kann, muß sich bei der Chloridelektrolyse auf Kosten der unterchlorigen Säure dauernd Chlor aus dem Elektrolyten nach der Gleichung
$$HOCl + Cl' \rightarrow H_2O + Cl_2$$
entwickeln.

Abgesehen vom Chlorverlust als solchen, wird dadurch auch die Geschwindigkeit der sekundären Chloratbildung herabgesetzt, die anodische Chloratbildung tritt damit in den Hintergrund und die Stromausbeute wird verschlechtert.

---

[1] Ztschr. Elektrochem. **9**, 196 (1903).
[2] DRP. 83536 (1894), Nr. 89844 (1896).
[3] DRP. 153859 (1903); Ztschr. Elektrochem. **10**, 781 (1904).
[4] DRP. 202500 (1906).
[5] F. Foerster u. E. Müller: Ztschr. Elektrochem. 8, 11 (1902).
[6] E. Müller: Ztschr. anorg. allg. Chem. **22**, 57 (1900); DRP. Nr. 195639 (1905); Ztschr. Elektrochem. **16**, 1010 (1910).

Man kann aber die Konzentration der unterchlorigen Säure und die ihr entsprechenden Chlorverluste dadurch niedrig halten, daß man sich mit einer kleinen Reaktionsgeschwindigkeit der sekundären Chloratbildung begnügt. Dies kann man tun, wenn man mit kleinen Stromkonzentrationen, d. i. $\frac{\text{Stromstärke}}{\text{Volumen des Katholyten}}$ arbeitet[1].

Man muß also die Bedingungen der oben erwähnten, als günstig erkannten hohen Stromdichte mit der Bedingung kleiner Stromkonzentrationen vereinigen, was man durch Verwendung einer im Vergleich zur Kathode kleinen Platinanode erreichen kann.

Was die Verhältnisse in ausgesprochen alkalischer Lösung anlangt, so sollte die direkte Entladung der OH′-Ionen in 1-normaler alkalischer

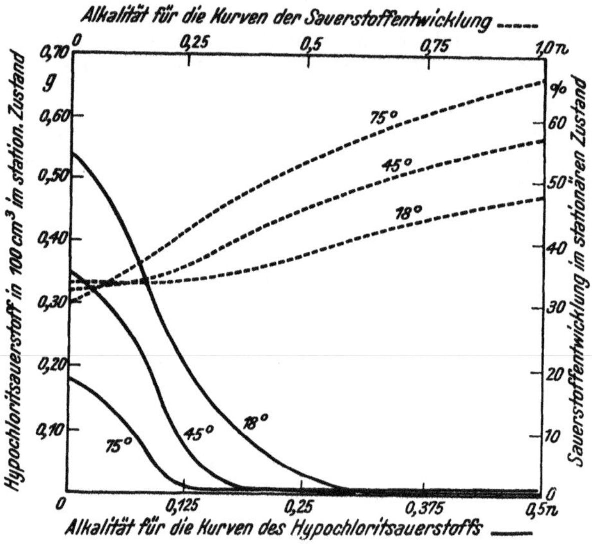


Abb. 79. Abhängigkeit der Hypochloritkonzentration und der Sauerstoffentwicklung von der Alkalität der NaCl-Lösung.

Lösung, die theoretisch bei + 0,41 Volt beginnen kann und in der Tat bei + 0,7 Volt beginnt, ausschließlich zu primärer Sauerstoffentwicklung führen und die Chlorionenentladung vollständig ausschließen. Nach einiger Zeit der Elektrolyse wird durch Beladung der Platinierung mit Sauerstoff die Hemmung für die Sauerstoffentwicklung so groß, daß man das Potential schon bei kleiner Stromdichte bis nahe an das Chlorpotential heranbringen kann. Dann entsteht auch in einer stärkeren Chloridlösung bei 1-normaler Alkalität schon, wenn auch mit geringerer Stromausbeute, Hypochlorit und Chlorat. An glatten Platinelektroden oder bei Anwendung höherer Stromdichte an platinierten Anoden kommt es infolge des Ansteigens des Potentials über das Chlorpotential auch in 1- oder 2-normalen alkalischen konzentrierteren Chloridlösungen zu fast ausschließlicher Chlorionenentladung, und infolge der hohen Konzentration der OH′-Ionen sind die Gleichgewichte zwischen diesen und Chlor unter Chlorverbrauch ganz nach der Seite der ClO′-Ionen verschoben.

Da die ClO′-Anionen in höherer Konzentration in der Anodenschicht leichter als die Cl′-Ionen anodisch entladen werden, tritt bald anodische

[1] Vgl. E. Müller u. P. Koppe: Ztschr. Elektrochem. **17**, 421 (1911).

Chloratbildung ein, so daß nur sehr kleine Mengen Hypochlorit im Elektrolyt verbleiben und als Produkt der Elektrolyse Chlorat erscheint[1].

Es wird also in alkalischen Lösungen an glatten Platinelektroden der stationäre Zustand in bezug auf die Hypochloritkonzentration und die anodische Sauerstoffentwicklung schon sehr bald nach Beginn der Elektrolyse erreicht. Je höher der Alkaligehalt ist, um so geringer ist die dem stationären Zustand entsprechende Hypochloritkonzentration.

Diese Wirkung steigenden Alkalizusatzes auf die dem stationären Zustande entsprechende Hypochloritkonzentration bzw. Sauerstoffentwicklung ist in Abb. 79 für die Elektrolyse einer 4,3-normalen Chlornatriumlösung, die zur Vermeidung der kathodischen Reduktion mit 0,2% $K_2CrO_4$ versetzt war, veranschaulicht[2].

Zur Erreichung der sehr bald sich konstant einstellenden Hypochloritkonzentrationen bedarf es um so geringerer Alkalität, je niedriger die im stationären Zustande bestehende Hypochloritkonzentration ist. Mit steigender Temperatur erfolgt das Ansteigen der Sauerstoffentwicklung über 33,3% erst von 45° an rascher, und infolge der Verminderung der Anodenpotentiale mit steigender Temperatur werden zugleich immer größere Anteile Hypochlorit, dessen Bildung nun mit verminderter Stromausbeute erfolgt, der Chloratbildung entgehen.

## Technische Gewinnung von Hypochlorit. (Elektrische Bleiche.)

### Allgemeines.

Die Herstellung von Hypochloritlösungen durch Elektrolyse von Alkali, im besonderen Natriumchloridlösungen, hat in erster Linie zu Bleichzwecken in der Textil- und Papierindustrie, aber auch zur Desinfektion von Trinkwasser oder zur Reinigung von Abwässern sich als zweckentsprechend erwiesen.

Obwohl die vorstehenden theoretischen Erörterungen zeigen, daß eine Hypochloritbildung auf elektrischem Wege nur mit schlechter Stromausbeute durchgeführt werden kann, da das gebildete Hypochlorit nur ein unbeständiges Zwischenprodukt in der Reaktionsfolge bei der Elektrolyse darstellt, gehen die ersten Versuche zur technischen Hypochloritgewinnung zeitlich weit zurück[3].

Gegenwärtig wird trotz der erwähnten bedeutenden Ausbeuteverluste das Verfahren in technischem Maßstabe verwendet, jedoch nur in kleineren Werken, wo es weniger auf möglichst rationelles Arbeiten als auf möglichst einfache Arbeitsweise ankommt. Für die Darstellung in größerem Maßstabe wird dagegen die direkte Vereinigung von Chlor und Alkali außerhalb der Elektrolyse vorgezogen.

Zur elektrolytischen Gewinnung von Hypochloritlösungen von optimalem Gehalt bei gleichzeitig geringem Kostenaufwand ist es, wie die oben dargelegte Theorie lehrt, notwendig, daß vor allem die Diffusionsschicht an der Anode möglichst wenig gestört wird, was ausschließlich

[1] F. Foerster u. E. Müller: Ztschr. Elektrochem. 9, 201 (1903).

[2] N. Nielsen: Versuche im Dresdener Laboratorium 1911; siehe auch E. Müller: Ztschr. anorg. allg. Chem. 22, 57 (1900).

[3] Hermite: DRP. 30790 (1883); 32102 (1884), siehe auch V. Engelhardt: Hypochlorite und elektr. Bleiche. Halle. 1903.

durch entsprechende Einrichtung und Betriebsweise der Apparate erreicht werden kann.

Zur Vermeidung von kathodischer Reduktion des Hypochlorits ist die Ausbildung von kathodischen Schutzdiaphragmen aus Hydroxyden von Kalzium und Magnesium erwünscht, die bei dem Gehalt an Salzen dieser alkalischen Erden im verwendeten technischen Kochsalz automatisch erfolgt. Allerdings dürfen diese Schichten nicht so stark anwachsen, daß die Badspannung dadurch erhöht wird. Zur Erzeugung einer ausreichenden Deckschicht genügt 0,1% $CaCl_2$. Eine Verdichtung solcher dünner Hydroxyddiaphragmen kann man durch Zusätze organischer Kolloide, vor allem Türkischrotöl, Natronharzseife und Kolophonium oder Soda erzielen[1].

Chromatzusatz ist wohl gleichfalls wirksam, hat aber den Nachteil der Färbung und des notwendigen Auswaschens des Bleichgutes.

Um eine möglichst völlige Neutralhaltung des Elektrolyten wegen des unvermeidlichen Ansäuerns durch Luftkohlensäure zu erzielen, wird am besten ein Zusatz sehr kleiner Mengen Natriumhydrat[2] (0,1 g = 0,025 Äquivalent auf 1 Liter sind ausreichend) gegeben.

Weiter erweist sich die Anwendung hoher Anodenstromdichte, hoher Chloridkonzentration und niedriger Temperatur an der Anode zweckmäßig. Auch die Verwendung platinierter Anoden ist wichtig, weil damit die Stromausbeute nicht nur verbessert, sondern auch das Anodenpotential und mithin die Klemmenspannung bedeutend herabgesetzt wird.

Wegen des hohen Preises hat man das Platin durch Kohlenanoden zu ersetzen versucht[3].

An und für sich wäre dies nicht bedenklich, nur muß auf die veränderten Bedingungen Rücksicht genommen werden und ein entsprechendes Kohlenmaterial Verwendung finden.

Während an den massiven Platinanoden die Elektrolyse an der Oberfläche stattfindet, wird infolge der Porosität der Kohle dieselbe zum größten Teil im Innern der Kohlenanode stattfinden[4], was zur Folge hat, daß durch die erschwerte Diffusionsmöglichkeit in den Poren in diesen eine verdünntere Chloridlösung zur Elektrolyse zur Verfügung stehen wird, als der Konzentration des Gesamtelektrolyten entspricht. Die Folge ist nach obigem anodische Chloratbildung und reichliche Sauerstoffentwicklung, die, abgesehen von dem Ausbeuteverlust, die Kohlen angreift. Man wird daher bei Verwendung von Kohlenanoden eine stärkere Chloridlösung benutzen müssen als bei der Verwendung von Platinelektroden und solche Kohlensorten verwenden, die dem geringsten Angriff unterliegen. Von allen auf ihre Haltbarkeit untersuchten Kohlen haben sich solche aus Achesongraphit als am besten geeignet erwiesen. Doch kann man die an Platinelektroden erreichbaren hohen Hypochlorit-

---

[1] DRP. 141 372 (1903). [2] DRP. 213 590 (1909).

[3] M. Haas u. F. Oettel: DRP. 101 296 (1896), 114 739 (1900), 130 345 (1901); Ztschr. Elektrochem. 7, 315 (1900/01).

[4] L. Sproesser: Ztschr. Elektrochem. 7, 971, 987, 1012, 1071, 1083 (1900/01).

konzentrationen an Kohlen nicht oder nur mit weit schlechterer Stromausbeute erzielen. An Kohlenanoden ist ferner die Temperaturempfindlichkeit der Elektrolysenerscheinungen eine größere, weil mit steigender Temperatur die Entstehung von Kohlendioxyd und damit, wegen der Ansäuerung, die Möglichkeit sekundärer Chloratbildung erhöht ist, weshalb man hier für eine besonders sorgfältige Kühlung sorgen muß.

## Energiebedarf.

Es liegt in der Natur der Sache, daß bei der Hypochloritgewinnung durch Elektrolyse ein Kompromiß zwischen den an sich unvereinbaren Bedingungen geschlossen werden muß.

Wählt man Bedingungen, unter denen der Energiebedarf klein, die Stromausbeute mithin groß ist, so kann nur ein kleiner Teil des verwendeten Kochsalzes in Hypochlorit umgesetzt werden. Eine Trennung des Chlorides vom Hypochlorit kommt nicht in Frage, der Kochsalzverbrauch ist demnach groß.

Im anderen Fall kann zwar eine größere Hypochloritkonzentration erreicht werden, dafür ist die Stromausbeute schlecht, der Stromverbrauch also hoch.

Ob man die einen oder anderen Bedingungen wählt, wird von den Preisen für Energie und Kochsalz abhängen.

Gewöhnlich elektrolysiert man Lösungen mit 150 g NaCl/l, bis 25 g aktives Chlor (als Hypochlorit) im Liter enthalten ist.

Pro Kilogramm sind demnach 6 kg NaCl und 5,88 kWh notwendig. Unter diesen Bedingungen werden 15% des NaCl und 28% der Stromenergie ausgenutzt.

In den neuesten Betrieben ist jedoch der Energiebedarf bedeutend höher, er beträgt etwa 9,5 kWh pro Kilogramm aktives Chlor.

## Zellen zur Hypochloriterzeugung (Bleichelektrolyseure).

### Bleichelektrolyseure nach K. Kellner der Siemens & Halske A. G.

Die S. 169 erwähnte Bedingung der Schaffung einer ruhenden Elektrolyseschicht in der Umgebung der Anode wird in einfachster und wirksamster Weise nach den Patenten von K. Kellner[1] erreicht.

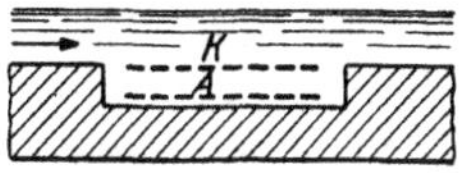

Abb. 80. Schema des Bleichelektrolyseurs von Kellner.

Eine schematische Darstellung der Kellnerschen Zellen zeigt Abb. 80. Die Anode *A* befindet sich am Boden einer Vertiefung in der flachen Elektrolytwanne. Die Kathode *K* ist in geringem Abstand darüber angebracht. Über die Kathode strömt der Elektrolyt. Dadurch wird einerseits erreicht, daß die Flüssigkeitsschicht in der Umgebung der Anode ruhend bleibt und sich nur langsam durch Wärme und Konzentrations-

[1] K. Kellner: DRP. 99880 (1894), 104442 (1896), 165486 (1905), 186453 (1907).

ausgleich erneuert. Das dort gebildete Chlor steigt zur Kathode auf, wo es sich mit dem dort gebildeten Alkali zu Hypochlorit vereinigt. Durch die an der Kathode aufsteigenden Wasserstoffblasen gelangt das Hypochlorit nach oben und wird von dem Elektrolytstrom aus der Elektrolysezone fortgeführt, so daß es nicht weiter an den Elektrolysevorgängen teilnehmen kann.

Die neue Ausführung des Kellnerapparates (Abb. 81), der von der Siemens & Halske A. G. hergestellt wird, besteht aus einer flachen rechteckigen Beton- oder Steinzeugwanne $W$, deren Boden treppenförmig abfallend ausgebildet ist. In die zwischen jeder Reihe angebrachten Nuten sind senkrechte Glasplatten $G$ eingesetzt, derart, daß zwischen dem Boden der Nut und den unteren Plattenkanten ein Spalt offen bleibt. Dadurch wird die Wanne in eine Reihe Zellen $Z_1$, $Z_2$ usw. unterteilt, die je 12 cm breit sind. Die Anzahl der Zellen hängt von der Netzspannung ab, bei 220 Volt werden 36 solcher Zellen vorgesehen. Die Elektroden bestehen aus geklöppeltem Platiniridiumdrahtnetz und sind zum Unterschied von den alten Kellnerapparaten horizontal übereinanderliegend angeordnet. Für eine Zelle von 60 A sind 21 g Platin notwendig.

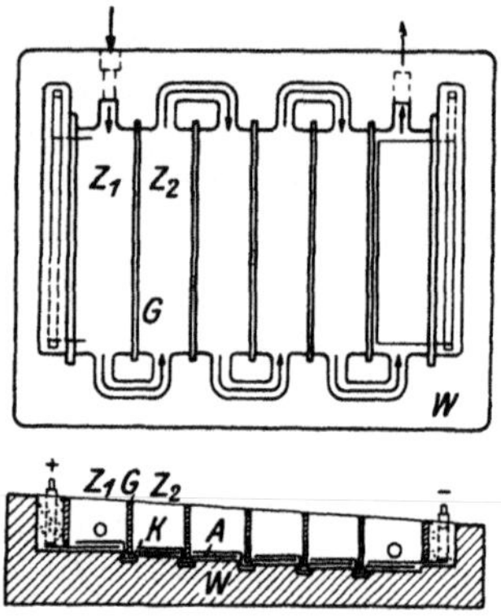

Abb. 81. Bleichelektrolyseur nach Kellner (Horizontal- und Vertikalschnitt).

Die Schaltung ist bipolar, so daß die Elektrode die in der einen Zelle oben liegende Kathode $K$, in der anderen die unten liegende Anode $A$ ist. Die Verbindung der bipolaren Elektroden wird durch die Spalte unterhalb der Glaswände durchgeführt und abgedichtet. Auch die Elektroden werden durch Glaswände hindurchgeführt, die kleine Endkammern bilden, in welchen sich die Anschlüsse befinden, die durch isolierendes Material ausgegossen sind.

Der Abstand der Elektroden beträgt 5 mm und wird durch Glasstäbe aufrechterhalten.

Der Elektrolyt, bestehend aus einer NaCl-Lösung (10 kg NaCl in 100 l $H_2O$) mit 0,2—0,5% $CaCl_2$ und etwas Türkischrotöllösung), tritt durch einen Zulauf in die oberste Zelle und fließt oberhalb der Kathode hinweg, durch in die Seiten wieder eingelassene Kanäle in die nächste Zelle usw. Nach Verlassen der letzten Zelle wird der Elektrolyt in einem Kühlgefäß durch eine wasserdurchflossene Hartbleischlange auf 20—25° gekühlt und durch eine Pumpe wieder der oberen Elektrolysezelle zugeführt. Dieser Kreislauf wird so lange wiederholt, bis die gewünschte Konzentration an Hypochlorit erreicht ist. Gewöhnlich wird bis 20 g aktives Chlor im Liter elektrolysiert, man kann den Gehalt aber bis 50 g im Liter steigern, was eine sehr gute Salzausnutzung darstellt. Zur Erzeugung von 1 kg aktivem Chlor sind etwa 7,5 kg NaCl und 6 kWh notwendig.

## Bleichelektrolyseur von Haas und Oettel.

Die nach den Patenten von Haas und Oettel[1] von der Firma Haas & Stahl in Aue in Sachsen entwickelten Bleichelektrolyseure hatten zunächst Ähnlichkeit mit den Kellnerapparaten, doch wurde die Bleichlauge schon nach einmaligem Durchfluß durch die Zellen verwendet.

Die nichtbefriedigenden Ergebnisse veranlaßten die beiden Erfinder, ebenfalls zu einem mehrmaligen Durchlauf des Elektrolyten überzugehen. Zur Erzeugung des Elektrolytumlaufes wird jedoch nicht eine Pumpe, sondern die aufsteigenden Wasserstoffblasen an der Kathode benutzt[2]. Der neue Elektrolyseur (Abb. 82) besteht aus einem größeren Trog *T*, der auf Sockeln steht, und der auch beiderseits der Wanne zwei Kühlschlangen *K* aus Bleirohr enthält. In der inneren Steinzeugwanne sind senkrechte Nuten angebracht, in welche zuunterst Glasplatten, dann Graphitelektroden *E* und oberhalb wieder Glasplatten mit Zement sorgfältig eingedichtet werden. Die Elektroden sind bipolar geschaltet, d. h. nur die Endelektroden sind mit der Stromquelle verbunden.

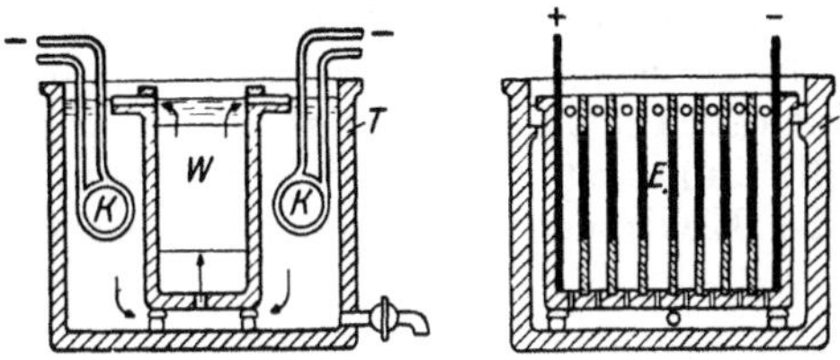

Abb. 82. Bleichelektrolyseur von Haas und Oettel.

Jede der so gebildeten Zellen besitzt zwei Öffnungen, eine im Boden, die andere nahe dem oberen Rand einer Seitenwand, die für den Umlauf des Elektrolyten dienen.

Der äußere und innere Steinzeugtrog ist mit Kochsalzlösung bis zu den oberen Öffnungen, an die eine Überlaufrinne angesetzt ist, gefüllt. Bei der Elektrolyse wird der Elektrolyt durch die kathodisch entwickelten Wasserstoffblasen und die Erwärmung beim Stromdurchgang nach oben getrieben und sein Volumen vergrößert. Dadurch läuft er durch die oberen Öffnungen über und gelangt über Rinnen, die zur Vermeidung von Nebenschlüssen dienen, in die äußere Wanne, dort trennt sich der Elektrolyt vom Wasserstoff und wird gekühlt. Gleichzeitig wird durch die Bodenöffnung frischer Elektrolyt angesaugt usw., so daß während der Elektrolyse ein kontinuierlicher Kreislauf der Lauge stattfindet, der um so rascher vor sich geht, je höher die Stromdichte und je besser die Kühlung ist.

Wenn die Lauge den gewünschten Gehalt an aktivem Chlor erreicht hat, wird sie durch einen Hahn abgezogen. Als Elektrolyt wird meist 15%ige NaCl-Lösung verwendet und man erhält nach etwa 10 Stunden eine Bleichlauge mit 14 g aktivem Chlor im Liter.

Die Haas-Oettel-Apparate werden in verschiedenen Größen gebaut. Die neuere Ausführung faßt 750 l Lauge. Der Apparat enthält 30 Abteilungen und nimmt bei 110 Volt Spannung 75—80 A auf. Die Elek-

---

[1] Haas u. Oettel: DRP. 101 296 (1896); 105 054.
[2] Haas u. Oettel: DRP. 130 345 (1901).

trodenstromdichte ist 0,14 A/cm², die einzelne Zellenspannung demnach 3,66 Volt.

Für die Gewinnung von 1 kg aktivem Chlor sind 10 kg NaCl und 8 kWh notwendig.

Die Stromausbeute ist infolge unvermeidlicher Nebenschlüsse niedrig, sie beträgt nur 35%.

Die Ursache dafür liegt darin, daß der Strom nicht nur über bipolare Elektroden, sondern auch zwischen den Endelektroden unmittelbar durch die Zirkulationsöffnungen über die äußere Wanne fließt. Um diese Stromverluste zu vermeiden, sind die oberen Überlauföffnungen durch Rinnen verlängert, um den Flüssigkeitswiderstand zu erhöhen.

Durch weitere Verlängerung und Verengerung der Überlauf- und Speiserohre kann die Stromausbeute verbessert werden, doch tritt dann die Gefahr der Verstopfung der Rohre in den Vordergrund.

Nach längerem Betrieb überziehen sich die Kathodenseiten der Elektroden mit einer stärkeren Kalkkruste, an der Anodenseite werden sie durch das Chlor zerstört. Durch Umpolen des ganzen Apparats wird die Kalkkruste von Zeit zu Zeit entfernt, dadurch wird aber die Zerstörung der Elektroden beschleunigt, da das Chlor nun auch die andere Seite der Elektroden auflockern kann.

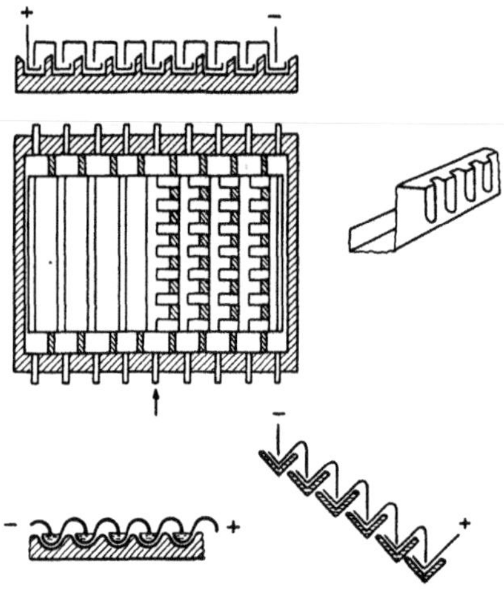

Abb. 83. Bleichelektrolyseur von Schoop (Horizontal- und Vertikalschnitt, unten Anordnung der Elektroden).

Obwohl die Haas-Oettel-Apparate in ihrer Leistungsfähigkeit hinter dem neuen Kellnerapparaten zurückbleiben, haben sie wegen ihrer Einfachheit und Billigkeit ziemlich ausgedehnte Verwendung gefunden.

### Bleichelektrolyseure von Schoop.

**a) Platinelektrolyseure.** Der Grundgedanke des Patents von Schoop[1] ist die Herabsetzung des Elektrolytwiderstandes durch Verwendung ganz dünner Platinelektroden, die in sehr kleinem Abstand angebracht werden. Die Ausführungsform seiner Zellen hat Schoop im Laufe der Zeit mannigfach geändert.

Die ursprüngliche Form der Elektrolysezelle zeigt die schematische Abb. 83. Eine isolierende Grundplatte aus Hartgummi, Glas und Steingut ist mit parallelen Rinnen versehen, die in gleicher Höhe oder auch säulenförmig angeordnet sein können. Die Platinelektroden von 0,02 mm Dicke sind bipolar geschaltet, derart, daß die anodischen Elektrodenteile rinnenförmig am Boden liegen, die kathodischen Teile von oben in die Lauge tauchen.

[1] Schoop: DRP. 118450 (1899).

Dieser Teil wird auch gezackt ausgeführt, um einerseits Platin zu sparen, anderseits die Kathodenfläche zu verkleinern und das Entweichen des Wasserstoffs zu erleichtern. Die Elektrodenbleche können eckig oder rund ausgeführt werden.

Der Durchlauf des Elektrolyten erfolgt längs der Rinne im Sinne des Pfeiles. Bei stufenförmiger Anordnung der Rinnen kann der Durchlauf auch so eingerichtet werden, daß der Elektrolyt zwei- oder mehrmals den Apparat durchfließt.

Da bei diesen Zellen beim anodischen Platinblech nur eine Seite ausgenutzt wird, hat Schoop[1] die Elektrodenanordnung in seinen neueren Elektrolyseuren dahin geändert, daß die Elektroden in Form senkrechter Platinstreifen einander bipolar gegenübergestellt sind, wie auf Abb. 84 ersichtlich ist. Der Elektrolyt strömt hier senkrecht zu den Elektrodenflächen und ist gezwungen, zwischen den Elektroden im Zickzack durchzufließen. Die Form der Platinstreifen zeigt Abb. 84, aus der man sieht, daß die einander gegenüberliegenden Elektroden ungleich an Größe sind, und zwar ist die schmale Seite der Elektroden immer Kathode, die breite Anode. Der Abstand der Streifen voneinander ist 2,5—5 mm, also sehr klein. Sie sind gegeneinander versetzt, um die Bespülung durch den Elektrolyten zu verbessern.

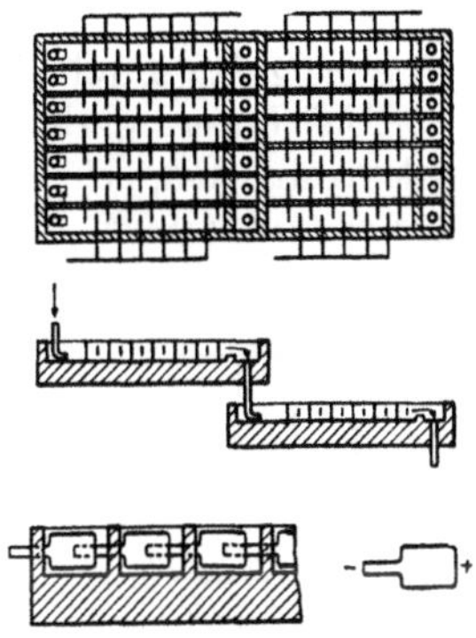

Abb. 84. Bleichelektrolyseur von Schoop (oben Horizontal- und Vertikalschnitt, unten Anordnung und Form der Elektroden).

Die kleiner ausgeführten Kathoden haben außer der Platinersparnis den Vorteil, daß die kathodische Reduktion von Hypochlorit ganz verhindert wird, aber den Nachteil, daß eine zu stark gewordene Kalkkruste nicht durch einfaches Umpolen des Apparats entfernt werden kann, da der Apparat dann nicht die gewünschte Wirkungsweise behält.

Die einzelnen Rinnen sind 1 cm breit, 1,5 cm tief und 30 cm lang. Die Elektroden sind in den Zwischenwänden der Rinnen befestigt. Jede Rinne, die eine Elektrolysezelle mit parallelgeschaltetem Elektrodensystem darstellt, beansprucht, je nach der Konzentration der Lauge, eine Spannung von 4,5—5 Volt. Die kathodische Stromdichte verhält sich zur anodischen wie 5 : 1 und beträgt z. B. 3050 $A/m^2$ bzw. 610 $A/m^2$.

Der Schoopapparat besteht aus mehreren solchen stufenförmig angeordneten Elementen, die je nach Bedarf sowohl in bezug auf den elektrischen als auch auf den Laugenstrom parallel oder in Serie geschaltet werden können.

Die Gefahr der Nebenschlüsse ist beim Schoopapparat sehr gering. Der Apparat erzeugt 10 g aktives Chlor im Liter bei einem Energieaufwand von 5,5 kWh. Stromausbeute 75%, Salzverbrauch 6 kg NaCl.

[1] Schoop: DRP. 121525 (1900).

**b) Platin-Kohle-Elektrolyseur.** Um weitere Platinersparnis zu erzielen, hat Schoop sogenannte Bastardelektrolyseure konstruiert, die als Anoden Platiniridium, als Kathoden Graphit enthalten. Der Apparat besteht aus einer Steinplatte, auf dieser liegt eine Weichgummiplatte und darauf stehen auf Isolatoren Graphitrinnen, die Abb. 85 im Querschnitt zeigt. Diese wirken als Kathoden und dienen gleichzeitig zur Aufnahme des Elektrolyten, so daß eine Wanne überflüssig ist. An den Graphitkathoden sind die Platinanoden mit Graphitschrauben befestigt. Der Elektrodenabstand beträgt 2,5—5 mm. Die Rinnen sind abwechselnd rechts und links miteinander verbunden, so daß der Elektrolyt den Apparat im Zickzack durchfließt. Er wird dann in einem Sammelgefäß durch Wasser gekühlt und wieder dem Apparat zugeführt.

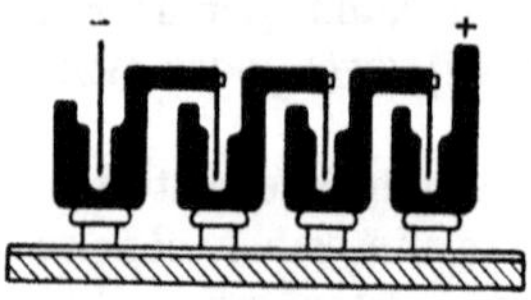


Abb. 85.
Platin-Kohle-Elektrolyseur von Schoop-Siemens & Halske.

Die Leistung dieser einfach gebauten Apparate ist günstig[1]. Als Elektrolyt dient 10% NaCl-Lösung. Ein Apparat für 250 A (bei 100 Volt) erzeugt stündlich 5 kg aktives Chlor (15 g im Liter). Je Kilogramm aktives Chlor braucht man daher 5 kWh und 6,7 kg NaCl. Stromausbeute 75,6%.

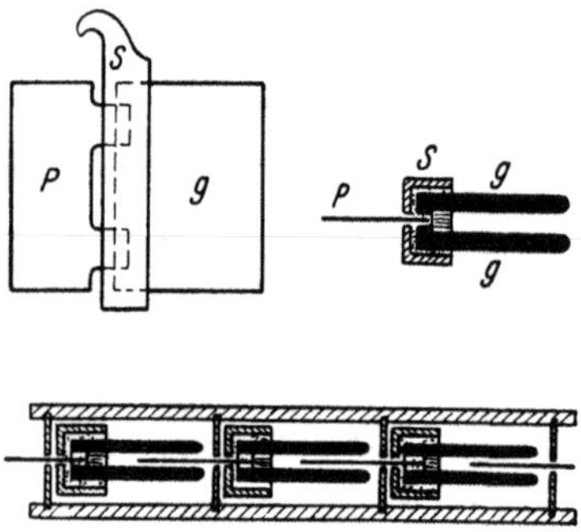


Bei Verwendung einer 15%igen NaCl-Lösung lassen sich bei einem Energieaufwand von 5,26 kWh stündlich 5,7 kg aktives Chlor (21 g im Liter) herstellen, die Stromausbeute beträgt dann nur 71,9%. Diese Apparate sind in einigen Anlagen im Betrieb, die Erzeugung hat die Siemens & Halske A. G. jedoch eingestellt.

Bleichelektrolyseur von Schuckert.

Die Schuckertapparate[2] wurden früher von dem Konsortium für elektrochemische Industrie, Nürnberg, gebaut und später von der Siemens & Halske A. G. übernommen. Die heute verwendeten Apparate beruhen in etwas veränderter Form auf obigem Patent.

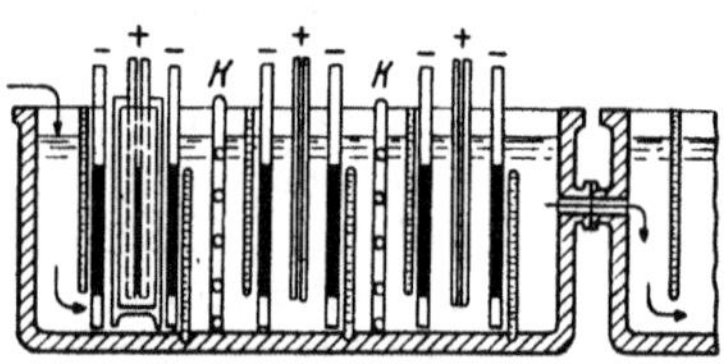


Abb. 86.
Bleichelektrolyseur von Schuckert.

Kennzeichnend für die Schuckertapparate sind die Elektrodenaggregate (Abb. 86). Sie bestehen aus zwei Graphitplatten *G* als Kathoden und einer 0,03 mm starken Platiniridiumfolie *P*, die zwischen die-

[1] Nußbaum: Papierfabrikant, **52**, 547 (1906). — E. Kirchner: Das Papier, Band III, B und C, S. 551.
[2] DRP 141372, 141724 (1903); Ztschr. Elektrochem. **8**, 421 (1902); **9**, 583 (1903). — P. Askenasy: Ebenda, **17**, 114 (1911); Ztschr. angew. Chem. **24**, 1137 (1911).

sen befestigt ist, als Anode. Die Befestigung und Kontaktgebung an der Berührungsstelle Platin—Kohle erfolgt so[1], daß die Elektroden in einer Steinzeugwanne *S* mit einer zementartigen Masse eingekittet werden, die sich beim Erstarren ausdehnt und so Platin und Kohle aneinanderpreßt.

Der Apparat besteht aus einer länglichen Steinzeugwanne mit Vertikalnuten, in welche Glas- oder Schieferplatten eingesetzt sind, die die Wanne in zehn abwechselnd breitere und schmälere Zellen unterteilen.

Jede zweite Glasplatte reicht nicht bis zum Boden der Zelle, so daß ein Spalt frei bleibt. Dafür ragt die Oberkante dieser Scheidewände höher auf, so daß sie über dem Elektrolytspiegel liegt. Dadurch wird der Elektrolyt gezwungen, die Wanne im auf- und absteigenden Zickzackweg zu durchfließen.

In jeder schmalen Zelle befinden sich statt der Elektrodenaggregate Kühlschlangen *K* aus Glas oder Blei, welche den Elektrolyten auf 20—30° kühlen. In den Elektrolysezellen fließt der Elektrolyt von unten nach oben, in den Kühlzellen entgegengesetzt.

Die Elektroden sind bei den neuen Apparaten bipolar geschaltet, und die Platinfolie ist durch einen Schlitz durch die Glasscheidewände hindurchgeführt. Jedes Zellenabteil erfordert eine Spannung von 5,5 bis 6,1 Volt, so daß bei einer Spannung von 110 Volt 18—20 Zellen hintereinandergeschaltet werden, die gewöhnlich in zwei Steinzeugwannen untergebracht sind. Nach einmaligem Durchfluß eines solchen aus zwei Wannen bestehenden Apparats enthält die Lauge im Liter etwa 16—20 g aktives Chlor.

Zum Schutz gegen kathodische Reduktionen werden dem Elektrolyten (10% NaCl) Harzseifen und Kalziumchlorid zugesetzt. Für die Erzeugung von 1 kg aktivem Chlor sind 7 kWh und 5,4 kg NaCl notwendig. Stromausbeute 60—65%. Bei Verwendung einer 15%igen NaCl-Lösung ist der Kraftverbrauch 6 kWh, der Salzverbrauch 8 kg. Die Schuckertapparate haben sich wegen ihrer leichten Zerlegbarkeit namentlich im Kleinbetrieb bewährt.

Als Nachteil ist der starke Chlorgeruch zu erwähnen, den diese Apparate verbreiten, ferner die leichte Zerstörung der Kohleelektroden an den Kontaktstellen mit der Platinanode. Da der zur Eindichtung verwendete Zement nicht dicht auf dem Platin haftet, kann der Elektrolyt vom Anodenraum bis zur Kohle vordringen und verursacht dort Störungen.

Sonstige Literatur:

V. Engelhardt: Hypochlorite und elektrische Bleiche. Halle: W. Knapp. 1903. — W. Ebert u. J. Nußbaum: Hypochlorite und elektrische Bleiche. Techn. Teil. Halle: W. Knapp. 1910. — J. Billiter: Die elektrischen Verfahren der chemischen Großindustrie, Band II, S. 327. Halle: W. Knapp. 1909. — P. Prausnitz: Ztschr. Elektrochem. **18**, 1057ff. (1912). — E. Kirchner: Das Papier, III D, S. 144 (1910). — W. Kind: Das Bleichen von Pflanzenfasern, S. 123ff. Wittenberg: A. Ziemsen. 1913. — F. Spillner: Verh. Ges.

[1] DRP. 159662.

Naturf. 1912. — G. Erewein: Journ. Gasbeleucht. u. Wasserversorg. **59**, 537 (1916). — H. Sarrot du Bellay: Chem. Ztrbl. **1933. II**, 262; Rev. Produits chim. **37**, 164 (1934). — R. H. Aguilar u. Lourdes Ocampo: Philippine Journ. Science **52**, 281 (1933). — Electrochlore: F. P. 765556 (1933). Verfahren und Apparatur zur direkten Gewinnung von Alkali- oder Erdalkalihypochloriten.

## Die technische Chloratherstellung durch Elektrolyse.

### Allgemeines.

Die technisch-elektrochemische Gewinnung von Chloraten ist eines der am frühesten entwickelten Anwendungsgebiete der technischen Elektrochemie. Nach den älteren Anschauungen über den Chloratbildungsprozeß verläuft die Reaktion beim Einleiten von Chlorgas in eine Lösung von KOH folgendermaßen:

$$2\,KOH + Cl_2 = KOCl + KCl + H_2O,$$
$$3\,KOCl = KClO_3 + 2\,KCl.$$

Die erste Reaktion, bei der Hypochlorit das Hauptprodukt ist, vollzieht sich bei einer Temperatur unter 20° C, während erst über 30° C der zweite Teil der Reaktion einsetzt.

Neue Untersuchungen haben jedoch gezeigt, daß nicht allein die Temperaturerhöhung die Ursache für die einsetzende Chloratbildung darstellt, denn beim Erhitzen von Hypochlorit tritt noch keine nennenswerte Chloratbildung auf. Untersuchungen von Foerster zeigten vielmehr, daß erst dann Chlorat gebildet wird, wenn außer Hypochlorit auch freie unterchlorige Säure vorhanden ist. Dies wird durch Ansäuern oder durch Einleiten eines Chlorüberschusses in die erhitzte Lauge erreicht. Es tritt dann eine Reaktion des Hypochloritions mit unterchloriger Säure ein:

$$ClO' + 2\,HClO = ClO_3' + 2\,HCl.$$

Da bei dieser Reaktion freie Salzsäure entsteht, läuft die Reaktion nun weiter fort, indem diese wieder HOCl freimacht usw.

Je größer die Konzentration an freier HOCl ist, desto rascher verläuft die Reaktion, was ohne weiteres aus der Geschwindigkeitsgleichung dieser Reaktion zu entnehmen ist:

$$-\frac{d\,(ClO')}{dt} = K \cdot (ClO')\,(HClO)^2.$$

Da die Konstante $K$ erfahrungsgemäß mit der Temperatur rasch zunimmt, muß Temperaturerhöhung die Reaktion ebenfalls beschleunigen.

Das alte chemische Verfahren der Chloratdarstellung beruht auf der geschilderten Reaktion. Ein technisches Verfahren auf Grund dieses Prozesses wurde von Liebig 1828 ausgearbeitet. Danach wurde Chlorgas in Kalkmilch eingeleitet, welche auf 30—40° C erwärmt war. Es bildet sich hierbei analog wie oben $Ca(ClO)_2$. Die klare Lösung wurde entsprechend konzentriert und dann mit KCl im berechneten Verhältnis umgesetzt, wobei sich $KClO_3$ und $CaCl_2$ bildet. Man leitete das $Cl_2$ absichtlich in $Ca(OH)_2$ ein und nicht in KOH, stellte also zunächst $Ca(ClO)_2$ dar, weil, wie die beiden Reaktionen zeigen, erhebliche Mengen der Base in einfaches Chlorid verwandelt werden.

Dieses rein chemische Verfahren war bis zu Beginn dieses Jahrhunderts das maßgebende, und alles Chlorat wurde auf diesem Weg erzeugt. Auch heute noch wird an manchen Orten aus guten Gründen eine geringe Menge Chlorat nach diesem Prozeß aus Abchlor gewonnen.

Außer dieser rein chemischen Chloratbildung, die bei der Alkalichloridelektrolyse in schwach saurer Lösung beim Zusammentreffen von Chlor und Alkali eintreten wird, ist noch eine elektrochemische Bildung von Chlorat möglich (S. 162), die darauf beruht, daß die aus $Cl_2$ und Alkali gebildeten ClO'-Ionen an der Anode entladen werden und dort mit dem Wasser nach der Formel

$$6\,ClO + 3\,H_2O = 2\,HOCl + 4\,HCl + 3\,O$$

reagieren. Diese Reaktion verläuft in neutralen oder alkalischen Lösungen ausschließlich, indessen eine chemische Chloratbildung wegen Mangel an freier HOCl nicht stattfinden kann.

Erhöhte Temperatur begünstigt die Reaktion nicht, sondern verschlechtert eher die Ausbeute.

Die elektrochemische Chloratbildung verläuft aber mit schlechter Stromausbeute (S. 167), daher wird die elektrolytische Chloratgewinnung gegenwärtig unter solchen Bedingungen durchgeführt, unter denen die chemische Chloratbildung aus den elektrolytisch gebildeten Produkten NaOH und Chlor eintritt.

Die ersten Versuche, Chlorat auf direktem elektrolytischem Wege herzustellen, stammen von Berzelius (1808) und Stadion (1816). Eingehende Versuche stellte Kolbe 1847 an. Das erste Patent zur praktischen Gewinnung wurde von Ch. Watt (1851)[1] genommen.

Praktische Anwendung in der Technik haben erst die Patente von Gall und Montlaur (1886) gefunden[2], deren erste Anlage in der Schweiz erprobt wurde. Die Stromausbeute war aber schlecht, da in alkalischen Lösungen gearbeitet wurde.

Es folgt nun eine größere Zahl von Erfindern[3], deren Verfahren sich zum Teil bis in die letzte Zeit in der Praxis behauptet haben.

So wurde, wie es in Schweden und Nordamerika geschieht[4], mit einer freies Alkali enthaltenden Chloridlösung gearbeitet, wobei man sich mit einer Stromausbeute von höchstens 60—65% begnügen mußte.

Nach neueren Versuchen von F. Foerster[5] gelangt man auf dem Umwege über das Hypochlorit technisch am günstigsten mit hochkonzentrierter Alkalichloridlösung unter Zusatz von wenig HCl und einer geringen Menge Bichromat zur Depolarisation des kathodisch auftretenden Wasserstoffs, zum Chlorat.

---

[1] E. P. 13755.

[2] F. P. 179413; E. P. 4686.

[3] Corbin: F. P. 226257 (1892), 238612 (1894); E. P. 17320 (1901). — Lederlin: F. P. 309351; DRP. 136678 (1901). — Imhoff: DRP. 110505 (1898). — Carlson: Schwed. P. 3614 (1890), 19715 (1903).

[4] R. Brandeis: Ber. d. V. Int. Kongr. f. angew. Chem. IV, 461, 462 (1903).

[5] F. Foerster: Trans. Amer. electrochem. Soc. **46**, 23 (1924). — Siehe auch B. G. Wörth: Trans. Amer. electrochem. Soc. **40**, 167 (1922).

## Die Fabrikation von Kaliumchlorat.

Nach den Gleichungen

$$6\,KOH + 3\,Cl_2 = 3\,KClO + 3\,KCl + 3\,H_2O;$$
$$3\,KClO = KClO_3 + 2\,KCl$$

verläuft sowohl das alte chemische Chloratverfahren als auch der neuere elektrolytische Prozeß. Bei letzterem wird lediglich der Verlauf der ersten und zweiten Gleichung auf einmal in der Lösung des KCl herbeigeführt, während beim alten Verfahren beide Phasen des Prozesses nacheinander zur Durchführung kommen.

So wie bei der Herstellung der Bleichlauge, treten auch bei der Chloratgewinnung sowohl an der Anode als auch an der Kathode Verluste auf. Diese sind bei ersterer auf die Entladung von $ClO'$ und $ClO_3'$-Ionen zurückzuführen, bei letzterer auf kathodische Reduktion des Chlorats. Die kathodischen Verluste können wie bei der Hypochloriterzeugung durch Zusätze nahezu ausgeschaltet werden (S. 164). Es eignen sich Zusätze von $CaCl_2$[1] und Chromat[2].

In sauren Lösungen bildet sich Bichromat:

$$2\,CrO_4'' + 2\,H' \rightleftarrows Cr_2O_7'' + H_2O.$$

Der Zusatz bleibt nur so lange wirksam, als Bichromationen bestehen können. Wenn die Azidität zu gering wird, hört die reduktionshemmende Wirkung auf. Man muß daher den Elektrolyten dauernd durch Salzsäurezusatz sauer erhalten. Am wirksamsten ist ein Zusatz von Chlorkalzium und Chromat[4].

Während man bei der Gewinnung von Kaliumchlorat bei der Elektrolyse einer 25%igen KCl-Lösung bis zur Sättigung an $KClO_3$ arbeitet, das beim Abkühlen der Badflüssigkeit ausfällt, elektrolysiert man bei der Darstellung des leichtlöslichen $NaClO_3$, bis wenigstens zwei Drittel des Chlorids umgewandelt sind. Man muß dann entweder die Lösung eindampfen oder durch dauerndes Nachtragen von NaCl zum heißen Bad den Sättigungsgrad an Chlorat erreichen.

## Zellenkonstruktionen und Betrieb.

Die Form der Zellen bei der Chloratgewinnung ist verhältnismäßig einfach. In den meisten Fällen ist die Konstruktion nicht vollständig bekannt, da Details von den Fabriken geheimgehalten werden. Vielfach entsprechen die Bauarten nicht den theoretischen Erkenntnissen. Was die Anoden betrifft, so wurde früher Platiniridium verwendet. Wegen des hohen Preises ist man jetzt zu Magnetit und Graphitelektroden über-

---

[1] Oettel: Ztschr. Elektrochem. **5**, 1 (1898). — Carlson: Schwed. P. 3614. — Kellner: DRP. 90060.

[2] Imhoff: DRP. 110505 (1898).

[3] I. S. Katzen, M. L. Rutkowski u. P. S. Ssokolow: Journ. Russ. phys.-chem. Ges. (russ.) **5**, 832 (1934).

[4] Carlson: Klason Festskrift 1910, S. 169.

gegangen. Magnetit ist gegen Chlor sehr widerstandsfähig, Graphit wird allerdings bei hohen Temperaturen zerstört. Daher tränkt man letztere mit Teer, Paraffin oder Leinöl, um das Eindringen des Chlors in die Poren zu verhindern. An Magnetitelektroden ist die Stromausbeute etwas geringer (80%), weil das Oxyduloxyd den Vorgang $2\,ClO' \rightarrow 2\,Cl' + O_2$ katalytisch beschleunigt.

Die Grundlage für die heutige Durchführung der Chloratgewinnung bildet das Patent von Haßlinger[1]. Bewährt haben sich seinerzeit die Zellen, die Baumann beim Aussiger Verein für chemische und metallurgische Produktion eingeführt hat und die später auch in der Chloratfabrik Schwaz in Tirol aufgestellt wurden, sowie derzeit die Anlagen der Firma Krebs & Co., Oslo-Berlin.

Die Zellen älterer Bauart in Aussig bzw. Schwaz, sind viereckige Betongefäße von 85 cm Höhe und von 100—110 cm Seitenlänge. Die Wandstärke beträgt 5 cm. Oberhalb der ersten Zelle verläuft die Laugenzuleitung, aus der die kalte KCl-Lauge aus dem Hochreservoir einläuft.

In jeder Zelle sind zwei Reihen, jede 12—14 Paar Elektroden enthaltend, eingebaut. Die Kathoden sind 90 cm hoch, 16 cm breit und 5 mm stark; sie bestehen aus Eisenblechstreifen. Die obere schmale Kante ist beiderseits verzinnt. Die Anode ist eine Graphitplatte von $85 \times 16 \times 2$ cm, in welche oben die Stromzuführungsöse einmontiert ist. Diese ist entweder aus Cu oder aus 9 mm Rundeisen angefertigt, die Öse selbst ist beiderseits flach gefeilt und verzinnt.

Das untere Schraubenende der Öse ist in die Graphitplatte eingeschraubt, der Ösenkopf ragt über die Oberkante der Platte heraus. Die Graphitplatten müssen entweder durch Eintauchen in heißen Teer ganz geteert werden, wenigstens aber soll das Kopfende geteert sein. Auf jeden Fall ist vor dem Anschrauben der Öse das in die Graphitplatte gebohrte Loch mit heißem Teer vollzugießen, so daß die Ösenschraube nicht mehr porös, sondern mit Teer getränkt ist. Andernfalls findet ein rasches Rosten der Ösenschraube statt, wodurch infolge der Volumzunahme die Platte zersprengt wird. Anode und Kathode sind durch Zwischenlagen am Boden der Zelle und am Deckel der Zelle voneinander getrennt. Diese Zwischenlagen bestehen aus 20 cm langen Betonstreifen von 5 cm Höhe und 12—15 mm Dicke. Die unteren Zwischenlagen sind 12 mm, die oberen 15 mm stark. Außerdem sind oben noch Dachpappenstreifen beigelegt, welche 8 cm in die Flüssigkeit eintauchen. Es ist ersichtlich, daß bei dieser Anordnung die Elektroden nicht parallel stehen, sondern gegen oben fächerförmig auseinandergehen. Dies ist notwendig, damit der Stromübergang zwischen den Elektroden nicht knapp an der Oberfläche stattfindet, sondern tiefer im Bade selbst. Man vermeidet damit, daß die Graphitplatten an und unter der Oberfläche unverhältnismäßig stark angegriffen werden und daß das gebildete Chlorgas nicht sofort ins Freie entweiche. Durch die fächerförmige Anordnung zwingt man den Strom, innerhalb des Elektrolyten längs der ganzen Elektrodenfläche bis nach unten von Platte zu Platte überzugehen. Die Platte wird dann gleichmäßiger beansprucht und das entwickelte Chlor vermag sich beim Aufsteigen im Elektrolyten zu lösen. Bei der Anordnung in Schwaz finden sich in jeder Zelle zwei Elektrodenreihen mit je 12 Paaren Elektroden. Diese beiden Elektrodenpakete werden durch Keile aus Schamottenmasse beiderseits der Seitenwände der Zelle fest zusammengepreßt. Innerhalb jeder Zelle werden die

[1] Haßlinger: Österr. P. 48531.

einander gegenüberstehenden Graphitplatten und auch die einander gegenüberstehenden Eisenplatten der beiden Pakete vermittels Schienen verbunden. Diese bestehen entweder aus zweimal 10-mm-Kupferband oder aus stärkerem Eisenband. Die Verschraubung erfolgt mittels Mutterschrauben. Je zwei Zellen sind derart verbunden, daß jeweils die Eisenplatte der einen Zelle mit den Graphitplatten der anderen Zelle ebenfalls vermittels Kupferschienen verbunden bzw. verschraubt wird.

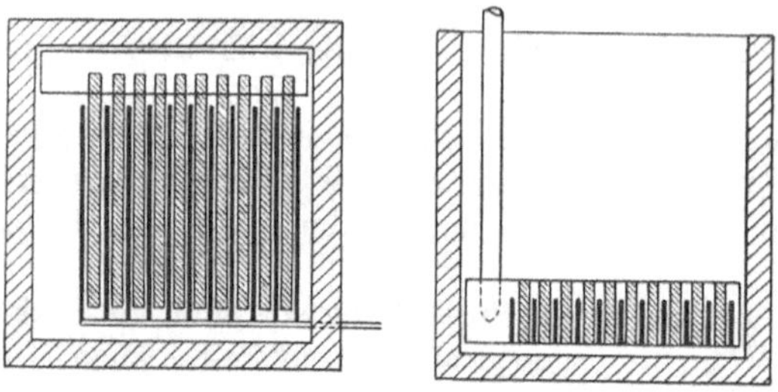

Abb. 87.
Zelle für Chloratgewinnung (Horizontal- und Vertikalschnitt).

Der Strom geht demnach nach dem Einschalten in die oberste Zelle hinein und tritt bei der untersten Zelle aus, um von dort in die Rückleitung der Hauptstromleitung zu gehen.

Neuerdings wurden die Aussiger Zellen dahin abgeändert, daß als Elektrolysiertrog ein weitaus höheres Gefäß verwendet wird, so daß oberhalb der Elektrodenreihen eine größere Elektrolytmenge Platz findet, weil ein großes Flüssigkeitsvolumen günstig auf die Ausbeute wirkt (Abb. 87). Die Anoden sitzen hier auf einer Graphitschiene, als Zuleitung dient ein Graphitstab.

Eine neuere Zellenkonstruktion stammt von G. Angel (Abb. 88). Diese Zelle besteht aus einer verbleiten Eisenwanne $E$, die durch einen Steinzeugdeckel $D$ verschlossen ist. Im Deckel sind prismatische Graphitanoden $A$ befestigt, die senkrecht herabhängen. Dazwischen sind Kathoden $K$ aus Eisendrahtnetz in zueinander geneigter Stellung angeordnet. Die Drahtnetze sind auf einem Gerüst aus Eisenbändern angebracht, und man kann alle Kathoden gemeinsam aus dem Bade heben.

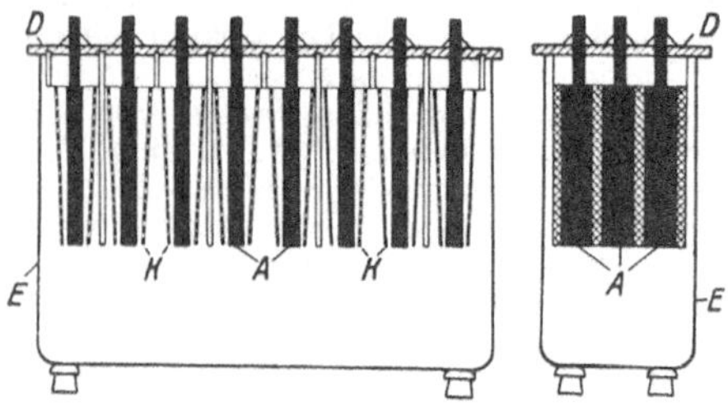


Abb. 88. Zelle für Chloratgewinnung von Angel.

Die Neigung der Kathoden soll auch hier bewirken, daß die Stromdichte gleichmäßig über die Elektroden verteilt wird. Der Trog ist so groß bemessen, daß über und namentlich unter den Elektroden eine größere Elektrolytmenge Platz findet. Diese Zelle hat wegen verschiedener Nachteile keine praktische Verwendung gefunden.

Während der Elektrolyse läßt man ununterbrochen in die oberste Zelle kalte Lauge eintreten, welche vermittels der Überläufe bis zur letzten Zelle gelangt, wobei sie sich bis auf höchstens 40° C erwärmt.

Der Ablauf der Chloratlauge erfolgt in Rinnen unterhalb der letzten Zellen, welche mit Kaliumchlorid derart gefüllt erhalten werden, daß die Lauge nach dem Erkalten und Auskristallisieren des Chlorats in den Kühlgefäßen im Sommer 20—21, im Winter 18—19° Bé zeigt, also gesättigt ist.

Die aus der letzten Zelle auslaufende warme Lauge fließt in Kühlbehälter, in denen sie sich möglichst bis auf Zimmertemperatur abkühlen soll. Dabei kristallisiert, wie bemerkt, das Chlorat aus und die Mutterlauge wird dann von Zeit zu Zeit in ein tiefer stehendes Pumpenreservoir abgezogen, aus dem sie in das Hochreservoir mittels Zentrifugalpumpen gehoben wird. Wenn sich in den Kühlreservoirs genügend viel Chlorat angesammelt hat, wird dasselbe herausgenommen, geschleudert und gewaschen, wenn es als Rohchlorat versendet werden soll.

Für den guten Verlauf des Prozesses ist folgendes zu beachten:

Die normale Badspannung beträgt 3,5 Volt pro Zelle. Ein Anwachsen der Badspannung über 4 Volt ist nicht zulässig, und es muß in einem solchen Falle das Bad ausgebaut und neu montiert werden. Nächst der Badspannung ist die Badbelastung von Wichtigkeit. Dieselbe ist von der Anodenfläche abhängig. Die Belastung pro Stromkreis darf bei den geschilderten Schwazer Anodenflächenverhältnissen 800 Amp. nicht überschreiten.

Eine zu hohe Temperatur der Lauge tritt auch ein, wenn die Badspannung zu hoch wird.

Die Temperatur der Laugen darf beim Auslauf aus den letzten Zellen nicht höher als 40° sein.

Der Durchfluß der Lauge in den Zellen soll sehr lebhaft sein, und zwar müssen die Laugen die ganze Zelle von unten bis oben durchströmen, so daß sich zwischen den Elektroden nirgends Flüssigkeitsstauungen ergeben können.

Es muß immer für den Zusatz von HCl gesorgt werden, da sonst keine Chloratbildung eintritt.

Theoretisch soll 1 A/h 0,763 g $KClO_3$ bilden. Diesen Betrag wird man in Wirklichkeit nicht erreichen, da die Stromausbeute 80% beträgt. Der Strombedarf ist also bedeutend und der wirtschaftliche Betrieb erfordert billigen Strom. Bei der Herstellung von $NaClO_3$ aus NaCl wird wegen der leichten Löslichkeit von $NaClO_3$ anders verfahren: Die Elektrolysetemperatur wird auf 70° gehalten, und man sättigt den Elektrolyten während der Elektrolyse dauernd mit NaCl. Es wird bis zu einem Gehalt von 750 g/l $NaClO_3$ elektrolysiert und die Lauge dann in Kristallisiergefäße geleitet, in denen beim Abkühlen der größte Teil des $NaClO_3$ auskristallisiert. Die Mutterlauge wird wieder mit NaCl gesättigt und den Zellen neuerdings zugeführt.

Eine Reihe von Zellen sind in Serien hintereinandergeschaltet. Man nennt eine Reihe von Zellen einen Stromkreis. Das Produkt der einzelnen Badspannungen mit der Anzahl der hintereinandergeschalteten Zellen muß der Maschinenspannung entsprechen.

Die Zellen bzw. die Bäder sind auf einer Treppe angeordnet und werden von oben nach unten ununterbrochen von einer kaltgesättigten Lösung von KCl durchströmt, welche einen gewissen Zusatz von Bichromat enthält, wobei auch in die oberste Zelle eine gewisse Menge HCl einläuft. Der Zusatz der HCl hat den Zweck, aus dem gebildeten KClO freie HClO zu entwickeln, wodurch erst die Bildung von Chlorat ermöglicht wird.

Die aus der untersten Zelle austretende Lauge ist warm und enthält Chlorat in Lösung nebst einer gewissen Menge noch unzersetzten KCl. Diese

Lauge, die im kalten Zustand beim Einlauf mit KCl gesättigt war, ist es nun bei einer Temperatur von 40° C nicht mehr. Man läßt sie durch eine Rinne in einen Sammelbehälter ablaufen und sättigt sie während des Laufes in der Rinne durch in dieselbe eingetragenes KCl.

Aus dem Behälter gelangt die Lauge in die Kühlgefäße. In denselben soll sie auf Zimmertemperatur abgekühlt werden; dabei müssen natürlich die darin enthaltenen schwer löslichen Bestandteile, also das Chlorat, auskristallisieren, und zwar bis zu einem Grad, daß die so gekühlte Lauge mit dem darin enthaltenen KCl für die Zimmertemperatur gesättigt erscheint.

Das in den Kühlgefäßen ausgeschiedene Rohchlorat wird gesammelt, eventuell abgeschleudert und gewaschen und gelangt dann in die Raffinerie.

Die KCl-Lauge wird mittels Zentrifugalpumpen in einen Hochbehälter gepumpt und läuft von dort wieder auf die obere Zelle der Zellenreihe.

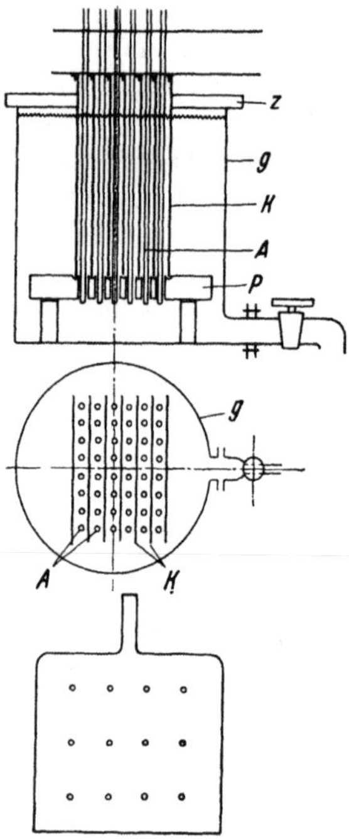

Abb. 89. Chloratzelle (Vertikal- und Horizontalschnitt) der Firma Krebs & Co., Oslo-Paris.

Die Stromkonzentration kann beim Arbeiten mit 1,3% Bichromat in NaCl und bei hoher Stromdichte (nicht unter 0,5 A/cm²) bis 8 A/l betragen. Die Elektroden müssen vollständig im Elektrolyt eintauchen, über den Elektroden muß sich eine hohe Schicht von Lösung befinden. Das Ansäuern kann während der Elektrolyse periodisch vorgenommen werden; das zulässige Aziditätsintervall muß für jeden Wannentyp empirisch festgestellt werden. Die Größe der Ansäuerung kann nach der titrimetrisch bestimmten Azidität ausgerechnet werden. Die Chloridkonzentration soll während der Elektrolyse nicht unter 14—15% sinken. Die Chloratkonzentration kann dabei ohne Nachteil für die Stromausbeute bis zur Sättigung mit $NaClO_3$ ansteigen[1].

Die Stromausbeuten erreichen bei Einhalten obiger Bedingungen, bei Ausbleiben von Reduktion und einer Spannung von 4—4,5 Volt, 90—92%. Besteht die Möglichkeit der Verwendung größerer Platinmengen zur Ausrüstung der Wannen, so können Stromdichten bis 0,5 A/cm² verwendet werden, wobei die Spannung weniger als 4 Volt beträgt.

Die Azidität des Elektrolyten muß bei Graphitanoden höher sein als bei Anwendung von Platinanoden; bei einer Stromkonzentration von 4 A/l ist das optimale Verhältnis von Mono- zu Dichromat in der Lösung = 1 : 4.

Das Prinzip der von der Firma Krebs & Co. später gebauten Chloratzellen ist aus Abb. 89 ersichtlich.

In einem gußeisernen, zylindrischen Gefäß *g* sind 7 Stück Katho-

[1] I. S. Katzen u. P. I. Ssokolow: Journ. angew. Chem. (Moskau) **5**, 902 (1916); Chem. Ztrbl. **1933 II**, 1566.

denbleche aus Eisen und dazwischen 48 Stück runde Magnetitanoden *A* untergebracht, die in Rillen und Löchern einer armierten Betonplatte *P* hineingestellt sind. Die Zelle ist mit einem Betondeckel *Z* verschlossen. Die Kathodenbleche haben die Ausmaße 750 × 600 mm, sind 10 mm dick und durchlöchert. Die Magnitanoden sind Rohre von 60 mm Außen- und 40 mm Innendurchmesser. Die Innenwand ist zur besseren Kontaktgebung verkupfert. Die kathodische Stromdichte beträgt 2—3 A/dm², die anodische 2 A/dm².

Abb. 90. Chloratanlage (Legnano, Italien).

Diese Zellentype für rund 1000 A Belastung ist z. B. in Legnano, Italien im Betrieb (Abb. 90 und 91).

Abb. 91. Chloratanlage (Legnano, Italien).

Nach A. Schumann-Leclercq[1] bei der Firma Krebs & Co. kann die Chloratgewinnung in mehreren in Serie oder parallel geschalteten Elektrolysezellen, die kaskadenartig angeordnet sein können, derart vorgenommen werden, daß die Lösungen die Zellen schnell durchfließen, dann in einen mit Bodenrührwerk versehenen Behälter gelangen, wo sie mit Kühlschlangen gekühlt und mit soviel HCl versetzt werden, daß die gebundene Chromsäure freigesetzt wird, hierauf werden sie mittels Pumpen wieder in die erste Zelle zurückgepumpt. Dieser Kreislauf wiederholt sich so oft, bis 400—425 g/l $NaClO_3$ entstanden sind. Das Verfahren führt zu guter Stromausbeute, die Magnetitanoden werden wenig angegriffen, es entsteht wenig $Cl_2$ durch Nebenreaktion und es können kleine Zellen angewendet werden[2].

[1] F. P. 772326 (1933).

[2] Siehe auch F. P. 772326 (1933). — Albert Schumann-Leclercq: Elektrolytische Herstellung von Alkalichloraten und besonders von Natriumchlorat. — Energia e Indistrias Aragonesas S. A., Spanien: F. P. 781429 (1934). Herstellung von Chloraten.

Die letzte von Krebs & Co. soeben fertiggestellte moderne Chloratanlage in Chesterfield, England, ist für eine jährliche Erzeugung von 5000 t Natriumchlorat bemessen und wird diskontinuierlich mit Abfallstrom betrieben.

Die einzelnen Zellen sind für 10—12500 A gebaut (Abb. 92) und enthalten imprägnierte Graphitanoden. Bei einer Belastung mit 12000 A

Abb. 92. Chloratanlage Chesterfield (erbaut von Krebs & Co.).

beträgt die Badspannung 3,2 Volt, die Temperatur 44° C. Die Solekonzentration ist anfänglich ca. 300 g NaCl/l. Durch einen besonders gearteten Soleumlauf liegt der Energieverbrauch für das Kilogramm $NaClO_3$ (99,9 %ig) unter 7 kWh und es wird ein energetischer Nutzeffekt von 86 % garantiert.

Chloratfabriken befinden sich in der Nähe billiger Wasserkraft, so in den französischen Alpen, in der Schweiz, in Italien, Schweden, Norwegen und an den Niagarafällen.

Die Chlorate sind starke endotherme Oxydationsmittel. Das Kaliumchlorat findet zur Sprengstoffherstellung Verwendung.

So sind beispielsweise Mischungen von $KClO_3$ mit etwa 10% Petroleum u. a. Kohlenwasserstoffe wirksame Sprengstoffe. Auch Pikrinsäure, Trinitrotoluol, Nitrobenzol werden zugesetzt.

Natriumchlorat ist hierzu wegen seiner hygroskopischen Eigenschaften ungeeignet, es wird auf Perchlorat (S. 306) weiterverarbeitet. Auch Bariumchlorat wird gelegentlich erzeugt[1].

Die Chloraterzeugung in Deutschland betrug im Jahre 1930 etwa 30000 t[2].

## Die Gewinnung von Hypobromit und Bromat.

Als Anodenvorgänge kommen bei der Elektrolyse von Bromidlösungen die Entladung der Hydroxylionen und die Entladung der Bromionen in Betracht. Für erstere ist in 1-normaler $H^{\cdot}$-Ionenkonzentration das Abscheidungspotential an platinierter Platinelektrode + 1,5 Volt, für letztere beträgt es in 1-normalen Bromidlösungen bei reversiblem Verlaufe mindestens + 1,12 Volt. Bei größerer Bromidkonzentration oder bei Sättigung der Anode mit Brom sind positivere Potentiale anzunehmen.

Es wird also bei der Elektrolyse in neutralen Bromidlösungen bzw. bei Neutralhaltung der Anodenumgebung neben der Bromabscheidung eine schwache Sauerstoffentwicklung zu erwarten sein, die, wie S. 150ff. ausgeführt, den Vorgang der Bromionenentladung verzögert und damit das Anodenpotential langsam erhöht. In alkalischer Lösung setzt zwar die Entladung von $OH'$-Ionen schon bei niedrigen Potentialen, etwa + 0,7 Volt ein. Bei nicht zu geringen Stromdichten werden aber auch hier infolge Verzögerung dieses Vorganges Potentiale erreicht, bei denen die Bromionenabscheidung erfolgen kann.

Bei der Elektrolyse von Alkalibromidlösungen ohne Diaphragma bildet sich dann durch Wechselwirkung von Alkalihydroxyd und Brom Hypobromit. Die so gebildeten $BrO'$-Anionen können dicht an der Anode wegen Einstellung der Gleichgewichte:

$$Br_2 + 2\,OH' \rightleftharpoons 2\,HOBr$$

und

$$HOBr + OH' \rightleftharpoons BrO' + H_2O$$

nicht allzu hohe Konzentration erreichen.

In alkalischer Lösung werden die $BrO'$-Ionen anodisch zu $BrO_3'$-Ionen oxydiert, und zwar um so leichter, je höher das Anodenpotential ist. Diese primäre Bromatbildung führt schließlich zu einem stationären Zustand, indem ebensoviel Hypobromit aus dem primär freigewordenen Brom sich bildet, als durch anodische Oxydation in Bromat übergeht.

Außer der primären Bromatbildung spielt, vornehmlich bei der Elektrolyse neutraler Bromidlösungen, auch die sekundäre, chemische Bromatbildung eine Rolle. Sie kommt durch Wechselwirkung von unterbromiger Säure und Hypobromit nach der Gleichung

$$2\,BrOH + BrO' \rightarrow BrO_3' + 2\,Br' + 2\,H^{\cdot}$$

zustande und ist eine erheblich schneller verlaufende als bei der entsprechenden Chlorverbindung und führt ebenfalls zu einem in bezug auf Hypobromit stationären Zustand.

Die Wege der Bromatbildung für alkalische und neutrale Lösungen sind von denen der Chloratbildung verschieden[3].

[1] P. I. Ssokolow: Mend. Kongr. theoret. angew. Chem. 1932. — Chem. Ztrbl. 1936, I, 3556.

[2] G. Grube: Chem. Fabrik **1935**, 390.

[3] H. Pauli: Ztschr. Elektrochem. **3**, 474 (1896/97). — H. Kretzschmar: Ztschr. Elektrochem. **10**, 802 (1904). — F. Foerster u. J. Yamasaki: Ztschr. Elektrochem. **16**, 321 (1910).

Zur Erreichung vergleichbarer Umstände muß in lebhaft gerührtem Elektrolyten gearbeitet werden, da nicht, wie bei der Chloridelektrolyse, das freie Chlor einen ziemlich konstanten Sättigungswert in der Lösung beibehält und gleichzeitig für die Vermischung der Anoden- und Kathodenprodukte sorgt, sondern hier fast das ganze Brom von der Anodenlösung aufgenommen wird, die sich am Boden der Zelle ansammelt. Die Ergebnisse einer unter kleinem Chromatzusatz zum Zwecke der Verhinderung der kathodischen Reduktion mit einer lebhaft gerührten neutralen Natriumbromidlösung durchgeführten Elektrolyse sind in folgender Abb. 93 graphisch dargestellt. Die ausgezogenen Kurven beziehen sich auf platinierte, die gestrichelten auf glatte Platinanoden.

Man kann diese Versuche mit jenen bei der Chloridelektrolyse vergleichen, die unter denselben Bedingungen durchgeführt wurden (S. 165). Während

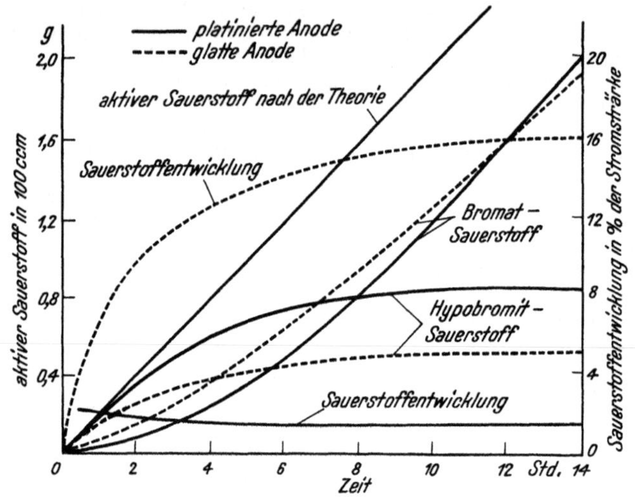


Abb. 93. Zeitliche Abhängigkeit der Bildung von aktivem Sauerstoff bei der Bromidelektrolyse in neutraler Lösung.

die Chloridelektrolyse nur zu kleinen Konzentrationen an Hypochlorit führt und sehr bald lebhafte Sauerstoffentwicklung eintritt, führt die Bromidelektrolyse zu einer durch längere Zeit fortschreitenden Anreicherung an Hypobromit in beträchtlicheren Konzentrationen. Die Bromatbildung setzt erst später, und auch dann — wenigstens an platinierten Anoden — ohne größere Steigerung der Sauerstoffentwicklung ein, um erst allmählich der vorherrschende Vorgang zu werden. Es geht eben hier die sekundäre Bromatbildung ohne Sauerstoffentwicklung vor sich und kann erst nach beträchtlicher Anreicherung von BrO′ in ihrer Geschwindigkeit mit der Nachbildung des Hypobromits Schritt halten. Beim Vergleich der Kurven obiger Abbildung mit der Abb. 78 auf S. 165 sieht man ferner, daß bei der Bromidelektrolyse auch am platinierten Platin (ausgezogene Kurve) die Hypobromitkurve bald von der Geraden der theoretischen Stromausbeute abbiegt, aber nur verhältnismäßig langsam in eine Horizontale übergeht.

Demgemäß beginnt die Bromatkurve schon frühzeitig anzusteigen, so daß auch verdünntere Hypobromitlösungen nicht mit sehr hoher Stromausbeute zu erhalten sind. Durch diesen Unterschied gegenüber der Chloridelektrolyse, bei der die Umwandlung von Hypochlorit in Chlorat hauptsächlich ein anodischer Entladungsvorgang ist, kennzeichnet sich die Umwandlung von Hypobromit zu Bromat bei der Bromidelektrolyse als rein chemischer

Vorgang, der schon bei kleinen Konzentrationen der Reaktionsteilnehmer merklich wird und stetig mit deren Konzentration an Geschwindigkeit zunimmt.

In folgender Tabelle 15 sind die Einflüsse der verschiedenen Versuchsbedingungen auf den Gang der Elektrolyse neutraler Alkalibromidlösungen ersichtlich.

Man sieht, daß in lebhaft bewegter Elektrolytlösung die Höchstwerte der Hypobromitkonzentration bei niederer Temperatur beiläufig zehnmal so hoch liegen als die entsprechenden Grenzwerte des Hypochlorits.

Als Folge des rein chemischen Verlaufes der Bromatbildung ergibt sich eine große Empfindlichkeit der Hypobromitkonzentration gegen Steigerung der Temperatur und ihr starkes Anwachsen mit der Stromdichte.

Tabelle 15.

| Konzentration an NaBr | Temperatur in °C | $D_A$ in $A/cm^2$ | Anode glatt | | | Anode platiniert | | |
|---|---|---|---|---|---|---|---|---|
| | | | Höchstwert von BrO′ in Gramm auf 100 $cm^3$ | Betrag der konstanten $O_2$-Entwicklung in Prozent der Stromarbeit | Anodenpotential in Volt im stationären Zustand | Höchstwert von BrO′ in Gramm auf 100 $cm^3$ | Betrag und zeitliche Verschiebung der $O_2$-Entwicklung in Prozent der Stromarbeit | Anodenpotential in Volt im Verlauf der Elektrolyse |
| 3,5-n. | 3—4 | 0,067 | — | — | — | 3,03 | 0,8 | + 1,14—1,28 |
| | 9 | 0,008 | 0,34 | 6 | + 1,38 | 0,38 | 4,2 | + 0,96 |
| | 9 | 0,021 | 0,50 | 15—16 | + 1,44 | 0,80 | 1,2—2,1 | + 1,00—1,01 |
| | 12 | 0,067 | 0,48 | 15—16 | + 1,67 | 1,71 | 0,0—1,6 | + 1,11—1,13 |
| | 50 | 0,021 | 0,079 | 2 | + 1,25 | 0,09 | 0,8 | + 0,99—1,00 |
| | 50 | 0,067 | 0,15 | 6 | + 1,49 | 0,115 | 0,0—0,8 | + 1,08—1,11 |
| 1,2-n. | 9—11 | 0,008 | 0,13 | 17—18 | + 1,50 | 0,21 | 7,6—4,5 | + 0,99 |
| | 8—11 | 0,021 | 0,13 | 17 | + 1,56 | 0,45 | 4,6—2,3 | + 1,04—1,03 |
| | 12 | 0,067 | 0,20 | 18 | + 1,69 | — | — | — |

Da nach den Untersuchungen von A. Skrabal[1] die Geschwindigkeit der sekundären Bromatbildung mit sinkender Bromidkonzentration abnimmt, müßte bei der Elektrolyse verdünnter Bromidlösungen die dem stationären Zustand entsprechende Hypobromitkonzentration mit der Verdünnung ansteigen. Da aber gerade das Umgekehrte der Fall ist und gleichzeitig eine Vermehrung der Sauerstoffentwicklung stattfindet, muß man schließen, daß bei geringer Konzentration der Br′-Ionen die BrO′-Ionen in der Diffusionsschicht an der Anode infolge geringerer Geschwindigkeit der Bromatbildung sich anreichern. Sie werden zusammen mit der verminderten Konzentration der Bromionen die OH-Ionenentladung begünstigen und der Einwirkung des freiwerdenden Sauerstoffs in erheblichem Maße unterliegen.

Beim Übergang von neutraler zu schwach alkalischer Lösung steigt die im stationären Zustande sich einstellende Konzentration des Hypobromits stark an und geht erst bei vermehrter Alkalität zurück (Tabelle 16).

Dies rührt daher, weil die in schwach alkalischen Lösungen auf sekundärem Wege erfolgende Bromatbildung mit steigendem Alkaligehalt immer mehr von der primären Bromatbildung abgelöst wird, bis schließlich die Konzentrationen von BrO′ und OH′ an der Anode keine merkliche HOBr-Konzentration mehr bestehen läßt, so daß nun allein die primäre Bromatbildung erfolgt.

---

[1] Sitzungsber. Akad. Wiss. Wien **117**, 827 (1908); **120**, 45 (1911).

Tabelle 16.

| Alkalität in Äquivalenten in 1 l | Höchstkonzentration des Hypobromits in Gramm O in 100 $cm^3$ | | Stationäre anodische Sauerstoffentwicklung in Prozent der Stromarbeit | | Anodenpotential $E_h$ in Volt im Verlauf der Elektrolyse | |
|---|---|---|---|---|---|---|
| | bei 9—10° | bei 50° | bei 9—10° | bei 50° | bei 9—10° | bei 50° |
| 0,00 | 0,80 | 0,09 | 2,1 | 0,8 | 1,00—1,01 | 0,99—1,00 |
| 0,094 | 1,89 | 0,66 | 2,3 | 6 | 1,06—1,14 | 1,05—1,07 |
| 0,28 | 1,27 | — | 5,6 | — | 1,07—1,12 | — |
| 0,94 | 0,94 | 0,46 | 9,4 | 14 | 1,11—1,12 | 0,96—0,999 |
| 1,89 | 0,95 | — | 10,0 | — | 1,03—1,05 | — |

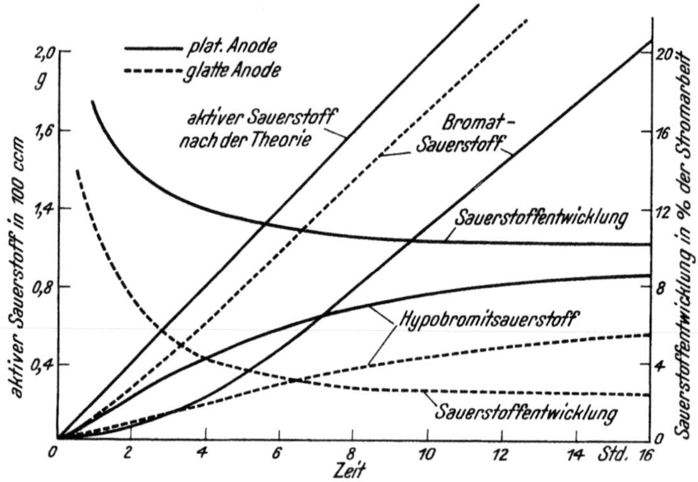


Abb. 94. Zeitliche Abhängigkeit der Sauerstoffentwicklung bei der Bromidelektrolyse in alkalischer Lösung.

Dieser Zustand wird bei um so kleinerer OH′-Ionenkonzentration eintreten, je niedriger die Stromdichte ist. Da bei der Bromidelektrolyse in alkalischer Lösung die Anodenpotentiale um einige Zehntelvolt weniger positiv liegen als bei der Chloridelektrolyse, wird sich infolge der relativ geringeren Bildungsgeschwindigkeit des Bromats aus Hypobromit das Hypobromit im Verlaufe der Elektrolyse erheblich anreichern, damit aber der Umfang der primären Bromatbildung zu- und infolgedessen die anfangs reichliche Sauerstoffentwicklung abnehmen (Abb. 94). Der sich schließlich einstellende stationäre Zustand wird durch die drei folgenden, gleichzeitig sich abspielenden Anodenvorgänge hergestellt.

$$2\,Br' + 2\,\oplus \rightarrow Br_2;\ Br_2 + 2\,OH' \rightarrow BrO' + Br' + H_2O \quad (I)$$

$$BrO' + 4\,OH' + 4\,\oplus \rightarrow BrO_3' + 2\,H_2O \quad (II)$$

$$4\,OH' + 4\,\oplus \rightarrow O_2 + 2\,H_2O \quad (III)$$

Im stationären Zustand sind also in neutraler Lösung ein elektrochemischer und ein rein chemischer Vorgang, in stärker alkalischer Lösung dagegen zwei elektrochemische Vorgänge bestimmend.

Auf das Verhältnis beider und damit die Hypobromitkonzentration im stationären Zustande ist eine Stromdichtesteigerung ohne Einfluß, da beide Vorgänge gleichmäßig durch eine solche begünstigt werden, dagegen drängt eine solche Steigerung den Vorgang III zurück und bessert somit die Stromausbeute an aktivem Sauerstoff.

Auch durch weitere Erhöhung der Alkalität kann der stationäre Zustand kaum beeinflußt werden, da die Bromatbildung fast ausschließlich nach Vorgang II folgt und eine Erhöhung der Konzentration von OH'-Ionen nur den Vorgang III begünstigen könnte, der aber durch Steigerung des auf ihn entfallenden Anteiles der Stromdichte selbst wieder verzögert würde.

Da die Temperaturerhöhung zwar die Geschwindigkeit der primären Oxydation einer gegebenen Hypobromitlösung steigert, anderseits aber auch zugleich die Sauerstoffentwicklung erleichtert, ist die Temperaturempfindlichkeit der Hypobromitkonzentration in alkalischer Lösung erheblich geringer als in neutraler Lösung.

Da an glattem Platin die Geschwindigkeit der primären Oxydation des Hypobromits etwas größer ist als an platinierter Anode, wird an diesem in alkalischer Lösung das Hypobromit in stärkerem Maße zu Bromat oxydiert; im stationären Zustande ist die Hypobromitkonzentration und die Sauerstoffentwicklung geringer als an platinierter Anode (Abb. 94, gestrichelte Kurven).

Die technische Bromatgewinnung wurde einige Zeit in größerem Maßstabe durchgeführt, da Bromatlösungen für die Zyanidlaugerei bestimmter Golderze als Zusatz verwendet wurden. Man bediente sich glatter Platin- oder nach Angaben von D. T. Ewing und H. W. Schmidt[1] auch paraffinierter Kohleanoden und höherer anodischer Stromdichte 0,06—0,1 A/cm$^2$, die eine erhöhte Badtemperatur bedingen. Es empfiehlt sich das Arbeiten mit gut bewegten, neutralen, mit Chromat versetzten Lösungen, und zwar solchen des leichter löslichen Natriumbromids. Man kann die Ausbeute durch Zugabe von Alkali oder auch durch leichtes Ansäuern, etwa mit Bikarbonat, noch ein wenig verbessern. Bei Verwendung von Kaliumbromid treten infolge der Schwerlöslichkeit des gebildeten $KBrO_3$ spannungsverbrauchende Überzüge an der Anode auf.

## Die Bildung von Hypojodit und Jodat.

Bei der Elektrolyse sowohl neutraler als alkalischer Alkalijodidlösungen können Jodsauerstoffverbindungen mit nahezu theoretischer Stromausbeute gewonnen werden, da das zur reversiblen Jodabscheidung erforderliche Potential in 1-normaler Lösung etwa + 0,56 Volt beträgt, also stets weit niedriger liegt als das zur OH'-Entladung aus 1-normalen OH'-Lösungen nötige Potential (S. 153ff.). Bei der Elektrolyse einer neutralen Jodkaliumlösung bleiben kleine Mengen anodisch gebildeten Jods und des kathodisch gebildeten Alkalis in der Lösung infolge der sich einstellenden Gleichgewichte nebeneinander bestehen:

$$J_2 + OH' \rightleftharpoons HOJ + J',$$
$$HOJ + OH' \rightleftharpoons JO' + H_2O.$$

Hypojodit verwandelt sich unter diesen Umständen fast momentan und nahezu vollständig in Jodat, so daß dieses neben geringer Menge Jod, Alkali und Hypojodit das Hauptprodukt der Elektrolyse ist.

Hieran ändert sich beim Übergang zu alkalischen Lösungen verhältnismäßig wenig. Es werden einerseits die zurückbleibenden Mengen freien Jods noch geringer, anderseits erfolgt die Jodatbildung gerade nur um weniges langsamer, so daß man Hypojodit als erstes Produkt der Elektrolyse gerade noch feststellen kann. Im Verlaufe der Elektrolyse nimmt die Hypojoditkonzentration immer langsamer zu und wird schließlich konstant, während das anfänglich kaum nachweisbare Jodat immer reichlicher entsteht und schließlich allein seine Konzentration vermehrt (Abb. 95, voll ausgezogene Kurve).

[1] Trans. Amer. electrochem. Soc. 47, 117 (1925).

Steigende Temperatur und J'-Konzentration und abnehmende OH-Ionenkonzentration setzt die im stationären Zustande auftretende Konzentration des Hypojodits herab (Abb. 95, gestrichelte Kurven), weil dann die Geschwindigkeit der rein chemischen Jodatbildung in alkalischer Lösung zunimmt.

Diese Erscheinungen sowie das Ansteigen der Hypojoditkonzentration mit steigender Stromdichte zeigen, daß sowohl in neutraler als auch in alkalischer Lösung die Halogenatbildung bei der Jodidelektrolyse lediglich sekundär aus dem zunächst entstandenen Hypojodit erfolgt.

Vornehmlich an glattem Platin kann es durch Begünstigung der Sauerstoffbeladung zu einem Potentialanstieg von + 1,00 bis + 1,3 Volt und zu einer Verzögerung der Jodionenentladung kommen, so daß dann die Sauerstoffentwicklung überwiegt. Diese Störung erfolgt um so leichter, je größer im Elektrolyten das Verhältnis OH/J wird und je höher die Temperatur ist.

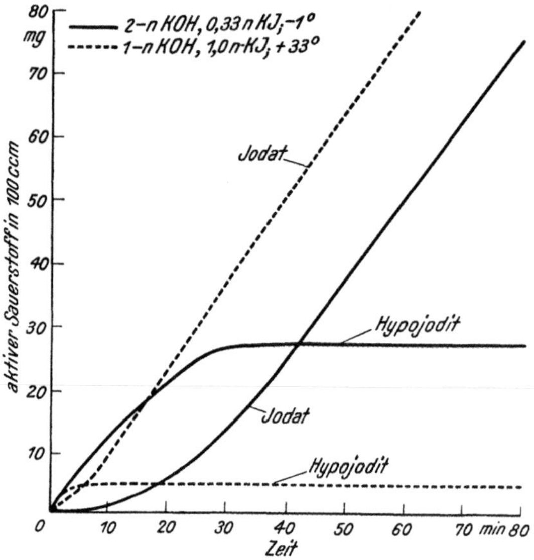


Abb. 95. Zeitliche Abhängigkeit der Bildung von aktivem Sauerstoff bei der Jodidelektrolyse.

Die Elektrolyse von Jodidlösungen ist der gangbarste und rationellste Weg zur Darstellung jodsaurer Salze. Man elektrolysiert zu diesem Zweck am vorteilhaftesten schwach alkalische Jodidlösungen, z. B. solche mit 15—25 g KJ und 0,2 g $K_2CrO_4$ in 100 $cm^3$, welche durch freies Alkali etwa 0,2-normal sind, unter Verwendung glatter Platinbleche als Anoden bei Zimmertemperatur mit nicht zu hoher Stromdichte (etwa 0,01 A/$cm^2$) so lange, bis die eintretende Sauerstoffentwicklung unter starker Steigerung der Klemmenspannung die Stromausbeute unter den theoretischen Wert herabsetzt.

Während der Elektrolyse scheiden sich im Elektrolyten sowohl Kalium- als Natriumjodat ab. Die bei zu hoher Stromdichte oder zu rauher Platinanode erfolgende Diaphragmenbildung von Jodat an der Anode muß ebenso vermieden werden wie eine Abscheidung von Jod, die in neutralen Lösungen an der Anode erfolgt und zur Verunreinigung des auskristallisierenden Jodats führen kann. Der Jodidgehalt des Elektrolyten muß durch Zugabe dieses Salzes ergänzt werden.

# Die kathodische Reduktion nichtmetallischer Stoffe.

## Allgemeines.

Unter „Reduktion“ versteht man ganz allgemein einen chemischen Vorgang, bei welchem die positive Ladung eines Stoffes vermindert oder, was auf dasselbe herauskommt, die negative Ladung desselben erhöht wird.

Wenn also positiv geladenen Metallionen die positive Ladung entzogen, bzw. durch negative Ladungen neutralisiert wird, so ist eine Reduktion des Metallions zu Metall erfolgt.

Diese Reduktionsvorgänge wurden im ersten Band (Elektrometallurgie) eingehend behandelt.

In diesem Abschnitt soll die Reduktion nichtmetallischer Stoffe einschließlich der Reduktion höherwertiger Metallsalze zu niederwertigen Salzen besprochen werden.

Auch dabei handelt es sich im Wesen um Entziehung positiver Ladungen. Im besonderen kann auch der Sauerstoffgehalt eines Stoffes vermindert oder der Wasserstoffgehalt erhöht werden. Dies ist namentlich bei organischen Reduktionen der Fall, bei denen wegen fehlender elektrolytischer Dissoziation solcher Stoffe eine Verfolgung der Ladungsverhältnisse schwierig oder unmöglich ist.

Da die hier zu besprechenden Reduktionen ausschließlich in wäßrigen Lösungen stattfinden, in diesen aber immer H und OH'-Ionen vorhanden sind, so wird die Entladung der Wasserstoffionen auch bei einfachen Umladungen von Ionen eine Rolle spielen.

Das reversible Potential des Wasserstoffs an einer stromdurchflossenen Elektrode ist durch die Formel

$$\varepsilon = -\,0{,}0002\,T \log \frac{k\,C_{\mathrm{H}}}{C_{\mathrm{H}^{\cdot}}} - \eta_{\mathrm{H}}$$

gegeben. Man sieht, daß die Potentiale um so negativer sind, je höher die atomare Konzentration des Wasserstoffs in der Elektrode ist. Das Glied $\eta_{\mathrm{H}}$ trägt der Überspannung, d. i. der bei vielen Metallen über den Wert des reversiblen Potentials eintretenden Spannungssteigerung Rechnung. Anderseits ist das Wasserstoffpotential immer um so positiver, je geringer die Konzentration des atomaren Wasserstoffs in der Elektrode $C_{\mathrm{H}}$ ist.

Bei Anwesenheit von Oxydationsmitteln oder, was dasselbe ist, reduzierbaren Stoffen kann, je nach deren Natur, der Wert des atomaren Wasserstoffs an der Elektrode dauernd auf geringeren Werten gehalten werden, als es ohne solche Stoffe der Fall wäre. Denn der atomare Wasserstoff wird, anstatt seine Konzentration in der Elektrode anzureichern, mehr oder minder rasch durch verschiedenartige Reduktionsreaktionen mit dem anwesenden Oxydationsmittel wieder verschwinden.

Als solche Reduktionsvorgänge kommen in Betracht: elektrolytische Reduktionen durch Ladungsänderungen:

$$\mathrm{H} + \mathrm{Fe}^{\cdots} = \mathrm{Fe}^{\cdot\cdot} + \mathrm{H}^{\cdot}$$

beziehungsweise

$$2\,\mathrm{H} + \mathrm{J}_2 = 2\,\mathrm{J}' + 2\,\mathrm{H}^{\cdot}$$

oder Reduktionsreaktionen, die unter Änderung des Sauerstoff- oder Wasserstoffgehalts von Molekeln verlaufen, bei denen also der kathodisch abgeschiedene Wasserstoff sauerstoffhaltigen Stoffen ihren Sauerstoffgehalt ganz oder teilweise entzieht. Dies tritt beispielsweise im Falle der Reduktion von Natriumnitrat oder Nitrobenzol ein:

$$\mathrm{NaNO_3} + 2\,\mathrm{H} = \mathrm{NaNO_2} + \mathrm{H_2O},$$

$$\mathrm{C_6H_5NO_2} + 4\,\mathrm{H} = \mathrm{C_6H_5NHOH} + \mathrm{H_2O}.$$

Endlich sind auch Reduktionen möglich, bei denen der Wasserstoff durch wasserstoffärmere Stoffe im Sinne einer Hydrierung, etwa von Pyridin zu Piperidin, aufgenommen wird:

$$C_5H_5N + 6\,H = C_5H_{10}NH.$$

Bei allen diesen Reaktionen ist nicht der nach $2\,H = H_2$ gebildete molekulare Wasserstoff, sondern immer der zuerst auftretende und von der Kathode zum Teil aufgenommene atomare Wasserstoff wegen seiner größeren Reaktionsfähigkeit wirksam.

Infolge dieses Verbrauches des atomaren Wasserstoffes an der Kathode durch die Reduktionsreaktion wird demnach diese Reaktion bei sehr viel kleineren Beträgen von $C_{\mathrm{H}}$, also bei viel edleren Potentialen, erfolgen können, als zur Wasserstoffentwicklung notwendig wären.

Von der Geschwindigkeit der Reduktionsreaktion hängt es ab, ob die atomaren Wasserstoffkonzentrationen an der Elektrode beim Stromdurchgang infolge ungenügenden Verbrauches desselben soweit erhöht und das Potential auf so weit unedlere Werte gesteigert wird, daß es nebenher in höherem oder geringerem Maße, bzw. im Grenzfalle ausschließlich zur Wasserstoffentwicklung kommt.

Im ersteren Falle nennt man das Oxydationsmittel, bzw. den zu hydratisierenden Stoff einen „guten", im letzteren Fall einen „schlechten" Depolarisator.

Zu ersteren gehören z. B. die überschwefelsauren Salze, die leicht zu Bisulfaten reduziert werden, oder die Chlorsäure und ihre Salze, die an gewissen Metallen (vgl. S. 220) elektrolytisch reduziert werden, zu letzteren die Sulfate sowie neutrale Sulfite oder Dithionate, die nach A. Friesner[1] durchaus der elektrochemischen Reduktion widerstehen, sowie die Überchlorsäure, die gleichfalls nicht reduziert wird.

Zwischen diesen beispielsweise erwähnten Grenzfällen der guten und schlechten Depolarisation liegen natürlich alle möglichen Übergänge.

Da, wie im 1. Bd. S. 71 gelegentlich der Besprechung der Überspannungserscheinungen des Wasserstoffs gezeigt wurde, zur Wasserstoffentwicklung je nach dem Kathodenmaterial mehr oder minder negative Potentiale nötig sind, man also innerhalb gewisser Grenzen Elektroden mit beliebigen „Wasserstoffdrucken" herstellen kann, ist auch die Möglichkeit gegeben, je nach der Wahl des Elektrodenmaterials gerade jene Wasserstoffkonzentration in der Elektrode zu erzeugen, die ein Oxydationsmittel zu seiner Reduktion gerade benötigt.

Während beispielsweise ein guter Depolarisator, das Nitrobenzol, in alkoholischer, alkalischer 0,25-molarer Lösung bei einer Stromdichte von $1{,}2 \cdot 10^4\,\mathrm{A/cm^2}$ bei $\varepsilon_h = -0{,}40$ Volt reduziert wird, verlangt die Reduktion des Koffeins zu Desoxykoffein in 2-normaler $H_2SO_4$ ein um 1,45 Volt unedleres Potential, als der reversiblen $H_2$-Entwicklung unter diesen Bedingungen entspricht.

Ein solches Potential erreicht man unter diesen Bedingungen an Bleikathoden. Es liegt zwischen beiden Fällen, bezogen auf gleiche $H^{\cdot}$-Ionenkonzentration, ein Potentialabstand von 1,85 Volt vor, was einem Konzentrationsunterschied der Wasserstoffatome an den Elektroden von rund 32 Zehnerpotenzen entspricht.

[1] Ztschr. Elektrochem. **10**, 266, 283 (1903).

Der kathodisch abscheidbare bzw. reduzierend wirkende Wasserstoff ist also ein in seiner freien Energie ungemein wandelbares und außerdem durch Regelung des Kathodenpotentials ein auf das bequemste und am mannigfaltigsten abzustufendes Reagens[1].

Bei einfachen Umladungen der Ionen, etwa der Reduktion von $Fe^{\cdot\cdot\cdot}$ zu $Fe^{\cdot\cdot}$, ist es naheliegend anzunehmen, daß die Reduktion nicht über den Umweg der Wasserstoffbildung, sondern direkt durch Aufnahme negativer Ladungen erfolgt:

$$Fe^{\cdot\cdot\cdot} + \ominus = Fe^{\cdot\cdot}.$$

Reine elektrische Vorgänge unter Abgabe und Aufnahme von Elektronen werden als momentan verlaufend betrachtet. Man ist deshalb geneigt, die gleichfalls ungehemmt verlaufende Reduktion des $Fe^{\cdot\cdot\cdot}$ und ähnlicher Salze als einen unmittelbaren Ladungsaustausch zu betrachten[2].

Dafür sprechen auch Untersuchungen von G. v. Hevesy und L. Zechmeister[3], die den Nachweis erbringen konnten, daß zwischen den zwei- und vierwertigen Bleiionen des Plumbo- bzw. Plumbiazetats ein dynamisches Gleichgewicht besteht, daß somit der Übergang der Ladungen zwischen solchen Ionen unmittelbar erfolgt[4].

Nicht so eindeutig ist im Gegensatz zur reversibel erfolgenden Reduktion von Ferriionen die Entscheidung, ob die Reduktion der meisten anderen Metallkationen, wie etwa des $Mo^{\cdot\cdot\cdot}$, $Nb^{\cdot\cdot\cdot}$, $Ti^{\cdot\cdot\cdot}$, $Sn^{\cdot\cdot\cdot}$, durch einen direkten Ladungsaustausch an der Kathode erfolgt oder durch Vermittlung der in der Lösung befindlichen Wasserstoffionen. Die Reduktion dieser Kationen erfolgt nämlich bereits merklich gehemmt, wie dies auch nahezu für alle kathodischen Reduktionen organischer Körper, die ja durch keinen direkten Ladungsaustausch erfolgen können, gleichfalls der Fall ist.

Da eine Bildung und Anreicherung von atomarem Wasserstoff an der Kathode in wäßrigen Lösungen auf jeden Fall dann erfolgt, wenn die zugeführten negativen Ladungen nicht rasch genug zur Umladung verbraucht werden, ist anzunehmen, daß dann neben direkter Umladung auch immer mehr oder minder Reduktion auf dem Umwege über den atomaren Wasserstoff stattfindet.

Sicher aber dann, wenn das Reduktionspotential (1. Band, S. 32ff.) der Ionenumladung bei negativeren Werten liegt, als der Wasserstoffentladung in der betreffenden Lösung entspricht.

Schließlich können sich in einzelnen Fällen elektrochemische und rein chemische Reaktionen überlagern. So darf z. B. die von P. Askenasy und C. Vogelsohn[5] untersuchte Reduktion von Tetrachloräthan und Di-

[1] W. Nernst: Ber. Dtsch. chem. Ges. **30**, 1562 (1897).
[2] R. Abegg u. J. Neustadt: Ztschr. Elektrochem. **15**, 264 (1909); vgl. auch Ztschr. Elektrochem. **16**, 520 (1910) (Diskussion). — Vgl. auch M. Le Blanc: Die elektromotorischen Kräfte der Polarisation, S. 2. Halle. 1910.
[3] Ztschr. Elektrochem. **26**, 151 (1920).
[4] Siehe auch Cady u. R. Taft: Journ. physical Chem. **29**, 1057 (1925).
[5] Ztschr. Elektrochem. **15**, 773 (1909).

chloräthan nicht als rein elektrochemisch angesprochen werden. Hier ist der zu reduzierende Stoff in einer etwa 100° heißen, etwa 10%igen Chlorzinklösung in einem Kathodenraum suspendiert, der durch ein Diaphragma von einem gleichfalls mit Chlorzinklösung gefüllten Anodenraum getrennt ist. Das primär abgeschiedene Zink führt rein chemisch die Reduktion zu Dichloräthan durch und kehrt somit immer wieder in den Elektrolyten zurück.

Will man ganz allgemein präparativ solche Reduktionsvorgänge durchführen, muß mit der Möglichkeit gerechnet werden, daß die Reduktionsprodukte an die Anode gelangen und dort[1] wieder reoxydiert werden können.

Man bedient sich daher in solchen Fällen zur Fernhaltung der kathodischen Produkte eines Diaphragmas, mit dem man den Anodenraum vom Kathodenraum trennt.

In einzelnen Fällen wirkt in gleicher Weise ein Zusatz von Türkischrotöl, Rizinusölsulfosäure und einem Kalziumsalz, weil durch Bildung einer diaphragmaartigen Haut an der Anode die Oxydation verhindert wird.

In alkalischen Lösungen kann man der Reoxydation nach einem Patent der Höchster Farbwerke[2] auch durch Anwendung von Eisen- oder Nickelanoden entgegenwirken, weil an diesen, zumal schwerer verlaufende elektrolytische Oxydationen, besonders bei hohen anodischen Stromdichten, nur in geringem Umfang eintreten.

## Die kathodischen Reduktionsvorgänge bei Anwesenheit von reversibel wirkenden Depolarisatoren.

Jedes Reduktionsmittel erteilt einer unangreifbaren Elektrode eine bestimmte Wasserstoffbeladung, die das Reduktionspotential bestimmt, das durch die Beziehung

$$\varepsilon = -0{,}0002\,T \log \frac{k_{\mathrm{H}}\,C_{\mathrm{H}}}{C_{\mathrm{H}^{\cdot}}}$$

oder, wenn etwa ein Vorgang

$$\mathrm{R}^{(m+n)\oplus} + n\,\mathrm{H} \rightarrow \mathrm{R}^{m} + n\,\mathrm{H}^{\cdot}$$

stattfindet, durch

$$\varepsilon = -\frac{0{,}0002\,T}{n} \log \frac{K_{\mathrm{Red}}\,C_{\mathrm{R}}^{m\oplus}}{C_{\mathrm{R}}^{(m+n)\oplus}}$$

ausgedrückt wird.

Bei kathodischer Polarisierung einer solchen Elektrode über das Gleichgewichtspotential hinaus wird der umgekehrte Vorgang $n\,\mathrm{H}^{\cdot} + n\,\ominus \rightarrow n\,\mathrm{H}$ sofort erfolgen. Ganz ähnlich wie bei der Metallabscheidung wird nun die Elektrode sich mit der umgebenden Lösung in obiges Gleichgewicht setzen. Es wird lediglich von der Geschwindigkeit abhängen, mit der einerseits die höherwertigen Ionen bzw. das Oxydationsmittel aus der Lösung in die Anodennähe herankommen und mit der andererseits die dort erzeugten niederwertigen Ionen (oder die reduzierten Stoffe) wegwandern, ob der Reduktionsvorgang bei Potentialen erfolgen kann,

---

[1] Vgl. C. Marie u. K. Elbs: Ztschr. Elektrochem. 9, 633 (1903).

[2] DRP. 127727 (1900), 141535 (1902).

die nur von der mit der Stromdichte steigenden Konzentrationszunahme des reduzierten Stoffes und der Konzentrationsabnahme des Oxydationsmittels abhängig sind.

Es handelt sich hier also um einen ganz ähnlichen Verlauf der Stromdichtepotentialkurven wie bei Metallabscheidungen, wenn er nur durch Konzentrationspolarisation bedingt wird.

Wird eine Lösung eines Gemisches zweier verschiedenwertiger Ionen desselben Metalls, in der die Konzentration der höherwertigen und niederwertigen Ionen gleich angenommen wird, mit einer Stromdichte kathodisch polarisiert, welche in jedem Augenblick an der Kathode die Konzentration der höherwertigen Ionen $C_R^{(m+n)\oplus}$ um den kleinen Betrag $\frac{1}{x} \cdot C_R^{(m+n)\oplus}$ vermindert und damit die Konzentration der niederwertigen Ionen $C_R^{m\oplus}$ um $\frac{1}{x} \cdot C_R^{m\oplus}$ vermehrt, so geht, falls die Diffusionskoeffizienten der beiden Ionenarten gleich angenommen werden, das Kathodenpotential auf

$$\varepsilon + d\varepsilon = -\frac{0{,}0002\,T}{n} \log K_{\text{Red}} \cdot \frac{C_R^{m\oplus}\left(1+\frac{1}{x}\right)}{C_R^{(m+n)\oplus}\left(1-\frac{1}{x}\right)}$$

hinauf, wird also um den Betrag

$$d\varepsilon = -\frac{0{,}0002\,T}{2} \log \frac{1+\frac{1}{x}}{1-\frac{1}{x}}$$

unedler.

Bei einer Metallabscheidung dagegen würde, falls wir eine gleiche Konzentration und gleichen Diffusionskoeffizienten und gleiche angewandte Stromdichte annehmen würden, die Metallkonzentration um $\frac{1}{x} \cdot C_{\text{Me}}^{n\oplus}$ herabgehen und das Kathodenpotential auf

$$\varepsilon' + d\varepsilon' = -\frac{0{,}0002\,T}{n} \log \frac{P_{\text{Me}}}{C_{\text{Me}}^{n\oplus}\left(1-\frac{1}{x}\right)}$$

steigen, also um

$$d\varepsilon' = -\frac{0{,}0002\,T}{n} \log \frac{1}{1-\frac{1}{x}}$$

negativer werden.

Bei einer umkehrbaren Reduktion erleidet also durch eine gleiche Stromstärke (-dichte) die Kathode eine stärkere Konzentrationspolarisation als für eine umkehrbare Metallabscheidung. Das heißt, es verläuft die Stromdichtepotentialkurve bei der Reduktion etwas weniger steil als bei der Metallabscheidung, weil bei ersterer zwei in entgegengesetzter Richtung verlaufende Diffusionsvorgänge, bei der Metallabscheidung aber nur ein Diffusionsvorgang die Konzentrationspolarisation bestimmen.

## Die kathodische Reduktion unter Änderung des Sauerstoff- bzw. Wasserstoffgehaltes.

### Allgemeines.

Diese Reduktionen, bei denen eine direkte Ionenumladung nicht in Betracht kommt, nähern sich in ihrem Verlauf weitgehend den Reduktionsvorgängen mit rein chemischen Mitteln.

Ganz ähnlich wie es bei rein chemischen Reduktions- und Oxydationsvorgängen von organischen, aber auch anorganischen Verbindungen der Fall ist, geht auch die sekundäre Wirkung des elektrolytisch primär abgeschiedenen Wasserstoffs auf Oxydationsmittel der verschiedensten Art nur mit begrenzter Geschwindigkeit vonstatten.

Wenn mit gesteigerter Stromdichte $dJ$ die erhöhte Wasserstoffbeladung infolge ungenügender Reaktionsgeschwindigkeit durch das Oxydationsmittel nicht rasch genug verbraucht wird, kommt es zu einem durch die erhöhte Wasserstoffbeladung bedingten Potentialanstieg $d\varepsilon$ nach der negativeren Seite; $d\varepsilon/dJ$ ist relativ groß, d. h. größer als im Falle bloßer Konzentrationspolarisation. Die Stromdichtepotentialkurve bei der Elektrolyse von Chinhydronlösung (Abb. 96) steigt anfänglich wenig steil an, ähnlich wie im Falle chemischer Polarisation bei der Metallabscheidung, und es ändert eine erhöhte Rührgeschwindigkeit im Gegensatz zu ihrem Einfluß auf die Konzentrationspolarisation in beiden Fällen nichts. Mit der mit weiter steigender Stromdichte erfolgenden Steigerung der Konzentration des atomaren Wasserstoffs in der Elektrode steigert sich aber nach den Grundgesetzen der chemischen Kinetik die Reaktionsgeschwindigkeit so weit, daß nunmehr die Steigerung von $d\varepsilon/dJ$ wieder kleiner als früher wird und die Stromdichtepotentialkurven nun steil ansteigen[1].

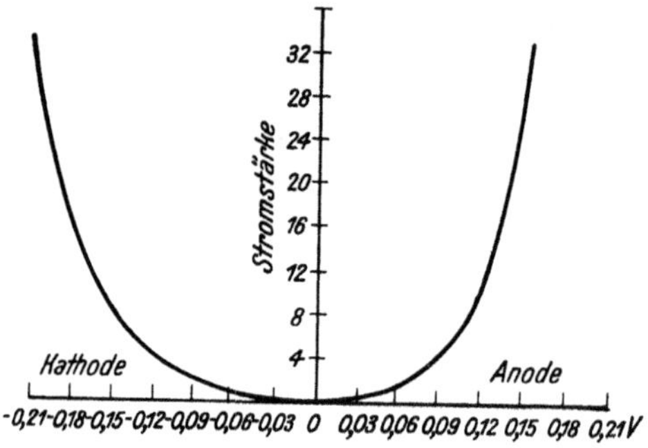

Abb. 96. Kathodische und anodische Stromspannungskurve der Elektrolyse von Chinhydronlösung.

Solche Reduktionsvorgänge verlaufen nicht umkehrbar, und die eigentlichen Gleichgewichtspotentiale, von denen theoretisch die Stromdichtepotentialkurven ihren Ausgang nehmen, sind meist nicht meßbar. Ihre Lage läßt sich experimentell nur unsicher ermitteln. Der Fall liegt hier ganz ähnlich wie bezüglich der kathodischen Wasserstoffabscheidung und der im 1. Band, S. 71 ff. besprochenen Überspannung.

Die eingehende Theorie solcher verzögerter elektrochemischer Reduktionen hat zuerst F. Haber[2] entwickelt.

Die Geschwindigkeit eines an der Kathode durch elektrochemisch erzeugten Wasserstoff sich abspielenden Reduktionsvorganges unter Sauerstoffabgabe, etwa nach:

$$RO + 2\,H \rightarrow R + H_2O,$$

wird für konstante Temperatur nach den Gesetzen der chemischen Geschwindigkeitslehre ausgedrückt durch:

$$-\frac{dC_{RO}}{d} = k\,C_{RO}\,(C_H)^2 \cdot O$$

wenn $C_{RO}$ die Konzentration des zu reduzierenden Stoffes (Oxydationsmittel) im Gesamtelektrolyten und $C_H$ die in der Oberflächeneinheit vorhan-

---

[1] Haber u. R. Ruß: Ztschr. physikal. Chem. **47**, 257 (1904).

[2] F. Haber: Ztschr. physikal. Chem. **32**, 193 (1900); Ztschr. angew. Chem. **1900**, 433; Ztschr. Elektrochem. **7**, 304 (1900).

dene Konzentration des atomaren Wasserstoffs und $O$ die Elektrodenoberfläche bedeutet.

Die Geschwindigkeit in jedem Zeitmoment, ausgedrückt durch den Differentialquotienten des Umsatzes $dC_{\mathrm{RO}}$ nach der Zeit $dt$, ist aber auch proportional der Stromstärke $J$ und es gilt auch

$$-\frac{dC_{\mathrm{RO}}}{dt} = k'J,$$

so daß aus beiden Beziehungen folgt:

$$J = \frac{k}{k'} \cdot C_{\mathrm{RO}} \cdot (C_{\mathrm{H}})^2 \cdot O.$$

Für eine bestimmte Elektrode ist $O$ konstant, und man erhält, wenn man $\frac{k}{k'} \cdot O = K$ setzt:

$$J = K \cdot C_{\mathrm{RO}} \cdot (C_{\mathrm{H}})^2$$

Aus dieser Beziehung folgt weiter für die Konzentration des atomaren Wasserstoffs in der Elektrode die Formel:

$$C_{\mathrm{H}} = \left(\frac{J}{K \cdot C_{\mathrm{RO}}}\right)^{\frac{1}{2}}.$$

Setzen wir diesen Ausdruck in die Formel für das Elektrodenpotential des Wasserstoffs:

$$\varepsilon = \frac{RT}{F} \ln \frac{K_{\mathrm{H}} C_{\mathrm{H}}}{C_{\mathrm{H}^{\cdot}}}$$

erhält man:

$$\varepsilon = \frac{RT}{2F} \ln \frac{K_{\mathrm{H}}{}^2 J}{K\, C_{\mathrm{RO}}\, (C_{\mathrm{H}^{\cdot}})^2}.$$

Zieht man die Konstanten zusammen und macht für saure Lösungen die Wasserstoffionenkonzentration $C_{\mathrm{H}^{\cdot}}$ konstant, so daß man auch sie in die Konstante einbeziehen kann, erhält man:

$$\varepsilon = \frac{RT}{2F} \ln \frac{J}{K_1 C_{\mathrm{RO}}}.$$

Für andere Oberflächen tritt an Stelle von $J$ die Stromdichte $D$.

Da $D = \frac{J}{O}$ ist, wird also:

$$\varepsilon = \frac{RT}{2F} \ln \frac{D}{K_1' C_{\mathrm{RO}}}.$$

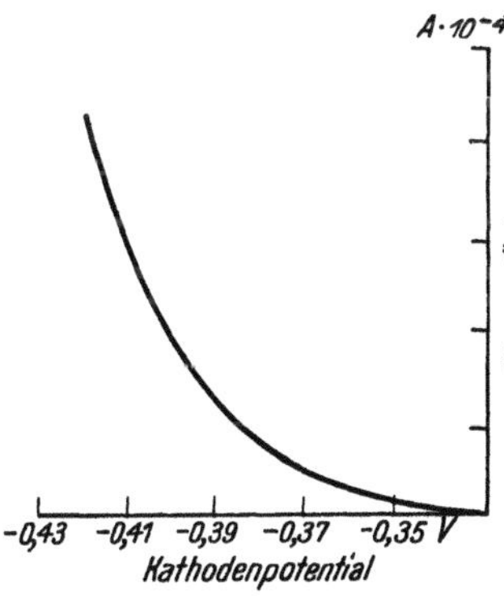


Abb. 97. Kathodische Stromspannungskurve der Reduktion von Nitrobenzol in alkalischer Lösung.

Die in diesen Beziehungen auftretenden Werte der Konstanten $K_1$ bzw. $K_1'$ sind Multipla der Reaktionsgeschwindigkeitskonstanten des fraglichen Vorganges. Den durch obige Gleichungen dargestellten Verlauf der Stromdichtepotentialkurven verzögerter elektrolytischer Reduktionen findet man in quantitativer Hinsicht übereinstimmend mit dem Experiment beispielsweise bei der Reduktion von Nitrobenzol in alkalischer und alkoholischer Lösung[1] verwirklicht (Abb. 97).

[1] Haber u. R. Ruß: Ztschr. physikal. Chem. 47, 257 (1904).

Bei genauerer quantitativer Prüfung ergab sich jedoch, daß eine Gleichung obiger Form die Stromdichtepotentialkurve nicht genau darzustellen vermag, sondern daß vielmehr die rechte Seite der Gleichung für genaue Wiedergabe der Tatsachen noch mit einem Faktor $x$ multipliziert werden muß, welcher größer ist als 1 und dessen Wert von den Versuchsbedingungen abhängt, sich aber für gegebene Arbeitsbedingungen als konstant erwiesen hat.

Es ist also für

$$\varepsilon = x \frac{RT}{2F} \ln \frac{J}{K_1 C_{RO}}$$

zu setzen, d. h. das für eine elektrolytische Reduktion wirklich gebrauchte Kathodenpotential ist etwas größer, als es sich nach der obigen Theorie ergibt, bei deren Ableitung die Annahme gemacht worden war, daß die Geschwindigkeit des Verlassens der Wasserstoffbeladung von der Elektrode nur durch die Reaktion mit dem Depolarisator bestimmt wird.

Dies trifft jedoch nicht zu, weil die Abgabe des atomaren Wasserstoffs aus den festen Lösungen mit dem Elektrodenmetall, bzw. die Reaktion der Wasserstoffmolekülbildung: $2\,H \rightleftarrows H_2$ je nach der Natur der Elektrode nur mit beschränkter Geschwindigkeit vor sich geht. Die hierdurch bedingte Verzögerung bewirkt nun, daß für die in der Zeiteinheit erfolgende Abgabe einer bestimmten Wasserstoffmenge an einen Depolarisator diese Wasserstoffmenge in höherer Konzentration, also mit höherem Potential auf der Elektrode vorhanden sein muß, als es der Fall wäre, wenn der Wasserstoff ganz ungehemmt und vollständig die Elektrode verlassen könnte. Diese Hemmung bewirkt mithin einen stärker gekrümmten Verlauf, als es ohne ihre Berücksichtigung der Fall wäre.

Im Falle einer auch praktisch umkehrbaren, zu einem Gleichgewicht führenden Reduktionsreaktion, wo für die Geschwindigkeit des Vorganges an der Kathode

$$-\frac{dC_{RO}}{dt} = k_r C_{RO} (C_H)^2 \cdot O - k_0 C_R C_{H_2O} \cdot O,$$

bzw. bei Konstanz der Oberfläche und der Konzentration des Wassers

$$-\frac{dC_{RO}}{dt} = k_r C_{RO} (C_H)^2 - k_0 C_R$$

gilt, indem sich der durch die Reduktion aus RO entstandene Körper R im Sinne der Gleichung:

$$R + H_2O \rightarrow RO + 2\,H^{\cdot} + 2\,\ominus,$$

also der Reduktion entgegen zu betätigen strebt, gelangt man dann für konstante $H^{\cdot}$-Ionenkonzentration, also in saurer Lösung zu folgender Formel für das Kathodenpotential:

$$\varepsilon = \frac{RT}{2F} \ln \frac{J + K_2 C_R}{K_1 C_{RO}}.$$

Auch hier muß man zur Übereinstimmung mit der Praxis aus den eben angegebenen Gründen einen Faktor $x > 1$ einführen.

Diese somit erhaltene Formel

$$\varepsilon = x \frac{RT}{2F} \ln \frac{J + K_2 C_R}{K_1 C_{RO}}$$

wurde beispielsweise durch Beobachtungen bei der Reduktion des Chinons auf das beste bestätigt. Bei Verwendung organischer Depolarisatoren ist ferner zu beachten[1], daß deren Molekularkonzentration im Elektrolyten in der Regel klein ist und daß die Diffusion wegen des hohen Molekulargewichts

[1] R. E. Wilson u. M. A. Youtz: Ind. engin. Chem. **15**, 60.

solcher Stoffe geringer ist. Es handelt sich hier also um eine gewissermaßen verstärkt auftretende Konzentrationspolarisation. Ganz allgemein wird also der Reduktionsvorgang durch hohe Konzentration, niederes Molekulargewicht, starkes Rühren, hohe Temperatur und niedere Viskosität begünstigt.

## Der Einfluß des Kathodenmaterials und der Wasserstoffüberspannung.

In der oben (S. 200) gegebenen Formel

$$\varepsilon = x \frac{RT}{2F} \ln \frac{J}{K_1 C_{\mathrm{RO}}},$$

die auch als

$$\varepsilon + x \frac{RT}{2F} \ln K_1 = x \frac{RT}{2F} \ln \frac{J}{C_{\mathrm{RO}}}$$

geschrieben werden kann, ist, wie oben gezeigt wurde, $x$ vom Kathodenmaterial abhängig. Aber auch $K_1$ ist von diesem abhängig, weil der Wasserstoff aus Legierungen mit dem Kathodenmaterial frei wird und er je nach dem Wege, auf welchem er bei einem gegebenen Kathodenpotential frei wird, mit verschiedener Geschwindigkeit auf den Depolarisator wirken kann.

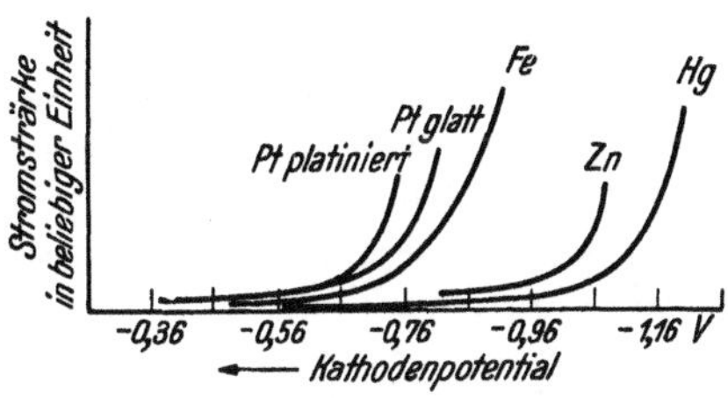


Abb. 98. Kathodische Stromspannungskurven der Nitratreduktion an verschiedenen Metallen.

Ferner kann das Kathodenmetall als solches rein chemisch an dem Reduktionsprozeß teilnehmen, wofür die elektrochemisch kathodisch erfolgende Auflockerung und damit die erhöhte feine Verteilung besonders begünstigend wirkt.

Eine Folge dieser mehrfachen Wirkung des Kathodenmaterials ist es, daß die reduzierende Wirkung und die Überspannung nicht immer ganz parallel gehen[1].

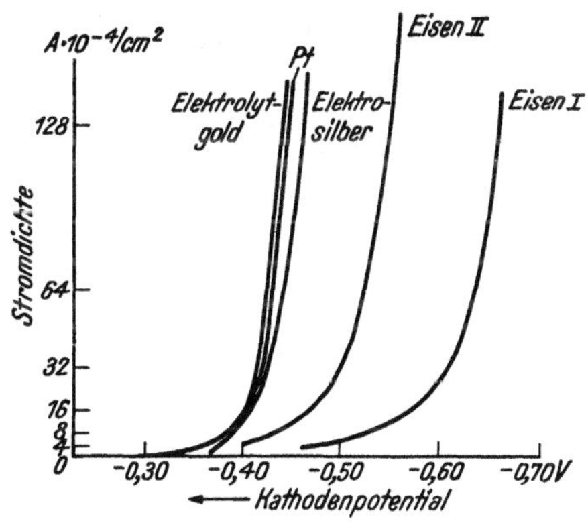


Abb. 99. Kathodische Reduktion von Nitrobenzol in alkalischer Lösung.

Der Einfluß des Kathodenmaterials ist vor allem von E. Müller[2] und von R. Ruß[3] durch Aufnahme der Stromdichtepotentialkurven untersucht worden.

In Abb. 98 sind nach E. Müller die Stromdichtepotentialkurven für die Reduktion von schwach alkalischer Salpeterlösung, in Abb. 99 nach R. Ruß die Stromdichtepotentialkurven für die Reduktion von Nitrobenzol in alkalischer Lösung wiedergegeben.

Man sieht also, daß in Gegenwart eines Depolarisators an verschiedenen Metallen sehr verschiedene Kathodenpotentiale erforderlich sind und die

---

[1] S. Glasstone: Trans. Faraday Soc. **19**, 574 (1923).
[2] E. Müller: Ztschr. anorg. allg. Chem. **26**, 1 (1900).
[3] R. Ruß: Ztschr. physikal. Chem. **44**, 641 (1900).

Wirkung der verschiedenen Kathodenmaterialien teils in einer Parallelverschiebung, teils in einer verschiedenartigen Krümmung der Stromdichtepotentialkurven längs der Abszissenachse besteht.

Ebenso wie die Geschwindigkeit der Wasserstoffentwicklung ist auch die Geschwindigkeit der kathodischen Reduktionsvorgänge sehr stark von der Oberflächenbeschaffenheit und Vorgeschichte der Elektrode abhängig.

Eine Vorpolarisierung der Kathode, die meist ein Aufrauhen zur Folge hat, kann die Reduktion begünstigen, wie es z. B. bei der Reduktion von Nitrobenzol in alkalischer Lösung der Fall ist. Der Vergleich der Stromdichtepotentialkurve (Abb. 99) an nicht vorpolarisiertem Eisen I mit der an unter starker Wasserstoffentwicklung stark vorpolarisiertem Eisen II erhaltenen zeigt, daß letzteres stärker depolarisierend wirkt. Vorpolarisation kann aber auch die Reduktion erschweren, wie es z. B. bei der Reduktion von Titansulfatlösungen an Platinelektroden der Fall ist.

Ebenso beeinflußt, wie aus Messungen von R. Ruß[1] hervorgeht, der Übergang von alkalischen zum sauren Elektrolyten die Wirksamkeit des Elektrodenmetalls in verschiedenartiger Weise.

In sehr ausgeprägter Weise tritt der Einfluß der Überspannung der Wasserstoffentwicklung bei schwer reduzierbaren organischen Stoffen auf, die keine ausgesprochenen Oxydationsmittel sind, wie z. B. Ketone, Oxime oder hydrierbare Stoffe, wie z. B. Pyridin. Zu ihrer Reduktion bedarf es eines soweit gesteigerten Wasserstoffpotentials, daß es mindestens nahe oder meist über dem zur Wasserstoffentwicklung aus dem gleichen Elektrolyten bei gleicher Stromdichte nötigen Mindestpotential liegt. Man erreicht dies mit Metallen, an denen der Wasserstoff erhebliche Überspannungen zeigt.

Die einzelnen Metalle, mit nahezu gleicher Überspannung, wirken individuell verschieden, indem oft ein Reduktionsvorgang nur an einem ganz bestimmten Metall möglich ist, anderseits aber je nach der Natur des Metalls der Reduktionsvorgang zu verschiedenen Endprodukten führen kann.

Die beiden betrachteten verschiedenartigen Einflüsse des Kathodenmaterials können sich in ihrer Wirkung auf den Reduktionsvorgang entweder fördern oder hemmen. Da beides in einer Unmenge Abstufungen möglich ist, ergibt sich eine ungeheure Mannigfaltigkeit von Erscheinungen, die noch vermehrt wird durch katalytische Einflüsse im Elektrolyten, durch den Umstand, daß die Reduktionsprodukte als eine Art negativer Katalysatoren wirken können u. a. m.

## Katalytische Einflüsse im Elektrolyten auf die Reduktionsvorgänge und die Potentialregler.

Wenn bei der beabsichtigten elektrolytischen Reduktion eines Stoffes $A$ zu $A'$ gleichzeitig selbst kleine Mengen eines Stoffes $B$ anwesend sind, der hierbei erheblich rascher zu einem Stoff $B'$ reduziert wird als $A$ elek-

[1] R. Ruß: Ztschr. physikal. Chem. **44**, 641 (1900).

trochemisch zu $A'$, dagegen $B'$ den Stoff $A$ rein chemisch rascher zu $A'$ reduziert, als es auf elektrochemischem Wege der Fall ist, indem es selbst wieder in den ursprünglichen Stoff $B$ übergeht, wird der Stoff $B$ das Potential an der Kathode bestimmen.

Denn der geschilderte Vorgang wiederholt sich in einer kontinuierlichen Reihenfolge, und es dient $B$ als Wasserstoffüberträger zwischen der Kathode und $A$: Es wirkt also $B$ durch Zwischenreaktionskatalyse auf die Reduktion von $A$ zu $A'$ und dient zugleich als Potentialregler.

Außer der geschilderten Wirkung der Potentialregler ist natürlich auch die Alkalität, bzw. der Aziditätsgrad des Elektrolyten von Bedeutung.

## Unvollständige Reduktion.

(Gleichzeitige Entwicklung von Wasserstoff neben der Reduktion.)

Ein Depolarisator kann nur dann so wirken, daß er allein reduziert wird und jede Wasserstoffentwicklung unterbleibt, wenn das Kathodenpotential unter dem für den Beginn der Wasserstoffentwicklung erforderlichen Werte liegt (Abb. 100, Kurve 1).

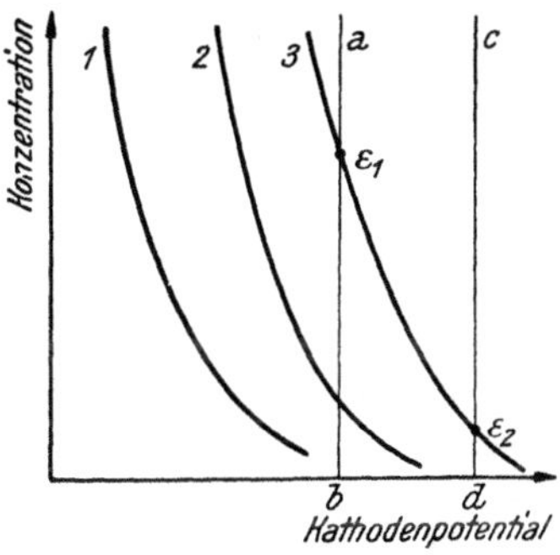


Abb. 100. Abhängigkeit des Kathodenpotentials von der Konzentration des Depolarisators.

Ist in dieser der Wert des Kathodenpotentials beginnender Wasserstoffentwicklung durch die Gerade $a\,b$ dargestellt und stellen 1, 2, 3 die Kurven der Abhängigkeit der Potentiale dreier Depolarisatoren von ihrer Konzentration dar, wenn diese jeder für sich in gesonderter Lösung an einer Elektrode gegebener Größe und gegebenen Materials mit der gleichen Stromstärke $J$ reduziert werden, so wird beispielsweise die Kurve 3 die Gerade $a\,b$ im Punkte $\varepsilon_1$ schneiden, sobald eben das dem Depolarisator 3 entsprechende Kathodenpotential durch seinen fortschreitenden Verbrauch längs der Kurve 3 auf diesen Punkt $\varepsilon_1$ gesunken ist.

Bei geringerer Konzentration, als dem Punkte $\varepsilon_1$ entspricht, muß also bei der angewandten Stromdichte neben der weiteren Reduktion auch Wasserstoffentwicklung stattfinden. Natürlich erfolgte diese dicht über dem zu ihrem Beginn erforderlichen Potential nur mit kleinerer Stromdichte.

Der Anteil an der Wasserstoffentwicklung steigt natürlich mit steigendem Potential.

Es wird dann innerhalb des Potentialintervalls $a\,b$ und $c\,d$ bei konstant gehaltener H-Ionenkonzentration im Elektrolyten und bei der Stromstärke $J$ der Depolarisator unter gleichzeitiger Wasserstoffentwicklung reduziert, und zwar in um so höherem Maße, als seine Konzentration abnimmt. Nach der S. 200 gegebenen Formel:

$$\varepsilon = \frac{RT}{2F} \ln \frac{J}{K_1 C_{\mathrm{RO}}}$$

muß, da die Stromstärke, mit der die Reduktion des Depolarisators 3 erfolgt, einem immer kleineren Bruchteil der Stromstärke von $J$ entspricht, auch die Konzentration, bis zu der der Depolarisator bei gegebenem Potential reduziert wird, ein immer kleinerer Bruchteil derjenigen werden, welche bei der Stromstärke $J$ demselben Potential entspräche. Das heißt, es kann die Reduktion des Depolarisators eine ziemlich weitgehende sein, wenn auch innerhalb der Potentialgrenzen $a\,b$ und $c\,d$ die Reduktion des Depolarisators 3 bei steigendem Kathodenpotential mit immer kleiner werdender Stromausbeute erfolgt.

Vergleicht man die Lage der Kurve 1 oder 2 gegen 3 und $a\,b$, so sieht man im Einklang mit obiger Formel, daß, je stärker ein Körper eine Kathode depolarisiert, um so weiter seine Konzentration vermindert werden muß, bevor bei gegebener Stromstärke das an dieser Kathode zur Wasserstoffentwicklung erforderliche Potential erreicht ist und die Wasserstoffentwicklung einsetzt.

Ferner wird eine gegebene Menge eines Depolarisators um so vollständiger mit theoretischer Stromausbeute reduziert werden, in je kleinerem Volumen sie gelöst ist[1].

Da, wie die Formel

$$\varepsilon = \frac{RT}{2F} \ln \frac{D}{K_1' C_{RO}}$$

(siehe S. 199) es lehrt, das Kathodenpotential außer von der Konzentration des Depolarisators bei gegebener Temperatur von der Stromdichte $D$ und der der Reaktionsgeschwindigkeitskonstanten des Reaktionsvorganges proportionalen Konstanten $K_1'$ abhängt, wird man eine elektrolytische Reduktion mit theoretischer Stromausbeute bei um so höherer Stromdichte ausführen können, je stärker der zu reduzierende Körper depolarisiert.

Alle Momente, welche die depolarisierende Wirkung eines zu reduzierenden Körpers erhöhen, etwa Temperatursteigerung, werden auch gestatten, die Stromdichte auch ohne Verschlechterung der Ausbeute zu erhöhen.

Dagegen wird man schwach depolarisierende Oxydationsmittel zweckmäßig mit geringer Stromdichte reduzieren müssen, um gute Ausbeute zu erhalten.

## Stufenweise Reduktion.

Falls der Depolarisator mehrere Reduktionsprodukte liefert, von denen immer eines sauerstoffärmer bzw. wasserstoffreicher ist als das vorangehende, erfolgt seine Reduktion grundsätzlich stufenweise, wie es beispielsweise für die Reihe

$$HNO_3 \rightarrow HNO_2 \rightarrow H_2N_2O_2 \rightarrow H_2NOH \rightarrow H_3N$$

zutrifft.

Diese Vorgänge sind sehr kompliziert, einerseits infolge der verschiedenen Geschwindigkeiten der Reduktionsvorgänge in den einzelnen Stufen, die wieder durch das Elektrodenmaterial und andere katalytisch

[1] K. Elbs u. R. Illig: Ztschr. Elektrochem. 5, 111 (1898).

wirkende, allenfalls anwesende Stoffe beeinflußt werden können, anderseits durch die Möglichkeit von rein chemischen Folgereaktionen, die zu einem Zerfall der Reduktionsprodukte in den einzelnen Stufen führen können.

Wenn man sich zwecks allgemeiner Erörterung zwei nicht umkehrbar verlaufende Reduktionsstufen vorstellt, die man durch die beiden Gleichungen

$$RO_2 + 2H + 2\ominus \rightarrow RO + H_2O \quad (I)$$

und

$$RO + 2H + 2\ominus \rightarrow R + H_2O \quad (II)$$

darstellt, so werden im Sinne der Ausführungen von S. 200 die Kathodenpotentiale in ihrer Abhängigkeit von der Konzentration der beiden Stufen durch die folgenden Beziehungen

$$\varepsilon_1 = x_1 \frac{RT}{2F} \ln \frac{J}{K_1 C_{RO_2}}$$

und

$$\varepsilon_2 = x_2 \frac{RT}{2F} \ln \frac{J}{K_2 C_{RO}}$$

dargestellt.

Da nicht der Sauerstoffgehalt eines Depolarisators für das Reduktionspotential bestimmend ist, sondern die Geschwindigkeit, mit welcher sein Sauerstoff mit dem kathodisch erzeugten Wasserstoff reagiert, kann einmal die erste, ein andermal die zweite Stufe rascher reduziert werden. Je nachdem der erste oder der zweite Fall vorliegt, wird bei jeweils gleicher Konzentration der beiden Stufen das Kathodenpotential der zweiten Stufe bei höheren oder niedrigeren Potentialen liegen, wie dies die Kurvenpaare I und II bzw. I und III der Abhängigkeit von Konzentration des Depolarisators und Kathodenpotential in Abb. 101 darstellen. In dieser Abbildung bezieht sich also für konstante Stromstärke, Elektrodengröße und Elektrodenmaterial, die Kurve I auf den ursprünglichen Depolarisator, also die erste Stufe, die Kurve II bzw. III auf die zweite Stufe.

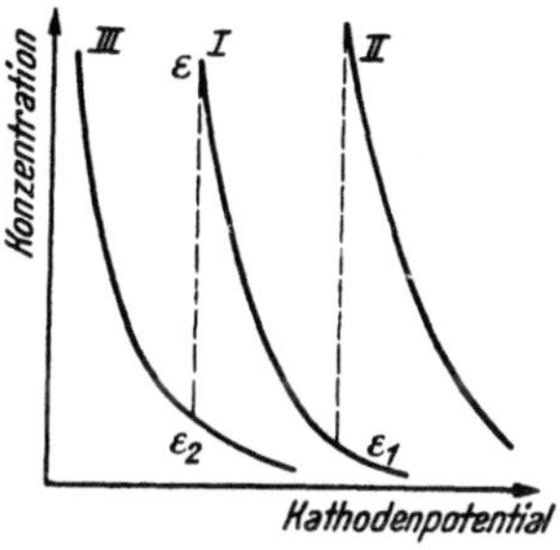

Abb. 101. Abhängigkeit des Kathodenpotentials von der Konzentration des Depolarisators bei stufenweiser Reduktion.

Im ersten Falle, bei der Lage der beiden Kurven I und II, braucht die erste Stufe, der Vorgang I, auch wenn seine Konzentration unter den Anfangswert herabsinkt, ein weniger kathodisches Potential als die Reduktion der zweiten Stufe, der Vorgang II, auf den natürlich nur eine ganz kleine Stromstärke fällt, im Gegensatz zu Vorgang I, der sich mit beträchtlicher, fast der ganzen verfügbaren Stromstärke abspielt. Die Reduktion führt also praktisch zunächst nur zu RO, verläuft nur in der ersten Stufe. Während der Bildung von RO und Abnahme der Konzentration von $RO_2$ sinkt das Potential längs der Kurve I ab.

Ist eine solche Konzentration erreicht, wie sie dem Punkte $\varepsilon_1$ entspricht, reicht das Kathodenpotential $\varepsilon_1$ aus, um auch RO zu R zu reduzieren, falls von vornherein $RO_2$ und RO in gleicher Konzentration vorhanden waren. (Ist das aber nicht der Fall, sondern RO in kleiner Konzentration oder gar nicht vorhanden, wird die Reduktion natürlich schon bei etwas niedrigeren Kathodenpotentialen eintreten.) Dieser Vorgang wird in immer stärkerem Maße eintreten, d. h. einen höheren Betrag der Stromstärke beanspruchen können, je mehr sich das Verhältnis von $RO_2$ und RO zuungunsten der ersten verschiebt und je mehr somit das Kathodenpotential ansteigt. Je weiter diese beiden Kurven auseinander liegen, um so mehr wird die zweite Stufe R unter den Reduktionsprodukten zurücktreten.

Immer wird aber natürlich der schwerer verlaufende Reduktionsvorgang zweiter Stufe den leichter verlaufenden Reduktionsvorgang in erster Stufe, wenn auch in geringerem Umfange, begleiten, ehe er merklich wird.

Im zweiten Fall, bei der Kurvenlage I/III, bei der das erste Reduktionsprodukt RO bei gleicher Konzentration der Stoffe beider Stufen ein stärkerer Depolarisator ist, wird das erste Reduktionsprodukt RO leichter reduziert als der ursprünglich zu reduzierende Stoff $RO_2$. Wie man aus der Abb. 101 ersieht, braucht daher RO eine verhältnismäßig kleine Konzentration zu erreichen (etwa dem Punkte $\varepsilon_2$ entsprechend), um auch bei großen Konzentrationen von $RO_2$ (etwa $\varepsilon$ entsprechend) mit diesem reduziert zu werden. Je weiter die Kurve III von Kurve I abliegt, um so eher wird das erste Reduktionsprodukt von $RO_2$, also RO, einen erheblichen Anteil der Stromstärke auf sich lenken und weiter zu R reduziert werden, um so eher hat es den Anschein, als würde die elektrochemische Reduktion von $RO_2$ unmittelbar zu R führen.

Die Durchführung einer Reduktion bis zu einer gewissen Zwischenstufe wird demgemäß nur im erstbesprochenen Falle bei der Kurvenlage I/II durchführbar sein, und zwar in um so günstigerem Maße, je weiter die beiden Kurven I und II auseinander liegen.

Aber auch in diesem Falle wird die Weiterreduktion von RO zu R nur dann genügend ausgeschlossen werden, wenn man das Kathodenpotential tiefer hält, als es für den Vorgang II etwa für größere Konzentrationen an RO und kleine Stromdichten nötig wäre, also ehe es beispielsweise auf den dem Punkt $\varepsilon_1$ in Abb. 101 entsprechenden Wert gelangt wäre.

Da die durch die Reduktion bedingte dauernde Konzentrationsabnahme von $RO_2$ das Potential erhöht, kann man ein Niedrighalten des Potentials durch Verminderung der Stromdichte bewirken. Immerhin ist eine Trennung zweier Reduktionsstufen mit begrenztem Kathodenpotential gewöhnlich nicht in dem Grade der Vollständigkeit möglich, wie etwa die zweier Metalle. Aus dem grundsätzlichen Unterschied zwischen der Beziehung des Kathodenpotentials zu der Konzentration irreversibler reduzierbarer Stoffe einerseits, der reversiblen, abscheidbaren Metalle andererseits ersieht man, daß die Geschwindigkeit von Vorgang II auch bei niedrigen Potentialen gegenüber der von Vorgang I theoretisch nicht als unendlich klein anzusehen ist, und zwar um so weniger, auf je kleinere Werte die Gesamtstromstärke im Laufe der Reduktion einzustellen ist.

Die gegenseitige Lage der den Vorgängen I und II bei gleicher Stromdichte entsprechenden Konzentrationspotentialkurven kann man durch die Wahl des Elektrodenmaterials oft sehr erheblich verändern und damit auch die Reduktionsprodukte eines stufenweise reduzierbaren Depolarisators oft willkürlich beeinflussen.

Ein relativ einfaches Beispiel einer solchen Stufenreaktion ist die in zwei Stufen verlaufende elektrochemische Reduktion von Sauerstoff (S. 221).

## Sekundäre Folgereaktionen.

Bei Stufenreaktionen, namentlich organischer Verbindungen, tritt häufig der Fall ein, daß das Ausgangsmaterial, die zu reduzierenden Stoffe, oder die Reduktionsprodukte durch sekundäre chemische Reaktionen eine Veränderung oder Zersetzung erleiden. In solchen Fällen muß man zwecks Zurückdrängung dieser Folgereaktionen die elektrochemische Reduktion so beschleunigen, daß die Geschwindigkeit der chemischen Nebenvorgänge möglichst übertroffen wird. Man kann einerseits die Geschwindigkeit letzterer etwa durch Anwendung tiefer Temperaturen, also durch Kühlung vermindern, anderseits aber die Geschwindigkeit der elektrochemischen Reduktionen durch Erhöhung der Stromstärke in jenen Grenzen beeinflussen, als sie mit annähernd theoretischer Stromausbeute verlaufen.

Letzteres wird man durch genügend hohe Anfangskonzentration der zu reduzierenden Substanz erzielen können.

Da eine zu hohe Anfangskonzentration aber auch die sekundären, störenden chemischen Reaktionen beschleunigen würde, muß man nicht etwa die Anfangskonzentration durch Benutzung großer Mengen der Ausgangsstoffe erhöhen, sondern vielmehr die von J. Tafel[1] eingeführte Funktion der Stromkonzentration, das ist das Verhältnis von

$$\frac{\text{Stromstärke}}{\text{Volumen der Kathodenlösung}},$$

möglichst hoch machen.

Das heißt, man muß den optimalen Wert der Konzentration für die günstigste Reduktion bei gleichzeitig tunlichst größter Zurückdrängung der störenden sekundären Reaktion beibehalten und bei wechselnden Substanzmengen im gleichen Maße das Elektrolytvolumen ändern.

Damit nun der in einer bestimmten Zeit den sekundären Vorgängen unterliegende Anteil des Ausgangsmaterials der gleiche bleibt, muß man im gleichen Maße mit dem Elektrolytvolumen auch die Stromstärke ändern, damit nicht durch Zurückbleiben dieser gegenüber dem Elektrolytvolumen zu große Konzentrationen allzu lange Zeit den störenden Nebenwirkungen ausgesetzt bleiben.

Die Tafelsche Stromkonzentration wird ausgedrückt durch Ampere auf 1 l Kathodenlauge, d. h. also bei einer anzuwendenden „Stromkonzentration“ von 100 A muß man beispielsweise 250 $cm^3$ der Lösung des fraglichen Körpers optimaler Konzentration mit 25 A elektrolysieren.

Da in den meisten Fällen die Stromausbeute mit sinkender Stromdichte besser wird, ergibt sich oft die Notwendigkeit, einen kleinen Betrag der Stromdichte mit hoher Stromkonzentration zu vereinigen. Man erreicht dies durch Anwendung eines in der Richtung der Stromlinien schmalen Kathodenraumes, etwa durch ringförmige Abgrenzung desselben durch ein zylindrisches Diaphragma.

Auch wenn die Reduktionsprodukte einem Zerfall unterliegen oder durch ein Zwischenprodukt einer weiteren Reduktion entzogen werden, wird die Anwendung hoher Stromkonzentration, die die Reduktionszeit abkürzt, diese Störung vermindern, weil die Zeit abgekürzt wird, innerhalb der das dem störenden Nebenvorgang ausgesetzte Reaktionsprodukt in Lösung verbleibt.

Gleichsinnig wirkt auch die Schwerlöslichkeit der Reduktionsprodukte oder, falls eine solche von vornherein nicht gegeben ist, der Zusatz von Stoffen, die unter den Bedingungen der Elektrolyse mit dem Reduktionsprodukt schwer lösliche Verbindungen liefern.

Da bei hoher Stromdichte ein an der Kathode erzeugtes Reduktionsprodukt dicht an ihr hohe Konzentrationen erlangt, kann dies, falls die Neigung zu einer sekundären Umwandlung besteht, eine solche durch hohe Stromdichte unterstützt werden.

[1] J. Tafel: Ber. Dtsch. chem. Ges. **33**, 2212 (1900).

Tritt eine Weiterreduktion eines solchen Zwischenproduktes bei hoher Stromdichte nicht ein, so kann umgekehrt bei hoher Stromdichte der sekundäre Vorgang, bei niedriger die Weiterreduktion überwiegen.

## Die Verhinderung der elektrolytischen Reduktion.

In manchen Fällen (S. 165) ist es wünschenswert, reduzierbare Stoffe vor einer Reduktion an der Kathode zu schützen, was im besonderen bei den elektrochemischen Oxydationen (S. 257) eine Rolle spielt, um die Rückreduktion der oxydierenden Stoffe, wenn sie an die Kathode gelangen, zu verhindern.

Man hat dies dadurch zu erreichen versucht, daß man die anodischen Produkte durch ein Diaphragma von der Kathode fernhielt.

Als solches Diaphragma hat man zunächst poröse Tonzellen verwendet, die den Nachteil haben, daß beim Arbeiten in anfänglich neutraler Lösung im Kathodenraum eine alkalische, im Anodenraum eine entsprechend saure Lösung entsteht oder eine anfangs saure oder alkalische Lösung eine Änderung ihrer Zusammensetzung in den beiden räumlich getrennten Elektrodenräumen erleidet.

Zur Verringerung der Wirkung der hierdurch bedingten Störungen erscheint es zweckmäßig, den vom Diaphragma umschlossenen Raum im Verhältnis zum Anodenraum so klein wie möglich zu gestalten.

Zu diesem Zwecke[1] ist eine waagrechte Anordnung der Elektroden vorgeschlagen worden, und zwar die Kathode am Boden der Zelle, umgeben mit einer Schicht von Sand, Glasperlen oder ähnlichen Stoffen, um so an ihr den Eintritt von Reduktionen zu verhindern.

Ein sehr enges, eine Kathode aus Kohlenstäben umschließendes Diaphragma erhält man[2] durch deren Umwicklung mit Asbestschnur. Nach den Versuchen von H. Bischoff und F. Foerster[3] sowie von F. Oettel[4] kann man auch durch die Stromwirkung selbst, und zwar bei der Elektrolyse neutraler Kalzium- oder Magnesiumlösungen auf der Kathode, ein sehr dichtes Diaphragma herstellen, indem ein Teil der an der Kathode abgeschiedenen, schwer löslichen Hydroxyde jener Metalle fest auf ihr haften.

Um solche Diaphragmen, die die kathodische Reduktion reduzierbarer Stoffe zwar nicht ausschließen, aber stets erheblich beeinträchtigen, herzustellen, genügt die Anwesenheit schon sehr kleiner Konzentrationen von Kalzium oder Magnesiumsalzen in der zu elektrolysierenden Flüssigkeit[5].

Zu diesem Zwecke genügt sogar die Benutzung von Zementgefäßen für neutrale oder alkalische Lösungen[6] oder die Verwendung von Kathoden aus metallischem Magnesium in den gleichen Lösungen[7].

---

[1] DRP. 239063 (1907). [2] DRP. 257276 (1911).

[3] H. Bischoff u. F. Foerster: Ztschr. Elektrochem. **4**, 464 (1898).

[4] F. Oettel: Ztschr. Elektrochem. **5**, 1 (1898).

[5] H. Bischoff u. F. Foerster: Ztschr. Elektrochem. **4**, 464 (1898). — F. Oettel: Ztschr. Elektrochem. **5**, 1 (1898). — F. Foerster u. E. Müller: Ztschr. Elektrochem. **9**, 583 (1903).

[6] P. Praußnitz: Ztschr. Elektrochem. **18**, 1054 (1912).

[7] F. Schmidt: Chem.-Ztg. **33**, 911 (1909).

In je feinerer Verteilung, also mit je kleineren Poren die Hydroxydüberzüge abgeschieden werden, um so besser ist ihre Schutzwirkung. Man kann dies[1] durch Zugabe kolloider Stoffe, wie Gelatine, Stärke, Eiweiß oder Kolophonium, zum Elektrolyten befördern, indem diese Stoffe von den kristallinen Hydroxyden absorbiert werden und ihr Gefüge sehr viel feinkörniger machen.

Ganz ähnlich wirken in dieser Hinsicht Zusätze von etwa 0,2% der Chloride der Zerit- oder Yttererden[2], bzw. von Alkalichromat[3] durch welche besonders dichte Diaphragmen entstehen. Eine Anwendung von Chromzusatz[4] hat schon Imhoff beschrieben, ohne jedoch die Art seiner Wirksamkeit erkannt zu haben.

In Abb. 102 nach E. Müller ist die Wirksamkeit des Chromatzusatzes dargestellt. Die Stromstärkepotentialkurve I in ihr bezieht sich auf die

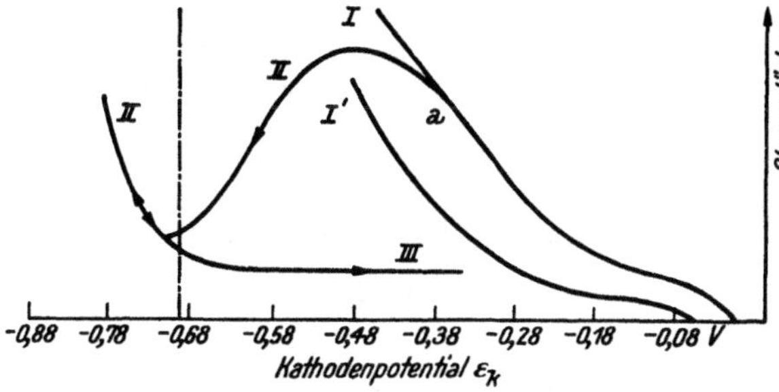


Abb. 102. Kathodische Reduktion von Jodat mit und ohne Zusatz von Bichromat.

Elektrolyse einer $^1/_{20}$-normalen Jodatlösung ohne Chromat, Kurve II auf die Elektrolyse einer $^1/_{10}$-normalen Jodatlösung, die in bezug auf das Chromat $^1/_{20}$-normal ist.

Während ohne Chromatzusatz die Kurve I stetig ansteigt, bewirkt von Punkt *a* an Chromzusatz trotz steigender Spannung eine Verminderung der Stromstärke, die erst dann wieder ansteigt, wenn das zur Wasserstoffentwicklung erforderliche Potential von —0,69 Volt erreicht ist.

Vermindert man aber von diesen Punkt an stetig das Kathodenpotential, so erhält man Kurve III, welche zeigt, daß nunmehr der von der Elektrode erlangte Zustand keine Reduktion des Jodats — oder anderer ähnlicher Depolarisatoren — mehr erlaubt.

Längs der Kurve II dürfte eben der Strom neben Jodat auch das Chromat reduzieren und das gebildete chromsaure Chromoxyd ein unter günstigen Bedingungen an glatten Platinkathoden als goldfarbener Anflug sichtbares, aber sehr dünnes Diaphragmahäutchen bilden.

Die Wirkung des Chromats kennzeichnet sich dadurch, daß die Lösung eines Depolarisators wie Kaliumjodat, die mit 100%iger Ausbeute bei der Elektrolyse reduziert wird, Wasserstoff mit nahezu 100%iger Ausbeute entwickelt, sobald das Chromat zugesetzt wird.

---

[1] E. Müller u. M. Buchner: Ztschr. Elektrochem. **16**, **93** (1910).

[2] Zentralstelle für wissenschaftliche und chemische Untersuchungen in Neu-Babelsberg: DRP. 235706 (1910).

[3] E. Müller: Ztschr. Elektrochem. **5**, 469 (1899); **7**, 398 (1900); **8**, 909 (1902). — E. Müller u. W. Stein: Ztschr. physikal. Chem. (A), **172**, 348 (1935).

[4] DRP. 110505 (1898).

Unter jenen Bedingungen, unter denen Chromoxyd im Elektrolyten löslich ist, wird seine Wirkung geschwächt bzw. aufgehoben, wie beispielsweise in stärker alkalischer bzw. saurer Lösung.

An Blei- und Zinkkathoden tritt die Chromatwirkung nur schwach, an Quecksilberkathoden gar nicht hervor, an letzteren vornehmlich deshalb, weil bei seiner Bewegung ein oberflächliches Diaphragma immer wieder zerstört und Chromat glatt zu Chromoxyd reduziert wird[1].

Die an Stelle von Chromat oder den Chloriden von Zerit- oder Yttererden vorgeschlagenen Zusätze von Uranyl- oder Vanadinsalzen[2] erwiesen sich als wenig oder gar nicht wirksam.

Die Bildung aller derartigen kathodischen Diaphragmen durch den elektrischen Strom bedingt eine mechanische Passivität und führt zu einer Konzentrationspolarisation, die eine Beschränkung der Reduktion durch solche Überzüge veranlaßt, indem an den freigelassenen Poren des Diaphragmas die Stromdichte so hoch steigt, daß die Wasserstoffentwicklung gegenüber der Reduktion durchaus vorwiegt.

Der Chromatzusatz spielt eine große Rolle bei der Darstellung der meisten Sauerstoffverbindungen der Halogene auf elektrolytischem Wege an der Anode (S. 170).

# Anorganische Reduktionen.

## Metalle.

In diesen Abschnitt fallen sowohl reversible Reduktionen durch Ionenumladung, als auch solche, welche unter Änderung des Sauerstoffgehaltes vor sich gehen und meist irreversibel verlaufen.

Bei den höherwertigen Metallen der Vanadin-, Chrom- und Mangangruppe, deren Wertigkeit mannigfaltig abgestuft ist, kommen beide Arten von Reduktionen zur Geltung.

Bei der Ionenumladung handelt es sich meist um die Herstellung des niederwertigen Metallsalzes aus dem höherwertigen. Praktisch werden solche Reaktionen im Laboratorium oder auch in Betrieben dann verwendet, wenn die Reduktion auf chemischem Wege nicht oder nur schwer möglich ist. Die zweite Gruppe umfaßt die Reduktion von Anionen.

Für die Kathodenspannung bei einigermaßen reversibel verlaufenden Reduktionen sind die betreffenden Reduktionspotentiale der Ionenumladung maßgebend.

In der Tabelle 17 sind daher zunächst zur allgemeinen Orientierung die hierhergehörigen Normalpotentiale einer Reihe von Umladungsvorgängen angegeben, die natürlich auch für die umgekehrten Vorgänge, die elektrochemischen Oxydationen (S. 264), maßgebend sind.

**$Cu^{II} \rightarrow Cu^{I}$.** In neutraler $CuSO_4$-Lösung tritt bei der Elektrolyse mit Platinkathode schon bei Spannungen, die 0,1 Volt unterhalb des

---

[1] E. A. Street: DRP. 109824 (1899). — P. Straneo: Ztschr. Elektrochem. 7, 1021 (1901); DRP. 174128; vgl. auch H. Lampe: Dissertation. Berlin, 1910.

[2] DRP. 174128; vgl. H. Lampe: Dissertation. Berlin, Techn. Hochschule.

Tabelle 17. Oxydationsreduktionspotentiale.

| | | | |
|---|---|---|---|
| $Cu^{\cdot\cdot}$ — $Cu^{\cdot}$ | + 0,167[1] | $Ti^{\cdot\cdot\cdot\cdot}$ — $Ti^{\cdot\cdot\cdot}$ | — 0,04 |
| $Au^{\cdot\cdot\cdot}$ — $Au^{\cdot}$ | + 1,2 | $V^{\cdot\cdot\cdot}$ — $V^{\cdot\cdot}$ | — 0,2 |
| $Hg^{\cdot\cdot}$ — $Hg^{\cdot}$ | + 0,914[2] | $Cr^{\cdot\cdot\cdot}$ — $Cr^{\cdot\cdot}$ | — 0,41[5] |
| $Tl^{\cdot\cdot\cdot}$ — $Tl^{\cdot}$ | + 1,21[3] | $Mn^{\cdot\cdot\cdot}$ — $Mn^{\cdot\cdot}$ | + 1,511 |
| $Pb^{\cdot\cdot\cdot\cdot}$ — $Pb^{\cdot\cdot}$ | + 1,8 | $Mn^{\cdot\cdot\cdot\cdot}$ — $Mn^{\cdot\cdot\cdot}$ | + 1,1642[6] |
| $Sn^{\cdot\cdot\cdot\cdot}$ — $Sn^{\cdot\cdot}$ | + 0,2 | $Mn^{\cdot\cdot\cdot\cdot}$ — $Mn^{\cdot\cdot}$ | + 1,577 |
| $Ce^{\cdot\cdot\cdot\cdot}$ — $Ce^{\cdot\cdot\cdot}$ | + 1,6 | $Fe^{\cdot\cdot\cdot}$ — $Fe^{\cdot\cdot}$ | + 0,75 |
| $Ti^{\cdot\cdot\cdot}$ — $Ti^{\cdot\cdot}$ | + 0,36[4] | | |

Kupferpotentials liegen, Reduktion zu $Cu^{\cdot}$ ein[7]. Die entstehende $Cu_2SO_4$-Lösung ist jedoch unbeständig. Einerseits tritt hydrolytische Spaltung ein:

$$Cu_2SO_4 + H_2O \rightleftarrows Cu_2O + H_2SO_4,$$

anderseits bei Gegenwart von Luftsauerstoff Rückoxydation zu $CuSO_4$:

$$Cu_2SO_4 + {}^1/_2O_2 + H_2SO_4 \rightarrow 2\,CuSO_4 + H_2O.$$

Außerdem ist die freie Energie der niedrigen Oxydationsstufe bei wenig gesteigerter Konzentration so hoch, daß die einwertigen Ionen von selbst in Metall und die höhere Oxydationsstufe zerfallen[8]:

$$2\,Cu^{\cdot} \rightarrow Cu + Cu^{\cdot\cdot}.$$

In erhitzten Lösungen ist die Beständigkeit der $Cu^{\cdot}$-Ionen größer. Da unter diesen Bedingungen anderseits der Grad der Hydrolyse zunimmt, zerfällt das Cu(1)-Salz fortlaufend unter Bildung von $Cu_2O$.

Man kann auf diese Weise $Cu_2O$ präparativ herstellen[9], indem man neutrale 4—4,5-normale $CuSO_4$-Lösung mit einer Stromdichte von 0,15—0,5 A/dm² elektrolysiert.

Bei höherer Temperatur kann die Stromdichte sogar bis 1 A/dm² gesteigert werden, ohne daß metallisches Kupfer abgeschieden wird[10].

Nach einem Patent von Köhler[11] kann zur technischen Gewinnung von $Cu_2O$ eine warme NaCl-Lösung als Elektrolyt und eine Kupferanode verwendet werden. Aus solchen Lösungen scheidet sich kathodisch $Cu_2O$ auch schon bei Zimmertemperatur aus, welches leuchtend karminrot gefärbt ist und als Anstrichfarbe verwendet werden kann[12]. Auch aus alkalischen Lösungen gelingt die Abscheidung[13].

[1] Fl. Fenwick: Journ. Amer. chem. Soc. **48**, 860 (1926).
[2] S. R. Carter u. R. Robinson: Journ. Amer. chem. Soc. **1927**, 267.
[3] G. Grube u. Hermann: Ztschr. Elektrochem. **26**, 291 (1920).
[4] G. Sh. Forbes u. H. W. Richter: Journ. Amer. chem. Soc. **39**, 385 (1924).
[5] G. Sh. Forbes u. H. W. Richter: Journ. Amer. chem. Soc. **39**, 1140 (1917).
[6] G. Grube u. K. Huberich: Ztschr. Elektrochem. **29**, 8 (1923).
[7] Foerster: Ztschr. Elektrochem. **3**, 479, 493 (1897).
[8] Bose: Ztschr. Elektrochem. **5**, 153 (1898). — Heiberg: Ztschr. Elektrochem. **9**, 137 (1903). — Abel: Ztschr. Elektrochem. **9**, 268 (1903).
[9] F. Foerster u. Seidel: Ztschr. anorg. allg. Chem. **14**, 106 (1897). — F. Foerster u. Coffetti: Ztschr. Elektrochem. **10**, 736 (1904).
[10] Chassy: Compt. rend. Acad. Sciences **119**, 271 (1894).
[11] DRP. 384965 (1920).
[12] Abel u. Redlich: Ztschr. Elektrochem. **34**, 323 (1928).
[13] DRP. 440755 (1923).

**$Au^{III} \rightarrow Au^{I}$.** Ähnlich wie beim Kupfer liegen die Verhältnisse bei der Reduktion von $Au^{\cdot\cdot\cdot}$ zu $Au^{\cdot}$. Der Vorgang $Au^{\cdot\cdot\cdot} \rightarrow Au^{\cdot}$ ergibt bei Zimmertemperatur ein Reduktionspotential von —1,1 Volt, welches bei höherer Temperatur negativer wird[1].

Die gebildeten einwertigen $Au^{\cdot}$-Ionen sind nicht beständig, sondern reagieren ähnlich wie die $Cu^{\cdot}$-Ionen:

$$3\,Au^{\cdot} = Au^{\cdot\cdot\cdot} + 2\,Au$$

unter Abscheidung von fein verteiltem Gold.

**$Tl^{III} \rightarrow Tl^{I}$.** Das Reduktionspotential $Tl^{\cdot\cdot\cdot} \rightarrow Tl^{\cdot}$ liegt bei +1,19 Volt[2], kommt demnach dem Sauerstoffpotential nahe.

Dem Sauerstoffpotential an platiniertem Platin (1,14 Volt) entspricht eine $TlNO_3$-Lösung, die zu 1—2% zu $Tl(NO_3)_3$ oxydiert ist.

Demnach werden reine $TlNO_3$-Lösungen in Gegenwart von Platinschwarz bis zu diesem Grad von Luftsauerstoff oxydiert, Lösungen, die reicher an $Tl^{\cdot\cdot\cdot}$ sind, zersetzen sich umgekehrt unter Sauerstoffentwicklung bis auf einen Rest von 1—2%. Solche Lösungen lassen sich demnach leicht elektrolytisch reduzieren.

**$Sn^{IV} \rightarrow Sn^{II}$.** Obwohl nach der Potentiallage des Vorganges $Sn^{\cdot\cdot\cdot\cdot} \rightarrow Sn^{\cdot\cdot}$ (bei je 0,25 g-Atome zwei- und vierwertiges Zinn in 1 l 2-normaler HCl enthaltender Chloridlösung) von —0,138 Volt und (0,49-atomare $SnCl_2$-Lösung in 1-normaler HCl) von —0,204 Volt zu erwarten wäre, daß z. B. an einer Platinkathode eine weitgehende Reduktion von Stannichlorid durchführbar wäre, ohne daß es zur Abscheidung von Zinn kommt, liegen die Verhältnisse in Wirklichkeit anders. Tatsächlich ist der Vorgang $Sn^{\cdot\cdot\cdot\cdot} \rightarrow Sn^{\cdot\cdot}$ durch Reaktionswiderstände ein derart gehemmter, daß bei gewöhnlicher Temperatur auch bei geringerer Stromdichte aus mäßig saurer Stanniionenlösung metallisches Zinn abgeschieden wird.

Man kann dies vermeiden und die Reduktion in stärker als 2-normaler HCl-saurer Lösung durchführen, wenn man einerseits durch Temperatursteigerung auf etwa 75° die Reaktionswiderstände des Vorganges $Sn^{\cdot\cdot\cdot\cdot} \rightarrow Sn^{\cdot\cdot}$ vermindert, anderseits durch geringe Stromdichte der Abnahme der Sn-Ionen durch Reduktion Rechnung trägt und so der Metallabscheidung einen Riegel vorschiebt.

So läßt sich eine salzsaure Lösung[3] von Stannichlorid, die als Nebenprodukt der in der Technik vielfach mit Stannochlorid durchgeführten Reduktionen entsteht, mit 0,025 $A/cm^2$ und bei 60° an Kohlenanoden unter Gewinnung von Chlor an diesen, mit einer Stromausbeute von 90—95% reduzieren, das Stannochlorid also regenerieren.

Die oben gekennzeichneten Reaktionswiderstände für den Vorgang $Sn^{\cdot\cdot\cdot\cdot} \rightarrow Sn^{\cdot\cdot}$ bewirken dagegen in alkalischer Lösung, wo die Potentiale $\varepsilon\, Sn^{\cdot\cdot\cdot\cdot} \rightarrow Sn^{\cdot\cdot}$ und $\varepsilon\, Sn^{\cdot\cdot} \rightarrow Sn$ einander weit näher liegen als in saurer Lösung, daß die Reduktion mit gleichzeitiger Zinnabscheidung stattfindet. Aus den Versuchen von E. Naef[4] geht aber hervor, daß die Zinnabscheidung nicht direkt aus der vierwertigen Stufe erfolgt, da durch lebhafte Elektrolytbewegung, die das primär entstehende Stannit von der Kathode fortführt und die Stannatkonzentration an ihr erhöht, die Stromausbeute am Metall vermindert wird, während sie erhöht werden müßte, wenn das Metall unmittelbar aus Stannat entstände.

**$Ti^{IV} \rightarrow Ti^{III}$.** Eine schwefelsaure oder salzsaure Lösung der Titansäure, also des vierwertigen Titans, läßt sich elektrolytisch leicht zu einer solchen von tief violett gefärbten Salzen des dreiwertigen Titans reduzieren.

---

[1] Coehn u. Jacobsen: Ztschr. anorg. allg. Chem. **55**, 321 (1907).

[2] Abegg u. Spencer: Ztschr. anorg. allg. Chem. **44**, 379 (1905).

[3] F. Foerster u. J. Yamasaki: Ztschr. Elektrochem. **17**, 366 (1911). — Siemens & Halske: DRP. 302040 (1914).

[4] Dissertation. Dresden, 1911.

Während aus stark schwefelsauren Lösungen das ganze Sulfat, aus schwächer sauren Lösungen nur die Alkalidoppelsulfate des dreiwertigen Titans zu gewinnen sind, erhält man durch elektrolytische Reduktion einer 25%igen Lösung von $TiCl_4$ in Salzsäure beim Eindampfen im Vakuum das violette Salz $TiCl_3 \cdot 6H_2O$, das einerseits zur Darstellung anderer Salze des dreiwertigen Titans ein wichtiges Ausgangsmaterial ist, anderseits auch wegen seiner kräftig reduzierenden Eigenschaften in technischem Maßstab elektrolytisch hergestellt wird[1].

Auch $TiBr_3 \cdot 6H_2O$ und $TiJ_3 \cdot 6H_2O$ sowie $Ti_2(SO_4)_3$ und Titanalaune lassen sich so herstellen. In manchen Fällen kann die Reduktion mit Titan-(3)-Salzen in vereinfachter Weise so durchgeführt werden, daß man dem zu reduzierenden Stoff, der in gelöster oder suspendierter Form vorliegt, etwas Titansalz zusetzt und die Mischung elektrolysiert. An der Kathode bildet sich dreiwertiges Titanion, welches die Reduktion bewirkt. Dabei geht das Titan in die vierwertige Stufe über und wird an der Kathode wieder zu $Ti^{\cdot\cdot\cdot}$ reduziert usw.

Das Titansalz wirkt hier in der Weise eines Katalysators und gestattet eine Reihe organischer Reduktionen durchzuführen (S. 231)[2].

**$Ce^{IV} \rightarrow Ce^{III}$.** Noch größere Neigung zum Übergang in das niederwertige Ion zeigen die $Ce^{\cdot\cdot\cdot\cdot}$-Ionen. Trotzdem verläuft in Gegenwart von Platinschwarz diese freiwillige Reduktion nur sehr langsam, obwohl das Reduktionspotential $Ce^{\cdot\cdot\cdot\cdot} \rightarrow Ce^{\cdot\cdot\cdot}$ noch höher als beim Thallium, nämlich bei + 1,45 Volt liegt[3]. Die Zersetzung erfolgt aber praktisch vollständig. Die elektrolytische Reduktion läßt sich demnach leicht durchführen. Auf der freiwilligen Reduktion von $Ce^{\cdot\cdot\cdot\cdot}$-Salzen beruht der Zerakkumulator von Auer von Welsbach[4].

**$V^{IV} \rightarrow V^{III} \rightarrow V^{II}$.** Größere Bedeutung kommt der elektrolytischen Reduktion bei der Darstellung der Salze des drei- und zweiwertigen Vanadiums aus den vierwertigen Salzen zu, die auf anderem Wege nur sehr umständlich erzeugt werden können.

Man elektrolysiert zu diesem Zwecke Lösungen[5] des vierwertigen Vanadiums, die man durch Reduktion von stark sauren Lösungen von Vanadinsäure oder ihren Salzen, z. B. mit schwefliger Säure erhält, oder Auflösungen von Vanadinpentoxyd in Salzsäure, Bromwasserstoff, Jodwasserstoff, Fluorwasserstoff oder Oxalsäure und erhält jeweils nach Zuführung der für die Vorgänge $V^{\cdot\cdot\cdot\cdot} \rightarrow V^{\cdot\cdot\cdot}$ berechneten Strommenge Lösungen der entsprechenden Salze des dreiwertigen Vanadiums $VX_3$, die sich entweder als neutrale oder saure Salze oder als Hydrate oder Doppelsalze abscheiden lassen.

---

[1] E. Knecht: Ber. Dtsch. chem. Ges. **36**, 166 (1903). — P. Spence & Sons: DRP. 149602 u. 154542 (1902); Ztschr. anorg. allg. Chem. **17**, 355 (1898). — E. Polisere: Ztschr. anorg. allg. Chem. **19**, 306 (1899). — A. Stähler u. H. Wirthwein: Ber. Dtsch. chem. Ges. **37**, 4405 (1904). — B. Diethelm u. F. Foerster: Ztschr. physikal. Chem. **62**, 129 (1908).

[2] Höchster Farbwerke: DRP. 168273 (1903), 172654 (1903). — Fichter u. Bernelli: Ztschr. Elektrochem. **13**, 310 (1907). — Hofer u. Jakob: Ber. Dtsch. chem. Ges. **41**, 3187 (1908).

[3] Baur u. Glaeßner: Ztschr. Elektrochem. **9**, 534 (1903).

[4] E. P. 21566 (1907); Ztschr. Elektrochem. **8**, 293 (1902); Ztschr. Elektrochem. **8**, 406 (1902). — Krilitschewsky: Dissertation. Gießen, 1904.

[5] A. Piccini u. G. Giergis: Gazz. chim. Ital. **22**, 55 (1892). — A. Piccini: Ztschr. anorg. allg. Chem. **11**, 106 (1896); **13**, 441 (1897); **19**, 204, 394 (1899). — Piccini u. Brizzi: Ztschr. anorg. allg. Chem. **19**, 394 (1899). — Piccini u. Marino: Ztschr. anorg. allg. Chem. **32**, 55 (1902). — L. Marino: Ztschr. anorg. allg. Chem. **32**, 55 (1902). — A. Bueltemann: Ztschr. Elektrochem. **10**, 141 (1904). — T. F. Rutter: Ztschr. Elektrochem. **12**, 230 (1906). — E. Reuschler: Ztschr. Elektrochem. **18**, 137 (1912). — A. Stähler u. H. Wirthwein: Ber. Dtsch. chem. Ges. **38**, 3978 (1905). — Schächt: Chem. News **47**, 209 (1883); ref. Ztschr. analyt. Chem. **22**, 241 (1883).

Wenn man die so erhaltenen Lösungen weiterhin mit der gleichen Stromdichte, aber unter Verwendung von Bleikathoden, die eine höhere atomare Wasserstoffkonzentration in der Elektrode und damit einen höheren reduzierenden Wasserstoffdruck bedingen, elektrolysiert, so schlägt die Farbe der Lösung nach Violettblau um und unter allmählich stärker werdender Wasserstoffentwicklung erfolgt eine vollständige Überführung des Vanadiums in die zweiwertige Form.

Die diesem entsprechenden Salze sind in Form der Doppelsalze, z. B. $(NH_4)_2V(SO_4)_2 \cdot 12H_2O$, unter Luftabschluß in kristallisierter Form zu erhalten. Durch Benutzung einer platinierten Kathode kann man die Reduktion des fünf- und vierwertigen Vanadiums bei der $V^{\cdots}$-Stufe aufhalten und von $V^{\cdot\cdot}$-Salzen freie $V^{\cdots}$-Salze herstellen, während man sonst durch Kontrolle der Lösung oder der aufgewandten Strommenge den Augenblick feststellen muß, in dem alles Vanadium in der $V^{\cdots}$-Stufe vorliegt, um Salze ausschließlich dieser Stufe zu erhalten.

Der Übergang der einzelnen Oxydationsstufen des Vanadiums erfolgt besonders leicht. Setzt man beispielsweise einer Lösung von Vanadinsäure ($V^{V}$) ein $V^{III}$-Salz zu, so setzen sich die verschiedenen Oxydationsstufen sofort ins Gleichgewicht, indem auch die blaue $V^{IV}$-Verbindung, welche $VO_2^{\cdot\cdot}$-Kationen bildet, erscheint.

Das Reduktionspotential $V^{V} \rightarrow V^{IV}$ wurde in schwefelsaurer Lösung zu $\varepsilon_h = 1{,}11$ Volt, jenes des Vorganges $V^{IV} \rightarrow V^{III}$ ebenfalls in saurer Lösung zu $\varepsilon_h = 0{,}312$ Volt bestimmt[1].

Vanadium sowie ähnliche Salze mit mehreren Wertigkeitsstufen können bei elektrochemischen Vorgängen als „Potentialregler" verwendet werden. Durch Zusatz von Vanadinsalzen kann man das Kathodenpotential auf verschiedener Höhe halten, je nach der Wertigkeitsstufe, in welcher das Vanadinsalz verwendet wird. Man kann dadurch erreichen, daß etwa ein anderer Reduktionsvorgang nur bei bestimmtem Potential verlaufen kann, während Vorgänge, die erst bei höheren Potentialen stattfinden, unterdrückt werden. Bei Zusatz genügender Mengen von $V^{\cdots\cdot}$-Salz z. B. geht das Potential bei der Elektrolyse nicht wesentlich über das Reduktionspotential des Vorganges $V^{\cdots\cdot} \rightarrow V^{\cdots}$ hinaus. Dies hat namentlich bei organischen Reduktionen Bedeutung, wo es durch Verwendung solcher Potentialregler beispielsweise gelingt, Reduktionen so durchzuführen, daß nur bestimmte Atomgruppen der Reduktion unterworfen werden.

**$Nb^{V} \rightarrow Nb^{III}$.** Die schwefelsauren oder salzsauren Lösungen des Niobpentachlorids lassen sich an glatten Platin-, besser an Bleikathoden[2] bei Stromdichten von 0,001 A/cm² zu rotbraunen bzw., je nach der HCl-Konzentration, schwarzblauen bis reinblauen Lösungen der Salze des dreiwertigen Niobs reduzieren, die in Form von Doppelsalzen in kristallisiertem Zustand erhalten werden können.

Bei der Reduktion zu Salzen des dreiwertigen Niobs wurde festgestellt, daß die Polarisationen erheblich größer sind, als der Konzentrationspolarisation entspricht, und sich als vom Kathodenmaterial abhängig erweisen. An platinier-

---

[1] Rutter: Ztschr. anorg. allg. Chem. **52**, 368 (1907). — Hofer u. Jacob: Ber. Dtsch. chem. Ges. **41**, 3187 (1908).

[2] Pennington: Journ. Amer. chem. Soc. **18**, 67 (1896). — A. Chilesotti: Atti R. Acad. Lincei (Roma), Rend. **12**, 22, 67 (1903). — A. Rosenheim u. H. J. Braun: Ztschr. anorg. allg. Chem. **49**, 311 (1905). — F. Ott: Ztschr. Elektrochem. **18**, 349 (1912).

ten Platinelektroden lassen sich z. B. Salze des zweiwertigen Niobs praktisch gar nicht erhalten. Erfährt aber am Kathodenmaterial die Wasserstoffentwicklung eine genügende Verzögerung, daß das Kathodenpotential über das einer praktisch vollkommenen Reduktion entsprechende Gleichgewichtspotential hinausgehoben wird, so kann diese leicht durchgeführt werden[1]. So genügt zur vollständigen Reduktion einer sauren $Nb^{V}$-Lösung zu $Nb^{\cdot\cdot\cdot}$-Salzen schon die Anwendung einer Kathode aus glattem Platin, während die Herstellung von $V^{\cdot\cdot}$-Salzen einer Kathode aus Blei oder Quecksilber bedarf. An einer solchen Kathode erfolgt auch die Gewinnung von $Nb^{\cdot\cdot\cdot}$-Salzen mit besserer Stromausbeute als am glatten Platin. Dabei wirken wahrscheinlich auch katalytische Einflüsse mit.

**$Cr^{III} \rightarrow Cr^{II}$.** Die Reduktion der Chromisalze verläuft wesentlich schwerer als die der Ferrisalze. Bereits aus den Untersuchungen von R. Bunsen[2] über die Elektrolyse von Chromichlorid ist zu ersehen, daß bei niedrigem Kathodenpotential die Reduktion von Chromi- zu Chromoionen stattfindet, während bei höherem Kathodenpotential daneben eine Entladung der letzteren Ionen zu Chrommetall erfolgt. Durch Vermeidung letzterer Reaktion bei Benutzung saurer Chromilösungen kann man z. B. nach einem Patent der Firma C. F. Boeringer u. Söhne[3] die Elektrolyse zur Gewinnung der sonst schwer zugänglichen Chromosalze benutzen. Da beim Arbeiten mit konzentrierten Lösungen von Chromisulfat —200 g $Cr_2(SO_4)_3$ in 300 $cm^3$ $H_2O$ und 100 g konzentrierter $H_2SO_4$ — mit einer zur Verhinderung der Bildung eines Salzüberzugs polierten und amalgamierten Bleielektrode mit 0,10—0,15 $A/cm^2$ sich kleine, kaum frei von Chromisulfat erhaltbare, auch sehr leicht oxydierbare Kristalle des Chromosulfats abscheiden, elektrolysiert man zweckmäßiger eine verdünntere Lösung — 20 g $Cr_2(SO_4)_3$ in 100 $cm^3$ 4-normaler $H_2SO_4$ — mit einer Stromdichte von 0,03 $A/cm^2$ bei lebhafter Elektrolytbewegung, wobei der Kathodenraum durch eine Tonzelle abgegrenzt wird und das Abfließen der Kathodenlauge gestattet. Nach G. Schjelderup[4] kann man das Chromsulfat als Hydrat oder als Doppelsalz mit Ammon- oder Kaliumsulfat erhalten.

Auch verdünnte, etwa 10%ige, mäßig saure Chromichloridlösungen lassen sich elektrolytisch weitgehend reduzieren, und zwar erfolgt die Reduktion ähnlich wie bei Sulfat, wie nachträglich bemerkt sei, günstiger, d. h. mit besserer Stromausbeute aus Lösungen des violetten Sulfats oder Chlorids, als aus denen des grünen Sulfats oder Chlorids.

Die so gewonnenen Lösungen des Chromochlorids eignen sich besonders zur Herstellung der roten Chromosalze[5] organischer Säuren, des Azetats, Formiats, Glykolats oder Malonats.

Bei der Elektrolyse von Chromsäurelösungen zwischen Platinelektroden erfolgt an der Kathode eine Abscheidung von metallischem Chrom, aber es kommt infolge abwechselnder Reduktion und Reoxydation zu periodischen Änderungen der Spannungen mit dem Sitz an der Kathode[6]. Auch an Ka-

---

[1] Vgl. A. Chilesotti: Ztschr. Elektrochem. **12**, 146, 173, 197 (1906).
[2] Ann. Physique (2) **91**, 619 (1854).
[3] DRP. 115463 (1899). [4] Diplomarbeit. Dresden, 1917.
[5] W. Traube u. A. Goodson: Ber. Dtsch. chem. Ges. **49**, 1979 (1916).
[6] E. Liebreich: Ztschr. Elektrochem. **27**, 94 (1921).

thoden aus Fe oder Cr beobachtet man im wesentlichen dieselben Vorgänge. Die periodischen Erscheinungen sind von der Natur des Kathodenmaterials unabhängig und haben mit dessen Passivität nichts zu tun. Sie scheinen vielmehr immer aufzutreten, wenn in einem Oxydationsmittel ein Reduktionsvorgang stattfindet, dem alsdann eine Reoxydation folgt[1].

Eine saure $Cr_2(SO_4)_3$-Lösung mit 17,3 g Cr/l läßt sich elektrolytisch nach Grube und Schlecht[2] mit einer 99,9%igen Chromausbeute in $CrSO_4$ verwandeln. Stromdichte an der Kathode 7,5 A/dm².

Die Reduktion einer $CrCl_3$-Lösung geht dagegen nur unvollständig vor sich, da $CrCl_2$ ein negativeres Reduktionspotential besitzt als Wasserstoff, demnach Wasser zersetzt.

Daß Sulfate und Chloride desselben Metalls solche Unterschiede zeigen, liegt an der verschiedenartigen Komplexbildung und der dadurch bedingten Verschiebung der Reduktionspotentiale (Tabelle 17, S. 211)[3].

Man kann z. B. die bei der Reduktion von Azetylen zu Äthylen mit Hilfe von $Cr^{\cdot\cdot}$-Salzen anfallenden $Cr^{\cdot\cdot\cdot}$-Salze elektrolytisch wieder zum zweiwertigen Salz reduzieren.

Bei der Durchführung dieses Verfahrens[4] macht man die Lösung, nachdem sie auf das Azetylen gewirkt hat, vorübergehend sauer und unterwirft sie im Kathodenraum eines Elektrolyseurs der Elektrolyse. Die Vorrichtung besteht aus einem Rieselturm, der am unteren Ende eine Zuleitung für das Azetylen und am oberen Ende eine Zuleitung für die Chromosalzlösung trägt und aus einem Elektrolyseur mit einer Zuleitung vom unteren Ende des Rieselturmes, einer Ableitung zu seinem oberen Ende und einer Ableitung für das im Kathodenraum sich sammelnde Äthylen zu einem Gasbehälter. Man überführt eine gewisse Menge der Anodenflüssigkeit in den Kathodenraum und ersetzt sie durch eine solche Menge Wasser, daß Raummenge und Dichte der Anodenflüssigkeit und das Verhältnis zwischen der Zahl der Chromatome und der Zahl der Säuremoleküle trotz der Überführung von Säure aus dem Kathoden- in den Anodenraum des Elektrolyseurs konstant bleiben.

**$Cr^{VI} \rightarrow Cr^{III} \rightarrow Cr^{II}$.** Die kathodische Reduktion reiner Chromsäure gelingt auch bei hohen Stromdichten nicht. Erst wenn man kleine Mengen von $SO_4''$ zusetzt, tritt Reduktion zu $Cr^{\cdot\cdot\cdot}$ ein.

In alkalischer Lösung entsteht zunächst $Cr^{III}$-Chromat als unlöslicher Niederschlag auf der Kathode (S. 208), der die weitere Reduktion verhindert. An Quecksilberkathoden, auf denen durch Bewegung der Oberfläche diese zusammenhängende Haut fortlaufend zerstört wird, gelingt

---

[1] A. Kleffner: Ztschr. Elektrochem. **29**, 488 (1923). — Callenberg: Dissertation. Münster, 1917. — Vgl. auch Gerhard C. Schmidt: Ztschr. physikal. Chem. **106**, 147 (1923).

[2] Ztschr. Elektrochem. **32**, 178 (1926).

[3] Mazzuchelli: Gazz. chim. Ital. **35**, 417 (1905); Ztschr. Elektrochem. **11**, 882 (1905). — Forbes u. Richter: Journ. Amer. chem. Soc. **39**, 1140 (1917). — Nach Villon: A. P. 608652 (1897). — Siehe auch Traube u. Passarge: Ber. Dtsch. chem. Ges. **49**, 1692 (1916).

[4] Comp. Prod. Chim. et Electromet. Alois Froges et Camargue, Paris: DRP. 593669 (1931).

jedoch die Reduktion zu $Cr_2O_3$, bzw. $Cr(OH)_3$[1]. Bei der Elektrolyse einer 10%igen Alkalichromatlösung mit 4 Volt und $D_k$ 5 A/dm² und $D_A$ 400 A/dm² bei 70—80° C mit Quecksilberkathode und Platinanode wird das Chrom vollständig als $Cr^{III}$-Oxyd ausgeschieden, das sich in dem gebildeten freien Alkali bei dieser Temperatur nicht löst.

Das Reduktionspotential $CrO_4'' \rightarrow Cr^{\cdots}$ wird von Luther[2] zu $\varepsilon_h =$ = 1,5 Volt angegeben.

**$Mo^{VI} \rightarrow Mo^{V} \rightarrow Mo^{III}$.** Bei der Reduktion einer $MoO_3$-Lösung in starker Salzsäure an blankem Platin oder anderen Metallen entsteht zunächst $Mo^{V}$ und dann $Mo^{III}$[3].

Bei Verwendung einer platinierten Platinkathode bleibt die Reduktion jedoch bei $Mo^{V}$ stehen und man erhält eine smaragdgrüne Lösung, welche das $Mo^{V}$ als komplexes chlorhaltiges Anion enthält[4].

Bei Verwendung von Quecksilber-, Blei- oder Zinnkathoden entstehen infolge des hohen H-Druckes in diesen Elektrodenmaterialien in den halogen-wasserstoffsauren Lösungen die braunroten bis olivgrünen Lösungen der Salze des dreiwertigen Molybdäns, die gleichfalls in Form komplexer Salze in kristallisiertem Zustande erhältlich sind. Eine weitergehende Reduktion erfolgt nicht.

Bei der Reduktion schwach salzsaurer oder ammoniakalischer Molybdänsäurelösungen fällt das Molybdän quantitativ an der Kathode als braunschwarzer Niederschlag wechselnder Zusammensetzung[5], so daß man auf diese Weise das Molybdän quantitativ bestimmen kann. Hierzu kann die mit wenigen Tropfen $H_2SO_4$ angesäuerte Lösung bis zu 0,2% $MoO_3$ enthalten. Es wird mit $D_k$ 0,04 A/dm² und 4 Volt bei 75° C bis zum Verschwinden der Blaufärbung elektrolysiert.

Der Kathodenniederschlag wird gewaschen, mit $HNO_3$ aufgenommen und zur Trockene verdampft, bis alle $HNO_3$ entwichen ist und weiße $MoO_3$ vorliegt[6]. Bei der Reduktion stark salzsaurer gesättigter $MoO_3$-Lösung bildet sich bei kleiner Kathodenstromdichte ein blauer Niederschlag, der in

---

[1] Street: DRP. 109824 (1899); Ztschr. Elektrochem. **6**, 522 (1900). — E. Müller: Ztschr. Elektrochem. **8**, 909 (1902); siehe noch Strange: l'Elettricita **20**, 627 (1901); Ztschr. Elektrochem. **7**, 1021 (1901).

[2] Ztschr. physikal. Chem. **36**, 384 (1901); siehe auch Abegg, Auerbach, Luther: Messungen elektromotorischer Kräfte galvanischer Ketten. Halle a. S. 1911.

[3] Chilesotti: Atti R. Accad. Lincei (Roma), Rend. (5) **12** II, 22, 67 (1903); Gazz. chim. Ital. **33** II, 349 (1903); Ztschr. Elektrochem. **12**, 146, 173, 197 (1906). — A. Rosenheim u. H. Braun: Ztschr. anorg. allg. Chem. **46**, 311 (1905). — E. Fricke: Diplomarbeit. Dresden 1920.

[4] Foerster, Fricke u. Hauswald: Ztschr. physikal. Chem. **A 146**, 81, 177 (1930).

[5] Péchard: Compt. rend. Acad. Sciences **118**, 804 (1894). — Smith u. Hoskinson: Journ. Amer. chem. Soc. **7**, 90 (1885). — Smith: Journ. Amer. chem. Soc. **7**, 329 (1885).

[6] Kollock u. Smith: Journ. Amer. chem. Soc. **23**, 669 (1901); Ztschr. Elektrochem. **7**, 957 (1910). — Chilesotti u. Rozzi: Gazz. chim. Ital. **35**, I, 228 (1905).

Wasser leicht löslich ist und die Zusammensetzung $Mo_7O_{20}$ oder $Mo_3O_8 \cdot 5H_2O$ haben soll[1].

**$W^{VI} \rightarrow W^{V} \rightarrow W^{III}$.** Wegen der Schwerlöslichkeit der Wolframsäure in $H_2SO_4$ und HCl kann eine Reduktion unter ähnlichen Bedingungen wie bei $MoO_3$ nicht durchgeführt werden. Olsson[2] konnte allerdings dadurch 3—4%ige $WO_3$-Lösungen herstellen, daß er konzentrierte Wolframatlösungen langsam in konzentrierte kochende Salzsäure eintrug und abwartete, bis sich der zunächst bildende weiße Niederschlag von $WO_3 \cdot 2\,H_2O$ wieder löste, bevor die nächste Menge Wolframat zugesetzt wurde. An Platinkathoden werden solche Lösungen vollkommen zu $W^V$ reduziert[3].

Die Reduktion alkoholisch-salzsaurer $WO_3$-Lösungen führt an Platinkathoden zur $W^V$-Stufe, an Bleikathoden aber bis $W^{III}$. An einer Quecksilberkathode entsteht bis zu einer Stromdichte von 10 A/dm² nur $W^V$, bei höheren Stromdichten auch $W^{IV}$ und $W^{III}$[4]. Eine stark salzsaure Lösung der Wolframkieselsäure $H_8(Si(W_2O_7)_6)\ 28\,H_2O$ wird an einer Quecksilberkathode bei $D_k$ 5 A/dm² vollständig zu $W^{III}$ reduziert[5].

Bei der Elektrolyse der Alkaliwolframate bilden sich schwerlösliche Kaliumwolframchloride mit drei- und vierwertigem Wolfram, die die Kathode mit einer dichten Schicht überziehen und den Stromdurchgang hindern. Mit amalgamiertem Pb-Blech als Kathode erhält man bei einer Stromdichte von 0,064 A/cm² und bei 40° aus der salzsauren $K_2WO_4$-Lösung[6] das komplexe dreiwertige Wolframchlorid $K_3W_2Cl_9$ mit einer Stoffausbeute von etwa 68% und einer Stromausbeute von 39—44%.

**$U^{VI} \rightarrow U^{IV} \rightarrow U^{III}$.** Die elektrolytische Reduktion ist der bequemste Weg, um von den gelben Uranylsalzen zu den grünen Salzen des vierwertigen Urans zu gelangen. Eine $UO_2^{\cdot\cdot}$-haltige Lösung, die man durch Lösen von $UO_3$ in Salzsäure herstellt, kann mit einer Quecksilberkathode zu grüner $U^{IV}$-Salzlösung reduziert werden, wenn einerseits eine Rückoxydation an der Kohleanode durch ein Tondiaphragma verhindert, andererseits eine Oxydation durch den Luftsauerstoff durch Einleiten von $CO_2$ in den Katholyten ausgeschaltet wird[7].

Auch eine Lösung von $UO_2(OH)_2$ in $H_2SO_4$ wird unter Anwendung eines Diaphragmas ziemlich vollständig zu der dunkelgrünen Verbindung $U(SO_4)_2 \cdot 8\,H_2O$ reduziert, die aus der Lösung auskristallisiert[8].

Das Reduktionspotential des Vorganges $UO_2^{\cdot\cdot} \rightarrow U^{IV}$ wurde in einer Lösung mit 0,09 Mol $(UO_2)SO_4$ und 0,088 Mol $U(SO_4)_2$ mit 0,5 Mol $H_2SO_4$ zu $\varepsilon_h = 0{,}491$ Volt in einer Lösung mit 0,5 Mol $U^{VI}$ und 0,25 Mol $U^{IV}$ in 0,3 Mol $H_2SO_4$ zu $\varepsilon_h = 0{,}403$ Volt bestimmt[9]. Nach Versuchen von Rosenheim und H. Loebel[10] kann man mit hohen Stromdichten am glatten Platin in stark salzsaurer Lösung unter Eiskühlung zu einer roten Lösung des Salzes $UCl_3$ gelangen. Spuren von Quecksilbersalz stören die Reduktion.

[1] Junius: Ztschr. anorg. allg. Chem. **56**, 428 (1905). — Marchetti: Ztschr. anorg. allg. Chem. **19**, 391 (1899). — Siehe auch Schächt: Berg- und Hüttenm. Ztschr. **39**, 121 (1883); Ztschr. analyt. Chem. **22**, 241 (1883).

[2] Ber. Dtsch. chem. Ges. **46**, 566 (1913).

[3] Collenberg u. Backer: Ztschr. Elektrochem. **30**, 230 (1924).

[4] Bernhardi-Grisson: Dissertation. Berlin 1910. — Roderburg: Dissertation. Aachen 1912. — Reuthner: Dissertation. München 1913.

[5] Rosenheim u. Dehn: Ber. Dtsch. chem. Ges. **47**, 392 (1914).

[6] O. Collenberg u. A. Guthe: Ztschr. anorg. allg. Chem. **134**, 317 (1924).

[7] Rosenheim u. Loebel: Ztschr. anorg. allg. Chem. **57**, 234 (1908).

[8] Luther u. Michie: Ztschr. Elektrochem. **14**, 826 (1908).

[9] Baur: Ztschr. physikal. Chem. **63**, 683 (1908). — Siehe auch P. Herasymenko: Trans. Faraday Soc. **24**, 267.

[10] Ztschr. anorg. allg. Chem. **57**, 234 (1908).

P. Herasymenko[1] hat kürzlich die Elektroreduktion von Uranylsalzen untersucht. Die polarographisch aufgenommenen Stromspannungskurven der Elektroreduktion von $UO_2^{\cdot\cdot}$-Salzen zeigen, durch das Auftreten von Potentialsprüngen, daß die Reduktion in drei Stufen $U^{VI} \rightarrow U^{V} \rightarrow U^{IV} \rightarrow U^{III}$ vor sich geht. Der größte Potentialsprung tritt bei der dritten Stufe auf. Bei noch höheren Spannungen entwickelt sich $H_2$.

**$Mn^{VII} \rightarrow Mn^{IV} \rightarrow Mn^{II}$.** Die Reduktion der Übermangansäure erfolgt bekanntlich sehr leicht und rasch, das Potential des Vorganges

$$MnO_4' + 4\,H^{\cdot} \rightleftharpoons MnO_2 + 2\,H_2O + 3\,\oplus$$

wurde in einer 0,05 Mol $KMnO_4$ + 0,05 Mol $H_2SO_4$-Lösung zu $\varepsilon_h$ 1,51 Volt bestimmt[2]. Die Reduktion der Übermangansäure zu $Mn^{\cdot\cdot}$

$$MnO_4' + 8\,H^{\cdot} \rightleftharpoons Mn^{\cdot\cdot} + 4\,H_2O + 5\,\oplus$$

erfolgt bei niedrigem Potential. Die Menge der gebildeten $Mn^{\cdot\cdot}$-Ionen ist gering, weil sie mit überschüssigem $MnO_4'$ sofort nach

$$2\,MnO_4' + 3\,Mn^{\cdot\cdot} + 2\,H_2O \rightleftharpoons 5\,MnO_2 + 4\,H^{\cdot}$$

reagieren[3].

**$Fe^{III} \rightarrow Fe^{II}$.** Entsprechend der Reversibilität der Reduktion von Ferriionen werden Ferrisalze verhältnismäßig leicht, auch in stark saurer Lösung, mit theoretischer Stromausbeute vollständig zu Ferrosalz reduziert, entsprechend dem Umstande, daß das Potential einer Lösung von

0,09 Mol $FeCl_3$ und 0,01 Mol $FeCl_2$ bei —0,76 Volt

0,01 Mol $FeCl_3$ und 0,02 Mol $FeCl_2$ bei —0,65 Volt

liegt. Es bedarf[4] erst sehr hoher Stromdichten, um an der Kathode eine Wasserstoffentwicklung herbeizuführen, ohne daß es wegen der viel negativeren Abscheidungspotentiale des Eisens aus solchen Lösungen zur Eisenausscheidung kommt.

Diese leichte Reduzierbarkeit der Ferrisalze (und auch die gleich gute Oxydierbarkeit der Ferrosalze) veranlassen z. B. bei Verwendung eisenhaltiger $H_2SO_4$ bei der Ladung eines Bleiakkumulators Stromverluste[5]. Die kathodischen Reduktionsvorgänge von Ferrisalzen verlaufen in ihrer Abhängigkeit von der Stromdichte, ihrer Lösungskonzentration und der Temperatur so, als würden sie lediglich von den Diffusionsvorgängen beherrscht. Demgemäß ist ihr Verlauf stark abhängig von der Elektrolytbewegung und weitgehend unabhängig vom Elektrodenmaterial. Versuche zur quantitativen Reduktion von $Fe^{III}$ zu $Fe^{II}$ wurden von E. Nietz[6] gemacht.

**$Ni^{III} \rightarrow Ni^{II} \rightarrow Ni^{I}$.** Nach einer Mitteilung von G. Grube[7] gelingt es, durch elektrolytische Reduktion einer $K_2Ni(CN)_4$-Lösung an einer Nickelkathode das einwertige Kalium-Nickelzyanid $K_2Ni(CN)_3$, wenn auch nicht in fester Form, so doch als blutrot gefärbte Lösung darzustellen. Das Poten-

[1] Trans. Faraday Soc. **24**, 267 (1924).
[2] Inglis, Ztschr. Elektrochem. **9**, 226 (1903).
[3] Bancroft: Ztschr. physikal. Chem. **10**, 387 (1892).
[4] F. Oettel: Ztschr. Elektrochem. **1**, 91 (1894).
[5] Karaoglanoff: Ztschr. Elektrochem. **12**, 5 (1906).
[6] Journ. prakt. Chem. (2), **121**, 26 (1929).
[7] Ztschr. Elektrochem. **32**, 561 (1926).

tial dieses Vorgangs ist unedler als das des Wasserstoffs in einer Lösung gleicher Alkalität, weshalb die dargestellte $KNi(CN)_3$-Lösung fähig ist, besonders bei Erwärmen das Wasser unter Wasserstoffentwicklung zu zersetzen. Daher beträgt die Stromausbeute nur 70%. Bei zunehmender Konzentration von $Ni^{\cdot}$ verschlechtert sich die Stromausbeute stetig und wird Null, sobald 60—70% des Nickelsalzes reduziert sind. Da sich das einwertige Nickelsalz an der Luft leicht oxydiert, wird die Elektrolyse unter Luftabschluß ausgeführt. Der Kathodenraum wird durch ein Diaphragma gebildet und enthält alkalische $K_2Ni(CN)_4$-Lösung, der Anodenraum 0,5 Mol KOH, Elektrolysetemperatur 12°, Stromdichte 1,33 A/dm².

**$Co^{III} \rightarrow Co^{II} \rightarrow Co^{I}$.** In analoger Weise wurden Lösungen der sich ganz ähnlich verhaltenden komplexen Zyanide des einwertigen Kobalts erhalten, für deren Existenz auch die Potentialmessungen sprechen.

Bei der elektrolytischen Reduktion der schwach gelben bis grüngelben Kaliumkobalt-(**3**)-zyanidlösung $K_3Co(CN)_6$ wird zuerst olivgrünes Kaliumkobalt-(2)-zyanid $K_4Co(CN)_6$ und schließlich braungrünes Kaliumkobalt-(1)-zyanid gebildet[1].

Als Kathode dient ein mit Kobalt überzogenes Platinblech. Der durch ein Tondiaphragma abgetrennte Kathodenraum wird mit stark alkalischer 0,27-molarer $K_3Co(CN)_6$, der Anodenraum mit 2-normaler KOH gefüllt. Bei einer Stromdichte von 7,3 A/dm² und 15° C werden etwa 90% in das einwertige Salz übergeführt.

Da auch das Reduktionspotential des einwertigen Kobalts unedler als Wasserstoff ist, tritt bei der Elektrolyse gleichzeitig Wasserstoffentwicklung ein, so daß die Stromausbeute nicht über 80% gesteigert werden kann.

Da das Reduktionspotential $Co^{\cdot\cdot\cdot} \rightarrow Co^{\cdot\cdot}$ etwas, jenes von $Co^{\cdot\cdot} \rightarrow Co^{\cdot}$ stärker negativ ist als das Wasserstoffpotential in entsprechenden alkalischen Lösungen, zersetzen konzentriertere Lösungen von $K_4Co(CN)_6$ Wasser, während die Lösungen des einwertigen Salzes das Wasser auch schon in verdünnten Lösungen reduzieren.

## Metalloide.

**$ClO_3' \rightarrow ClO' \rightarrow Cl_2$.** Die Reduktion von Chloraten erfolgt in neutraler Lösung nach Untersuchungen von F. Foerster[2] und E. Müller[3] leicht nur an Eisen, schwächer an Kobaltkathoden. In sauren Lösungen bewirken dagegen Kathoden aus Zink (Kadmium und Platin wirken schwächer) eine noch vollkommenere Reduktion[4].

Die bei Verwendung von Platinkathoden sehr langsam verlaufende Reduktion kann durch einen Zusatz von Vanadinsäure sehr beschleunigt werden. Die Wirkung des Zusatzes beruht darauf, daß Vanadinsäure an der Kathode unter Bildung von $V^{\cdot\cdot\cdot}$ reduziert wird, welches ihrerseits als starkes Reduktionsmittel auf $ClO_3'$ wirkt und sich dabei wieder zu Vanadinsäure oxydiert (S. 213)[5]. Das entsprechende Produkt ist zunächst Chlordioxyd $ClO_2$, das weiter zu chloriger Säure $HClO_2$ reduziert wird[6]. Das Reduktionspotential des Vorganges $2\ ClO_3' \rightarrow Cl_2$ wurde in 0,1 Mol $HClO_3$ + 0,5 Mol $H_2SO_4$-Lösung zu $\varepsilon_h = 1{,}38$ Volt bestimmt[7]. Diese Vorgänge treten als unerwünschte und Verluste bringende Nebenreaktionen bei der elektrolyti-

---

[1] G. Grube u. Schächterl: Ztschr. Elektrochem. **32**, 563 (1926).
[2] Ztschr. Elektrochem. **4**, 386 (1898).
[3] Ztschr. anorgan. allg. Chem. **26**, 1 (1901).
[4] Voege: Journ. physical Chem. **3**, 577 (1899). — K. Weger: Dissertation. Dresden.
[5] R. Luther: Ztschr. Elektrochem. **13**, 437 (1907).
[6] Bray: Ztschr. physikal. Chem. **54**, 731 (1906).
[7] E. Müller: Ztschr. Elektrochem. **8**, 425 (1902). — Luther: Ztschr. Elektrochem. **8**, 601 (1902).

schen Chloraterzeugung auf (S. 178). Ebenso unerwünscht ist die Reduktion von Hypochlorit. Diese Reaktion,

$$2\,ClOH + 2\,H^{\cdot} \rightarrow Cl_2 + 2\,H_2O + 2\,\oplus,$$

deren Potential in 0,5 Mol HClO, 0,5 Mol $H_2SO_4$-Lösung zu $\varepsilon_h = 1{,}59$ Volt bestimmt wurde[1], ist außerordentlich abhängig von der Oberflächenbeschaffenheit der Elektroden und geht besonders rasch an stark vorpolarisierten Platinelektroden vor sich.

Verhindert werden diese Reduktionen durch Zusatz von Chromaten, deren Wirkungsweise an anderer Stelle behandelt ist (S. 208). Eine elektrolytische Reduktion der Perchlorsäure $HClO_4$ ist nicht möglich[2].

**$BrO_3' \rightarrow BrO' \rightarrow Br_2$.** Die Reduktion der Bromate gelingt wesentlich leichter und an jedem Kathodenmaterial.

Das Reduktionspotential des Vorgangs $BrO_3' \rightarrow Br_2$ beträgt in 0,1 Mol $HBrO_3$-Lösung, die mit Brom gesättigt ist, bei 25° C $\varepsilon_h = 1{,}447$ Volt[3]. Auch diese Reaktion tritt bei der elektrolytischen Bromaterzeugung (S. 187) sehr störend auf, indem nach Erreichung einer gewissen $BrO_3'$-Konzentration an der Kathode schließlich gleich viel $BrO_3'$ reduziert wie an der Anode gebildet wird. Auch hier verhindert ein durch Chromatzusatz auf der Kathode gebildetes Diaphragma die Reduktion.

**$JO_4' \rightarrow JO_3' \rightarrow JO' \rightarrow J_2$.** Die Jodsauerstoffverbindungen sind noch leichter reduzierbar. Auch das Perjodation $JO_4'$ läßt sich in schwach alkalischer Lösung leicht reduzieren. Beim Erwärmen auf 75° schützt auch ein Chromatzusatz nicht, da das Chromatdiaphragma durch Perjodate oxydiert wird und sich löst.

Die Reduktion führt über Jodat $JO_3'$ zur jodigen Säure $HJO_2$ und schließlich zu Jod[4].

Geht man von reiner Jodsäure oder Jodat aus, so kann die Reduktion durch Chromatzusatz verhindert werden[5]. Das Potential des Vorgangs $JO_3' \rightarrow J_2$ in mit $J_2$ gesättigter 1 Mol $HJO_3$-Lösung beträgt $\varepsilon_h = 1{,}158$ Volt, jenes des Vorgangs $JO_3' \rightarrow JO'$ $\varepsilon_h = 1{,}085$ Volt[6].

## Reduktion des Sauerstoffs: $O_2 \rightarrow H_2O_2 \rightarrow H_2O$.

Gelöster Sauerstoff wird durch den atomaren Wasserstoff, der an der Kathode entsteht, in erster Stufe nach dem Schema: $2\,H + O_2 \rightarrow H_2O_2$ zu Wasserstoffsuperoxyd, in zweiter Stufe weiter nach $H_2O_2 + 2\,H \rightarrow 2\,H_2O$ zu Wasser reduziert.

Tabelle 18.

| Konzentration des $H_2O_2$ in Prozent | Spannung in Volt |
|---|---|
| 0,23 | — 0,60 |
| 0,49 | — 0,50 |
| 0,93 | — 0,36 |

Bei der Elektrolyse einer 0,1 Mol $Na_2SO_4$ und 0,015 Mol $H_2SO_4$ enthaltenden und mit $O_2$ gesättigten Lösung findet an amalgamierten Drahtnetzkathoden aus Kupfer, Silber oder Gold bei Stromdichten von 0,1 bis $2{,}0 \cdot 10^{-3}\,A/cm^2$ die Reduktion von Sauerstoff mit theoretischer Stromausbeute bei Potentialen von $\varepsilon_h = +\,0{,}20$ bis $-\,0{,}30$ Volt, also unter stark ansteigendem Potential statt, das sehr viel negativer liegt als das, welches der Sauerstoff einer unangreifbaren Elektrode in einer solchen Lösung erteilen würde.

[1] E. Müller: Ztschr. Elektrochem. 8, 425 (1902). — Luther: Ztschr. Elektrochem. 8, 601 (1902).
[2] Hendrixon: Journ. Amer. chem. Soc. **26**, 747 (1904); Amer. Chem. Journ. **32**, 242 (1904).
[3] Luther u. Sammet: Ztschr. physikal. Chem. **53**, 641 (1905); Ztschr. Elektrochem. **11**, 293 (1905).
[4] Brunner: Ztschr. physikal. Chem. **56**, 321 (1906).
[5] E. Müller: Ztschr. Elektrochem. **7**, 509 (1901); 8, 909 (1902).
[6] Luther u. Sammet: Ztschr. physikal. Chem. **53**, 641 (1905).

Die Reduktion des Wasserstoffsuperoxyds zu Wasser verlangt dagegen an der Kathode bei einer Stromdichte von $2 \cdot 10^{-3}$ A/cm² und 10° für verschiedene Konzentrationen $H_2O_2$ die in Tabelle 18 wiedergegebenen Werte.

Man sieht also, daß erst bei etwa 1% $H_2O_2$ eine Annäherung der für beide Vorgänge erforderlichen Potentiale eintritt, so daß es unter geeigneten Versuchsbedingungen gelingt, etwa 0,6% $H_2O_2$ mit guter Stromausbeute durch Reduktion von Sauerstoffgas zu gewinnen.

Nach den Untersuchungen von M. Traube[1] und F. Richarz und C. Lonnes[2] entsteht das Wasserstoffsuperoxyd bei einer Klemmenspannung von 1,1 Volt während der Elektrolyse verdünnter Schwefelsäure in einer 8/9 der hierbei die Säure durchfließenden kleinen Stromstärke entsprechenden Menge.

Mit zunehmendem Anodenpotential wird zwar die Menge des gelösten Sauerstoffs größer und damit auch die Konzentration des Wasserstoffsuperoxyds im Elektrolyten, doch steigt sie jetzt so weit, daß das Wasserstoffsuperoxyd[3] kathodisch immer reichlicher zu Wasser reduziert wird, so daß die Stromausbeute an Wasserstoffsuperoxyd dadurch immer kleiner wird.

Schon Traube[4] fand, daß zur Darstellung von $H_2O_2$ einerseits lebhafte Sauerstoffzufuhr zu dem die Kathode bespülenden Elektrolyten, anderseits die Verwendung von Quecksilber als Kathodenmaterial nötig ist.

Beim Durchblasen eines kräftigen Luftstroms durch den Elektrolyten längs der aus einem langen, amalgamierten Golddraht bestehenden Kathode wird Sauerstoff bei 0,2 mA/cm² unterschreitenden Stromdichten in einer 1%igen Schwefelsäure mit theoretischer Stromausbeute zu Wasserstoffsuperoxyd reduziert. Mit der Zeit nimmt die Stromausbeute infolge der oben erwähnten Reduktion des Wasserstoffsuperoxyds zu Wasser ab und wird Null, sobald ein $H_2O_2$-Gehalt von 0,26% erreicht ist. An anderen Kathoden ist die Ausbeute noch geringer, indem Quecksilber die Reduktion des Wasserstoffsuperoxyds gegenüber der Reduktion des Sauerstoffs am meisten erschwert. Steigert man[5] die Sauerstoffkonzentration der Lösung durch Einblasen von reinem Sauerstoff und verwendet als Kathoden amalgamierte Drahtnetzzylinder von Silber und Kupfer, und als Elektrolyten verdünnte Alkalisalzlösungen, wie z. B. Natriumsulfat, die man zweckmäßig ansäuert, kann man mit einer Stromdichte von $2 \cdot 10^{-3}$ A/cm², d. h. der zehnfachen der von Traube angewandten, eine $H_2O_2$-Konzentration von 0,5% mit einer mittleren Stromausbeute von etwa 80% erzielen.

Notwendig ist hier aber die Vermeidung der Berührung der Anode mit der $H_2O_2$-Lösung, was durch einen mit einem Baumwollschlauch umgebenen, in der Achse der Kathode angeordneten Bleistab erzielt wird. Es ist dann die Stromausbeute auch gegen Ende noch ziemlich hoch, man kann sogar bis zu 1%igen $H_2O_2$-Lösungen und darüber gelangen, aber mit verminderter Stromausbeute. Durch Zugabe von Stabilisatoren für $H_2O_2$ läßt sich dessen Konzentration weiter steigern[6].

Nach Versuchen von F. Foerster[7] beträgt die Depolarisation, welche für die Wasserstoffentladung an amalgamierten Kupfer- oder Silberdrahtnetzen mit Sauerstoff von Atmosphärendruck durch Sättigung des Elektrolyten erreicht wird, bei einer kathodischen Stromdichte von $2 \cdot 10^{-3}$ A/cm² etwa 0,9 Volt, während noch eine 0,5%ige Wasserstoffsuperoxydlösung um etwa 0,3 Volt weniger stark depolarisiert.

---

[1] M. Traube: Ber. Dtsch chem. Ges. **15**, 2434 (1882).
[2] F. Richarz u. C. Lonnes: Ztschr. physikal. Chem. **20**, 145 (1896).
[3] F. Richards u. C. Lonnes: Ztschr. physikal. Chem. **20**, 145 (1896).
[4] Traube: Sitzungsber. Preuß. Akad. Wiss., Berlin **1887**, 1041.
[5] Henkel & Co.: DRP. 302753 (1914).
[6] S. N. Lurje u. K. S. Gorelik: Chem. pharmaz. Ind. (russ.) **1934**, 20.
[7] F. Foerster: Elektrochemie wäßriger Lösungen, S. 350. 1922.

Es läßt sich die depolarisierende Wirkung des Sauerstoffs noch sehr steigern, wenn man seine Konzentration durch Arbeiten mit stark erhöhtem Druck vervielfacht. Eine hierzu geeignete Zersetzungszelle mit einer amalgamierten Goldanode, einem Diaphragma und einer Platinanode haben F. Fischer und O. Prieß[1] beschrieben, die nach den Patenten von der Firma Henkel & Co.[2] entsprechende Abänderungen erfuhr.

Bei den Versuchen von F. Fischer und O. Prieß wurde bei einem Druck von 100 Atm. und einer Stromdichte von $2{,}4 \cdot 10^{-2}$ A/cm² und 2 Volt Spannung eine 2,7%ige Wasserstoffsuperoxydlösung mit einer Stromausbeute von 83%, bei 25 Atm., unter sonst gleichen Bedingungen, ein 2%iges Wasserstoffsuperoxyd mit nur 34% Stromausbeute erhalten.

E. Müller und K. Mehlhorn[3] verwenden statt amalgamierter fester Metalle flüssiges Quecksilber als Kathode und setzen es in starke Bewegung, damit die Oberfläche dauernd verschwindet und von innen heraus erneuert wird. Es wird auf diese Weise auch die Diffusionsschicht mit dem Metall der Kathode entfernt. Zugleich ist eine Steigerung der anwendbaren Stromdichte möglich. Es wird so eine 3%ige Lösung von $H_2O_2$ mit einer durchschnittlichen Stromausbeute von 50% bei einer Stromdichte von $3 \cdot 10^{-2}$ A/cm² erreicht. Bei Verwendung einer Lösung von 80 Mol.-% Methylalkohol, der 2-molar an $H_2SO_4$ ist, wird mit 70%iger Stromausbeute eine 5%ige Lösung von $H_2O_2$ erhalten. Der Zusatz von Alkoholen und ähnlichen Stoffen zum Katholyten wirkt hier ähnlich günstig wie bei der Bildung von $H_2O_2$ bei gleichzeitiger Einwirkung von $O_2$ und Säure auf Metalle[4].

## Reduktion von Persulfat: $S_2O_8'' \rightarrow 2\,SO_4''$.

Dieser Vorgang ist ausgesprochen irreversibel, sein Potential konnte nicht bestimmt werden[5]. Persulfate werden in schwach saurer Lösung leicht kathodisch zu Sulfat reduziert. Bei der elektrolytischen Gewinnung (S. 313) muß man daher in schwach alkalischer Lösung oder mit Chromatzusatz arbeiten[6].

Eine weitere Reduktion des Sulfats zu Sulfit ist elektrolytisch nicht möglich, nur reine konzentrierte Schwefelsäure wird kathodisch zu schwefliger Säure und Schwefel reduziert, wegen der schlechten Leitfähigkeit reiner $H_2SO_4$ jedoch nur bei Anwendung hoher Spannungen.

## Reduktion von Sulfit bzw. Bisulfit: $HSO_3' \rightarrow S_2O_4'' \rightarrow S_2$.

Die Reduktion neutraler Sulfite ist nicht möglich[7], wohl aber die von schwefliger Säure und Bisulfiten. Wäßrige Lösungen von schwefliger Säure werden zunächst zu thioschwefliger Säure und schließlich zu Schwefel re-

[1] F. Fischer u. O. Prieß: Ber. Dtsch. chem. Ges. **46**, 698 (1913).
[2] Henkel & Co.: DRP. 266516 (1913), 279073 (1914), 276540 (1914), 283957 (1915).
[3] Ztschr. anorgan. allg. Chem. **223**, 199 (1935).
[4] Vgl. Müller u. Barchmann: Chem. Ztrbl. **1934 I**, 3843.
[5] E. Müller u. Schellhaas: Ztschr. Elektrochem. **13**, 257 (1907).
[6] E. Müller u. Friedberger: Ztschr. Elektrochem. 8, 230 (1902).
[7] Frießner: Ztschr. Elektrochem. **10**, 226 (1904).

duziert[1]. Gelegentlich kann dabei auch $H_2S$ als Reduktionsprodukt auftreten[2]. Durch kathodische Reduktion einer unter Druck stehenden übersättigten Lösung von schwefliger Säure unter Kühlung wollte Worsley[3] die Thioschwefelsäure technisch gewinnen.

Bei der Elektrolyse von Lösungen von KCNS, $KJO_3$, $Fe(ClO_3)_3$, $KClO_3$, $K_3Fe(CN)_6$ und KJ in flüssigem $SO_2$ mit Platinkathoden entsteht[4] an der Kathode ein im wesentlichen aus Sulfiten und Thiosulfaten bestehender, von elementarem Schwefel freier Niederschlag. Eine Reduktion des gelösten Salzes ist nicht nachweisbar. Die Reduktion von Bisulfiten führt leicht nach $2\,HSO_3' + 2\,H^{\cdot} + 2\,\ominus \rightarrow S_2O_4'' + 2\,H_2O$ zu Hyposulfiten[5], die aber mit steigender Konzentration in steigendem Maße bzw. mit erhöhter Geschwindigkeit nach $2\,S_2O_4'' + H_2O \rightarrow 2\,HSO_3' + S_2O_3''$ zerfallen, so daß[6] sich eine stationäre Hyposulfitkonzentration einstellt, sobald die durch den Zerfall bewirkte Konzentrationsverminderung der gleichzeitigen Konzentrationssteigerung durch die Elektrolyse gleich geworden ist und man von da an als scheinbares, einziges Produkt des kathodischen Zerfalls Thiosulfat erhält.

Um Hyposulfit elektrochemisch zu gewinnen, kann man[7] seinen Zerfall durch tunlichste Beschleunigung seiner elektrolytischen Erzeugung, also Anwendung hoher Stromkonzentration, verzögern, wobei man zugleich für Beseitigung der dabei eintretenden Temperaturerhöhung mittels gründlicher Kühlung zu sorgen hat.

Wegen der leichten Oxydierbarkeit muß das Hyposulfit bei der elektrolytischen Gewinnung von der Anode durch ein Diaphragma ferngehalten werden, und der Elektrolyt soll nicht sauer reagieren.

Als Kathodenmaterial eignet sich Aluminium, Platin, Zink und Blei.

Die Stromdichte soll bei guter Kühlung etwa 40 $A/dm^2$ auf 800 $cm^3$ Lösung betragen. Unter diesen Bedingungen erhält man eine 10%ige Lösung von Hyposulfit mit 80% Stromausbeute.

Man kann auch[8] das Hyposulfit durch Anwendung einer Lösung, die in 1 l 40—60 g $SO_2$ in Gestalt von $Ca(HSO_3)_2$ enthält, in Form des schwer löslichen Kalziumsalzes $CaS_2O_4$ zur Ausfällung bringen, bevor das Hyposulfit einen zu raschen Zerfall bedingende Konzentration erlangt hat.

Bei einer Badspannung von 2,6 bis 3,2 Volt scheidet sich das Kalziumhyposulfit mit einer Stromausbeute von etwa 63% in Form seidenglänzender Nadeln ab. Nach dem Trocknen erhält das Produkt 90—95% $CaS_2O_4$, als Verunreinigungen sind Bisulfit und Thiosulfat vorhanden, es ist aber nicht beständig.

Um die Herstellung der schlecht haltbaren Hyposulfite überhaupt zu umgehen, wurde vorgeschlagen[9], das im Bad erzeugte Hyposulfit sofort

---

[1] Berthelot: Compt. rend. Acad. Sciences **44**, 318, 378 (1857). — Carter u. James: Journ. chem. Soc. London **125**, 2231 (1924). — Jellinek: Ztschr. Elektrochem. **17**, 157, 245 (1911); Das Hydrosulfit. Stuttgart. 1911. — F. Tödt: Ztschr. Elektrochem. **41**, 270 (1935).

[2] Smith u. Mayer: Journ. Amer. chem. Soc. **46**, 75 (1924).

[3] E. P. 218347 (1923).

[4] Cady u. R. Taft: Journ. physical Chem. **29**, 1075 (1925).

[5] Schützenberger: Compt. rend. Acad. Sciences **69**, 196 (1869). — K. Jellinek: Ztschr. Elektrochem. **17**, 245 (1911).

[6] K. Elbs u. K. Becker: Ztschr. Elektrochem. **10**, 361 (1903).

[7] K. Jellinek: Ztschr. Elektrochem. **17**, 245 (1911).

[8] Frank: Ztschr. Elektrochem. **10**, 450 (1903); DRP. 125207 (1899).

[9] Farbwerke Höchst: DRP. 139567 (1902).

weiter reagieren zu lassen. So kann man beispielsweise die Elektrolyse von Bisulfitlösung bei 70—80° C mit $D_k$ 0,3—0,4 A/dm² an Bleikathoden in Gegenwart von Indigo durchführen. Das gebildete Hyposulfit bildet sofort reines und haltbares Indigweiß (S. 252).

Um das technisch wichtige Natriumhyposulfit in fester Form (Küpensalz) herzustellen, ist es notwendig, bei der Elektrolyse möglichst hohe Konzentrationen zu erreichen, um es dann mit Kochsalz als festes Salz ausscheiden zu können. Dies kann nach Patenten der Badischen Anilin- und Sodafabrik[1] dadurch erreicht werden, daß man von vornherein die Bisulfitlösung relativ verdünnt (10 g Bisulfit in 100 cm³) wählt, dauernd verdünnt hält und den Verbrauch durch entsprechende Zugabe von festem Salz deckt.

Als Zusatz dienen Alkalichloride oder Sulfate, um die Leitfähigkeit zu erhöhen, die Elektrolysetemperatur beträgt 15° C.

Es kommt ungefähr auf dasselbe heraus, wenn man in eine Kochsalzlösung, die als Badflüssigkeit dient, dauernd schweflige Säure einleitet[2], dabei entsteht an der Anode Chlor, die Kathodenlauge läuft kontinuierlich in ein Sammelgefäß, in welchem das Hyposulfit auskristallisiert. Die Mutterlauge wird mit Kochsalz nachgesättigt und in das Bad zurückgeführt. Die Zelle enthält ein Diaphragma und der Elektrolyt strömt stetig durch dieses zur Kathode. Dadurch wird eine Überführung anderer Anionen zur Anode verhindert. Auch zwei oder mehrere Diaphragmen können verwendet werden. Die in den Zwischenraum gelangenden Salze der Anolyten und Katholyten werden dann durch eine hindurchströmende Kochsalzlösung entfernt. Lebhafte Elektrolytströmung wird auch bei dem Verfahren der Agfa[3] angewendet.

In neuerer Zeit ist man dazu übergegangen, Hyposulfit durch ein indirekt elektrolytisches Verfahren herzustellen.

Hierzu wird Kochsalz mit Quecksilberkathoden elektrolysiert (S. 120). Das Natriumamalgam wird dann außerhalb der Zelle bei Luftabschluß mit Bisulfitlösung unter Kühlung zur Reaktion gebracht:

$$4\,NaHSO_3 + 2\,Na \rightleftharpoons Na_2S_2O_4 + 2\,Na_2SO_3 + 2\,H_2O.$$

Das Natrium reduziert das Bisulfit rein chemisch. Der Prozeß wird in einer kontinuierlich arbeitenden Anlage durchgeführt[4] und hat gegenüber der direkten elektrolytischen Herstellung große Vorteile.

Die Durchführung der Reduktion innerhalb der Amalgamzelle ist durch eine Anordnung von Rabinowitsch und Hokin[5] möglich geworden. Eine Zelle, die konzentrisch in einen äußeren und einen inneren Raum geteilt ist, der Boden aber in beiden Räumen zusammenhängend

[1] DRP. 112483 (1899), 125303 (1900), 276058 (1912) bzw. 276059.
[2] Badische Anilin- und Sodafabrik: DRP. 276059 (1912), 278588 (1912).
[3] DRP. 342796 (1920).
[4] I. G. Farbenindustrie A. G. (Leverkusen): DRP. 427657 (1925), 431254 (1925), 440043 (1921); F. P. 604822 (1925); E. P. 247523 (1925); Ö. P. 104327 (1925); E. P. 247254 (1925).
[5] Ztschr. Elektrochem. **36**, 839 (1930).

mit Quecksilber bedeckt ist, wird im Außenraum als Amalgambildungszelle, die mit gesättigter Natronlauge beschickt wird, ausgebildet.

Das Amalgam diffundiert rasch in den inneren Raum, in welchem sich eine 1—2%ige Bisulfitlösung befindet, in die fortlaufend vorsichtig $SO_2$ eingeleitet wird. Unter kräftigem Rühren erfolgt die Reduktion, die aber nur dann befriedigend verläuft, wenn ein $SO_2$-Überschuß vermieden wird.

Um den Zerfall des Hyposulfits zurückzudrängen, kann man als Stabilisatoren Natriumsilikat, Natriumfluorid, Formaldehyd u. a., im allgemeinen solche Stoffe verwenden, welche Neigung zur Bildung loser Molekularverbindungen haben. Am besten wirkt ein Zusatz von 10% Natriumsilikat. Die Stromausbeute beträgt 70—80%. Das Natriumhyposulfit kristallisiert im inneren Zellenraum langsam aus.

## Reduktion von Salpetersäure und Nitraten.

Je nach den Bedingungen, unter denen Salpetersäure kathodisch reduziert wird, erhält man salpetrige Säure, Ammoniak oder Hydroxylamin. Außerdem können gasförmige Reaktionsprodukte $NO_2$, NO, $N_2O$ und $N_2$ auftreten. Dabei tritt besonders der Einfluß des Elektrodenmaterials hervor (S. 201).

Die Reduktion freier $HNO_3$ zu Ammoniak erfolgt nach R. Ihle[1] an einer glatten Platinkathode für eine gegebene Konzentration der Salpetersäure nur solange, als die Stromdichte über einem bestimmten Wert liegt. Mit steigender Konzentration der Salpetersäure liegen diese Grenzwerte immer höher.

So entsteht beispielsweise:

| | | | | | |
|---|---|---|---|---|---|
| bei | 0,0016 A/cm² | in | 12,67% | $HNO_3$ | noch viel $NH_3$, |
| „ | 0,0016 „ | „ | 17,85% | „ | kein $NH_3$ mehr, |
| „ | 0,0100 „ | „ | 17,85% | „ | wieder in verstärktem Maße, |
| „ | 0,0100 „ | „ | 30,45% | „ | kein $NH_3$. |

Um in 85% $HNO_3$ noch $NH_3$ an einer Platinkathode zu erhalten, muß man eine Stromdichte von 8,6 A/cm² anwenden.

Dagegen kann man an einer Kupferelektrode mit gerauhter Oberfläche verdünnte Salpetersäure so quantitativ zu Ammoniak reduzieren, daß man diese elektrochemische Reduktion bei Abwesenheit von Chloriden zu einer quantitativen Salpetersäurebestimmungsmethode ausgearbeitet hat[2].

Namentlich an Kupfer bzw. mit Kupferschwamm bedeckten Kathoden wird[3] freie Salpetersäure besonders leicht zu Ammoniak reduziert.

Zur Durchführung der quantitativen Bestimmung der $HNO_3$ versetzt man die zu untersuchende Lösung mit einer abgemessenen Menge $H_2SO_4$ bekannten Titers und elektrolysiert mit einer oberflächlich durch Erhitzen oxydierten Kupferdrahtspirale als Kathode mit 1,5 A/dm² bis zur Wasserstoffentwicklung, welche das Ende der Reduktion anzeigt. Es wird dann noch etwa 10 Minuten weiterelektrolysiert und dann der Rest freier Schwefelsäure, der nicht an $NH_3$ gebunden wurde, zurücktitriert. Wenn man die Reduktion der freien Salpetersäure in stark saurer Lösung, z. B. 50%iger $H_2SO_4$, durchführt, so erhält man als Reduktionsprodukt neben $NH_3$ auch Hydroxylamin.

---

[1] Ztschr. physikal. Chem. **19**, 572 (1895).

[2] R. Luckow: Ztschr. analyt. Chem. **19**, 11 (1880). — Vortmann: Ber. Dtsch. chem. Ges. **23**, 2798 (1890). — K. Ulsch: Ztschr. Elektrochem. **3**, 546 (1897). — L. H. Ingham: Journ. Amer. chem. Soc. **26**, 1251 (1904). — W. H. Easton: Journ. Amer. chem. Soc. **25**, 1042 (1903). — Siehe auch E. Nietz: Journ. prakt. Chem. **121**, 27 (1929).

[3] K. Ulsch: Ztschr. analyt. Chem. **30**, 11 (1891).

Die Ausbeute an Hydroxylamin ist stark vom Kathodenmaterial abhängig, wie die folgende Tabelle 19 nach Versuchen von Tafel[1], die mit einer Stromdichte von 0,24 A/cm² gewonnen wurden, es zeigt.

Tabelle 19.

| Kathode | Stromausbeute an | |
|---|---|---|
| | Hydroxylamin in Prozent | Ammoniak in Prozent |
| Blei, rauh | 26,8 | 57,6 |
| „ amalgamiert | 69,7 | 19,9 |
| Kupfer, blank | 11,5 | 76,8 |
| „ schwammig | 1,5 | 93,8 |
| Zink, blank | 45,8 | 38,3 |

Da in 50%iger Schwefelsäure Hydroxylamin vom Strome an Kupfer überhaupt nicht, an den meisten anderen reinen Metallen nur schwach reduziert wird, kann das Ammoniak nicht aus Hydroxylamin entstanden sein, also der Grund der geringeren Bildung von Hydroxylamin an Kupfer nicht an der leichten Reduzierbarkeit desselben an Kupfer liegen.

Es scheint vielmehr wahrscheinlich, daß das Kupfer die Bildung einer noch nicht genau erkannten vorangehenden Reduktionsstufe besonders begünstigt, die unmittelbar zu Ammoniak reduziert wird.

Da an anderen Kathodenmaterialien die Ausbeute an Hydroxylamin mit steigender $HNO_3$-Konzentration sinkt und die von Ammoniak steigt, muß in gleicher Weise die oben erwähnte Reduktionsstufe auch an anderen Kathodenmaterialien entstehen, und zwar um so reichlicher, je konzentrierter die angewandte $HNO_3$ ist.

Anderseits wird Hydroxylaminsulfat um so leichter elektrolytisch reduziert, und zwar zu Ammoniak, je verdünnter die angewandte Schwefelsäure ist, was auch bei diesen Versuchsbedingungen die Ursache ist, daß unter den Reduktionsprodukten der Salpetersäure Ammoniak mit sinkender Konzentration der Schwefelsäure immer mehr überwiegt.

Durch Elektrolyse von Salpetersäure an Kupfer- oder Quecksilberkathoden in 50- und 25%ige Phosphor- oder Schwefelsäure und Messung des Kathodenpotentials gegen die Normalelektrode hat V. Sihvonen[2] zu zeigen versucht, daß mit der Erhöhung des Potentials und der Stromdichte an der Kathode die elektrolytische Reaktionsreihe: $HNO_3$, $HNO_2$, Stickoxyd, $H_2$, Hydroxylaminsalz, $NH_3$ bzw. Ammoniumsalz auftritt.

Auf Grund von Vorversuchen nimmt Sihvonen an, daß in stark saurer Lösung die $HNO_3$ auf die $HNO_2$ unter Bildung einer schnell oxydierenden Verbindung der zweibasischen Säure O(HO)N—N(HO)O einwirkt. Als Kathode dienten Kupfer oder Quecksilber.

Als Hauptergebnis bei der Verwendung und Mitwirkung von Quecksilberkathoden ergibt sich das nachstehende Schema (siehe S. 228), wobei die unsicheren Zwischenprodukte eingeklammert sind.

Die untereinander folgenden Verbindungen werden in der sauren Lösung bei immer höheren kathodischen Potentialen reduziert. Bis zum Stickoxyd einschließlich erfolgt die Reduktion ohne Wasserstoffentwicklung. Durch Steigerung der Stromdichte wird die verhältnismäßig leicht ausführbare Reduktion des aus dem Salz freigemachten Hydroxylamins befördert. Wenn von vornherein Hydroxylamin zugegen ist, findet bei niedrigem Potential schwache $N_2O$-Entwicklung statt.

An amalgamierten Bleikathoden ist bei Benutzung einer 50%igen Schwefel- oder 25%igen Salz- oder Essigsäure als Lösungsmittel die Hydroxylaminbildung eine so reichliche, daß man auf diesem Wege

[3] Ztschr. anorgan. allg. Chem. **31**, 289 (1902).
[2] V. Sihvonen: Ann. Acad. Sci. Fennicae **24**, 32 (1925).

ein technisches Darstellungsverfahren[1] dieser wichtigen Verbindung eine Zeitlang betrieben hat.

Als Zelle wurde ein amalgamiertes Bleigefäß verwendet, das als Kathode diente. Als Anode kam eine Bleiplatte zur Verwendung, die Elektrolyse wurde bei einer Badtemperatur von 15—20° C und einer Stromdichte von 60—120 A/dm² durchgeführt.

Die Salpetersäure wird allmählich zugesetzt, um einerseits die $NH_3$-Bildung zurückzudrängen, anderseits zu verhindern, daß $HNO_3$ von $NH_2OH$ gebunden wird.

Schema:

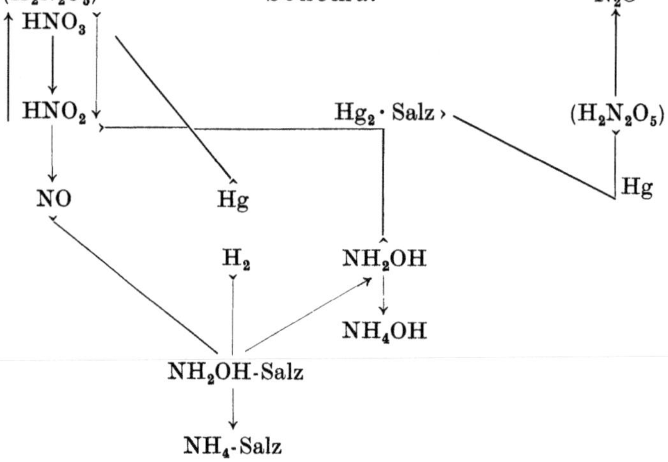


Die Gewinnung von Hydroxylamin an Quecksilberkathoden führten Stscherbakow und Libina[2] unter Verwendung eines Bades mit 5—15-normaler $H_2SO_4$ und 1-normaler $HNO_3$ und einer Stromdichte von 10—20 A/dm² bei 13—16° C mit einer Stromausbeute von 60—70% durch. Die Endkonzentration der $NH_2OH$ beträgt 1,5 mol/l. Die restliche $HNO_3$ wird durch Elektrolyse mit einer Kupferkathode in $NH_3$ übergeführt. Es wird bei dieser Methode die Salpetersäure außer zu $NH_2OH$ zum Teil auch zu Isomonosulfohydroxylamin $NH_2 \cdot OSO_3 \cdot H$ reduziert, dessen Bildung durch niedrige $HNO_3$-Konzentration begünstigt wird. Sie ist bei Zimmertemperatur beständig, wird aber beim Erwärmen unter Abspaltung von $NH_2OH$ hydrolysiert. Man kann die Hydroxylaminerzeugung dadurch wirtschaftlicher machen, daß man diesen Kathodenvorgang mit einem Anodenvorgang kuppelt, der ebenfalls zu einem technisch brauchbaren Produkt führt.

So kann, da die Hydroxylaminbildung bei tiefer Temperatur durchgeführt werden kann, dieselbe mit der ebenfalls unter Kühlung erfolgenden Persulfatgewinnung (S. 313) an der Anode verbunden werden.

---

[1] Boehringer und Söhne: DRP. 133457 (1901), 137697 (1902).
[2] Ztschr. Elektrochem. **35**, 70, 826 (1929).

Hierzu wird Anoden- und Kathodenraum durch ein waagrechtes Tondiaphragma getrennt. Auf dieses kommt die Quecksilberkathode und darüber schichtet man die $H_2SO_4$-$HNO_3$-Lösung. Unter dem Diaphragma liegt der Anodenraum, der mit Ammonsulfatlösung gefüllt wird. An der der Anode zugewandten Unterseite der Quecksilberkathode entsteht Na-Amalgam, welches als spezifisch leichtere Legierung an die Oberfläche des Quecksilbers steigt und dort die $HNO_3$ reduziert. da die bei der Amalgamzersetzung entstehenden Salze die Reduktion hemmen, muß die $HNO_3$-$H_2SO_4$-Lösung richtig gewählt werden.

Auch für die elektrolytische Reduktion der salpetersauren Salze der Alkalien spielt die Natur des Kathodenmaterials eine einschneidende Rolle[1]. Sie verläuft an platiniertem Platin mit nur geringer, an glattem Platin dagegen und vornehmlich an unedleren Metallen mit sehr guter Stromausbeute, wobei als Reduktionsprodukt[2] zunächst stets salpetrigsaure Salze entstehen, welchen in der Regel nur Spuren von Hyponitriten beigemischt sind. Letztere entstehen hingegen an Quecksilberkathoden[3] in etwas beträchtlicher Menge.

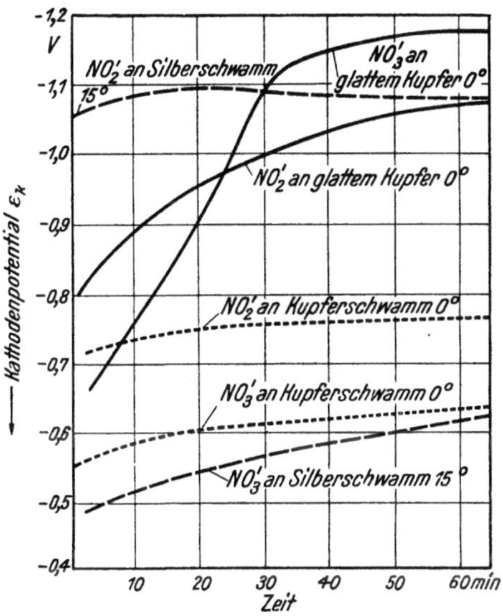


Abb. 103. Zeitliche Abhängigkeit des Kathodenpotentials bei der Reduktion von $NO_2'$ und $NO_3'$ an Kupfer und Silberschwammelektroden.

An den meisten anderen Kathodenmaterialien, wie Eisen, Zink, Blei, Platin, Gold, gleichgültig, ob sie glatt oder schwammig sind, ist das Nitrit ein besserer Depolarisator[4] als das Nitrat, weshalb es an diesen Metallen schon in einer verhältnismäßig kleinen Konzentration neben dem Nitrat der weiteren Reduktion zu Ammoniak und Hydroxylamin unterliegt.

Anders verhalten sich Silber und Kupfer als Kathodenmaterialien, und zwar verschieden, je nachdem, ob die genannten Materialien in glattem oder schwammigem Zustande vorliegen.

An glatten Elektroden aus diesen beiden Metallen ist das Nitrit schwerer reduzierbar als das Nitrat, doch verlieren diese Elektroden bei kathodischer Polarisierung ihre besonders hohe Fähigkeit, Nitrat zu reduzieren, wobei das Kathodenpotential in der Nitratlösung rasch immer negativere Werte annimmt und dabei bald das einer gleichen zeitlichen Veränderlichkeit nicht unterliegende, in der entsprechenden Nitritlösung sich einstellende Kathoden-

---

[1] C. F. Schönbein: Pogg. Ann. **47**, 563 (1839). — Brewster: Arch. Sciences physiques nat., Genève **28**, 60 (1867).

[2] S. Tanatar: Ber. Dtsch. chem. Ges. **29**, 1039 (1896).

[3] Zorn: Ber. Dtsch. chem. Ges. **12**, 1509 (1879).

[4] E. Müller: Ztschr. anorgan. allg. Chem. **26**, 1 (1900). — J. Weber: Ztschr. Elektrochem. **9**, 955 (1903). — E. Müller u. F. Spitzer: Ztschr. Elektrochem. **11**, 509 (1905).

potential übersteigt, so daß schon in kleinerer Konzentration das Nitrit weiter zu Ammoniak reduziert wird.

Dagegen tritt diese zeitliche Veränderung des Potentials an Elektroden aus schwammigem Kupfer oder besser noch an solchen von Silber bei kathodischer Polarisierung in Nitritlösungen in viel geringerem und zum Teil auch regelbarem Maße hervor.

Während an schwammigem Kupfer unter sonst gleichen Umständen sich die Entfernung der Potentiale auf etwa 0,15 Volt halten läßt, kann man an Silber den Unterschied auf 0,55—0,45 Volt bringen, so daß das schwammige Silber für die Reduktion einer schwach alkalischen Nitratlösung zu Nitrit das günstigste Kathodenmaterial darstellt.

Die zeitliche Abhängigkeit der Potentiale an diesen beiden Metallen gibt Abb. **103** wieder.

Auch in alkalischer Lösung entspricht der Verlauf der Reduktion des Nitrats ähnlichen Potentialverhältnissen.

Es ist demnach am Silberschwamm auch in konzentrierten Nitratlösungen eine sehr weitgehende Umwandlung in Nitrit noch mit guter Gesamtstromausbeute möglich, während am Kupferschwamm die Nitritausbeute geringer und die am Ammoniak entsprechend größer ist, dessen Menge an platiniertem Platin von vornherein überwiegt.

Die Bedingungen für die Aufrechterhaltung der schwammigen Oberflächenbeschaffenheit der Kupfer- und Silberkathoden sind von E. Müller und Spitzer[1] näher behandelt und untersucht worden. Da bei längerer Elektrolyse die schwammige Beschaffenheit der Kathode verlorengeht, muß man diese von Zeit zu Zeit anodisch polarisieren oder den Elektrolyten eine kleine Menge von Silber- oder Kupfersalz zusetzen, wodurch schwammiges Metall an der Kathode abgeschieden wird. Verbesserungen zur technischen Durchführung der Nitratreduktion zu Nitrit sind ferner durch Taquet und Belleville[2] gegeben worden, welche als Anoden lösliche Metalle (Kupfer, Blei, Aluminium) verwenden, wodurch die Gefahr der Oxydation und Zersetzung des Nitrits an unangreifbaren Anoden wegfällt.

In alkalischer Lösung wirken aber auch Eisenanoden auf Nitrit nicht oxydierend[3]. Man verwendet vorteilhaft einen Elektrolyten, der 1,5-normal an freiem Alkali ist und dem etwas Kupfer- oder Silbersalz sowie $NH_3$ zugesetzt wird und elektrolysiert mit Kupfer- oder Silberkathode und Eisenanode mit $D_k$ 1—5 A/dm². Bei einer Stromausbeute von 84% erhält man eine 36%ige Nitritlösung. Eine gute Nitritausbeute soll auch bei Verwendung von Quecksilberkathoden bei 90—200° C erzielt werden[4]. Die technische Gewinnung von Nitrit wird aber heute auf chemischem Wege durchgeführt. Als weitere Stufen der Reduktion von Nitraten kommen Hyponitrit, das nur an Quecksilberelektroden in etwas reichlicherer Menge entsteht, sonst nur Hydroxylamin und Ammoniak in Frage. Nach Zechlin[5] entsteht an Zinkkathoden das meiste Hydroxylamin.

Die gebildete Menge desselben ist aber auch noch von der Konzentration und Temperatur abhängig. In 5%iger kalter Natriumnitritlösung wird[6] an einer Zinkkathode etwa die Hälfte des Stroms zur Erzeugung von Hydroxylamin verbraucht, sonst überwiegt die Ammoniakbildung, und zwar mit sinkender Konzentration der Nitritlösung und steigender Temperatur in steigendem Maße, entsprechend dem von E. Müller[7] festgestellten Umstande, daß auch Hydroxylamin an den meisten Metallen erheblich stärker depolarisierend wirkt als Kaliumnitrit.

[1] Ber. Dtsch. chem. Ges. **38**, 1290 (1905).
[2] F. P. 264711 (1897).
[3] E. Müller u. Spitzer: Ber. Dtsch. chem. Ges. **38**, 778 (1905).
[4] W. J. Müller: Ztschr. Elektrochem. **9**, 978 (1903).
[5] Dissertation. Gießen, 1899.
[6] Ber Suler: Ztschr. Elektrochem. **7**, 831 (1901).
[7] E. Müller: Ztschr. anorgan. allg. Chem. **26**, 1 (1900).

In neuerer Zeit haben G. Ponzio und A. Pichetto[1] die elektrolytische Herstellung von Hydroxylamin aus Natriumnitrat an Bleianoden unter Anwendung eines Tondiaphragmas untersucht.

Während die Reduktion von Nitraten bis vor kurzem nur im Hinblick auf die Erzeugung der Nitrite und des Hydroxylamins untersucht wurde, hat in letzter Zeit auch die Ammoniakbildung auf diesem Wege Interesse gefunden, da man daran denkt, die am Weltmarkt nicht mehr absetzbaren Mengen von Chilesalpeter auf Ammoniak zu verarbeiten. Aus den nebenbei gemachten Feststellungen obengenannter Autoren, welche die Nitrit- und Hydroxylaminbildung studierten, geht hervor, daß für die $NH_3$-Bildung folgende Bedingungen günstig sind:

Höhere Temperatur, hohe Elektrolytkonzentration, Alkaligehalt, Vorliegen von Nitrit, glattes Blei, hochpoliertes Kupfer, hochpoliertes Platin, Eisen und Quecksilber als Kathodenmetalle, also solche, die eine hohe Überspannung besitzen.

Nach unveröffentlichten Versuchen des Verfassers mit E. Möbius[2] eignet sich als Elektrolyt eine bei 50—120° C gesättigte Lösung von $NaNO_3$ mit etwa 40 g NaOH im Liter. Als Kathoden dienen Kupfer oder Eisen. Bei einer Stromdichte von 0,5 A/cm² und einer Badspannung von 3 Volt beträgt die Stromausbeute in bezug auf $NH_3$ 90—95%. Die gebildeten kleinen Mengen von Hydroxylamin wirken insofern störend, als sie die Eisen- oder Nickelanoden aktivieren, so daß sie unter Hydroxydbildung in Lösung gehen.

Das suspendierte Hydroxyd scheint jedoch die Reduktion eher zu begünstigen als zu stören. Die Stromausbeuten sind innerhalb der Fehlergrenzen für rauhe und glatte Kathoden sowie für den oben angegebenen Temperaturbereich gleich hoch.

Höhere Temperatur, die sich ohnedies durch die Stromwärme von selbst einstellt, erleichtert jedenfalls die Abführung des $NH_3$. Dieses kann unter gleichzeitigem Durchsaugen von etwas Luft abgesaugt und in Vorlagen absorbiert oder durch Kühlung des Gasgemisches verflüssigt werden. Durch die rasche Abführung des $NH_3$ wird auch einer etwaigen Rückoxydation an der Anode vorgebeugt.

Höhere Temperaturen sind auch deshalb vorteilhaft, weil die Löslichkeit des Salpeters mit der Temperatur größer wird, so daß es möglich ist, die Elektrolyse auch bei wesentlich höheren Stromdichten ohne Ausbeuteverluste durchzuführen.

5 kg $NaNO_3$ liefern 1 kg $NH_3$ und 2,3 kg NaOH bei einem Energieverbrauch von 45 kWh, pro Kubikmeter $NH_3$ sind also 34 kWh notwendig.

# Organische Reduktionen.

## Allgemeines.

Die besondere Natur der organischen Stoffe, namentlich ihre meist mangelnde elektrolytische Dissoziation sowie die in vielen Fällen gegebene

[1] G. Ponzio u. A. Pichetto: Annali Chim. appl. **14**, 250.
[2] E. Möbius: Diss. Leoben 1936.

Schwerlöslichkeit im Wasser, bringen manche Erschwerung bei der Durchführung der Elektroreduktion.

Die zur Elektrolyse notwendige Leitfähigkeit wird durch Verwendung geeigneter Lösungen von Säuren, Basen oder Salzen erreicht.

Die mangelnde Löslichkeit organischer Stoffe in Wasser kann in manchen Fällen durch Anwendung eines anderen, meist organischen Lösungsmittels umgangen werden. Allerdings treten dabei meist wieder Schwierigkeiten wegen schlechter Leitfähigkeit auf. Wo eine Auflösung nicht befriedigend durchgeführt werden kann, hilft man sich durch eine Aufschlämmung oder Emulgierung der zu reduzierenden Stoffe in einem geeigneten Elektrolyten.

Der Verteilungsgrad solcher Mischungen kann wieder nach kolloidchemischen Grundsätzen durch Zusätze beeinflußt werden. Um den Stoff in Schwebe zu erhalten, kann die Verwendung von Schutzkolloiden oder bestimmten Elektrolytlösungen notwendig sein.

Wegen der Reaktionsträgheit organischer Verbindungen spielen bei der Elektroreduktion katalytisch wirkende Stoffe (Wasserstoffüberträger) (S. 202) eine größere Rolle als bei anorganischen Reduktionen.

Häufig wird auch die indirekte Reduktion mittels elektrolytisch erzeugten Alkaliamalgams angewendet.

In technischer Hinsicht ist die Durchführung organischer Elektroreduktionen meist schwierig. Die zur Jahrhundertwende hochgeschraubten Hoffnungen auf die Einführung der Elektroreduktion in die organische Industrie haben sich nur zum kleinsten Teil erfüllt.

## Reduktion organischer Sauerstoffverbindungen (Aldehyde, Ketone, Säuren).

### Aldehyde.

Von den aliphatischen Aldehyden werden die niedrigen Glieder, Formaldehyd und Azetaldehyd, in alkalischer Lösung an Kathoden aus Platin und Silber sehr leicht, in saurer Lösung dagegen an solchen aus Kupfer, und mit geringer Stromausbeute an solchen von Quecksilber zu Methan bzw. Äthan reduziert[1].

Besonders begünstigt wird der Vorgang der Reduktion zu Kohlenwasserstoffen an Kadmiumkathoden, so daß an ihnen die Reduktion auch der höheren Glieder, z. B. von Propionaldehyd, glatt gelingt, die an Blei und Quecksilberelektroden nur mit weitaus geringerer Stromausbeute möglich ist.

Im besonderen können aus Azetaldehyd bei vorsichtiger Reduktion verschiedene Produkte gewonnen werden:

1. Durch gemäßigte Reduktion werden zwei Moleküle Aldehyd zu 2,3-Butylenglykol verknüpft:

$$2\,CH_3\,CHO \rightarrow CH_3\cdot CH(OH)\cdot CH(OH)\cdot CH_3.$$

Analog läßt sich aus Heptylaldehyd Di-hexyl-äthylenglykol gewinnen[2].

[1] E. Müller: Dissertation. Dresden, 1921.

[2] Farbenfabriken vorm. F. Bayer & Co.: DRP. 277392 (1913).

2. Reduktion unter Bildung von 1,3-Butylenglykol mit vorhergehender Aldolkondensation[1]:

$$2\,CH_3CHO \rightarrow CH_3\cdot CH(OH)\cdot CH_2\cdot CHO \rightarrow CH_3\cdot CH(OH)\cdot CH_2\cdot CH_2OH.$$

Die Stromausbeute beträgt aber nur 30%, die Stoffausbeute 50%, deshalb konnte auch diese Reaktion, die für die Gewinnung von Butadien Bedeutung hätte, praktisch nicht durchdringen.

3. Bei dauerndem Niedrighalten der Aldehydkonzentration wird Azetaldehyd zu Äthylalkohol reduziert[2]:

$$CH_3CHO \rightarrow CH_3CH_2OH.$$

Zu erwähnen wäre hier auch die Möglichkeit der Reduktion des Krotonaldehyds, wobei unter gleichzeitiger Polymerisation Denaturierungsmittel für Alkohol entstehen[3] und die Reinigung von synthetischem Butylalkohol durch Elektroreduktion der Aldehyde[4]

Die aromatischen Aldehyde werden[5] in alkalischer Lösung an Kathoden von Platin, Nickel und Kupfer zu den Hydrobenzoinen reduziert, wobei man zur Vermeidung der Verharzung mit tunlichst hoher Stromkonzentration arbeitet, an Bleikathoden entsteht daneben auch Benzylalkohol.

In saurer Lösung, und zwar an Kupferkathoden, tritt die Bildung von Alkohol neben Hydrobenzoin bei Erniedrigung der Temperatur in den Vordergrund, wobei nebenbei die Bildung von Kohlenwasserstoffen, bei Benzaldehyd hauptsächlich zu Stilben, aber auch zum Teil zu Toluol erfolgt.

Dagegen konnten J. Tafel und W. Schepss[6] feststellen, daß an Kadmiumkathoden in schwefelsaurer Lösung bei hoher Temperatur nur die Bildung der Hydrobenzoine bzw. die Stilbenbildung als Hauptvorgänge vorliegen, bei tieferer Temperatur aber nur ein Mol in der Weise reagiert, daß die Aldehydgruppe zur Alkylgruppe reduziert wird.

Goro Shima[7] benutzte zwecks Darstellung von Salizylalkohol durch elektrolytische Reduktion von Salizylaldehyd zunächst eine alkalische Lösung als Katholyt und Kathoden aus Ni, Pt, Cu, Pb, Zn und Hg. Mit keiner dieser Elektroden wurde Alkohol erhalten, sondern als Hauptprodukt Oxyhydrobenzoin in einer Ausbeute von 70—80%. Wird dagegen die Lösung durch Zusatz einer $NaHCO_3$-Lösung schwach alkalisch gehalten, und wird während der Elektrolyse $CO_2$ zwecks Neutralisierung des gebildeten freien Alkalis eingeleitet, so entsteht Salizylalkohol in einer Strom- und Stoffausbeute von 80—90%. Ähnliche Ausbeuten werden erhalten, wenn man eine sehr schwachsaure Lösung von Na-Azetat benutzt, die mit Essigsäure angesäuert ist. Die Stromausbeute ist am größten bei Hg als Kathode und nimmt mit der Abnahme der Überspannung in der Reihenfolge Zn, Pb, Ni ab. Unter denselben Bedingungen wurde in 90%iger Ausbeute p-Oxybenzylalkohol durch elektrolytische Reduktion von p-Oxybenzaldehyd erhalten. Unter

[1] Farbenfabriken vorm. F. Bayer & Co.: DRP. 274201 (1912).

[2] Chemische Fabrik Griesheim Elektron: DRP. 328342 (1917). — P. V. H. Pascal: E. P. 140115 (1918). — Schweiz. P. 88188 (1919).

[3] P. V. H. Pascal: E. P. 140527 (1919).

[4] Imperial Chemical Industries Ltd.: E. P. 335638 (1929).

[5] H. Kaufmann: Ztschr. Elektrochem. **2**, 365 (1895); **4**, 461 (1898). — H. D. Law: Journ. chem. Soc. London **89**, 1512, 1520; **91**, 748 (1907); **99**, 1113 (1911).

[6] J. Tafel u. W. Schepss: Ber. Dtsch. chem. Ges. **44**, 2148 (1911); **46**, 2564 (1913).

[7] Memoirs Coll. Science, Kyoto Imp. Univ., Serie A, **11**, 407 (1928).

Anwendung der vorstehenden Bedingungen wurde auch die elektrolytische Reduktion von Vanillin und Piperonal durchgeführt und eine fast theoretische Ausbeute an Vanillinalkohol und Piperonalalkohol erhalten[1].

## Ketone.

Die Elektroreduktion von Azeton geht in drei Stufen vor sich: Zuerst entsteht Pinakon, dann Isopropylalkohol und schließlich Propan:

$$\begin{matrix}CH_3\\ CH_3\end{matrix}\!>\!CO \rightarrow \begin{matrix}CH_3\\ CH_3\end{matrix}\!>\!C(OH)-C(OH)\!<\!\begin{matrix}CH_3\\ CH_3\end{matrix} \rightarrow \begin{matrix}CH_3\\ CH_3\end{matrix}\!>\!CH(OH) \rightarrow \begin{matrix}CH_3\\ CH_3\end{matrix}\!>\!CH_2$$

Die Reduktion der Ketone ist schwierig, es muß eine hohe Stromkonzentration angewendet werden (S. 207).

In schwefelsaurer Lösung entstehen an Bleikathoden bei obiger Reduktion aus 100 kg Azeton 40 kg Isopropylalkohol und 20 kg Pinakon[2]. Durch Arbeiten in saurer Lösung und Kathoden aus Bleikupferlegierungen oder Graphit sowie Zusatz von Schwermetallsalzen kann die Ausbeute an Pinakon außerordentlich erhöht werden[3].

Störend ist das Auftreten von sogenannten „Bleiölen", z. B. Diisopropylblei $\left(\begin{matrix}CH_3\\ CH_3\end{matrix}\!>\!CH\right)_2Pb$ oder Tetraisopropylblei $\left(\begin{matrix}CH_3\\ CH_3\end{matrix}\!>\!CH\right)_4Pb$, die durch Überreduktion und Reaktion mit der Bleikathode entstehen. Um zu vermeiden, daß diese Verbindungen den Stromdurchgang an der Kathode hindern, wird die Kathode zu oberst in der Zelle mit horizontal nach unten gerichteter Arbeitsfläche angebracht, damit die „Bleiöle" abtropfen können[4].

In ähnlicher Weise wie aus Azeton Propan, kann aus Methyläthylketon[5] Butan und bei tiefer Temperatur aus Isoamylmethylketon reines Isoheptan an Kadmiumkathoden gewonnen werden. Technich und theoretisch ist hierbei interessant, daß sich bei Verwendung von Blei- oder Quecksilberkathoden die den entstehenden Kohlenwasserstoffen entsprechenden Blei- oder Quecksilberallyle bis zu Stromausbeuten von 90% bilden können, wenn man bei erhöhter Temperatur arbeitet[6].

Die aromatischen Ketone sowie die gemischten aliphatisch-aromatischen Ketone geben in saurer Lösung bei hohen Stromdichten und hoher Temperatur Pinakone, sofern sie nicht durch zu hohen Säuregrad sekundär in Pinakoline umgewandelt werden.

Mit abnehmender Stromdichte und abnehmenden Temperaturen werden dagegen in steigendem Maße sekundäre Alkohole, die Benzhydrole, gebildet[7].

[1] Goro Shima: Memoirs Coll. Science, Kyoto Imp. Univ., Serie A, **11**, 419 (1928).

[2] E. Merck: DRP. 113719 (1899).

[3] Farbenfabriken vorm. F. Bayer & Co.: DRP. 252759 (1911); 306304 (1917); 306523 (1917); 324919 (1917); 324920 (1918).

[4] Farbenfabriken vorm. F. Bayer & Co.: DRP. 303303 (1917).

[5] J. Tafel: Ztschr. Elektrochem. **17**, 972 (1911); Ber. Dtsch. chem. Ges. **42**, 3146 (1909).

[6] J. Tafel: Ber. Dtsch. chem. Ges. **39**, 3626 (1906); **44**, 323 (1911). — G. Renger: Ber. Dtsch. chem. Ges. **44**, 337 (1911). — Farbenfabriken vorm. F. Bayer & Co.: DRP. 303303 (1917).

[7] Vgl. K. Elbs u. K. Brand: Ztschr. Elektrochem. **8**, 786 (1902).

Diese Reduktionsvorgänge vollziehen sich, wenn auch nicht immer mit gleich guter Ausbeute sowohl an Blei als auch an Kupfer, Eisen oder glattem Platin und bleiben nur an platiniertem Platin aus[1].

In alkalischer Lösung ist der Reduktionsverlauf aromatischer Ketone und gemischter aliphatisch-aromatischer Ketone, von denen erstere[2] ausschließlich zum sekundären Alkohol, dem Benzhydrol, reduziert werden, letztere neben diesem auch Pinakon geben, an verschiedenen Kathodenmaterialien der gleiche. Es zeigen hier die verschiedenen Kathodenmaterialien keine unterschiedliche Wirkung. Dagegen tritt im besonderen Fall der elektrochemischen Reduktion des Tetramethyldiaminobenzophenons[3] in saurer Lösung ein besonderer Einfluß des Elektrodenmaterials hervor. Während an Platin- und Kupferkathoden dieses Keton viel Pinakon gibt, wird es an Bleikathoden unter gleichen Bedingungen fast völlig in den sekundären Alkohol, das Hydrol, übergeführt.

Von den hydroaromatischen Ketonen wird Kampfer in saurer Lösung an Quecksilberkathoden zum sekundären Alkohol, dem Borneol, als die auf anderem Wege nicht reduzierbare Kampferkarbonsäure in Alkalikarbonatlösung zur Borneolkarbonsäure reduziert, freilich nur mit geringerer Stromausbeute[4]. Die elektrolytische Reduktion von Benzophenon in Schwefelsäure-Eisessiglösungen an Kathoden aus Kadmium, Zinn, Blei, Wismut, Quecksilber, Aluminium, Zink, Kohlenstoff, Nickel, Kupfer und Eisen hat S. Swann untersucht. Das Hauptprodukt der Reduktion ist Benzpinakolin. Als beste Bedingungen für die Reduktion werden eine Konzentration der $H_2SO_4$ in Eisessig von **30**%, eine Stromdichte von 0,3 A/cm² und eine Temperatur von 60—80° angegeben[5]. Hierher gehört noch die Reduktion von Triazetonamin zu Triazetonalkamin

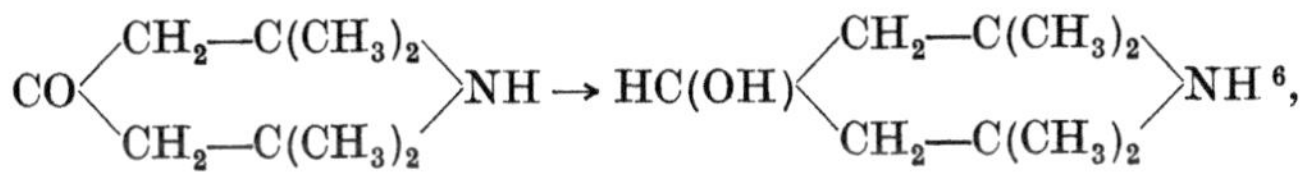

ferner die Reduktion von Tropinon zu Tropin:

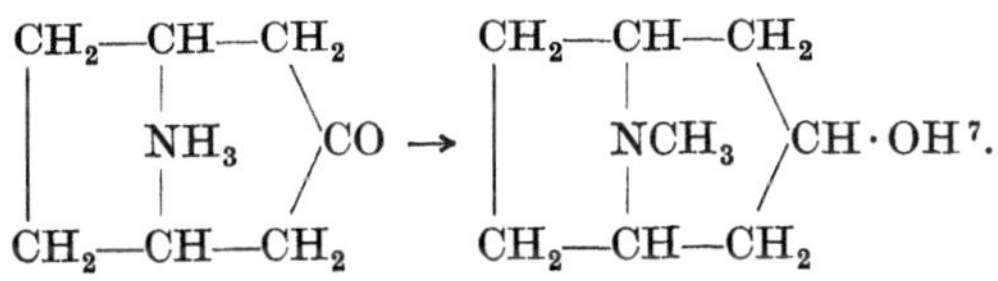

Dabei entsteht auch das isomere ψ-Tropin, und zwar in schwach saurer Lösung bis zu 50%[8].

Durch kombinierte Oxydation und Reduktion kann das Tropin vollständig in ψ-Tropin übergeführt werden, indem an der Anode aus dem Tropin wieder Tropinon entsteht, während das ψ-Tropin, das viel schwerer oxydiert ist, unverändert bleibt und sich immer mehr anreichert.

---

[1] H. Kaufmann: Ztschr. Elektrochem. **4**, 461 (1897). — E. Müller: Ztschr. Elektrochem. **16**, 236 (1910).

[2] K. Elbs u. K. Brand: Ztschr. Elektrochem. **8**, 783 (1902).

[3] F. Escherich u. M. Moest: Ztschr. Elektrochem. **8**, 849 (1902).

[4] J. Bredt: Liebigs Ann. **348**, 199 (1906); **366**, 1 (1909). — Vgl. auch J. Bredt u. W. Hilbing: Journ. prakt. Chem. **84**, 778 (1911). — Siehe auch Tsamu Techi: Bull. agric. chem. Soc. Japan **10**, 62 (1934).

[5] S. Swann jun.: Trans. Amer. electrochem. Soc. **1933**, 64.

[6] E. Schering: DRP. 95623 (1896).

[7] E. Schering: DRP. 96362 (1897).

[8] E. Merck: DRP. 115517 (1900); 128855 (1901).

Ebenso kann man Propinonkarbonsäureester zu Ergoninester reduzieren:

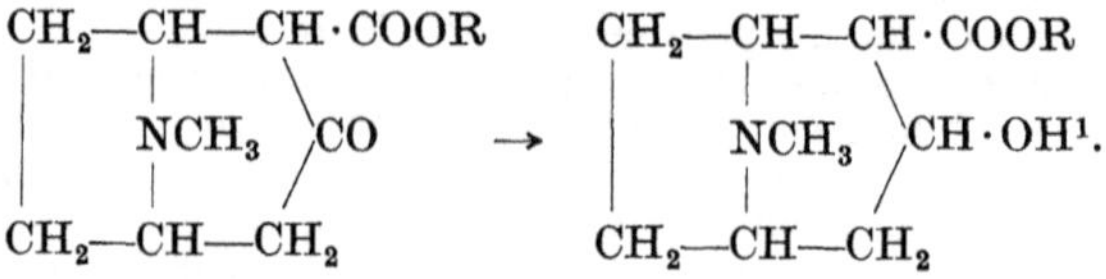

## Säuren.

Kohlensäure läßt sich in Form ihrer Bikarbonate[2] an Kathoden aus verzinktem oder amalgamiertem Kupfer oder aufgelockertem Blei zu ameisensauren Salzen reduzieren.

Bei Verwendung bleihaltiger Quecksilberelektroden läßt sich eine Stromausbeute von 25% erzielen[3]. Ameisensäure soll nach einem amerikanischen Patent[4] an Bleikathoden zu Formaldehyd und Methylalkohol reduzierbar sein, diese Angabe wurde aber von E. Baur[5] widerlegt, der auch zeigte, daß die Reduktion zweier Moleküle $CO_2$ zu Oxalsäure nicht gelingt. Durch Kombination von elektrolytischer und katalytischer Reduktion des Kohlenmonoxyds wird als hauptsächliches Reaktionsprodukt Formaldehyd erhalten, allerdings nur in geringen Mengen[6].

Es wurde hierzu eine „Filtrierkathode" benutzt, bestehend aus einem als Kathode dienenden Drahtnetz, auf welchem eine dicke Schicht Nickelpulver aufgeschichtet war, durch welche das CO durchperlen mußte.

Als Elektrolyt diente eine schwefelsaure Vanadinlösung. Ohne Anwendung von Nickelpulver mit CO allein oder im Gemisch mit $H_2$ werden nur Spuren von Reduktionsprodukten erhalten.

Sulfonsäurechloride lassen sich an Bleikathoden elektrochemisch zu Merkaptanen reduzieren[7]. Bei zweibasischen Säuren, wie z. B. Oxalsäure, wird ganz allgemein nur die eine Karboxylgruppe reduziert, und zwar diese stufenweise, indem in saurer Lösung an Kathoden aus Blei, Quecksilber und Kohle bei tiefen Temperaturen, nicht über 15°, die Aldehydsäure, die Glyoxalsäure entsteht, die bei gleichen Bedingungen

---

[1] E. Merck: DRP. 406215 (1922); 408869 (1933). — Siehe auch R. Willstätter: DRP. 302401 (1917).

[2] A. Coehn u. St. Jahn: Ber. Dtsch. chem. Ges. **37**, 28, 36 (1904). — R. Ehrenfeld: Ber. Dtsch. chem. Ges. **38**, 4138 (1905). — F. Fischer u. Prziza: Ber. Dtsch. chem. Ges. **47**, 256 (1914). — Royal Baking Powder Co.: A. P. 1185028 (1916).

[3] M. Rabinowitsch u. A. Machovetz: Ztschr. Elektrochem. **36**, 846 (1931).

[4] A. P. 867575. — Elektrochem. Met. Ind. **5**, 505 (1907).

[5] E. Baur: Ztschr. Elektrochem. **25**, 102 (1919).

[6] G. Fester u. M. Schivazappa: Ztschr. anorgan. allg. Chem. **171**, 163 (1928).

[7] F. Fichter u. W. Bernoulli: Ztschr. Elektrochem. **13**, 310 (1907); Ber. Dtsch. chem. Ges. **42**, 4308 (1909).

nur sehr langsam, bei Temperatursteigerung auf 40—50° sehr schnell zur Oxysäure der Glykolsäure, der Traubensäure reduziert wird:

$$\begin{array}{ccccccc} COOH & & CHO & & CH_2{-}OH & & CH(OH)\cdot COOH \\ | & \rightarrow & | & \rightarrow & | & \rightarrow & | \\ COOH & & COOH & & COOH & & CH(OH)\cdot COOH \\ \text{Oxalsäure} & & \text{Glyoxalsäure} & & \text{Glykolsäure} & & \text{Traubensäure}^{1} \end{array}$$

Auch durch indirekte Reduktion mit elektrolytisch erzeugten Alkaliamalganen läßt sich diese Reaktion durchführen[2].

Um die Oxalsäure mit guter Ausbeute zu Glykolsäure zu reduzieren, arbeitet man mit Bleikathoden bei 50° mit doppeltem Diaphragma, um die anodische Oxydation möglichst zurückzudrängen[3]. Verbessert wird dabei die Ausbeute durch Ersatz der $H_2SO_4$ durch HCl, Verwendung von Gitterplatten als Kathoden, um die Stromdichte zu erhöhen, und Eintragen der Oxalsäure in Portionen während der Reduktion. Man gelangt so zu Strom- und Stoffausbeuten über 80%[4].

Diese Verfahren wurden einige Zeit in Biebrich a. Rh. und in Bitterfeld durchgeführt.

Zur Herstellung von 1 kg Glykolsäure braucht man 1,8 kg Oxalsäure, für welche gleich die Mutterlaugen der Oxalsäurefabrik verwendet werden sollten und 15 kWh bei 5 Volt Zellenspannung.

Wegen der zu hohen Kosten ist es nicht gelungen, die elektrolytische Glykolsäure als Ersatz für Wein- und Zitronensäure in der Färberei und im Zeugdruck sowie in der Nahrungsmittelindustrie einzuführen[5].

Die zweite Karboxylgruppe widersteht der Reduktion, entsprechend der Gesetzmäßigkeit, daß die einfachen aliphatischen Säuren und ihre Substitutionsprodukte auch sonst der Reduktion widerstehen.

Bei hoher Stromkonzentration und gekühlten Bleikathoden, so daß die Temperatur 55—60° nicht übersteigt, kann man auch esterifizierte Ketosäuren elektrochemisch reduzieren.

Dabei können sowohl die Keto- als auch die esterifizierten Karboxylgruppen reduziert werden, allenfalls beide Gruppen gleichzeitig[6]. Im letzteren Fall entstehen Kohlenwasserstoffe, so z. B. aus dem Azetessigester bzw. dem Propylazetessigester Butan bzw. Methylheptan. Die ausschließliche Reduktion der Ketogruppen haben J. Tafel und B. Emmert[7] bei der Lävulinsäure festgestellt.

---

[1] J. Tafel u. G. Friedrich: Ber. Dtsch. chem. Ges. **37**, 3189 (1904). — Firma Kinzelberger & Co.: DRP. 163842 (1903) und 210693 (1904). — Farbenfabriken vorm. F. Bayer & Co.: DRP. 347605 (1920). — Royal Baking Powder Co.: DRP. 292865 (1912); A. P. 1181555 (1916).

[2] Royal Baking Powder Co.: DRP. 292866 (1912). — Siehe auch W. Mohrschulz: Ztschr. Elektrochem. **32**, 434 (1916). — R. Krepp & Co.: DRP. 458436 (1925).

[3] Deutsche Gold- und Silberscheideanstalt vorm. Roeßler: DRP. 194038 (1903). — Siehe auch E. Baur: Ztschr. Elektrochem. **25**, 105 (1919). — Soc. Franco-Belge d'Ongre: F. P. 735050 (1931).

[4] Deutsche Gold- und Silberscheideanstalt vorm. Roeßler: DRP. 204787 (1903); 239312 (1910); 243746 (1910). — Siehe auch K. Arndt: Chem.-Ztg. **54**, 733 (1930).

[5] V. Toja u. U. Ceva: Giorn. Chim. ind. appl. **8**, 3 (1926).

[6] J. Tafel u. H. Hahl: Ber. Dtsch. chem. Ges. **40**, 3312 (1907). — J. Tafel u. W. Jürgen: Ber. Dtsch. chem. Ges. **42**, 2548 (1909).

[7] J. Tafel u. B. Emmert: Ztschr. Elektrochem. **17**, 569 (1911).

Die Reduktion einer schwach alkalischen Lösung von Zimtsäure zu Phenylpropionsäure, sowie von Fumar- und Akonitsäure in die entsprechenden Säuren, verläuft an Quecksilberkathoden glatt[1]. Die Reduktionspotentiale von Fumar- und Maleinsäure hat P. Herasymenko[2] mit der Heytrovskyschen Quecksilbertropfkathode bestimmt und auf Grund der mit dem Polarograph aufgenommenen Polarisationskurven gezeigt, daß diese beiden Säuren, wie die Oxalsäure, durch den Strom reduziert werden, und zwar die Malein- und Fumarsäure bis zur Bernsteinsäure, während die Anionen letzterer Säure an der Kathode keine Reduktion erleiden.

Im Gegensatz zu den aliphatischen Säuren lassen sich aromatische Monokarbonsäuren durch elektrolytische Reduktion an Blei- oder Quecksilberkathoden in alkalischer Lösung unter Säurezusatz[3] zu den Alkoholen derselben C-Zahl vom Typus des Benzylalkohols, die Ester der aromatischen Karbonsäuren zu den entsprechenden Äthern reduzieren. Die Reduktion verläuft um so schwerer, je weiter die Karboxylgruppe vom Benzolkern entfernt ist, je mehr sich die Säuren dem Charakter der aliphatischen Säuren nähern[4].

Bei Anwesenheit von Borsäure im Elektrolyten lassen sich dagegen aromatische Karbonsäuren[5] zu ihren Aldehyden reduzieren, und es sind auf diesem Wege Benzaldehyd und Salizylaldehyd dargestellt worden.

## Säureabkömmlinge.

In schwefelsaurer Lösung läßt sich Harnsäure zu Puron reduzieren. Ebenso gelingt es unter Beschränkung der Reduktion auf eine CO-Gruppe, die in eine $CH_2$-Gruppe übergeführt wird, Koffein, Theobromin, Xanthin und seine methylierten Homologen, zu den entsprechenden Desoxyverbindungen zu reduzieren[6].

Die elektrochemische Reduktion des Koffeins zu Desoxykoffein verläuft am Quecksilber mit weit besserer Stromausbeute als am Blei und an diesem viel günstiger als am Kadmium. Während an den beiden ersten Metallen die Stromausbeute im Verlauf der Elektrolyse dauernd absinkt, geht sie an Thallium nach einiger Zeit durch einen Höchstwert, obschon in allen Fällen die Potentiale alle sehr nahe beieinander liegen.

Bei der in schwefelsaurer Lösung leicht durchführbaren elektrochemischen Reduktion der Oxydationsprodukte der Harnsäure, wie Barabansäure, Alloxan und anderer zyklischer Ureide, die zwei entweder unmittelbar verbundene oder nur durch ein mittelständiges C-Atom getrennte CO-Gruppen enthalten, erhält man verschiedene Produkte[8], je nachdem es zur Reduktion

---

[1] J. Petersen: Ztschr. Elektrochem. **11**, 549 (1905). — Siehe auch C. F. Boehringer & Söhne: DRP. 189332 (1906).

[2] P. Herasymenko: Ztschr. Elektrochem. **34**, 74 (1928).

[3] C. Mettler: Ber. Dtsch. chem. Ges. **38**, 1745 (1905); **39**, 2933 (1906); DRP. 166181 (1905).

[4] C. Marie, B. Marquis u. Birkenstock: Chem. Ztrbl. **1920 I**, 423. — K. Kling: Ztschr. Elektrochem. **16**, 152 (1910). — E. Baur u. Emil Müller: Ztschr. Elektrochem. **34**, 99 (1928); **35**, 264, 769 (1929).

[5] H. Weil: Ber. Dtsch. chem. Ges. **41**, 4147 (1908); DRP. 196236 (1906). — Siehe auch K. S. Tesh u. A. Lowy: Trans. Amer. electrochem. Soc. **45**, 37 (1924). — B. Rutowski u. A. Korolew: Trans. scient. chem.-pharmac. Inst. Moskau (russ.) 177 (1928).

[7] J. Tafel: Ber. Dtsch. chem. Ges. **32**, 75; **31**, 94 (1899). — J. Tafel u. A. Weinschenk: Ber. Dtsch. chem. Ges. **33**, 3369 (1900). — J. Tafel u. B. Ach: Ber. Dtsch. chem. Ges. **34**, 1165, 1170 (1901). — J. Tafel u. J. Dodt: Ber. Dtsch. chem. Ges. **40**, 3752 (1907); DRP. 108557 (1898).

[8] J. Tafel u. M. Weinschenk: Ber. Dtsch. chem. Ges. **33**, 3883 (1900). — J. Tafel u. L. Reines: Ber. Dtsch. chem. Ges. **34**, 3286 (1901). — J. Tafel u. H. B. Thompson: Ber. Dtsch. chem. Ges. **40**, 4489 (1907).

nur einer oder beider CO-Gruppen kommt, z. B. aus der Barbitursäure bei gewöhnlicher Temperatur gleichzeitig Hydrourazil und Trimethylenharnstoff.

An Bleikathoden[1] werden Säureimide unter Verwendung einer CO- zu einer CH-Gruppe reduziert, z. B. wird in 50%iger $H_2SO_4$ Suceinimid in Pyrrolidon überführt, wobei nur in untergeordneter Menge Pyrrolidin entsteht. Die Reduktion zu Aminen gelingt in 50%iger $H_2SO_4$ aus Oximen und Hydrazonen an Bleikathoden[2], von Azetoxim zu Isopropylamin, wogegen die Reduktion der Säureamide zu Aminen unter gleichen Umständen mit nur geringerer Strom- und Materialausbeute erfolgt[3].

Aus Sulfosäuren, z. B. Sulfoanthranilsäure 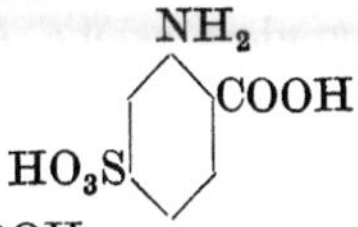 oder Sulfophenylglyzin-o-Karbonsäure 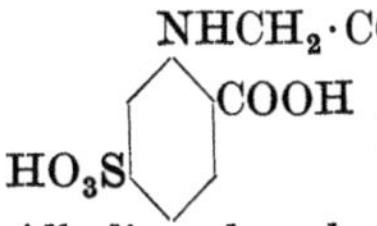 kann durch indirekte elektrochemische Reduktion mit Alkaliamalgamkathoden die Sulfogruppe entfernt werden[4]. Ebenso können Anthrachinonsulfosäuren[5] und Naphthylamin-polysulfosäuren[6] zum Teil entsulfoniert werden.

Trichloressigsäure läßt sich durch Elektroreduktion an Bleikathoden in Dichloressigsäure verwandeln[7].

Durch Elektroreduktion von Phenylarsinsäure und ihren Substitutionsprodukten erhält man Arsenoverbindungen von nicht genau aufgeklärter Konstitution[8]. Formaldehyd-Sulfoxylate lassen sich sowohl durch direkte Elektroreduktion von schwefliger Säure unter Zugabe von Formaldehyd[9] als auch durch indirekte Reduktion an Alkaliamalgankathoden herstellen[10].

## Amine und organische Basen.

Aus quaternären Ammoniumbasen entstehen[11], sofern sie mindest ein aromatisches Alkyl enthalten, an Bleikathoden unter Abspaltung von dem entsprechenden aromatischen Kohlenwasserstoff tertiäre Amine. Das aus Benzaldehyd und Anilin entstehende Benzilidenanilin wird[12] an Bleikathoden in alkalischer Lösung glatt zu Benzylanilin reduziert. Sehr verwickelt sind die Vorgänge bei den von P. Knudson[13] untersuchten elektrochemischen Re-

---

[1] J. Tafel u. M. Stern: Ber. Dtsch. chem. Ges. **33**, 2229 (1900). — J. Tafel u. K. Eckstein: Ber. Dtsch. chem. Ges. **34**, 3274 (1901).

[2] J. Tafel u. E. Pfeffermann: Ber. Dtsch. chem. Ges. **35**, 1501 (1902). — C. Marie: Compt. rend. Acad. Sciences **140**, 1248 (1905).

[3] Th. Baillie u. J. Tafel: Ber. Dtsch. chem. Ges. **32**, 68 (1899). — J. Tafel: Liebigs Ann. **301**, 291 (1898); **304**, 24 (1898).

[4] Kalle & Co.: DRP. 146715 (1902); 147228 (1902).

[5] Brit. Dyestuffs Co. Ltd.: E. P. 273043 (1926); F. P. 626669 (1926).

[6] Farbenfabriken vorm. F. Bayer & Co.: DRP. 248527 (1911); 255724 (1911).

[7] K. Brand: DRP. 246661 (1911).

[8] H. Bart: DRP. 270568 (1911). — F. Fichter u. E. Elkind: Ber. Dtsch. chem. Ges. **49**, 239 (1916). — K. Matsnmaya u. H. Nakata: A. P. 1713475 (1927).

[9] J. Schneider: DRP. 403193 (1923).

[10] Fab. ital. Mat. Coloranti Bonelli: DRP. 410480 (1921).

[11] B. Emmert: Ber. Dtsch. chem. Ges. **42**, 1507 (1909).

[12] H. Brand: Ber. Dtsch. chem. Ges. **42**, 3460 (1909). — H. G. Law: Journ. chem. Soc. London **101**, 154 (1912).

[13] P. Knudson: Ber. Dtsch. chem. Ges. **42**, 3994 (1909). — C. Boehringer & Söhne: DRP. 143197 (1909); 175071 (1906).

duktionen der aus Formaldehyd oder Azetaldehyd in Ammoniak entstandenen Kondensationsprodukte an Bleielektroden in saurer Lösung, die zu Mono-, Di- und Trialkylaminen führen. Ein analoger Zusammentritt zweier Moleküle tritt bei der Reduktion quaternärer Pyridiniumsalze ein, z. B. entsteht aus 2 Mol Benzylpiperidiniumchlorid 1 Mol Dibenzyldihydrodipyridyl[1].

## Nitrokörper.

### Übersicht.

Eine besonders reiche Anzahl von Reduktionsstufen liefern bei der Elektroreduktion die aromatischen Nitrokörper $RNO_2$. Folgende Produkte können entstehen:

Nitrosokörper RNO,

$\beta$-Arylhydroxylamine RNHOH bzw. deren Umlagerungsprodukte, die

1,4-Aminophenole $R\begin{matrix} \diagup OH \\ \diagdown NH_2 \end{matrix}$,

Azoxykörper $RN{-}NR$, (beide N über O verbunden: $\underset{O}{\diagdown\diagup}$)

Azokörper RN=NR und

Hydrazokörper RNH—NHR bzw. deren Umlagerungsprodukte, die Benzidine $H_2NR{-}RNH_2$.

Die zahlreichen, zunächst ganz unzusammenhängenden experimentellen Untersuchungen über diesen Gegenstand[2] hat F. Haber[3] unter Erweiterung derselben theoretisch geklärt und gezeigt, daß die gegenseitigen Beziehungen der einzelnen Reduktionsprodukte der elektrolytischen Reduktion der Nitrokörper vollkommen parallel sind den Zusammenhängen bei der rein chemischen Reduktion[4].

Die Grundlage der Haberschen Theorie bildet die Erkenntnis, daß die elektrolytische Reduktion, ebenso wie die rein chemische Reduktion, unmittelbar aus $RNO_2$ der Reihe nach nur die Reduktionsstufen $RNO \rightarrow RNHOH \rightarrow RNH_2$ erzeugt und alle anderen bei diesen Reduktionen entstehenden Körper sekundäre Umwandlungsprodukte sind.

[1] J. Pech: Die Reduktion einiger aliphatischer Amine von Chinolin und Saccharin. Coll. Trav. chim. Tchécoslovaquie **6**, 126 (1934). Die Elektroreduktion einiger Alkaloide. Coll. Trav. chim. Tchécoslovaquie **6**, 190 (1934). — Siehe auch P. Herasymenko u. I. Slendyk: Coll. Trav. chim. Tchécoslovaquie **6**, 204 (1934).

[2] K. Elbs: Ztschr. Elektrochem. **7**, 183, 141 (1900); **9**, 728 (1903); **12**, 685 (1906); **13**, 639 (1907); **16**, 138, 423 (1910); **18**, 665 (1912). — K. Elbs u. M. Buchner: Ber. d. V. internat. Kongr. f. angew. Chem. **4**, 594, 610, 615. — C. Häussermann: Ztschr. angew. Chem. **(1901)**, 380; Chem.-Ztg. **17**, 129, 209 (1893). — L. Gattermann: Ber. Dtsch. chem. Ges. **29**, 3037, 3040 (1896). — W. Löb: Die Elektrochemie organ. Verbindungen, 3. Aufl., Halle. — K. Brand: Die elektrochemische Reduktion organ. Nitrokörper und verwandter Verbindungen. 1908. Stuttgart: Enke, und andere.

[3] F. Haber: Ztschr. Elektrochem. **4**, 506, 574 (1898); Ztschr. physikal. Chem. **32**, 271 (1900); Ztschr. angew. Chem. **(1900)**, 433.

[4] E. Bamberger: Ber. Dtsch. chem. Ges. **31**, 1500 (1898); **33**, 721 (1900). — H. Goldschmidt: Ztschr. Elektrochem. **9**, 725 (1903).

Bei dem einfachsten der aromatischen Nitrokörper, dem Nitrobenzol, das sowohl in homogenen Lösungen als auch in wäßerigen Suspensionen in Gegenwart von geeigneten Elektrolyten ein starker, kathodischer Depolarisator ist und selbst bei höherer Stromdichte ohne $H_2$-Entwicklung vollständig reduziert wird, ist das erste Reduktionsprodukt, das Nitrosobenzol, ein stärkerer Depolarisator als das Nitrobenzol. In Abb. 104 sind diesbezügliche Messungen von N. Stephansen im Dresdener Laboratorium über die Kathodenpotentiale der beiden oben genannten Depolarisatoren an platinierten Platinelektroden in einer Lösung von 70 g Alkohol, 7 g $H_2SO_4$ und 21 g $H_2O$ dargestellt.

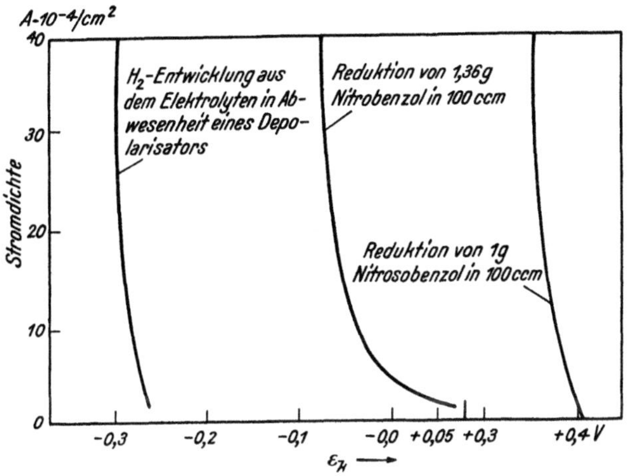


Abb. 104. Kathodische Reduktion von Nitrobenzol und Nitrosobenzol.

Zum Vergleich ist auch die Kathodenpotentialkurve der Wasserstoffentwicklung ohne Anwesenheit des Depolarisators unter gleichen Bedingungen beigefügt.

In neuerer Zeit hat Masuzo Shikata[1] mittels der Quecksilbertropfkathode von Heyrovsky[2] die Reduktionspotentiale des Nitrobenzols durch Aufnahme der Stromstärkespannungskurven in sauren, alkalischen und neutralen Lösungen von Nitrobenzol in geringer Konzentration $4{,}47 \cdot 10^{-4}$ oder $4{,}47 \cdot 10^{-5}$ n ermittelt.

Es ergab sich, daß die gemessenen Potentiale in sauren Lösungen mit den nach der Nernstschen Formel berechneten übereinstimmen, wenn man die im Nenner des Logarithmus stehende Konzentration durch diejenige ersetzt, die sich nach der Adsorptionsisotherme aus der Konzentration des Gesamtvolumens der Lösungen berechnet. In alkalischen Lösungen wurden abnorme Potentialwerte beobachtet, die durch die Annahme erklärt werden, daß das Nitrobenzol durch Aufnahme von Wasser in eine Säure $C_6H_5NO(OH)_2$ umgewandelt wird, von der $H^{\cdot}$-Ionen abgespalten werden. Es wurde hierbei nachgewiesen, daß die Reduktion durch die Abscheidung von $H^{\cdot}$-Ionen und nicht durch vorübergehende Abscheidung von Metallionen bewirkt wird.

Aus der Abb. 104 ist ersichtlich, daß das Nitrosobenzol bei der Re-

[1] Masuzo Shikata: Trans. Faraday Soc.: **21**, 42—52 (1925).
[2] Heyrovsky: Philos. Magazine (6) **15**, 304 (1908).

duktion von Nitrobenzol nur in ganz kleinen Mengen im Elektrolyten auftreten kann, da es, sobald seine Konzentration einen gewissen kleinen Betrag erreicht hat, weiter reduziert wird, so daß als Produkt der Reduktion des Nitrosobenzols das $\beta$-Phenylhydroxylamin auftritt, das sich durch ein nur geringes Depolarisationsvermögen auszeichnet. Dieser Körper müßte sich demnach stets als Endprodukt der Reduktion bilden, wenn er nicht unter bestimmten Bedingungen, besonders in stark saurer oder stark alkalischer Lösung eine außerordentlich große und vielseitige Reaktionsfähigkeit aufwiese.

Zur Vermeidung dieser muß man zur Gewinnung von Phenylhydroxylamin also nur in ganz schwach saurer oder schwach alkalischer Lösung arbeiten und sich gleichzeitig Kathoden aus Platin, Silber oder reinem Nickel bedienen[1], da an anderen Metallen, wie Zink, Blei, Zinn, Kupfer und Quecksilber, die elektrolytische Reduktion der Alkylhydroxylamine, im besonderen auch von Phenylhydroxylamin so beschleunigt wird, daß an ihnen oder an mit diesen Metallen durch Zusatz ihrer Salze zum Elektrolyten überzogenen Kathoden aus beliebigen anderen Metallen mit fast der theoretischen Stromausbeute auch bei Stromdichten bis zu 0,18 A/cm$^2$ die Hydroxylamine zu Aminoverbindungen reduziert werden[2]. Natürlich ist hier, um Reoxydation dieser zu vermeiden, die Anwendung eines Diaphragmas nötig. Besonders wirksam sind für die Reduktion zu Anilin Zinn und Kupfer, wenn sie in Schwammform vorliegen.

Eine ähnliche Wirksamkeit können nach dem DRP. von C. F. Boehringer & Söhne[3] auch dem Elektrolyten zugesetzte Chrom-Eisen- oder Titansalze ausüben, indem sie vom Strom in die niedrige Wertigkeitsstufe reduziert werden und in dieser Form gleichzeitig entstandenes Phenylhydroxylamin rasch zum Amin weiterreduzieren, während sie sich selbst dabei wieder oxydieren und elektrochemisch aufs neue reduziert werden.

Sehr interessant erscheint hier die Wirkung eines im Kathodenraum anwesenden zweiten Metalls, z. B. Wismut oder Kupfer, das nach dem DRP.[4] der Gesellschaft für Chemische Industrie in Basel, die für die Anilinbildung aus einer Emulsion von Nitrobenzol in verdünnter Schwefelsäure günstige Wirkung einer Bleikathode soweit vermindert, daß dem Phenylhydroxylamin Zeit bleibt, die von ihm in saurer Lösung stets angestrebte Umwandlung in das isomere p-Aminophenol zu vollziehen. Man erhält diesen Körper dann als Endprodukt der elektrolytischen Reduktion.

In starker Schwefelsäure überwiegt an Kathoden aus Platin[5] oder Kohle[6] oder besser aus Silber[7] die Bildung von Aminophenolen, während an Bleikathoden in verdünnter Schwefelsäure emulgiertes Nitrobenzol bei der elektrochemischen Reduktion bei etwa 90° ungefähr zu gleichen Teilen Anilin und Aminophenol gibt. Da man aber, wie oben erwähnt, die Wirkung von Bleikathoden durch Zusatz von Kupfer oder die Wirkung von Kupferkathoden durch Zusatz von Blei oder Wismut so schwächen kann, daß in verdünnter Schwefelsäure suspendierte Nitrokörper bei 80—90° vorwiegend zu Amino-

[1] Vgl. Haber: Ztschr. Elektrochem. 5, 77 (1898). — K. Brand: Ber. Dtsch. chem. Ges. **38**, 3076 (1905).

[2] K. Elbs: Chem.-Ztg. **17**, 209 (1893); Ztschr. Elektrochem. **2**, 471 (1896). — C. F. Boehringer & Söhne: DRP. 116942 (1900). — K. Elbs u. F. Silbermann: Ztschr. Elektrochem. **7**, 589 (1901). — Löb: Ztschr. Elektrochem. **4**, 436 (1898).

[3] C. F. Boehringer & Söhne: DRP. 117007 (1900). — Farbwerke vorm. Meister, Lucius & Brüning: DRP. 168273 (1903).

[4] DRP. 295841 (1915).

[5] L. Gattermann: Ber. Dtsch. chem. Ges. **26**, 1844, 2810 (1893); **27**, 1929 (1894); **29**, 3034 (1896). — L. Wein u. K. Reiter: Liebigs Ann. **355**, 175 (1907).

[6] DRP. 150809 (1901); 154086 (1903).

[7] K. Brand: Elektrochem. Red. organ. Nitrokörper.

phenolen reduziert werden, hat man zur Darstellung[1] von p-Aminophenolen mehrere Möglichkeiten.

Tritt die Umlagerung von Phenylhydroxylamin zu p-Aminophenol neben der Weiterreduktion zu Amin in Erscheinung, so verläuft sie bei gegebener Konzentration des Phenylhydroxylamins um so schneller, je größer die Stärke und die Konzentration der im Elektrolyten vorhandenen Säure ist und je weniger die Geschwindigkeit der Reduktion des Phenylhydroxylamins durch das Elektrodenmaterial beschleunigt wird.

Anderseits können durch Wechsel der äußeren Bedingungen an Stelle von Aminophenolen verschiedene Derivate desselben entstehen, so z. B. bei Gegenwart von Alkohol durch Veresterung Phenetidin. In stark rauchender Schwefelsäure gibt nach A. Noyes und A. A. Clement[2] p-Aminophenol seine Sulfosäure, in konzentrierter wäßriger Salz- bzw. Bromwasserstoffsäure entsteht p-Chloranilin[3] (neben wenig o-Chloranilin) bzw. die entsprechenden Bromverbindungen.

Die rein chemische Wechselwirkung von Nitrosobenzol und Phenylhydroxylamin zu Azoxybenzol, die in alkalischer Lösung eine erhebliche Rolle spielt, erfolgt in saurer Lösung mit so geringer Geschwindigkeit, daß sie nur da, wo die andern möglichen Vorgänge auch gehemmt sind, praktisch in Erscheinung tritt.

Ist dies der Fall, wird in saurer Lösung, ebenso, wie noch weiter unten gezeigt wird, in alkalischer Lösung das Azoxybenzol zum Hydrazobenzol weiterreduziert, das sich dann in saurer Lösung in Benzidinsalze umlagert[4].

Auch bei der elektrochemischen Reduktion in alkalischer Lösung ist für die Endprodukte das Kathodenmaterial von einschneidender Bedeutung.

Doch wird die Wirksamkeit des Kathodenmetalls in saurer und in alkalischer Lösung eine verschiedene sein. Die Wirksamkeit verschiedener Elektrodenmetalle auf die Reduktion einer 0,267 molaren Nitrobenzollösung in alkalischer alkoholischer Lösung zeigt besonders anschaulich die folgende von R. Ruß[5] herrührende Tabelle 20.

Tabelle 20.

| Elektrodenmetall | Kathodenpotential bei einer Stromdichte von $1{,}2 \cdot 10^{-4}$ A/cm² Volt |
|---|---|
| Elektrolytgold . . . . . . | — 0,4012 |
| Blankes Platin . . . . . | — 0,4050 |
| Elektrolytsilber . . . . . | — 0,4095 |
| Eisen . . . . . . . . . . . . . . | — 0,5510 |
| Nickel . . . . . . . . . . . . . | — 0,7058 |

In alkalischer Lösung wird an Kupferkathoden oder auch bei Anwesenheit von Kupferpulver, jedoch nur bei hoher Temperatur von 80—100° Nitrobenzol zu Anilin reduziert[6], indem Kupfer die Weiterreduktion von Phenylhydroxylamin so beschleunigt, daß selbst die übrigen in alkalischer Lösung sonst sehr schnell verlaufenden Umsetzungen von Phenylhydroxylamin zurücktreten.

Dagegen verlaufen diese letzteren mit wesentlich größerer Geschwindigkeit als die Reduktion zu Aminen an Platin- und Nickelelektroden und führen bei Verwendung dieser fast ausschließlich durch Wechselwirkung von dem primären Reduktionsprodukt Nitrosobenzol und der Folgestufe Phenylhydroxylamin zu Azoxybenzol, ein Vorgang, der in saurer Lösung mit geringer, in alkalischer mit momentaner Geschwindigkeit verläuft. In alkalischer Lösung treten die rein chemischen Umwandlungen von Phenyl-

[1] DRP. 81625 (1896).
[2] A. Noyes u. A. A. Clement: Ber. Dtsch. chem. Ges. **26**, 990 (1893).
[3] W. Loeb: Ztschr. Elektrochem. **3**, 46 (1896).
[4] W. Loeb: Ztschr. Elektrochem. **3**, 441 (1896).
[5] R. Ruß: Ztschr. physikal. Chem. **44**, 641 (1900).
[6] K. Elbs u. K. Brand: Ztschr. Elektrochem. **8**, 788 (1902). — C. F. Boehringer & Söhne: DRP. 130742 (1909); 131404 (1902). — W. Loeb u. R. W. Moore: Ztschr. physikal. Chem. **47**, 418 (1904).

hydroxylamin zu Azoxybenzol und Anilin[1] bzw. zu Azobenzol zurück, so daß die beiden letztgenannten Stoffe in nur geringer Menge bzw. in Spuren entstehen.

Wie aus den von Stephansen im Dresdener Laboratorium gemessenen Stromdichtepotentialkurven (Abb. 105) für platiniertes Platin als Kathode in einer Lösung von NaOH in Alkohol und Wasser ersichtlich ist, unterliegt das Azoxybenzol wohl auch der elektrolytischen Reduktion an Platin, und das gleiche gilt für Nickel, es ist aber an beiden Elektrodenmaterialien ein schwächerer Depolarisator als das Nitrobenzol.

Man kann daher Azoxybenzol durch elektrochemische Reduktion gewinnen, indem man entweder das Kathodenpotential auf einem konstanten und so niedrigen Wert hält, daß eine Weiterreduktion desselben vermieden wird, oder die Konzentration des Azoxybenzols so niedrig hält, daß es auch neben geringer Nitrobenzolkonzentration nicht reduziert wird.

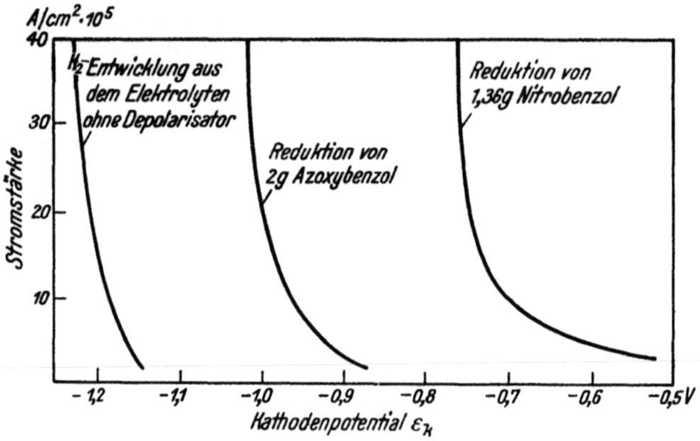


Abb. 105. Kathodische Reduktion von Nitrobenzol und Azoxybenzol.

Für praktische Zwecke ist letzterer Weg bequemer und leicht durch Anwendung wasserlöslicher Suspensionen von Nitrobenzol, aus denen bei der Reduktion das gleichfalls sehr schwer lösliche Azoxybenzol ausfällt, zu verwirklichen.

Man kann sagen, daß bei Anwendung des letzteren Weges die Darstellung von Azoxyverbindungen an bestimmte Löslichkeitsunterschiede zwischen diesen und den zugehörigen Nitrokörpern gebunden ist. Dagegen wird in homogenen Lösungen, also in alkoholischer alkalischer Lösung das Azoxybenzol weiterreduziert, und zwar in um so reichlicherem Maße, eine je höhere Stromdichte man anwendet und je länger man die Reduktion fortsetzt.

Als Primärprodukt dieser elektrochemischen Reduktion von Azoxybenzol entsteht Hydrazobenzol, das aber sekundär durch Luftsauerstoff allein, rascher und vollkommener mit Nitrobenzol oder auch durch Wirkung beider zu Azobenzol oxydiert wird, so daß man diesen Körper als Endprodukt der elektrochemischen Reduktion gewinnen kann[2].

Die Azoverbindungen lassen sich bei 85—95° bei Stromdichten von 0,03—0,04 A/cm² an Kathoden aus Blei, Zinn oder Zink oder auch an Nickeldrahtnetzen zu Hydrazobenzol mit etwa 80% Stromausbeute reduzieren[3]. Das Hydrazobenzol läßt sich durch Auskristallisation als solches oder infolge Umwandlung in sein Isomeres durch Einfließenlassen in konzentrierte $H_2SO_4$ als Benzidinsulfat gewinnen.

[1] E. Bamberger u. F. Brady: Ber. Dtsch. chem. Ges. **33**, 271 (1903).
[2] K. Elbs u. O. Kopp: Ztschr. Elektrochem. **5**, 108 (1898).
[3] DRP. 121899 und 121900 (1899).

Das Benzidinsulfat kann man unmittelbar durch elektrolytische Reduktion des Azobenzols oder Azoxybenzols in alkoholisch saurer Lösung bzw. in wäßriger Suspension bei Gegenwart von Titanchlorid oder Salzen des dreiwertigen Vanadins gewinnen[1], wobei es von Interesse ist, daß Azoxybenzol in saurer Lösung an platiniertem Platin ein schwächerer, für die gleichen Stromdichten eine um 0,20—0,27 Volt stärkere kathodische Polarisation beanspruchender Depolarisator ist als Azobenzol, während in alkalischer Lösung sich beide gleich verhalten.

Im Verlaufe der elektrolytischen Reduktion in alkalischer Lösung tritt also das Hydrazobenzol zweimal auf: zuerst als Zwischenprodukt aus Azoxybenzol entstanden, dann als aus Azobenzol hervorgegangenes Endprodukt.

In neuerer Zeit hat C. J. Brockmann[2] eine Zelle mit Diaphragma beschrieben, in der eine Zinkamalgamanode in $H_2SO_4$ mit einer Platinkathode in $H_2SO_4$ oder NaOH durch einen Kupferdraht verbunden wird. Das Element entwickelt an der Kathode mit geringer Stromdichte und niedrigem Potential Wasserstoff und gestattet Nitrobenzol je nach Bedingungen zu p-Aminophenol, Benzidin oder Anilin, o- und p-Nitrophenol zu o- und p-Aminophenol sowie Indigo zu Indigoweiß zu reduzieren.

Die oben geschilderte Reaktionsfolge für die elektrochemische Reduktion des Nitrobenzols hat sich in großen Zügen auch für die elektrochemische Reduktion vieler substituierter Nitrobenzole, ferner auch für die Nitroverbindungen des Naphthalins, Biphenyls oder Pyrazolons als gültig erwiesen.

Natürlich treten insofern individuelle Abweichungen in einzelnen Fällen ein, als einzelne der oben erwähnten Vorgänge oder Umlagerungsreaktionen eine Beschleunigung, bzw. andere eine Verzögerung erfahren und so in individuell verschiedener Weise andere Reaktionsprodukte erhalten werden.

So gibt von den drei Nitroanilinen in alkoholisch alkalischer Lösung[3] nur das m-Nitroanilin, analog dem Nitrobenzol, die entsprechende Azoverbindung, das o- und p-Isomere dagegen die entsprechenden Diamine[4].

Ebenso gibt o- und p-Nitrophenol in alkalischer Lösung an Elektroden aus Platin oder Nickel[5] Amine, während m-Nitrophenol[6] das m-Azophenol liefert.

Ferner werden höher substituierte Azokörper (Azofarbstoffe) in schwach sauren Elektrolyten reduziert[7].

Für die elektrochemische Reduktion mehrfach nitrierter Benzolabkömmlinge ist die Frage der Geschwindigkeitsverhältnisse der einzelnen Reduktionsstufen der Nitrokörper von Bedeutung. Soll es hierbei nur zur Reduktion einer einzigen Nitrogruppe kommen, ist dies nur möglich, wenn die Geschwindigkeit, mit der diese selbst reduziert wird, bzw. ihre ersten Reduktionsprodukte weiter reduziert werden, erheblich größer ist als diejenige, mit welcher weitere im gleichen Molekül vorhandene Nitrogruppen schon die erste Reduktionsstufe erreichen können.

Dies kann man bei den Dinitro- und Trinitrobenzolderivaten in saurer Lösung erreichen und Monaminonitrokörper in guter Ausbeute erhalten, wenn man eine Kupferkathode bei gleichzeitiger Zugabe von Kupferchlorid zu einer salzsauren oder von Vanadylsulfat zu einer schwefelsauren Lösung verwendet, wodurch der Reduktion der ersten Hydroxylamingruppe eine größere Geschwindigkeit erteilt wird als der Reduktion der übrigen im Molekül vorhandenen Nitrogruppen.

---

[1] W. Löb: Ztschr. Elektrochem. 7, 320, 333 (1900). — Farbwerke vorm. Meister, Lucius & Brüning: DRP. 168273 und 172654 (1903).

[2] C. J. Brockmann: Trans. Amer. electrochem. Soc. 51 (1927).

[3] K. Elbs u. O. Kopp: Ztschr. Elektrochem. 5, 110 (1898).

[4] A. Rhode: Ztschr. Elektrochem. 7, 339 (1900).

[5] K. Elbs: Journ. prakt. Chem. 43, 39 (1891).

[6] E. Klappert: Ztschr. Elektrochem. 8, 791 (1902).

[7] C. F. Boehringer & Söhne: DRP. 121835 (1900). — Hesselmann: Dissertation. Gießen, 1905. — Schneider: Dissertation. Gießen, 1906.

Dagegen liegt beim Arbeiten mit Vanadylsalz an anderen Kathoden als an Kupfer das Kathodenpotential negativer[1], und neben verhältnismäßig größeren Mengen von Diaminen entstehen beträchtliche Mengen von Azoxykörpern, offenbar weil die Geschwindigkeit der Einwirkung der Nitroso- auf die Hydroxylaminverbindungen jetzt ziemlich groß ist und anderseits deren Weiterreduktion nicht schnell genug vor sich geht.

Ist eine Doppelbindung neben einer Nitrogruppe da, z. B. in m- und p-Nitrozimtsäure, so wird, wie C. Marie festgestellt hat, an Platinkathoden nur letztere reduziert und nicht die Doppelbindung und in alkalischer Lösung hauptsächlich die betreffende Azoxyzimtsäure[2] gebildet. Dagegen haben G. H. Law[3] sowie B. Emmert und A. Herterich[4] in der Reduktion ungesättigter Aldehyde und Ketone Fälle untersucht, bei denen sowohl eine Hydrierung von Äthylenbindungen als auch die Reduktion der CO-Gruppe stattfindet.

Nitrosobenzol läßt sich durch Zusammenwirken von kathodischer Reduktion und anodischer Oxydation[5] erzeugen, indem an der Kathode aus Nitrobenzol Phenylhydroxylamin erzeugt und dieses an der Anode zum Nitrosokörper oxydiert wird.

## Darstellung einzelner Körper.

**Anilin.** $C_6H_5NH_2$. Das erste organisch-elektrochemische deutsche Reichspatent überhaupt betrifft die Darstellung von Anilin durch Elektroreduktion von Nitrobenzol[6]. Seither sind viele weitere Patente auf die elektrische Darstellung von Anilin genommen worden[7].

Die Reduktion des Nitrobenzols zu Anilin erfolgt in schwachsaurer Lösung besonders leicht an Zinnkathoden.

Technisch konnten sich diese Verfahren nicht durchsetzen, da die Darstellung von Anilin durch einfache Reduktion mit Eisenpulver in saurer Lösung weitaus billiger ist.

**Andere Amine.** Zahlreich sind die Versuche zur Darstellung anderer Amine der aliphatischen und aromatischen Reihen.

So können aus den Dinitroderivaten die Diaminoanthrarufindisulfosäure und die Diaminochrysazindisulfosäure[8]; aus 4-Amino-5-isonitroso-2,6-dioxypyrimidin das 4,5-Diamino-2,6-dioxypyrimidin[9]; aus Nitrogeanidin das Aminognanidin[10]; aus Oximen, Schiffschen Basen und Säureamiden die Amine[11] hergestellt werden usw.[12]

---

[1] K. Brand: Ber. Dtsch. chem. Ges. **38**, 4006 (1905). — K. Brand u. H. Zoeller: Ber. Dtsch. chem. Ges. **40**, 3324 (1907). — H. Hofer u. F. Jakob: Ibidem **41**, 3187 (1908).

[2] C. Marie: Compt. rend. Acad. Sciences **136**, 1331 (1903); vgl. auch Ztschr. Elektrochem. **9**, 633 (1903).

[3] G. H. Law: Journ. chem. Soc. London **101**, 1016, 1544 (1912).

[4] B. Emmert u. A. Herterich: Ber. Dtsch. chem. Ges. **45**, 661 (1912).

[5] O. Dieffenbach: DRP. 192519 (1905).

[6] E. D. Kendall: DRP. 21131 (1882).

[7] C. F. Boehringer & Söhne: DRP. 116942 (1899); 121835 (1900); 117007 (1900); 123813 (1900); 130742 (1901); 131404 (1901). — C. N. Ottin u. B. Waeser: DRP. 235955 (1910). — Bonelli: DRP. 410180 (1921).

[8] Farbenfabriken vorm. F. Bayer & Co.: DRP. 105501 (1898).

[9] E. Merck: DRP. 166267 (1905).

[10] C. F. Boehringer & Söhne: DRP. 167637 (1904).

[11] C. F. Boehringer & Söhne: DRP. 141346 (1902); 175071 (1905). — P. Duden: DRP. 160103 (1903). — E. Merck: DRP. 167053 (1904). —

**p-Aminophenol.** Nach einem älteren Verfahren der Farbenfabriken vorm. F. Bayer & Co.[1] wurde die Reduktion des Nitrobenzols zu p-Amidophenol und ähnlichen Verbindungen in einer Lösung in konzentrierter Schwefelsäure unter Anwendung von Platinkathoden vorgenommen. Abgesehen von den Schwierigkeiten, die durch die konzentrierte Säure entstehen, war auch die Ausbeute infolge teilweiser Bildung von Sulfosäure unbefriedigend.

Später hat F. Darmstädter[2] diese Nachteile teilweise durch Verwendung einer Emulsion von Nitrobenzol in 50%iger $H_2SO_4$ und Elektrolyse mit Kohlekathoden auszuschalten versucht.

Die Gesellschaft für chemische Industrie, Basel[3], verwendete zirka 17%ige $H_2SO_4$ (15° Bé) und Bleikathoden, die durch pulverförmig zugeführte andere Schwermetalle (Wismut) „vergiftet" waren[4].

Während des Weltkriegs wurde von der Eastman Kodak Comp. in Rochester, U. S. A., eine Anlage zur Gewinnung des als photographische Entwicklungssubstanz wichtigen p-Aminophenols[5] errichtet. Es wurde dort nach der alten Methode mit konzentrierter $H_2SO_4$ (90—91%), also mit einer Lösung von Nitrobenzol, gearbeitet. Die Badgefäße aus Steinzeug enthielten Diaphragmen aus porösem Ton, welche mit geschmolzenem Schwefel eingedichtet wurden. Als Kathoden dienten 0,075 mm dicke Platinfolien von 750 $cm^2$ Oberfläche und kleinere, halb so große Platinanoden.

Die Stromdichte an der Kathode betrug 3—4 $A/dm^2$, die Zellenspannung 8 Volt, die Stromausbeute gegen 25%. In gekühlten Wasserbehältern standen 4 Reihen zu je zehn solcher Zellen, deren Temperatur auf 30° C gehalten wurde. Die Elektrolyse dauerte 24 Stunden. Nachher wurde die Lösung abgezogen und auf 0° abgekühlt.

Dabei schied sich p-Aminophenolsulfat aus, welches im Chlorid übergeführt, mit Tierkohle gereinigt und umkristallisiert wurde.

K. Kindler: DRP. 396453 (1923). — P. Kundsen: DRP. 143197 (1902). — Farbwerke vorm. Meister, Lucius & Brüning: DRP. 148054 (1903). — C. F. Boehringer & Söhne: DRP. 175071 (1905).

[12] Siehe auch Chem. Werke Grenzach: DRP. 360529 (1920). — E. D. Kendall: A. P. 1326655 (1918).

[1] DRP. 75260 (1893); 75261 (1893); 77806 (1893); 78829 (1893); 79865 (1894); 80978 (1894); 81621 (1893); 81625 (1894); 82445 (1894); 85198 (1895); 96564 (1896).

[2] DRP. 150800 (1901); 154086 (1903). — Siehe auch C. J. Thatcher: A. P. 1501472 (1920).

[3] DRP. 295841 (1915).

[4] Siehe auch Vorschläge L. Gattermanns: Ber. Dtsch. chem. Ges. **29**, 3040 (1896). — W. Loeb: DRP. 99312 (1897); 100610 (1897); 116336 (1899). — Gesellschaft f. chemische Industrie, Basel: DRP. 84607 (1895). — Cole: A. P. 1378939. — G. Auserweil: DRP. 416016 (1927). — Chemische Fabrik Grünau: DRP. 437002 (1923). — Fab. ital. Mat. Coloranti Bonelli: DRP. 410180 (1921). — O. Dieffenbach: DRP. 192519 (1905). — Badische Anilin- u. Sodafabrik: DRP. 79406 (1894); 92800 (1898); 92998 (1896). — H. E. Fierz: Helv. chim. Acta **3**, 305 (1920). — Farbenfabriken vorm. F. Bayer & Co.: DRP. 81621 (1893).

[5] A. S. Mc Daniel, L. Schneider u. A. Badard: Trans. Amer. electrochem. Soc. **9**, 441 (1921).

Nach dem Kriege ging man wieder zur chemischen Fabrikation über. Elektrochemisch wird p-Aminophenol nach dem schon S. 247 erwähnten Verfahren der Gesellschaft für chemische Industrie, Basel[1], fabrikmäßig hergestellt.

Die wichtigste Verbesserung, auf der dieses Verfahren beruht, ist der geringere Schwefelsäureverbrauch. Es wird in etwa 17%iger Säure mit Kathoden besonderer Oberflächenbeschaffenheit gearbeitet. Dies erreicht man durch Zugabe von Kupfer, Wismut oder Arsensalzen zum Elektrolyten. Die Kathode ist ein verbleiter Eisenblechzylinder von zirka 800 l Inhalt, der zugleich das Elektrolysiergefäß bildet. In diesem Kessel befinden sich Tondiaphragmen, innerhalb welcher Bleianoden angebracht sind. Außerdem ist eine Rührvorrichtung und eine Bleischlange zum Heizen bzw. Kühlen vorgesehen.

Die Elektrolyse wird nach Beschickung der Zelle mit 90 kg Nitrobenzol und einer berechneten Menge Schwefelsäure (15° Bé) bei 80—90° C mit 1000 A und 3,5 Volt $3^1/_2$ Tage elektrolysiert. Am Ende der Elektrolyse soll der Elektrolyt gerade noch schwach sauer sein. Man erhält eine Ausbeute von 50% p-Aminophenol neben 10% Anilin. Der Elektrolyt wird zur Aufarbeitung mit Kalkmilch versetzt, wobei die Aminbasen freigemacht werden. Das Anilin wird abdestilliert, das Kalziumsulfat abfiltriert und das p-Aminophenol nach Zugabe einer Säure als Salz kristallisiert.

Die Anlage enthält mehr als 20 Zellen und erzeugt 50000—60000 kg jährlich[2].

### Benzidin.

Dieses für die Farbstoffabrikation wichtige Ausgangsmaterial kann elektrochemisch leicht durch Reduktion von Nitrobenzol in alkalischer Lösung bis zum Hydrazobenzol und Umlagerung desselben zu Benzidin erfolgen[3].

Die Reduktion könnte nach Durchführung der ersten Stufe bis Azobenzol in alkalischer Lösung auch vorteilhaft in saurer Lösung zum Hydrazobenzol durchgeführt werden, wobei die Umlagerung zu Benzidin anschließend von selbst erfolgen würde[4], doch bringt dieses Verfahren den Nachteil, daß sich schwerlösliches Benzidinsulfat schlammförmig ausscheidet und durch Einhüllen der Kathode sowie der noch unzersetzten Azobenzolteilchen den Prozeß hindert.

Außerdem ist das Arbeiten in alkalischer Lösung deshalb einfacher, weil die Elektrolysezelle aus Zement und Eisen gebaut werden kann.

Um die Ausscheidung von Azoxybenzol, Azobenzol und Hydrazo-

---

[1] DRP. 295841 (1915).

[2] F. Ullmann: Enzyklop. d. techn. Chemie **9**, 51 (1921).

[3] Anilinfabrik A. Wülfing: DRP. 100233 (1898); 100234 (1898); 108427 (1898).

[4] Chemische Fabrik vorm. Weiler-Ter Meer: DRP. 116871 (1899). — W. Loeb: DRP. 116467; 122046 (1900). — C. J. Thatcher: A. P. 1544357 (1923).

benzol während der Elektrolyse zu verhindern, werden dem Elektrolyten Lösungsmittel, wie Alkohol, zugesetzt[1]. Besser eignet sich Benzol[2].

Die chemische Fabrik Rohna A. G. in Pratteln (Schweiz) arbeitet nach dem von Darmstädter angegebenen Verfahren[3], hier dienen schmiedeeiserne Badgefäße als Anoden, in welche Zementdiaphragmen, wie bei der Chloralkalielektrolyse (S. 89), eingesetzt sind. Im Anodenraum ist eine eiserne Heizschlange angebracht. Die Kathode besteht aus Eisendrahtnetz. Die Zelle ist durch einen Deckel verschlossen, der, um Lösungsmittelverluste zu verhindern, einen Rückflußkühler trägt. Auch ein Rührwerk ist vorgesehen.

Bei der Inbetriebsetzung wird der Anodenraum mit reiner Natronlauge von 15° Bé, der Kathodenraum mit solcher von 4° Bé beschickt. Das Nitrobenzol wird dann unter Rühren eingefüllt und etwas Bleiglätte zugesetzt. Die Elektrolyse wird bei 50° C, einer Stromdichte von 300 $A/m^2$ und einer Badspannung von 4—5 Volt durchgeführt.

Wenn die Reduktion bis zur Azostufe fortgeschritten ist, wird Benzol als Lösungsmittel zugesetzt und so lange weiterreduziert, bis Wasserstoff entwickelt wird und das Produkt nur noch schwach gefärbt ist. Dann wird die schwerere Lösung der Hydrazoverbindung von der spezifisch leichteren Lauge getrennt und die Umlagerung durchgeführt. Schließlich wird das Lösungsmittel abdestilliert und kehrt in den Prozeß zurück. Die Stoffausbeute beträgt 80,4%. Zur Erzeugung von 1 kg Benzidinbase sind 16,6 kg Nitrobenzol und 10 kWh notwendig.

Die Gesellschaft für chemische Industrie, Basel, baut ihre Zellen sowohl mit als auch ohne Diaphragma[4].

Die Zelle mit Diaphragma besteht aus einem Eisenblechkessel von 1000 l Inhalt, der als Kathode dient und verschlossen ist. Mit diesem in Verbindung sind, ebenfalls kathodisch geschaltet, Eisendrahtnetze, welche die Diaphragmen umgeben, in welchen sich Anoden in Form gelochter Eisenblechzylinder befinden.

Als Elektrolyt dient Natronlauge, welcher Nitrobenzol zugesetzt wird. Die Elektrolyse wird bei 80—90° C, 1000 A und einer Badspannung von 3,5—4 Volt für die erste Stufe bis zum Diazobenzol und mit 4—4,5 Volt bis zum Hydrazobenzol durchgeführt.

Als Lösungsmittel zur Verhinderung der Ausscheidung von Hydrazobenzol wird in der zweiten Phase Solventnaphtha, Chlorbenzol u. a. zugegeben. Mit Ausnahme der Bildung von 0,5—1% Anilin ist die Stoffausbeute in der ersten Phase nahezu 100%ig, in der zweiten Phase sinkt sie besonders gegen Ende auf 50%. Die Dauer der Elektrolyse beträgt mehrere Tage. An der Anode wird Sauerstoff entwickelt, der nach Möglichkeit einer Verwertung zugeführt wird.

---

[1] E. Straub: DRP. 79731 (1894). — Anilinölfabrik A. Wülfing: DRP. 100233 (1928).

[2] F. Darmstädter: DRP. 181116 (1903); 196979 (1906). — Gesellschaft f. chemische Industrie, Basel: DRP. 297019 (1915).

[3] DRP. 181116 (1903).

[4] Engelhard: Handbuch der technischen Elektrochemie, II, 2. Teil, S. 290. Leipzig. 1933.

Eine Zelle ohne Diaphragma wurde schon von den Farbwerken vorm. Meister, Lucius und Brüning[1] vorgeschlagen, die ohne Diaphragma dadurch auskamen, daß sie mit stärkerer Natronlauge (40—50° Bé) arbeiteten, so daß die Temperatur auf 115° C gesteigert werden konnte. Dadurch erübrigt sich die Verwendung eines Lösungsmittels, das anodisch angegriffen wird. Als Anodenmetall diente Eisen, von welchem der Sauerstoff in nicht sehr stark wirksamer Art entwickelt wird.

Die Gesellschaft für chemische Industrie[2] verwendet in ihrer Zelle ohne Diaphragma eine Anordnung, bei der solche hohen Temperaturen und Laugenkonzentrationen nicht notwendig sind. Durch horizontale Lagerung der Elektroden und durch Schichtung der Flüssigkeit wird hier verhindert, daß organische Substanz zur Anode gelangt und dort oxydiert wird.

Die Zelle besteht aus einem Eisenkasten, der mit Isoliermaterial ausgekleidet ist, von mehr als 1000 l Inhalt (Abb. 106). Als Elektroden dienen horizontal übereinander angeordnete Eisendrahtnetzelektroden, die aus mehreren übereinandergelegten Drahtnetzen bestehen.

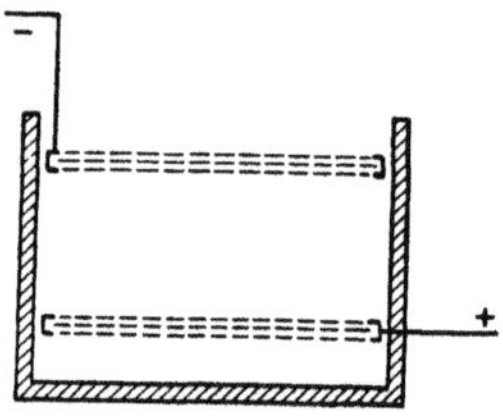


Abb. 106. Zelle zur technischen Reduktion von Nitrobenzol.

Die oben angeordnete Kathode wird in Schwingungen versetzt. Der Elektrolyt (bleioxydhaltige NaOH, 30° Bé) wird gerade bis zur schwingenden Elektrode gefüllt. Auf dieser schwimmt eine Schicht von Nitrobenzol.

Durch die Schwingungen der Elektrode entsteht an der Berührungsfläche der beiden Flüssigkeitsschichten, also im Bereich der Kathode, eine Emulsion von fein verteilten Nitrobenzoltröpfchen, deren Größe durch die Schwingungszahl der Elektrode regelbar ist. Die Emulsion muß möglichst fein sein, weil sonst größere Mengen Anilin gebildet werden.

Zunehmende Feinheit bringt allerdings anderseits den Nachteil mit sich, daß dann leichter Nitrobenzol oder Benzidin zur Anode gelangen kann, wo sie der Zerstörung durch Oxydation unterliegen.

Ein indirekt elektrochemisches Verfahren steht bei der Fab. ital. Mat. Coloranti Bonelli[3] in Verwendung. Hier wird durch Elektrolyse Natriumamalgam erzeugt, welches dann in einem Mischapparat mit Nitrobenzol und verdünnter Natronlauge in innige Berührung gebracht wird. Dabei entsteht konzentrierte Natronlauge, und der freiwerdende Wasserstoff bewirkt rein chemisch die Reduktion.

## Hydrierung.

Für die Hydrierung von Verbindungen mit doppelten Bindungen ist kein hohes Kathodenpotential erforderlich. Sie läßt sich in einzelnen Fällen an mit Nickelschwamm überzogenen oder platinierten Kathoden

[1] DRP. 127727 (1900); 141535 (1902).
[2] DRP. 297019 (1915).
[3] DRP. 410180 (1921). — Siehe auch G. Poma u. G. Pellegrini: Giorn. Chim. ind. appl. 3, 409 (1921).

durchführen. Doch spielt auch hier der individuelle Einfluß des Kathodenmaterials eine einschneidende Rolle.

Die technisch wichtige Hydrierung der ungesättigten flüssigen Ölsäure zu der festen, wertvolleren Stearinsäure gelingt auch auf elektrochemischem Wege.

Nach Versuchen von J. Petersen[1] gelingt die Reduktion in schwach schwefelsauren oder salzsauren alkoholischen Lösungen an mit Nickelschwamm überzogenen Kathoden nur mit kleiner Stromdichte (1 $A/m^2$) und schlechter Stromausbeute, dagegen an platiniertem Platin mit guter Stromausbeute[2]. Nach einem anderen Verfahren soll aus Ölsäure zunächst rein chemisch Stearinschwefelsäure dargestellt werden, die dann der elektrischen Reduktion unterworfen wird[3]. Praktische Bedeutung scheinen diese Verfahren nicht zu besitzen, da sie die katalytische Fetthärtung nicht verdrängen konnten.

Durch Hydrierung von Azetylen ($C_2H_2$) kann unter Verwendung von Chromsalzlösung Äthylen erzeugt werden[4]. (S. 216).

Pyridin läßt sich an Bleikathoden mit guter Strom- und Materialausbeute zu Piperidin hydrieren[5]. Ebenso läßt sich Methylpyridin (Picolin) zu Pipecolin hydrieren[6].

Auch die Hydrierung von Pyrrolen[7] und 2-Phenyl-chinolin-4-karbonsäure[8] wurde durchgeführt. Bei der Reduktion von Pyridin bzw. Picolin bilden sich als Nebenprodukt durch Zusammenkuppelung zweier Moleküle a-a- und $\gamma$-$\gamma$-Dipiperidyle[9]. Überhaupt ist es nicht leicht, die elektrische Hydrierung dieser Stoffe richtig zu leiten[10]. Die Farbenfabriken vorm. F. Bayer & Co.[11] gewinnen Piperidin in einem Glockenapparat mit überschichteten Elektrolyten ohne Diaphragma mit 80% Stromausbeute.

Durch Hydrierung von Tetrachlorkohlenstoff $CCl_4$ wird nach H. G. Byers und W. B. van Arsdel[12] Chloroform $CHCl_3$ gebildet. Vollkommener gelingt dies bei Gegenwart von $ZnCl_2$[13], wobei allerdings das abgeschiedene Zink indirekt reduzierend wirken dürfte[14]. Eine ähnliche Verminderung des Chlorgehaltes kann bei der Elektroreduktion von Tetrachloräthan zu Dichloräthan erzielt werden, welche ebenfalls in

[1] Ztschr. Elektrochem. **11**, 549 (1905). — C. F. Boehringer & Söhne: DRP. 187788 (1906); 189332 (1906). — Siehe auch S. Fokin: Ztschr. Elektrochem. **12**, 749 (1906).
[2] C. Mettler: Ber. Dtsch. chem. Ges. **39**, 2934 (1907). — P. Magnier: P. A. Brangier u. Ch. Tissier: DRP. 126446 (1899).
[3] B. Waeser: DRP. 247454 (1911).
[4] Chem. Fabrik: **13/14**, 135 (1935).
[5] F. B. Ahrens: Ztschr. Elektrochem. **2**, 577 (1895); Ber. Dtsch. chem. Ges. **30**, 533 (1897); **31**, 2272 (1898). — E. Merck: DRP. 90308 (1896); 104664 (1898). — J. Tafel: Ztschr. physikal. Chem. **34**, 220 (1900).
[6] B. Emmert: Ber. Dtsch. chem. Ges. **46**, 1716 (1913).
[7] M. Dennstedt: DRP. 127086 (1901).
[8] F. Zuckmeyer: DRP. 342048 (1916).
[9] B. Emmert: Ber. Dtsch. chem. Ges. **46**, 1716 (1913); **42**, 1997 (1909).
[10] L. Pincussohn: Ztschr. angew. Chem. **14**, 379 (1897).
[11] DRP. 310023 (1916). [12] A. P. 1534027 (1921).
[13] Brown Company: A. P. 1535378 (1921).
[14] Siehe auch Soc. Chim. Usines du Rhône: DRP. 416014 (1923).

Gegenwart von Zinkchlorid durchgeführt wird[1]. Interessant ist die von K. Brand[2] gemachte Feststellung, daß z. B. im Trichlordiphenyläthan bei der elektrolytischen Reduktion an Bleielektroden in der Kälte und an Kupferkathoden in der Wärme in alkoholischer, salzsaurer Lösung nur ein Chloratom durch Wasserstoff ersetzt wird, während bei der rein chemischen Reduktion mit Zinkstaub sämtliche Chloratome abgegeben werden.

## Leukofarbstoffe.

Die praktisch sonst auf chemischem Wege durchgeführte Reduktion von Farbstoffen zu Leukokörpern wurde auch elektrochemisch versucht. So schlägt H. Chanmat[3] vor, Indigo mit Kohlepulver oder Metalldrähten gemischt und gepreßt als Kathoden zu verwenden. Nach einem Patent der Farbwerke vorm. L. Durand Hugnenin & Co.[4] läßt sich auch Leukogallozyanin elektrisch herstellen. Ein indirekt elektrochemisches Verfahren zur Gewinnung von Indigoweiß aus Indigo haben sich die Farbwerke vorm. Meister, Lucius & Brüning[5] schützen lassen, indem der Indigo in Sulfitlösung elektrolysiert wird, wobei das an der Kathode entstehende Hyposulfit die Reduktion des Indigo bewirkt. Dasselbe erreicht man auch bei Bromindigo.

Nach Binz und Hagenbach[6] wird Indigo nur an Kathoden aus Zink zu Indigoweiß reduziert, das auch rein chemisch diesen Vorgang durchzuführen gestattet.

Die kathodische Reduktion von Methylenblau hat J. A. V. Butler und G. Armstrong[7] vom theoretischen Standpunkt untersucht.

### Deutsche Patente über organische Reduktionen.

328342. Chemische Fabrik Griesheim-Elektron, Frankfurt. 1917. Äthylalkohol aus Azetaldehyd.
342048. F. Zuckmayer, Hannover. 1916. Hydrierte 2-Phenylchinolin-4-karbonsäuren.
347605. Farbenfabriken vorm. F. Bayer & Co., Leverkusen. 1920. Glyoxylsäure aus Oxalsäure an Kathoden aus amalgamierten Schwermetallen.
360529. Chemische Werke Grenzbach A. G., Grenzbach. 1920. Monoalkyl- und Monoarylamine aus den entsprechenden Imidoestern in saurer Lösung.
396453. K. Kindler, Hamburg. 1923. Primäre, sekundäre und tertiäre Amine aus den Karbonsäureamiden in saurer Lösung unter Zusatz von Azeton oder anderen Lösungsmitteln bei Gegenwart von Metallen bzw. deren Salzen.
403193. Johann Schneider, Dessau. 1923. Formaldehydsulfoxylate aus Formaldehyd und schwefeliger Säure.
406215. E. Merck, Darmstadt. 1922. d,l-Kokain aus Tropinon.

---

[1] Konsort. f. elektrochem. Ind.: DRP. 217554 (1907). — P. Askenasy: Ztschr. Elektrochem. **15**, 773 (1909).
[2] Ztschr. Elektrochem. **16**, 669 (1910); Ber. Dtsch. chem. Ges. **46**, 2935 (1913).
[3] DRP. 223143 (1907).
[4] DRP. 164320 (1905); 189941 (1906).
[5] DRP. 145602 (1902); 139567 (1902).
[6] Ztschr. Elektrochem. **5**, 103 (1898); **6**, 261 (1899).
[7] Proceed. Roy. Soc., London, Ser. A, **139**, 406—416 (1933).

408869. E. Merck, Darmstadt. 1923. Tropinonkarbonsäureester aus Tropinonkarbonsäureester.

410180. G. Poma u. G. Pellegrini, Cesano Maderno, übertr. a. Fabbriche italiane Mat. Coloranti Bonelli. 1921. Reduktion mit Natriumamalgam, gewonnen bei der Ätzalkalifabrikation. Apparat.

416014. Soc. Chimique des Usines du Rhône, Paris. 1923. Chloroform aus Tetrachlorkohlenstoff.

416016. Géza Austerweil, Boulogne-sur-Seine. 1923. Thymol aus Zymol, das zuerst nitriert, dann reduziert wird, die Aminogruppe durch Sauerstoff ersetzt.

437002. Chemische Fabrik Grünau Landhoff und Meyer A. G., Grünau. 1923. Aminooxyverbindungen aus Nitrobenzol, Kathoden aus unedlem Metall, allmähliche Zugabe von Nitrobenzol, Gegenwart von Kolloiden.

448950. Géza Austerweil, Boulogne-sur-Seine. 1923. Thymol aus 2-Nitro-1-methyl-4-isopropylbenzol.

458436. Rudolph Koepp & Co., Oestrich. 1925. Glyoxylsäure aus Oxalsäure.

252759. Farbenfabriken vorm. F. Bayer & Co., Elberfeld. 1911. Sulfosäuren aus Polysulfosäuren mit elektrolytisch erzeugten Amalgamen.

255724. Farbenfabriken vorm. F. Bayer & Co., Elberfeld. 1911. Hydrazokörper aus Azoxykörpern, vermeidet die Abscheidung von Hydrazokörpern aus dem Gemisch.

264013. O. Diefenbach und W. Moldenhauer, Darmstadt. 1912. Reduktionsprodukte organischer Arsenverbindungen.

270568. H. Bart, Bad Dürkstein. 1911. 1,3-Butylenglykol aus Aldol in saurer Lösung.

274201. Farbenfabriken vorm. F. Bayer & Co., Elberfeld. 1912. Sekundäre Glykole aus Aldehyden in saurer Lösung.

277392. Farbenfabriken vorm. F. Bayer & Co., Elberfeld. 1913. Dioxybernsteinsäure aus Glyoxylsäure.

292865. Royal Baking Powder Company, New York. 1912. Glyoxylsäure aus Oxalsäure mit elektrolytisch erzeugten Amalgamen bei Temperaturen unter 20°.

292866. Royal Baking Powder Company, New York. 1912. Aminooxyverbindungen aus Nitroverbindungen in saurer Lösung an mehreren Kathoden aus verschiedenen Metallen bzw. Legierungen.

295841. Gesellschaft für chemische Industrie, Basel. 1915. Reduktion oder Oxydation ohne Diaphragma, Trennung des Elektrolyts vom organischen Stoff durch verschiedenes spezifisches Gewicht.

297019. Gesellschaft für chemische Industrie, Basel. 1915. Schwingende Elektroden.

303303. Farbenfabriken vorm. F. Bayer & Co., Leverkusen. 1917. Horizontale Kathoden aus Blei oder Bleilegierungen, wirksame Seite nach unten, dadurch die Ansammlung von Bleiölen vermeidend.

306304. Farbenfabriken vorm. F. Bayer & Co., Leverkusen. 1917. Pinakon aus Azeton in Gegenwart von Metallsalzen.

306523. Farbenfabriken vorm. F. Bayer & Co., Leverkusen. 1917. Zusatz zu 252759. Pinakon aus Azeton an Bleikathoden mit 2% Kupfer.

310023. Farbenfabriken vorm. F. Bayer & Co., Leverkusen. 1916. Elektrolyse ohne Diaphragma mit strömenden Elektrolyten von verschiedenem spezifischen Gewicht.

324919. Farbenfabriken vorm. F. Bayer & Co., Leverkusen. 1917. Zusatz zu 306523. Pinakon aus Azeton an anderen Legierungen.

324920. Farbenfabriken vorm. F. Bayer & Co., Leverkusen. 1918. Pinakon aus Azeton an Graphitelektroden.

194038. Deutsche Gold- und Silber-Scheideanstalt vorm. Rößler, Frankfurt. 1903. Glykolsäure aus Oxalsäure in schwefelsaurer Lösung an Bleikathoden.

196239. Hugo Weil, München. 1906. o-Oxyaldehyde aus den Säuren in Gegenwart von Borsäure.

196979. F. Darmstädter, Darmstadt. 1906. Zusatz zu 181116. Hydrazokörper aus Azokörpern.
197714. O. Tiefenbach, Darmstadt. 1905. Azoverbindungen elektrochemisch aus Nitroverbindungen, die zuerst chemisch mit Hydrazoverbindungen zu Azoxyverbindungen reduziert werden.
201895. Farbenfabriken vorm. F. Bayer & Co., Elberfeld. 1907. Glyoxylsäureester aus Oxalsäureester.
204787. Deutsche Gold- und Silber-Scheideanstalt vorm. Rößler, Frankfurt. 1903. Zusatz zu 194038. Glykolsäure aus Oxalsäure in Gegenwart von Salzsäure.
210693. Kienzlberger & Co., Prag. 1904. Dichloräthylen aus Tetrachloräthan mit Zink, das elektrochemisch regeneriert wird.
217554. Konsortium für Elektrochemische Industrie G. m. b. H., Nürnberg. 1907. Reduktion von Indigoblau mit gepulverten Graphit.
223143. Henri Chaumat, Paris. 1905. Kathode aus Metalldrähten oder Spänen (Bleiwolle).
235955. C. N. Otin und Br. Wäser, Charlottenburg. 1910. Glykolsäure aus Oxalsäure, Nachführen von Oxalsäure während der Elektrolyse.
239312. Deutsche Gold- und Silber-Scheideanstalt vorm. Rößler, Frankfurt. 1910. Derivate des Berberins durch Reduktion.
242573. M. Freund, Frankfurt. 1910. Glykolsäure aus Oxalsäure mit kathodischer Stromdichte von 500 A/m², an Gitterkathoden.
243746. Deutsche Gold- und Silber-Scheideanstalt vorm. Rößler, Frankfurt. 1910. Dichloressigsäure aus Trichloressigsäure.
246661. Kurt Brand, Gießen. 1911. Fettsäuren aus Ölsäuren, die zuerst mit konzentrierter Schwefelsäure behandelt werden.
247454. Br. Wäser, Magdeburg-Werder. 1911. Sulfosäuren der Naphthalinreihe aus Di- oder Polysulfosäuren.
248527. Farbenfabriken vorm. F. Bayer & Co., Elberfeld. 1911. Zusatz zu 248527. Ersatz der Quecksilber- bzw. amalgamierten Bleikathode durch Zink oder beliebige amalgamierte Kathoden.
251099. Farbenfabriken vorm. F. Bayer & Co., Elberfeld. 1911. Elektroden aus Blei mit geringem Kupfergehalt.
160103. P. Duden, Höchst. 1903. Bornylendiamin aus dem Oxim des Aminoisonitroso- oder Isonitrokampfers.
163842. Kienzlberger & Co., Prag. 1903. Glyoxylsäure und Derivate aus Oxylsäure.
164320. Farbwerke vorm. L. Durand, Huguennin & Co., Basel. 1905. Zusatz zu 108550. Lenkogallozyanine durch elektrolytische Reduktion.
166181. Carl Mettler, München, übertr. auf die Badische Anilin- und Sodafabrik. 1907. Aromatische Alkohole und Äther aus den Estern an Bleikathoden.
166267. E. Merck, Darmstadt. 1905. Zusatz zu 161493. 4,5-Diamino-2,6-dioxypyrimidine aus den Aminoisonitroverbindungen.
167053. E. Merck, Darmstadt. 1904. p-Dialkylaminobenzhydrylamine aus stickstoffhaltigen Derivaten der Benzophenone.
167637. C. F. Boehringer & Söhne, Waldhof. 1904. Aminoguanidin aus Nitroguanidin an Zinnkathoden in neutraler Lösung.
168273. Farbwerke vorm. Meister, Lucius u. Brüning, Höchst. 1903. Reduktion in Gegenwart von Titanverbindungen.
172654. Farbwerke vorm. Meister, Lucius u. Brüning, Höchst. 1903. Reduktion oder Oxydation in Gegenwart von Vanadinverbindungen.
175071. C. F. Boehringer & Söhne, Waldhof. 1905. Amine aus Oximen und Aldehydammoniakkondensationsprodukten in salzsaurer Lösung.
177490. Carl Mettler, München, übertr. auf die Badische Anilin- und Sodafabrik. 1904. Zusatz zu 166161. Alkohole aus Säuren.
181116. F. Darmstädter, Darmstadt. 1903. Hydrazokörper aus Nitro- bzw. Azokörpern in alkalischer Lösung bei Gegenwart von Benzol.

187788. C. F. Boehringer & Söhne, Waldhof. 1906. Gesättigte Fettsäuren aus ungesättigten Säuren an Platinkathoden.
189312. F. Darmstädter, Darmstadt. 1902. Hydrazobenzol aus der Azoxyverbindung in alkalischer Lösung mit Diaphragma.
189332. C. F. Boehringer & Söhne, Waldhof. 1906. Zusatz zu 187788. Fettsäuren aus Ölsäuren mit Kathoden aus Palladium oder Nickel.
189941. Farbwerke vorm. L. Durand, Huguennin & Co., Hüningen. 1906. Leukoderivate der Kondensationsprodukte von Gallozyaninen mit Diaminen durch Reduktion.
192519. O. Dieffenbach, Darmstadt. 1905. Nitrosobenzol aus Nitrobenzol in neutraler Lösung ohne Diaphragma oder unter abwechselnder Wirkung von Kathode und Anode.
127086. M. Dennstedt, Hamburg. 1901. Dihydropyrrole aus Pyrrolen in saurer Lösung.
127727. Farbwerke vorm. Meister, Lucius u. Brüning, Höchst. 1900. Azoxykörper aus Nitrokörpern ohne Diaphragma in alkalischer Suspension, Nickelkathode, Eisenanode.
127815. C. F. Boehringer & Söhne, Waldhof. 1901. Amine aus Nitrokörpern mit Kupfer reduziert, das sich elektrolytisch wieder gewinnen läßt.
128855. E. Merck, Darmstadt. 1901. Zusatz zu 115517. Pseudotropin aus Tropin.
130742. C. F. Boehringer & Söhne, Waldhof. 1901. Amine aus Nitrokörpern an Kupferkathoden in alkalischer Lösung.
131404. C. F. Boehringer & Söhne, Waldhof. 1901. Zusatz zu 130742. Anstatt einer Kupferkathode Zusatz von Kupfersalzen zum Elektrolyten.
139567. Farbwerke vorm. Meister, Lucius u. Brüning, Höchst. 1902. Reduktion von Indigo in Gegenwart von Sulfiten.
140318. James O'Brien Gunn, San Francisco. 1900. Mannit aus Glukose in schwefelsaurer Lösung.
141346. C. F. Boehringer & Söhne, Waldhof. 1902. Amine aus Oximen in schwefelsaurer Lösung.
141535. Farbwerke vorm. Meister, Lucius u. Brüning, Höchst. 1902. Azobenzol aus Nitrobenzol in alkalischer Lösung bei Temperaturen über 95°.
143197. P. Knudsen, Bremen. 1902. Aminbasen durch Reduktion der Kondensationsprodukte von Aldehyden mit Ammoniak oder Aminen.
145602. Farbwerke vorm. Meister, Lucius u. Brüning, Höchst. 1912. Zusatz zu 139567. Reduktion von Bromsubstitutionsprodukten des Indigos in Gegenwart von Sulfiten bei 70°.
146716. Kalle & Co., Biebrich. 1902. Anthranilsäure aus Sulfoanthranilsäure.
147228. Kalle & Co., Biebrich. 1902. Zusatz zu 146716. Phenylglyzin-o-karbonsäure aus der entsprechenden Sulfoverbindung.
148054. Farbwerke vorm. Meister, Lucius u. Brüning, Höchst. 1903. Amine der Fettreihe durch Reduktion der Kondensationsprodukte von Aldehyden mit Ammoniak.
150800. F. Darmstädter, Darmstadt, übertr. an die A. G. für Anilinfabrikation. 1901. Aminophenol aus Nitrobenzol an Kohlekathoden.
154086. F. Darmstädter, Darmstadt, übertr. an die A. G. für Anilinfabrikation. 1901. Aminophenol aus Nitrobenzolin verdünnter Schwefelsäure suspendiert.
108427. Anilinfabrik A. Wülfing, Elberfeld. 1898. Zusatz zu 100234. Substituierte Hydrazo- und Azokörper aus den Nitroderivaten.
108577. C. F. Boehringer & Söhne, Waldhof. 1898. Desoxykaffein und -theobromin aus Kaffein und Theobromin.
109051. C. F. Boehringer & Söhne, Waldhof. 1898. Durch die poröse Elektrode wird der Nichtelektrolyt gepreßt, z. B. Nitrobenzol durch Kohle als Kathode.
113719. E. Merck, Darmstadt. 1899. Isopropylalkohol und Pinakon aus Azeton.

115517. E. Merck, Darmstadt. 1900. Pseudotropin aus Tropinon.
116336. Walther Löb, Bonn. 1899. Farbstoffe aus Nitrokörpern und Anilin durch Reduktion.
116467. Walther Löb, Bonn. 1900. Benzidine, aus Nitrokörpern in alkalischer Lösung Azoxykörper → diese in saurer Lösung zur Hydrazostufe, die sich umlagert.
116871. Chemische Fabriken vorm. Weiler-ter Meer, Uerdingen. 1899. Benzidine, Nitroverbindungen → Azokörper → Hydrazokörper → Benzidine.
116942. C. F. Boehringer & Söhne, Waldhof. 1899. Amine aus Nitrokörpern an Zinnkathoden.
117007. C. F. Boehringer & Söhne, Waldhof. 1900. Amine aus Nitrokörpern in Gegenwart von Kupfer-, Eisen-, Blei-, Chrom- oder Quecksilbersalzen.
121835. C. F. Boehringer & Söhne, Waldhof. 1900. Zusatz zu 116942. Amine aus Azokörpern an Zinnkathoden.
121899. Farbenfabriken vorm. F. Bayer & Co., Elberfeld. 1899. Azo- und Hydrazokörper aus Nitrokörpern in alkalischer Lösung an Bleikathoden unter Zusatz von Natriumplumbit.
121900. Farbenfabriken vorm. F. Bayer & Co., Elberfeld. 1899. Zusatz zu 121899. Ohne Zusatz von Natriumplumbit.
122046. Walther Löb, Bonn. 1900. Zusatz zu 116467. In der sauren Reduktionsphase wird ein Zinnsalz zugesetzt und Salzsäure angewandt.
123554. R. Nithack, Nordhausen. 1899. Der Nichtleiter wird mit Kohlenpulver zur Elektrode geformt.
123813. C. F. Boehringer & Söhne, Waldhof. 1900. Reduktion von Nitro- und Azoverbindungen mit Zinn und Salzsäure, elektrolytische Regeneration des Zinns.
126196. C. F. Boehringer & Söhne, Waldhof. 1900. Camphidon und Camphidin aus Kampfersäureimid in saurer Lösung.
126446. Paul Magnier, P. A. Brangier und Ch. Tissier, Paris. 1899. Fette verseifen und elektrolytisch die Ölsäuren hydrieren.
82445. Farbenfabriken vorm. F. Bayer & Co., Elberfeld. 1894. 7. Zusatz zu 75260. Aminooxyzimtsäuren aus den Nitrozimtsäuren.
84607. Gesellschaft für Chemische Industrie, Basel. 1895. Triphenylmethanfarbstoffe aus Nitroleukobasen in saurer Lösung.
85198. Farbenfabriken vorm. F. Bayer & Co., Elberfeld. 1895. Aldehydohydrosylamin aus Nitroaldehyden.
90308. E. Merck, Darmstadt. 1896. Piperidin und Dihydrochinolin aus Pyridin und Chinolin in saurer Lösung.
92998. Badische Anilin- und Sodafabrik, Ludwigshafen. 1896. 6. Zusatz zu 67102. Blaue beizenfärbende Farbstoffe aus Dinitroanthrachinen.
94736. C. Kellner, Wien. 1896. Nitrobenzol indirekt elektrochemisch reduziert durch Natriumamalgam aus der Kochsalzelektrolyse.
99949. R. Wolfenstein und E. Bandow, Berlin. 1897. Hydrocotarnin aus Cotarnin in saurer Lösung.
95623. Chemische Fabrik auf Aktien vorm. E. Schering, Berlin. 1896. Alkamine der zyklischen Azetonbasen aus Azetonaminbasen.
96362. Chemische Fabrik auf Aktien vorm. E. Schering, Berlin. 1897. Zusatz zu 95623. Tropin aus Tropinon in schwach alkalischer Lösung.
96564. Farbenfabriken vorm. F. Bayer & Co., Elberfeld. 1896. Kondensationsprodukte von Hydroxylaminderivaten mit Aldehyden aus Nitroverbindungen und Aldehyden durch elektrolytische Reduktion.
99312. Walther Löb, Bonn. 1897. Kondensationsprodukte von Formaldehyd mit Reduktionsprodukten aromatischer Nitrokörper in salzsaurer Lösung.
100233. Anilinölfabrik A. Wülfing, Elberfeld. 1898. m-Diamidobenzidin aus m-Nitranilin durch Reduktion und Umlagerung.
100234. Anilinölfabrik A. Wülfing, Elberfeld. 1898. Reduktion von Nitroverbindungen zu Hydrazokörpern in einer Lösung von Alkohol oder Azeton und unter Zusatz von Natriumazetat.

100610. Walther Löb, Bonn, übertr. auf Weiler-ter Meer & Co. 1897. Kondensationsprodukte aus Formaldehyd und aromatischen Hydroxylaminen.

104664. E. Merck, Darmstadt. 1898. Piperidin- und Dihydrochinolindarstellung, Überschuß an Säure, reine Materialien.

105501. Farbenfabriken vorm. F. Bayer & Co., Elberfeld. 1898. 3. Zusatz zu 96364. Reduktion von Dinitroanthrarufin- und Dinitrochrysazindisulfosäuren.

21131. E. D. Kendall, Brooklyn (New York). 1882. Anilin bzw. Toluidin aus den Nitroverbindungen in saurer Lösung; schwingende eingehüllte Kathode.

75260. Farbenfabriken vorm. F. Bayer & Co., Elberfeld. 1893. Aminophenole aus den Nitrokohlenwasserstoffen in konzentrierter Schwefelsäure gelöst.

75261. Farbenfabriken F. Bayer & Co., Elberfeld. 1893. Diphenylmethanderivate aus Nitroluol in konzentrierter Schwefelsäure.

77806. Farbenfabriken vorm. F. Bayer & Co., Elberfeld. 1893. Zusatz zu 75260. Amidooxykarbonsäure aus Nitrokarbonsäuren.

78829. Farbenfabriken vorm. F. Bayer & Co., Elberfeld. 1893. 2. Zusatz zu 75260. Reduktion von Nitroaminen.

79406. Badische Anilin- und Sodafabrik, Ludwigshafen. 1894. Zusatz zu 76922. Naphthazarin aus $a_1, a_2$-Dinitronaphthalin in schwefelsaurer Lösung bei 130°.

79731. Eugen Straub, Berlin. 1894. Hydrazoverbindungen aus den Nitrokohlenwasserstoffen, gelöst in Alkohol und Kalilauge.

79865. Farbenfabriken vorm. F. Bayer & Co., Elberfeld. 1894. 3. Zusatz zu 75260. Gewinnung von Amidophenolkarbonsäureestern.

80978. Farbenfabriken vorm. F. Bayer & Co., Elberfeld. 1894. 4. Zusatz zu 75260. Aminophenole der Chinolinreihe.

81621. Farbenfabriken vorm. F. Bayer & Co., Elberfeld. 1893. 5. Zusatz zu 75260. Aminophenolsulfosäuren.

81625. Farbenfabriken vorm. F. Bayer & Co., Elberfeld. 1894. 6. Zusatz zu 75260. Alkylierte Aminophenolderivate.

# Die anodische Oxydation.

## Allgemeines.

Im Gegensatz zur Reduktion beruht die Oxydation ganz allgemein darauf, daß einem Stoff negative Ladungen entzogen oder, was auf dasselbe herauskommt, positive Ladungen zugefügt werden.

Der Vorgang der Oxydation in diesem Sinne geht an der Anode immer vor sich, da sie ja die Übertrittsstelle positiver Ladungen vom Leiter erster Klasse auf den Leiter zweiter Klasse darstellt.

Im einfachsten Falle werden Anionen — negativ geladene Atome — durch die anodisch zugeführten positiven Ladungen neutralisiert und in elementarer Form ausgeschieden. Der Vorgang der Anionenentladung wurde bereits S. 1ff. behandelt.

Im besonderen Falle anodischer Oxydation handelt es sich entweder:

1. um die anodische Lösung von Metallen zu Metallkationen;

2. um die anodische Oxydation niederwertiger zu höherwertigen Kationen, bzw. höherwertigen zu niederwertigen Anionen;

3. um anodische Oxydation von Nichtelektrolyten durch Sauerstoffaufnahme oder Wasserstoffentzug.

Im ersten und zweiten Falle kann man sich einen direkten Ladungsaustausch zwischen den Ladungen der Anode und den Ionen vorstellen, im dritten Fall wird immer primär aus dem Lösungswasser Sauerstoff entladen, der dann rein chemisch oxydierend wirkt.

Aber auch die Vermehrung der positiven Ionenladung, also der Umladung niederwertiger zu höherwertigen Kationen, z. B. beim Vorgang

$$Fe^{\cdot\cdot} + \oplus \rightleftarrows Fe^{\cdot\cdot\cdot}$$

kann man sich durch Vermittlung von Sauerstoff vorstellen.

Das Gleichgewicht der Elektrode mit der Lösung genügt auch der Gleichung

$$2\,Fe^{\cdot\cdot} + O + H_2O \rightleftarrows 2\,Fe^{\cdot\cdot\cdot} + OH',$$

woraus zu entnehmen ist, daß es für die quantitative Beschreibung auch der Oxydationsvorgänge gleichgültig ist, ob man einen direkten Ladungsaustausch oder eine Sauerstoffbeladung annimmt. Eine zwangsweise Steigerung des Sauerstoffdruckes bewirkt Oxydation.

Wenn die Reaktion zwischen Sauerstoffbeladung und Depolarisator (Reduktionsmittel) rasch genug verläuft, wird mit steigender Stromstärke in immer größerem Maße der folgende Vorgang eintreten: Das Reduktionsmittel wird verschwinden und das Oxydationsprodukt wird angereichert. Es bildet sich ein stationärer Zustand aus durch Abwanderung von Reduktionsmittel und Zuwanderung von Oxydationsmittel, der mit steigender Stromdichte das Potential immer mehr nach der Seite der edleren Potentiale verschiebt, und zwar im obigen Fall nach der Formel:

$$\varepsilon = RT \ln \frac{K C_{Fe^{\cdot\cdot\cdot}}}{C_{Fe^{\cdot\cdot}}}.$$

Die elektrolytische Oxydation erfolgt in diesem Fall also durch Sauerstoffbeladung, welche der Anode durch Entladung von OH'-Ionen oder anderer sauerstoffhaltiger Anionen erteilt wird. Diese Sauerstoffbeladung ist zunächst so klein, daß sie zur $O_2$-Entwicklung nicht ausreicht. Verbraucht ein Reduktionsmittel, das oxydiert werden soll, diese kleine Sauerstoffbeladung der Elektrode so rasch, daß es zu deren Erneuerung größerer Stromdichten bedarf, sprechen wir von einem guten *anodischen Depolarisator*. Im gegenteiligen Fall, wenn diese Wechselwirkung zwischen Sauerstoffbeladung und Depolarisation nur träge erfolgt, wird auch bei kleinen Stromdichten die Beladung mit Sauerstoff verstärkt, und es kommt zu einer Sauerstoffentwicklung. Diese begleitet dann den Oxydationsvorgang und setzt die Stromausbeute unter den theoretischen Betrag herab. Letzterer wird nur bei guten Depolarisatoren erreicht.

Auch in den unter 1 und 2 gekennzeichneten Fällen ist, besonders bei verzögertem Verlauf des direkten Ladungsaustausches, eine Sauerstoffbeladung möglich und in geringem Maße auch immer vorhanden.

## Oxydationen unter Änderung der Ladungsmenge.

Solche Oxydationen können bestehen:

1. in einer Vermehrung der positiven Ladungen,
2. einer Verminderung der negativen Ladungen.

Die unter 1 fallenden anodischen Lösungsvorgänge der Metalle wurden ausführlich im 1. Band, S. 91 besprochen.

In dem vorliegendem Band soll auf dieses Gebiet nur ergänzend bei der Beschreibung der Gewinnung von unlöslichen Verbindungen durch anodische Metallauflösung zurückgekommen werden (S. 273).

Diese Vorgänge verlaufen sehr rasch, und es liegt in einem solchen Fall nur Konzentrationspolarisation vor. Die Stromdichtepotentialkurve steigt relativ steil an, doch weniger steil als bei der anodischen Metalllösung, weil hier, ähnlich wie bei den Reduktionsvorgängen (vgl. S. 196) zwei Diffusionsvorgänge bestimmend sind.

Derartige Umladungen von Ionen an der Anode, die eine elektrolytische Oxydation von Kationen im Sinne des Schemas:

$$M^{m\oplus} + n\oplus \rightarrow M^{(m+n)\oplus}$$

darstellen, verlaufen an unangreifbaren Elektroden meist vollständig. Dies gilt aber nur für solche höherwertige Kationen, die einer Elektrode kein positiveres Oxydationspotential erteilen als jenes, welches der anodischen Sauerstoffentwicklung entspricht. Haben die höherwertigen Kationen (oder die niederwertigen Anionen) ein positiveres Oxydationspotential, so können diese Ionen mit den OH'-Ionen des Wassers sich unter Sauerstoffentwicklung umsetzen, wie dies etwa beim $Co^{\cdots}$ der Fall ist:

$$2\,Co^{\cdots} + 2\,OH' \rightarrow 2\,Co^{\cdot\cdot} + O + H_2O.$$

Dieser Vorgang erfolgt nach der Geschwindigkeitsgleichung 1. Ordnung:

$$-\frac{dx}{dt} = k\,C_{Co\cdots}\,C_{OH'}$$

um so langsamer, je geringer die OH'-Ionenkonzentration ist, d. h. je saurer die Lösung ist.

Es erfolgt daher die Oxydation verdünnter Kobaltisulfatlösungen unter teils primärer, teils sekundärer Sauerstoffentwicklung und verläuft nicht vollständig.

Anodische Oxydationen können ebensogut wie durch Vermehrung positiver Ionenladungen auch durch Verminderung negativer Ionenladungen vor sich gehen.

Ein Beispiel ist etwa die Oxydation von Manganation zu Permanganation nach:

$$2\,MnO_4'' + O + H_2O \rightarrow 2\,MnO_4' + 2\,OH'$$

oder von Ferrozyanion zu Ferrizyanion nach dem Schema:

$$Fe(CN)_6'''' + \oplus \rightarrow Fe(CN)_6'''.$$

Diese Oxydationsvorgänge, deren Gleichgewichtspotentiale durch

$$\varepsilon = R\,T \ln \frac{K\,C_{MnO_4'}}{C_{MnO_4''}}$$

bzw.

$$\varepsilon = R\,T \ln \frac{K\,C_{Fe(CN)_6'''}}{C_{Fe(CN)_6''''}}$$

gegeben sind und die unter Verminderung der negativen Ladungen von Anionen von statten gehen, verlaufen so rasch, daß sie an allen Elektrodenmaterialien ebenfalls nur Konzentrationspolarisation zeigen. Nicht alle Oxydationen durch Ionenumladung verlaufen vollkommen reversibel. Namentlich solche, die zu einer Ionenpolymerisation führen, wie etwa die Bildung von Überschwefelsäure aus Sulfaten usw., verlaufen mit merklicher Reaktionshemmung und daher nicht vollkommen reversibel. Solche Oxydationen leiten zur dritten Gruppe über.

## Elektrolytische Oxydationen unter Vermehrung des Sauerstoffgehaltes bzw. Verminderung des Wasserstoffgehaltes.

Zu diesen Reaktionen gehören die Oxydation von sauerstofffreien Kationen zu sauerstoffhaltigen Anionen, von solchen niederen Sauerstoffgehaltes zu solchen höheren Sauerstoffgehaltes, ferner die Oxydation von Alkalisalzen aliphatischer Säuren sowie schließlich die Oxydation von nichtionisierten, meist organischen Verbindungen. Im allgemeinen verlaufen diese elektrolytischen Oxydationen, d. h. die Wechselwirkung zwischen dem Reduktionsmittel und dem anodisch gelösten atomaren Sauerstoff nur sehr langsam. Es handelt sich also bei diesen Stoffen nur um wenig gute Depolarisatoren. Die anodischen Stromdichtepotentialkurven verlaufen daher wenig steil und zeigen einen großen Krümmungsradius. Demgemäß werden leicht so hohe Anodenpotentiale erreicht, daß es zur Entwicklung des Sauerstoffs in molekularer Form kommt. Da Sauerstoff, ähnlich wie Wasserstoff an bestimmten Metallen positivere Potentiale zu seiner Abscheidung braucht, also Überspannung (S. 4) zeigt, kann die Oxydationskraft des anodisch entwickelten Sauerstoffs bei Verwendung entsprechender Anodenmetalle erheblich gesteigert werden. Dadurch können Oxydationen möglich gemacht werden, die durch chemische Mittel nicht durchführbar sind. Der Verlauf solcher Oxydationen wird von allen jenen Faktoren abhängig sein, die für die Beeinflussung des Sauerstoffpotentials in Frage kommen: von der OH'-Ionenkonzentration, der Natur des Anodenmaterials, der Temperatur, der Stromdichte und allenfalls im Elektrolyten vorhandenen Fremdstoffe. Es sollen im folgenden diese Einflüsse der Reihe nach kurz erörtert werden.

### Einfluß der OH'-Ionenkonzentration an der Anode.

Aus der Abhängigkeit der Spannung der Sauerstoffelektrode von der Konzentration der OH'-Ionen

$$\varepsilon = + \frac{0,0002}{4} T \log \cdot \frac{k_0 C_{O2}}{(C_{OH'})^4},$$

folgt, daß, je höher die OH'-Ionenkonzentration ist, desto unedler, negativer, und je kleiner die OH'-Ionenkonzentration ist, desto edler, positiver das Sauerstoffpotential wird. Besonders schwer zu oxydierende Stoffe, die sehr edle Potentiale verlangen, wird man daher in saurer, nicht in alkalischer Lösung oxydieren. Hierbei ist zu bedenken, daß ein von vornherein neutraler Elektrolyt im Verlauf der Elektrolyse an der

Anode sauer wird, falls nicht ein Oxydationsvorgang selbst OH-Ionen liefert. Ein weiterer durch Säure- und Alkalitätsgrad hervorgerufener Unterschied ist bei organischen Oxydationen der folgende: In alkalischer Lösung liegen fast immer stark dissoziierte Salze vor, in saurer Lösung oft die undissoziierten Moleküle, wie es bei schwächeren Säuren allgemein der Fall ist.

Im ersten Fall wird das Anion, im letzten das undissoziierte Molekül oxydiert. In diesen beiden Fällen liegen also ganz verschiedene Körper zur Oxydation vor.

## Der Einfluß des Anodenmaterials.

Als Anodenmaterial kommen für die elektrochemischen Oxydationen in saurer Lösung lediglich Platin und Platinmetalle, in alkalischer Lösung auch Nickel und Eisen in Betracht.

Dazu kommen noch Superoxydelektroden: in saurer Lösung Bleisuperoxyd-, in alkalischer Lösung Nickelsuperoxydelektroden. Ebenso wie diese wirken Zusätze von Metallen zum Elektrolyten, die Superoxydüberzüge an der Anode bilden[1].

Das Elektrodenmaterial kann in zweifacher Weise günstig auf die Oxydationsvorgänge wirken, nämlich katalytisch und durch Steigerung des Anodenpotentials (Überspannung). Auch beide Fälle können zusammenwirken.

Der den Reaktionswiderstand vermindernde katalytische Einfluß des Elektrodenmaterials tritt eindeutig vornehmlich bei solchen Oxydationsvorgängen hervor, bei denen die das Elektrodenpotential stark beeinflussende Sauerstoffentwicklung ausbleibt.

Bei Oxydationen für die katalytische Beschleunigung oder die Überspannung keine ausschlaggebende Rolle spielen, wird man natürlich trachten, das billigste Elektrodenmaterial zu verwenden. Besonders der Ersatz des früher meist verwendeten Platins ist ein wichtiges Problem von wirtschaftlicher Bedeutung. Namentlich bei der elektrolytischen Herstellung von Perchlorat, Persulfat, Perborat und ähnlichen Oxydationsprodukten ist man bekanntlich immer noch ausschließlich auf die Verwendung des teuren Platins als Anodenmaterial angewiesen. Man hat daran gedacht, so wie bei der Chloralkalielektrolyse (S. 20), Magnetit als Elektrodenmaterial zu verwenden. Es hat sich jedoch gezeigt, daß man damit nicht das erforderliche, hohe Anodenpotential erreichen kann, das notwendig ist, um eine befriedigende Stromausbeute zu erzielen[2]. Dazu kommt, daß Spuren von gelösten Eisensalzen katalytisch zersetzend auf Persalze wirken.

Für Mangansuperoxyd, daß als Anodenmaterial oftmals vorgeschlagen und geprüft wurde, ohne jedoch bisher eine praktische Verwendung gefunden zu haben, gilt dasselbe.

---

[1] F. Regelsberger: Ztschr. Elektrochem. **6**, 308 (1899/1900). — E. Müller u. M. Soller: Ztschr. Elektrochem. **11**, 863 (1905).

[2] Vgl. Howard: Trans. Amer. electrochem. Soc. **43**, 51 (1923).

Versuche, Wolfram, Molybdän und Tantal als Platinersatz zu verwenden, scheitern an der Sperrwirkung (mechanische Passivität, 1. Band, S. 95) solcher Elektroden und auch daran, daß sie korrodiert werden[1]. Die Angaben in der Literatur, daß Wolfram und Molybdän sich als praktisch unlösliche Anoden verhalten, wenn sich lösliche Verbindungen mit den Metalloxyden nicht bilden, sind unrichtig.

Für die Verwendung von Bleisuperoxydanoden scheinen die Aussichten günstiger zu sein, und es hat sich gezeigt, daß z. B. eine Perchloratbildung an solchen Anoden tatsächlich möglich ist.

Bei solchen Elektroden tritt allerdings ein langsamer Anstieg des Widerstandes ein.

Verläuft eine Oxydation unter gleichzeitiger Sauerstoffentwicklung, so spielt die Natur des Anodenmaterials deshalb eine besondere Rolle, weil dieses dann das Potential bestimmt. Dieses ist bei gleichen Stromdichten an glattem Platin am höchsten, an Eisen und Nickel am niedrigsten. Man wird daher aus diesem Grunde an glattem Platin dann eine gute Stromausbeute erzielen, wenn leichtoxydierbare Stoffe vorliegen. Dagegen wird Eisen zu verwenden sein, wenn nur langsam oxydierbare, aber durch zu hohe Oxydationspotentiale leicht zerstörbare Stoffe vorliegen.

Bei der Durchführung industrieller Verfahren ist es von erheblicher wirtschaftlicher Bedeutung, daß Platinanoden in schwefelsaurer Lösung (z. B. bei der Persulfatgewinnung) aufgelöst werden, und zwar gehen bei einem Stromdurchgang von 1,2 A in 48 Stunden etwa 0,8 g Platin in Lösung[2].

## Einfluß der Temperatur.

Temperatursteigerung bewirkt stets eine Verminderung der Reaktionswiderstände und damit ein Aufrichten der Stromdichtepotentialkurven. Es wird also bei höherer Temperatur die Konzentration des Depolarisators, der oxydiert wird, eine geringere werden können, ohne daß Sauerstoffentwicklung eintritt. Verläuft eine Oxydation jedoch bei gewöhnlicher Temperatur unter Sauerstoffentwicklung, so bewirkt Temperatursteigerung, außer Verkleinerung der Reaktionswiderstände, eine Verringerung des die Sauerstoffentwicklung begleitenden Potentialanstieges (namentlich an Platin und Iridium). Erhöhte Temperatur gestattet dann bei gegebener Stromdichte nicht so hohe Anodenpotentiale zu erreichen, als bei niederen Temperaturen möglich ist. Ist also bei gewöhnlicher Temperatur eine gute Ausbeute durch hohe Potentiallage etwa an glatter Platinanode bedingt, vermindert die Temperatursteigerung die Ausbeute.

Vollzieht sich aber der gleiche Vorgang an anderen Elektroden von niedrigerem Potential, so wird die bei gewöhnlicher Temperatur vorliegende Ausbeute durch Temperaturerhöhung infolge der Verminderung der Reaktionswiderstände begünstigt.

[1] G. Angel u. H. Mellquist: Ztschr. Elektrochem. **40**, 641, 702 (1934).

[2] Tafel u. Emmert: Ztschr. physikal. Chem. **52**, 357 (1905). — K. Arndt: Festschrift der Platinschmelze G. Siebert, Hanau. 1931.

## Einfluß der Stromdichte.

Bei anodischen Oxydationen, die ohne Sauerstoffentwicklung verlaufen, vermindert gesteigerte Stromdichte die Konzentration des Depolarisators unmittelbar an der Anode. Es wird also bei Aufrechterhaltung konstanter Stromdichte das Anodenpotential ansteigen. Je näher von vornherein die Anodenpotentiale der Oxydationsreaktionen denen der $O_2$-Entwicklung (bei geringen Werten der Stromdichte) liegen, desto eher sind Ausbeuteverluste zu befürchten.

Bei Oxydationen mit $O_2$-Entwicklung wirkt gesteigerte Stromdichte nach zwei Richtungen.

1. Ausbeute vermindernd durch stärkere Verarmung des Depolarisators. Diese fällt aber durch die rührend wirkende $O_2$-Entwicklung weniger ins Gewicht als in den oben erörterten Fällen der Oxydation ohne Sauerstoffentwicklung.

2. Durch die mit Stromdichtesteigerung zwangsläufig verknüpfte Anodenpotentialsteigerung werden besonders solche Vorgänge bezüglich der Stromausbeute begünstigt, die ein hohes Anodenpotential erfordern. Dies gilt für Elektroden, an denen das Anodenpotential mit steigender anodischer Stromdichte stark ansteigt, z. B. für glattes Platin bei niedriger Temperatur in besonders hohem Maße.

Doch werden sich auch an glattem Platin die beiden einander entgegengesetzten Wirkungen der Stromdichtesteigerung überlagern, und je nach Umständen wird die eine oder andere überwiegen.

An Anoden, die durch $O_2$-Entwicklung nur eine geringe, von der anodischen Stromdichte wenig abhängige Potentialsteigerung erfahren, wie an solchen aus Nickel oder Eisen, überwiegt dagegen der ungünstige Einfluß erhöhter Stromdichte.

## Wirkung von Zusätzen, des Lösungsmittels und andere Fremdstoffe.

In analoger Weise, wie bei der kathodischen Reduktion, kann man die oft träge Wirkung des anodisch erzeugten Elektrolytsauerstoffs, namentlich auf organische Verbindungen, durch Zugabe von Sauerstoffüberträgern, die leicht durch Elektrolyse regenerierbar sind, z. B. von Zerisalzen, beschleunigen. Diese wirken oxydierend, gehen hierbei in Zerosalze über, welche durch den Strom wieder zu Zerisalzen oxydiert werden.

Es kann so eine begrenzte Menge Zerisalz Elektrolytsauerstoff auf unbegrenzte Mengen eines Reduktionsmittels übertragen. Das Anodenpotential braucht hierbei nicht höher zu sein, als für die Oxydation von Zero- zu Zerisalz erforderlich ist.

In ähnlicher Weise[1] kann die elektrolytische Oxydierbarkeit der Manganosalze zu höheren Verbindungsstufen des Mangans, bzw. zu Mangansuperoxyd benutzt werden, um Oxydationsvorgänge zu beschleunigen, die an und für sich langsam verlaufen. Ähnlich wirken gelegentlich auch Ferrozyanide, Kupferhydroxyd, Platinschwarz (Bildung von Platinoxyden) u. a.

[1] F. Böhringer & Söhne: DRP. 117219 (1899).

Platinschwarz beschleunigt bekanntermaßen vielfach die rein chemische Oxydation durch Luftsauerstoff. Es ist wahrscheinlich, daß elektrochemische Oxydationen, die an platinierten Anoden besonders leicht verlaufen, durch das fein verteilte Platin katalytisch beschleunigt werden[1]. HCN, $Hg(CN)_2$ u. a. hemmen diese katalytische Wirkung. Eine ganz ähnliche Wirkung beobachtet man durch solche Stoffe bei der elektrochemischen Oxydation, sie vermindern deren Geschwindigkeit. Hält man die Stromstärken konstant, so steigt das Anodenpotential und damit der Sauerstoffdruck in der Elektrode, womit sich die alte Geschwindigkeit einstellt. Außer solchen rein katalytischen Wirkungen gibt es noch andere potentialsteigernde Wirkungen.

Bekanntermaßen steigern gewisse Anionen $Cl'$, $F'$, $SO_4''$, $ClO_4'$ u. a. das zur $O_2$-Entwicklung an glattem Platin nötige Anodenpotential aus zum Teil unbekannten Ursachen.

Eine Folge hiervon ist beispielsweise das besonders starke Zurücktreten der $O_2$-Entwicklung bei der Alkalichloridelektrolyse. Die Gegenwart solcher Stoffe fördert daher im allgemeinen solche Oxydationen, die ein hohes Anodenpotential erfordern.

Schließlich ist noch der Einfluß des Lösungsmittels, etwa Zusätze anderer Lösungsmittel, wie Alkohol usw., zu erwähnen.

Dieser Einfluß beruht offenbar auf der veränderten $OH'$-Ionenkonzentration, die in anderen Lösungsmitteln als Wasser, bzw. in Gemischen vorhanden ist. Außerdem ist natürlich auch ein katalytischer Einfluß des Lösungsmittels denkbar.

Bei der Oxydation hochkomplizierter organischer Verbindungen ist es oft von Bedeutung, daß die Reaktion nicht zu heftig verläuft, weil sonst eine zu weitgehende Oxydation und ein Zerfall des Körpers eintreten könnte.

Das Anodenpotential darf also in solchen Fällen nicht zu hohe Werte annehmen.

Ein zu starker Potentialanstieg kann eingeschränkt oder vermieden werden, wenn man den oxydierenden Gleichstrom mehr oder weniger stark mit Wechselstrom überlagert[2], was zur gelinden Oxydation organischer Verbindungen in einer Reihe von Fällen angewendet wurde.

Anderseits bewirken hohe Anodenpotentiale, daß elektrolytische Oxydationen gelingen, welche mit rein chemischen Mitteln nicht durchführbar sind.

# Oxydation von Metallkationen.

## Allgemeines.

Die in mehreren Wertigkeitsstufen vorkommenden Metallionen lassen sich analog der S. 210 behandelten Reduktion von höherwertigen zu

[1] G. Bredig u. R. Müller von Bernek: Ibidem **31**, 324 (1899). — G. Bredig u. K. Iketa: Ibidem **37**, 1 (1901).

[2] E. Drechsel: Journ. prakt. Chem. **29**, 229 (1884); **34**, 135 (1886); **38**, 65 (1888).

niederwertigen Metallionen, auch umgekehrt, von niederwertigen zu höherwertigen Ionen oxydieren.

Hierbei läßt sich feststellen, daß die über die Konzentrationspolarisation hinausgehenden Reaktionshemmungen mit der Wertigkeit der Ionen zunehmen[1].

Es muß bei diesen Oxydationsreaktionen, ebenso wie bei den chemischen, dafür Sorge getragen werden, daß das durch Oxydation höherwertig gewordene Kation auch die entsprechende Anzahl von Anionen vorfindet. Beim Vorgang:

$$2\,Fe^{\cdot\cdot} + 2\,SO_4'' + O + H_2O \rightarrow 2\,Fe^{\cdot\cdot\cdot} + 2\,OH' + 2\,SO_4''$$

werden die bei der anodischen Entstehung von O verbliebenen $2\,H^{\cdot}$ zur Neutralisation der $2\,OH'$ verwendet. Das einem $Fe^{\cdot\cdot}$ entsprechende $SO_4''$ genügt dem Ion $Fe^{\cdot\cdot\cdot}$ nicht mehr. Käme kein weiteres $SO_4''$ hinzu, würde sich basisches Ferrisulfat bilden. Um das zu verhindern, fügt man der Anodenlösung zwei Mol $H_2SO_4$ zu. Anfangs- und Endzustand lassen sich also durch die Beziehung:

$$2\,FeSO_4 + H_2SO_4 + O \rightarrow Fe_2(SO_4)_3 + H_2O$$

zum Ausdruck bringen. Das heißt, es verschwindet für jedes verbrauchte Sauerstoffäquivalent ein Äquivalent $H_2SO_4$ im Anodenraum. Man muß daher in demselben stets für Überschuß an freier Säure sorgen.

Hochwertige Ionen streben in wäßriger Lösung auch dahin, sich ganz oder teilweise der starken Anhäufung von Ladungen zu entledigen, und zwar mittels Wechselwirkung mit den Ionen des Wassers (Hydrolyse). Es kommt dann zur Bildung schwerlöslicher Hydroxyde mit den $OH'$-Ionen des Wassers, z. B. bei Blei-, Mangan- und Thalliumsalzen, d. h. es stellen sich die folgenden hydrolytischen Gleichgewichte ein:

$$Pb^{\cdot\cdot\cdot\cdot} + 2\,SO_4'' + 4\,OH' + 4\,H^{\cdot} \rightleftharpoons Pb(OH)_4 + 2\,SO_4'' + 4\,H^{\cdot}$$
$$2\,Tl^{\cdot\cdot\cdot} + 3\,SO_4'' + 6\,OH' + 6\,H^{\cdot} \rightleftharpoons 2\,Tl(OH)_3 + 3\,SO_4'' + 6\,H^{\cdot}.$$

Je höher die $H^{\cdot}$-Ionenkonzentration, desto weniger tritt die hydrolytische Spaltung in den Vordergrund, eine desto größere Anreicherung an höherwertigen Ionen kann man in der Lösung erzielen.

**$Cu^{I} \rightarrow Cu^{II}$, $Au^{I} \rightarrow Au^{III}$.** Die Oxydation von Cupro zu Cupri bzw. von Auro zu Auriionen gelingt auf elektrischem Wege ohne Schwierigkeiten. Die notwendigen Anodenpotentiale liegen für $Cu^{I} \rightarrow Cu^{II}$ bei $+0{,}167$ Volt, für $Au^{I} \rightarrow Au^{III}$ bei $+1{,}2$ Volt.

**$Co^{II} \rightarrow Co^{III} \rightarrow (Co^{IV})$. $Ni^{II} \rightarrow Ni^{III}$.** Nach G. Grube und O. Feucht[2] scheidet sich bei der anodischen Oxydation neutraler oder schwach saurer Kobalt-(2)-lösungen an einer Anode aus glattem Platin unmittelbar nach Versuchsbeginn auf der Elektrode eine braunschwarze, mit der Zeit blauschwarz werdende Oxydschicht ab.

---

[1] E. Müller u. M. Soller: Ztschr. Elektrochem. **11**, 863 (1905). — M. Le Blanc: Abh. d. Bunsenges. **3**, 21 (1910). — Z. Karaoglanoff: Ztschr. Elektrochem. **12**, 5 (1906).

[2] G. Grube u. O. Feucht: Ztschr. Elektrochem. **28**, 568 (1922).

Die bei der Oxydation einer bis zur Sauerstoffentwicklung polarisierten Anode bei höherer Temperatur mit allmählich gesteigerter Stromdichte erhaltenen Stromdichtepotentialkurven zeigen drei ausgeprägte Knicke, so daß zwischen ihnen sich drei verschiedene Vorgänge abspielen, von denen der erste bei dem Potential $\varepsilon_h = +0{,}05$ bis $+0{,}15$ Volt der zweite zwischen $+0{,}15$ bis $+0{,}30$ Volt und der dritte oberhalb $+0{,}3$ Volt verläuft und die vermutlich den drei Vorgängen der Bildung der drei verschiedenen Kobaltoxyde CoO, $Co_2O_3$ und $CoO_2$ entsprechen.

Da aus einer schwach sauren Lösung das Kobalt als Oxyd $Co_2O_3$, bzw. als Superoxyd abgeschieden wird, das Nickel dagegen nicht, sondern in Lösung bleibt, kann diese Verschiedenheit im Verhalten der zwei Metalle zu ihrer elektroanalytischen Trennung dienen[1].

Die elektrolytische Darstellung von Kobalt- und Nickel(3)azetat aus den Diazetaten und die elektrolytische Darstellung von Nickel(3)chlorid ist von C. Schall und H. Markgraf[2] untersucht worden.

Von einiger praktischer Bedeutung ist die Oxydation von Ni(2)- zu Ni(3)-hydroxyd.

Eine Oxydation von $Ni(OH)_2$ zu $Ni(OH)_3$ findet in alkalischer Lösung bei der Ladung des Jungner-Edison-Akkumulators statt[3].

**$Ce^{III} \rightarrow Ce^{IV}$.** Die Oxydation von Zero- zu Zerisalzen erfolgt an Platin- und Bleisuperoxydanoden sehr glatt und vollständig, ohne wesentliche sekundäre Sauerstoffabgabe. Man verwendet eine anodische Stromdichte von 0,006 A/cm² sowohl bei gewöhnlicher Temperatur als auch bei 50—60°[4].

Nach I. A. Atanasiu[5] erfolgt die elektrochemische Oxydation der Zerosalze quantitativ, wenn man Platinblech als Anode und Bleidraht als Kathode, Zerosulfat in 20%iger $H_2SO_4$ als Kathoden- und einer Lösung von 0,18 Gew.-% $CeO_2$ in 20—50 Gew.-% $H_2SO_4$ als Anodenflüssigkeit mit einer Stromdichte von 0,02 A/cm², oder Zeronitrat in 20 %iger $HNO_3$ als Kathoden- und eine Lösung von 0,26 Gew.-% $CeO_2$ in 20 bis 50 Gew.-% $HNO_3$ als Anodenflüssigkeit mit einer Stromdichte von 0,005 bis 0,04 A/cm² verwendet.

Den Vorgang $Ce^{\cdot\cdot\cdot} \rightarrow Ce^{\cdot\cdot\cdot\cdot}$ kann man auch zur Übertragung von Sauerstoff auf schwer oxydierbare organische Stoffe verwenden (S. 337).

Die hierbei anfallenden Laugen können elektrochemisch regeneriert werden[6].

**$Pb^{II} \rightarrow Pb^{IV}$** Eine wichtige technische Anwendung hat die anodische

---

[1] D. Balachowsky: Compt. rend. Acad. Sciences **132**, 1492 (1901). — A. Coehn u. M. Gläser: Ztschr. anorg. allg. Chem. **33**, 9 (1903). — A. Coehn: Ztschr. Elektrochem. **4**, 501 (1897/1898). — H. Großmann: Die Bestimmungsmethoden des Nickels und Kobalts. Stuttgart. 1913.

[2] C. Schall u. H. Markgraf: Trans. Amer. electrochem. Soc. **45**, 161 (1924).

[3] W. Jungner: DRP. 229542. — F. Foerster: Ztschr. Elektrochem. **13**, 414 (1907). Elektrochemie wäßriger Lösungen, S. 273. Leipzig. 1922.

[4] H. Brehm: Versuche aus dem Dresdener Laboratorium. — F. Foerster: Elektrochemie wäßriger Lösungen, 8. Aufl., S. 825. 1922. — G. Koelle: Dissertation. Zürich, 1898. — E. Mühlbach: Dissertation. München, 1903.

[5] Bulet. Chim. pura aplicata, Bukarest **30**, 61 (1927).

[6] Farbwerke vorm. Meister, Lucius & Brüning: DRP. 152063 (1902); 158609 (1902).

Oxydation von Pb(2)sulfat zu Pb(4)sulfat bzw. dessen Spaltungsprodukt $PbO_2$ im Bleiakkumulator gefunden.

Bei der Ladung des Akkumulators wird in schwefelsaurer Lösung Pb(2)sulfat glatt zu Pb(4)sulfat anodisch oxydiert, welches sofort hydrolytisch unter Bildung von $H_2SO_4$ und $PbO_2$ zerfällt[1]. Von praktischer Bedeutung ist auch die Anwendung der Oxydation $Pb^{\cdot\cdot} \rightarrow Pb^{\cdot\cdot\cdot\cdot}$ zur quantitativ-elektrolytischen Bleibestimmung.

Blei läßt sich in Gegenwart von Salpetersäure leicht als Bleisuperoxyd quantitativ als schwarzbrauner Niederschlag an der Anode abscheiden. Auch hier wird das durch Oxydation der $Pb^{\cdot\cdot}$-Ionen entstehende schwach dissoziierte Blei(2)nitrat hydrolytisch zu unlöslichem Bleisuperoxyd und Salpetersäure gespalten:

$$Pb(NO_3)_4 + 2H_2O = 4HNO_3 + PbO_2.$$

Um das Superoxyd festhaftend und in wägbarer Form zu erhalten, bedient man sich einer mattierten Platinanode[2], und zwar in Form einer Schale, oder auch, damit dem Niederschlag eine größere Oberfläche zur Abscheidung geboten wird, einer mattierten Drahtnetzelektrode[3].

Die große Menge von $HNO_3$, die der Elektrolyt zwecks Abscheidung des Bleisuperoxyds enthalten muß, ermöglicht eine Trennung des Bleis von fast allen anderen Metallen[4].

Bei Gegenwart von Ag oder Bi gehen allerdings Anteile dieser Metalle in Form von Superoxyd in den Bleisuperoxydniederschlag über[5].

Endlich soll auch auf die von G. Grube[6] untersuchte Oxydation von Alkaliplumbitlösungen in 8- bis 12-normaler Alkalilauge an einer glatten Platinanode hingewiesen werden, bei der die anodische Stromdichte 0,02 bis 0,03 $A/cm^2$ betragen soll.

Das Normalpotential des Vorganges:

$$PbO_2'' + 2\,OH' + 2\oplus = PbO_3'' + H_2O$$

wurde in 8,42-normalem KOH zu $\varepsilon_h = +\,0{,}208$ bestimmt.

Die Zusammensetzung der aus stark alkalischen Alkaliplumbit- und -plumbatlösungen sich ausscheidenden Plumboplumbate hängt von dem Grad der Alkalität des Elektrolyten ab.

[1] K. Elbs: Ztschr. Elektrochem. **3**, 70 (1896/97). — K. Elbs u. F. Fischer: Ztschr. Elektrochem. **7**, 343 (1900/01). — F. Dolezalek: Der Bleiakkumulator. Halle a. S. 1901.

[2] A. Classen: Quantitative Analyse durch Elektrolyse, S. 224. Berlin. 1927.

[3] Fr. F. Exner: Journ. Amer. chem. Soc. **25**, 896 (1903). — A. Fischer u. R. J. Boddaert: Ztschr. Elektrochem. **10**, 945 (1904). — R. O. Smith: Dissertation. Philadelphia. 1905. — G. Vortmann: Liebigs Ann. **351**, 283 (1907). — H. Bernhardt: Ztschr. analyt. Chem. **67**, 97 (1925/26). — I. G. Fairchild: Ind. engin. Chem. **3**, 902 (1911).

[4] A. Classen: Quantitative Analyse durch Elektrolyse, S. 230. Berlin. 1927. — H. J. S. Sand: The rapid electrolytical deposition and separation of metals. Journ. chem. Soc. **91**, 380 (1907). — A. Fischer: Aachener Laborjournal. — J. H. Stansbie: Chem. News **106**, 283 (1912). — E. Gilchrist u. A. C. Cumming: Chem. News **107**, 217 (1913). — H. Biltz: Ber. Dtsch. chem. Ges. **58**, 913 (1925). — A. J. Withe: Trans. Amer. electrochem. Soc. **24**, 297 (1913). — A. Lassieur u. A. Kling: Compt. rend. Acad. Sciences **173**, 1081 (1921). — A. Lassieur: Compt. rend. Acad. Sciences **179**, 827 (1924).

[5] G. Arth u. Nicolas: Bull. Soc. chim. France (3), **29**, 633 (1903).

[6] Ztschr. Elektrochem. **28**, 273 (1922).

Bei der Oxydation von Alkaliplumbit zu Alkaliplumbat durch Sinuswechselstrom, die von F. Jirsa[1] untersucht wurde, tritt der Einfluß des Anodenmaterials neben dem der OH'-Ionenkonzentration hervor. Von den verwendeten Elektroden aus laugebeständigen Metallen, Nickel, Palladium, Platin, Gold, Kadmium, ergaben die beiden letzten schlechte Ausbeuten. In 1,5-normalem NaOH wurde mit Nickel ein Minimum, mit Palladium ein Maximum der Ausbeute erhalten, in 4,5-normalem NaOH war es umgekehrt, und Nickel gab etwa zehnfach bessere Ausbeuten als Palladium. Platinelektroden werden unter geringer Oxydation des Plumbits stark angegriffen. Die Plumbatausbeute sinkt mit steigender Frequenz des Wechselstroms.

**$Cr^{III} \rightarrow Cr^{VI}$.** Chromisulfat läßt sich anodisch an platinierten Anoden zu Chromsäure oxydieren, nicht aber an glattem Platin. Besonders günstig verläuft die Oxydation an Bleisuperoxydelektroden, die durch Zusatz kleiner Bleisalzmengen zum benutzten Chromsalz leicht auf Platin erzeugt werden können (S. 267)[2]. Es handelt sich hier um einen trägen Oxydationsvorgang des Schemas:

$$2\,Cr^{\cdot\cdot\cdot} + 3\,O + 5\,H_2O \rightarrow 2\,CrO_4'' + 10\,H^{\cdot}.$$

An glatten Platinelektroden erfolgt dagegen aus saurer Chromisulfatlösung bloß Sauerstoffentwicklung, während an Bleisuperoxydelektroden bei $D_A = 0{,}005$ A/cm² die Stromausbeute in schwefelsauren Chromisalzlösungen mit mehr als 20 g $Cr_2O_3$ im Liter bei Zimmertemperatur 97% beträgt[3]. Vergrößerung der $H_2SO_4$-Konzentration, und zwar besonders merklich bei hohen Stromdichten und tiefen Temperaturen, erniedrigen die Ausbeute an Chromsäure[4]. Chromsäure dient in der organischen Technik als Oxydationsmittel, z. B. von Anthrazen zu Anthrachinon, Borneol zu Kampfer usw., und geht dabei in Chrom(3)sulfat über. Meist wird hierzu die Chromsäure in Form von Alkalibichromat verwendet.

Zur Regeneration des Oxydationsmittels wird das Chrom(3)sulfat anodisch zu $Cr^{VI}$ oxydiert.

Es wurde auch versucht[5], die zu oxydierende Substanz in eine aus Kaliumbichromat und überschüssiger Schwefelsäure hergestellte Oxydationslösung einzutragen und zwischen Bleielektroden zu elektrolysieren. Doch stellte sich heraus, daß kathodisch eine Reduktion der anodisch gebildeten Chromsäure erfolgt. Es ergab sich darnach die Notwendigkeit, den Oxydationsvorgang mit Chromsäure und die Regeneration von Chrom(3)sulfat gesondert vorzunehmen und für letztere zur Vermeidung der Reduktion der Chromsäure Anoden- und Kathodenflüssigkeit räumlich zu trennen. Dazu

[1] F. Jirsa und F. Kornalik: Ztschr. Elektrochem. **33**, 192 (1927). — F. Jirsa u. J. Fabinger: Ztschr. physikal. Chem. **109**, 260 (1924).

[2] F. Regelsberger: Ztschr. Elektrochem. **6**, 308 (1899/1900). — E. Müller u. M. Soller: Ztschr. Elektrochem. **11**, 863 (1905).

[3] Vgl. P. Askenasy: Einführung in die technische Elektrochemie, II, S. 75—80. Braunschweig: Vieweg & Sohn. 1916. — E. Müller u. Sauer: Ztschr. Elektrochem. **18**, 844 (1912). — A. Lottermoser u. Kurt Falk: Ztschr. f. Elektrochem. **28**, (1922) 366.

[4] N. S. Drosdow: Chem. J. Ser. A. J. allg. Chem. (russ. Chimitscheski Shurnal obschtschei Chimi) **3**, 345.

[5] F. Darmstädter: DRP. 109012 (1897).

war nötig, genügend säurefeste Diaphragmen zu bauen, was M. Le Blanc mit Villerey und Reisenegger gelang[1], welcher auch eingehende Studien über die Möglichkeit der Regenerierung von Chromsäurelösungen, die bei organischen Oxydationen in Chrom(3)sulfatlösungen verwandelt worden sind, durchführte[2].

Zur praktischen Durchführung der Regeneration[3] gelangt die schwefelsaure, von organischen Stoffen befreite Chromlauge mit etwa 100 g $Cr_2O_3$ und 350 g $H_2SO_4$ im Liter zuerst in den Kathodenraum mit Bleikathode und von dort für einen ebenso langen Zeitraum in den durch ein Diaphragma abgetrennten Kathodenraum mit Bleisuperoxydanode. Würde man die Lauge zur Regeneration nur durch den Anodenraum fließen lassen, so würde sich, wenn der Katholyt Schwefelsäure wäre, die Lauge bei jeder Regeneration mehr an Schwefelsäure anreichern. Wenn dagegen die Lauge zuerst als Katholyt dient, so wandern aus dem Kathodenraum zwar auch $SO_4''$-Ionen zur Anode, doch bleibt der Gehalt der Lauge an Schwefelsäure im ganzen gleich. So kann die Chromlauge ohne Korrektur der Zusammensetzung im Kreislauf verwendet werden. Die Badspannung beträgt etwa 3,5 Volt, die anodische Stromdichte 0,3 A/cm², die Stromausbeute 70—90%. Durch Zusatz von Fluoriden oder Phosphaten, die erhöhend auf das Anodenpotential wirken, kann die Stromausbeute noch gesteigert werden[4].

Wegen der Unbequemlichkeit der Diaphragmen war man in der Folge bestrebt, diese auszuschalten. So hat der Österreichische Verein für chemische und metallurgische Produktion, Aussig, eine Art Glockenverfahren ausgebildet[5]. Hierzu werden die Elektroden an den beiden Seiten einer nicht durchlässigen, nicht bis an den Gefäßboden reichenden Scheidewand so angeordnet, daß der Kathodenraum innen ist und man durch diesen die Chromlauge eintreten läßt. Man kann die Lösung auch auf den Boden der Zelle eintreten lassen[6], wodurch erreicht werden soll, daß die Chromsäuremenge, die auch nach der Oxydation noch in den Laugen sind, nicht kathodisch reduziert werden.

Ist der Lösungsaustritt im äußeren Raume oberhalb der Anode angebracht, so fließt der Elektrolyt dann an der Anode vorbei. Nach diesem Verfahren läßt sich eine Lösung von etwa 80 g $Cr_2O_3$ mit einer Stromausbeute von 78% bei 26° und 3,3—3,5 Volt bis zu 90% oxydieren.

Auch durch Zusätze, die eine Reduktion des gebildeten $CrO_3$ verhindern sollen, wollte man das Diaphragma überflüssig machen[7].

---

[1] M. Le Blanc: Darstellung des Chroms und seiner Verbindungen. Halle a. S. 1902; Ztschr. Elektrochem. **7**, 290 (1900/01).

[2] M. Le Blanc: Ztschr. Elektrochem. **7**, 290 (1900). — Le Blanc u. Reisenegger: A. P. 630612. — H. Laubmann: Ztschr. angew. Chem. **44**, 213 (1931).

[3] Farbwerke vorm. Meister, Lucius & Brüning: DRP. 103860 (1898).

[4] Schmiedt: Dissertation. Charlottenburg, 1909.

[5] Österreichischer Verein für chemische und metallurgische Produktion: Ö. P. 25191.

[6] M. Le Blanc: DRP. 182287 (1905).

[7] Chemische Fabrik Buckau: DRP. 199248 (1906). — P. Askenasy u. A. Révai: Ztschr. Elektrochem. **19**, 344 (1913).

Nach einem Verfahren ohne Diaphragma von C. F. Boehringer & Söhne[1] fließt die zu regenerierende Lauge durch eine horizontale, gelochte Bleianode, die mit Bleischrot bedeckt ist, von oben nach unten. Darüber ist der Laugenzufluß und parallel die Kathode angeordnet.

Um den reduzierend wirkenden Wasserstoff ganz auszuschalten, bzw. das Kathodenpotential zu erniedrigen, setzt Goldberg[2] der zu oxydierenden Lösung Metallsalze, vor allem Kupfersalz, zu. Statt einer Wasserstoffabscheidung erfolgt dann an der Kathode Metallabscheidung. Die Lösung soll z. B. 65 g Chrom(3)oxyd, 275 g $H_2SO_4$ und 110 g Kupferoxyd enthalten. Die Elektrolyse wird bei 35° C mit Bleisuperoxydanode und Kupferkathode ohne Diaphragma durchgeführt, wobei eine Stromausbeute von 80% erzielt wird. Im Dauerbetrieb kann das ausgeschiedene Kupfer immer wieder in der zu oxydierenden Lauge aufgelöst werden.

Bei dem Verfahren von Speketer[3] soll die elektrolytische Darstellung von Chromaten und Chromsäure durch anodische Lösung und Oxydation von Chrom und Chromlegierungen mit der kathodischen Gewinnung von Alkali gekuppelt werden.

Hierzu wird eine Diaphragmazelle mit gesättigter $Na_2SO_4$-Lösung gefüllt und zur Ausfällung des aus der Legierung stammenden Eisens Ätzkalk in den Anodenraum gebracht.

Ähnlich ist das Verfahren von Jouve und Helbronner[4], bei welchem ebenfalls chromhaltige Anoden verwendet werden, und zwar entweder Ferrochrom mit mindestens 40—45% Chrom oder geglühtes Chromerz. Als Elektrolyt soll Alkalikarbonat dienen[5].

Ebenfalls durch anodische Auflösung einer Ferrochromanode wird Chromsäure bei der Electro Metallurgical Co.[6] hergestellt. Die Elektrolyse erfolgt in einer Diaphragmazelle bei 85° C mit einer Stromdichte von 15,5 A/cm² bei 4,3 Volt im stark schwefelsauren Anolyten.

Um die kathodische Reduktion der restlichen Chromsäure zu verhindern, haben G. Adolph und A. Pietzsch[7] empfohlen, dem Elektrolyten $Na_2SO_4$ oder Natriumazetat zuzusetzen, wodurch das Kathodenpotential einerseits erniedrigt wird, anderseits die entstehende Chromsäure mit dem kathodisch gebildeten Alkali Bichromat bildet, das schwerer reduzierbar ist[8]. Der Elektrolyt soll im Liter enthalten: 400 g $Cr_2(SO_4)_3$, 150 g $Na_2SO_4$, 150 g $NaCH_3COO$. Die Elektrolyse erfolgt zwischen Bleielektroden bei einer anodischen Stromdichte von 2 A/dm² und einer kathodischen Stromdichte von 20 A/dm². Auch alkalische Chromitlösungen können zu Chromat oxydiert werden[9], wenn man in eine Zelle

---

[1] DRP. 251694. [2] DRP. 303165.
[3] Chemische Fabrik Griesheim-Elektron: DRP. 143320, 146491.
[4] Jouve, Helbronner u. Soc. Hydro-Electr. Met. du Palais Paris: DRP. 392290.
[5] Siehe hierzu auch K. Fischbeck u. E. Einecke: Ztschr. anorgan. allg. Chem. **175**, 335 (1928).
[6] A. P. 1784950 (1930). [7] Chemische Fabrik Buckau: DRP. 199248.
[8] P. Askenasy: Techn. Elektrochem. Braunschweig. 1916. — P. Askenasy u. Révai: Ztschr. Elektrochem. **19**, 344 (1913).
[9] Häussermann: Ztschr. angew. Chem. **6**, 360 (1893).

mit Tondiaphragma eine stark alkalische Lösung von Chromiten ($Na_2Cr_2O_4$) in den Anodenraum bringt und mit einer Spannung von 5 Volt elektrolysiert. Stromausbeute 42%.

Hierher gehört auch die an der Anode erfolgende Kondensationsreaktion von Chromat zu Bichromat.

Bei der Elektrolyse einer wäßrigen Lösung von gelbem Alkalichromat mit Diaphragma an unangreifbaren Elektroden entsteht im Anodenraum Bichromat, im Kathodenraum freies Alkali. Zu Beginn bewirken allein die $K^{\cdot}$- und $CrO_4''$-Ionen den Stromtransport, und die Stromausbeute beträgt 100%. Im Laufe der Elektrolyse nehmen die $OH'$-Ionen am Stromtransport immer mehr teil und zerstören, in den Anodenraum gelangend, zum Teil das dort gebildete Bichromat. Deshalb wird die Bildung von Bichromat aus Chromat in der Weise ausgeführt, daß man die Chromatlösung nur in den Anodenraum bringt, während der Kathodenraum mit verdünnter Lauge gefüllt wird, obgleich dadurch die Stromausbeute geringer wird[1]. Ohne Diaphragma kann die Chromatelektrolyse nach A. Lottermoser und H. Walde[2] in einer Zelle durchgeführt werden, die nach dem Prinzip des bei der Alkalidarstellung benutzten Glockenverfahrens arbeitet.

Nach J. Stscherbakoff und O. Essin[3] liefert die Anwendung einer rasch fließenden Quecksilberkathode bei der Elektrolyse des Natriumchromats bessere Stromausbeuten als das Diaphragmaverfahren. Die Faktoren, die die H-Überspannung erhöhen, nämlich Erhöhung der Stromdichte, Vergrößerung der Elektrolytkonzentration und Abnahme der Temperatur, steigern auch die Ausbeute. Nach Entfernung von 75% des Kations steigt die Leitfähigkeitskurve infolge Bildung des Polychromats $Na_2Cr_4O_{13}$ scharf an. Um die Dichromatbildung mit maximaler Stromausbeute durchzuführen, muß man mit hoher Stromdichte bei hohem Natriumgehalt arbeiten oder Polychromatlösungen bei niedriger Stromdichte zersetzen und hinterher mit einfachem Chromat mischen[4].

**$Mo^{IV} \rightarrow Mo^{VI}$.** Die elektrolytische Oxydation des vierwertigen Molybdänoktozyanids $R_4[Mo(CN)_8]$ erfolgt nach O. Collenberg und B. Andersen[5] sehr rasch, da die an Gold-, Platin-, Nickel- und Eisenanoden auftretende Polarisation bei allen Elektrodenmaterialien gleich und sehr niedrig ist, und zwar am besten in 2-normaler $H_2SO_4$ bei 45° mit einer Stromdichte von 0,0056 A/cm².

**$Mn^{II} \rightarrow Mn^{III} \rightarrow Mn^{IV} \rightarrow Mn^{VII}$.** Ähnlich wie aus Bleisalzlösungen, entsteht im allgemeinen aus Manganosalzlösungen an der Anode Mangansuperoxyd $MnO_2$ bzw. ein Gemenge von ihm mit Mangansesquioxyd $Mn_3O_4$. Die Bestimmung des Bleis bei Gegenwart von Mangan liefert daher[6] nur

---

[1] C. Häussermann: Ztschr. angew. Chem. **6**, 363 (1893). — E. Müller u. E. Sauer: Ztschr. Elektrochem. **18**, 844 (1912). — A. Lottermoser u. Falk: Ztschr. Elektrochem. **28**, 366 (1923).

[2] Ztschr. anorgan. allg. Chem. **134**, 368 (1924).

[3] J. Stscherbakoff u. O. Essin: Ztschr. Elektrochem. **32**, 396 (1926).

[4] Siehe auch G. S. Forbes u. Ph. A. Leighton: Journ. physical Chem. **30**, 1628 (1926).

[5] O. Collenberg u. B. Andersen: Ztschr. Elektrochem. **31**, 558 (1925).

[6] B. Neumann: Chem.-Ztg. **20**, 381 (1896).

unter der Voraussetzung brauchbare Resultate, daß der Mangangehalt nicht hoch ist (höchstens Bruchteile eines Prozents). Doch läßt sich Mangan ebenso wie Blei anodisch als Superoxyd bestimmen.

Das abgeschiedene, meist auch niedere Oxyde enthaltende Mangansuperoxyd ist im allgemeinen spröde und haftet nur in kleinen Mengen an der Anode. Zwecks elektroanalytischer Bestimmung des Mangans muß ein Zusatz von Chromalaun gemacht und ein essigsaurer Elektrolyt angewendet werden, wodurch das Superoxyd in gut haftender Form auch in größeren Mengen zur Abscheidung gebracht werden kann[1].

Chloride und Mineralsäuren dürfen nicht anwesend sein. Dagegen kann es aus ameisensaurer Lösung quantitativ abgeschieden werden[2].

Wenn man durch höheren Säuregehalt des Elektrolyten und zugleich bei Möglichkeit von Komplexbildung der höherwertigen Manganionen deren Neigung zur Hydrolyse entgegenarbeitet, kann man Verbindungen drei- und vierwertiger Manganionen bei anodischer Oxydation in fester Form gewinnen.

So erhält man[3] bei Elektrolyse einer Lösung von 15 g $MnSO_4 \cdot 4\,H_2O$ in 200 cm³ 55%iger $H_2SO_4$ bei 60° an Platin, weniger gut an Bleisuperoxydelektroden zunächst das Salz $H_2Mn_2(SO_4)_4 \cdot 8\,H_2O$ der dreiwertigen Stufe und bei der fortgesetzten Oxydation aus einer Lösung von 40 g $MnSO_4 \cdot 4\,H_2O$ in 300 cm³ 55%iger $H_2SO_4$ das braunschwarze Sulfat des vierwertigen Mangans.

Man hat Mn-(3)-salze auch als Sauerstoffüberträger bei organischen Oxydationen verwendet und kann sich der elektrochemischen Oxydation zur Regenerierung solcher Laugen bedienen[4].

Nach A. N. Campbell[5] erhält man in einem durch ein Diaphragma abgetrennten Anodenraum mit Platinelektroden aus einer 3-molaren Lösung von $MnCl_2$, die mit dem gleichen Volumen konzentrierter HCl versetzt war, bei Verwendung einer Lösung von $NH_4Cl$ (250 g im Liter) als Kathodenflüssigkeit, einer anodischen Stromdichte von 6 A/dm² und einer von 18—47° steigenden Temperatur eine fast schwarze Lösung, die aus $MnCl_4$ neben unverändertem $MnCl_2$ besteht. Das Potential des vierwertigen $Mn^{\cdot\cdot\cdot\cdot}$-Ions (bei Gegenwart des zweiwertigen $Mn^{\cdot\cdot}$-Ions) wurde von A. N. Campbell zu $\varepsilon_h = 1{,}465$ Volt bei 16° berechnet.

Wie E. Müller und E. Koppe[6] zeigten, geht bei Gegenwart von Flußsäure jedenfalls infolge der Neigung der F'-Ionen zur Komplexbildung mit $Mn^{\cdot\cdot\cdot}$-Ionen Mangan(2)sulfat nur in Mangan(3)sulfat über, während[7] in verdünnter, saurer Lösung ohne Flußsäurezusatz Mangan(2)nitrat und Mangan(2)sulfat an Platinanoden zur Übermangansäure oxydiert werden und anderseits[8] Mangan(2)perchlorat in 62%iger Lösung von Überchlorsäure

[1] C. Engels: Ztschr. Elektrochem. **2**, 413 (1895/96); **3**, 286, 305 (1896/97). — Fr. F. Exner: Journ. Amer. chem. Soc. **25**, 896 (1903). — Vgl. auch C. N. Otin: Ztschr. Elektrochem. **15**, 385 (1909). — J. Köster: Ztschr. Elektrochem. **10**, 553 (1904).

[2] G. P. Scholl: Journ. Amer. chem. Soc. **25**, 1045 (1903).

[3] Badische Anilin- u. Sodafabrik: DRP. 163893. — M. Sem: Dissertation. Darmstadt, 1914; Ztschr. Elektrochem. **21**, 426 (1915); **23**, 98 (1917). — Vgl. J. Meyer: Ibidem **22**, 201 (1916). — Vgl. auch F. Weckbach: Dissertation. München, 1910. — G. D. van Arsdale u. C. G. Maier: Trans. Amer. electrochem. Soc. **33**, 109 (1918).

[4] C. F. Boehringer & Söhne: DRP. 117129 (1899). — W. Lang: DRP. 166357 (1902); 189178 (1902). — Badische Anilin- und Sodafabrik: DRP. 175295 (1903).

[5] A. N. Campbell, Journ. chem. Soc. London **123**, 892 (1923).

[6] E. Müller u. E. Koppe: Ztschr. anorgan. allg. Chem. **68**, 160 (1910).

[7] K. Elbs: Ztschr. Elektrochem. **7**, 260 (1900). — Vgl. auch M. G. Levi u. F. Ageno: Atti R. Accad. Lincei (Roma), Rend. (5), **15**, II, 615 (1906).

[8] F. Weckbach: Dissertation. München, Techn. Hochschule, 1910.

zwar auch bis zur vierwertigen Stufe anodisch oxydiert wird, aber mangels Neigung zur Komplexbildung völlige Hydrolyse zu $MnO_2$ eintritt.

Technisch hat die Herstellung von Mangansuperoxyd keine Bedeutung erlangt.

Man kann reines $MnO_2$ etwa für galvanische Elemente durch Elektrolyse von $MnSO_4$ oder $Mn(NO_3)_2$-Lösungen unter Zusatz von $MgSO_4$ darstellen[1].

Auch aus natürlichem $MnCO_3$ (Rodochrosit) soll sich $MnO_2$ in einem stark schwefelsauren Bad bei 90° C und 0,65—1 A/dm² mit einer Stromausbeute von 75% abscheiden lassen[2].

### Bildung anderer Superoxyde.

Eine Superoxydbildung tritt bei Kupfer andeutungsweise auf. Kupferoxyd wird anodisch nach W. Traube und A. Biltz[3] zum Teil in Superoxyd übergeführt und wirkt bei der anodischen Oxydation von $NH_3$ als Sauerstoffüberträger (S. 330).

Silberanoden werden in alkalischen Lösungen[4] zunächst glatt in Silberoxyd $Ag_2O$ übergeführt, das dann weiter zu Superoxyd AgO, aber nicht darüber hinaus oxydiert wird. Aus Silbersalzlösungen läßt sich dagegen bei einem Potential von + 1,53—1,57 Volt an Platinanoden, also bei Gegenwart von Säure, das Oxyd $Ag_2O_3$ abscheiden[5]. Dieses Oxyd ist nicht rein, sondern enthält nebenher auch AgO und das ursprüngliche Silbersalz, so daß man dem schon 1804 von Ritter beobachteten Niederschlag[6] die Formel

$$2\cdot(Ag_2O_3 + AgO)\cdot AgNO_3$$

geben kann.

Auf entsprechende Weise entstehen aus Silberchlorat[7] Kristalle $3\,Ag_2O_3\cdot AgClO_4$, die nach längerem Waschen in $2\,Ag_3O_4\cdot AgClO_3$ übergehen, und aus Lösungen von Silberfluorid, -sulfat oder -azetat analoge Stoffe, die alle kräftige Oxydationsmittel darstellen.

Gold(1)salz wird anodisch zu $Au^{\cdot\cdot\cdot}$ oxydiert.

Die Verhältnisse bei der Elektrolyse einer sauren Kobalt(2)sulfatlösung wurden schon S. 259 berührt.

## Anodische Erzeugung von unlöslichen Verbindungen.

Bei der Erzeugung von Niederschlägen an der Anode handelt es sich um die Bildung von unlöslichen Verbindungen, wie Oxyden, Salzen usw., die dadurch entstehen, daß als Anoden Metalle verwendet werden, die sich bei Stromdurchgang lösen, deren Ionen aber nicht in Lösung bestehen bleiben, sondern unlösliche oder schwer lösliche Niederschläge bilden.

Dieses Kapitel ist eigentlich der anodischen Metallauflösung zugehörig (1. Band, S. 91), doch rechtfertigt die auf diesem Wege erfolgende Erzeugung von nichtmetallischen Produkten die Besprechung an dieser Stelle, um so mehr, als es sich hierbei um eine anodische Oxydation handelt.

---

[1] Burgess Battery Co., Madison: A. P. 1874827 (1931). — N. Kameyama: Chem, Ztrbl. **1933 I,** 652.

[2] G. W. Nichols: Chem. Ztrbl. **1932 II,** 3134.

[3] Ber. Dtsch. chem. Ges. **37,** 3130 (1904); **39,** 166 (1906).

[4] R. Luther u. F. Pokorny: Ztschr. anorgan. allg. Chem. **57,** 290 (1908).

[5] M. Bose: Ztschr. anorgan. allg. Chem. **44,** 259 (1905).

[6] Vgl. E. Mulder u. J. Herings: Rec. Trav. chim. **15,** 1 (1896). — O. Sulc: Ztschr. anorgan. allg. Chem. **12,** 89 (1896); **24,** 305 (1900). — S. Tanatar: Ibidem **28,** 331 (1901).

[7] G. Coffetti: Atti Istit. Veneto **62,** 2, 765 (1903).

Wenn ein Metall anodisch in Lösung geht, so werden, je nach dem Anodenpotential und der Individualität des Metalls, Ionen niedriger oder höherer Wertigkeit gebildet. Wenn außer diesen Ionen, die die Anodenoberfläche durch Diffusion verlassen, im Elektrolyten noch andere Ionen vorhanden sind, die mit den entstehenden Ionen Verbindungen bilden, deren Löslichkeitsprodukt unter den gegebenen Bedingungen überschritten ist, so fallen diese Verbindungen als Niederschläge aus. Solche Niederschläge können in loser oder auch in festhaftender Form entstehen und in manchen Fällen sogar die Anode mit einer dichten, nichtleitenden Haut überziehen.

## Erzeugung festhaftender Niederschläge (Eloxieren).

### Allgemeine Übersicht.

Die Bildung solcher festhaftender Überzüge spielt heute beim Aluminium und seinen Legierungen eine große Rolle. Obwohl dieses Gebiet dem damaligen Stand der Entwicklung entsprechend schon im Band Elektrometallurgie, S. 285, behandelt wurde, soll wegen der inzwischen eingetretenen außerordentlichen Verbesserung und Erweiterung dieses Verfahrens an dieser Stelle nochmals eingehend darauf zurückgekommen werden.

Die bekannte Erscheinung, daß sich Aluminium bei Berührung mit Luft oder Wasser sofort mit einem dünnen Oxydfilm von 0,0004 bis 0,0002 mm Stärke überzieht, wurde lange Zeit als Nachteil gewertet, da hierdurch das Löten und Schweißen des Aluminiums und seiner Legierungen sowie das galvanische Überziehen (1. Bd., S. 320) Schwierigkeiten machte.

Eine bedeutend stärkere Oxydschicht kann man auf der Aluminiumoberfläche erzeugen, wenn man das Aluminium anodisch behandelt.

Als erster berichtet hierüber Buff[1].

Verwendet man Aluminium als positive Elektrode oder Anode, so geht es in den meisten Elektrolyten nicht in Lösung, sondern setzt dem Stromdurchgang einen erheblichen Widerstand entgegen, die Aluminiumanode wird passiv, indem sie sich mit einer gallertartigen Schicht von Aluminiumhydroxyd, die sich gegebenenfalls infolge negativer Ladung kataphoretisch an die Anode anpreßt, überzieht.

Man beachtete zunächst nur die Isolierfähigkeit solcher Schichten und ihre Eigenschaft, für Wechselstrom als Ventil zu wirken.

Auf Grund dieser Beobachtungen wurden elektrolytische Gleichrichterzellen gebaut[2], die in langsamer Fortentwicklung heute zu technisch brauchbaren Formen geführt haben (z. B. Gleichrichterzellen der „Elin").

Der Tatsache, daß die anodisch gebildeten Oxydschichten auch schützend auf die Oberfläche wirken, wurde erst später Beachtung geschenkt.

---

[1] Liebigs Ann. (1857), 269.

[2] Siehe z. B. Grätz: Ztschr. Elektrochem. **4**, 67 (1897/98); **6**, 159, 188 (1899/1900); **12**, 670 (1906).

Die Ausbildung einer schützenden Hydroxydschicht ist bei allen Elektrolyten zu beobachten, in denen sich das Aluminiumhydroxyd nicht oder nur schwer löst. Infolgedessen wird Aluminium anodisch in solchen Lösungen fast nicht angegriffen. Besonders oxydierende Lösungen, wie konzentrierte kalte Salpetersäure oder Kaliumbichromat, bewirken die Bildung besonders dicker, sperrender Schichten und damit großen Widerstand gegen die Auflösung und Korrodierung. Dasselbe gilt auch für Aluminiumlegierungen.

Während die Dicke der Oxydhaut, die allein durch die atmosphärische Wirkung auf das Aluminium entsteht, etwa 0,02 $\mu$ beträgt, kann sie durch anodische „Formierung", d. h. anodische Belastung in geeigneten Elektrolyten, bis auf mehr als 2 $\mu$ gebracht werden.

Der Wassergehalt der Oxydschicht ist je nach den Umständen wechselnd.

Daß bei Verwendung verschiedener Elektrolyte die Eigenschaften der Deckschichten sich ändern, wurde erstmalig von W. R. Mott[1] erkannt und näher untersucht. Er stellte fest, daß Säureradikale von möglichst hoher Wertigkeit, z. B. Phosphate oder Zitrate, die besten Oxydschichten für Kondensatoren und Gleichrichter erzeugen[2].

In der weiteren Folge wurden eine Unzahl von Vorschriften veröffentlicht, die sich zunächst auf das Überziehen von Aluminiumdrähten mit isolierenden Oxydschichten, später auf den Schutz der Oberfläche gegen Korrosion bezogen.

Um Aluminiumdrähte statt mit anderem Isoliermaterial elektrisch mit Oxydschichten zu überziehen, hat L. W. Chubb[3] als Elektrolytlösungen Natriumsilikat oder Ammonium- bzw. Natriumborat verwendet.

Zum selben Zweck verwendete die Gesellschaft für elektrochemische Industrie m. b. H. Natriumbikarbonatlösung[4] bei einer Spannung von 220 Volt oder Natriumkarbonat[5] oder Alkalisilikatlösungen unter Zusatz von Peroxyden[6] oder Ammoniumtartrat bzw. -bitartrat[7].

In neuerer Zeit wurden etwa 150 verschiedene geschützte Verfahren bekannt. Man kann sie nach der Natur der Elektrolyten einteilen in: neutrale, basische und saure Verfahren. Um mit einem Beispiel für die erstgenannte Gruppe von Bädern zu beginnen, sei zunächst ein Vorschlag der Maschinenfabrik Oerlikon genannt[8], nach welchem man brauchbare Oxydüberzüge auf Aluminium erhält, wenn man lediglich Wasser als Elektrolyt benutzt oder gegebenenfalls solches, das durch den Zusatz basischer Flüssigkeiten schwach leitend gemacht wird. Als Stromart wird hier erstmalig Wechselstrom vorgeschlagen, welcher eigenartigerweise die Oxydschicht auf Aluminium ebenfalls, und zwar an beiden Polen in gleicher Weise bildet.

Für alkalische Bäder wurden verwendet: Ammoniakalische Kalzium-

---

[1] Ztschr. elektrochem. Ind. **2**, 268, 444 (1904). — Siehe auch Güntherschultze: Ann. Physik **21**, 929 (1906).
[2] Ch. Pollack: DRP. 92564.
[3] Westinghouse Electric and Manufacturing Co.: A. P. 1068410 bis 1068413 (1907—1913).
[4] DRP. 263603.
[5] A. P. 1117240.
[6] DRP. 283110.
[7] A. P. 1387471.
[8] Schw. P. 83686.

karbonatlösung oder Sodalösung[1], Ammoniumkarbonatlösung[2]; Kaliumfluorid und Ammonkarbonatlösung[3], gesättigte Boraxlösung[4] u. a.

Bei den Verfahren, die mit sauren Elektrolyten arbeiten, werden insbesondere solche verwendet, die Schwefelsäure, Chromsäure, Oxalsäure oder Gemische dieser Säuren enthalten.

Günther-Schultze benutzt für sein Verfahren absolute Schwefelsäure mit einem Zusatz von wasserfreiem Natriumsulfat. Er arbeitete mit steigender Spannung bis 200 Volt und mehr unter ständiger Kühlung des Elektrolyten, der sich übrigens beim Arbeiten ziemlich stark erhitzt. Die Niederschläge, die erzielt wurden, sind aber hart und spröde und vertragen keinerlei Biegebeanspruchung.

Die Aluminium Colors haben gefunden[5], daß Schwefelsäure in einem Konzentrationsbereich von 60—77% (spezifisches Gewicht 1,5—1,7) oxydische Schichten erzeugt, die außerordentlich weich und daher biegefähig sind. Durch ihre Porosität nehmen sie begierig Öle, Wachse, Fette und auch Farben auf, wodurch die so überzogenen Teile eine hohe Korrosionsbeständigkeit erhalten. Man bevorzugt hierbei einen Elektrolyten, der aus 65%iger Schwefelsäure besteht, dem Glyzerin (1 Raumteil Glyzerin auf 15 Raumteile Schwefelsäure) und Kresol oder andere basische sulfonierte Phenole zugesetzt werden. Man arbeitet bei etwa 12 Volt und 1 A/dm² und einer Temperatur von 25° C, 10—30 Minuten, je nach der gewünschten Schichtdicke.

Ein anderer brauchbarer Konzentrationsbereich scheint der zwischen 15 und 35% zu sein, den ebenfalls die Aluminium Colors, Indianapolis[5], angibt. Als besonders günstige Konzentration dieses Bereiches wird 25% angegeben. Auch hier wird nur mit niederen Spannungen gearbeitet, und zwar im allgemeinen bei Zimmertemperaturen oder nur wenig erhöhter Temperatur.

In einem ähnlichen Bereich arbeitet auch S. R. Sheppard[7], welcher Elektrolyte von 5- oder 25%iger Schwefelsäure bevorzugt. Auch er verwendet Glyzerin als Zusatz und benutzt Spannungen von etwa 12 Volt. Sheppard berichtet weiter, daß man durch Änderung der Konzentration zu Überzügen von verschiedener Härte gelangen kann. Elektrolyten, bestehend aus Wasser mit 5% Schwefelsäure und 5% Glyzerin, geben harte Oxydschichten, solche aus Wasser mit 25% Schwefelsäure und 20% Glyzerin weiche Oxydschichten.

Chromsäure als Elektrolyt wurde für die Oxydschichterzeugung besonders durch Bengough und J. M. Stuart bekannt[8]. Diese verwenden eine etwa 3%ige Chromsäurelösung und arbeiten bei einer Badtemperatur von mindestens 40° C. Die Spannung des verwendeten Gleichstroms wird allmählich gesteigert, und zwar innerhalb 15 Minuten auf 40 Volt, sie wird dann 35 Minuten lang bei 40 Volt gehalten, dann inner-

[1] Siemens Elektroosmose A. G.: F. P. 702266. [2] F. P. 702266.
[3] Zlaten-Munter-Refrigerating-Syst.: DRP. 569622.
[4] Günther-Schultze: Ztschr. Metallkunde 24, 177 (1924).
[5] F. P. 718144 u. A. P. 1869042. [6] C. H. Gower: A. P. 1869058.
[7] E. P. 359494. [8] DRP. 413875.

halb 5 Minuten auf 50 Volt gesteigert und wieder 5 Minuten auf diesem Wert gehalten. Als Kathodenmaterial dient Graphit.

Verdünnte Chromsäurelösungen sind aber auch bei Anwendung von Wechselstrom brauchbar[1].

Schließlich sei noch auf die Malonsäure und Oxalsäure als geeignete Elektrolyte hingewiesen. Besonders die letztere spielt vielfach im Gemisch mit Chromsäure bei den heute gebräuchlichen Verfahren eine Rolle. Shoji Setoh[2], Kujirai und Ueki[3] arbeiten mit reinen Oxalsäurelösungen oder Lösungen von Oxalaten (auch mit Malonsäure bzw. deren Natrium-, Kalium- oder Kalziumsalzen). Kujirai verwendet 1—3%ige Lösungen von Oxalsäure oder Oxalaten und als Stromart Wechselstrom bei einer Spannung von 60—100 Volt und eine Stromdichte von 0,03 bis 0,05 A/cm². Dauer der Einwirkung etwa eine Stunde. Setoh benutzt denselben Elektrolyten, jedoch verwendet er als Stromart Gleichstrom mit überlagertem Wechselstrom, wodurch eine Abkürzung des Verfahrens möglich ist.

Diese reinen Oxalsäurelösungen ergeben aber Schichten von verhältnismäßig großer Sprödigkeit, und man bevorzugt heute daher meist Gemische von Oxalsäure mit Chromsäure oder anderen oxydierenden anorganischen Substanzen.

Beim Verfahren der Vereinigten Aluminiumwerke[4], das unter dem Namen Eloxalverfahren bekannt ist, wird eine wäßrige Lösung von etwa 3—10%iger Oxalsäure mit Zusätzen bis 0,1% Chromsäure, die sich im Bad zu Chromoxalat umsetzen, als Elektrolyt verwendet. Die Temperatur des Bads soll zwischen 15 und 30° C liegen. Die Strommenge wird mit 60—300 A min dm² und die Spannung mit 60—100 Volt Wechselstrom oder Gleichstrom angegeben. Küttner gibt noch andere Zusätze zu Oxalsäurelösungen für den vorliegenden Zweck an, so Kaliumpermanganat, Phosphorsäure, Wasserstoffsuperoxyd, Salpetersäure, Salzsäure oder Kaliumjodid. Nach Angaben von Küttner löst man z. B. in einem Liter Wasser 33 g Oxalsäure und 1 g Kaliumpermanganat auf. Bei Anwendung von Drehstrom von etwa 120 Volt sind schon nach 40 Sekunden die Aluminiumteile mit einer festhaftenden widerstandsfähigen Oxydschicht bedeckt, die besonders gute Isolationseigenschaften hat.

Ähnliche Verfahren sind auch im Besitze der Aluminium Chromium Coating Corp., die sie für Deutschland an die Langbein-Pfanhauser-Werke A. G., Leipzig (L.-P.-W.-Verfahren), abgegeben haben.

Ein weiteres, ebenfalls im Prinzip gleiches Verfahren ist das von Siemens & Halske A. G. ausgearbeitete „Seo"-Verfahren (Siemens-Elektrooxydation).

---

[1] Jenny u. Siemens-Elektroosmose A. G.: DRP. 562615. — Siehe auch Kujirai u. Ueki: F. P. 590800.

[2] A. P. 1735509.

[3] A. P. 1735286 u. 590800. — Siehe auch Vereinigte Aluminiumwerke Küttner: Schweiz. P. 137219.

[4] H. Schmitt: Hausztschr. der Ver. Alum.-Werke **81** (1932).

Namentlich in der Nachkriegszeit sind eine Reihe weiterer ähnlicher Verfahren entwickelt worden, von denen die wichtigsten, gegenwärtig in Verwendung stehenden in nebenstehender Zusammenstellung aufgeführt sind Tabelle 21).

Nach dem Verfahren von G. D. Bengough und J. M. Stuart wird das Material nach Entfetten und kurzem Kochen in Wasser als Anode in einem Elektrolyten von 3%iger wäßriger Chromsäurelösung bei 40° C elektrolysiert. Als Kathodenmaterial dient Graphit. Die Badspannung wird innerhalb 15 Minuten allmählich von 0 auf 40 Volt gesteigert. Man hält sie 35 Minuten bei 40 Volt, steigert sie in 5 Minuten auf 50 Volt, um sie dann 5 Minuten lang auf 50 Volt zu halten. Der anodisch behandelte Werkstoff wird dann in Wasser abgewaschen und getrocknet. Das Verfahren eignet sich besonders zur Herstellung gefärbter Schichten.

Das amerikanische Sheppardverfahren ist vor allen Dingen für dekorative Zwecke sehr gut zu gebrauchen. Es ergibt transparente Schichten, die sich gut färben lassen. Infolge ihrer Wasserklarheit kommen auch hellere Farben in der Schicht gut zur Geltung.

Das amerikanische Alumiliteverfahren ist nach dem Eloxalverfahren zu dem größten Variationsreichtum entwickelt worden. Die Alumiliteschicht kann sowohl als Grundschicht für Färbungen verwertet werden, als auch als Korrosionsschutzschicht, elektrische Isolationsschicht und neuerdings sogar für Wärmeisolationszwecke. Besonders hervorzuheben aus der obigen Aufstellung ist noch das japanische Verfahren von Setoh und Miyata, das sehr gleichmäßige Schichten liefert, die vor allen Dingen für elektrische Isolationszwecke und zum Korrosionsschutz benutzt werden. Während außer dem Eloxalverfahren fast alle genannten Verfahren reinen Gleichstrom zur Oxydation verwenden, benutzen die Japaner wechselstromüberlagerten Gleichstrom. Das Eloxalverfahren kann sowohl mit Gleichstrom als auch mit Wechselstrom ausgeübt werden.

Es ist leicht einzusehen, daß die Patentlage auf diesem Gebiet wegen der großen Ähnlichkeit der Verfahren zu großen Schwierigkeiten bezüglich der Abgrenzung der einzelnen Verfahren führte.

Diese Schwierigkeiten wurden durch die Bildung einer Arbeitsgemeinschaft der wichtigsten Patentinhaber unter Zusammenlegung ihres Patentbesitzes mit einem Schlage beseitigt, zu welcher auf deutscher Seite die Firmen Siemens & Halske A. G., Berlin-Siemensstadt, die Vereinigten Aluminiumwerke A. G. Lautawerk, die Langbein-Pfanhauser-Werke A. G., Leipzig, im Ausland die amerikanische Alumilite-Gruppe und die englische Bengough-Gruppe gehören.

Dieser Zusammenschluß führte zu einem gegenseitigen Erfahrungsaustausch, der für die Weiterentwicklung des Verfahrens außerordentlich fruchtbar wurde.

Der Arbeitsgemeinschaft stehen nunmehr in Europa etwa 300 Verfahrens- und Anwendungsschutzrechte bzw. Schutzrechtsanmeldungen zur Verfügung, deren Benutzung nur ihren Lizenznehmern gestattet ist.

Die Zusammenfassung dieses umfangreichen Patentbesitzes hat für die Lizenznehmer die früher bestandene Unsicherheit in patentrechtlicher

Tabelle 21. Zusammenstellung der hauptsächlichsten, gegenwärtig bestehenden Oxydationsverfahren[1].

| Bezeichnung des Verfahrens | Art des verwendeten Elektrolyten | Stromart | Spannung in Volt | Stromdichte in A/dm² | Anwendungsgebiete und sonstige Bemerkungen |
|---|---|---|---|---|---|
| Bengough u. Stuart[2] | Chromsäure | Gleichstrom (ansteigend | 0—40—50 | 0,3—0,5 | Korrosionsschutz, Nachbehandlung mit Lanolin bzw. Imprägnierung mit Ölen. |
| Eloxal[3] | Oxalsäure + oxydierende Bestandteile und organ. Säuren | Gleichstrom und Wechselstrom | 20—60 | 0,7—12 | Spezielle Nachbehandlung, Imprägnierung mit Ölen, synthetischen Wachsen oder Harzen, Färbung in wäßrigen Farblösungen. — Korrosionsschutz, Dekoration, elektrische Isolation, Oberflächenhärtung für technologische Zwecke aller Art, Erhöhung der oberflächlichen Wärmestrahlung. |
| Jirotka | Salpetersäure + oxydierende Agenzien | Gleichstrom | | | Wärmeisolation, Färbung durch Behandlung in Salzbädern. |
| Sheppard[4] | Schwefelsäure + Glyzerin oder Äthylalkohol oder Glykol | Gleichstrom | 12—16 | 1,0 | Korrosionsschutz, elektrische Isolation, Färbung für dekorative Zwecke. |
| Alumilite[5] | Schwefelsäure m. Zusätzen von Glyzerin oder Phenolen oder Salzsäure | Gleichstrom | 12 | 0,7—1,5 | Korrosionsschutz, dekorative Oberflächenveredelung, Wärmeisolationszwecke, Färbung durch Behandlung mit Pigmenten. |
| Alcoa | Ammoniak o. Ammoniumsulfat | Gleichstrom | 150 | 4,0—40 | Korrosionsschutz. |
| Setoh u. Miyata[6] | Oxalsäure | Wechselstrom-überlagerter Gleichstrom | 70—120 | 1,0—3,0 | Elektrische Isolation. |
| Z. H. R. Kenkyujo | Oxalsäure | Wechselstrom | 60—120 | 5—15 | Korrosionsschutz, elektrische Isolation. |

[1] Oberflächentechnik **10**, 200 (1933). [2] E. P. 223994, 223995 (1923). — Siehe auch Journ. Inst. Metals **38**, 242 (1927). [3] Hausztschr. der Ver. Alum.-Werke **2**, 75, 81 (1930). — Ver. Alum.-Werke: DRP. 597224 (1930), 620898 (1928); E. P. 393565 (1931). [4] E. P. 359494 (1930). [5] Iron Age **125**, 868 (1930). [6] A. P. 1735509 (1926).

Beziehung restlos beseitigt und besonders in Deutschland zur raschen Verbreitung des Eloxalverfahrens geführt. Sehr wertvoll sind die technischen und wirtschaftlichen Vorteile, welche die Eloxalarbeitsgemeinschaft den Lizenznehmern durch ihre an zahlreichen Großanlagen gesammelten praktischen Erfahrungen bietet. Demgegenüber spielt die Lizenzgebühr, welche im Durchschnitt etwa 10% der Eloxierungskosten beträgt, eine untergeordnete Rolle und sichert den Lizenznehmern laufend technische Betreuung ihrer Anlagen sowie Bekanntgabe von Neuerungen und Verbesserungen sämtlicher der Arbeitsgemeinschaft angeschlossenen in- und ausländischen Gruppen. Im Jahre 1935 wurden von den deutschen Eloxallizenznehmern bereits schätzungsweise 2000 Tonnen Aluminium eloxiert.

### Vorgänge bei der Deckschichtenbildung.

Wenn auch der Bildungsvorgang der Deckschichten auf Aluminium noch nicht in allen Phasen restlos geklärt ist, so kann man sich davon im großen doch folgende Vorstellungen machen:

Im sauren Elektrolyten geht bei Stromdurchgang an der Aluminiumanode das Metall zunächst als $Al^{\cdot\cdot\cdot}$-Ion in Lösung. Dabei dürfte auch die natürliche Oxydhaut, welche das Aluminium immer überzieht, mit abgelöst werden.

Man war nun früher geneigt anzunehmen, daß durch Hydrolyse des sich in der Grenzschicht bildenden Aluminiumsalzes Aluminiumhydroxydsol entsteht und aus diesem elektrophoretisch Hydroxydgel an der Anode niedergeschlagen und angepreßt wird[1]. Da sich aber gezeigt hat, daß Aluminiumhydroxydsol in sauren Lösungen positiv geladen ist, also gar nicht zur Anode wandern kann, da an der Anode auch immer OH-Ionen entladen werden und damit H -Ionen in Lösung bleiben, ist auch in der unmittelbaren Nähe der Anode immer mit einem $p_H$-Wert zu rechnen, welcher unterhalb des Neutralpunkts liegt. Dies gilt auch für neutrale und selbst für schwach alkalische Lösungen. Wahrscheinlicher ist es anzunehmen, daß durch Anreicherung von Aluminiumsalz in der Anodengrenzschicht, unterstützt durch die Wärmewirkung des Stroms, sich Salze ausscheiden und eine poröse Deckschicht bilden, die eine derartige Potentialsteigerung verursacht, daß sich zunächst in den Poren, wo die größte Stromdichte herrscht, Sauerstoff entwickelt, der nun auf das Aluminium direkt oxydierend wirkt[2]. Gleichzeitig entstehen infolge des hohen Spannungsabfalls auch Elektronendurchschläge, die neue Poren und Risse erzeugen und eine starke Temperatursteigerung bewirken.

Dadurch wird die hydrolytische Spaltung des Aluminiumsalzes begünstigt und wasserhaltiges Aluminiumoxyd bzw. -hydroxyd entwässert und im Grenzfall in hartes korundartiges Oxyd verwandelt.

---

[1] G. Elßner: Oberflächentechnik **12**, 68 (1935).

[2] W. J. Müller: Die Bedeckungstheorie der Passivität der Metalle. Berlin, 1933; Ztschr. Elektrochem. **42**, 166 (1936). — Siehe auch Th. Rummel: Ztschr. Physik **99**, 518 (1936). — A. Simon u. O. Jauch: Ztschr. Elektrochem. **41**, 739 (1935). — H. Ginsberg: Metallwaren Ind. u. Galvanotechnik **28**, 396 (1930).

Damit in Übereinstimmung beobachtet man bei Eloxalschichten stets eine nach dem Inneren der Schicht zunehmende Härte, während die äußeren Schichten stets wasserhaltig sind und zum Teil auch aus basischen Salzen bestehen. Man hat sich also vorzustellen, daß durch abwechselnde anodische Lösung des Metalls, Abscheidung von Salzschichten, Hydrolyse derselben, Zerreißung durch Elektronendurchschläge, Oxydation durch entwickelten Sauerstoff und durch starke Erwärmung im dichtesten, schlechtestleitenden Teil der Schicht ein Wachsen der Oxydschicht in die Metalloberfläche hinein stattfindet.

Eine unbegrenzte Erhöhung der Schichtdecke ist in sauren Lösungen deshalb nicht möglich, weil das Oxyd zum Teil durch die Säure wieder gelöst, die Schicht von der Oberfläche her also abgetragen wird.

Es ist leicht einzusehen, daß durch Änderungen der Bedingungen ganz verschiedene Eigenschaften der Eloxalschicht erzielt werden können. Vor allem Temperaturänderung, Wahl des Elektrolyten, der Stromdichte usw. gestatten eine weitgehende Änderung der Schichteigenschaften.

## Einfluß der Temperatur.

Eine Temperatursteigerung des Bads bewirkt eine Auflockerung, im Grenzfall sogar Auflösung der Deckschicht. Diese Wirkung tritt um so mehr in den Vordergrund, je stärker sauer der Elektrolyt ist.

Die Ursache dieser Erscheinung liegt jedenfalls in der erhöhten Diffusionsgeschwindigkeit und großen Löslichkeit des Aluminiumsalzes sowie der gesteigerten lösenden Wirkung der Säure auf das Oxd, infolge welcher es nicht mehr zur Ausbildung genügend schlecht leitender und dichter potentialsteigernder Salzschichten an der Anodengrenzschicht kommen kann.

Nach Beobachtungen von Setoh und Miyata[1] nimmt die Schichtdicke in Oxalsäure mit steigender Temperatur stark ab. Bei 50—60° C bleibt die Bildung einer Deckschicht überhaupt aus. Durch mäßige Temperaturerhöhung kann man aber eine weniger dichte, weiche und biegsame Schicht erzeugen, die allerdings weniger verschleißfest, dafür aber aufsaugfähig und zur Imprägnierung besser geeignet ist.

## Einfluß der Stromdichte und der Stromart.

Die Größe der Stromdichte beeinflußt die Bildungsgeschwindigkeit des Aluminiumsalzes und vor allem auch die Temperatur, die in den Poren der Deckschicht herrscht.

Unterhalb einer bestimmten Stromdichte bildet sich überhaupt keine Deckschicht mehr, da die gelösten Ionen Zeit haben, in den Elektrolyten fortzudiffundieren. Stromdichten von 1—2 A/dm², wie sie technisch meist verwendet werden, führen zur Bildung harter dichter Schichten, höhere Stromdichten ergeben zunehmend aufgelockerte Schichten.

In neuester Zeit verwendet man mit Vorliebe Wechselstrom oder Gleichstrom mit überlagertem Wechselstrom. Die positiv geladene Deck-

[1] Scient. Papers Inst. physical. chem. Res. **19**, 229 (1932).

schicht wird bei abwechselnder Polarisierung elektrophoretisch abgestoßen und angezogen. Der Elektrolyt wird infolgedessen bei jedem Vorzeichenwechsel in die Poren eingesaugt und wieder herausgedrückt. Durch dieses „Atmen“ der Schutzschicht wird einerseits eine Anhäufung von Elektrolytbestandteilen in den Poren der Schicht verhindert, welche die Gefahr später eintretender Lokalkorrosionen („pittings“) birgt, andererseits scheint es, daß die größere Zähigkeit, die bei den mit Wechselstrom erzeugten Schutzschichten gegenüber den mit Gleichstrom erzeugten beobachtet wurde, auf diese elektrophoretischen Vorgänge zurückzuführen ist.

Neuere Untersuchungen[1] haben gezeigt, daß Wechselstrom im allgemeinen dichte, aber nicht sehr dicke Schichten, Gleichstrom ungleichmäßige Schichten, sowohl hinsichtlich der Struktur wie ihrer Dicke erzeugt. Dichte Schichten werden auch durch Anwendung von periodisch unterbrochenem Gleichstrom gebildet; in gleicher Weise wirkt ein von Wechselstrom überlagerter Gleichstrom, wobei deren Stärke so abgestimmt sein muß, daß nur der positive Teil der Stromkurve zur Auswirkung kommt[2].

Mit polarisiertem Hochfrequenzstrom von 500—1000 Hz erhält man härtere Schichten als mit Wechselstrom von 50 Hz; mittelharte, jedoch schon biegsamere Schichten erhält man bei Verwendung von polarisiertem Wechselstrom von 50 Hz.

Bezüglich der Härte liefert Gleichstrom härtere, Wechselstrom weichere Schichten. Besonders dicke Schichten lassen sich durch Anwendung von gleichgerichtetem Wechselstrom oder unterbrochenem Gleichstrom erzeugen[3].

## Einfluß des zu eloxierenden Metalls.

Da für die Eloxierung nicht nur Reinaluminium, sondern auch Legierungen sowie andere Leichtmetalle in Betracht kommen, ist es einleuchtend, daß die Zusammensetzung des Metalls für die Eigenschaften der Oxydschicht von ausschlaggebender Bedeutung sind. Die in Aluminiumlegierungen enthaltenen fremden Bestandteile reagieren durchaus verschieden. Magnesium, Zink, Mangan und Silizium werden in ähnlicher Weise oxydiert wie Aluminium und bilden Deckschichten, Eisen, Kupfer, Nickel gehen größtenteils in Lösung, Silizium, Kohlenstoff, welche als selbständige Gefügebestandteile und nicht im Mischkristall vorhanden sind, bleiben unverändert und führen zu einer Dunkelfärbung der Schicht.

Es ist deshalb nicht möglich, unter Zugrundelegung ein und derselben Arbeitsbedingungen auf Reinaluminium und auf Aluminiumlegierungen die gleichen Schutzschichten zu erzeugen. Man kann im großen und ganzen bezüglich der Oxydierbarkeit und der Güte der auf dem betreffenden Werkstoff erzielbaren Eloxalschichten drei Gruppen unterscheiden:

---

[1] Hausztschr. der Ver. Alum.-Werke 1932, H. 4—6.
[2] Ver. Alum.-Werke: F. P. 723267.
[3] Ver. Alum.-Werke: E. P. 393565 (1931).

**1. Knetbare Legierungen.** Reinaluminium und kupferfreie, siliziumarme Legierungen auf Magnesium- und Mangangrundlage, wie z. B. Aldrey, Anticorodal, BSS-Legierung, Duranalium, Hydronalium, KS-Seewasser, Pantal, Legal u. ä.[1].

**2. Knetbare Legierungen mit Kupfer und starkem Siliziumgehalt.** Aludur, Bondur, Duralumin, Lautal, Silumin u. ä. Ferner Gußlegierungen, Spritz-, Kokillen-, Sand- und Preßguß, aufgespritzte Aluminiumüberzüge und dergleichen aus Reinaluminium und schwermetallfreien, siliziumarmen Leichtmetallen, wie Hydronalium, KS-Seewasser u. ä.

**3. Gußlegierungen** mit Kupfer und sonstigen Schwermetallen und hohem Siliziumgehalt, wie z. B. Amerikanische Legierung, Deutsche Legierung, Silumin, Y-Legierung, Aluminium-Kolben-Legierungen mit 10—15% Cu (Bohnalite, KS-Kolbenlegierung) und bis zu 21% Si (Alusil) und Aluminium-Spritzguß-Legierungen.

Auf Legierungen der ersten Gruppe sind die durch die einzelnen Verfahren erzielbaren Verschiedenheiten der Schichteigenschaften am größten. Die Eloxalüberzüge lassen sich auf diesen Stoffen sowohl mit sehr großer Härte und Verschleißfestigkeit als auch wiederum mit geringerer Härte und größerer Biegefähigkeit erzeugen. Auf Legierungen der zweiten und dritten Gruppe werden die Möglichkeiten durch Einflüsse der anderen Legierungszusätze auf die Schichtbildung begrenzt.

Während man die Eloxalschichten auf Gegenständen der ersten Gruppe auch bezüglich ihrer Naturfarbe in weiteren Grenzen beeinflussen kann — man kann eine große Reihe von Farben, und zwar von Dunkelbraun über Messinggelb, Strohgelb bis Grauweiß erzielen (S. 286), sind die Änderungsmöglichkeiten auch in dieser Hinsicht bei den folgenden Gruppen vermindert, am stärksten bei der dritten Gruppe. Dies hat seinen Grund darin, daß die meisten Legierungszusätze in die Schicht mit eingebaut werden und die Naturfarbe der Schichten mehr oder weniger bestimmen. Die Eloxalschichten auf kupferhaltigen Legierungen wirken z. B. stets bläulichgrau, auf stark siliziumhaltigen Legierungen dunkelgrau.

Siliziumlegierungen sind bis zu einem Gehalt von 15% Silizium noch erfolgreich oxydiert worden.

Bei stark kupfer- und zinkhaltigen Legierungen liegt die Grenze der Oxydierbarkeit zwecks Erzielung fester Schichten bei etwa 20% Gesamtfremdmetall.

In bestimmten Elektrolyten, wie z. B. in Schwefelsäure, erhält man auf Gegenständen aus Reinaluminium durchaus farblose, silberweiß wirkende Schichten, die besonders für nachträgliche Färbungen gut geeignet sind. Durch geeignete Oberflächenvorbehandlung lassen sich fast reinweiße Farbwirkungen der Schicht erzielen. Neuerdings ist es gelungen, fast farblose Schichten auch auf bestimmten Legierungen der ersten Gruppe, z. B. Pantal, und auf solchen der zweiten Gruppe, z. B. Lautal und Bondur, zu erzeugen.

[1] Vgl. Normblattentwurf DIN 1713 über Aluminiumlegierungen, veröffentlicht im Oktober 1934.

Bei gleichbleibender Behandlungsdauer erhält man auf Aluminiumsorten der ersten Gruppe stärkere Schichten als auf den Sorten der zweiten und dritten Gruppe. Die technisch in den meisten Fällen anzuwendende und brauchbare Schichtstärke liegt zwischen 0,02 und 0,04 mm. Der geringste Leistungsaufwand zur Erzielung solcher Schichtstärken wird bei Aluminiumsorten der ersten Gruppe benötigt.

Die Metalle müssen, ob es sich um Reinaluminium oder eine Legierung handelt, ein möglichst homogenes Gefüge, d. h. ein gleichmäßiges, möglichst feines Korn besitzen, da alle Ungleichmäßigkeiten, z. B. größere Gebiete mit bevorzugter Kristallorientierung, Einschlüsse von Fremdmetallen u. dgl. zu Unregelmäßigkeiten und Fehlern in der Oxydschicht Anlaß geben. Da die Schicht nicht aufgetragen wird, sondern in die metallische Unterlage gewissermaßen hineinwächst, so machen sich Schrammen u. dgl. auch in der Oxydschicht störend bemerkbar; Einschlüsse fremder Metalle, Flitter oder Kristallnester, geben unter der Einwirkung des elektrischen Stroms sogar Anlaß zu Anfressungen des Metalls, die bis zur völligen Durchlochung des betreffenden Gegenstands führen können. Bei Gegenständen aus Gußlegierungen treten die geschilderten Übelstände in der Praxis besonders häufig auf; es muß daher nachdrücklich betont werden, daß sich einwandfreie Oxydschichten nur dann erzielen lassen, wenn das betreffende Gußstück die obenerwähnten Voraussetzungen erfüllt.

Die Eloxalschichten auf Gußlegierungen und Knetmaterial aus kupferhaltigen Legierungen, beispielsweise Lautal, kupferhaltigem Duralumin und anderen, sind von etwas weicherer Beschaffenheit als die aus Reinaluminium und Knetmaterial aus kupferfreien Legierungen erzeugten.

Der Stromaufwand für die Herstellung von Eloxalschichten bestimmter Stärke ist bei den einzelnen Legierungen verschieden. Gleichzeitig ist zu beachten, daß die Lage des erreichbaren Schichtstärkemaximums ganz beträchtliche Unterschiede aufweist.

Da Fremdmetalle sich ohne besondere Hemmnisse anodisch auflösen, ist es auch nicht möglich, irgendwelche genietete oder gelötete Kombinationen von Aluminium mit anderen Metallen ohne besondere Vorkehrungen zu oxydieren. Der Strom wird, sofern das Fremdmetall nicht sicher abgedeckt ist, stets zum größten Teil an diesem übergehen und es in Lösung bringen, ehe er die mit höheren Widerständen verbundene Oxydation des Aluminiums durchführt.

## Natur und Eigenschaften der Eloxalschichten.

### Zusammensetzung.

Bei den glasharten, sehr dichten und wenig aufsaugfähigen Schichten liegt, nach röntgenographischen Untersuchungen, ein Gamma-Aluminiumoxyd vor, das zwar kristallin ist, aber ein außerordentlich feines Korn besitzt. Aus der Tatsache, daß durch Glühen bei 400° noch keine Veränderung der ursprünglichen Schicht eintritt, kann geschlossen werden, daß es sich nicht um ein Hydroxyd handelt.

Ferner gelingt es, aus einer harten und dichten Schicht mittels Nachbehandlung mit Dampf oder kochendem Wasser bzw. Salzlösungen weichere, dehnbare und stark aufsaugende Schichten zu erzeugen. Nach röntgenographischen Untersuchungen handelt es sich bei diesen meist um wasserarme Aluminiumhydroxyde. Zwischen diesen beiden Grenzfällen hart und weich können durch Änderungen der Oxydationsbedingungen und der Elektrolyte auch Schichten von mittlerer Härte hergestellt werden, welche mehr oder minder wasserhaltig sind. Aber auch Stoffe, die aus dem Elektrolyten stammen, können in die Schicht mit eingelagert werden. In mit Chromsäure erzeugten Schichten befinden sich z. B. nachweisbare Mengen kolloidaler Chromverbindungen. So kann man bewußt durch Zusatz von Kolloiden oder auch von kapillaraktiven Stoffen Verbindungen in die Oxydschicht mit einbauen, die die Schicht erst für besondere Zwecke der Praxis geeignet machen. Es sei nur die Möglichkeit der Mitabscheidung von Kolloiden erwähnt, die zum Verschließen der Poren dienen und damit die Dichte der Schicht und den Korrosionsschutzwert außerordentlich stark erhöhen[1].

## Schichtdicke.

Die Dicke der Oxydschicht hängt ab von der angewandten Strommenge und der Art des Grundmaterials. Messungen zeigten, daß bis zu einer Behandlungszeit von $1^1/_2$ Stunden die Schichtstärke fast regelmäßig ansteigt. Zum Vergleich sind in der Tabelle 22 die Stärken von Deckschichten, die unter verschiedensten Bedingungen entstanden sind, verzeichnet.

Tabelle 22.

| Deckschicht | Entstehungsweise | Dicke in $\mu$ |
|---|---|---|
| Natürliche Oxydhaut | An Luft, gewöhnlich | etwa 0,01[2]. |
| Anlaufschicht | Erhitzung in $O_2$ | etwa 0,2[3] |
| Ventilschicht | Elektrolyse schwach alkalischer oder schwach saurer Lösungen | etwa 0,1—0,6[4] |
| Eloxalschicht | Elektrolyse mittelstarker oder starker Säuren | etwa 8—30[5] |
| Bisher dickste Schicht | Elektrolyse von Oxalsäure, gekühlte Anode | etwa 600[6] |

Die Dicke der unter normalen Bedingungen hergestellten Eloxalschichten schwankt zwischen etwa 10—30 $\mu$ auf reinem Aluminium und schwermetall- oder siliziumfreien Legierungen. Auf Legierungen mit

[1] R. Müller: Schweiz. P. 149435.

[2] W. H. J. Vernon: Trans. Faraday Soc. **23**, 150, 181, 182 (1927).

[3] N. B. Pilling u. R. E. Bedworth: Journ. Inst. Metals **29**, 574 (1923).

[4] A. Günther-Schultze u. H. Betz: Ztschr. Physik **73**, 580, 586; **75**, 143 (1932).

[5] H. Fischer: Ztschr. Metallkunde **27**, 25 (1935); Berichtswerk über die 74. Hauptversammlung des Ver. Dtsch. Ing. 1936, S. 103. — H. Schmitt, A. Jenny u. G. Elßner: Ztschr. Ver. Dtsch. Ing. **78**, 1499 (1934). Außerdem zahlreiche deutsche und ausländische Patente.

[6] Th. Rummel: Ztschr. Physik **99**, 518 (1936).

einem Gehalt an Schwermetallen oder Silizium ist die Dicke im allgemeinen geringer. Sie liegt hier zwischen etwa 3 und 15 $\mu$.

Bei Anwendung des Oxalsäureverfahrens gelingt es, durch stundenlange Elektrolyse auf reinem Aluminium Schichtdicken von einigen Zehntelmillimetern zu erreichen. Beim Duralumin und anderen schwermetallhaltigen Legierungen hingegen kommt man auch durch fortgesetzte Eloxierung nicht über Schichtdicken von etwa 10—15 $\mu$ hinaus.

Da bei der Eloxierung stets eine geringe Abtragung von Metall stattfindet, ist die Dickenzunahme der eloxierten Werkstücke im Endeffekt geringer. Bei reinem Aluminium und schwermetall- oder siliziumfreien Legierungen kann man mit einer Zunahme der Dicke von etwa 5—20 $\mu$ rechnen. Bei Legierungen, welche merkliche Mengen Schwermetalle oder Silizium enthalten, kann die Gesamtdicke erhalten bleiben oder um ein geringes (bis etwa 5 $\mu$) zunehmen.

## Die Eigenfärbung des Oxyds.

Bei Benutzung des Gleichstrom-Schwefelsäure-Verfahrens ist die Oxydschicht auf Reinaluminium völlig weiß und glasartig durchsichtig. Sofern Aluminiumlegierungen oxydiert werden und diese Fremdmetalle enthalten, die gefärbte Verbindungen liefern, wie z. B. Kupfer, tritt eine Verfärbung der Oxydschicht ein.

Die kupfer- und siliziumhaltigen Legierungen liefern bläulichgraue Oxydschichten, bei nachfolgender Färbung stets Mischfarben.

Die Oxydschichten der siliziumreichen Legierungen sind zumeist grau gefärbt und kommen nur für gedeckte dunkle Färbung in Frage.

Bei Wechselstromoxydation sind diese Oxydschichten stets mehr oder weniger gelblich nuanciert.

Durch Zusätze zum Elektrolyten in der Schicht selbst erzeugte mineralische Farben, z. B. Berlinerblau, Eisenoxyd oder Chromate, geben blaue bzw. gelbe, braune und schwarze Farbüberzüge, die durchaus licht- und wetterbeständig sind. In der Schicht können natürlich auch andere anorganische Stoffe ausgeschieden werden, die zur weiteren Erhöhung ihrer Korrosionsbeständigkeit beitragen.

Nach dem Verfahren von Gower und O'Brien[1] verwendet man etwa eine 10%ige Schwefelsäurelösung als Elektrolyt, der man die verschiedensten Zusätze macht, wie beispielsweise Kaliumbichromat, Bleiazetat, Bariumsulfit, Rhodanammonium oder -kalium. Je nach Dauer der Behandlung und Art des Elektrolyten kann man verschiedene Farbtöne erhalten, die in ihrer Wirkung allerdings mit den Färbungen, die man mit Hilfe von organischen Farbstoffen erhält, nicht verglichen werden können (S. 294).

## Haftfestigkeit.

Eine lückenlose Bedeckung des Aluminiums mit einer festhaftenden Oxydschicht ist nur dann möglich, wenn das Aluminium vollständig frei von Verunreinigungen ist. Bei der Eloxierung sind aber nicht nur Ver-

[1] Schweiz. P. 136660.

unreinigungen des Aluminiums selbst, wie Eisen oder Silizium, die an die Oberfläche treten, hinderlich und verhindern das Zustandekommen eines lückenlosen Oxydfilms, sondern auch alle sonstigen Verunreinigungen der Oberfläche. Sämtlichen anodischen Überzugsverfahren ist die Forderung nach peinlichster Sauberkeit vor und während der Badbehandlung gemeinsam. Der Eloxierung muß eine Reinigung und Entfettung, gegebenenfalls auch eine Aufrauhung durch chemische Mittel vorangehen. Unter diesen Voraussetzungen ist die Haftfestigkeit der Oxydschicht eine vorzügliche, da die aus dem Grundmetall gebildete Schicht mit diesen fast unzertrennlich verwachsen ist.

## Härte und Biegsamkeit.

Die Oxydschichten, besonders das Gamma-Aluminiumoxyd, besitzen eine außerordentlich große Härte. Die Härte der Eloxalschicht liegt bei etwa 8 nach der Härteskala von Mohs, d. h. zwischen Quarz und Korund. Sehr harte Eloxalschichten sind so spröde, daß sie sich nicht mehr biegen lassen, ohne daß an der Biegekante feine Haarrisse entstehen. Sie kommen daher nur für fertige Gegenstände, die keiner weiteren Bearbeitung unterliegen, in Betracht. Weiche Schichten lassen dagegen sogar noch eine gewisse Verformungsarbeit durch Ziehen, Stanzen, Pressen u. dgl. zu, ohne daß ein Einreißen der Schicht bemerkbar wird.

Bei der Erzeugung isolierender Schichten auf Drähten und Bändern ist die Sprödigkeit der Eloxalschicht natürlich ein Hindernis.

Die Biegsamkeit solcher Schichten läßt sich erhöhen, wenn man während der Entstehung der Oxydschicht die Teile einer mechanischen Bearbeitung unterzieht. Diese Bearbeitung kann z. B. stattfinden durch fortdauerndes Klopfen, Reiben, Hin- und Herbiegen der Metallgegenstände. Der Überzug besitzt dann eine weit höhere Elastizität und wird nicht brüchig. Das Verfahren, für welches im wesentlichen nur Drähte oder Bänder in Frage kommen, wird man in einfacher Weise so ausführen, daß man die Drähte bei ihrer Durchführung durch das Bad als Anode über Rollkörper führt, die abwechselnd in verschiedener Lage so angeordnet sind, daß der über sie geführte Draht Schlangenlinien- oder Zickzackform annimmt[2].

## Temperaturbeständigkeit.

Die Temperaturbeständigkeit des Aluminiumoxyds als eines mineralischen Körpers ist außerordentlich hoch. Der Schmelzpunkt des Aluminiumoxyds liegt bei etwa 2000°, d. h. irgendeine chemische Veränderung des Aluminiumoxyds ist nicht zu erwarten, auch wenn der eloxierte Gegenstand bis zum Schmelzpunkt des Aluminiums (660°) erwärmt werden sollte. Es bilden sich lediglich bei höherer Temperaturbeanspruchung, besonders bei den sehr harten Oxydschichten, feine Haarrisse, die jedoch meist nicht stören.

Bei weicheren wasserhaltigen Schichten ist allerdings eine Erhöhung der Sprödigkeit beim Erhitzen zu erwarten.

---

[2] Schweiz. P. 130438.

## Korrosionsschutz.

Aluminiumoxyd, vor allem die Gamma-Form, zeigt eine sehr hohe chemische Beständigkeit. Deckschichten aus derartigen Stoffen stellen daher für die damit überzogenen Werkstücke und Gegenstände einen guten Korrosionsschutz dar. Schon die nicht nachbehandelten, also noch porigen Oxydschichten schützen hervorragend z. B. gegen Wasser aller Art. Weit besser wird die Korrosionsschutzwirkung der Schicht, wie bereits beschrieben, wenn die Porigkeit bzw. Aufsaugefähigkeit der Schicht in irgendeiner Form aufgehoben wird, z. B. durch Tränkung mit Fett, Öl oder Wachs.

Tabelle 23. Durchschlagfestigkeit von Eloxalschichten.

| Werkstoff | Schichtart | Durchschlagsspannung i. V | | | Werkstoff | Schichtart | Durchschlagsspannung i. V | | |
|---|---|---|---|---|---|---|---|---|---|
| | | untere | mittlere | höchste | | | untere | mittlere | höchste |
| Reinaluminiumblech | Normalschicht ohne Nachbehandlung | 360<br>320 | 464<br>472 | 568<br>560 | Reinaluminiumband, nicht unter 0,1 mm | Normalschicht, getränkt | 100 | 135 | 180 |
| | Normalschicht mit Isolierstoff getränkt | 530<br>580 | 631<br>680 | 780<br>720 | Reinaluminium, Vierkantdraht 2,5 mm ∅ | | 368 | 439 | 508 |
| | Sonderschicht ohne Nachbehandlung | 880 | 1095 | 1500 | Reinaluminium, Vierkantdraht 1,4 mm ∅ | | 210 | 317 | 420 |
| | Sonderschicht mit Isolierstoff getränkt | 1150 | 1620 | 2040 | Reinaluminium, Runddraht 0,8 mm ∅ | | 120 | 138 | 210 |

Die meisten Eloxalschichten besitzen — fehlerlose, gut getränkte Schichten vorausgesetzt — hohe Widerstandsfähigkeit gegen die Einwirkung der Atmosphäre, gegen Wasser, See- und Salzwasser, Schweiß, Schmutz, Fabrikstaub, Rauchgase, Bier, Wein, Spirituosen, Fruchtsäfte, Fette, Heringslake, Alkohol-Wasser-Gemische, Benzin-Alkohol-Gemische sowie auch gegen eine große Anzahl von Chemikalien bzw. ihre wäßrigen Lösungen, z. B. Ammoniumnitrat, Ammonsulfat, Baldriansäure, Buttersäure, Chromate und Bichromate, konzentrierte organische Säuren, wie Essigsäure, Milchsäure, ferner höhere Fettsäuren, Formalin, Glyzerin, Kaliumnitrat, Kalziumchlorid, Karbolsäure, photographische Entwickler und verdünnte Fixierbäder, Schwefel, Schwefelwasserstoff, Wasserstoffsuperoxyd u. a.

## Elektrische Isolierfähigkeit.

Aluminiumoxyd ist ein guter elektrischer Isolator. Die Eloxalschichten bestimmter Art und bestimmten Gefüges können daher auch in Sondergebieten der Elektrotechnik für die Isolation von Wicklungsteilen, Drähten, Bändern usw. aus Aluminium verwertet werden. Da Aluminiumoxyd ein mineralischer Körper ist, weisen solche Isolierschichten eine höhere Temperaturbeständigkeit auf als die bisher in der Elektrotechnik in den meisten Fällen verwandten organischen Isolierstoffe.

Die elektrische Durchschlagsfestigkeit der Eloxalschichten (Tab. 23) steigt etwa proportional der Schichtdicke. Eine Schicht von etwa $5\mu$ Stärke ergibt Durchschlagswerte von 50—100 Volt, eine solche von $20\mu$ ungefähr

200 bis höchstens 400 Volt. Für Drähte, Folien, Bänder usw. kann man selbstverständlich nur relativ biegsame Schichten verwenden, welche mit Wechselstrom erzeugt werden. Größere Schichtdicken als 20 $\mu$ anzuwenden ist wegen der zunehmenden Sprödigkeit der Schicht nicht ratsam.

Die Eloxalschicht ist porös und daher hygroskopisch. Für elektrotechnische Zwecke kommt demnach meistens nur eine mit wasserfesten Isolierstoffen nachgedichtete Schicht in Betracht. Bewährt haben sich Kombinationen mit Kunstharzlaken, Wachsen, Paraffin usw. Bemerkenswert ist, daß hier organischer und anorganischer Isolierstoff nicht bloß additiv wirken, sondern bedeutend höhere Durchschlagswerte erzielt werden. Auf Gegenständen, die keinerlei Biegung unterworfen sind, konnten z. B. Durchschlagsfestigkeiten von 1000—5000 Volt gemessen werden, während die Oxydschicht oder die Schicht des organischen Isolierstoffes allein nur eine Festigkeit von etwa 150—300 Volt auf dem Leichtmetall ergeben.

Die Temperaturbeständigkeit derartig eloxierter und nachbehandelter Teile ist dann lediglich begrenzt durch die Temperaturbeständigkeit der verwendeten Tränkungsmittel.

Im Hinblick auf die Verwendung der Eloxalschichten für elektrotechnische Zwecke interessiert die Dielektrizitätskonstante des Aluminiumoxyds, die zu 7,45 ermittelt worden ist[1].

Um die elektrischen Eigenschaften der Eloxalschicht auch bei Verwendung anderer Metalle als Aluminium auszunutzen, haben die Langbein-Pfanhauser-Werke[2] sich ein Verfahren schützen lassen, nach welchem Kupfer- oder Bronzedrähte mit einer Zwischenschicht von Nickel, Kobalt oder Eisen versehen und dann mit Aluminium überzogen werden, welches dann eloxiert wird. Die Zwischenschicht soll das Hineindiffundieren des Kupfers in das Aluminium verhindern.

### Licht- und Wärmestrahlung.

Bekanntlich besitzt hochglänzendes Aluminium, ähnlich dem Silber, ein günstiges Reflexionsvermögen für Strahlen des sichtbaren Spektrums. Von dieser Eigenschaft des Aluminiums konnte jedoch bisher in der Technik kein Gebrauch gemacht werden, da die Oberfläche allmählich blind wurde.

Durch besondere Behandlung der Aluminiumoberfläche und nachträgliche Eloxierung mit einer farblosen Schicht läßt sich eine Erhöhung des Rückstrahlvermögens erzielen, das etwa dem von Silberspiegeln entspricht, aber dauernd haltbar bleibt.

Auch das Wärmerückstrahlungsvermögen steigt durch Eloxierung in ganz beträchtlichem Maße und liegt bei dickeren Eloxalschichten etwa sechsmal so hoch wie bei unbehandeltem Aluminium.

Dies ermöglicht die Anwendung von Aluminium oder seiner Legierungen für Wärmeaustauscher, um so mehr als auch die Wärmeleitfähigkeit des Aluminiums dabei vorteilhaft mitwirkt.

## Die praktische Durchführung der Eloxierung.

Die zu behandelnden Teile müssen, wie bei jedem galvanischen Verfahren, zunächst entfettet werden. Dies erfolgt mit verdünnter Natron-

[1] A. Günther-Schultze u. H. Betz: Ztschr. Physik 73, 580 (1932).

[2] DRP. 626655 (1934).

lauge, anschließendem Beizen mit verdünnter Salpetersäure und einer mechanischen Oberflächenbehandlung durch Schleifen und Polieren. Es kann auch in Spezialfällen mit organischen Lösungsmitteln (z. B. Trichloräthylen usw.) oder auf elektrolytischem Wege entfettet werden, wobei das Beizen mit Salpetersäure fortfällt.

Zu beachten ist, daß jede Ungleichmäßigkeit der Oberfläche, z. B. Kratzer, Einschlüsse fremder Metalle oder Salze, Poren, Saigerungszonen usw. durch die Oxydschicht nicht etwa verdeckt, sondern unter Umständen schärfer herausgearbeitet werden, denn die Eloxalschicht baut sich nicht wie die Metallüberzüge von der Oberfläche ausgehend in der

Abb. 107. Eloxierungsanlage (Langbein-Pfanhauser-Werke).

Richtung nach außen auf, sondern wächst von außen nach innen. Die Durchführung der Eloxierung erfolgt in Anlagen, die galvanischen Bädern sehr ähnlich sind (Abb. 107 und 108).

Die Aufhängung der Teile erfolgt mit Federdruckklammern oder entsprechenden Aufhängegestellen. Einfaches Einhängen an Drähten genügt nicht, da die sich auch an den Aufhängestellen bildende Oxydschicht isolierend wirkt. Der Kontakt darf infolgedessen während des Oxydationsprozesses nicht verändert werden. Zur Befestigung der Gestelle auf der Anodenstange dienen Gewindebolzen mit Flügelmuttern. Die Einhaltung der für die jeweiligen Oxydationsarbeiten festgelegten Badtemperatur ist wichtig. Die Behandlungsdauer beträgt je nach gewünschter Schichtstärke, Farbe und Härte im allgemeinen 20—60 Minuten.

In der Technik wird selten länger als eine Stunde oxydiert. Innerhalb dieses Zeitraumes nimmt die Dicke der Eloxalschichten praktisch linear mit der Elektrolysedauer zu. Die Stromausbeute an Oxyd beträgt bei Gleichstrom etwa 80—90%. Oxydiert man länger, so wächst die Schicht allmählich langsamer; schließlich (nach einigen Stunden) kann Stillstand oder sogar Rückgang der Dicke infolge Auflösung durch den sauren Elektrolyten eintreten. Je dicker die Schicht wird, um so schlechter ist die Wärmeableitung aus den Poren. Der Angriff verstärkt sich dadurch. Wie rasch dies geschieht, hängt dabei von der Stärke der Säure ab.

Kurz nach Einschaltung des Stromes fällt die Stromstärke sehr rasch ab, um dann weiter allmählich abzusinken. Es bleibt stets ein Reststrom übrig, der bei den Eloxalverfahren, wie erwähnt, etwa 1—3 $A/dm^2$ beträgt. Bei der Erzeugung von Ventilschichten ist er um mehrere Größenordnungen kleiner. Er liegt bei etwa $2—4 . 10^{-4}$ $A/dm^2$, wobei außerdem der anfängliche Abfall der Stromstärke mit der Zeit auch bedeutend steiler verläuft.

Abb. 108. Siemens-Eloxalanlage in Betrieb.

Als Ursache der Restströme sind bei den Eloxalschichten ohne Zweifel Poren in der Schicht anzunehmen. Th. Rummel[1] hat z. B. das Porenvolumen einer Eloxalschicht experimentell zu etwa 4% bestimmt.

Spannungsregulierung erfolgt bei Gleichstrom direkt mittels feinstufigen Nebenschlußreglers des Generators, bei Wechselstrom mittels eines Stufentransformators. Es genügt genaue Einhaltung der Spannung, die von Zeit zu Zeit durch Einhängen von Probeplatten bei Belastung mit der Normalstromdichte ermittelt wird.

Die Leitfähigkeit des Elektrolyten ist außerordentlich hoch. Die Elektrodenentfernung spielt deshalb keine wesentliche Rolle.

Schwierigkeiten hinsichtlich der Streufähigkeit der Bäder, wie sie im letzten Jahrzehnt bei der Verchromung oder Vernicklung des Aluminiums zur Genüge bekannt und gefürchtet sind, gibt es nicht. Dies liegt darin begründet, daß, sobald an einer Stelle Oxyd gebildet ist, dort der Übergangswiderstand für den Strom ansteigt. Der letztere sucht sich nun bekanntlich den Weg, der den geringsten Widerstand bietet. Folglich wird er dort übergehen, wo noch kein Oxydfilm den Durchgang erschwert,

[1] Ztschr. Physik **99**, 518 (1936).

also an der noch nicht oxydierten Metallfläche, und dies hat wieder zur Folge, daß die Filmbildung auf diese Weise immer weiter fortschreitet, und auch bei den stärkst profilierten Teilen, ja sogar im Innern langer Rohre zu einer gleichmäßigen Oxydation der gesamten Oberfläche führt.

Das Bad ist also infolge des nahezu unbegrenzten Streuungsvermögens viel einfacher zu bedienen als z. B. Vernicklungsbäder, Verchromungsbäder od. dgl.

Für das sichere Gelingen sind jedoch folgende Forderungen unbedingte Voraussetzung: Genaue Regelung der zugeführten Stromspannung. Diese schwankt mit der Zusammensetzung der Legierung, dem Zustand der Oberfläche, ob diese bearbeitet, gepreßt, gebeizt oder gewalzt ist. Wichtig ist ferner die Regelung der Geschwindigkeit der Zunahme der Stromspannung, die Dauer des Eintauchens sowie die Konzentration des Elektrolyten im Bade.

Ferner muß auf gute Kühlung und Rührung geachtet werden. Im übrigen werden von der die Lizenzen vergebenden Arbeitsgemeinschaft für jeden Sonderfall genaue Vorschriften herausgegeben.

Für die Auswahl des Oxydationsverfahrens entscheidet lediglich der Bestimmungszweck.

Für normale Schichten mit gutem Korrosionsschutz und nachfolgende Färbung wird die Gleichstromoxydation in $H_2SO_4$-haltigen Bädern im allgemeinen am geeignetsten und rationellsten sein.

Für härtere Schichten oder bestimmte Naturfärbungen wird man Bäder auf Oxalsäurebasis bei Zimmertemperatur benutzen. Höhere Badtemperaturen ergeben weiche und biegsame Schichten.

Für besonders harte Schichten und Isolationszwecke empfiehlt sich Wechselstrom- und nachfolgende Gleichstromoxydation im Oxalsäurebad. Dabei ist stets zu berücksichtigen, daß die nach dem Wechselstromverfahren hergestellten Oxydschichten schwerer ausfärbbar sind als die mit Gleichstrom erzeugten.

Die Durchführung der Oxydation des Aluminiums nach dem Eloxalverfahren kann auf folgende drei Arten vorgenommen werden:

1. Nach dem zumeist üblichen Eintauchverfahren in Bäder, wobei die zu behandelnden Teile ganz oder teilweise in das Oxydationsbad getaucht werden. Die Pole der Stromquelle werden einerseits an die zu eloxierenden Teile, anderseits an ebenfalls ins Bad tauchende Gegenelektroden gelegt.

2. Nach dem Durchlaufverfahren, wobei Drähte, Bänder, Bandgewebestreifen u. dgl. über Rollen durch das Oxydationsbad gezogen werden. Auch hier wird der Strom wie beim üblichen Eintauchverfahren einerseits an die Drähte, Bänder usw., anderseits an die ins Bad tauchenden Gegenelektroden angeschlossen.

3. Nach dem Spritzverfahren, bei welchem einerseits der zu behandelnde Gegenstand, anderseits eine bewegliche Düse, durch die der Elektrolyt gegen die zu eloxierende Fläche gespritzt wird, an die Stromquelle angeschlossen wird.

Das letztere Verfahren, die sogenannte Spritzeloxierung, wird sehr häufig bei Behältern aus Aluminium für die chemische Industrie angewendet. Bei dieser Verfahrensvariante wird eine besonders harte Modifikation des Aluminiumoxyds von dichtester Struktur erzeugt, die auch eine besonders gute Korrosionsschutzwirkung hat.

## Nachbehandlung.

### Verdichten.

Die Schutzwirkung bzw. Isolationswirkung der Eloxalschicht kann durch Nachbehandlung bzw. Verdichtung der Schicht noch wesentlich erhöht werden.

Dazu können zwei Gruppen von Nachdichtungsmitteln dienen: organische und anorganische Mittel.

Zu den organischen Stoffen, welche sich zur Imprägnierung der Stoffe eignen, gehören: Trocknende Öle (z. B. Leinöl), Paraffine, Wachse usw. Sie können z. B. mit einem Tuch eingerieben oder durch Eintauchen in eine Schmelze, bzw. in eine Lösung der Stoffe in einem leichtflüchtigen Lösungsmittel aufgebracht werden. An die Stelle dieser Nachdichtungsmittel kann auch eine geeignete Lackierung treten.

Bei der Imprägnierung mit anorganischen Mitteln (in Amerika „Sealing" genannt) verfährt man folgendermaßen: Die eloxierten Teile werden in heiße Salzlösungen getaucht. Anschließend oder auch gleichzeitig wird ein chemisch indifferenter Niederschlag aus der Salzlösung ausgefällt. Eine solche Fällung erfolgt auch in den Poren der Schicht, in welche die Lösung eingedrungen war, und verschließt sie.

Nur zwei dieser Verfahren sollen hier erwähnt werden. Man taucht z. B. den eloxierten Gegenstand einige Zeit in eine heiße Wasserglaslösung und behandelt sie hinterher mit verdünnter Essigsäure. Es scheidet sich hierbei Kieselsäure aus, welche die Poren verstopft.

Man kann auch die Gegenstände z. B. mit einer Schwermetallazetat enthaltenden, wäßrigen Lösung behandeln. In der Hitze tritt als Folge einer Hydrolyse die Abscheidung eines Niederschlags von Schwermetallhydroxyd ein, welcher in diesem Fall als Abdichtungsmittel dient.

Als ein deutlicher Beweis für die Wirksamkeit dieser Nachdichtungsverfahren mag die Tatsache gelten, daß die nachgedichteten Schichten nicht mehr anfärbbar sind. Auch andere Stoffe, z. B. Speisereste, haften kaum noch an diesen Schichten oder lassen sich zum mindesten sehr leicht ablösen. Die Griffestigkeit einer solchen Schicht ist besonders gut, wenn sie noch etwas nachpoliert worden ist.

Eine Verdichtung der Oxydschicht kann man nach Angaben von Setoh und Mijata[1] durch Nachbehandlung der Schichten mit hochgespanntem Wasserdampf erreichen. Dieselbe Wirkung erzielt man übrigens auch schon durch längeres Kochen in Wasser.

Eine andere Art von Nachbehandlung zur Erzielung hoher Durchschlagfestigkeit und hohen Korrosionswiderstands besteht darin, daß man die in üblicher Weise aufgebrachte Oxydschicht in einem zweiten

---

[1] Setoh u. Mijata: Mitt. 727 Universität Tokio.

Bade ebenfalls anodisch nachbehandelt, und zwar in einem Bade von einer Säurelösung von geringer Konzentration und schlechter Leitfähigkeit und mit einer gegenüber der Hauptbehandlung relativ hohen Stromspannung. So kann man die Hauptbehandlung in etwa 1%iger Oxalsäure bei Spannungen von 150 Volt durchführen und die Nachbehandlung in ganz verdünnter Essigsäure, Malonsäure oder ähnlicher bei Spannungen bis 350 Volt. Bei einer solchen Nachbehandlung steigt die Durchschlagsfestigkeit von 300 auf 400 Volt.

## Färben.

Die Oberfläche des Leichtmetalls kann durch Eloxierung eine Eigenschaft erhalten, welche sonst kein Metall in einem solchen Grade besitzt: eine Anfärbbarkeit, wie man sie in ähnlicher Weise nur bei Textilgeweben oder anderen organischen Stoffen wiederfindet[1]. Dieses Verhalten ist einerseits durch die Saugfähigkeit der porösen Oxydschicht, anderseits aber durch die bekannte Fähigkeit des Aluminiumoxyds oder -hydroxyds bedingt, mit manchen organischen Farbstoffen chemische Verbindungen (Farblacke) einzugehen. Um die Oxydschicht anzufärben, wird der eloxierte Gegenstand einfach in die heiße wäßrige Lösung des organischen Farbstoffs getaucht. Die Färbetechnik ist heute so weit entwickelt, daß praktisch jeder gewünschte Farbton, auch z. B. Metalltöne (Kupfer, Messing, Bronze usw.) erzielt werden können. Selbstverständlich lassen sich die Eloxalschichten auch verschiedenfarbig bedrucken.

Für die Färbung eignen sich vor allem die sogenannten Beizfarbstoffe der Alizarinreihe, da diese mit dem Aluminiumoxyd die beständigsten Farblacke liefern.

Weniger lichtbeständig ist die Anfärbung mit öllöslichen Farben; anscheinend ist bei Abwesenheit von Wasser keine Möglichkeit zur Bildung genügend fester Farbverbindungen mit Aluminiumoxyd vorhanden.

Die Ausfärbbarkeit ist am größten, wenn die Oxydschicht frisch hergestellt wurde, also noch naß ist. Beim Trocknen oder Lagern tritt eine Alterung ein, die die Absorptionsfähigkeit herabsetzt. Einen gleichen Einfluß hat auch das Verdichten oder Verschließen der Poren durch Kochen in Salzlösungen, destilliertem Wasser oder Erhitzen mit hochgespanntem Dampf.

Auch die Herstellungsart ist von maßgeblichem Einfluß auf die Ausfärbbarkeit. Poröse und lockere Schichten werden sich wegen der größeren wirksamen Oberfläche des Aluminiumoxyds besser eignen als dichte und feste.

Nach Angaben der Vereinigten Aluminiumwerke[2] sollen Schichten, die mit Wechselstrom von 50 Perioden hergestellt wurden, zum Färben besonders geeignet sein.

Man kann übrigens auch die Farbstoffe gleich dem Elektrolyten für die Herstellung der Oxydschicht zusetzen, wenn sich Elektrolyt und Farbstoff miteinander vertragen. Von Sheppard[3] wurde vorgeschlagen,

[1] Flick: A. P. 1526127. — Bengough u. Stuart: DRP. 413876.
[2] F. P. 723400. [3] E. P. 359495.

auch beim nachträglichen Färben der Oxydschicht diese als Anode in dem Farbbad zu schalten, jedoch ist es dann zweckmäßig, die Spannung und Stromdichte allmählich zu verringern.

Wenn man die üblichen sauren Elektrolyten für die Oxydation verwendet, dürfen nur basische Farbstoffe bei nachträglicher Färbung angewendet werden. Wenn man basische Farbstoffe verwenden will, ist es zweckmäßig, die Oxydschichten mit einem Beizmittel, wie Gerbsäure, Phosphorwolframsäure, zu tränken und dann erst die Färbung mit dem basischen Farbstoff, wie Safranin oder Rhodamin, vorzunehmen[1]. Wenn man auf die Anwendung von Strom bei der Färbung verzichtet, kann man auch statt wäßriger Farbstofflösungen solche benutzen, die als Lösungsmittel für den Farbstoff Paraffin, Wachs, Stearin, Ceresin oder Fette enthalten. Durch ein solches Verfahren werden außerordentlich schöne und leuchtende Färbungen erzeugt, deren Farbstoff weder durch Alkohol noch durch Wasser, Benzin od. dgl. aus der Oxydschicht herausgelöst wird. Es wird hierbei der Farbstoff derartig in der Oxydschicht verankert, daß nachträglich keinerlei Veränderung eintritt, selbst dann nicht, wenn z. B. das Paraffin nach der Färbebehandlung durch Abrauchen in der Hitze entfernt wird.

Selbstverständlich kann die Eloxalschicht wegen ihrer Saugfähigkeit auch als vorzügliche Grundlage für Lackanstriche dienen, die bekanntlich auf gewöhnlichen Aluminiumoberflächen schlecht haften.

Eine andere Färbemethode, die vielleicht noch beständigere Färbungen liefert als die Färbung mit organischen Farbstoffen, besteht darin, daß man entweder Lösungen von Salzen, die in der Hitze oder durch Belichtung unter Bildung farbiger Verbindungen zersetzlich sind, in die Poren der Schicht eindringen läßt und dann durch nachträgliche Erhitzung oder Belichtung die Zersetzung vornimmt. Es eignen sich hierzu Silbersalzlösungen, die durch Belichtung metallisches Silber abscheiden, das dann in den feinen Poren außerordentlich festsitzt. Der andere Weg ist der, daß man die Teile in zwei Lösungen, welche beim Zusammentreffen gefärbte Verbindungen bilden, eintaucht. So taucht man die Teile z. B. zunächst in eine konzentrierte Lösung von Natriumbichromat und nach dem Trocknen dieser Lösung auf den Teilen in eine Lösung von Bleiazetat. Es bildet sich in den Poren gelbes Bleichromat[2].

Hierher gehört auch das sogenannte Seo-Photoverfahren der Siemens & Halske A. G.[3], nach welchem es gelingt, besondere Eloxalschichten ähnlich wie Gelatine als Träger für lichtempfindliche photographische Schichten zu verwenden.

Geeignete Schichten erhält man durch Chromsäurebäder oder durch kombinierte Chromsäure-Oxalsäure-Behandlung.

Die Imprägnierung der Schicht erfolgt in einfacher Weise durch Tauchen in geeignete Lösungen.

---

[1] Dunham: F. P. 731994.

[2] Aluminium Colors, Indianapolis: E. P. 378521.

[3] DRP. 607012, 608270, 615692. — A. Jenny u. N. Budiloff: Chem. Fabr. 359 (1935).

Zur Sensibilisierung wird das eloxierte Aluminium in eine Lösung von Ammonchlorid und Weinsäure und nach dem Abschleudern in eine Silbernitratlösung getaucht. Zur Erhöhung der Empfindlichkeit können Zusätze von Bromiden oder Jodiden gegeben werden.

Außer den Silberhalogenidverfahren kann man für das Seo-Photoverfahren auch andere photographische Verfahren verwenden. So z. B. Zyanotypie (Ammonferrizitrat und Ferrizyankalium), das Galluseisenverfahren und die Kallitypie (Argentotypie). Die Behandlung der lichtempfindlichen Schichten geschieht wie bei den üblichen photographischen Verfahren. Nach der Belichtung erfolgt das Entwickeln und Fixieren, gegebenenfalls auch eine Tönung in Gold oder anderen Bädern.

Da für das Seo-Photoverfahren poröse lockere Schichten am geeignetsten sind, solche Schichten anderseits aber eine geringere Widerstandsfähigkeit haben, ist es vorteilhaft, die fertigen Seo-Photos einer Nachbehandlung zu unterziehen.

Diese kann in einer der üblichen Verdichtungsverfahren (S. 293) mit Fetten, Firnis und anderen porenfüllenden Stoffen bestehen.

Die fertigen Seo-Photos können zur Haltbarmachung auch nochmals elektrolytisch in Oxalsäure weiteroxydiert werden.

Von praktischer Bedeutung ist es, daß man das Seo-Silberbild derart verstärken kann, daß es aus Schichten zusammenhängenden metallischen Silbers besteht. Auf diesen Silberschichten lassen sich dann galvanisch verschiedene Metalle niederschlagen, so daß der metallische Niederschlag über die Bildfläche reliefartig hervorragt, so daß an die Verwendung solcher Bilder als Umdruckplatten gedacht werden kann. Die praktische Bedeutung des Seo-Photoverfahrens liegt hauptsächlich auf dem Felde der Reklame, Schilder- und Schriftenerzeugung sowie der Herstellung von Zifferblättern und im Rahmen des Kunstgewerbes. Wegen der großen Beständigkeit solcher Lichtbilder gegen Witterung und chemische Einflüsse erscheinen sie geeignet, Lack- und Emailleschilder zu ersetzen.

## Technische Anwendungen.

Die Anwendungsmöglichkeit eloxierter Leichtmetallgegenstände ist in der letzten Zeit außerordentlich erweitert worden, entsprechend der Möglichkeit, für jeden besonderen Zweck Schichten mit besonderen Eigenschaften zu erzeugen. Nach dem heutigen Stand der Eloxiertechnik kann man ungefähr folgende Arten von Schichten erzeugen:

1. Schichten mit normalem Korrosions- und mechanischem Schutzwert.
2. Besonders biegsame Schichten für nachträgliche Verformung.
3. Sonderschichten mit sehr hohem Verschleißwiderstand für hohe mechanische Beanspruchungen.
4. Sonderschichten mit sehr hohem Korrosionsschutzwert.
5. Sonderschichten für elektrische Isolationszwecke.
6. Eloxalfarbschichten oder Schichten, die als Unterlage für Anstriche dienen sollen.
7. Sonderschichten von besonderer Eigenfarbe für kunstgewerbliche Zwecke.

Die Härte und Verschleißfestigkeit der Eloxalschichten werden ausgenutzt beim Eloxieren von Gewindestücken, Schraubenstutzen, Überwurfmuttern, Verschlüssen, Verbindungsteilen, Dichtungskegeln usw., die meist aus Hydronalium, Duralumin, Legal oder Reinaluminium für Kraftwagen-,

Flugzeugbau und Maschinenindustrie hergestellt werden. Ein Teil der ausländischen Kraftwagenfirmen verwendet heute schon laufend anodisch oxydierte Kolben. Teile für Spinnerei- und Webereibedarf, Rührflügel für Rührgefäße, Schüttelrinnen für die chemische Industrie sowie Kupplungen, Strahlrohre, Hahngehäuse und Küken-, Hydrantenstandrohre usw. und sonstige Zubehörteile für den Feuerwehrbedarf kommen ebenfalls für verschleißfeste Eloxierungen in Betracht.

Die Korrosionsschutzwirkung der Eloxalschicht wird in der Nahrungsmittel- und in der chemischen Industrie bereits in vielseitiger Weise ausgenutzt. Als bemerkenswerte Beispiele seien angeführt das Aufbringen von farblosen Eloxalschichten auf Eisschubladen für Eisschränke usw. aus Reinaluminium, die Eloxierung von Milchkrügen, Eismaschinenkesseln, Geschirren aller Art, Fleischereieinrichtungen, die vorwiegend aus Pantal hergestellt werden. Weiterhin die Eloxierung von Teilen von Milchentrahmern, wie Schwenkarmen, dann Milchmeßhähnen usw. für die Molkereiindustrie. Die Eloxierung von besonderen Teilen, wie Seezeichen, Kommandoscheiben für die Schiffahrt, Bauteilen im Flugzeugbau und die Eloxierung großer Behälter und Rührgefäße für die chemische Industrie bietet wesentliche Vorteile. In der Kellereitechnik haben sich Fruchtsaftpressen aus eloxiertem Silumingūß gut bewährt. Bei diesen wird die Eloxalschicht verschiedentlich noch mit Leinöl getränkt, das nachträglich festgebrannt wird.

In der Elektrotechnik hat sich das Eloxalverfahren nur für besondere Anwendungsgebiete einführen können. Obwohl beim Bau elektrischer Maschinen das Kupfer infolge seiner höheren Leitfähigkeit nach wie vor seinen Wert behalten wird, hat sich doch in besonderen Fällen, wo unter anderem das Gewicht eine Rolle spielt, das Aluminium an Stelle von Kupfer bewährt. So wird Rund- und Vierkantaluminiumdraht eloxiert für Magnetspulen, z. B. Bremsspulen für Straßenbahnen, Lasthebemagnete usw. verwendet. Interessant ist die Anwendung des Eloxalverfahrens für das Aufbringen einer Isolierschicht auf besonders ausgeführte Läuferstäbe für Kurzschlußmotoren.

Die Wärme- und Rückstrahleigenschaften der Eloxalschichten können ausgenutzt werden für den Aufbau von Heizkörpern, Wärmeaustauschvorrichtungen aller Art, Spiegeln usw.

Am vielseitigsten sind die Anwendungsmöglichkeiten gefärbter Eloxalüberzüge in Technik und Gewerbe. Es sei nur die Auswertung dieser Möglichkeiten hinsichtlich schöner Wirkung für Zifferblätter, Schilder, Gehäuse, Deckel, Kappen usw. im Apparatebau, Schiffbau u. a. erwähnt. Für Gewehrfabriken werden Gewehrkasten, Abzugbügel und sonstige Gewehrteile, meist Schmiedestücke aus Duralumin, eloxiert und schwarz gefärbt. In die Schicht lassen sich in sauberer Weise Gravierungen einbringen. Weiterhin kann man auch, anstatt die Stücke einheitlich zu färben, sie mit Mustern versehen, wodurch sich unerschöpfliche Möglichkeiten gerade für die Anwendung der gefärbten Eloxalüberzüge ergeben.

Ein Hauptanwendungsgebiet des Seo-Photoverfahrens (S. 295) ist die Fabrikation haltbarer Aluminiumschilder und Beschriftungen auf Leichtmetall an Stelle der Erzeugung von Messingschildern nach dem Tiefätzverfahren. Ein Austausch von Aluminium gegen Messing ist hier um so eher gerechtfertigt, als das Seo-Photoverfahren wirtschaftlicher ist und die Schilder eine höhere chemische Beständigkeit aufweisen.

Hervorzuheben ist die Unempfindlichkeit der Seo-Photoschichten gegenüber Hitzewirkung.

Das Seo-Photoverfahren hat im übrigen bereits für jede Art von bildmäßiger Reproduktion, z. B. Zeichnungen, Landkarten, ferner für Präzisionsmaßstäbe, Skalen, Zifferblätter usw. Verwendung gefunden. Auch in die Dekorationstechnik finden Reproduktionen von kunstgewerblichen Mustern, Holzmaserungen, Marmorimitationen usw. Eingang.

## Weitere Patente über Oberflächenoxydation.

Schweiz. P. 166799. Aluminium Colors Inc., Indianapolis, Ind., V. St. A. 1932.
E. P. 395390. Charles Hugh Roberts Gower u. Ernest Windson-Bowen, London. 1932.
Austr. P. 12657. Charles Hugh Roberts Gower u. Ernest Windson-Bowen, London. 1933.
E. P. 427308. P. J. Withe. 1933.
A. P. 1965684. Aluminium Co. of America, Pittsburgh. 1932.
A. P. 1977622. W. Buzzard, Kensington, Md., V. St. A. 1934.
E. P. 427308. White, London. 1933.
F. P. 46044. Soc. Anon. des Constructions Aéronautiques Schweiz. 1934.
Schweiz. P. 176639. Peintal S. A., Lausanne.
Russ. P. 44869. Int. General Electric Co. Inc., New York. 1931.

## Schrifttum über Oberflächenoxydation von Aluminium.

W. Kistiakowsky: Ztschr. physikal. Chem. **70**, 206 (1910). — A. Günther-Schultze: Ztschr. Metallkunde **24**, 177—178 (1924). — N. B. Pilling u. R. E. Bedworth: Journ. Inst. Metals **29**, 574 (1923). — W. H. J. Vernon: Trans. Faraday Soc. **23**, 150, 181, 182 (1927). — H. Sutton u. J. W. Willstrop (Royal Aircraft Etablishment, South Farnborough): Journ. Inst. Metals **38**, 259, 263 (1927). — M. Haas: Ztschr. Metallkunde **20**, 248 (1928). — J. Dornauf: Korrosion u. Metallschutz **4**, 10 (1928). — E. K. O. Schmidt: Korrosion u. Metallschutz **7**, 155 (1931). — Schmith u. Nieh: Trans. Amer. electrochem. Soc. **61** (1931). — A. Günther-Schultze u. H. Betz: Ztschr. Physik **73**, 580, 586; **75**, 143 (1932). — E. Schmidt u. G. Wassermann: Hausztschr. der Ver. Alum.-Werke **4**, 100 (1932). — S. Setoh u. A. Miyata: Scient. Papers Inst. physical., chem. Res. **19**, 229 (1932). — M. Ballay: Trans. Amer. electrochem. Soc. **62**, 102 (1932); Rev. de l'Alumin. **11**, 2365, 2367 (1934). — H. Schmitt: Chem. Apparatur **20**, 8 (1933). — D. J. Macnaughtan, G. E. Gardam u. R. A. F. Hammond: Trans. Faraday Soc. **29**, 729 (1933); siehe auch Chem.-Ztg. **67**, 662 (1933); Alluminio, Januar-Februar 1933, S. 32; Oberflächentechnik 1933, S. 175, 199. — H. Schmitt, A. Jenny u. G. Elßner: Ztschr. Ver. Dtsch. Ing. **78**, 1499 (1934). — S. Wernick: Ind. Chemist chem. Manufacturer **10**, 179, 231, 265 (1934). — A. Dumas: Aciers spec. Met. Alliages **9**, 550 (1934). — S. Field: Metal Ind. (London) **45**, 325 (1934). — H. Fischer: Ztschr. Metallkunde **27**, 25 (1935); Berichtswerk über die 74. Hauptversammlung des Ver. Dtsch. Ing. 1936, S. 103. — G. Elßner: Oberflächentechnik **12**, 68 (1935); Chem.-Ztg. **23**, 235 (1935). — A. Simon u. O. Jauch: Ztschr. Elektrochem. **41**, 739 (1935). — B. Gudden u. W. Schottky: Ztschr. techn. Physik **16**, 323 (1935). — W. Birett: Metallwiss. Metalltechn. **14**, 188 (1935). — E. J. W. Verwey: Ztschr. Krystallogr. Mineral. **91**, 317 (1935). — D. J. Macnaughtan u. A. W. Hothersall: Trans. Faraday Soc. **31**, 1168 (1935). — F. Pavelka: Österr. Chemiker-Ztg. **38**, 39 (1935). — K. Work: Metal Ind. (New York) **33**, 168 (1935). — W. J. Müller: Ztschr. Elektrochem. u. angew. physik. Chem. **42**, 166 (1936). — H. Fischer: Angew. Chem. **49**, Nr. 30, 493 (1936). — A. Jenny: Aluminium **18**, 97 (1936). — E. Raub: Mitt. Forschungsinst. u. Probieramtes f. Edelmetalle, Schwäbisch-Gmünd **9**, 111 (1936). — Druckschriften der Siemens & Halske A. G., Werner-Werk, Berlin-Siemensstadt: Nr. 5733: C. Schmidt, A. Jenny u. S. Elßner: Das Eloxalverfahren usw. Nr. 5816: H. Fischer: Elektrolytische Oberflächenbehandlung. Nr. 5995: A. Jenny u. N. Budiloff: Das Lichtbild auf Aluminium usw. — A. Simon u. O. Jauch: Ztschr. Elektrochem. **41**, 739 (1935). Über den Ausbau des Dielektrikums bei Aluminiumelektrolytkondensatoren. — A. Miyata: Scient. Papers Inst. physical chem. Res. **27**, Nr. 580/83; Bull. Inst. physical chem. Res. Tokyo **14**, 45 (1935). Anodische Oxydation von Aluminium durch Gleichstrom überlagertem Dreiphasenwechselstrom.

## Erzeugung loser Niederschläge.

Der technischen Erzeugung anodischer Niederschläge, wie Farbstoffe usw., stand die leicht eintretende Bildung festhaftender Überzüge früher hindernd im Wege.

Um die Niederschläge in lockerer, von der Anode abrieselnder Form zu gewinnen, ist es notwendig, dem Elektrolyten außer dem zur Bildung des Niederschlags notwendigen Salz (Fällungssalz) ein anderes Salz zuzufügen, mit welchem das Anodenmetall lösliche Salze bildet. Dadurch erreicht man, daß die Niederschlagsbildung nicht unmittelbar auf der Anodenoberfläche, sondern zum Teil erst beim Wegdiffundieren des löslichen Salzes erfolgt. Das Lösungssalz muß im Überschuß vorhanden sein und die Konzentration des Elektrolyten darf nur klein sein. Auch die Stromdichte darf nicht zu hohe Werte annehmen[1].

Auch die Überlagerung des Elektrolysegleichstroms mit einem Wechselstrom kann zu einer Lockerung des Niederschlags führen[2].

### Oxyde und Hydroxyde.

Bei der anodischen Auflösung von Kupfer entsteht durch Bildung von $Cu^{\cdot}$-Ionen und Hydrolyse desselben nach

$$Cu^{\cdot} + HOH \rightarrow CuOH + H^{\cdot}$$

und

$$2\,CuOH \rightarrow Cu_2O + H_2O$$

ein Niederschlag von Kupferoxydul.

Dieser bei der Kupferraffination störend auftretende Stoff kann mit besserer Ausbeute erzeugt werden, wenn man eine Kupferanode in Natriumchlorid als Elektrolyt verwendet.

Der $Cu_2O$ Niederschlag ist je nach den Bedingungen mit wechselnden Mengen CuO verunreinigt und besitzt demnach verschiedene Beschaffenheit und Farbe. Bei der Elektrolyse einer Lösung mit 20% NaCl bei Zimmertemperatur und 1 A/dm² erhält man einen flockigen gelben Niederschlag, während man unter sonst gleichen Bedingungen bei 60° C das $Cu_2O$ in feinkristalliner Form erhält. Höhere Stromdichte verschiebt den Farbton gegen Rot[3].

Bei der praktischen Gewinnung von $Cu_2O$ verwendet man eine Zelle mit Diaphragma, um zu verhindern, daß ein Teil des fein verteilten und suspendierten Niederschlags zur Kathode gelangt und dort reduziert wird. Als Elektrolyt wird eine 12%ige NaCl-Lösung mit 0,05—0,01% NaOH verwendet. Die Elektrolyse erfolgt bei 75°—80° C mit 2,5 A/dm² und etwa 4 Volt. Die Stromausbeute ist fast 100%ig. Für die Gewinnung von 1 kg $Cu_2O$ sind 1,57 kWh notwendig.

---

[1] Bindscheider: Ztschr. Elektrochem. 8, 255 (1902). — Isenburg: Ztschr. Elektrochem. 9, 275 (1902/03). — Just: Ztschr. Elektrochem. 9, 547 (1902/03).

[2] Siehe z. B. Monserrat: E. P. 420757 (1933).

[3] M. Hosenfeld, Engelhardt: Handbuch der techn. Elektrochemie, II. Bd., 2. Teil, S. 203.

Verwendet man ein Bad mit einer 2%igen Lösung einer Mischung von 95 Gewichtsteilen Natriumborat mit 5 Gewichtsteilen NaCl, und belüftet man die Anode gleichzeitig, so erhält man einen Niederschlag von Kupferoxyd CuO.

Zur Gewinnung von Zinkoxyd wurde in letzter Zeit vom Verfasser mit E. Reichl[1] ein Verfahren ausgearbeitet, welches die Verwendung von Altzink zur Gewinnung von Zinkoxyd (Zinkweiß) ermöglicht. Hierzu werden Zellen verwendet, in welchen das Altzink, welches zur Kontaktgebung in Quecksilber taucht, anodisch gelöst wird, während an der Kathode Wasserstoff entwickelt und $OH'$-Ionen gebildet werden. Die Anode wird mit einem dichten Stoffdiaphragma umhüllt, durch welches die unlöslichen Verunreinigungen zurückgehalten werden. Die in den Kathodenraum diffundierenden Zinkionen bilden mit den dort entstehenden OH-Ionen unlöslichen $Zn(OH)_2$. Der Elektrolyt besteht aus verdünnter NaOH oder $Na_2SO_4$. Die Badspannung beträgt 0,5 Volt. Das abfiltrierte $Zn(OH)_2$ wird bei 150° getrocknet und in Oxyd verwandelt. Zur Erzeugung von 1 kg ZnO sind 0,395 kWh notwendig.

Zur Gewinnung von Cadmiumhydroxyd[2] wird eine NaCl-Lösung unter Verwendung einer Cadmiumanode und einer Kathode aus Cadmium oder aus mit Cadmium überzogenem Eisen der Elektrolyse unterworfen. Das erhaltene Hydrat findet als aktive Masse bei alkalischen Akkumulatoren Verwendung.

Auf ähnlichem Wege kann auch Nickelhydroxyd hergestellt werden[3], indem eine gesättigte NaCl-Lösung unter Verwendung einer Nickelanode und einer Kathode aus Nickelblech oder vernickeltem Eisenblech bei 3,5—3,7 Volt elektrolysiert wird. Die erhaltenen Hydrate finden als aktive Massen bei alkalischen Akkumulatoren Verwendung.

## Karbonate.

Bleiweiß (basisches Bleikarbonat $2\,PbCO_3 \cdot Pb(OH)_2$).

Bei der anodischen Auflösung von Blei in Alkalikarbonatlösungen entstehen an der Anode unlösliche Bleikarbonate[4]. Eine befriedigende Lösung der praktischen Bleiweißgewinnung auf elektrischem Wege gelang aber erst durch Anwendung von Elektrolyten die außer dem Fällungssalz ($Na_2CO_3$) auch ein Lösungssalz, z. B. $NaClO_3$, enthalten, um die Bildung nichtleitender festhaftender Überzüge auf der Anode zu verhindern[5]. Man verwendet eine 1,5%ige Lösung einer Mischung von 80 Gewichtsteilen $NaClO_3$ und 20 Gewichtsteilen $Na_2CO_3$. Der Elektrolyt soll nur schwach alkalisch reagieren. Die Anode besteht aus reinem Blei, die Kathode aus Hartblei. Durch die Ausscheidung von basischen Bleikarbonaten wird der Elektrolyt alkalisch. Ein Teil desselben wird daher

[1] R. Müller u. E. Reichl: Österreichische und englische Patentanmeldung.
[2] B. A. Kossobrjuchow u. N. P. Shilzow: Russ. P. 44972 (1931).
[3] B. A. Kossobrjuchow u. N. P. Shilzow: Russ. P. 44971 (1931). Gewinnung von $Ni(OH)_2$ auf elektrolytischem Wege.
[4] Tibbits: DRP. 54542.
[5] Lukow: DRP. 91707 (1894); Ztschr. Elektrochem. **3**, 582 (1896/97).

laufend aus den Bädern abgezogen, filtriert, im Gegenstrom mit $CO_2$ gesättigt und in die Zelle zurückgeführt.

Bei einer Spannung von 2 Volt soll die Stromdichte 0,5 A/dm² betragen.

Ein neueres Verfahren wurde von Sperry[1] angegeben: Eine Zelle mit Leinwanddiaphragma enthält als Elektrolyt Natriumazetat und Natriumkarbonat, eine Anode aus reinem Blei und eine Eisenkathode. Im Betrieb wird der Elektrolyt sowohl aus dem Anodenraum als auch aus dem Kathodenraum laufend abgezogen.

Ersterer enthält das suspendierte Bleiweiß, welches durch Filtration gewonnen wird, und fließt in den Anodenraum zurück. Der Katholyt ist alkalisch und wird nach Sättigung mit $CO_2$ in einem Absorptionsturm in den Kathodenraum zurückgeführt. Im Großbetrieb sind in einem großen Bad 18 Kathoden aus Eisenblech angeordnet, die jede in einem mit Leinwand überzogenen Rahmen hängt. Der Katholyt muß demnach aus jedem einzelnen Kathodenraum abgezogen und wieder zugeführt werden, wogegen der zusammenhängende Anodenraum meist eine Abzugs- und Zuflußöffnung zu haben braucht.

Die Anzahl der Bleianoden beträgt ebenfalls 18. Badspannung 3 Volt.

Der Elektrolyt strömt so rasch, daß das Bleiweiß schwebend erhalten bleibt. Die austretende Lauge enthält $^1/_2$% Bleiweiß und geht über einen Dorreindicker. Von dort gelangt der größere Teil des Elektrolyten zurück in den Anodenraum. Das eingedickte Produkt mit 30% Bleiweiß wird auf einem Moorefilter filtriert und gewaschen. Filtrat und Waschwasser werden auf die erforderliche Konzentration eingedampft und fließen in den Anodenraum zurück.

Der Bleiweißniederschlag wird in einem mit Dampf geheizten Ofen getrocknet und zur Entfernung der letzten Wassermengen in einer mit Heißluft durchströmten Reymondmühle gemahlen[2].

Eine Anlage, welche 28 t Bleiweiß im Tage liefert, wurde 1919 bei der Anaconda Lead Prod. Comp., East Chicago, errichtet. Es sind dort 44 in Serie geschaltete Bäder der beschriebenen Art aufgestellt.

## Kupferkarbonat.

Dieser Stoff kann durch Elektrolyse einer 1,5—2%igen Lösung von NaCl und $Na_2CO_3$ mit Kupferanoden ähnlich wie Bleiweiß erzeugt werden. Im besonderen hat die Herstellung dieses Körpers Interesse zur Erzeugung einer künstlichen Patina auf Kupfer.

Kupfer oder dessen Legierungen werden anodisch in einer Alkalibikarbonatlösung, vorzugsweise in 8%iger $NaHCO_3$-Lösung bei einer Stromdichte von 8 A/dm² 1 Minute lang behandelt[3]. (Für die Legierung 80 Kupfer und 20 Nickel ist das Verfahren nicht geeignet.)

---

[1] DRP. 391692; Metallbörse **19**, 2472 (1929).

[2] Sacher: Chem.-Ztg. **54**, 494 (1930); siehe auch Ztschr. Elektrochem. **39**, 332 (1933); Chem. Trade Journ. **92**, 160 (1933).

[3] Battelle Memorial Institute, übertr. von: C. E. Irion u. G. L. Graig, Colombus, Oh., U. S. A.: A. P. 1974140 (1933). — G. L. Graig u. C. E. Irion: Metals and Alloys **6**, 235 (1935).

Es wird so eine Patina von vollkommen natürlicher Farbe erzeugt. Höhere Stromdichten führen zur Erhitzung der Lösung und zur Verfärbung der Patina; niedrigere haben geringe Haftfestigkeit der Schicht zur Folge. Mehrfaches Erhitzen und längere Bewitterung beeinträchtigen die gute Haftfestigkeit nicht.

## Andere Niederschläge.

### Chromgelb (Bleichromat $PbCrO_4$).

Diese wichtige Erdfarbe läßt sich durch Elektrolyse einer $1^1/_2$%igen neutralen Lösung einer Mischung von 80 Gewichtsteilen Natriumchlorat (Lösungssalz) und 20 Gewichtsteilen Natriumchromat (Fällungssalz) mit Bleianoden herstellen.

Um das ausfallende Chromat während der Elektrolyse zu ersetzen, wird der alkalische Katholyt mit Chromsäure neutralisiert. Die Kathode besteht aus Hartblei. Die Stromdichte soll 0,5 $A/dm^2$ bei 1,5—1,8 Volt betragen.

Ähnlich wie Kupferkarbonat erhält man bei Verwendung von Zinkanoden Zinkkarbonat oder einer Lösung mit Natriumphosphat als Fällungssalz basisches Kupferphosphat. Analog wie Kupferoxydul kann auch Zinnoxyd hergestellt werden. Die Bildung schwerlöslicher Superoxyde von Silber, Blei, Mangan und Nickel wurde an anderer Stelle erwähnt.

Ihre Darstellung auf diesem Wege wäre jedenfalls möglich. Auch Berlinerblau läßt sich durch anodische Lösung von Eisen im Ferrizyankali herstellen.

Nach einem Verfahren der Chemischen Fabrik Griesheim-Elektron läßt sich die bei der Elektrolyse neutraler Chloridlösungen entstehende unterchlorige Säure bzw. das Hypochlorit benutzen, um das in einer Chloridlösung aufgeschwemmte Bleioxyd durch Elektrolyse in fein verteiltes Bleisuperoxyd, wie es für die Streichholzfabrikation benötigt wird, zu verwandeln.

Um es vor der kathodischen Reduktion zu schützen, muß die Kathode mit Pergamentpapier umgeben werden.

Erwähnt sei hier noch die Darstellung von Eisenoxyd-saccharat (Eisenzucker) durch anodische Auflösung von Eisen in einer Rohrzuckerlösung[2].

Auch die Herstellung von Alkaliferrit durch die Elektrolyse von konzentrierter NaOH oder Alkalikarbonat bei Raumtemperatur zwischen einer Eisenkathode und einer $Fe_2O_3$- oder $Fe(OH)_2$-Anode ist möglich.

In gleicher Weise können auch Alkaliverbindungen des Cu, Mn, Cr oder Ni erhalten werden[3].

Über die Herstellung dünner Schichten von Uranoxyd, $U_3O_8$ durch Elektrolyse berichtet M. Francis und Tcheng Da Ichang[4].

Hierher gehört auch die Beobachtung, daß bei der Elektrolyse von Ammoniumtrinitrid, $NH_4 \cdot N_3$, im flüssigen Ammoniak bei —67° sich, je nach dem Material der Anoden, ohne Gasentwicklung $AgN_3$, $Cd(N_3)_2$, $Pb(N_3)_2$, ferner $CuN_3$, $Cu(N_3)_2$ und $Fe(N_3)_3$ bildet[5].

---

[1] DRP. 124512 (1900).

[2] H. L. Marsh: A. P. 1129307 (1915). — Scheermann: Pharmaz. Ztg. **74**, 1321 (1929).

[3] Qu. Sestini u. B. Sestini: It. P. 267084 (1929).

[4] Compt. rend. Acad. Sciences **200**, 1024 (1935).

[5] A. W. Browne, Holmes u. King: Journ. Amer. chem. Soc. **41**, 1769 (1919).

# Oxydation von Anionen.

## Manganat → Permanganat.

Von größerer technischer Bedeutung ist die Oxydation von Manganaten zu Permanganaten, nach dem Schema:

$$2\,MnO_4'' + O + H_2O \rightarrow 2\,MnO_4' + 2\,OH'.$$

Durch diesen Vorgang werden an der Anode auch OH'-Ionen erzeugt, es steigt also die Alkalität im Anodenraum.

Zur praktischen Durchführung wird in einer Diaphragmazelle der Kathodenraum mit verdünntem Alkali, der Anodenraum mit einer grünen Lösung von Manganat, z. B. $K_2MnO_4$, gefüllt. Die Elektroden bestehen aus Eisen, die Anoden manchmal auch aus Nickel.

In großem Maßstab gewinnt man, wie es zuerst von der Chemischen Fabrik auf Aktien vorm. E. Schering[1] beschrieben wurde, auf folgende Weise auf elektrolytischem Wege aus Kaliummanganat das Kaliumpermanganat[2].

Der als Ausgangsprodukt dienende Braunstein wird durch Erhitzen mit Kalihydrat unter der oxydierenden Wirkung des Luftsauerstoffs in grünes Manganat verwandelt. Die Ausgangsprodukte sollen rein sein, namentlich Chloride dürfen nicht vorhanden sein[3].

Aus Laboratoriumsversuchen ergibt sich, daß an Nickelanoden eine 5—6%ige Kaliummanganatlösung bei Stromdichten von 0,005–0,0125 A/cm² und lebhafter Elektrolytbewegung bei gewöhnlicher Temperatur, weitgehend mit der theoretischen Stromausbeute und mit 88—94% Stoffausbeute zu $KMnO_4$ oxydiert werden kann. Weniger günstig liegen die Verhältnisse an den in der Technik verwendeten Eisenanoden. Doch ist auch hier[4] mit einer Anodenstromdichte von 0,005 A/cm² mit einer Klemmspannung von etwa 2,5 Volt in etwa 1-normaler alkalischer Lösung eine gute Stromausbeute zu erhalten. Besser wirken Nickelanoden. Damit die Passivität der Eisen- oder Nickelanoden erhalten bleibt, darf der Elektrolyt keine Cl' und nur wenig $SO_4''$ enthalten. Da Kaliummanganat leichter löslich ist als Kaliumpermanganat[5], kristallisiert letzteres während der Elektrolyse aus. Durch Eindampfen der Mutterlauge können weitere Mengen gewonnen werden. Die alkalireiche Mutterlauge geht in den Prozeß der Manganatschmelze.

---

[1] E. Schering: DRP. 28782 (1884).
[2] Vgl. DRP. 101710 u. 105008; A.P. 326657. — R. Lorenz: Ztschr. anorgan. allg. Chem. **12**, 393 (1896).
[3] P. Askenasy u. S. Klonowsky: Ztschr. Elektrochem. **16**, 104 (1910). — O. Sackur: Ber. Dtsch. chem. Ges. **43**, 381 (1910). — F. Bahr u. O. Sackur: Ztschr. anorgan. allg. Chem. **73**, 101 (1912). — E. Schulz: Ztschr. anorgan. allg. Chem. **24**, 1628 (1911).
[4] K. Brand u. J. E. Ramsbottom: Journ. prakt. Chem. (2), **82**, 336 (1910).
[5] O. Sackur u. W. Taegener: Ztschr. Elektrochem. **18**, 723 (1912).

Die im großen verwendete Zelle besteht[1] (Abb. 109) aus einem unten zugespitzten Kasten, welcher den Anodenraum bildet, in welchem mehrere durch Diaphragmen gebildete Kathodenräume angebracht sind. Drinnen befinden sich die Kathoden, außerhalb der Diaphragmen, nahe deren Seitenwände, die Anoden. Zwischen je zwei Anoden sind Kasten mit Siebboden angeordnet, in welche die zu oxydierenden Manganate eingefüllt werden. Diese lösen sich in dem Maße, in welchem Manganat verbraucht wird.

Zu Beginn der Elektrolyse füllt man den Anodenraum mit einer Mutterlauge, die bei der Umkristallisation der Permanganate anfällt. Das sich an der Anode bildende Alkalihydroxyd sammelt sich im Anodenraum und kann sich bis zu 40% KOH anreichern. In solchen stark alkalischen Laugen ist Permanganat fast unlöslich und kristallisiert daher fortlaufend in den trichterförmigen Anodenraum aus.

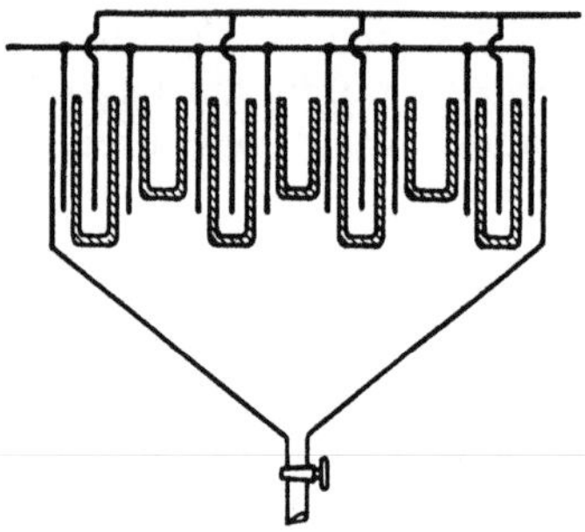

Abb. 109. Zelle zur Herstellung von Kaliumpermanganat.

Sowohl die Kristalle als auch ein Teil des an Alkali gesättigten Elektrolyten wird von Zeit zu Zeit abgezogen und durch Mutterlaugen ersetzt. Das Permanganat wird umkristallisiert, die alkalische Lauge zur Gewinnung der Manganate verwendet.

Um Diaphragmen ganz zu vermeiden, schlug Deißler[2] vor, Anolyt und Katholyt vermöge ihres Dichteunterschiedes übereinandergeschichtet zu erhalten[3].

Um die chemisch schwer herstellbaren Permanganate der Erdalkali, Erd- und Schwermetalle zu gewinnen, hat die Chemische Fabrik Griesheim-Elektron[4] ein Verfahren entwickelt. Auch hier wird eine Diaphragmazelle verwendet, in welcher Kaliummanganat in Sättigungskörben eingebracht wird, dem Elektrolyten wird ferner Kalkmilch beigemischt.

Bei der Elektrolyse werden die K-Ionen in den Kathodenraum überführt, während sich die an der Anode bildenden $MnO_4'$-Ionen sofort mit $Ca(OH)_2$ zu $Ca(MnO_4)_2$ verbinden. Statt $Ca(OH)_2$ im Anodenraum kann auch $CaCl_2$ und statt KOH im Kathodenraum kann auch KCl vorhanden sein.

Auch die Herstellung von Natriumpermanganat kann analog durchgeführt werden. Brand und Ramsbottom[5] bedienten sich hierzu Nickeldrahtnetzelektroden. Als Katholyt verwendeten sie 2%ige NaOH, als Anolyt eine Lösung von 10,8 g $Na_2MnO_4$ und 40 g NaOH in 270 $cm^3$ Wasser. Bei einer Stromdichte von 1,25 $A/dm^2$ und einer Spannung von zirka 3,7 Volt betrug die Stromausbeute 85,6%.

Nach einem Verfahren von Wilson und Horsch[6] wurde Natrium-

[1] Aussiger Verein: DRP. 101710.
[2] DRP. 105008.
[3] Siehe auch G. Rapin: Chim. et Ind. **33**, 803 (1935).
[4] DRP. 145368.
[5] Journ. prakt. Chem. (II), **82**, 336 (1910).
[6] Trans. Amer. electrochem. Soc. **35**, 371 (1919).

permanganat im Weltkriege in Amerika im großen durch anodische Auflösung von Ferromangan gewonnen und hauptsächlich zur Füllung von Gasmaskeneinsätzen verwendet.

Das Natriumsalz der Übermangansäure ist weitaus leichter löslich und kristallisiert daher aus der Anodenlauge nur schwer aus.

Das Kaliumpermanganat findet ausgedehnte Verwendung als Oxydationsmittel und als Antiseptikum in der Medizin.

## Ferrozyankali → Ferrizyankali.

Die Oxydation von Ferrozyankali (gelbes Blutlaugensalz) $K_4Fe(CN)_6$ zu Ferrizyankali (rotes Blutlaugensalz) $K_3Fe(CN)_6$ wurde von G. Grube[1] eingehend untersucht.

Auch diese Oxydation verläuft ziemlich gehemmt, doch ist dies vor allem auf Deckschichten zurückzuführen, die durch Lösung des Anodenmetalls und Bildung eines unlöslichen Salzes desselben entstehen.

Sie verläuft nach dem Schema:

$$2\,K_4FeCy_6 + O + H_2O \rightarrow 2\,K_3FeCy_6 + 2\,KOH.$$

Es bildet sich also an der Anode auf 1 Mol $K_3Fe(CN)_6$ 1 Mol KOH, von dem etwa 60% im Anodenraum bleiben und 40% in den Kathodenraum wandern und dort die Lauge konzentrieren.

Der elektrolytische Oxydationsvorgang verläuft ziemlich rasch, doch muß der Anodenraum vom Kathodenraum getrennt werden. An Nickelanoden bei 18° und in bewegtem Elektrolyten beträgt die Stromausbeute 80,6% bei einer anodischen Stromdichte von 2 A/dm², 94,5% bei einer solchen von 0,5 A/dm² [2]. Die Stromausbeute fällt mit steigender Stromdichte, wie dies die Tabelle 24 nach G. Grube zeigt.

Tabelle 24.

| Stromdichte A/cm² | In 220 cm³ angewandt g $K_4Fe(CN)_6 \cdot 3\,H_2O = 0,5$ Mol | Von dem angewandten $K_4Fe(CN)_6 \cdot 3\,H_2O$ werden mit 100% Stromausbeute oxydiert % | Gesamtstromausbeute nach vollständiger Oxydation % |
|---|---|---|---|
| 0,02 | 46,76 | 83,70 | 80,57 |
| 0,015 | 46,76 | 87,81 | 83,06 |
| 0,010 | 46,76 | 92,56 | 90,49 |
| 0,005 | 46,76 | 95,62 | 94,51 |

Um eine Sauerstoffentwicklung zu vermeiden, ist es notwendig, den Elektrolyten mit $K_4Fe(CN)_6$ laufend nachzusättigen.

Da der Alkaligehalt des Anolyten dauernd zunimmt, muß dieser von Zeit zu Zeit abgezogen und chemisch verarbeitet werden.

Die Temperatur soll nicht über 50° C steigen, da sonst Zersetzung der Lösung unter Abscheidung von Eisenoxyddeckschichten auf der Anode

[1] Ztschr. Elektrochem. **18**, 189 (1912); **20**, 334 (1914). — Siehe auch H. v. Hayek: Ztschr. anorgan. allg. Chem. **39**, 240 (1904).

[2] G. Grube: Die elektrolytische Darstellung des Ferrizyankaliums. Stuttgart, 1913.

eintritt, wodurch deren Potential soweit steigt, daß Sauerstoffentwicklung eintritt.

Das gebildete Ferrizyankali reichert sich im Anolyten an, bis es auskristallisiert.

Um eine gute Auskristallisation der $K_3Fe(CN)_6$ zu erreichen, wird die warme Anodenlauge abgezogen und auf 18° gekühlt, wobei das Salz kristallisiert[1]. Die Herstellung von 1 kg $K_3Fe(CN)_6$ erfordert 0,35 kWh[2].

Versuche, um das Diaphragma überflüssig zu machen, ergaben, daß die sonst üblichen Mittel (Chromatdiaphragma) nicht ausreichen[3], dagegen kann die kathodische Reduktion sehr vollständig dadurch verhindert werden, daß man die Kathode in Zement einhüllt oder sie in Ziegel-Diaphragma-Platten einbettet[4].

Auch durch Überlagerung eines Wechselstromes wird die Reduktion zurückgedrängt.

Die große Bildungsgeschwindigkeit macht das Ferrizyankalium geeignet als Sauerstoffüberträger bei der elektrolytischen Oxydation träger Stoffe.

Analog wie die Ferrizyanide lassen sich auch die entsprechenden komplexen Kobaltisalze, wie $K_3CoCy_6$ oder $K_3Co(C_2O_4)_3$ (Oxalat), aus den entsprechenden Kobaltosalzen durch anodische Oxydation herstellen[6].

## Chlorat → Perchlorat.

Der Vorgang der elektrolytischen Perchloratbildung erfolgt folgendermaßen: Bei der Elektrolyse einer chlorfreien $NaClO_3$-Lösung reagieren die anodisch entladenen $ClO_3'$-Ionen mit dem Wasser:

$$2\,ClO_3' + 2\oplus + H_2O = 2\,HClO_3 + O.$$

Die freie Chlorsäure ist nicht beständig, sondern zerfällt in chlorige Säure und Perchlorsäure:

$$2\,HClO_3 = HClO_2 + HClO_4.$$

Erstere wird an der Anode sofort wieder zu Chlorsäure oxydiert, welche dann wieder Perchlorsäure und chlorige Säure bildet usw.

Summarisch betrachtet, spielt sich an der Anode demnach folgender Vorgang ab:

$$2\,ClO_3' + 2\oplus + H_2O = HClO_4 + HClO_3.$$

Der Einfluß der Konzentration des Chlorats auf die Stromausbeute ist verhältnismäßig gering, doch erfolgt eine Perchloratbildung nur ober-

---

[1] Siehe auch Wagemann & Seybel: Ö. P. 44046.

[2] Siehe auch Schaum: Ztschr. Elektrochem. **5**, 316 (1898/99). — Schramm u. von der Linde: Ztschr. Elektrochem. **9**, 406 (1903). — Becker: Ztschr. Elektrochem. **32**, 305 (1926). — Brochet u. Petit: Cempt. rend. Acad. Sciences **139**, 855 (1904). — Just u. Beresowsky: Ztschr. Elektrochem. **15**, 297 (1909); Ztschr. physikal. Chem. **63**, 513 (1908). — Donnau u. le Rossignol: Journ. chem. Soc. London **83**, 703 (1903).

[3] Brown: Journ. physical Chem. **24**, 230. — Aten: Chem. Weekbl. **18**, 65.

[4] Paweck u. Hirsch: Ztschr. Elektrochem. **34**, 684 (1928).

[5] F. Kehrmann u. M. Pickersgill: Ber. Dtsch. chem. Ges. **24**, 2324 (1891).

halb einer bestimmten Mindestkonzentration. Wird diese unterschritten, so verläuft die Elektrolyse in zunehmendem Maße als Wasserzersetzung, es entweicht also dann der Sauerstoff gasförmig, ohne zur Oxydation verbraucht zu werden.

Die Gefahr, daß bei zunehmender Konzentration der $ClO_4'$-Ionen auch diese an der Stromleitung teilnehmen und Ausbeuteverluste durch Sauerstoffentwicklung verursachen nach:

$$2\,ClO_4' + 2\,\oplus + H_2O = 2\,HClO_4 + O,$$

ist nicht vorhanden, wenn die Konzentration des Chlorats nicht unter 5% sinkt.

Wichtig ist auch die völlige Abwesenheit von Chlorid. Chlorionen bewirken Stromverluste, weil sie anodisch leichter entladen werden als die Perchlorationen. Chlorionen treten im übrigen während der Elektrolyse von selbst auf. Sie stammen zum Teil von der Reduktion der Chlorate an der Kathode. Diese Reduktion kann durch einen Bichromatzusatz verhindert werden (S. 208).

Zum anderen Teil dürften Chlorionen durch teilweise Zersetzung der chlorigen Säure gebildet werden:

$$2\,HClO_2 = HClO_3 + HClO,$$
$$3\,HClO = HClO_3 + 3\,HCl.$$

Die technisch bedeutsame, leicht und glatt durchführbare elektrolytische Oxydation von Chlorsäure und Chloraten zu Überchlorsäure bzw. Perchloraten erfordert ein möglichst hohes Anodenpotential, weshalb Verwendung glatter Platinanoden, hoher Stromdichte und niedriger Temperatur begünstigend, Platinierung der Anode und schon ein kleiner Alkaligehalt vermindernd auf die Stromausbeute wirkt[1].

Zur Herstellung der Perchlorate geht man zweckmäßig von dem leicht löslichen $NaClO_3$ aus, das bei einer anodischen Stromdichte von 0,02—0,08 A/cm² und bei 10° in 25%iger Lösung sehr weitgehend in Perchlorat übergeführt werden kann[2].

Bei höherer Temperatur, etwa 27°, ist es nötig, die Stromdichte auf 0,15—0,20 A/cm² zu steigern, damit die Ausbeute nicht sinkt. Auch Nickel- und Eisenkathoden sind zur Perchloratherstellung verwendbar, doch sind für die technische Darstellung, bei der man in schwach saurer Lösung, zweckmäßig mit heißem Elektrolyten, bei hoher Stromdichte und unter besonderen Kühlmaßnahmen arbeitet, unbedingt Platinanoden erforderlich.

In neuerer Zeit haben H. M. Goodwin und E. C. Walker[3] die Ge-

[1] Graf F. Stadion: Ann. Physik (1), **52**, 218 (1816). — H. Kolbe: Journ. prakt. Chem. (1), **41**, 137 (1847). — F. Haber u. S. Grinberg: Ztschr. anorgan. allg. Chem. **16**, 198, 329 (1898). — F. Foerster: Ztschr. Elektrochem. **4**, 386 (1897/98). — F. Winteler: Ztschr. Elektrochem. **5**, 49, 217 (1898/99); **7**, 635 (1900/01). — W. Oechsli: Ztschr. Elektrochem. **9**, 807 (1903).

[2] E. Blau u. R. Weingand: Ztschr. Elektrochem. **27**, 1 (1921).

[3] H. M. Goodwin u. E. C. Walker: Trans. Amer. electrochem. Soc. **40**, 157 (1922).

winnung von Überchlorsäure durch direkte elektrolytische Oxydation von Salzsäure in ihrer Abhängigkeit von der Elektrolysendauer, anodischen Stromdichte, HCl-Konzentration, Temperatur der Zelle und dem Anodenmaterial studiert.

In verdünnten 0,1-normalen Lösungen werden etwa 50% der ursprünglichen Säure in $HClO_4$ verwandelt, während der größte Teil der übrigen Säure als $Cl_2$ verlorengeht. Mit zunehmender Konzentration nimmt die umwandelbare Menge rasch ab, bis zu 10% in $^1/_2$-normalen Lösungen, während der $Cl_2$-Verlust rasch zunimmt. Er beträgt angenähert 100% für Konzentrationen über 1-normal. Der Betrag an $HClO_3$ in der elektrolysierten Flüssigkeit dagegen steigt mit steigender Anfangskonzentration. Durch Erhöhung der Stromdichte um 100% (von 0,11—0,2 A/cm²) wächst der Betrag an $HClO_4$ nur mäßig (von 41,6 bis 44%), während der Energieverbrauch schneller zunimmt (25,8—37,9 Wh). Die Erhöhung der Temperatur von 20—40° verringert die $HClO_4$-Ausbeute, erhöht aber die Bildung von $HClO_3$, während zugleich der Energieverbrauch abnimmt. Mit einer auf Grund dieser Ergebnisse gebauten Zellenordnung wurden in 24 Stunden 800 g 60%iger Säure mit 28800 Wh erhalten.

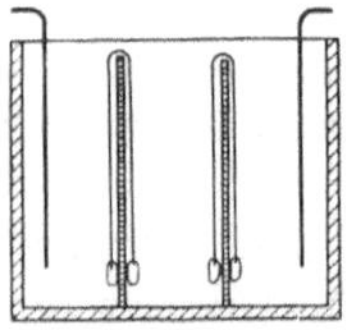

Abb. 110. Perchloratzelle.

Abb. 111. Perchloratzellen (Legnano, Italien).

G. Ampel und H. Mellquist[1] haben versucht, die Perchloratbildung an Bleisuperoxydanoden durchzuführen und stellten fest, daß die Stromausbeute an Perchlorat bei steigender anodischer Stromdichte ansteigt. Die besten Ausbeuten (79,2%) wurden in chromatfreier Lösung bei einer Stromdichte von 20 A/dm² und bei einer Temperatur von 15° erreicht. Bei höheren Stromdichten wird die Anode beschädigt.

Die in der Technik verwendeten Elektrolyseure sind jenen bei der Chloratelektrolyse (S. 178) ähnlich.

Als Anodenmaterial dient Platin, welches in der Zelle von Siemens & Halske in Form von Draht, durch Glaskugeln beschwert, von einem Träger herabhängt (Abb. 110). Die Elektroden sind meist bipolar geschaltet.

Die kathodische Stromdichte beträgt in solchen Zellen 10—20 A/dm²,

---

[1] G. Ampel u. H. Mellquist: Ztschr. Elektrochem. 40, 702 (1934).

die anodische 40—70 A/dm². Abb. 111 zeigt eine kleine Perchloratanlage in Legnano, Italien, welche von der Firma Krebs & Co., Oslo gebaut wurde.

Außer $NaClO_3$ läßt sich auch Bariumchlorat zu Perchlorat oxydieren, das den Vorteil hat, daß man mit Schwefelsäure daraus leicht $HClO_4$ herstellen kann.

Wenn $NaClO_3$ elektrolysiert wird, so werden nachher durch Umsetzen mit KCl bzw. $NH_4Cl$ die entsprechenden Perchlorate gewonnen, die sich für die Herstellung von Sprengstoffen besonders eignen.

## Jodat → Perjodat.

Die Oxydation von Jodsäure zu Überjodsäure erfolgt in neutraler bzw. saurer Lösung[1] bei einer anodischen Stromdichte von 0,0375 A/cm² an glattem Platin mit einer Stromausbeute von 1%.

Ein Zusatz von $SO_4''$- oder $ClO_3''$-Ionen zur neutralen Jodatlösung bewirkt eine Ausbeutesteigerung um einige Prozente. Viel stärker wirkt ein Zusatz von Fluorionen, der die Ausbeute bis zu 30% steigert. Die besten Arbeitsbedingungen sind dann folgende: $D_A = 20$ A/dm², 17—18° C in einer Lösung, die 10 g KJ, 2 g KF und 0,1—0,2 g Chromat auf 120 bis 125 cm³ enthält[2].

Eine fast theoretische Ausbeute an Perjodat erhält man jedoch bei Verwendung von Bleisuperoxydelektroden in saurer Lösung. Da das Anodenpotential hierbei viel niedriger liegt als an glattem Platin, ist anzunehmen, daß diese Ausbeutesteigerung auf einer rein katalytischen Wirkung des $PbO_2$ beruht. Praktisch verfährt man so, daß eine Zelle mit Diaphragma verwendet wird, die im Anodenraum 50%ige $HJO_3$-Lösung und ein mit $PbO_2$ überzogenes gekühltes Bleirohr als Anode und im Kathodenraum 2-normale $H_2SO_4$ und Platinkathoden enthält.

Die Anodenlösung ist durch kleine Mengen von Jod braun gefärbt und durch Spuren von schwerlöslichen sauren Bleijodaten getrübt. Sie wird verdünnt, filtriert und auf dem Wasserbad eingedampft, wobei sich die Überjodsäure in großen Kristallen ausscheidet.

An glatten Platinanoden erfolgt die Oxydation der jodsauren Salze mit befriedigender Ausbeute nur in alkalischer Lösung, führt also zu den Alkalijodaten, doch tritt sie schwerer als die Sauerstoffentwicklung ein und ist daher von dieser begleitet. Die Stromausbeute ist einerseits am besten, je höher das Anodenpotential und die $JO_3'$-Konzentration an der Anode ist. Man elektrolysiert daher am besten mit mittleren Stromdichten, z. B. mit solchen von 0,01 A/cm² eine 1-normale alkalische Lösung von 30 g Kaliumjodat in 1 l bei Gegenwart von Chromat bei 10°, bis alles Jodat in Perjodat verwandelt ist[3].

---

[1] E. Müller: Ztschr. Elektrochem. **7**, 509 (1901). — E. Müller u. O. Friedberger: Ber. Dtsch. chem. Ges. **35**, 2655 (1902).

[2] E. Müller: Ztschr. Elektrochem. **10**, 64 (1904).

[3] E. Müller: Ztschr. Elektrochem. **10**, 50 (1904). — W. Oechsli: Ibidem **9**, 813 (1903).

# Elektrolytische Bildung von Ozon und Wasserstoffsuperoxyd.

## Ozon.

Schon Schönbein[1] beobachtete, daß bei der Wasserzersetzung vielfach Ozon auftritt.

Die an glatter Platinanode erst unter Überspannung, also mit hohem Druck entweichenden Sauerstoffatome können sich entweder untereinander nach

$$3\,O = O_3$$

vereinigen oder die entweichenden Sauerstoffmoleküle

$$O_2 + O = O_3$$

zu Ozon oxydieren.

An glatten Platinelektroden, an denen sich Sauerstoff entwickelt, sind die Anodenpotentiale in der Regel erheblich positiver als das Potential von ozonisiertem Sauerstoff, das in 1-normaler Säure bei etwa 1,8 Volt liegt, so daß dort, wo bei der Elektrolyse anodisch Sauerstoff sich entwickelt, potentialgemäß die Möglichkeit besteht, daß er ozonhaltig ist.

Um das entstandene Ozon, dessen Zerfall durch Platin bzw. die Primäroxyde des Platins katalytisch beschleunigt wird, vor der Zersetzung zu schützen, muß für seine rasche Entfernung von der Anode Sorge getragen werden, was durch das Arbeiten mit hoher Stromdichte erzielt wird[2].

Zugleich ist zur Verlangsamung der unvermeidlichen Zersetzung die Temperatur möglichst niedrig zu halten. Die gebildete Ozonmenge ist aber auch von der Art des Elektrolyten und Konzentration und dem Elektrodenmaterial abhängig. Beide sind wirksam durch ihren Einfluß auf die Potentiallage einerseits, die Zersetzungsgeschwindigkeit anderseits. So kann man an glatten Platinanoden in saurer Lösung[3] sogar einen stark ozonhaltigen Sauerstoff gewinnen, während in alkalischer Lösung an Platin nur wenig, an Nickel überhaupt kein Ozon gebildet wird.

Nach den Untersuchungen von R. Kremann[4] über die Ozonbildung in verschiedenen Elektrolyten und Elektrodenmaterialien, die meist wegen Erzielung von hohen Stromdichten in Spitzenform als Anoden dienten, ergab sich, daß die Ozonbildung in schwefelsaurer Lösung weit besser an Bleisuperoxydspitzen als an Platinspitzen vonstatten geht, während an letzteren bei einer Säurekonzentration von etwa 4 Mol im Durchschnitt ein Optimum der Ozonausbeute beobachtet wurde, steigt an Bleisuperoxydspitzen die an und für sich höhere Ozonausbeute stetig an.

An Elektroden aus Nickel wie an solchen aus Gold konnte in saurer Lösung kein Ozon erhalten werden, vermutlich da sie die Zersetzungsgeschwindigkeit des Ozons stark erhöhen. Am geringsten scheint diese an Bleisuperoxydelektroden.

Für sämtliche untersuchten Elektrodenmaterialien erwies sich Schwefelsäure als der günstigste Elektrolyt für die Ozonbildung. Bei Anwendung von Phosphorsäure zeigen sich Bleisuperoxydelektroden, für Chromsäure solche aus Platin als günstiger. Der Einfluß der Konzentration der verschiedenen Säuren tritt mit wachsender Konzentration der verschiedenen Säuren zurück.

Als günstiger Elektrolyt zur Erzeugung eines möglichst ozonreichen Sauerstoffs erwies sich nach Angaben von L. Gräfenberg[5] 40%ige Fluß-

---

[1] Pogg. Ann. **50**, 616 (1840). — Vgl. auch Meidinger: Ann. Chim. **88**, 64 (1853). — Soret: Pogg. Ann. **92**, 304 (1854); **118**, 623 (1863). — Baumert: Ibidem **89**, 63 (1853).

[2] Jeremin: Compt. rend. Acad. Sciences **38**, 391 (1854). — A. Houzeau: Compt. rend. Acad. Sciences **43**, 37 (1856). — G. Targetti: Nuovo Cimento (4), **10**, 360 (1899).

[3] A. Coehn u. Y. Osaka: Ztschr. anorgan. allg. Chem. **34**, 98 (1903).

[4] Ztschr. anorgan. allg. Chem. **36**, 403 (1903).

[5] Ztschr. anorgan. allg. Chem. **36**, 360 (1903). — Vgl. auch Soret: Compt. rend. Acad. Sciences **56**, 390 (1863).

säure, mit der bei Stromdichten von 7,8 A/cm² und 15° 5% Ozon erhalten wurden. Um wesentlich höhere Ausbeuten zu erhalten, müssen[1] möglichst hohe Stromdichten, solche der zehnfachen Größenordnung, z. B. 40—80 A/cm², Verwendung finden.

Der damit verbundenen, die Ozonzersetzung befördernden, die Ausbeute also herabdrückenden Temperatursteigerung muß durch Arbeiten mit einer entsprechend gekühlten Platinanode entgegengewirkt werden. Zu diesem Zweck haben F. Fischer und K. Massenez[2] als Anode ein mit seinen beiden Enden in zwei parallele, vertikale Glasrohre eingeschmolzenes horizontales Platinröhrchen benutzt. Dieses war noch mit Glas umschmolzen und dann durch Abfeilen eines Teiles dieses Glases nur längs eines möglichst schmalen Striches wieder freigelegt, der an einer Seite des Röhrchens und dessen Achse parallel verlief. Das Röhrchen wurde zwecks Kühlung von einem lebhaften Strom von kaltem Wasser oder stark abgekühlter Chlorkalziumlösung durchflossen. Mit Verminderung der Strichbreite gelingt es so, die Stromdichte erheblich zu steigern und doch die Temperatur niedrig zu halten, so daß die Ausbeuten erheblich ansteigen.

Mit noch wesentlich schmäleren Strichanoden, etwa 0,01 mm Breite, kann man auch ohne Innenkühlung[3] hohe Ozonkonzentrationen erhalten, z. B. mit einer Strichlänge von 46 mm und mit 0,7—1,0 A, also mit der außerordentlich hohen Stromdichte von 152—218 A/cm², konnte im Dauerversuch ein Anodengas mit etwa 20% $O_3$ bei der Elektrolyse einer Schwefelsäure vom spezifischen Gewicht 1,170, die durch Leitungswasser gekühlt war, gewonnen werden. Bei einer Elektrolyttemperatur von 10° ging die Stromausbeute auf 23,4% hinauf, und an hoher Anode bei Innenkühlung von — 14° und 0° Elektrolyttemperatur konnte sogar Sauerstoff gewonnen werden, der 28% Ozon beigemengt enthielt, was also jenen Ozongehalten entspricht, wie sie günstigstenfalls auch bei stiller Entladung in reinem Sauerstoff erhalten werden.

Mit steigender Stromdichte geht die an von innen gekühlten Strichanoden erhaltene Ozonkonzentration durch einen Höchstwert, der bei um so kleinerer Stromdichte liegt und damit auch selbst um so niedriger ist, eine je konzentriertere Schwefelsäure als Elektrolyt dient.

An einem wasserdurchflossenen Platinröhrchen kann man aber auch bei kleinerer Stromdichte[4] einen noch höheren Ozongehalt erreichen, wenn man an die Zelle parallel zum elektrolysierenden Gleichstrom auch Wechselstrom anlegt.

In Schwefelsäure vom spezifischen Gewicht 1,478 konnte an einer von zehngradigem Wasser durchflossenen Anode einer Oberfläche von 0,33 cm² mit 0,25 A Gleichstrom und 1,50 A Wechselstrom von 18 Perioden ein 37% Ozon enthaltender Sauerstoff gewonnen werden. Bei höherer Dichte des Gleichstroms und höherer Säurekonzentration geht die Ozonkonzentration stark herab und kann auch durch Verstärkung des Wechselstroms nicht gesteigert werden, da dessen Wirkung einen Höchstwert zeigt, der bei um so kleinerer Wechselstromstärke liegt, eine je höhere Gleichstromstärke angewandt wird.

Vermutlich vermindert der Wechselstrom die Anreicherung eines höheren, auf das gebildete Ozon zersetzend wirkenden Platinoxyds an der Anode; dieser Wirkung ist es wohl auch zuzuschreiben, daß die gleichzeitige Anwendung des Wechselstroms eine beträchtliche Spannungserniedrigung verursacht.

Eine Verminderung des Anodenpotentials könnte aber auch dann die Ozonbildung begünstigen, wenn, wie man vermuten darf, die Sauerstoffatome

[1] MacLeod: Journ. chem. Soc. London **49**, 591 (1886).
[2] Ztschr. anorgan. allg. Chem. **52**, 202, 229 (1907).
[3] F. Fischer u. K. Hendrixon: Ztschr. anorgan. allg. Chem. **52**, 202 (1907).
[4] H. v. Wartenberg u. E. H. Archibald: Ztschr. Elektrochem. **17**, 812 (1911).

höheren Potentials in Schwefelsäure mit gesteigerter Geschwindigkeit Überschwefelsäure geben, während bei niedrigerem Potential die Geschwindigkeit, mit der sie Ozon bilden, die größere, dieser Vorgang also der leichtere wäre. Tatsächlich wird auch mit der Steigerung der Ozonbildung[1] die Entstehung der Überschwefelsäure vermindert, wenn die Stärke des den Gleichstrom überlagernden Wechselstroms zunimmt.

G. Malquori[2] arbeitete teils mit einer Platinanode mit Innenkühlung, teils mit einer Bleianode, die mit $PbO_2$ überzogen war. Nach seinen Angaben eignet sich zur Darstellung von Ozon als Elektrolytflüssigkeit am besten eine Schwefelsäure von der Dichte 1,1—1,4, eine Gleichstromdichte von 90 A/cm² und eine Wechselstromdichte von 3 A. Bei Gebrauch der mit $PbO_2$ überzogenen Bleianode muß mit mäßiger Gleichstrom- und kleiner Wechselstromdichte gearbeitet werden, um günstige Ausbeuten zu erzielen.

## Direkte Bildung von Wasserstoffsuperoxyd.

Die direkte Bildung dieser Verbindung an einer Platinanode durch den Vorgang $2\,OH' + 2\,O = H_2O_2$ ist von zahlreichen Forschern erörtert worden[3]. Schon kleine Mengen $H_2O_2$ genügen jedoch, um eine zur anodischen Sauerstoffentwicklung benutzt gewesene platinierte Anode in ihrer Selbstentladung außerordentlich zu beschleunigen[4]. Es wird, wie man auch unmittelbar feststellen kann, das bei anodischer Polarisation erzeugte $PtO_3$ nach:

$$PtO_3 + H_2O_2 = PtO_2 + H_2O + O_2$$

durch $H_2O_2$ zerstört. Es entsteht daher an Platinanoden primär im allgemeinen kein Wasserstoffsuperoxyd, sondern es wird, wenn es von außen an Sauerstoff entwickelnde Platinanoden gebracht wird, unter erheblicher Verminderung des Anodenpotentials[5] vom Elektrolytsauerstoff quantitativ im Sinne der Bruttogleichung

$$H_2O_2 + O = H_2O + O_2$$

zerstört, d. h. es entsteht dann doppelt so viel Sauerstoff an der Anode als gleichzeitig im Knallgasvoltameter.

Nur bei der Elektrolyse von konzentrierter Kalilauge bei tiefer Temperatur bildet es sich an Platindrahtanoden primär[6] in geringer Menge, die bei etwa —40° ihren Maximalwert erreicht. In Natronlauge dagegen kann wegen der stärkeren katalytischen Beschleunigung der Wasserstoffsuperoxydzersetzung unter gleichen Bedingungen kein $H_2O_2$ auftreten.

Dagegen entsteht sekundär Wasserstoffsuperoxyd, wenn der kathodisch entwickelte Wasserstoff zur Anode diffundieren kann, wo er die Sauerstoffabscheidung unter Bildung von $H_2O_2$ depolarisiert oder wenn Wasser mit Sauerstoff unter Druck gesättigt und elektrolysiert wird[7]. Sekundär ist auch die anodische Wasserstoffsuperoxydbildung, welche bei der Elektrolyse von Wasser mit Gleichstrom, der durch Wechselstrom überlagert ist, eintritt[8]. Es vereinigt sich hierbei der durch den kathodischen Stromstoß frei-

---

[1] O. Reitlinger: Ztschr. Elektrochem. **20**, 261 (1914).

[2] Atti R. Accad. Lincei (Roma), Rend. (5), **33**, II, 102 (1924).

[3] M. Traube: Ber. Dtsch. chem. Ges. **15**, 2434 (1882).

[4] Vgl. P. Staehlin: Dissertation. Zürich, 1908.

[5] S. Tanatar: Ber. Dtsch. chem. Ges. **36**, 199 (1903).

[6] E. H. Riesenfeld u. B. Reinhold: Ber. Dtsch. chem. Ges. **42**, 2977 (1909).

[7] I. G. Farbenindustrie A. G.: E. P. 297880 (1927). — Siehe auch E. Berl: Schweiz. P. 167798 (1932); Ö. P. 136366 (1932).

[8] E. Bürgin: Dissertation. Berlin, 1911. — G. Grube u. B. Dulk: Ztschr. Elektrochem. **24**, 237 (1918). — Siehe hierzu F. Fischer u. O. Prieß: Ber. Dtsch. chem. Ges. **46**, 698 (1913). — S. Bodforß u. A. Arstal: Ztschr. Elektrochem. **31**, 1 (1925).

werdende Wasserstoff mit dem durch den vorangegangenen anodischen Stromstoß abgeschiedenen Sauerstoff nach der Gleichung

$$O_2 + 2\,H = H_2O_2.$$

Während im allgemeinen an einer Platinelektrode in der obenerwähnten Weise eine Zerlegung des so entstandenen Wasserstoffsuperoxyds erfolgt, bleibt von den zersetzend wirkenden Primäroxyden des Platins dann so wenig übrig, wenn die Wechselstromstärke ein erhebliches Vielfaches der Gleichstromstärke beträgt, daß kleine Mengen Wasserstoffsuperoxyd an der Anode nachweisbar werden.

Diese depolarisieren dann die Sauerstoffentwicklung[1] an glattem Platin so stark, daß sie bei unedleren Potentialen vonstatten geht, als der reversiblen Sauerstoffelektrode entspricht.

Da aber Platin selbst schon katalytisch zersetzend auf Wasserstoffsuperoxyd wirkt, kann man bei der geschilderten Wechselstromelektrolyse seine Menge durch Verwendung von löslichen, auf $H_2O_2$ nicht katalytisch wirkenden Metallen an Stelle von Platin als Anodenmaterial steigern[2]. Es eignet sich zu diesem Zweck Zink, das, damit an ihm Sauerstoff entwickelt werden kann, in alkalischen Elektrolyten mit solcher Stromdichte polarisiert werden muß, daß es sich mit Überzügen von Hydroxyden bzw. Karbonaten umkleidet. Bei einer Gleichstromdichte von etwa 0,1 A/cm² in einer auf 0° oder tiefer abgekühlten Lösung von 5 Mol NaOH und 1 Mol $H_3BO_3$ werden dann mit Stromausbeuten bis zu 60% kleine Wasserstoffsuperoxyd- bzw. Perboratkonzentrationen erhalten.

Die erwähnten Möglichkeiten zur Wasserstoffsuperoxydbildung eignen sich jedoch kaum zur technischen Gewinnung desselben[3]. Dagegen kann Wasserstoffsuperoxyd im technischen Maßstab ebenfalls sekundär durch anodische Vorgänge in saurer Lösung erzeugt werden, wenn der Strom im Elektrolyten solche Oxydationsprodukte, Überschwefelsäure oder Perkarbonat erzeugt, die in ihrer Lösung unter Bildung von Wasserstoffsuperoxyd zerfallen.

## Oxydation von Schwefelsäure und Sulfaten zu Perschwefelsäure bzw. Persulfaten.

Die elektrolytische Bildung der von M. Berthelot[4] entdeckten Überschwefelsäure bzw. der Persulfate ist in Gegenwart von Wasser nur mittels Elektrolyse möglich.

Man hat angenommen, daß dabei der Vorgang:

$$2\,HSO_4' \rightarrow 2\,\oplus \rightarrow H_2S_2O_8$$

stattfindet. Da aber aus dem Auftreten von Reaktionshemmungen und wegen der großen Empfindlichkeit der Reaktion bezüglich des Anodenmaterials geschlossen werden muß, daß der Vorgang nicht so einfach verläuft, erweist sich folgende Formulierung:

$$2\,HSO_4' + O + H_2O \rightarrow H_2S_2O_8 + 2\,OH'$$

zweckmäßiger[5].

---

[1] G. Grube u. B. Dulk: Ztschr. Elektrochem. **24**, 237 (1918).

[2] E. Bürgin: Dissertation. Berlin. 1911.

[3] Siehe auch S. Glasstone u. A. Hickling: Journ. chem. Soc. London 1934, 1772. Bildung von $H_2O_2$ an einer Glimmlichtanode.

[4] Compt. rend. Acad. Sciences **86**, 20, 71, 277 (1878); **90**, 269, 331 (1880); **112**, 1481 (1891). — Vgl. auch E. Schöne: Liebigs Ann. **197**, 167 (1879). — B. C. Brodie: Journ. chem. Soc. London **2**, 293 (1863). — A. Rundspaden: Liebigs Ann. **157**, 306 (1870). — C. Hoffmann: Pogg. Ann. **132**, 607 (1867); **24**, 1838 (1885); **31**, 912 (1887).

[5] Vgl. F. Richarz: Ber. Dtsch. chem. Ges. **21**, 1669 (1888).

Was die Eigenschaften der Überschwefelsäure und ihrer Salze betrifft, so ist im Gegensatz zu den Sulfaten das Ba- und Pb-Salz der Überschwefelsäure leicht im Wasser löslich. Ihre oxydierende Wirkung äußert sich vornehmlich gegen Ferrosalze[1]. Hingegen scheidet Persulfatsauerstoff[2] nur träge freies Jod ab und entfärbt Permanganat nicht. Man darf die Überschwefelsäure als eine von Wasserstoffsuperoxyd sich ableitende Disulfonsäure

$$\begin{array}{c} O\cdot SO_3H \\ | \\ O\cdot SO_3H \end{array}$$

auffassen. Dies erhärtet daraus, daß sie sich aus 2 Mol Chlorsulfonsäure und 1 Mol Wasserstoffsuperoxyd bildet:

$$2\ SO_3HCl + H_2O_2 \rightarrow H_2S_2O_8 + 2\ HCl\ ^3.$$

Andererseits kann die Überschwefelsäure in wäßriger Lösung, in beschleunigtem Maße bei Anwesenheit starker $H_2SO_4$, zu Schwefelsäure und Wasserstoffsuperoxyd nach

$$H_2S_2O_8 + 2\ H_2O \rightarrow 2\ H_2SO_4 + H_2O_2$$

verseift werden.

Diese Reaktion führt aber nicht unmittelbar zu $H_2O_2$, sondern verläuft stufenweise zuerst zur Monosulfopersäure, der sogenannten Caroschen Säure, $H_2SO_5$[4], die beim Übergießen von Kaliumpersulfat mit $H_2SO_4$ auftritt und, im Gegensatz zu Persulfat, Anilin zu Nitrosobenzol oxydiert und sofort Jod aus KJ freimacht, der aber die charakteristische Reaktion des Wasserstoffsuperoxyds, sofortige Reduktion von Permanganat, abgeht.

Die Umwandlung der Überschwefelsäure in Carosche Säure:

$$HSO_3\cdot O\cdot O\cdot SO_3H + H_2O \rightarrow HSO_3\cdot O\cdot OH + H_2SO_4$$

erfolgt bei Gegenwart starker $H_2SO_4$ schon bei tiefer Temperatur. Während $H_2S_2O_8$ in verdünnter, wäßriger Lösung recht beständig ist, ist in 40%iger $H_2SO_4$ in zwei Tagen bei 0° die Umwandlung vollständig.

Viel langsamer erfolgt die weitere Verseifung der Caroschen Säure zu $H_2O_2$ nach

$$HSO_3\cdot O\cdot OH + H_2O \rightleftarrows H_2SO_4 + H_2O_2,$$

so daß bei gewöhnlicher Temperatur, auch in saurer Lösung, die Carosche Säure sehr haltbar ist. Sie zersetzt sich bei 70—90° rasch. Diese Zersetzung führt zu einem Gleichgewicht, indem auch $H_2O_2$ mit starker $H_2SO_4$ Carosche Säure gibt[6].

Eine weitere Zersetzung erleiden Überschwefelsäure und ihre Salze zu Schwefelsäure bzw. Sulfaten und Sauerstoff nach

$$R_2S_2O_8 + H_2O \rightarrow 2\ RHSO_4 + O.$$

---

[1] M. Le Blanc u. M. Eckard: Ztschr. Elektrochem. **5**, 355 (1898/99).

[2] E. Müller u. H. V. Ferber: Ztschr. analyt. Chem. **52**, 195 (1913).

[3] J. D'Ans u. W. Friederich: Ber. Dtsch. chem. Ges. **43**, 1880 (1910). Ztschr. anorgan. allg. Chem. **73**, 325 (1912).

[4] H. Caro: Ztschr. angew. Chem. 1898, 845.

[5] A. v. Bayer u. V. Villiger: Ber. Dtsch. chem. Ges. **34**, 853 (1901).

[6] A. v. Bayer u. V. Villiger: Ber. Dtsch. chem. Ges. **33**, 124 (1900).

Dieser Vorgang verläuft jedoch bei mäßiger Temperatur so langsam, daß eine Umkristallisation der Persulfate gelingt.

Von Salzen sind einige, $NH_4$-, K- und Na-Persulfat, im festen Zustand haltbar, andere, z. B. das kristallwasserhaltige Ba-Persulfat, zerfallen langsam in $BaSO_4$, $O_2$, Schwefelsäure und Carosche Säure. Da alle Zersetzungen der überschwefelsauren Verbindungen bei höherer Temperatur sehr beschleunigt werden, muß man bei ihrer elektrolytischen Darstellung großen Wert auf Innehaltung niederer Temperaturen, zumindest unter 30°, legen[1].

Entsprechend der Natur dieser einem energiereicheren Zwangszustand entsprechenden Verbindungen ist zu ihrer Darstellung ein hohes Anodenpotential erforderlich. Als Anodenmaterial eignet sich am besten glattes ausgeglühtes Platin[2]. An rauhem Platin oder Iridium ist die Persulfatbildung gering, am Palladium und platinierten Platin bleibt sie völlig aus[3]. Freies Alkali vermindert an glatten Platinanoden die Ausbeute, Cl'- oder F'-Ionen, die eine Erhöhung des Potentials einer $O_2$ entwickelnden glatten Platinelektrode bewirken, steigern sie.

Begünstigt wird ferner die Oxydation der Anionen der Schwefelsäure durch Erhöhung ihrer Konzentration. Hierbei wirken aber bei der Elektrolyse der neutralen Salze die Kationen in eigener Art.

$NH_4^{\cdot}$-, $K^{\cdot}$-, $Ni^{\cdot\cdot}$- und vielleicht auch $Al^{\cdot\cdot\cdot}$-Ionen wirken stark erhöhend auf die Stromausbeute, $Mg^{\cdot\cdot}$ und Na erhöhen sie nicht bzw. wenig, gegenüber der Anwendung freier $H_2SO_4$ [4, 5]. Eine Auswahl von Daten aus Versuchen von K. Elbs und O. Schönherr in Tabelle 25 kennzeichnet dieses Verhalten bei einer anodischen Stromdichte von $D_A = 0{,}5$ A/cm² bei 8—6° in 40 bzw. 30 Minuten.

Tabelle 25.

| g $H_2SO_4$ im Liter | Stromausbeute in Prozent bei | |
|---|---|---|
| | $(NH_4)_2SO_4$ | $H_2SO_4$ |
| 80 | 11,1 | 0,0 |
| 240 | 59,1 | 1,0 |
| 400 | 82,2 | 15,3 |

Da kathodisch die überschwefelsauren Salze leicht reduzierbar sind, ist die Benutzung eines Diaphragmas notwendig. In nicht zu sauren Lösungen genügt ein durch Chromatzusatz gebildetes Diaphragma[6].

Bei Anwendung eines Diaphragmas wird bekanntlich der Anodenraum sauer. Bei Elektrolyse der neutralen Salze läßt sich leicht die Konzentration der freien Säure im Anodenraum unter solchen Beträgen halten, daß die Bildung der Caroschen Säure unterbleibt. Will man aber freie Säure erhalten, muß man nach obigem die Anfangskonzentration hoch wählen. Damit wächst bald die Konzentration der Caroschen Säure

[1] M. G. Levi: Ztschr. Elektrochem. **9**, 427 (1903).

[2] F. Richarz: Ann. Physik (3), **24**, 183 (1885); **31**, 912 (1887). — K. Elbs u. O. Schönherr: Ztschr. Elektrochem. **1**, 417, 468 (1894/95); **2**, 250 (1895/96).

[3] A. Bueltemann: Dissertation. Dresden, 1905.

[4] O. Essin u. E. Alfimowa: Ztschr. Elektrochem. **41**, 260 (1935).

[5] K. Elbs u. O. Schönherr: Ztschr. Elektrochem. **2**, 247 (1895/96). Vgl. E. Müller u. H. Schellhaas: Ibidem **13**, 268 (1907).

[6] E. Müller u. Friedberger: Ztschr. Elektrochem. **8**, 230 (1902).

erheblich. Man wird also ganz verschiedene Bedingungen einhalten müssen, je nachdem man in freier Säure oder in neutraler Lösung arbeitet.

Bei der Elektrolyse freier Schwefelsäure erhält man, wie die folgende Tabelle 26 zeigt[1], bei 10° nur dann Lösungen von freier Überschwefelsäure mit etwas höherer Stromausbeute, wenn die Konzentration der Ausgangslösungen eine größere ist, im gleichen Sinne wirkt eine Steigerung der Stromdichte auch in schwächeren Säuren.

Tabelle 26.

| Spez. Gew. der Schwefelsäure bei gewöhnlicher Temperatur | g $H_2SO_4$ in 1 Liter | Zur Bildung von Überschwefelsäure verwendeter Stromanteil in Prozent bei Stromdichten von | | |
|---|---|---|---|---|
| | | $D_A$ = 0,05 A/cm² | $D_A$ = 0,5 A/cm² | $D_A$ = 1,0 A/cm² |
| 1,15 | 239 | — | — | 7,0 |
| 1,20 | 328 | — | 4,4 | 20,9 |
| 1,25 | 418 | — | 29,3 | 43,5 |
| 1,30 | 510 | 1,8 | 47,2 | 51,6 |
| 1,35 | 605 | 3,9 | 60,5 | 71,3 |
| 1,40 | 702 | 23,0 | 67,7 | 75,6 |
| 1,45 | 798 | 32,9 | 73,1 | 78,4 |
| 1,50 | 896 | 52,0 | 74,5 | 71,8 |
| 1,55 | 996 | 59,6 | 66,7 | 65,3 |
| 1,60 | 1096 | 60,1 | 63,8 | 50,8 |
| 1,65 | 1292 | 55,8 | 52,0 | — |
| 1,70 | 1312 | 40,0 | — | — |

Wie man aus der Tabelle 26 sieht, geht die anfängliche Stromausbeute mit steigender Konzentration durch einen Höchstwert. Dessen Wert ist um so größer und wird bei um so niedrigerer Konzentration der Schwefelsäure erreicht, je höher die anodische Stromdichte ist. Was den zeitlichen Verlauf der Stromausbeute anlangt, so steigt dieselbe zunächst an, geht durch einen Höchstwert und sinkt dann mehr oder minder rasch ab, geht durch den Nullwert, nimmt schließlich negative Werte an und nähert sich dann wieder dem Nullwert.

Die negative Stromausbeute kommt dadurch zustande, daß Teile des vorhandenen aktiven Sauerstoffs verschwinden und als gasförmiger Sauerstoff auftreten, so daß die im Anodenraum entweichende Gasmenge größer ist als die, welche der Stromstärke äquivalent ist.

Man kann also keine beliebig hohen Konzentrationen an Überschwefelsäure erzielen, sondern ist, je höher die Konzentration der Schwefelsäure ist, um so mehr auf begrenzte Werte angewiesen. Dies ist aus den in der folgenden Tabelle 27 wiedergegebenen Versuchen[2] über den Einfluß der Schwefelsäurekonzentration auf den Verlauf des anodischen Oxydationsvorganges ersichtlich. (Stromdichte 2,0 A/cm², Platindrahtanode bei 14 bis 16° C mit anfangs 110 cm³ Anodenlösung, die im Elektrolysenverlauf auf 91—93 cm³ zurückging.)

[1] K. Elbs u. O. Schönherr: Ztschr. Elektrochem. 1, 419 (1894/95).
[2] K. Anders: Dissertation. Dresden, 1913. S. 35.

Tabelle 27.

| | 8 | 11 | 12 | 13 | 14 | 15 | 16 | 17 |
|---|---|---|---|---|---|---|---|---|
| Spez. Gewicht der Schwefelsäure b. gew. Temperatur | 1,236 | 1,316 | 1,344 | 1,367 | 1,392 | 1,418 | 1,443 | 1,468 |
| Höchstwert der Stromausbeute in Prozent ....... | 38,8 | 65,0 | 68,1 | 73,0 | 73,8 | 76,4 | 74,2 | 73,4 |
| Mittl. Stromausbeute bis z. Nullwert in Prozent . | 18,9 | 28,8 | 32,5 | 33,6 | 33,3 | 33,9 | 32,6 | 28,7 |
| g aktiver O auf 100 cm³ b. Nullwert der Stromausbeute ....... | 2,35 | 2,86 | 2,24 | 2,18 | 1,68 | 1,60 | 1,26 | 1,29 |
| Davon als Carosche Säure g .... | 0,91 | 0,90 | 1,09 | 1,14 | 1,14 | 1,14 | 1,05 | 1,07 |
| Davon als Carosche Säure % ... | 36,0 | 31,5 | 48,6 | 52,0 | 68,8 | 71,5 | 83,4 | 83,2 |
| Als Wasserstoffsuperoxyd in % . | 0,0 | 0,0 | 0,0 | Spur | Spur | 1,0 | 2,5 | 3,7 |
| Strommenge aufgewandt bis zur Stromausbeute Null in A/h .... | 38 | 27 | 20,5 | 19,3 | 15 | 14 | $>14$ | 13,5 |

Es gibt also eine mittlere $H_2SO_4$-Konzentration von 1,30—1,45, bei welcher ein Höchstwert der Konzentration an aktivem Sauerstoff und eine etwas höher gelegene Konzentration, bei der ein Höchstwert der Stromausbeute zu erzielen ist. Diese ganze Erscheinungsfolge beruht darauf, daß auch die Carosche Säure, ähnlich wie $H_2O_2$, durch anodischen Sauerstoff zerstört wird, indem sie nach:

$$H_2SO_5 + O \rightarrow H_2SO_4 + O_2$$

unter Sauerstoffentwicklung zu Schwefelsäure reduziert wird.

Sowohl Steigerung der Konzentration der Schwefelsäure als Steigerung der Stromdichte bewirken wohl an der Anode eine Steigerung der gebildeten Überschwefelsäurekonzentration, aber auch gleichzeitig ihre Verseifung zu Caroscher Säure. Hier ist vor allem die Stromkonzentration[1] für das Endergebnis der Elektrolyse von Bedeutung. Je größer diese ist, um so schneller kann sich die Überschwefelsäure anreichern, während für die Umwandlung in Carosche Säure weniger Zeit bleibt. Eindeutig günstig auf die Bildung von Überschwefelsäure wirkt tiefe Temperatur, weil sie einerseits das Anodenpotential erhöht, anderseits die Bildungsgeschwindigkeit der Caroschen Säure vermindert. Am günstigsten wirkt die Verwendung hohler Anoden, durch die Kühlwasser läuft[2].

[1] DRP. 173977 (1905). — Vgl. E. Müller u. R. Emslander: Ztschr. Elektrochem. 18, 752 (1912). — H. v. Ferber: Dissertation. Dresden, 1913.
[2] DRP. 237764 (1909).

Für hohe Stromdichten empfiehlt E. Duhme und H. Gerdien[1] zwecks intensiver Kühlung die Verwendung von konusförmigen Elektroden, in welchen der Elektrolyt mit großer Geschwindigkeit von der engen zur weiten Öffnung strömt. Eine solche Vorrichtung soll eine Dauerelektrolyse mit 450 A/cm² ohne Funkenbildung erlauben.

Als gute miteinander vereinbare Arbeitsbedingungen sind eine Stromdichte von 0,67 A/cm², eine Stromkonzentration von 55 A im Liter und eine Temperatur von 3—4° C zu nennen.

Es sind damit folgende, in Tabelle 28 wiedergegebene Stromausbeuten zu erhalten:

Tabelle 28.

| Konzentration der Schwefelsäure | 12-normale $H_2SO_4$ | 15-normale $H_2SO_4$ |
|---|---|---|
| Bis zum ersten Nullwert der Stromausbeute | 49 g mit 37% | 37 g aktiver O<br>39% mittl. Stromausbeute |
| Bis zur gerade eintretenden Stromausbeute von 50% | 26 g mit 58% | 24 g aktiver O<br>66% mittl. Stromausbeute |

Die anodische Oxydation von Sulfatlösungen verläuft ungleich günstiger als die der freien Säure.

Da für gute Stromausbeute hohe Anionenkonzentration günstig ist, eignen sich zur Persulfatgewinnung vor allem die Sulfate, die leichter löslich sind als die Persulfate. Als Reaktionsprodukt kristallisiert dann Persulfat aus und wird den sekundären Reaktionen entzogen. So gelingt die Darstellung von Ammoniumpersulfat mit $D_A = 0{,}2$ A/cm² bei 15—20° mit einer Stromausbeute von 82%. Es genügt hierbei zur Vermeidung der Reduktion[2] ein Chromatzusatz von 0,2%, und es läßt sich die einen erheblichen Spannungsaufwand bedingende Trennung in einen Anoden- und Kathodenraum durch ein Tondiaphragma[3] vermeiden. Doch muß man dann infolge der steigenden Alkalität der Lösung im Maße der fortschreitenden Persulfatbildung freie Säure nachgeben.

Bei der Elektrolyse von $(NH_4)_2SO_4$ in neutraler Lösung mit Chromatzusatz genügt es, zu 100 cm³ 0,23 g statt 1 g Chromat zuzusetzen. Der Elektrolyt muß durchgerührt und immer wieder genau neutralisiert werden, weil sonst die kathodisch entstehende Schutzschicht von Chromoxydhydrat gelöst und dadurch die Ausbeute gleich Null wird[4].

Die Konzentration der Lösung soll möglichst hoch (43 g/100 cm³) sein, weil $(NH_4)_2S_2O_8$ in neutraler und ammoniakalischer Lösung leicht löslich und schwierig abscheidbar ist.

Man erhält so bei 20° ebenso gute Resultate wie E. Müller bei 6—8°.

Dieses Verfahren gibt die besten Ausbeuten (80—85%), ist aber wegen

[1] Wissenschl. Veröffentl. Siemens-Konzern **7**, 304 (1928).

[2] E. Müller u. A. Friedberger: Ztschr. Elektrochem. 8, 230 (1912).

[3] K. Elbs: Journ. prakt. Chem. **48**, 185 (1893). — Vgl. auch A. Blumer: Ztschr. Elektrochem. **17**, 965 (1911).

[4] J. Salauze: Bull. Soc. chim. France (4), **33**, 1738 (1923). — Vgl. auch Stscherbakoff: Ztschr. Elektrochem. **31**, 360 (1925).

der Notwendigkeit, die Lösung dauernd streng neutral zu halten, schwierig durchzuführen.

Dagegen erfordert die Elektrolyse in saurer Lösung keine besondere Überwachung, liefert aber etwas schlechtere Ausbeuten (70—75%), weil das Persulfat rasch unter Bildung von Caroscher Säure zerfällt.

Die Carosche Säure wird aber an der Anode unter Sauerstoffentwicklung zersetzt:

$$H_2SO_5 + 2\,OH' + 2\,\oplus = H_2SO_4 + H_2O + O_2,$$

bei hoher Konzentration von Überschwefelsäure und dadurch bedingter rascher Umwandlung in Carosche Säure kann sogar die Zersetzung der letzteren gegenüber der Bildung ersterer überwiegen, so daß man zu negativen Stromausbeuten gelangt.

Die Säurekonzentration kann weitgehend variiert werden, das Optimum liegt an Platinanoden bei der $NH_4HSO_4$ entsprechenden Zusammensetzung, zu viel Säure schadet mehr als zu wenig. In $NH_4HSO_4$-Lösungen ist $(NH_4)_2S_2O_8$ wenig löslich, wodurch die Abscheidung sehr erleichtert wird. Ausschlaggebend sind hier möglichst hohe kathodische Stromdichte und gute Kühlung. Zusatz von etwas HCl sowie von $K_4FeCy_6$, $HClO_4$ wirken günstig auf die Ausbeute. (J. Salauze, siehe oben.)

O. Essin[1] zeigte, daß zwischen 10—30° in gesättigten $(NH_4)_2SO_4$-Lösungen die Stromausbeute unabhängig von der anodischen Stromdichte wird, wenn dieselbe $D_A \geqq 2$ A/cm² ist. Die Stromausbeute ($A$) folgt der Formel:

$$A = 100 \frac{(c_0 - 2\,c_2)}{(c_0 - c_2)} \text{ Prozent},$$

wo $c_0$ die Anfangskonzentration der Lösung an $(NH_4)_2SO_4$ und $c_2$ die Konzentration des Persalzes im gegebenen Moment der Elektrolyse bedeutet.

Bei Verminderung der anodischen Stromdichte unter 2 A/cm² ergibt sich eine starke Abhängigkeit der Stromausbeute von $D_A$. Dann läßt sich die Stromausbeute ausdrücken durch die Formel:

$$A = 100 \left( \frac{(c_0 - 2\,c_2)}{(c_0 - c_2)} - K \right) \text{ Prozent},$$

wo $K$ eine für jede gegebene anodische Stromdichte $D_A$ konstante Größe ist und angibt, wie viele $SO_4''$ unter $O_2$-Entwicklung sich entladen, ohne an der $S_2O_8''$-Bildung teilzunehmen.

Ammoniumpersulfat, $(NH_4)_2S_2O_8$, bildet weiße, monokline Kristalle. Es ist das leichtest darstellbare Persulfat. Mit Diaphragma erhält man es mühelos durch Elektrolyse einer gesättigten Lösung von Ammonsulfat in verdünnter Schwefelsäure (8 Vol. Wasser und 1 Vol. konzentrierte Schwefelsäure) als Anodenflüssigkeit, während ein Gemisch gleicher Volumen Wasser und Schwefelsäure die Kathodenflüssigkeit bildet. Kathode Blei, Anode Platin, Stromstärke 2—3 A, Spannung 8 Volt, Temperatur 10—20°. Die Anodenflüssigkeit wird nach Entfernung des ausgeschiedenen Persulfats wieder mit Ammonsulfat gesättigt und ab und zu mit Ammoniak abgestumpft, um dann weiter elektrolysiert zu werden, während die Kathodenflüssigkeit ab und zu durch Zusatz von Schwefel-

[1] Ztschr. Elektrochem. **32**, 267 (1926); **33**, 107 (1927).

säure aufgefrischt werden muß. Die Elektrolyse verläuft glatt, wenn man die kathodische Stromdichte genügend erhöht, z. B. auf mindestens 20 A pro 1 dm², womöglich aber darüber hinaus. Die Stromausbeute beträgt bei 50 A schon etwa 50%, bei 150 A etwa 60%, bei 300 A etwa 70%[1].

Die Reinigung des technischen Salzes wird durchgeführt, indem man es schnell in warmem Wasser löst, neutralisiert, filtriert und aus der Lösung das Persulfat mit Alkohol ausfällt. Das kristallisierte Salz wird mit Alkohol gewaschen und mit Luft getrocknet.

Von den anderen Alkalisalzen der Überschwefelsäure kann man auch Kaliumpersulfat, das zuerst H. Marshall[2] erhalten hatte, direkt elektrolytisch gewinnen. Als Elektrolyt verwendet man das Kaliumsulfat, das bedeutend leichter löslich ist als Persulfat. Ursprünglich wurde die Elektrolyse mit Diaphragma durchgeführt; erst später bildete man diaphragmalose Verfahren aus, indem man eine spezifisch leichtere Kathodenflüssigkeit über eine schwerere Anodenflüssigkeit schichtete[3].

Man arbeitet ohne Diaphragma mit einer anodischen Stromdichte von 0,5 A/cm² mit einer Stromausbeute von 35%.

Nach E. Müller[4] kann durch Flußsäurezusatz zum Elektrolyten eine Ausbeutesteigerung erzielt werden. Wie schon erwähnt, wirken auch Chlorionen, Zyansäure, Rhodanwasserstoffsäure oder Zyanamid[5] ähnlich.

Die Untersuchung der Wirkungsweise solcher Zusätze durch E. Müller und Mitarbeiter[6] ergab, daß diese durch Steigerung des Anodenpotentials günstig wirken.

Die Bildung der Caroschen Säure kann ferner durch möglichst rasche Abführung der gebildeten Überschwefelsäure, also durch ein möglichst kleines anodisches Stromvolumen zurückgedrängt werden[7]. L. Löwenstein und W. Noddack haben daher eine Anordnung getroffen, bei der der Anolyt in dünner Schicht über eine Platinanode floß, die auf einem Diaphragma auflag[8].

Schwieriger ist die Herstellung von Natriumpersulfat, weil bei ihm die Stromausbeute z. B. in 1- bis 2-normaler saurer gesättigter $Na_2SO_4$-Lösung bei einer anodischen Stromdichte von 0,2 A/cm² und 15—17°

---

[1] Konsortium für elektrochem. Industrie: DRP. 195811 (1907).

[2] Journ. chem. Soc. London **59**, 771 (1891).

[3] F. Deißler: DRP. 105008. — E. Müller u. O. Friedberger: Ztschr. Elektrochem. **8**, 230 (1902). — M. G. Levi: Ibidem **9**, 427 (1903).

[4] Ztschr. Elektrochem. **10**, 776 (1904). — E. Müller: DRP. 155805.

[5] Vereinigte chemische Werke A. G. Charlottenburg: DRP. 205067, 205069.

[6] E. Müller u. Thaller: Ztschr. anorgan. allg. Chem. **48**, 112 (1905). — E. Müller u. Schellhaas: Ztschr. Elektrochem. **13**, 257 (1907).

[7] Konsortium für elektrochem. Industrie: DRP. 237764. — Österr. Chemische Werke Weißenstein (Dr. G. Baum): DRP. 560583, 567542. — L. Löwenstein u. W. Noddack: Handbuch der technischen Elektrochemie V. Engelhardt. II. Bd., 2. Teil, S. 149.

[8] Siehe auch E. Müller u. Emslander: Ztschr. Elektrochem. **18**, 752 (1912). — E. Müller u. H. v. Ferber: Ztschr. analyt. Chem. **52**, 195 (1913). — H. v. Ferber: Dissertation. Dresden, 1913.

nur etwa 10% beträgt. Anderseits ist seine Löslichkeit im Wasser bei gewöhnlicher Temperatur eine erheblich größere als die des Sulfats, so daß sich das Persulfat nicht ausscheiden kann. Durch Flußsäurezusatz kann auch hier die Stromausbeute auf 40—50% gesteigert und durch Umsetzung etwas stärkerer Schwefelsäure eine weitere Steigerung der Stromausbeute und Verminderung der Löslichkeit des Persulfats erzielt werden, so daß man es dann im festen Zustande erhalten kann[1].

Doch muß man dann, um die Verseifung zu Caroscher Säure zurückzudrängen, $SO_2$ in dem Maße einleiten oder HCl zusetzen, als Überschwefelsäure in Carosche Säure übergeht. Dann gelingt es z. B.[2] in einer mit $Na_2SO_4$ gesättigten 36%igen Schwefelsäure festes Natriumpersulfat mit etwa 77% Stromausbeute herzustellen[3].

Von den übrigen Alkalisalzen lassen sich auch die Persulfate von Rubidium und Zäsium[4] sowie von Lithium[5] elektrolytisch herstellen. Technisch erscheint es zweckmäßiger, primär auf elektrolytischem Wege wegen der guten Ausbeuteverhältnisse das Ammonpersulfat herzustellen und aus diesem durch doppelte Umsetzung mit Kalium- bzw. Natriumsalzen die entsprechenden Persulfate zu gewinnen.

Neben der technischen Verwendung der Persulfate als Oxydationsmittel[6] in der Photographie und analytischen Chemie ist vor allem die technische Verwertung der Überschwefelsäure und ihrer Salze zur Darstellung von Wasserstoffsuperoxyd von größerer Bedeutung.

## Technische Gewinnung von Wasserstoffsuperoxyd.

Früher wurde Wasserstoffsuperoxyd durch Umsetzung von $BaO_2$ mit Schwefelsäure gewonnen. Die Grundlage der gegenwärtigen Erzeugungsverfahren bildet die elektrolytische Darstellung der Perschwefelsäure, bzw. deren Salze und Salzlösungen. Der größte Teil der technisch dargestellten Überschwefelsäure bzw. der Persulfate dient heute zur Erzeugung von $H_2O_2$.

Es wurde schon S. 314 erwähnt, daß die Überschwefelsäure mit Wasser Carosche Säure bildet:

$$H_2S_2O_8 + H_2O \rightleftarrows H_2SO_5 + H_2SO_4,$$

die dann mit Wasser weiter unter Bildung von Wasserstoffsuperoxyd und $H_2SO_4$ reagiert[7]:

$$H_2SO_5 + H_2O \rightleftarrows H_2SO_4 + H_2O_2.$$

[1] E. Müller: DRP. 172508 (1904). — Konsortium für elektrochem. Industrie, E. Müller u. H. Schellhaas: Ztschr. Elektrochem. **13**, 275 (1907). — Vgl. DRP. 173977 (1905).

[2] A. Pietsch u. P. Adolph: DRP. 243266 (1909).

[3] Siehe auch F. W. Skirrow u. E. R. Stein: Trans. Amer. electrochem. Soc. **38**, 209 (1921). — O. Essin u. E. Alfimowa: Journ. Russ. phys.-chem. Ges. (russ.) **5**, 480 (1934).

[4] A. R. Foster u. E. F. Smith: Journ. Amer. chem. Soc. **21**, 934 (1899).

[5] C. N. Otin: Ztschr. Elektrochem. **17**, 919 (1911).

[6] Vgl. K. Elbs: Ztschr. angew. Chem. 1897, 195.

[7] A. v. Bayer u. V. Villinger: Ber. Dtsch. chem. Ges. **33**, 124 (1900); **34**, 853 (1901).

Da diese Reaktionen zu ausgesprochenen Gleichgewichten führen, kann man auch umgekehrt durch Zusatz von $H_2O_2$ zu $H_2SO_4$ Carosche Säure bzw. Überschwefelsäure erzeugen[1].

Allerdings ist das Gleichgewicht zwischen Überschwefelsäure und Caroscher Säure stark nach rechts verschoben[2]. Da diese Reaktion mithin leicht und rasch verläuft, ist für das praktische Wasserstoffsuperoxydgewinnung vor allem das zweite Gleichgewicht zwischen $H_2SO_5$ und $H_2O_2$ von Bedeutung. Ahrle (l. c.) fand, daß bei Zimmertemperatur beim Zusammenbringen von 1 Grammol $H_2O_2$ (34 g) mit 1 Grammol $H_2SO_4$ (98 g) nach Einstellung des Gleichgewichts 0,36 Mol $H_2SO_4$, 0,36 Mol $H_2O_2$, 0,64 Mol $H_2SO_5$ und 0,64 Mol $H_2O$ vorhanden sind.

Die Geschwindigkeit der $H_2O_2$-Bildung ist um so größer, je höher die Konzentration der Schwefelsäure, die katalytisch wirkt, ist.

Die technische Gewinnung wird im Prinzip so durchgeführt, daß im gleichen Betrieb elektrolytisch Überschwefelsäure bzw. Persulfate gewonnen werden, aus denen dann durch Destillation das Wasserstoffsuperoxyd hergestellt wird, während die rückgebildete Schwefelsäure bzw. die Sulfate wieder der Elektrolyse zugeführt werden.

Bei der Durchführung eines solchen Kreisprozesses wird demnach nur Wasser und elektrische Energie verbraucht.

Die Durchführung erfolgt nach mehreren Verfahren.

Das „Weißensteiner Verfahren", das zuerst in den Anlagen der Österreichischen Chemischen Werke Weißenstein ausgeführt wurde[3], arbeitet folgendermaßen:

In Elektrolysierzellen, die kaskadenförmig aufgestellt sind und die ein Porzellandiaphragma enthalten, wird Schwefelsäure mit hohen Stromkonzentrationen im Anodenraum zu Überschwefelsäure oxydiert.

Die Stromzuführung zu den Platinelektroden erfolgt mittels Tantalstreifen[4]. Die Kühlung erfolgt durch Wasser. Badspannung 6—7 Volt, Stromausbeute 60—70%.

Die Anodenflüssigkeit wird dann der Destillation zugeführt. Diese wurde früher in evakuierten Rohren aus Quarzgut derart durchgeführt, daß die Lösung an den Innenwandungen der Rohre unter gleichzeitiger Erwärmung in dünner Schicht herunterfließt[5].

Gegenwärtig wird nach einem etwas abgeänderten Verfahren mit Rohren aus Blei oder einer Bleilegierung gearbeitet.

Zur Gewinnung hochkonzentrierter $H_2O_2$ wird dann das auch sonst

---

[1] R. Willstätter u. E. Hauenstein: Ber. Dtsch. chem. Ges. **42**, 1845 (1909). — Siehe auch Ahrle: Journ. prakt. Chem. **79**, 29 (1909).

[2] Reichel: Dissertation. München, 1912.

[3] DRP. 199958, 217538, 217539. — Teichner: Chem.-Ztg. **55**, 402, 784, 876 (1931). — Zotos: Chem.-Ztg. **54**, 665, 686 (1930).

[4] Auch die Verwendung von chlorierten Aluminiumzuleitungen wurde vorgeschlagen. — Kali-Chemie A. G., Erf. Friedrich Neßler: DRP. 591263 (1932).

[5] Österr. Chemische Werke u. L. Löwenstein: DRP. 249893; Chem.-Ztg. **52**, 821 (1928); **54**, 665, 686, 897 (1930); **55**, 402, 784, 876 (1931); **56**, 32, 248 (1932).

allgemein eingeführte Verfahren der fraktionierten Kondensation im Vakuum angewendet[1]. Das erzeugte Produkt enthält bis zu 40% $H_2O_2$.

Zur Erzielung einer guten Ausbeute ist es wichtig, daß die Lösung bei der Destillation nur möglichst kurze Zeit mit den Gefäßwandungen in Berührung bleibt, da fast alle Materialien die Zersetzung von $H_2O_2$ beschleunigen. Nach einem neuen Patent[2] erfolgt die Destillation in einem von einem dampfbeheizten Mantel umgebenen, spiralförmig gewundenen Rohr aus Blei oder einem anderen gegen Säuren und aktiven $O_2$ widerstandsfähigen Material von 75 mm Weite und 60 m Länge mit etwa 10—25 Windungen. Am oberen Ende werden stündlich 200—250 l $H_2SO_4$, die 25% $H_2S_2O_8$ enthält, aufgegeben, die entwickelten $H_2O_2$-Dämpfe am unteren Ende mittels Vakuum (650—700 mm) abgesaugt und gegebenenfalls fraktioniert kondensiert. Die verbleibende Flüssigkeit wird an der gleichen Stelle abgelassen. Die Länge des Rohres kann 10—75 m betragen.

Durch direkte Destillation im Vakuum wird die Perschwefelsäure in Wasserstoffsuperoxyd und Schwefelsäure zersetzt:

$$H_2S_2O_8 + 2\,H_2O = 2\,H_2SO_4 + H_2O_2.$$

Der Vorteil dieses Verfahrens liegt in der glatten Durchführung des Kreisprozesses, da bei der Destillation nur Schwefelsäure anfällt, die in die Elektrolyseure zurückfließt. Die Arbeitslöhne sind hier kleiner, dafür ist die Ausbeute bei der Erzeugung der Überschwefelsäure eine schlechtere. Das Verfahren wird auch in Rheinfelden, Niagara (U. S. A.) und Frankreich benutzt.

Bei dem Verfahren nach A. Pietsch und G. Adolph der Elektrochemischen Werke, Höllriegelskreuth bei München[3], wird durch Umsetzung des elektrolytisch leicht darstellbaren Ammonpersulfates (S. 318) mit Kaliumbisulfat das schwerlösliche Kaliumpersulfat und Ammonsulfat erzeugt. Ersteres gibt, mit Schwefelsäure versetzt, durch Einwirkung von Wasserdampf im Vakuum wieder Kaliumbisulfat, Schwefelsäure und Wasserstoffsuperoxyd:

$$K_2S_2O_8 + H_2SO_4 + 2\,H_2O = 2\,KHSO_4 + H_2O_2 + H_2SO_4.$$

Letzteres fließt in die Elektrolyseure zurück.

Der Vorteil dieses Verfahrens liegt in der Möglichkeit, die Elektrolyse ohne Diaphragma auszuführen, wodurch eine bessere Energieausbeute erzielt wird. Anderseits erfordert das Verfahren höhere Arbeitslöhne und eine kompliziertere Apparatur. Außer in München-Höllriegelskreuth wird dieses Verfahren bei Henkel & Co. in Düsseldorf, Aarau (Schweiz), Mailand und in Buffalo (U. S. A.) ausgeübt.

Das „Löwenstein-Riedel-Verfahren“, das unter anderen in Kufstein-Schaftenau von der Elchemie G. m. b. H. ausgeübt wird[4], ist das jüngste Verfahren mit den Hauptvorteilen, daß im Kreislauf einerseits Lösungen von Ammoniumpersulfat mit hoher Stromausbeute elektro-

[1] Österr. Chemische Werke u. L. Löwenstein: DRP. 208038.
[2] J. Müller, Weißenstein a. d. Drau: A. P. 1924954.
[3] DRP. 241702, 243366, 256148, 257276, 293087.
[4] F. P. 634195.

lytisch dargestellt werden, die man anderseits unmittelbar in besonders geeigneter Destillationsapparatur unter Vakuum in Ammoniumbisulfat und Wasserstoffsuperoxyd zersetzt, worauf die Bisulfatlösungen wiederum in den Prozeß zurückkehren:

$$(NH_4)_2S_2O_8 + H_2SO_4 + 2\,H_2O = (NH_4)_2SO_4 + 2\,H_2SO_4 + H_2O_2$$ [1].

Die Elektrolyse liefert wie beim Pietsch-Adolph-Verfahren das leichter herstellbare Ammonpersulfat. Zur Destillation dieser Lösung wird sie in einem beheizten Rohr von unten nach oben in gleicher Richtung mit den Dämpfen gesogen. Der Vorteil liegt nicht allein in der Benutzung der mit besserer Ausbeute gewinnbaren Ammonpersulfate, sondern auch in einer wesentlich einfacheren Apparatur und dem einfach durchzuführenden Kreislauf. Die Zellenspannung beträgt 5—6 Volt, die Stromausbeute 85—95%. Der Energiebedarf für 1 kg $H_2O_2$ beträgt 4—5 kWh.

Nach diesem Verfahren arbeitet man auch in Deutschland, Frankreich, Belgien, Polen, Japan und Nordamerika.

## Eigenschaften und Verwendung.

Wasserstoffsuperoxyd kommt hauptsächlich in den handelsüblichen Konzentrationen von 30—40% auf den Markt. Es weist eine große Lagerbeständigkeit sowohl bei hohen als auch bei niedrigen Temperaturen zwischen + 40 und —35° C auf. Diese Haltbarkeit wird einerseits gewährleistet durch seine hohe Reinheit, anderseits durch geringe Zusätze von Säuren, wie Schwefel- oder Phosphorsäure, sowie von wirksamen Stabilisatoren.

Da Wasserstoffsuperoxyd eine sehr schwache Säure ist, wird seine Dissoziation in Lösung durch Säuren zurückgedrängt, und es ist so beständiger in saurer Lösung. Als Stabilisatoren in diesem Sinne wirken: Schwefelsäure, Phosphorsäure, Essigsäure, Borsäure, Oxylsäure, Harnsäure, Barbitursäure, Salizylsäure[2], Gerbsäure[3]. Es handelt sich hierbei um Zusätze von Mengen von etwa 0,1%. Auch gewisse Salze und Ester wirken in stabilisierender Weise. Zu nennen ist besonders das viel benutzte Natriumbenzoat sowie Azetamid, Phthalimid, Phenylharnstoff[4], Azylester der Aminooxykarbonsäure[5], p-Azetylaminophenol[6], Guajakol, Resorzin[7]. Andere Stabilisatoren gehören zu der Klasse der bekannten Katalysatorgifte, wie z. B.: Anilin als 0,2%iger Zusatz[8], Azetanilid, Azetyl-p-phenetidin[9]. Auch Substanzen, die sonst als Schutzkolloide angewandt werden, üben auf Wasserstoffsuperoxyd eine stabilisierende Wirkung aus; Seife in Mengen von 0,2%[10], Tonerde[11]. Stärke, Tragant, Agar-Agar[12], Traubenzucker[13], Proteine und Proteinlösungen, wie Leim, Gelatine, Kasein usw.[14], lezithinhaltige Emulsionen[15]. Besonders wirksam erscheinen die primären und sekundären Salze der Phosphorsäure, welche mit Wasserstoffsuperoxyd Komplexe bilden[16]. Eine richtige Vereinigung von zwei Stabilisatoren erhöht deren spezifisches Ver-

---

[1] Löwenstein: DRP. 510064; Chem.-Ztg. **53**, 821 (1929); **54**, 877 (1930). Ztschr. Elektrochem. **34**, 784 (1928); siehe auch H. Sidersky u. J. South: Afric. chem. Inst. **18** (1935), 44.

[2] Merck: DRP. 203019, 216263.

[3] Arndts: DRP. 196370.

[4] Henrich: DRP. 174190.

[5] Merck: DRP. 275499.

[6] Schlauck: DRP. 242324.

[7] DRP. 299247.

[8] DRP. 318220.

[9] Arndts: DRP. 196370.

[10] Scheideanstalt: DRP. 263650.

[11] Scheideanstalt: DRP. 263243.

[12] M. A. Queißner: DRP. 196700, 196701.

[13] DRP. 318135.

[14] E. P. 305472, 668822.

[15] DRP. 509702.

[16] Husain: Ztschr. anorgan. allg. Chem. **177**, 215 (1929).

mögen, so z. B. Salizylsäure mit Pyrophosphat[1]. Als sehr günstig wird Methyl-p-oxybenzoat[2] gefunden[3]. Für die Verwendung von Wasserstoffsuperoxyd war es wichtig, Stabilisatoren zu finden, die in alkalischer Lösung seinen Sauerstoff zurückhalten[4]. Für diesen Zweck wird Magnesiumsilikat[5] bzw. Natriumphosphat mit Wasserglas empfohlen.

Nach Angaben von Josef Müller[6] kann Wasserstoffsuperoxyd auch elektrolytisch in einer den elektrischen Wasserreinigungsapparaten (S. 402) ähnlichen Zelle mit Diaphragma gereinigt werden. Gleichzeitig können durch Elektrolyse auch Stabilisatoren eingeführt werden.

Um wäßrige Lösungen bei der Aufbewahrung und beim Versand zu umgehen, ist man auf den Gedanken gekommen, das Wasserstoffsuperoxyd an feste Körper zu binden, wobei durch Eintragen derselben in Wasser wieder unmittelbar das entsprechend konzentrierte flüssige Wasserstoffsuperoxyd erhalten wird. Eine derartige Molekularverbindung stellt — als das im Handel bekannteste Präparat — das Harnstoffwasserstoffsuperoxyd dar, das einen Gehalt von etwa 36% Wasserstoffsuperoxyd aufweist.

Umfangreich ist die Verwendungsmöglichkeit von Wasserstoffsuperoxyd. Namentlich ist es die Textilindustrie, die sich seiner in größtem Maßstab bedient. Dies wird bedingt durch die großen Vorteile, die es als Bleichmittel bietet. Dazu gehören: die Möglichkeit der Erzielung eines reinen und nicht vergilbenden Weiß, die Vermeidung unangenehmer und schädlicher Gerüche, die Verminderung einer Gefahr einer Oxyzellulose- und Hydrozellulosebildung, die bessere Erhaltung von Glanz und Griff der Bleichwaren, die Herabdrückung des Gewichtsverlustes, die kürzere Abkochdauer bei der Vorbehandlung. Durch die einfache Handhabung hat sich die Wasserstoffsuperoxydbleiche trotz den alteingebürgerten Verfahren des Schwefelns, Chlorens und der Permanganatbehandlung erfolgreich entwickelt. Man benutzt dieses Bleichmittel daher vorwiegend zum Bleichen von Wolle (lose Wolle, Wollgarn, -gewebe, -filz oder -plüsch), von echter und wilder Seide, zum Veredeln von Baumwolle und Baumwollwaren, von Kunstseide, Flachs, Leinen usw. Außerdem bleicht man damit Felle, Pelze und Haare, Federn, Borsten, Schwämme, Knochen, Elfenbein, Hölzer, Horn, Leim, Gelatine, Leder, nicht zuletzt aber auch Fette, Öle und Wachse. Seine Oxydationskraft findet Anwendung bei Oxydationsprozessen in der Färberei, seine chlorzerstörende Wirkung bei der Nachbehandlung gechlorter Waren als Antichlor.

## Patente über Destillation von $H_2O_2$.

DRP. 195351, 1905. Konsortium. $H_2O_2$-Gewinnung aus Lösungen, die Persalze (Perkarbonate, Perborate z. B.) enthalten, durch Ätherextraktion.

DRP. 199958, 1905. Konsortium. $H_2O_2$-Gewinnung durch Behandlung einer Perschwefelsäurelösung, die frei von Katalysatoren ist, in der Wärme.

DRP. 217538, 1905. Konsortium. Kontinuierlicher Kreisprozeß von Elektrolyse und Destillation der Perschwefelsäure, deren Lösungen periodisch durch einen sehr schwachen Strom gereinigt werden.

---

[1] DRP. 321616. [2] Nipagin: Bd. II, 244.
[3] Tellera: Bull. chim. pharm. **68**, 773 (1930); Pharmaz. Zentralhalle **70**, 27; **74** 1670. [4] Ö. P. 88372. [5] A. P. 1758920.
[6] Österr. Chemische Werke Weißenstein: A. P. 1966103 (1931); Ö. P. 123168 (1931); DRP. 588267 (1933).

DRP. 217539, 1905. Konsortium. Destillation der Perschwefelsäurelösungen im Vakuum.

F. P. 358806, 1905. Konsortium. Zusammenfassung der vorstehenden Patente.

F. P. 371043, 1906. Urbasch. Elektrolyse und darauffolgende Vakuumdestillation von Perschwefelsäurelösungen mit und ohne Salze in Lösung.

DRP. 241702, 1909. Pietsch und Adolph. Gereinigte, feste perschwefelsaure Alkalisalze werden in der Wärme mit $H_2SO_4$ behandelt.

DRP. 243366, 1909. Pietsch und Adolph. Gewinnung von Kaliumpersulfat aus Ammoniumpersulfat durch doppelte Umsetzung.

DRP. 256148, 1910; E. P. 421164, 1910. Pietsch und Adolph. Vakuumdestillation eines Gemisches von Kaliumpersulfat und $H_2SO_4$.

DRP. 293087, 1912. Elektro-Chemische Werke Dr. Adolph & Pietsch. Einführung von Wasserdampf in ein Gemisch von Kaliumpersulfat und $H_2SO_4$ zwecks Destillation.

DRP. 249893, 1910. Österr. Chemische Werke und L. Löwenstein. Destillation von Perschwefelsäurelösung in dünner Schicht an der Innenwand von Röhren, die von außen über die Destillationstemperatur erhitzt werden (siehe Z.).

A. P. 1013791, 1912. L. Löwenstein. Entspricht DRP. 249893.

F. P. 455096, 1911 und 17505, 1911. A. Hempel. Destillation von Perschwefelsäurelösung in Röhren, wobei sofort nach Entstehung die Dämpfe durch Stutzen entfernt werden.

A. P. 1234380, 1914. Patek. Kreisprozeß unter Anwendung von saurer Ammonsulfatlösung zur Elektrolyse und folgender Destillation.

A. P. 1299485, 1916. D. Levin. Verfahren mit Natriumbisulfatlösungen, die periodisch gereinigt werden.

A. P. 1323075, 1916. D. Levin und L. Molin. Verdampfung von Perschwefelsäure- und Persulfatlösungen in Röhren aus beständigen Metallen.

E. P. 186840, 1921. Woodland und Patek. Destillation der Lösung in dünner Schicht in Berührung der hocherhitzten Oberfläche einer Flüssigkeit ($H_2SO_4$) oder eines geschmolzenen Salzes ($NaHSO_4$).

E. P. 265141, 1926. Österr. Chemische Werke. Perschwefelsäure und ihre Salze werden erhalten, wenn man z. B. eine Lösung, die 500 g $H_2SO_4$ in 1 Liter enthält, in einer Diaphragmazelle mit Pt-Anode und Pb-Kathode bei 20—21° mit einem Strom von mehr als 200 A elektrolysiert.

DRP. 504498, 1925. Scheideanstalt. Ein rundes Reaktionsgefäß mit Röhren, in dem die flüssige Reaktionskomponente unter der Wirkung der Zentrifugalkraft bis zu dessen Rand hochgetrieben und das Reaktionsprodukt abgeführt wird.

DRP. 510064, 1924; E. P. 287281, 1926. Riedel-De Haën A. G. Destillation aus Lösungen, die in geheizten Röhren von unten nach oben durchgesaugt werden.

F. P. 634195, 1926. Erfinder: L. Löwenstein. Wie oben; auf jedes Mol. gelösten Salzes kommt mehr als 1 Mol. Schwefelsäure.

E. P. 287281, 1926. Riedel-De Haën A. G. Wie DRP. 510064. Zur Destillation Verwendung von engen Röhren, bei denen die mit der erhitzten Flüssigkeit in Berührung kommenden Teile aus Pb- oder säurebeständigem Eisen und die mit den Dämpfen in Berührung kommenden Teile aus keramischem Material bestehen. Die zu destillierende Lösung und die $H_2O_2$-Dämpfe strömen in gleicher Richtung.

E. P. 687143, 1929; E. P. 330255, 1930. Scheideanstalt. Destillation in einem Rohr von mehr als 10 m Länge, besonders in Schlangenform, aus Blei, welches von den Dämpfen und der Flüssigkeit in gleicher Richtung durchströmt wird, wobei das Vakuum die Flüssigkeit einsaugt.

E. P. 354520, 1930. Riedel-De Haën A. G. Zerstäubung der Perschwefelsäure- oder Persulfatlösungen durch Wasserdampf in geheizten Röhren zwecks Destillation.

E. P. 295137, 1927. I. G. Farbenindustrie A. G. Verwendung von Apparaten aus Ag oder unedlen Massen oder Legierungen, die frei von Hg sind, in hochpoliertem Zustande.
F. P. 782102, 1935. Soc. An. Krebs & Co. Destillation von Lösungen mit nicht mehr als 10 g aktivem Sauerstoff im Liter.
F. P. 782103, 1935. Soc. An. Krebs & Co. Destillationsrohre aus Edelmetall.
F. P. 781506 (1934). F. Krauß und A. Köpke. Elektrolyse von Ammonbisulfatlösung.
Russ. P. 42048, 1934. S. I. Dolbilow, S. N. Lurje und R. N. Dumow. Elektrodenrahmen aus legiertem Stahl.

### Weitere Literatur über Persulfate und $H_2O_2$.

V. Sihvonen: Ann. Acad. Sci. Fennicae, Ser. A, **28**, Nr. 1. Bildung von $H_2O_2$ durch Wechselstrom. — K. Sagstetter: Chem.-Ztg. **58**, 937 (1934). Über Herstellung und Verwendung von $H_2O_2$. — A. E. Brodsky, A. S. Afanassjew u. M. G. Dikowa: Ber. ukrain. wiss. Forschungsinstitut physik. Chem. **3**, 126 (1934). Die elektrolytische Darstellung von Wasserstoffsuperoxyd aus Schwefelsäure. — I. G. Farbenindustrie A. G.: E. P. 290750 (1927). Persulfatgewinnung in einer geteilten Zelle. — Towarzystwo „Elektrycznosc" Sp. Akc., Warschau: Poln. P. 18877 (1932).

## Sulfit → Dithionat und Thiosulfat → Tetrathionat.

Von den unter Polymerisation verlaufenden Oxydationen der sauerstoffhaltigen Anionen des Schwefels gelingt die Oxydation von Thiosulfaten $M_2S_2O_3$ zu Tetrathionaten $M_2S_4O_6$ und von Sulfiten $M_2SO_3$ zu Dithionaten $M_2S_2O_6$ auch auf chemischem Wege, während die Oxydation von Sulfaten zu Persulfaten nur auf elektrochemischem Wege möglich ist.

Die elektrolytische Oxydation von Thiosulfat zu Tetrathionat

$$2\,S_2O_3'' + 2\,\oplus \rightarrow S_4O_6''$$

oder

$$2\,S_2O_3'' + O + H_2O \rightarrow S_4O_6'' + 2\,OH'$$

ist nach C. J. Thatcher[1] der bei anodischer Polarisation einer in eine reine Thiosulfatlösung tauchenden, unangreifbaren Anode der das geringste Potential erfordernde Vorgang, der demgemäß anodisch glatt mit theoretischer Stromausbeute verläuft, solange der Elektrolyt neutral ist.

In alkalischer Lösung vollzieht sich die Reaktion:

$$4\,Na_2S_4O_6 + 6\,NaOH \rightarrow 5\,Na_2S_2O_3 + 2\,Na_2S_3O_6 + 3\,H_2O,$$

die Bildung von Thiosulfat und Trithionat, das rasch zu Sulfat oxydiert wird. Es entsteht also Thiosulfat und Sulfat.

In schwach saurer Lösung erfolgt Bisulfitbildung nach der Reaktion

$$S_2O_3'' + H^{\cdot} \rightarrow HSO_3' + S,$$

wobei $HSO_3'$ anodisch bei Anodenpotentialen von 0,47 bis + 0,67 Volt zu Sulfat oxydiert wird. Es kann also die Tetrathionatbildung nur in absolut neutraler Lösung erfolgen. Um die von der Kathode stammende Alkalität auszuschalten, verwendet man zwei Diaphragmen zwischen Anode und Kathode und neutralisiert öfter oder erneuert den Elektrolyten im Zwischenraum. Im Anodenraum entsteht saure Reaktion dadurch, daß der anodische Sauerstoff auch bei kleiner Stromdichte nicht so schnell zur Tetrathionatbildung verbraucht wird als er entsteht, sich daher unter Steigerung des Anodenpotentials in der Elektrode anreichert, also in der Nähe der Anode

[1] C. J. Thatcher: Ztschr. physikal. Chem. **47**, 647 (1904). — Vgl. Schmidt: Dissertation. München, 1919.

H˙-Ionen hinterläßt. Durch Zugabe einer Spur von Jodkalium wird dies vermieden. Es vollzieht sich die Reaktion:

$$J_2 + 2\,Na_2S_2O_3 \rightarrow 2\,NaJ + Na_2S_4O_6$$

rascher als die Oxydation durch Elektrolytsauerstoff. Das anodisch sich stets neu bildende Jod hält has Anodenpotential niedrig und wirkt als Katalysator.

Die elektrolytische Oxydation von Sulfiten zu Dithionaten erfolgt unter gleichzeitiger Entstehung von Sulfat[1], da von beiden für das Sulfition möglichen Oxydationsvorgängen:

$$SO_3'' + O \rightarrow SO_4''$$

und

$$2\,SO_3'' + O + H_2O \rightarrow S_2O_6'' + 2\,OH'$$

der erstere das niedrigere Anodenpotential erfordert und beide Vorgänge unter den zur $O_2$-Entwicklung erforderlichen Potentialen vor sich gehen. Sind ganz allgemein bei einem vollkommen depolarisierenden Reduktionsmittel zwei Oxydationsvorgänge denkbar, so kann man den ein höheres Anodenpotential verlangenden Vorgang dadurch in den Vordergrund treten lassen, daß man durch Vorpolarisierung das Anodenpotential steigert.

Eine solche Steigerung des Sauerstoffpotentials durch Vorpolarisierung tritt vor allem an platiniertem Platin auf, und man kann mit solchen platinierten Elektroden, je nach der Vorbehandlung, verschiedene Oxydationswirkungen hervorrufen[2].

Von den beiden obenerwähnten Oxydationsvorgängen, denen das Sulfition unterliegen kann, erfordert, wie erwähnt, der erstere Vorgang die Sulfitbildung nach:

$$SO_3'' + O \rightarrow SO_4''$$

ein niedrigeres Anodenpotential als der zweite, die Dithionatbildung nach:

$$2\,SO_3 + O + H_2O \rightarrow S_2O_6'' + 2\,OH'.$$

Wie beistehende auf die Elektrolyse von 125 $cm^3$ einer Lösung von 380 g $Na_2SO_3 \cdot 7\,H_2O$ im Liter mit einer Stromstärke von 0,17 A und einer anodischen Stromdichte von 0,001 A/$cm^2$ und platinierter Kathode bezügliche Tabelle 29 zeigt, kann man durch andauerndes anodisches Vorpolarisieren das Anodenpotential, bei welchem an platinierter Anode die Elektrolyse des Sulfits beginnt, um 0,3 Volt steigern und dadurch die Dithionatbildung, welche eines höheren Anodenpotentials bedarf als die Sulfatbildung, begünstigen.

Tabelle 29.

| Vorbehandlung der Anode | Klemmenspannung in Volt | Anodenpotential in Volt | Stromausbeute |
|---|---|---|---|
| 5 Min. mit 0,03 A platiniert, also kathodisch polarisiert . | 1,46 i. M. | + 0,34 | 0% Dithionat<br>100% Sulfat |
| Dieselbe Anode, frisch nachplatiniert und dann mit 0,015 A/$cm^2$ 40 Stunden in reinster NaOH anodisch vorpolarisiert ................ | 1,85 i. M. | + 0,71 | 47% Dithionat<br>53% Sulfat |
| Dieselbe Anode, nicht nachplatiniert, sondern vorübergehend mit 0,03 A/$cm^2$ kathodisch polarisiert ........ | 1,57 i. M. | + 0,466 | 8% Dithionat<br>92% Sulfat |

[1] A. Frießner: Ztschr. Elektrochem. **10**, 265 (1904).
[2] F. Foerster u. A. Frießner: Ber. Dtsch. chem. Ges. **35**, 2515 (1902).

Man kann hierbei ohne Diaphragma arbeiten, da das im Reaktionsverlauf auftretende Alkali keinen der beteiligten Stoffe verändert, dagegen ist vorhandene Säure für die Dithionatbildung schädlich. Man muß daher allzu hohe Stromdichte vermeiden, da eine solche in der Anodennähe saure Reaktion entstehen läßt.

Will man dagegen die Oxydation von schwefliger Säure zu Schwefelsäure durchführen, so verwendet man Bleianoden in Gegenwart von Mangansalzen. Bei 0,0175 A/cm² erhält man dann mit theoretischer Stromausbeute Sulfat. Ebenso vermag Kuprisalz sowohl die chemische Oxydation von Sulfit zu Sulfat zu beschleunigen als auch das Anodenpotential der elektrochemischen Oxydation von Sulfit zu Sulfat[1] für eine anodische Stromdichte von $2 \cdot 10^{-4}$ A/cm² von + 0,54 auf + 0,51 Volt herabzusetzen.

Zur Gewinnung von Dithionat elektrolysiert man zweckmäßig eine kaltgesättigte Sulfitlösung mit einer in NaOH vorpolarisierten, platinierten Anode mit einer anodischen Stromdichte von 0,01 A/cm², bis das Sulfit verschwunden ist. Beim Eindampfen kristallisiert $Na_2S_2O_6 \cdot 2\,H_2O$.

Nach den Versuchen von O. Essin[2] läßt sich die Strom- bzw. Stoffausbeute an Dithionat außer durch voraufgehende Anodenpolarisation auch durch Zugabe von Ammoniumfluorid bis zu 0,1% (eine darüber hinausgehende Fluoridkonzentration verkleinert die Ausbeute) und vorausgehendes Glühen der Anode steigern. Während das gemeinsame Wirken aller drei die Dithionatausbeute steigernder Momente die Ausbeute erhöht, und zwar nach Essin bis zu 45% im Maximum, wird durch Fluoridzusatz und vorangehendes Ausglühen allein die Ausbeute sogar verringert.

Nach neuen Untersuchungen von S. Glasstone und A. Hickling[3] wächst die Dithionatausbeute mit steigendem $p_H$, zeigt ein Maximum bei $p_H = 8$ und nimmt dann wieder ab. Hinzufügen von Stoffen, die den $H_2O_2$-Zerfall katalysieren, wie $MnSO_4$, $CoSO_4$, $FeSO_4$ und Ag-Pulver, setzen die Ausbeute von Dithionat beträchtlich herab. $Hg(CN)_2$ und Brucin steigern die Ausbeute.

Diese Beobachtungen führen zu der Annahme, daß das wirksame Agens bei der elektrolytischen Oxydation des Sulfitions $H_2O_2$ ist, so daß die Reaktion Sulfit-Dithionat nicht als rein elektrischer Vorgang aufzufassen wäre.

Der Vorgang der Sulfatbildung als Nebenreaktion bei der Dithionatbildung hat sein Analogon in der elektrolytischen Oxydation der selenigsauren Salze zu Selenaten, der hier zum Hauptvorgang wird, ohne daß ein der Dithionatbildung analoger Vorgang eine Rolle spielt.

Nach E. Müller[4] läßt sich durch Elektrolyse einer beliebigen Lösung eines Alkaliselenits zwischen Platinelektroden, z. B. mit einer Stromdichte von 0,018 A/cm², ohne Diaphragma glatt Selenat herstellen, wobei es nur zu Verlusten durch Reduktion des Selenits zu metallischem Selen an der Kathode kommt[5], das aber, die Kathode umkleidend, bald die weitere Reduktionswirkung hindert[6].

Dagegen tritt bei der Elektrolyse tellurigsaurer Salze ohne Diaphragma die kathodische Reduktion zu Tellur so stark in den Vordergrund, daß auf diesem Wege die Darstellung der tellursauren Salze nicht gelingt.

**$NH_3 \rightarrow NO_2' \rightarrow NO_3'$.** Ammoniak[7] widersteht in saurer Lösung, also in

---

[1] C. J. Thatcher: Ztschr. physikal. Chem. **47**, 662 (1904).
[2] O. Essin: Ztschr. Elektrochem. **34**, 78 (1928).
[3] Journ. chem. Soc. London 1933, 829.
[4] E. Müller: Ber. Dtsch. chem. Ges. **36**, 4262 (1903).
[5] Vgl. H. Menzel: Diplomarbeit. Dresden, 1920.
[6] E. Müller: Ztschr. Elektrochem. **7**, 509 (1900/01); **10**, 49 (1904).
[7] W. Traube u. A. Biltz: Ber. Dtsch. chem. Ges. **37**, 3130 (1904); **39**, 166 (1906). — E. Müller u. F. Spitzer: Ztschr. Elektrochem. **11**, 917 (1905); Ber. Dtsch. chem. Ges. **38**, 778 (1905). — G. Oesterheld: Ztschr. anorgan. allg. Chem. **86**, 105 (1914). — G. Scagliarini: Gazz. chim. Ital. **44**, 543 (1914). — H. B. Seebohm: Dissertation. Dresden, 1920.

Gestalt von Ammoniumsalzen der Oxydation, unterliegt ihr aber in alkalischer Lösung als freies $NH_3$, wobei in schwächer alkalischen bzw. $NH_3$-ärmeren Lösungen bei Stromdichten von 0,04 A/cm² gleichzeitig reichliche Sauerstoffentwicklung erfolgt.

An glatten Platinelektroden treten als Oxydationsprodukte stets Ammoniumnitrat, Stickoxydul und Stickstoff auf, und zwar überwiegt bei geringer $NH_3$-Konzentration, zumal während noch freier Sauerstoff sich entwickelt, die Nitratbildung, während bei steigender $NH_3$-Konzentration diese gegenüber den gasförmigen Oxydationsprodukten bald stark zurücktritt. Temperatur und Stromdichte sind auf diese Mengenverhältnisse von geringem Einfluß.

An Anoden aus Nickel, Kobalt und Eisen entsteht neben Stickstoff mehr oder weniger Nitrit, an Kupfer, wenn dieses in alkalischer Lösung mit Kupferoxyd überzogen ist, quantitativ Nitrit, ohne daß gasförmige Produkte auftreten. Dies wird aus der Beobachtung verständlich, daß an Platinanoden die Stromdichtepotentialkurve bei der Oxydation des $NH_3$ positiver gefunden wurde als die des Nitrits und namentlich die des bei der Oxydation von $NH_3$ als Primärprodukt auftretenden Hydroxylamins, dagegen verhält sich an mit Kupferoxyd überzogenen Anoden $NH_3$ stärker depolarisierend als Nitrit.

Verwendet man eine Bleisuperoxydanode, so bilden sich ausschließlich Hydroxylamin und salpetrige Säure, die untereinander nach D. Alexejew[1] unter Bildung von Stickstoff und Stickoxydul reagieren.

Die Wirkung des Kupferoxyds dürfte darauf beruhen, daß es anodisch zum Teil in das als Sauerstoffträger wirkende Kupfersuperoxyd übergeführt wird[2].

Die gleiche Wirkung, Nitritbildung, bewirkt nämlich Kupferoxyd nach O. Loew[3] auch bei der rein chemischen Oxydation von Ammoniak durch Luftsauerstoff.

Für die elektrochemische Oxydation von Ammoniak zu Salpetersäure wirkt die Anwesenheit[4] von Fluorionen sehr günstig. Man kann in diesem Fall eine Stromausbeute bis zu 80% erreichen.

Eine Nitritlösung wird an einer Eisenanode nur sehr träge zu Nitrat oxydiert[5], solange die Umgebung der Anode genügend alkalisch ist, während bei zu geringem oder ganz fehlendem Alkaligehalt die dann an der Anode auftretende salpetrige Säure bzw. ihre Zersetzungsprodukte sehr energisch zu der Nitratstufe oxydiert werden.

A. Klemenc und Ph. Groß[6] haben neuerdings in Lösungen von Alkalinitrit, die kohlensauer oder durch Natriumkarbonat alkalisch waren, die Stromdichtepotentialkurven aufgenommen und ihren Versuchen die von F. Haber und R. Ruß[7] gegebene Theorie dieser Kurven zugrunde gelegt, die im vorliegenden Fall bei konstanter OH'-Ionenkonzentration zu der Formel

$$\varepsilon = a + b \cdot \log \frac{i}{c}$$

führt, in der $\varepsilon$ das Potential, $i$ die Stromdichte, $c$ die Konzentration des Depolarisators und $a$ und $b$ Konstanten sind. Die Messungen zeigen in ihrer Gesamtheit die von der Theorie geforderte lineare Abhängigkeit der Span-

[1] D. Alexejew: Journ. Russ. phys.-chem. Ges. (russ.) **41**, 1155 (1910).
[2] W. Traube u. A. Biltz: Ber. **37** (1904), 3130; **39** (1906), 166.
[3] O. Loew: Journ. prakt. Chem. **18**, 298 (1879).
[4] M. G. Levi u. F. Ageno: Atti R. Accad. Lincei (Roma), Rend. (5), **15**, II, 615 (1906).
[5] E. Müller u. F. Spitzer: Ber. Dtsch. chem. Ges. **38**, 778 (1905).
[6] A. Klemenc u. Ph. Groß: Ztschr. anorgan. allg. Chem. **153**, 332 (1926).
[7] F. Haber u. R. Ruß: Ztschr. physikal. Chem. **47**, 257 (1904).

nung vom $\log \frac{i}{c}$, d. h. Alkalinitrit wird anodisch noch vor dem Potential der Sauerstoffentwicklung in langsamer Reaktion oxydiert.

## Borat → Perborat.

Die Entdeckung dieses neben Persulfat wichtigsten Oxydationsmittels gelang Tanatar[1] durch Einwirkung von $H_2O_2$ auf Natriummetaborat $NaBO_2$. Schon früher versuchte derselbe Forscher die Gewinnung dieses Stoffs durch anodische Oxydation einer gesättigten Lösung von Natriumorthoborat[2]. Die Ausbeute war jedoch fast Null.

Die Zusammensetzung des Perborats wurde in Analogie zu anderen Persalzen durch die Formel $NaBO_3 \cdot 4\,H_2O$ ausgedrückt. Foerster[3] kam durch Versuche zu dem Ergebnis, daß dieses Persalz wahrscheinlich nicht einheitlich zusammengesetzt ist, sondern aus einem Gemisch von $(NaBO_2)_2O_2$ und der losen Molekularverbindung $NaBO_2 \cdot H_2O_2 \cdot 3\,H_2O$ besteht, dessen Bruttoformel allerdings durch $NaBO_3 \cdot 4\,H_2O$ ausgedrückt werden kann. Die drei Moleküle Kristallwasser lassen sich leicht bei 50—55° austreiben. Man erhält so ein Produkt mit mehr als 20% aktivem Sauerstoff[4].

Trotz der schlechten Ausbeute, die sich bei den erwähnten ersten Versuchen zur elektrolytischen Gewinnung ergaben, wurde doch versucht, das Verfahren für die technische Gewinnung des Perborats auszubauen. K. Arndt hat für die Chemische Fabrik Grünau[5] ein Verfahren ausgearbeitet, bei welchem eine Lösung von 30 g Borax und 120 g wasserfreier Soda im Liter in einer Zelle ohne Diaphragma elektrolysiert wird. Als Anode dient ein glattes Platindrahtnetz, als Kathode ein Zinnrohr, das durch Wasser gekühlt wird.

Um die Reduktion des Persalzes an der Kathode zu verhindern, wird etwas Chromat und ein Tropfen Türkischrotöl zugesetzt. Die Badtemperatur wird vorteilhaft auf 14—16° C gehalten und mit einer Stromdichte von 10—20 A/dm² gearbeitet. Die Stromausbeute sinkt bei längerer Elektrolyse, wobei Verlust an $CO_2$ eintritt, der ersetzt werden soll. Auch die Anreicherung von Perborat wirkt ungünstig auf die Ausbeute.

Ob bei der Elektrolyse das Perborat primär gebildet wird, oder ob

---

1 Ztschr. anorgan. allg. Chem. **26**, 345 (1901).

2 Tanatar: Ztschr. physikal. Chem. **26**, 132 (1898). — Siehe auch Constam u. Bennet: Ztschr. anorgan. allg. Chem. **25**, 265 (1900). — Ponzenc: F. P. 411258 (1910). — Bruhat u. Dubois: Compt. rend. Acad. Sciences **140**, 506 (1905). — Beltzer: Rev. Electrochim. **5**, 1 (1911). — Polack: Ztschr. Elektrochem. **21**, 253 (1915).

3 Ztschr. angew. Chem. **34**, 354 (1921).

4 Siehe Byk-Guldenwerke: DRP. 256920, 266517, 268814. — Askenasy: DRP. 296888, 316997, 318219, 329845. — Verein chem. u. metall. Prod. Aussig: DRP. 299410. — Deutsche Gold- und Silber-Scheideanstalt: DRP. 286545. — O. Liebknecht: A. P. 1098740.

5 Chemische Fabrik Grünau u. K. Arndt: DRP. 297223 (1912). — K. Arndt u. E. Hautze: Ztschr. Elektrochem. **22**, 63 (1916); **28**, 263 (1922).

es durch elektrolytisch gebildetes Perkarbonat über $H_2O_2$ rein chemisch entsteht, ist nicht entschieden[1].

Gleichzeitig wurde dieses Problem auch bei der Deutschen Gold- und Silber-Scheideanstalt von O. Liebknecht bearbeitet[2] und wesentlich verbessert.

Während nach dem Verfahren von Arndt das feste Perborat erst nachträglich ausgeschieden wurde, gelingt es nach dem Verfahren von Liebknecht, das feste Produkt laufend im Elektrolyseur zu gewinnen.

Für die Ausbeute förderlich wird angegeben: möglichst hohe anodische Stromdichte (40 A/dm$^2$), Zusätze, die das Anodenpotential erhöhen (Fluoride, Perchlorate). Besonders wichtig ist es, Verunreinigungen, wie Platinsalze, Eisensalze und andere, welche die Zersetzung des Persalzes katalysieren, fernzuhalten. Um die Kristallisation des Produkts zu befördern, wird vom Anfang der Elektrolyse ein Perborat als Bodenkörper zugesetzt. Zur Reinigung kann der im Kreislauf verwendete Elektrolyt außerhalb der Zelle mit Silikagel unter Druck und Rühren aufgekocht werden[3].

Der Energiebedarf pro Kilogramm Perborat beträgt etwa 5,5 kWh. Der Gehalt des kristallwasserhaltigen Perborats am aktiven Sauerstoff beträgt mindestens 10%.

Eine Perboratbildung hat auch Bürgin[4] bei der Elektrolyse von Borat mit einem wechselstromüberlagerten Gleichstrom beobachtet. Das Maximum der Ausbeute ergab sich bei einer Stromstärke von 2,7 A und einer Gleichstromstärke von 1 A mit 60% Gleichstromausbeute. Wahrscheinlich handelt es sich hierbei um eine primäre Wasserstoffsuperoxydbildung durch den Wechselstrom (S. 312), welches dann auf das Borat unter Perboratbildung einwirkt. Der Chemismus dieser Methode erscheint noch nicht völlig geklärt[5].

Die Deutsche Gold- und Silber-Scheideanstalt erzeugt in Rheinfelden jährlich 10000 t Perborat.

In letzter Zeit wird das direkte elektrolytische Verfahren wieder mehr und mehr verlassen und es wird das Perborat durch Einwirkung von Wasserstoffsuperoxyd auf Borate rein chemisch gewonnen. Dies hat seinen Grund vor allem darin, daß es den Werken durch elektrolytische Gewinnung von $H_2O_2$ über Persulfat möglich ist, je nach Bedarf verschiedene Persalze durch Umsetzung herzustellen.

Die Anwendung des Perborats erstreckt sich auf verschiedene Industrien. Am bekanntesten sind die sogenannten „selbsttätigen" Waschmittel, unter denen das „Persil" seit einem Vierteljahrhundert bahnbrechend wirkte und dem sich in der Folgezeit eine Reihe ähnlicher Erzeugnisse mit den verschiedensten Namen zugesellte. Sie enthalten hauptsächlich das Perborat in einer Menge von etwa 10% neben Seife, Soda und Wasserglas und üben neben ihrer fett- und schmutzlösenden und -emulgierenden Reinigungskraft

---

[1] Siehe hierzu F. Foerster: Ztschr. angew. Chem. **34**, 355 (1921).

[2] DRP. 347602, 348148, 347368, 347366, 350986, 347367, 424297, 349792, 378891, 381421.

[3] Henkel & Co., Düsseldorf (Jacobi): DRP. 431075, 451344, 485121.

[4] Dissertation. Berlin, 1911.

[5] Bodforß u. Arstall: Ztschr. Elektrochem. **31**, 1 (1925). — Fischer u. Prings: Ber. Dtsch. chem. Ges. **46**, 698 (1913).

zugleich durch den freiwerdenden „aktiven“ Sauerstoff des Perborats eine faserschonende Bleichwirkung aus. Diese Wirkung hat vor allem dem Perborat den Weg zu der ausgedehnten Industrie der gewerblichen Wäschereien geebnet, wo es meist das Chlor verdrängte und ein Hauptabsatzgebiet fand. Daneben wird es zum Aufhellen insbesondere von empfindlichen tierischen und pflanzlichen Fasern, von Pelzwerk, Plüschen, Federn, Spitzen, sowie für sonstige Bleichungen gebraucht, bei denen der Preis keine besondere Rolle spielt. Sehr wirksam ist es als Antichlor. Stärke läßt sich bequem und sicher in lösliche Form überführen, die Pharmazie bedient sich seiner zu Präparaten, Mundwassertabletten und Pillen; kosmetische Salben werden damit hergestellt, besonders wird es auch zu Sauerstoffbädern benutzt. Bei diesen wird eine gleichmäßig und sehr intensive Sauerstoffabgabe durch den Zusatz von Katalysatoren, wie Metalloxyden und Fermenten, bewirkt.

## Oxydation von Kohlenstoff bzw. Graphit.

Die Oxydation von Kohlenstoff, namentlich in Form von Graphit, hat insofern größeres Interesse, als diese Vorgänge bei der Zerstörung der bei der technischen Elektrolyse meist verwendeten Kohle- oder Graphitanoden eine Rolle spielen.

Die ersten Untersuchungen stammen anscheinend von Brugnatelli[1], der an Kohleelektroden sowohl Wasserstoff- als Sauerstoffverbrauch beobachtet hatte. Die weitere Erfahrung hat gelehrt, daß Kohlenanoden bei der Elektrolyse in den verschiedensten Elektrolyten verändert werden. Es findet teils Disgregation der Elektrode, ohne äußerlich sichtbare Veränderung des Elektrolyten, teils Dunkelfärbung desselben statt. Im letzteren Falle gehen organische Substanzen in Lösung. Auch wenn der Retortengraphit vorher im Chlorstrom ausgeglüht und dadurch in seiner Zusammensetzung reinem Kohlenstoff nähergebracht ist, beobachtet man, daß er anodisch bei der Elektrolyse von Salzsäure, Schwefelsäure und Salpetersäure unter Ablauf verwickelter Reaktionen verändert wird. Debray und Péchard[2] fanden, daß der Betrag an freiwerdendem Sauerstoff an solchen Kohleelektroden bei Schwefelsäure auf ein Zwanzigstel desjenigen heruntergehen kann, welcher an einer unangreifbaren Elektrode entstehen sollte. Daneben treten Kohlensäure und Kohlenoxyd auf. Verwendet man als Elektrolyten Salzsäure, so findet sich im Anodengas neben Chlor Kohlensäure, bei Verwendung von Salpetersäure als Elektrolyt Kohlensäure und Stickoxyde. Die „disgregierte Kohle“, in welche der im Chlorstrom geglühte Retortengraphit bei der Elektrolyse überging, war reich an Wasserstoff und Sauerstoff. Bartoli und Papasogli[3], welche die Produkte studierten, die bei der Elektrolyse von reinem oder mit durch Salzsäure, Salpetersäure, Schwefelsäure angesäuertem Wasser mit Retortengraphitanoden entstanden, erhielten teils als Bodensatz in der Zelle, teils in der Lösung eine unbekannte Substanz von der empirischen Formel $C_{11}H_2O_4 + 1^1/_2\ H_2O$, die sie Mellogen nannten, und welche den äußeren Habitus der Kohle besaß, in Wasser mit neutraler Reaktion und schwarzer Farbe löslich war, von Alkalien aufgenommen,

---

[1] Gehlens Journ. Chim. physique **1**, **54** (1806).
[2] Compt. rend. Acad. Sciences **105**, 27 (1887).
[3] Gazz. chim. Ital. **11**, 468 (1881); **13**, 3 (1883).

durch verdünnte Säuren aber gefällt wurde. Durch Oxydation, die die wäßrige Lösung langsam schon an der Luft erlitt, entstand Benzohexakarbonsäure (Mellithsäure), Benzoltetrokarbonsäure (Pyromellithsäure) und Hexahydrobenzolhexakarbonsäure[1]. In alkalischer Lösung lieferte die Elektrolyse sofort diese letzteren Verbindungen neben wenig Mellogen, in Salpetersäure ein Zwischenprodukt $C_{11}H_6O_7 \cdot 2^1/_2\, H_2O$, das sich zu Benzolhexakarbonsäure oxydieren ließ. Mellogen, sei es nun eine einheitliche Substanz oder ein Substanzgemenge, erscheint demnach als ein erstes Oxydationsprodukt, zwischen der Kohle und jenen fest definierten Benzolpolykarbonsäuren in der Mitte stehend. Als leicht oxydabler Körper vermag dieses Zwischenprodukt der Kohleoxydation nun Sauerstoff aufzunehmen und sich dabei weiter zu oxydieren. Es wirkt aus diesem Grunde unter passenden Bedingungen depolarisierend an der Anode.

Es haben daher schon Bartoli und Papasogli galvanische Elemente gebaut, welche das von ihnen studierte Verhalten der Kohle zum Aufbau von Brennstoffketten nutzbar zu machen versucht haben.

Wie später A. Coehn zeigte, wird in einer Lösung von gleichen Raumteilen Schwefelsäure und Wasser bei Zimmertemperatur und z. B. einer Stromdichte von 8 mA/cm² an einer Bogenlampenkohle überhaupt kein Sauerstoff entwickelt, sondern nur Kohle oxydiert.

Bei der Elektrolyse einer konzentrierten wäßrigen Lösung von Ammoniak entstehen bei Benutzung einer Anode aus Retortenkohle Harnstoff, ferner Biuret, Guanidin usw.[2]

In Natronlauge zeigen sich Anoden aus Graphit viel widerstandsfähiger als solche aus amorpher Kohle, während in 20%iger Schwefelsäure Graphitanoden noch etwas kräftiger angegriffen werden als Kohleanoden[3]. Bei der Elektrolyse einer Alkalichloridlösung, bei der in der Technik ja nahezu ausschließlich Kohleanoden verwendet werden, zeigen sich solche aus Achesongraphit am widerstandsfähigsten, während[4] aus weicher, leicht bearbeitbarer künstlicher Kohle bestehende der anodischen Einwirkung am leichtesten unterliegen.

Bei der anodischen Behandlung von Kohle in hochkonzentrierter Salpetersäure zersetzt sich diese explosionsartig, welche Tatsache H. J. M. Creighton und W. H. Odgen[5] auf Grund ihrer Versuche auf die Bildung von Graphitsäure und anderen unter Druck in der Kohle eingeschlossenen Oxydationsprodukten zurückführten[6].

Nach Untersuchungen von B. K. Brown und O. W. Storey[7] kann graphitierte oder stark geglühte Kohle anodisch in einem neutralen oder

[1] R. Lorenz u. J. Hausmann: DRP. 318200 (1917).
[2] Millot: Compt. rend. Acad. Sciences **101**, 432 (1885); **103**, 153 (1886).
[3] Foerster: Ztschr. Elektrochem. **8**, 146 (1902).
[4] Foerster: Ztschr. Elektrochem. **9**, 286 (1903). — Joost: Dissertation. Dresden, 1910. — Vgl. auch L. Sproesser: Ztschr. Elektrochem. **7**, 971 (1900/01).
[5] Trans. Amer. electrochem. Soc. **48**, 21 (1925).
[6] Siehe auch Burgess Laboratories Inc. Dover, Delavare: F. P. 618655 (1926); E. P. 255068 (1926); A. P. 1639980, 1639982 (1925).
[7] Trans. Amer. electrochem. Soc. **53** (1928).

sauren, das Anion einer Sauerstoffsäure enthaltenden Elektrolyten zu Graphitoxyd bzw. Graphitsäure oxydiert werden.

Ein besonders geeigneter Elektrolyt für die elektrochemische Bildung des Graphitoxyds ist verdünnte Salpetersäure (mindestens 1 Teil Wasser auf 4 Teile $HNO_3$ vom spezifischen Gewicht 1,42 mit oder ohne Zusatz eines oxydierenden Salzes (Chlorate, $CrO_3$, $Na_2Cr_2O_7$) oder ein Gemisch von $H_2SO_4$ und $NaNO_3$[1].

Bei niedrigen Stromdichten (1,08 A/dm²) und niedriger Temperatur (22—25°) des Elektrolyten werden große Mengen Sauerstoff gebunden. Die besten Stromausbeuten an gebundenem $O_2$ werden bei Anwendung mit Paraffin, Harz (Kolophonium) imprägnierter Anoden oder Anoden aus gepreßtem Graphitpulver mit einem Bindemittel, wie geschmolzenes Paraffin, erreicht.

Nach H. Thiele[2] tritt bei der anodischen Behandlung von Graphitelektroden eine Quellung des Graphits, also Wasseraufnahme ein.

Die Bildung von gequollenem (blauem) Graphit erfolgt, wenn eine oxydierende Wirkung bei einem Potential um 1,6 Volt ausgeübt wird und gleichzeitig Säuren $H_2SO_4$, $HClO_4$, $HNO_3$ in höherer Konzentration vorhanden sind. Die Sauerstoffaufnahme steigt mit der Konzentration der Säure. In 40%iger HF wird zwar Quellung, aber keine Blaufärbung beobachtet. Bei Anwendung der Salze tritt Quellung erst auf, wenn durch Konzentrationspolarisation an der Anode freie Säure in höherer Konzentration entstanden ist. Der gequollene Graphit enthält mehr Sauerstoff als das einfache Primäroxyd des Kohlenstoffs. Es werden zugleich die Säuren mit aufgenommen, die aber vermutlich nicht am Kohlenstoff, sondern durch Nebenvalenzen am Sauerstoff gebunden sind. Phosphorsäure, Essigsäure, Chloressigsäuren, Chromsäure verursachen keine Quellung. Amorpher Kohlenstoff quillt im Gegensatz zum Graphit wenig, ist aber leichter zu oxydieren.

## Carbonat → Percarbonat.

Von den zuerst von E. J. Constam und A. v. Hansen[3] dargestellten überkohlensauren Salzen, die in wäßriger Lösung auch leichter als die überschwefelsauren Salze zu Wasserstoffsuperoxyd verseift werden, eignet sich zur elektrolytischen Herstellung vor allem das Kaliumkarbonat. Bei der Elektrolyse einer gesättigten Kaliumkarbonatlösung bei —10° an einem spiralförmig um die den Kathodenraum abschließende Tonzelle gewundenen glatten Platindraht erfolgt die Oxydation nach:

$$2\,KCO_3' + 2\,\oplus = K_2C_2O_6.$$

Unter Nachfließenlassen frischer gesättigter Karbonatlösung kann dieser Vorgang mit 75% Stromausbeute durchgeführt werden, da das Perkarbonat fortlaufend auskristallisiert[4]. Bei Verwendung verdünnterer Karbonatlösungen sinkt die Stromausbeute bald auf Null, weil es in der Lösung eine solche Konzentration erreichen kann, bei der es ebenso rasch zerfällt, als es erzeugt wird.

Außerdem wirkt geringere Konzentration auch deshalb ungünstig, weil dann das Karbonat nicht nur nach $K_2CO_3 = KCO_3' + K^{\cdot}$, sondern auch nach $K_2CO_3 \rightleftarrows CO_3'' + 2\,K^{\cdot}$ dissoziiert.

Für die Perkarbonatbildung werden also nur die $KCO_3'$-Ionen verbraucht. Aus diesem Grunde eignen sich auch die schwerer löslichen Ammonium- und

[1] Vgl. A. P. 1639980, 1639981, 1639982. — Chem. Ztrbl. **1927 II**, 2333.

[2] Ztschr. Elektrochem. **40**, 26 (1934).

[3] Ztschr. Elektrochem. **3**, 137 (1896/97). — A. v. Hansen: Ztschr. Elektrochem. **3**, 445 (1896/97). — Vgl. auch E. H. Riesenfeld u. B. Reinhold: Ber. Dtsch. chem. Ges. **42**, 4377 (1909). — F. Salzer: Ztschr. Elektrochem. **8**, 900 (1902).

[4] Constam u. Hausen u. Aluminiumindustrie A. G. Neuhausen: DRP. 91612 (1896).

Natriumkarbonate zur Gewinnung der entsprechenden Perkarbonate weit schlechter[1]. Die Stromdichte soll möglichst hoch sein, da sonst neben Perkarbonat auch Bikarbonat ausfällt. Bei einer Stromdichte von 30—60 A/cm² beträgt der Perkarbonatgehalt des Produkts 85—95%. Bei der Durchführung der Elektrolyse läßt man den in der Zelle an Karbonat verarmten Elektrolyten über eine Nutsche fließen, auf der das Perkarbonat liegen bleibt, sättigt das klare Filtrat mit $K_2CO_3$ laufend nach und führt die Lösung in die Zelle zurück.

Die Stromausbeute beträgt durchschnittlich 50%.

Um aus dem Perkarbonat das Bikarbonat zu entfernen, trägt man das Produkt in eine nahezu gesättigte Kalilauge bei — 5° bis — 10° ein. Dabei löst sich das Bikarbonat. Um aus dem Rückstand von reinem Perkarbonat die Laugenreste zu entfernen, wäscht man mit Alkohol.

Die praktische Gewinnung des Perkarbonats erfolgt nicht auf elektrolytischem Wege, da es sich leichter chemisch herstellen läßt.

## Cyanate.

Kaliumzyanat wird chemisch durch Oxydation von KCN mit $H_2O_2$, $KMnO_4$ usw. in alkalischer Lösung erzeugt.

Auf elektrolytischem Wege läßt es sich nach E. Paterno und E. Pannain[2] aus stark alkalischer Lösung von KCN gewinnen.

Das Zyankalium wird vollständig in zyansaures Kalium umgewandelt, wenn man es in 4- bis 6-normaler Lösung mit einer anodischen Stromdichte von 0,01—0,04 A/cm² elektrolysiert, um den Zerfall der Zyansäure hintanzuhalten[3]. Vom Natriumzyanid ausgehend, kann man aus gesättigten alkalischen Lösungen dieses Salzes das Natriumzyanat anodisch in fester Form gewinnen, da dieses Salz in NaOH schwer löslich ist[4].

## Phosphat → Perphosphat.

Bei der Elektrolyse einer möglichst konzentrierten (etwa 2,2 Mol $PO_4$ im Liter) Kaliumphosphatlösung, bei Gegenwart von 120 g KF und 0,35 g $K_2CrO_4$ bei 0°, läßt sich durch anodische Oxydation in einer als Anode dienenden Platinschale gegenüber einer sonst ungeschützten Kathode mit 0,02 bis 0,03 A/cm² die Bildung von Perphosphaten durchführen.

Aus einer solchen Lösung läßt sich durch Kristallisation nach Abscheidung der Hauptmenge des unveränderten Phosphats ein Kaliumperphosphat $K_4P_2O_8$ gewinnen. Neben dieser Verbindung bildet sich jedoch bei der Elektrolyse stets eine zweite, welche sich auch in stark saurer Lösung neben Phosphorsäure bei längerem Stehen aus der Perphosphorsäure bildet, sich also zu dieser verhält wie die Carosche Säure zur Überschwefelsäure. Das Ausbeuteverhältnis von Perphosphat und Monoperphosphat beträgt unter gleichen Umständen 64 : 7[5].

---

[1] Stähelin: Dissertation. Zürich, 1908. S. 39/40. — F. Foerster: Ztschr. physikal. Chem. **69**, 259 (1909).

[2] Gazz. chim. Ital. **34**, II, 152 (1904).

[3] Vgl. auch E. F. Kern: Trans. Amer. electrochem. Soc. **24**, 241 (1914). — G. H. Clevenger u. M. L. Hall: Trans. Amer. electrochem. Soc. **24**, 271 (1914).

[4] Deutsche Gold- und Silber-Scheideanstalt vorm. Roeßler: DRP. 368520 (1919); A. P. 1531836 (1921).

[5] F. Fichter u. J. Müller: Helv. chim. Acta **1**, 297 (1918). — F. Fichter u. A. Rius y Miro: Helv. chim. Acta **2**, 3 (1919).

# Oxydation organischer Stoffe.

Die organischen Verbindungen sind nur ausnahmsweise Elektrolyte. Meist handelt es sich um elektrisch nichtleitende, undissoziierte Verbindungen, die sich überdies in Wasser schwer oder nicht auflösen.

Man ist deshalb bei organischen Reduktionen häufig gezwungen, die Verbindung in einem wäßrigen Elektrolyten zu suspendieren oder besser zu emulgieren oder den Elektrolyten organische Leitungsmittel zuzusetzen, welche die betreffende Verbindung auflösen.

Die Stoffe dieser Klasse unterliegen deshalb der anodischen Oxydation nur langsam, der Vorgang entspricht keinem Gleichgewicht, ist also irreversibel. In vielen Fällen müssen komplizierte Zwischenreaktionen, vor allem Bildung labiler Peroxyde angenommen werden. Solche Oxydationen sind weitgehend durch die Natur des Anodenmetalls und die Natur des Elektrolyten beeinflußbar, da hierbei mannigfaltige katalytische Einflüsse zur Geltung kommen können, wie schon S. 263 gezeigt wurde.

Im Vergleich zu den chemischen Oxydationsmethoden wirkt die anodische Oxydation weitaus intensiver, namentlich bei Anwendung geeigneter Elektrodenmetalle, wie Platin, Blei und Kupfer. An Kohle und Graphitelektroden verläuft die Oxydation milder, führt aber auch hier leicht zu einer völligen Zerstörung der organischen Verbindung. Überdies geht Kohle und Graphit unter Umständen anodisch selbst in Lösung, indem sich Mellith- oder Graphitsäure bildet (S. 333).

Man muß deshalb bei organischen Elektrooxydationen viel mehr auf eine Milderung als auf eine möglichste Steigerung der Oxydationswirkung bedacht sein.

In diesem Sinne wirken: Anwendung möglichst hoher Konzentration des zu oxydierenden Stoffes, tiefe Temperatur (Kühlung), die durch wasserdurchflossene Anoden besonders wirksam erreicht wird, und schließlich Sauerstoffüberträger, welche die Sauerstoffübertragung regeln.

Solche Sauerstoffüberträger, welche das Anodenpotential in bestimmten Grenzen halten, müssen in größerer Konzentration angewendet werden, da sonst wegen des langsamen Verlaufs der Oxydationswirkung solcher Überträger immer auch unmittelbar anodisch gebildeter Sauerstoff zur Wirkung kommen kann.

Man ist vielfach so weit gegangen, die Oxydation zunächst rein chemisch durch den Überträger (z. B. Chromsäure) vorzunehmen und dann die Reduktionsprodukte des Überträgers (Chromverbindungen) elektrolytisch wieder zu oxydieren.

Als Sauerstoffüberträger dienen vor allem Chromsäure[1], Cer(4)salze[2], Mangan(3)salze, Mangan(4)salze und Manganate[3] und Vanadinsäure[4].

---

[1] F. Darmstädter: DRP. 109012 (1897), 117949 (1899).

[2] Farbwerke vorm. Meister, Lucius & Brüning: DRP. 152063 (1902). — A. Fontana u. F. M. Perkin: Ztschr. Elektrochem. (2), 11, 99 (1900).

[3] C. F. Boehringer & Söhne: DRP. 117129 (1899). — Badische Anilin- und Sodafabrik: DRP. 163813 (1903), 175295 (1903). — H. Barbier: E. P. 9322 (1903).

[4] Farbwerke vorm. Meister, Lucius & Brüning: DRP. 172654 (1903).

Die elektrolytischen Oxydationen verlaufen viel verwickelter als die elektrolytischen Reduktionen, vor allem weil die Zahl der teils primär, teils sekundär gleichzeitig auftretenden Oxydationsprodukte eine beträchtliche, ihre Auffindung und Trennung oft eine sehr mühsame ist. Aus diesem Grunde ist ihre technische Anwendung trotz der großen Hoffnungen, die man anfänglich hegte, eine sehr beschränkte geblieben.

## Halogenierung.

Zu der elektrochemischen Oxydation gehört in weiterem Sinne (S. 257) auch die Halogenierung, d. h. der Ersatz von H-Atomen in organischen Verbindungen durch Halogen.

Ob die Durchführung eine Halogenierung glatt und ohne Nebenreaktionen gelingt, hängt von dem Anodenpotential ab, welches bei dem betreffenden Prozeß erreicht wird.

Die Normalpotentiale (1. Band, S. 49) für die Entladung der Halogene sind: $Cl_2 + 1{,}36$ Volt, $Br_2 + 1{,}08$ Volt, $J_2 + 0{,}58$ Volt.

Wenn man damit das Entladungspotential des Sauerstoffs $= + 1{,}23$ Volt vergleicht, so sieht man, daß bei Chlorierungen gleichzeitig auch Sauerstoff entladen wird, wodurch auch Oxydation des betreffenden Stoffs eintreten kann, bei Brom und Jod besteht diese Gefahr nicht.

Die reaktionsfähigen, bei der Elektrolyse von Alkalihalogeniden erzeugten Halogene können in vielen Fällen mit gleichzeitig im Elektrolyten vorhandenen organischen Verbindungen in Wechselwirkung treten.

So gelingt es z. B., nach Versuchen von Glanzstein[1] an chlorentwickelnden Anoden Benzol zum Teil je nach den Bedingungen in p-Dichlor- oder Hexachlorbenzol, Toluol in Trichlor- oder Pentachlortoluol bzw. Pentachlorbenzylchlorid überzuführen. Für die praktische Verwendung werden nur solche Vorgänge in Betracht kommen, bei denen die Ausgangsstoffe genügend vollkommen reagieren. Hierzu muß einerseits ihre Löslichkeit im Elektrolyten eine bestimmte Größe haben, anderseits muß der Verbrauch der Halogene durch andere sekundäre Reaktionen, wie sie sich vornehmlich in alkalischen Lösungen vollziehen, tunlichst vermieden werden.

Vor allem kommt die elektrolytische Darstellung von Jodoform, Bromoform, Chloroform und Chloral in Frage.

Die Aufgabe der Elektrolyse z. B. bei der Jodoformdarstellung ist es, das zur Umsetzung mit Alkohol oder Azeton erforderliche Jod aus Jodionen zu liefern. Es dient hier ausschließlich Jodkalium als Ausgangsmaterial und nicht, wie bei der chemischen Gewinnung, Jod und Alkalihydrat bzw. Alkalikarbonat, so daß alle durch die Nebenwirkungen dieser Ausgangsmaterialien bedingten Verunreinigungen vermieden werden und das gewonnene Jodoform besonders rein ist[2].

Zur Darstellung des Jodoforms elektrolysiert man[3] eine nicht ver-

---

[1] Dissertation. Basel, 1916.

[2] Vgl. Chemische Fabrik vorm. E. Schering: DRP. 29771 (1884).

[3] K. Elbs u. A. Herz: Ztschr. Elektrochem. 4, 113 (1897/98). — F. Foerster u. W. Meves: Ztschr. Elektrochem. 4, 268, 418 (1897/98).

dünnte, mit Alkohol und Soda versetzte Lösung von Jodkalium, z. B. eine solche von 5—6 g $Na_2CO_3$, 10—16 g KJ und 10—20 cm³ 96%igem Alkohol auf 100 cm³ der wäßrigen Lösung bei 60—70°. Die Anwesenheit von Soda verzögert die unerwünschte Jodatbildung und läßt vielmehr die nach der Gleichung:

$$CH_3CH_2OH + 3\,J_2 + 2\,HOJ \rightarrow CJ_3H + CO_2 + H_2O + 5\,HJ$$

gleichzeitig nötige Menge von Jod und unterjodiger Säure in dem für die Jodoformbildung günstigen Verhältnisse entstehen. Man arbeitet mit glatten Platinanoden und einer Stromdichte von 0,01—0,02 A/cm². Zur Vermeidung der kathodischen Reduktion des Jods und Hypojodits verwendet man eine kleine, mit Pergament umhüllte Kathode und leitet zur Herabminderung der im Elektrolysenverlauf ansteigenden Alkalität des Elektrolyten, die die Jodatbildung begünstigen würde, einen Kohlensäurestrom durch den Elektrolyten[1].

Bei der Verwendung von Azeton an Stelle von Alkohol nach dem Verfahren von Howe Abbot[2], bei dem man wegen des Siedepunkts des Azetons bei 56° dieses bei der Arbeitstemperatur über 60° in kleinen Anteilen im Verlaufe der Elektrolyse dem Elektrolyten zuführen muß, erfolgt eine viel raschere Anreicherung an Kaliumhydroxyd. Damit ergibt sich die Notwendigkeit einer rascher erfolgenden Neutralisation bis zu dem optimalen Alkalitätsgrad. Nach J. Teeple[3] kann man die Neutralisation des gebildeten Alkalis zum Teil mit freiem Jod vornehmen und so die Jodoformausbeute, die bei Verwendung von Azeton an Stelle von reinem Alkohol erheblich schlechter ist, verbessern.

Die elektrochemische Jodoformgewinnung hat vor der chemischen Gewinnung vor allem die größere Reinheit des Produkts voraus[4].

Im Gegensatz dazu führt die Bromoformdarstellung bei Verwendung von Alkohol zu wenig befriedigenden Ergebnissen, wohl aber gelingt sie[5] mit befriedigender Stromausbeute bei der Elektrolyse einer Bromkaliumlösung in Gegenwart von Azeton. Das vom Strom abgeschiedene Brom bildet sekundär im Elektrolyten Bromoform, und das hierbei entstandene freie Alkali muß wieder, um überwiegende Bromatbildung zu vermeiden, durch einen $CO_2$-Strom so reguliert werden, daß der Elektrolyt stets schwach sauer ist. Zur Vermeidung der kathodischen Reduktion der Anodenprodukte ist ein Chromatzusatz vorteilhaft.

Man elektrolysiert z. B. eine Lösung von 25 g KBr, 0,5 g $K_2CrO_4$, 30 g $KHCO_3$ und 30 g Azeton in 250 cm³ Wasser zwischen glatten Platinblechen mit Stromdichten von 0,10—0,13 A/cm² bei höchstens 30° unter Durchleiten von $CO_2$. Das Elektrolysiergefäß hat gegen unten die Gestalt

[1] Siehe auch G. A. Roush: Trans. Amer. electrochem. Soc. **36**, 348 (1919).
[2] Journ. physical Chem. **7**, 84 (1903); Chem. Ztrbl. **1903 I**, 918.
[3] Journ. Amer. chem. Soc. **26**, 170 (1904); Chem. Ztrbl. **1904 I**, 995.
[4] Vgl. G. Laczarini: Ind. chimique **4**, 771 (1929). — A. Kyskocil: Chemické Listy **23**, 212, 249 (1929). — C. Fink: Trans. Amer. electrochem. Soc. **36**, 348 (1919).
[5] P. Coughlin: Journ. Amer. chem. Soc. **27**, 63 (1902). — E. Müller u. R. Loebe: Ztschr. Elektrochem. **10**, 409 (1904).

eines Scheidetrichters, um das gebildete, durch freies Brom rotgefärbte Bromoform von Zeit zu Zeit ablassen zu können. Es wird durch Ausschütteln mit azetonhaltiger Sodalösung weiter gereinigt[1].

Auch die Chloroformdarstellung durch Elektrolyse einer mit Azeton oder mit Alkohol versetzten Chloridlösung ist durchführbar[2]. Doch entstehen hier besondere Schwierigkeiten, die einmal in der Flüchtigkeit des gebildeten Chloroforms bei der optimalen Versuchstemperatur von 30°, anderseits in der größeren Reaktionsfähigkeit des Hypochlorits in alkalischer Lösung, die in erhöhtem Maße die Neutralhaltung des Elektrolyten fordert, gelegen sind.

Von den beiden durch das vom Strom zunächst erzeugte Hypochlorit veranlaßten Vorgängen der Chloroformbildung und der Chloratbildung muß der erste begünstigt, der zweite zurückgedrängt werden. Dies geschieht unter Umständen, bei welchen in neutraler Chloridlösung eine tunlichst hohe Hypochloritkonzentration erreicht wird, bevor reichlichere Chloratbildung einsetzt, also bei hoher anodischer Stromdichte und niedriger Temperatur. Aus Gründen der Reaktionsgeschwindigkeit darf letztere aber nicht zu niedrig sein, sondern es muß eine optimale Temperatur, wie oben erwähnt, von etwa 30° gewählt werden. Da bei der Chloroformgewinnung die Neutralhaltung des Elektrolyten durch einen $CO_2$-Strom nicht ausreicht, hat zu diesem Zwecke G. A. Roush[3] vorgeschlagen, zwei Kathoden zu verwenden, von denen die eine mit einem Diaphragma umgeben wird, und zwischen denen der Strom so geteilt wird, daß die von den Säuren, welche durch die Chloroformbildung entstanden sind, nicht neutralisierten Alkalimengen tunlichst im Diaphragma verbleiben. Der Diaphragmeninhalt wird, um eine Anreicherung der Alkalikonzentration dortselbst zu vermeiden, von Zeit zu Zeit durch eine frische Chloridlösung ersetzt.

Man kann die Diaphragmenwirkung auch durch Verwendung von Chlorkalziumlösungen ersetzen[4], da hier das nicht zur Neutralisation verwendete Kalziumchlorid in fester Form kathodisch unter Diaphragmenbildung Kalziumhydroxyd abscheidet. Nötig ist hierbei die Verwendung glatter Nickel- oder Kupferkathoden, da an ihnen die Hydroxydüberzüge porös bleiben und keine erheblichen Übergangswiderstände bedingen, was bei Platinkathoden nicht der Fall ist. Bei beiden Methoden scheint es nötig, sowohl Azeton als Alkohol stets in geringer Anfangskonzentration zu halten, das heißt, nach Maßgabe ihrer Umwandlung dem Elektrolyten zutropfen zu lassen, da diese Stoffe sonst ihrerseits Umwandlungen unterliegen würden, indem Azeton kathodisch zu Isopropylalkohol reduziert und dieses anodisch wieder zu Azeton oder weitergehend oxydiert und Alkohol in Aldehyd übergeführt werden würde. Mit Hilfe der ge-

---

[1] A. Kampf: A. P. 372940 (1885). — J. Teeple: Journ. Amer. chem. Soc. **26**, 536 (1904).

[2] B. Wäser: Chem.-Ztg. **34**, 141 (1910). — J. Feyer: Ztschr. Elektrochem. **25**, 115 (1919).

[3] Trans. Amer. electrochem. Soc. **8**, 283 (1905).

[4] Poulenc Frères: F. P. 497583 (1918).

teilten Kathode gelingt es, durch Elektrolyse einer etwa 24%igen Alkalichloridlösung Chloroform aus Azeton bei 16—20°, mit einer anodischen Stromdichte von 1 A/cm², einer kathodischen Stromdichte von 0,5 A/cm² mit einer Stromausbeute von 65% und einer Materialausbeute von 75 bis 80%, aus Alkohol bei 25—30°, einer anodischen Stromdichte von 1 A/cm² und einer kathodischen Stromdichte von 1,5 A/cm² mit einer Stromausbeute von 77% und einer Materialausbeute von 82% herzustellen. Beide Ausbeuten können unter den oben erwähnten Versuchsmaßregeln bei Verwendung einer 500 g $CaCl_2$ im Liter enthaltenden Lösung noch gesteigert werden.

Da bei der Einwirkung unterchloriger Säure und Chlor auf Alkohol primär Chloral entsteht, das erst durch geeignete OH'-Ionenkonzentrationen zu Chloroform gespalten wird, kann man bei der Elektrolyse einer heißen Chlorkaliumlösung mit Diaphragma, wenn man die OH'-Ionenkonzentration niedrig hält und den Alkohol in den Anodenraum tropfen läßt, aus diesem nach einiger Zeit das Chloral abdestillieren[1].

Analog wie die Jodoformdarstellung kann auch die Gewinnung von Jodthymoljodid (Aristol) durchgeführt werden[2].

Nach den Versuchen von A. Richard[3] bildet sich bei der Elektrolyse von Chlorwasserstoff- bzw. Bromwasserstoffsäure in Azeton Chlor- bzw. Bromazeton.

Die elektrochemische Bromierung von Indigo läßt sich in wäßriger Bromwasserstoffsäure bis zum Dibromindigo durchführen[4], doch läßt sich dabei nur schwer die oxydative Spaltung des Indigos vermeiden[5]. Ein Verfahren zur elektrochemischen Eosingewinnung[6] hatte ebenfalls keinen praktischen Erfolg[7].

Eine elektrochemische Rhodanierung von Benzolabkömmlingen soll auch an dieser Stelle wegen der Ähnlichkeit des Rhodanions mit dem Chlorion erwähnt werden[8].

Organische Chlorsubstitutionsprodukte lassen sich auch durch Einblasen ungesättigter Kohlenwasserstoffe mit Dampf in den Anodenraum einer Chloralkalizelle gewinnen[9].

## Oxydation aliphatischer Verbindungen.

Die einfachen aliphatischen Alkohole werden an Blei oder Platinanoden im allgemeinen primär zu Aldehyden oder Ketonen oxydiert[10]. An Eisenanoden wird dagegen nur Sauerstoff entwickelt[11].

---

[1] Ahrens: Handb. d. Elektrochem., 2. Aufl., S. 591.

[2] Farbenfabriken vorm. F. Bayer & Co.: DRP. 64405 (1891).

[3] Compt. rend. Acad. Sciences **133**, 878 (1901).

[4] Farbwerke vorm. Meister, Lucius & Brüning: DRP. 149983 (1902).

[5] F. Fichter u. F. Cueni: Helv. chim. Acta **14**, 651 (1931). — Siehe auch E. Kunz: DRP. 239672 (1909).

[6] Soc. chim. Usine de Rhône Gilliard, Monnet & Cartier: DRP. 108838 (1899).

[7] Allgemeines über Halogenieren siehe auch F. Fichter u. L. Glantzstein: Ber. Dtsch. chem. Ges. **49**, 2473 (1916). — P. Jayle: Compt. rend. Acad. Sciences **189**, 686 (1929). — J. Erdelyi: Ber. Dtsch. chem. Ges. **63**, 1200 (1930).

[8] Rochen u. Haas: F. P. 702829 (1930).

[9] R. Haddon: E. P. 140831 (1917).

[10] K. Elbs u. O. Brunner: Ztschr. Elektrochem. **6**, 604 (1899/1900).

[11] Schönbein: Pogg. Ann. **47**, 563 (1889).

Je nach der Natur des Alkohols und den Versuchsbedingungen können diese primären Oxydationsprodukte gewonnen werden, oder sie erleiden eine Weiteroxydation zu Säuren. Ersteres ist bei der Oxydation von Methylalkohol der Fall, der in einer Konzentration von 160 g im Liter 2-normale $H_2SO_4$ an glattem Platin mit einer Stromdichte von 0,0375 A/cm² mit 80% Stromausbeute in Formaldehyd überzuführen ist[1].

Äthylalkohol in geringer Konzentration kann zwar an platinierten Anoden bei Anodenpotentialen, die +1,0 Volt nicht überschreiten, mit quantitativer Stromausbeute nur bis zum Aldehyd oxydiert werden, doch tritt mit steigender Konzentration des Azetaldehyds[2], der in äquivalenter Konzentration in saurer Lösung ein stärkeres Reduktionsmittel ist als Äthylalkohol[3], unter gleichzeitiger Steigerung des Anodenpotentials die Weiteroxydation immer mehr in den Vordergrund[4].

So läßt sich z. B.[5] eine Lösung von 250 g Alkohol in 1 l bei Gegenwart von 37 g $H_2SO_4$ an Platindrahtnetzanoden bei 15° mit einer Stromdichte von 0,2 A/cm² mit einer mittleren Stromausbeute von 72% zu Essigsäure so weit oxydieren, daß die Materialausbeute 80% beträgt.

Um die Oxydation des Alkohols auf die Bildung von Aldehyd zu beschränken, genügt es nicht, bei niedriger Anodenspannung zu arbeiten, sondern ein instabiler Anfangszustand muß durch Erhöhung der Alkoholkonzentration aufrechterhalten werden[6]. Propyl- und Isoamylalkohol werden schon bei mäßiger Stromdichte zu der zugehörigen Säure oxydiert. Ebenso Isopropylalkohol, der aber als primäres Zwischenprodukt, wenn auch nur in geringerer Ausbeute, Azeton gibt. Dagegen gibt[7] der kompliziert zusammengesetzte sekundäre Alkohol, das Tropin, in vorteilhafter Weise das entsprechende Keton, das Tropinon.

In alkalischen Lösungen führt[8] die elektrolytische Oxydation von Methylalkohol anodisch zur Abscheidung von $H_2$ und geringen Mengen CO, während bei der elektrolytischen Oxydation von Propylalkohol in alkalischer Lösung Äthylen und Äthan neben $H_2$ entstehen. Die Ausbeute an gesättigten und ungesättigten Kohlenwasserstoffen nimmt stark zu, wenn die Temperatur des Elektrolyten sinkt.

Neuerdings hat K. Murata[9] für Palladium-, Rhodium-, Platin- und Goldanoden in Lösungen, die aus gleichen Volumteilen $CH_3OH$ und 8-nor-

---

[1] Siehe auch E. Müller u. S. Takegami: Ztschr. Elektrochem. **34**, 704 (1928).
[2] O. Dony-Henault: Ztschr. Elektrochem. **6**, 534 (1899/1900).
[3] J. Slaboszewicz: Ztschr. physikal. Chem. **42**, 343 (1903). — E. Baur: Ber. Dtsch. chem. Ges. **34**, 3732 (1901).
[4] Siehe auch Müller: Chem. Ztrbl. **1922 I**, 1066. — Fichter: Chem. Ztrbl. **1922 I**, 756.
[5] P. Askenasy, R. Leiser u. N. Grünstein: Ztschr. Elektrochem. **15**, 846 (1909).
[6] C. Marie u. G. Lejeune: Compt. rend. Acad. Sciences **187**, 343 (1928).
[7] E. Merck: DRP. 118607 (1901); siehe auch S. Koidzumi: Memoirs Coll. Science, Kyoto Imp. Univ. Serie A **17**, 329 (1934).
[8] S. Koidzumi: Memoirs Coll. Science, Kyoto Imp. Univ. Serie A **11**, 383, 391 (1928).
[9] K. Murata: Bull. chem. Soc. Japan **3**, 267 (1928).

malem NaOH bestehen, Stromspannungskurven aufgenommen, die an glattem und schwammförmigem Anodenmaterial grundsätzlich verschieden sind[1].

Den Einfluß des Anodenmaterials auf die Oxydation von Äthylalkohol in saurer oder alkalischer Lösung haben C. Marie und G. Lejeune[2] studiert. An Nickel in NaOH und an Gold in $H_2SO_4$ vollzieht sich die Elektrolyse bei einer Spannung wenig unterhalb 1,7 Volt. An Goldanoden in Alkali beginnt die Elektrolyse bei 1,1 Volt, indem wahrscheinlich eine Reaktion zwischen Alkohol und OH′ und ein instabiler Zustand eintritt. Bei Platinanoden in Alkali bzw. Säure beginnt die Elektrolyse bei 0,7 Volt, die Stromintensität sinkt aber bald, das Potential steigt und Elektrolyse tritt erst wieder bei etwa 1,6 Volt bzw. 1,1 (bei niedrigem Alkoholgehalt bei 1,6) Volt auf. Es entsteht primär ein instabiles Oxyd des Platins, und die Elektrolyse vollzieht sich nur bei Gegenwart einer Substanz in der Lösung, die das Oxyd schnell reduzieren kann, was bei Alkohol, aber nicht bei Aldehyd der Fall ist. Um die Oxydation des Alkohols auf die Bildung von Aldehyd zu beschränken, genügt es nach C. Marie und G. Lejeune nicht, bei niedriger Anodenspannung zu arbeiten, sondern es muß der instabile Anfangszustand durch Erhöhung der Alkoholkonzentration oder durch mechanische Mittel aufrechterhalten werden.

Von technischer Bedeutung ist die Gewinnung von Essigsäure aus Azetaldehyd bzw. aus Azetylen, aus welchem sich leicht Azetaldehyd gewinnen läßt.

Eine Lösung von 20% Azetaldehyd in 15%iger $H_2SO_4$ läßt sich unter Verwendung von Platinanoden und Graphitkathoden unter laufendem Ersatz des verbrauchten Aldehyds bis zu 70% zu Essigsäure oxydieren[3].

Dabei wird bei Abnahme der Aldehydkonzentration ziemlich viel Essigsäure unter Bildung von $CO_2$ oxydiert.

Nach P. Askenasy, R. Leiser und N. Grünstein[4] soll die Oxydation von verdünntem Alkohol, der mit etwas $H_2SO_4$ angesäuert wird, an Platinanoden mit 85% Stoffausbeute und 80% Stromausbeute mit einem Kraftaufwand von 10 kWh für 1 kg erzeugte Essigsäure technisch durchführbar sein.

Es zeigte sich jedoch, daß die Stromausbeute nicht immer so günstig ist und daß gegen Ende des Vorgangs immer auch eine Oxydation bis zum Kohlendioxyd eintritt.

In Amerika wurden in Kalifornien und in Kolumbien Anlagen zur elektrochemischen Erzeugung von Essigsäure errichtet[6].

Von besonderer technischer Bedeutung ist die Herstellung von Essigsäure aus Azetylen.

Nach einem Verfahren der Farbenfabriken vorm. F. Bayer & Co. wird in einer Anodenlösung, bestehend aus 30%iger $H_2SO_4$ mit 1—2% HgO, die sich in einem Tondiaphragma befindet, durch Einleiten von Azetylen nach $C_2H_2 + H_2O \rightarrow CH_3CHO$[7] Azetaldehyd erzeugt. Die Kathoden aus

---

[1] Vgl. auch S. Tanaka: Ztschr. Elektrochem. **35**, 38 (1929).

[2] C. Marie u. G. Lejeune: Compt. rend. Acad. Sciences **187**, 343 (1928).

[3] Konsortium f. elektrochem. Ind.: DRP. 274032 (1911). — Siehe auch Ch. H. Jakob: DRP. 218863 (1908). — E. A. Behrens u. J. Behrens: DRP. 223208 (1908).

[4] Ztschr. Elektrochem. **15**, 846 (1909).

[5] H. Arnstein: Trans. Amer. electrochem. Soc. **45**, 129 (1924).

[6] DRP. 293011 (1913).

[7] K. A. Hofmann: Ber. Dtsch. chem. Ges. **32**, 874 (1899).

Blei oder Kupfer tauchen ebenfalls in 30%ige $H_2SO_4$. Das Azetaldehyd wird an Bleianoden mit einer Stromdichte von 0,05—0,15 A/cm² bei guter Elektrolytbewegung in Essigsäure verwandelt. Da sich Blei in Essigsäure lößt, dürfte die Verwendung von Platinanoden vorteilhafter sein.

Nach einem Verfahren der Chemischen Fabrik Griesheim-Elektron[1] soll die Verwendung von Quecksilberanoden die Absorption von Azetylen steigern, indem anodisch immer frisches Oxyd gebildet wird. Es handelt sich hier um eine rein chemische Oxydation und nur um die elektrochemische Regeneration des Quecksilberoxyds[2]; diese kann auch durch Anwendung von Wechselstrom erzielt werden[3].

Beide Verfahren lassen sich vereinigen[4], indem gleichzeitig eine Quecksilberanode zur Rückbildung von HgO und eine Platinanode zur Oxydation des Azetaldehyds mit einer gemeinsamen Kathode in schwefelsaurer Lösung verwendet werden.

Eine Schwierigkeit entsteht dadurch, daß auch harzartige Polymerisationsprodukte des Azetaldehyds gebildet werden, welche die Vereinigung der Quecksilbertröpfchen, die bei der Oxydation gebildet werden, verhindert und zu einer Schlammbildung führt[5].

Um diesen Übelstand zu umgehen, trennt man die elektrolytische Regeneration des Quecksilberoxyds von der Azetylenabsorption[6] und verarbeitet den angesammelten Quecksilberschlamm in Zentrifugen.

Die Oxydation des Azetylens ist eine rein chemische und läßt sich auch mit anderen Sauerstoffüberträgern durchführen[7].

Dextrose läßt sich in Gegenwart von Bromiden und Kalziumkarbonat zu Glykonsäure oxydieren, wobei vorübergehend an der Anode gebildetes Hypobromit als Sauerstoffüberträger wirkt[7]. Die Glykonsäure scheidet sich als schwerlösliches Kalziumsalz aus. Die Glykonsäure (Zuckersäure) kann in schwefelsaurer Lösung an den Platinanoden mit einer Ausbeute von 50—60% zu Weinsäure oxydiert werden. Eine weitergehende Oxydation[8] kann durch Kühlung vermindert werden[9].

Bei der anodischen Oxydation primärer Alkohole und Aldehyde in alkalischer Lösung tritt sehr stark der Einfluß des Anodenmaterials in den Vordergrund. Bei Aldehyden[10] bleibt bei Verwendung von Anoden mit fein verteilten Silber- oder Kupferüberzügen das Anodenpotential relativ niedrig,

---

[1] N. Grünstein: DRP. 360417 (1916).
[2] DRP. 408181 (1916).
[3] DRP. 360418 (1917).
[4] DRP. 365588 (1917).
[5] G. W. Heimrod u. P. A. Levenc: Ber. Dtsch. chem. Ges. **41**, 4443 (1908).
[6] Stockholm's Superfosfat Fabriek Aktiebolag: DRP. 423068 (1920).
[7] Ges. Chem. Industrie: A. P. 1319365 (1919). — Soc. des Aciers et Forges de Firming: E. P. 124194 (1918), 132529 (1919). — H. Paulson u. J. A. Vielle: E. P. 130138 (1918), 143891 (1920), 155838 (1920), 156147 (1920).
[7] H. S. Isbell, H. C. Frush u. F. J. Bates: Ind. engin. Chem. **24**, 375 (1932). — Röhm & Haas Co.: E. P. 715176 (1931).
[8] V. I. Sihvonen: Ann. Acad. Sci. Fennicae (A) **16**, H. 9, 1 (1921); Chem. Ztrbl. **1922 III**, 864, 873.
[9] Diamalt A. G.: DRP. 389624 (1918); Schweiz. P. 99519 (1921).
[10] E. Müller: Liebigs Ann. **420**, 241 (1920). — E. Müller u. F. Hochstätter: Ztschr. Elektrochem. **20**, 367 (1914).

im ersten Fall z. B. in 2-normalem NaOH und einer Stromdichte von 0,06 A/cm² bei $\varepsilon_h = -0{,}66$ bis $-0{,}64$ Volt, und es erfolgt die Oxydation von Formaldehyd in 1- bis 4-normalem NaOH, indem an der Anode neben Oxydation Wasserstoffentwicklung in genau gleicher Menge wie an der Kathode erfolgt, etwa nach:

$$2\,CH_2O + 2\,H_2O + 2\oplus \rightarrow 2\,HCO_2H + H_2 + 2\,H^{\cdot}.$$

Wird an anderen Anodenmaterialien das Potential wesentlich anodischer, tritt die anodische Wasserstoffentwicklung zurück und hört nach einiger Zeit schließlich auf, z. B. an glatten Kupferkathoden, bzw. tritt überhaupt nicht ein, z. B. an glatten Platinanoden, und der Anodenvorgang erzeugt nur Ameisensäure.

Neuerdings haben die elektrolytische Oxydation von Formaldehyd Carlos de Fresno[1], E. Müller und S. Takegami studiert. Die in 2- bis 4-normalem NaOH mit Anoden aus Platin, Palladium, Rhodium, Gold und Silber in glatter und schwammiger Form aufgenommenen Stromspannungskurven weisen einen ersten Stromanstieg bei unedlen Potentialen, wenige Zehntel Volt oberhalb des Wasserstoffpotentials. Nach einem bei glatten Materialien je nach der Stromdichte verschiedenen, bei schwammigen Materialien überhaupt bei höheren Stromdichten erfolgenden Sprung erfolgt ein zweiter Anstieg in höheren, d. h. edlen Potentialgebieten.

Die Oxydation führt nur im edlen Gebiet auch zur $CO_2$-Bildung, im unedlen dagegen gehen ausschließlich die Reaktionen:

$$H_2CO + H_2O + 2\oplus = HCOOH + 2\,H^{\cdot} \qquad (1)$$

und

$$2\,H_2CO + 2\,H_2O + 2\oplus = H_2 + 2\,HCOOH + 2\,H^{\cdot} \qquad (2)$$

vor sich.

Das in besonderen Versuchen bestimmte Teilungsverhältnis zwischen den beiden Reaktionen 2 : 1 zeigte, daß bei Gold und Silber die Reaktion 2 bevorzugt ist, bei Palladium und Rhodium die Reaktion 1; bei Platin findet die Reaktion 2 gar nicht statt.

Ähnlich wie die Elektrolyse einer alkalischen Formaldehydlösung verläuft, wenigstens an Silberelektroden, die Elektrolyse einer alkalischen Lösung von Azetaldehyd, bzw. einer mit der erforderlichen Menge von Alkohol versetzten Lösung von Benzaldehyd, nur mit dem Unterschied, daß auch unter günstigen Bedingungen die anodische Wasserstoffentwicklung hinter der kathodischen zurückbleibt, beim Benzaldehyd sogar weniger als die Hälfte beträgt.

Ein ähnliches Verhalten wie die Aldehyde zeigen bei der elektrolytischen Oxydation auch primäre Alkohole[2] in stark alkoholischer Lösung, und zwar hier an einer glatten Platinanode, nicht dagegen an solchen von Gold, Palladium und platiniertem Platin. Mit steigendem Kohlenstoffgehalt und sinkender Löslichkeit tritt die Menge des anodisch gebildeten Wasserstoffs zurück und es treten Kohlenwasserstoffe in steigendem Maß in dem Anodengas auf. Bei den leichtlöslichen, mehrwertigen Alkoholen tritt bei genügend hoher Alkalität die Wasserstoffentwicklung hervor, der sich bei ungenügender Alkalität eine Kohlenmonoxydentwicklung zugesellt, und zwar mit steigender Stromdichte in steigendem Maße.

Die anodische Oxydation der Ameisensäure[3], die in alkalischer, neutraler und saurer Lösung ausschließlich zu $CO_2$ oxydiert wird, erfolgt leichter an glattem Platin[4], also bei höherem Anodenpotential als z. B. am Eisen. Später

[1] Carlos de Fresno: Anales Soc. Espanola Fisica Quim. **22**, 121 (1925). — E. Müller u. S. Takegami: Ztschr. Elektrochem. **34**, 704 (1928).

[2] E. Müller u. A. Rius y Miro: Ztschr. Elektrochem. **27**, 54 (1921). — Vgl. O. Hauffe: Dissertation. Dresden, 1921.

[3] H. Jahn: Ann. Physik (3), **37**, 408 (1889). — J. Petersen: Ztschr. physikal. Chem. **33**, 106 (1900). — F. Salzer: Ztschr. Elektrochem. **8**, 893 (1902). — K. Hopfgartner: Monatsh. Chem. **32**, 523 (1911). — F. Foerster: Ztschr. physikal. Chem. **69**, 259 (1909).

[4] A. Bueltemann: Dissertation. Dresden. 1905.

hat E. Müller[1] gezeigt, daß die Oxydation auf zwei verschiedenen Wegen vor sich gehen kann: bei Gegenwart von Metall und niedrigem Potential und bei Gegenwart von oxydiertem Metall und demgemäß höherem Potential. Eine Bildung von freiem Wasserstoff konnte erst in späteren Versuchen festgestellt werden.

Durch die Löslichkeit von $CO_2$ in konzentrierter HCOOH werden geringere $CO_2$- als $H_2$-Ausbeuten vorgetäuscht[2], und zwar wurde beim Elektrolysieren einer konzentrierten Ameisensäure unter Zusatz von 5% Na-Formiat an der Anode keinerlei Gas-$CO_2$-Entwicklung festgestellt, was möglicherweise auf die Bildung eines festen Zwischenprodukts, das in ganz geringen Mengen in kristallisierter Form festgestellt wurde und möglicherweise Methantetrakarbonsäure ist, zurückzuführen ist. Neben dem Anodenmaterial übt auch bei der Oxydation von ameisensauren Salzen die OH-Ionenkonzentration ähnlich wie in den S. 260ff. erörterten Fällen einen bestimmenden Einfluß auf den Verlauf der Elektrolyse aus. Ameisensaures Natrium wird in 0,1-normaler alkalischer Lösung mit Stromdichten von 0,01 A/cm² bis 75° bei etwa 0,8 Volt Klemmenspannung ohne Gasentwicklung glatt oxydiert, in 0,5-normaler alkalischer Lösung, aber bei 1,7 Volt unter Sauerstoffentwicklung. Liegt aber die Alkalität zwischen diesen Werten, z. B. bei 0,2-normaler Lösung, so kommt es zu periodischen Schwankungen von Stromstärke und Spannung[3], indem beide Arten des Anodenvorganges etwa alle Minuten miteinander abwechseln, und zwar auch bei lebhaft bewegtem Elektrolyten[4].

Die anodische Oxydation der Oxalsäure in schwefelsaurer Lösung und ihrer Salze in alkalischer Lösung führt in beiden Fällen zu Kohlendioxyd und Wasser nach

$$H_2C_2O_4 + O \rightarrow H_2O + 2\,CO_2 \quad \text{bzw.} \quad C_2O_4'' + 2 \oplus \rightarrow 2\,CO_2$$ [5].

Dieser Vorgang erfolgt solange mit theoretischer Ausbeute, bis das Anodenpotential auf den der $O_2$-Entwicklung entsprechenden Wert hinaufschnellt. An verschiedenen Anoden liegt dieser Umschlag des Anodenpotentials bei verschiedenen Konzentrationen der angewandten Oxalsäure.

So erfolgt die Oxydation von 1-normaler Oxalsäure in verdünnter $H_2SO_4$ an glattem Platin bei einer anodischen Stromdichte von 0,0083 A/cm² mit theoretischer Ausbeute, bei der vierfachen anodischen Stromdichte jedoch mit weniger als 10% Stromausbeute.

Bei einer anodischen Stromdichte von 0,0083 A/cm² in 1-normaler $H_2SO_4$ bei 15° erfährt[6], die anodische Oxalsäureoxydation an Iridium die geringste Beschleunigung und an Platinschwamm und Palladiumschwamm die stärkste Beschleunigung, während das glatte Platin in der Mitte steht.

---

[1] E. Müller: Ztschr. Elektrochem. **29**, 264 (1923), u. Ztschr. anorgan. allg. Chem. **35**, 689 (1923).

[2] Fr. Müller: Ztschr. Elektrochem. **33**, 173 (1927). — Siehe auch F. Fischer und W. Krönig: Gesamm. Abh. zur Kenntnis der Kohle **7**, 244 (1925).

[3] Vgl. P. Stähelin: Dissertation. Zürich, 1908. S. 55—65. — F. Foerster u. A. Piguet: Ztschr. Elektrochem. **10**, 729 (1904). — J. Früh: Dissertation. Dresden, 1911. S. 29.

[4] E. Müller u. G. Hindemith: Ztschr. Elektrochem. **33**, 561 (1927). — E. Müller u. S. Tanaka: Ztschr. Elektrochem. **34**, 256 (1928).

[5] F. Oettel: Ztschr. Elektrochem. **1**, 90 (1894/95). — T. Akerberg: Ztschr. anorgan. allg. Chem. **31**, 161 (1902). — F. Salzer: Ztschr. Elektrochem. **8**, 900 (1902).

[6] A. Bueltemann: Dissertation. Dresden, 1905.

Die Oxydation der Oxalsäure in schwefelsaurer Lösung wird durch niedere Anodenpotentiale begünstigt und erfolgt leichter als die Sauerstoffentwicklung, während in alkalischer Lösung die OH'-Ionen leichter als die $C_2O_4''$-Ionen entladen zu werden scheinen, indem die anodische Oxydation hier nur an Platin und Iridium, nicht aber an Eisen und Nickel auftritt und am Platin durch gesteigerte Stromdichte fast gar nicht beeinflußt wird.

Nach E. Doumer[1] entsteht bei der Elektrolyse von wäßrigen Oxalsäurelösungen an der Anode neben $CO_2$ Sauerstoff in Mengen, die 25—50% des an der Kathode entwickelten Wasserstoffvolumens ausmachen.

E. Doumer nimmt an, daß in den wäßrigen Oxalsäurelösungen das Wasser selbst stark ionisiert ist und die Oxalationen mit den Ionen des Wassers reagieren; hierbei kann entweder OH' mit dem Oxalation unter Bildung von $(CO_2H)_2$ und $O_2$ reagieren oder bei großer Verdünnung oder sehr geringer Stromdichte kann das Oxalation in 2 $CO_2$ zerfallen, während OH' unter Bildung von $O_2$ entladen wird. Die entwickelte Sauerstoffmenge würde im ersten Fall 50%, im zweiten Fall 25% des an der Kathode entwickelten Wasserstoffvolumens ausmachen.

Bei der Elektrolyse der essigsauren Salze tritt außer Sauerstoffentwicklung je nach den Versuchsbedingungen hauptsächlich Bildung von Methylalkohol nach:

$$CH_3 \cdot CO_2' + OH' + 2\,\oplus \rightarrow CH_3 \cdot OH + CO_2$$

oder Paraffinbildung (Äthanbildung) nach:

$$2\,CH_3 \cdot CO_2' + 2\,\oplus \rightarrow C_2H_6 + 2\,CO_2$$

auf. Außer Fluorgas ist es nur mit Hilfe anodischer Oxydation möglich, Fettsäuren an der Karboxylgruppe zu oxydieren[2].

Es ist heute wohl ziemlich sicher, daß alle Vorgänge bei der Elektrolyse der aliphatischen Säuren nur durch die Annahme der Entladung der Anionen erklärt werden können und nicht durch die sogenannte Oxydationshypothese[3]. Als eines der wichtigsten Argumente für die „Entladungstheorie" kann die Tatsache gelten, daß die Synthese von Kohlenwasserstoffen aus aliphatischen Säuren auch in nichtwäßrigen Lösungen eintritt, was nach der Oxydationstheorie nicht stattfinden dürfte.

Der Vorgang kann durch folgendes Schema ausgedrückt werden:

$$\begin{array}{ccccccccc} RCOOH & & RCOO & & RCOO & & R & & CO_2 \\ & \rightarrow & & \rightarrow & | & \rightarrow & | & + & \\ RCOOH & & RCOO & & RCOO & & R & & CO_2 \end{array}$$

Die Anionen der Säure oder ihres Salzes werden an der Anode entladen. Zwei solche Säurereste verbinden sich zunächst zu dem Säureperoxyd, welches weiter unter Bildung eines Kohlenwasserstoffs und Kohlendioxyds zerfällt.

In alkoholischen Lösungen erleidet die Säure Peroxydhydrolyse, und es wird nach

$$\begin{array}{ccccc} RCOO & & H & & RCOOH \\ & \rightarrow & & \rightarrow & \\ RCOO & & OH & & RCOOOH \rightarrow ROH + CO_2, \end{array}$$

1 Mol Säure rückgebildet und 1 Mol Alkohol erzeugt[4].

T. S. Murray[5] fand, daß Lösungen von weniger als 0,5% Gehalt an Azetat nur Sauerstoff geben, während konzentrierte Lösungen zunehmend mehr Äthan entstehen lassen. Auch die Vermehrung der Stromdichte wirkt in diesem Sinn.

---

[1] E. Doumer: Compt. rend. Acad. Sciences **184**, 747 (1927).

[2] F. Fichter: Ztschr. physikal. Chem. **130**, 49 (1927). — F. Fichter u. R. Zumbrunn: Helv. chim. Acta **10**, 869 (1927).

[3] D. A. Fairweather u. O. J. Walker: The Mechanism of Kolbe's Electrosynthesis. Journ. chem. Soc. London 1926, 3111.

[4] H. Hofer u. M. Moest: Liebigs Ann. **323**, 284 (1903).

[5] T. S. Murray: Journ. chem. Soc., London **61**, 10 (1882).

Der Verlauf der Oxydation der Essigsäure ist aber vor allem abhängig von der Hydroxylionenkonzentration.

In neutraler oder schwach saurer Azetatlösung überwiegt die Äthanbildung die übrigen Vorgänge. In alkalischer Lösung und bei bestimmten Zusätzen tritt dagegen die Methylalkoholbildung neben Sauerstoffentwicklung stark in den Vordergrund und die Äthanbildung bleibt aus.

Durch geeignete Wahl des Verhältnisses von $C_2H_3O_2'$ und $OH'$ im Elektrolyten, z. B. durch Zugabe von Kaliumkarbonat oder Bikarbonat, und zwar bei einem Verhältnis $KC_2H_3O_2 : KHCO_3 = 1 : 0{,}5$—$1 : 1$, kann die Methylalkoholbildung mit 90%iger Stromausbeute in den Vordergrund treten. Bei stärkerem Überwiegen von Azetat tritt die Äthanbildung, bei Überwiegen von $KHCO_3$ die Sauerstoffentwicklung in den Vordergrund. In schwefelsaurer Lösung wird Essigsäure wegen der geringen Dissoziation fast gar nicht oxydiert, obgleich die Oxydation des Azetats sonst durch gesteigertes Anodenpotential begünstigt wird.

Die Elektrolyse essigsaurer Salze führt, wie schon erwähnt, bei Anwesenheit von Perchlorat, Sulfat, Fluorid, Nitrat, Phosphat, Ferrizyanid zu Methylalkohol und Kohlenoxyd, ohne diese Zusätze zu Äthan und Kohlensäure[1].

Durch Zusatz von Natriumperchlorat läßt sich die Elektrolyse der Salze der höheren Homologen der Essigsäure dahin beeinflussen, daß die entsprechenden niederen Alkohole entstehen, z. B. aus Natriumpropionat Äthylalkohol, aus Butyrat Propylalkohol.

Nicht ohne Bedeutung ist auch die Wahl des Anodenmaterials[2]. An glattem Platin und Iridium tritt überwiegend Äthanbildung ein. An frisch platiniertem Platin, an Palladium Eisen, Nickel und Gold bleibt die Äthanbildung aus und die Sauerstoffentwicklung überwiegt. An vorher anodisch polarisiertem platinierten Platin tritt die Sauerstoffentwicklung stark zurück, und neben geringer Äthanbildung kommt es zur Bildung von Methylalkohol. Es erfordert also die Äthanbildung das höchste Potential, das nach G. Preuner und E. B. Ludlam[3] um 2,5 Volt positiver liegt als das einer Wasserstoffelektrode im gleichen Elektrolyt. Die Bildung von Methylalkohol erfordert ein niedrigeres Anodenpotential und die $O_2$-Entwicklung das niedrigste.

S. Glasstone und A. Hickling[4] haben neuerdings festgestellt, daß geringe Mengen von Blei-, Mangan-, Kupfer-, Kobalt- und Eisenazetat in einer Lösung von K-Azetat und Essigsäure die Bildung von Äthan an Platinanoden fast vollständig verhindern, und zwar wirken die Ionen in der Reihenfolge: Pb, Ag > Mn > Cu, Co, Fe.

Die Elektrolyse von Na-, K-, $NH_4$-, Ca-, Sr-, Ba-, Mg-, Zn-, Ni- und Uranylazetat ergeben Äthan an der Anode in guter Ausbeute.

Neben dem oben geschilderten Oxydationsverlauf sind daneben auch Vorgänge, die zur Ester- und Olefinbildung führen, möglich, die, auf das Beispiel der Azetatelektrolyse angewenden, den beiden folgenden Schemen entsprechen würden:

$$2\,CH_3CO_2' + 2\,\oplus \rightarrow CH_3CO_2CH_3 + CO_2,$$
$$4\,CH_3CO_2' + 4\,\oplus \rightarrow 2\,CH_3\cdot COOH + 4\,CO_2 + CH_2 = CH_2.$$

Doch spielen diese Vorgänge bei der Oxydation der niederen Homologen keine Rolle. Bei höheren Homologen bzw. den Derivaten der Essigsäure treten neben der Alkohol- und Paraffinbildung auch fallweise die Vorgänge der Ester- bzw. Olefinbildung in den Vordergrund[5].

---

[1] H. Hofer u. M. Moest: Liebigs Ann. **323**, 284 (1902); siehe auch F. Fichter u. F. Metz: Helv. chim. Acta **18**, 1005 (1935).

[2] F. Foerster u. A. Piguet: Ztschr. Elektrochem. **10**, 729, 924 (1904).

[3] G. Preuner u. E. B. Ludlam: Ztschr. physikal. Chem. **59**, 670; ibidem **59**, 682 (1907).

[4] Journ. chem. Soc. London 1934, 1878.

[5] H. Jahn: Wied. Ann. **37**, 432 (1889). — J. Petersen: Ztschr. physikal. Chem. **33**, 99, 295, 698 (1900); Ztschr. Elektrochem. **12**, 143 (1906). — J. Hamonet: Compt. rend. Acad. Sciences **123**, 253 (1896). — W. Gluud:

Die Olefinbildung tritt vornehmlich bei der Elektrolyse von propionsaurem, buttersaurem und isobuttersaurem Kalium in den Vordergrund. Die Paraffinbildung überwiegt wieder bei der Elektrolyse der Kaliumsalze der Valerian-, Isovalerian-, Kapronsäure und den übrigen hohen Homologen. Die Elektrolyse ist der beste Weg zur Darstellung der höheren Grenzkohlenwasserstoffe.

In flüssiger wasserfreier Essigsäure als Lösungsmittel erhält man[1] bei der Elektrolyse von Kaliumazetat die nämlichen Produkte wie bei der Elektrolyse in wäßriger Lösung, nämlich Äthan, $C_2H_6$, und Kohlensäure.

Auch bei der Elektrolyse von geschmolzenem Kaliumazetat hat Lassar-Cohn[2] Methan und Wasserstoff an der Kathode und Kohlensäure an der Anode nachweisen können. Diese Angaben hat später E. Berl[3] bestätigt.

J. Petersen[4] hat die Elektrolyse von geschmolzenen Salzen der Fettsäuren: Essigsäure, Propionsäure und Buttersäure bei niedrigeren Temperaturen und unter Vermeidung der sekundären Einwirkung der Alkalimetalle ausgeführt, indem er deren Schwermetallsalze benutzte. Ein eutektisches Gemisch von Bleiazetat (3 Mole) und Zinkazetat (1 Mol) an der Kathode lieferte kein Gas, an der Anode aber wurde in der Hauptmenge CO (bis zu 30%), $H_2$ (17—47%), $CH_4$ (19—43%), Äthan, $C_2H_6$ (0—13%) erhalten. Ähnliche Resultate gab ein eutektisches Gemisch von Bleiazetat und Natriumazetat (3 Mole auf 1 Mol), nur betrug die Äthanmenge hier 22—61%. Aus Bleipropionat und -butyrat wurden ebenfalls Paraffine erhalten, die in der Hauptmenge aus Äthan bestanden. Die Elektrolyse verläuft also teilweise ähnlich wie in wäßrigen Lösungen, jedoch unter Bildung von nur geringen Mengen der erwarteten Produkte.

Bei der Elektrolyse in wäßriger Lösung tritt bei Salzen der chlorierten Säuren vornehmlich die Esterbildung in den Vordergrund. So bildet sich aus chloressigsauren Salzen Chloressigsäurechlormethylester, aus trichloressigsaurem Natrium der Körper $CCl_3 \cdot CO_2 \cdot CCl_3$.

Wie die Versuche von J. Petersen[5] ergaben, werden weder die Kaliumsalze der Malonsäure noch die der Methyl- und Äthylmalonsäure anodisch vom Elektrolytsauerstoff angegriffen, dagegen führt die Elektrolyse der Kaliumsalze der Bernsteinsäure[6], der Adipinsäure[7], der Fumar- und Maleinsäure[8] bzw. Zitraconsäure[9] zu den entsprechenden ungesättigten Kohlenwasserstoffen, und zwar der Reihe nach zur Bildung von Äthylen, Butylen, Azetylen bzw. Allylen. Dagegen erleidet nach F. Henrich und A. Herzog[10] Glutazonsäure an der Anode eine tiefgreifende Aufspaltung, unter deren Erzeugnissen Azetylen und Akrolein nachgewiesen wurden.

---

Abh. z. Kenntnis Kohle **2**, 303 (1918). — K. Elbs u. K. Kratz: Journ. prakt. Chem. **47**, 104 (1893); **55**, 502 (1897). — F. Kaufler u. C. Herzog: Ber. Dtsch. chem. Ges. **42**, 3858 (1909); **43**, 266 (1910). — F. M. Jaeger: Ref. Ztschr. Elektrochem. **18**, 664 (1912). — Fr. Fichter u. Th. Lichtenhahn: Ber. Dtsch. chem. Ges. **48**, 1949 (1915). — W. Löb: Ztschr. Elektrochem. **2**, 663 (1895/96); **3**, 3 (1896/97). — A. Wohl u. H. Schweitzer: Ber. Dtsch. chem. Ges. **39**, 890 (1906).

[1] Antonoff: Journ. Russ. phys.-chem. Ges. (russ.) **36**, 5 (1904).

[2] Lassar-Cohn: Ann. Physik **251**, 357 (1889).

[3] E. Berl: Ber. Dtsch. chem. Ges. **37**, 325 (1904).

[4] J. Petersen: Ztschr. Elektrochem. **20**, 328 (1914).

[5] J. Petersen: Ztschr. physikal. Chem. **33**, 698 (1900).

[6] H. Kolbe: Liebigs Ann. **113**, 244 (1860). — A. Kekule: Liebigs Ann. **131**, 79 (1864). — J. Petersen: Ztschr. physikal. Chem. **33**, 701 (1900).

[7] B. L. Vanzetti: Atti R. Accad. Lincei (Roma), Rend. (5), **15**, I, 574 (1905); (5) **16**, II, 79, 139 (1907); (5), **17**, II, 331 (1908). — J. Walker u. J. K. Word: Journ. chem. Soc. London **89**, 598 (1906).

[8] A. Kekule: Liebigs Ann. **131**, 79 (1864).

[9] F. Henrich u. W. Schenk: Ber. Dtsch. chem. Ges. **52**, 2120 (1919).

[10] F. Henrich u. A. Herzog: Ber. Dtsch. chem. Ges. **52**, 2126 (1919).

Malonsäure und ihre Homologen geben aber, wenn eine COOH-Gruppe verestert ist, bei der Elektrolyse der Kaliumsalze der Estersäuren der Hauptsache nach die Diester von höheren Homologen nach:

$$2\,C_2H_5\cdot COO\cdot(CH_2)_nCOO' + 2\oplus \rightarrow \begin{matrix} C_2H_5CO_2(CH_2)_n \\ C_2H_5CO_2(CH_2)_n \end{matrix} + 2\,CO_2.$$

Es entstehen also aus den Äthylesterkaliumsalzen der Malonsäure, Bernsteinsäure, Adipinsäure, Sebazinsäure usw. die Diäthylester von Bernsteinsäure, Adipinsäure, Sebazinsäure, Hexadekandikarbonsäure usw.[1].

Als Nebenreaktion kann es hier auch zur Bildung von Estern ungesättigter Monokarbonsäuren kommen, die in einzelnen Fällen, z. B. bei der Elektrolyse der Estersalze der Dimethyl- und Diäthylmalonsäure, unter Bildung von Methyl- und Äthylakrylsäure zur Hauptreaktion wird. Bei der Elektrolyse von dipropylmalonestersaurem Kalium kann[2] noch ein andersgearteter Hauptvorgang eintreten, der der Methylalkoholbildung bei der Elektrolyse von Kaliumazetat analog ist und zu Dipropylglykolsäureester führt.

Auch die $\beta$-Oxysäuren, die die Gruppe $CH_2$ enthalten, geben bei der Elektrolyse Diester, z. B.[3] das $\beta$-amyloxypropionsaure Kalium mit 50%iger Ausbeute den Diamylester des 1,4-Butandiols:

$$2\,C_5H_{11}\cdot OH\cdot CH\cdot CH_2COO' + 2\oplus \rightarrow C_5H_{11}CHOHCH_2CH_2CHOHC_5H_{11} + 2\,CO_2.$$

Die $\alpha$- und die $\gamma$-Ketokarbonsäuren reagieren ähnlich unter Bildung der Diketone[4], indem z. B. brenztraubensaures Kalium, allerdings mit geringer Ausbeute, Diazetyl nach:

$$2\,CH_3\cdot CO\cdot COO' + 2\oplus \rightarrow CH_3\cdot CO\cdot CO\cdot CH_3 + 2\,CO_2$$

liefert, während der Hauptsache nach Oxydation in Essigsäure und $CO_2$ stattfindet.

Dagegen gibt das homologe, lävulinsaure Kalium mit 50% Ausbeute das Diketon: 2,7 Oktandion.

Im Gegensatz hierzu unterliegen die Salze der $\alpha$-Oxysäuren der Oxydation an der Anode, ohne daß es zu Koppelungen zweier Anionenreste kommt[5]. Es kommt hierbei zur Bildung von Aldehydsäuren, bzw. im weiteren zur Oxydation zu Dikarbonsäuren, z. B. von Glykolsäure zu Oxylsäure. Daneben und in der Folge überwiegend findet aber ein tiefgreifender oxydativer Zerfall statt[6]. Möglicherweise zerfallen hierbei die Anionen der $\alpha$-Oxysäuren H(R)COH·COO' unter Abspaltung von $CO_2$, wobei der Rest —H(R)COH nach:

$$2\text{—}H(R)COH + O \rightarrow 2\,RCOH + H_2O$$

hierbei zunächst zu einem Aldehyd oxydiert wird, so z. B. Glykolsäure zu Formaldehyd, Milchsäure zu Azetaldehyd, Mandelsäure zu Benzaldehyd usw. Der Aldehyd wird dann unter Kohlenmonoxydentwicklung weiter verbrannt.

Je verdünnter der Elektrolyt ist, desto kohlenmonoxydreicher werden die Anodengase und um so weniger Aldehyd verbleibt in der Lösung; zugleich steigt aber auch der Betrag der Sauerstoffentwicklung an, also auch das Potential der in solchen Fällen stets verwendeten Platinanode. D. h. also, die Verbrennung von Aldehyd erfolgt schwerer als seine Entstehung.

---

[1] Vgl. die Versuche von A. Crum Brown u. J. Walker: Liebigs Ann. **261**, 107 (1891); **274**, 41 (1893). — G. Komppa: Ber. Dtsch. chem. Ges. **34**, 900 (1901). — J. Walker u. A. P. Walker: Pr. chem. Soc. **21**, 210 (1905).

[2] D. C. Crichton: Pr. chem. Soc. **22**, 162 (1906).

[3] J. Hamonet: Compt. rend. Acad. Sciences **132**, 259 (1901); Bull. Soc. chim. **33**, 513 (1905).

[4] H. Hofer: Ber. Dtsch. chem. Ges. **33**, 650 (1900).

[5] E. Baur: Ztschr. Elektrochem. **25**, 102 (1919).

[6] W. v. Miller u. J. Hofer: Ber. Dtsch. chem. Ges. **27**, 461 (1894).

Die ganz analoge Erscheinungsfolge tritt auch bei der im übrigen recht verwickelten anodischen Oxydation der Weinsäure hervor[1]. Allgemein läßt sich sagen, daß bei derartigen Oxydationen der anodische Oxydationsvorgang durch kathodische Reduktion nur dann wieder rückgängig gemacht werden kann, solange die Kohlenstoffkette der Ausgangssäure noch unversehrt bleibt.

Ganz ausschließlich tritt der dem Vorgange der Methylalkoholbildung bei der Azetatelektrolyse entsprechende Vorgang bei der Elektrolyse der Alkalisalze von Polyoxykarbonsäuren bzw. Polydikarbonsäuren ein[2]. So gibt die d-Glukonsäure d-Arabinose, l-Arabonsäure l-Erythrose, i-Erythronsäure i-Glyzeraldehyd, i-Glyzerinsäure Glykolaldehyd und Glykolsäure Formaldehyd.

Unter bestimmten Versuchsbedingungen kann man nach dem analogen Vorgang z. B. aus der Weinsäure Glyoxal erhalten und analog aus Oxyaminosäuren, z. B. dem Serin: $HOCH_2\cdot CHNH_2\cdot COOH$, durch Elektrolyse den um ein Kohlenstoffatom ärmeren Oxyaldehyd: $CH_2OH\cdot COH$ neben dem Aminoaldehyd $CH_2NH_2\cdot COH$.

Ebenso wie die Möglichkeit der Bildung von Methylalkohol an der Anode durch Zusammentreten eines Säureanions mit Hydroxylionen gegeben ist, nach:

$$CH_3\cdot COO' + OH' + 2\oplus \rightarrow CH_3\cdot OH + CO_2,$$

kann man auch andere Anionen mit den Anionen organischer Säuren anodisch koppeln. Am günstigsten hierzu liegen die Verhältnisse bezüglich der Reaktion von Chlorionen an Stelle von Hydroxylionen. Nach H. Hofer und M. Moest[3] entsteht bei der Elektrolyse einer gemischten Lösung von kapronsaurem Kalium und Chlorkalium in guter Ausbeute Chlorpentan nach:

$$C_5H_{11}COO' + Cl' + \oplus \rightarrow C_5H_{11}Cl + CO_2.$$

In ähnlicher Weise hat W. Wurtz[4] bei der gleichzeitigen Elektrolyse der Kaliumsalze zweier verschiedener aliphatischer Karbonsäuren durch Verknüpfung verschiedener Kohlenwasserstoffreste die Synthese von höheren Kohlenwasserstoffen durchgeführt. Ebenso läßt sich durch Elektrolyse einer gemischten Lösung der Kaliumsalze einer aliphatischen Säure und eines Dikarbonsäuremonoesters[5] die Synthese der Ester höherer Monokarbonsäuren durchführen. So läßt sich z. B. aus einem Gemisch von äthylbernsteinsaurem und essigsaurem Kalium Buttersäureäthylester, aus einem solchen von äthylbernsteinsaurem und isobuttersaurem Kalium Isobutylessigsäureäthylester gewinnen, und durch Elektrolyse eines Gemisches der Kaliumsalze von Essigsäure und einer Ketosäure (z. B. Lävulinsäure)[6] die Synthese von Ketonen, z. B. von Methylpropylketon, durchführen. Zu diesen anodisch erfolgenden Koppelungsreaktionen dürfen auch die Anodenvorgänge bei der Elektrolyse von Natriummalonsäureester oder der des Natriumazetylketons[7] in wäßrig alkoholischer Lösung, die zu Äthantetrakarbonsäureester bzw. Tetraazetyläthan führen, gezählt werden.

Bei der elektrolytischen Oxydation der Glykolsäure in alkalischer Lösung läßt sich das Eintreten oder Ausbleiben der einzelnen Anodenvorgänge durch das Anodenmaterial stark beeinflussen. Bei niedrigem Anodenpotential (Fe, Ni, Cu) wird die Oxydation ausschließlich durch den aus OH' freiwerden-

[1] V. J. Sihvonen: Dissertation. Helsingfors, 1921.

[2] C. Neuberg: Biochem. Ztschr. 7, 527 (1908). — C. Neuberg, L. Scott u. S. Lachmann: Biochem. Ztschr. 2, 152 (1910). — K. Elbs: Ztschr. Elektrochem. **16**, 136 (1910); **18**, 665 (1912).

[3] H. Hofer u. M. Moest: Liebigs Ann. **323**, 286 (1902).

[4] W. Wurtz: J. Ber. **1855**, 575.

[5] W. v. Miller u. H. Hofer: Ber. Dtsch. chem. Ges. **28**, 2427 (1895); Ztschr. Elektrochem. **4**, 55 (1897/98).

[6] H. Hofer: Ber. Dtsch. chem. Ges. **33**, 656 (1900).

[7] S. G. Mulliken: Journ. Amer. chem. Soc. **15**, 23 (1893). — C. Ulpiani u. G. A. Rodano: Atti R. Accad. Lincei (Roma), Rend. **14**, 110 (1905).

den Elektrolyt-O bewirkt; man erhält primär Glyoxylsäure, die weiter teils zu Oxylsäure, teils zu Ameisensäure oxydiert wird. Bei hohem Potential (glattes Pt) beruht der Anodenvorgang wesentlich auf der Entladung von $HO \cdot CH_2^{\cdot}$ und COO′; als primäres Produkt tritt $CH_2O$ auf, Glyoxylsäure entsteht nicht. Daneben entsteht an der Anode $H_2$, und zwar im günstigsten Fall bei niedriger Temperatur zirka 80% der kathodischen H-Entwicklung, wahrscheinlich treten 2 Glykolsäurereste miteinander in Reaktion[1]. Sowohl in gesättigter neutraler Lösung[2] als auch in schwefelsaurer Lösung[3] wurde diese Säure untersucht.

## Aromatische Körper.

Die Möglichkeiten der anodischen Oxydation aromatischer Verbindungen sind ziemlich groß, es können vor allem folgende Reaktionen durchgeführt werden:

1. Ersatz der Wasserstoffe am Kern durch OH-Gruppen oder Sauerstoff unter Bildung von ein- und zweiwertigen Phenolen und Chinonen.
2. Verknüpfung zweier Kerne unter Entzug von Wasserstoff.
3. Oxydation der aliphatischen Seitenkette unter Bildung von Aldehyden, Säuren, Oxysäuren bis zum restlichen Abbau.

Natürlich können auch zwei dieser Möglichkeiten gleichzeitig eintreten. Außerdem treten gelegentlich noch andere Reaktionen auf. Die Anzahl der Arbeiten und Patente auf diesem Gebiet ist überaus groß und unübersichtlich, es kann daher nur das Wesentlichste erwähnt werden.

An Toluol als einfaches Beispiel dargestellt, verläuft die anodische Oxydation in folgender Weise[4]:

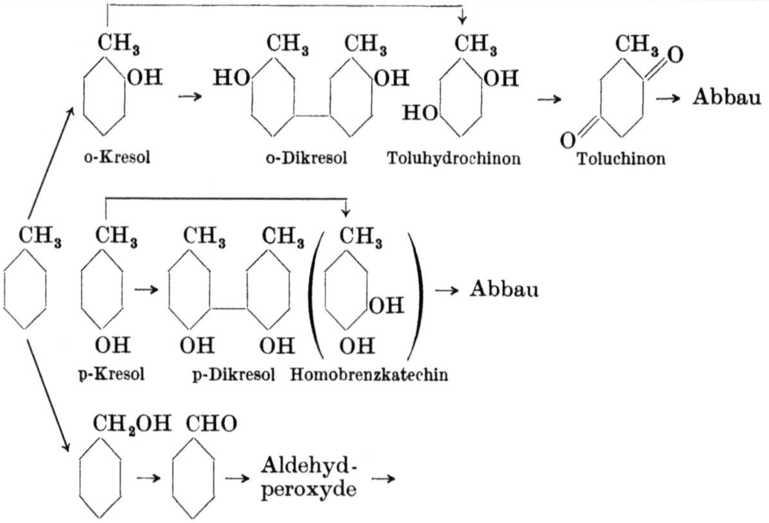


[1] E. Tommica: Acta chem. fenn. **6**, Nr. 9/10, Suppl. 701933; Ann. Acad. Sci. Fennicae, Ser. A, **38**, Nr. **6** (1933).

[2] Baur: Chem. Ztrbl. **1931 II**, 20.

[3] Schreiner: Chem. Ztrbl. **1931 I**, 1430.

[4] F. Fichter u. H. Erlenmeyer: Handb. d. techn. Elektrochem., II. Bd., 2. Teil, S. 223.

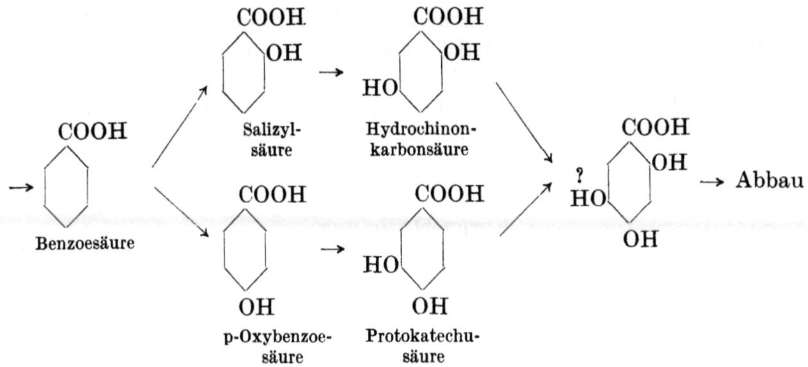


# Darstellung einzelner Körper.

## Gewinnung von Phenolen und Chinonen.

Bei der über Phenole zu Chinonen führenden Oxydation von aromatischen Kohlenwasserstoffen tritt schon beim einwertigen Phenol eine Verzweigung des Wegs der Reaktion ein:

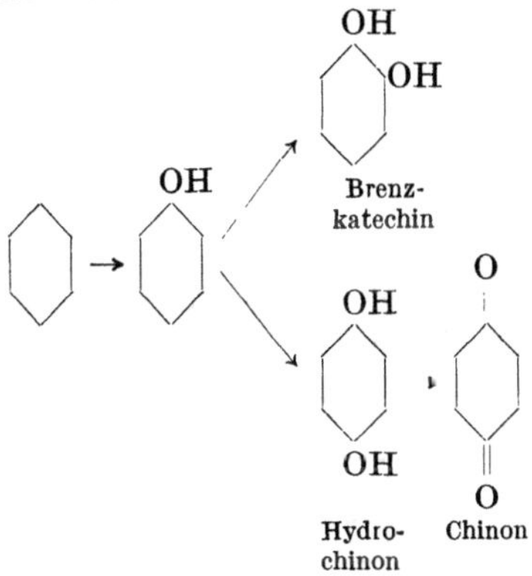


indem einerseits Brenzkatechin, anderseits Hydrochinon gebildet wird. Da Brenzkatechin gegen weitere Oxydation nicht widerstandsfähig ist, tritt meist gänzlicher Verlust des auf die Orthobahn geleiteten Anteils von etwa 50% durch Abbau ein. Nur der Paraanteil wird zu Chinon weiteroxydiert. Aber auch die Weiteroxydation des Chinons, die gleichzeitig mit seiner Bildung an der Anode einsetzt, ist kaum zu vermeiden[1].

Es entsteht dabei sowie auch aus anderen Benzolderivaten Malein- und Fumarsäure, die zum Teil in Bernsteinsäure umgewandelt werden[2]. Diese Reaktion wurde sogar dazu verwendet, Malein- und Bernsteinsäure elektrolytisch herzustellen[3].

---

[1] R. Kempf: Journ. prakt. Chem. **83**, 329 (1911). DRP. 117251 (1899). — Farbenfabriken vorm. F. Bayer & Co.: DRP. 252759 (1911). — H. Inne u. M. Shikata: Journ. chem. Ind. Japan **24**, 576 (1921).

[2] E. Fichter u. W. Dietrich: Helv. chim. Acta **7**, 127 (1924).

[3] Z. H. Rikagaku Kenkynjo: E. P. 253877 (1926).

Bei der Oxydation des Naphthalins zu Naphthochinon[1] tritt ebenfalls eine Weiteroxydation zu Phthalsäure unter gleichzeitigem weitgehendem Abbau ein[2].

Besser läßt sich die analoge Oxydation des Anthrazens zu Anthrachinon durchführen[3], doch wird diese jetzt mit Chromsäure chemisch durchgeführt, und nur diese wird elektrochemisch regeneriert.

## Kernverknüpfung.

Kernverknüpfung wird bei vorsichtiger Oxydation, am besten von Phenolen, erreicht. Es tritt dabei sogenannte Verharzung der Flüssigkeit ein, d. h. es werden harzähnliche Polymerisationsprodukte, bestehend aus einem Gemisch von zähflüssigen, zwei- und mehrkernigen Phenolen und Phenoläthern, die auch auf Kunstharze verarbeitet werden[4], gebildet.

Nach einem Verfahren der Badischen Anilin- und Sodafabrik[5] kann man m-Dioxybenzoesäure zu Resoflavin, einem gelben Beizfarbstoff, mit guter Ausbeute oxydieren:

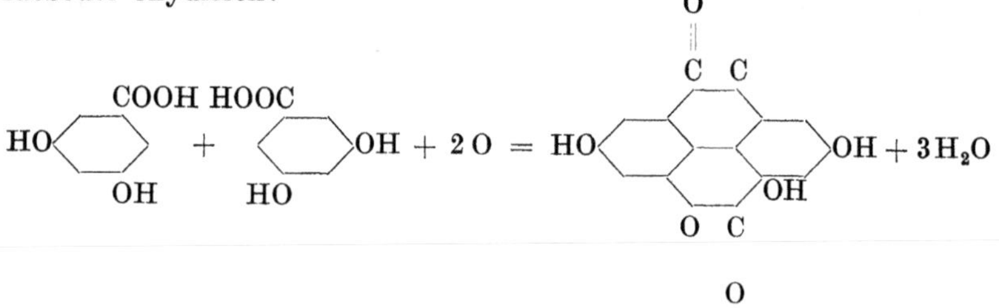


Auch bei Azofarbstoffen sind analoge Kernverknüpfungen möglich[6].

Bei den Versuchen, aliphatische Seitenketten aromatischer Körper zu oxydieren, gelangt man in einzelnen Fällen, besonders an Platinanoden, zu den Karbonsäuren[7], von p-Toluolsäure zur Terephthalsäure, und von p-Toluolsulfosäure[8] zur p-Sulfonbenzoesäure.

Benzoesäure wurde auf diese Weise sogar in größerem Maßstabe dargestellt[9], allerdings indirekt mit Hilfe von elektrochemisch erzeugter Chromsäure. Ebenso handelt es sich bei der aus o-Kresol gewonnenen Salizylsäure[10] um eine indirekte Oxydation durch Bleidioxyd. In anderen Fällen gelangt man zu Aldehyden oder sogar zu Alkoholen.

---

[1] A. Panchard de Bottens: Ztschr. Elektrochem. 8, 673 (1902). — K. Ono: Journ. chem. Soc. Japan **42**, 38, 559 (1921).

[2] A. W. Burwell: Trans. Amer. electrochem. Soc. **45**, 128 (1924). — C. J. Thatcher: Ebenda S. 34.

[3] C. J. Thatcher: E. P. 188042 (1921); A. P. 1397562 (1920).

[4] Resan-Kunstharzerzeugungs-Ges.: F. P. 518600 (1919); E. P. 130680 (1919); Schweiz. P. 90710 (1919).

[5] DRP. 85390 (1895).

[6] Badische Anilin- und Sodafabrik: DRP. 88597 (1895). — F. Fichter u. W. Jaeck: Helv. chim. Acta **4**, 1000 (1921).

[7] H. Labhardt u. R. Zschoche: Ztschr. Elektrochem. 8, 93 (1902).

[8] J. Sebor: Ztschr. Elektrochem. **9**, 370 (1903).

[9] C. J. Thatcher: Trans. Amer. electrochem. Soc. **45**, 34 (1924).

[10] O. Pomilio: E. P. 103739 (1916), 487595 (1918).

Ersteres ist[1], wenn auch mit schlechter Stromausbeute (15%) und unter starken Verharzungen der Fall, wenn man Suspensionen von Toluol oder anderen alkylierten Benzolen in verdünnter Schwefelsäure an Platinanoden elektrolysiert, und zwar deshalb, weil[2] sich die Platinanode durch die Gegenwart der Aldehyde so stark polarisiert, daß allenfalls gebildete Säuren sofort weiter abgebaut werden[3].

Der zweite Fall tritt z. B. ein bei der anodischen Oxydation von p-Nitrotoluol und Eisessig, die bei Gegenwart von Schwefelsäure mit einer anodischen Stromdichte von 0,15 A/cm², die mit 30% Materialausnützung und 40% Stoffausbeute[4] zum p-Nitrobenzylalkohol führt, ohne daß mehr als Spuren der weiteren Oxydationsprodukte zu fassen sind. Es dürfte[5] das Anhalten der Oxydation bei der Alkoholstufe auf einer Depolarisation der Anode beruhen.

Aus Benzylalkohol entsteht[6] als Oxydationsprodukt Benzylaldehyd, und zwar unter Anwendung einer 2-normalen $Na_2CO_3$-Lösung im Anoden- und Kathodenraum, bei einer Stromdichte von 0,07273 A/cm² und etwa 25°, mit einer maximalen Stromausbeute von 26,31% und einer Stoffausbeute von 70,74%.

Dagegen erfolgt die weitere Oxydation zu Benzoesäure mit einer Platinanode weder in einer $Na_2CO_3$-Lösung noch in saurer Lösung.

Bei der anodischen Oxydation der Benzoesäure enthält das Anodengas Benzol, $CO_2$ und etwas CO, diese Produkte weisen analog der Kolbeschen Elektrooxydation der Fettsäuren wahrscheinlich auf die primäre Bildung von Benzoylperoxyd hin.

Im Gegensatz zu den Alkalisalzen der aliphatischen Monokarbonsäuren geben die Salze der Benzoesäure und ihrer Homologen bei der Elektrolyse an der Anode wesentlich die freien Säuren und Sauerstoff, neben kleinen Mengen CO, $C_2H_2$ und verschiedenen anderen Produkten der Oxydation. Die Kaliumsalze der Äthalsäuren geben Doppelazetate von Dialdehyden, die bei Verseifung die auf anderem Wege schwer erhältlichen Dialdehyde von Dikarbonsäuren liefern.

Bei der Elektrolyse von o-nitrobenzoesaurem Kalium, in o-Nitrobenzoesäure gelöst, entsteht[7] nitrobenzolbenzoesaures Natrium, in geschmolzener Benzoesäure geringe Mengen Diphenyl.

Während Pyridin gegen chemische Oxydationsmittel sehr beständig ist, wird es sowie seine Homologen anodisch durch Oxydation abgebaut. Durch teilweise Aboxydation längerer Seitenketten bis zum ent-

[1] H. D. Law u. F. M. Perkin: Chem. News 92, 66 (1905); Proceed. chem. Soc. 23, 11 (1907).
[2] F. Fichter u. E. Uhl: Helv. chim. Acta 3, 22 (1920).
[3] Siehe auch R. F. Dunbrook u. A. Lowy: Trans. Amer. electrochem. Soc. 45, 81 (1924). — J. F. Conn u. A. Lowy: Ebenda 50, 333 (1926).
[4] K. Elbs: Ztschr. Elektrochem. 2, 522 (1895/96).
[5] F. Fichter u. G. Bonhôte: Helv. chim. Acta 3, 395 (1920).
[6] S. Koidzumi: Memoirs Coll. Science, Kyoto Imp. Univ. Serie A 11, 383 (1928).
[7] Schall u. Klien: Ztschr. Elektrochem. 5, 257, 526 (1898/99); 6, 102 (1899/1900).

sprechenden Aldehyd mittels Elektrolyse kann in alkalischer Lösung[1] aus dem Isoeugenol das Vanillin erhalten werden.

Ein ähnliches Verfahren sollte auch zur Gewinnung von Saccharin dienen[2]. Es wurde hierbei Alkaliplumbit und Manganat als Sauerstoffüberträger benutzt[3].

Zu erwähnen ist noch die[4] an Bleianoden mit theoretischer Stromausbeute erfolgende elektrolytische Oxydation des Tetramethyldiamidodiphenylmethans zu dem entsprechenden Hydrol, ferner die Oxydation von Tropin zu Tropinon[5], von Borneol und Isoborneol zu Kampfer[6] und von Menthol in Menthon[7].

Endlich kann man[8] an Anoden aus Platindrahtnetzdiaphragma auch die elektrolytische Oxydation aromatischer Sulfide zu Sulfooxyden und Sulfonen nach

$$R_2S \rightarrow R_2SO \rightarrow R_2SO_2$$

durchführen.

Auch auf dem Gebiet der Erzeugung von Teerfarben wurde meist vergeblich die elektrochemische Oxydation einzuführen versucht, so z. B. zur elektrolytischen Oxydation von Anilin zu Anilinschwarz[9] oder zur Erzeugung anderer durch Oxydationsvorgänge entstehender Teerfarbstoffe an der Anode[10].

E. C. Szarvasy[11] hat die bei der Elektrolyse von wäßrigen Anilinsalzlösungen auftretende Farbstoffbildung unter Ausschluß des Wassers durch Elektrolyse der geschmolzenen Anilinsalze selbst sowie auch unter Zusatz von Anilin studiert. Geschmolzenes Anilinchlorhydrat, $C_6H_5NH_2 \cdot HCl$, lieferte (bei 160°) Anilinschwarz, Indulinfarbstoffe (Indulin, $B_2$-4-Anilidoindulin, Indulin 6 B); ein Gemisch von Anilin und salzsaurem Anilin lieferte (bei 70—90°) Azophenin, Phenylendiamin u. a.

---

[1] Chemische Fabrik von Heyden A. G.: DRP. 92007 (1895).

[2] Dr. F. v. Heydens Nachf.: DRP. 85491 (1895).

[3] F. Fichter u. H. Loewe: Helv. chim. Acta **5**, 60 (1922). — H. Loewe: Schweiz. P. 94223 (1921); F. P. 545451 (1921); E. P. 174913 (1922). — F. Halla: Ztschr. Elektrochem. **36**, 96 (1930). — Klages: Schweiz. P. 78277 (1918). — Siehe auch F. Fichter u. A. Christen: Helv. chim. Acta **8**, 332 (1925); Schweiz. P. 108703 (1924). — F. Fichter u. M. Rinderspacher: Helv. chim. Acta **10**, 106 (1927).

[4] F. Escherich u. M. Moest: Ztschr. Elektrochem. **8**, 849 (1902); DRP. 133896.

[5] E. Merck: DRP. 118607 (1900), 128855 (1901).

[6] G. Ansterweil: DRP. 217555 (1908). — Gesellschaft für Chemische Industrie, Basel: F. P. 387539 (1907); DRP. 297019 (1915).

[7] W. Lang: DRP. 166357 (1902).

[8] F. Fichter u. Ph. Sjöstedt: Ber. Dtsch. chem. Ges. **43**, 3422 (1910).

[9] F. Goppelsröder: Farbelektrische Mitteilungen. Mühlhausen. 1889; Studien über die Anwendung der Elektrolyse zur Darstellung, Veränderung und Zerstörung der Farbstoffe in Gegenwart oder Anwesenheit vegetabiler und animalischer Fette. Mühlhausen. 1891.

[10] DRP. 116336. — A. Voigt: Ztschr. angew. Chem. **(1894)**, 107.

[11] E. C. Szarvasy: Ztschr. Elektrochem. **6**, 403 (1899/1900).

## Deutsche Patente über anodische Oxydation organischer Stoffe.

29771. Chem. Fabrik auf Aktien vorm. E. Schering, Berlin. 1884. Jodoform, Bromoform, Chloroform durch Elektrolyse der entsprechenden Halogenverbindungen in Gegenwart von Alkohol, Aldehyd oder Azeton.

31852. Ever & Pick, Berlin, übertragen auf Badische Anilin- und Sodafabrik, Ludwigshafen. 1884. Schwefelhaltige Farbstoffe aus aromatischen Aminen in saurer Lösung elektrolysiert in Gegenwart von Schwefelwasserstoff.

64405. Farbenfabriken vorm. F. Bayer & Co., Elberfeld. 1891. 6. Zusatz zu 49739. Jodderivate von Phenolen durch Elektrolyse in Gegenwart von Alkalijodiden.

74353. Farbenfabriken vorm. F. Bayer & Co., Elberfeld. 1892. 12. Zusatz zu 62018. Alizarinzyanine aus Anthrachinon, Alizarin, Purpurin in schwefelsaurer Lösung.

85390. Badische Anilin- und Sodafabrik, Ludwigshafen. 1895. Gelbe Beizenfarbstoffe aus aromatischen Oxykarbonsäuren.

85491. Dr. F. v. Heydens Nachf., Radebeul b. Dresden. 1895. Benzoesulfonimide aus Orthotoluolsulfonamiden.

88597. Badische Anilin- und Sodafabrik, Ludwigshafen. 1895. 4. Zusatz zu 84893. Azofarbstoffe der Benzidinreihe durch Kernverknüpfung aus Monoazofarbstoffen.

92007. Dr. F. v. Heydens Nachf., Radebeul b. Dresden. 1895. Vanillin aus Isoeugenolsalzen.

100417. Dr. H. Triller, Sondershausen. 1897. Mononitronaphthalin aus Naphthalin in Gegenwart von Salpetersäure.

100556. Farbwerke vorm. Meister, Lucius & Brüning, Höchst a. M. 1897. Blaue basische Triphenylmethanfarbstoffe aus Triphenylmethanbasen und rauchender Schwefelsäure elektrochemisch oxydiert.

103860. Farbwerke vorm. Meister, Lucius & Brüning, Höchst a. M. 1898. Regeneration von Chromsäure an der Anode, Regelung der Schwefelsäurekonzentration an der Kathode.

108383. Soc. Chim. des Usines du Rhône, Lyon. 1899. Farbstoffe der Eosingruppe aus Fluoreszein durch Elektrolyse in alkalischer Lösung in Gegenwart von Halogenid.

109012. F. Darmstädter, Darmstadt. 1897. Oxydation organischer Substanzen mit Chromsäure im elektrolytischen Bad.

114271. Chem. Fabrik von Heyden A. G., Radebeul b. Dresden. 1898. Farbstoffe aus Amidooxykarbonsäuren durch Elektrolyse einer salzsauren Lösung.

117129. C. F. Boehringer & Söhne, Waldhof. 1899. Übertragung von elektrolytisch gewonnenem Sauerstoff durch Mangan(3)salze.

117251. Dr. Th. Kempf, Charlottenburg. 1899. Chinon, Hydrochinon aus Benzol in schwefelsaurer Lösung an Bleianoden.

117949. F. Darmstädter, Darmstadt. 1899. Regeneration von Chromsäure.

118607. E. Merck, Darmstadt. 1900. Tropinon aus Tropin oder Pseudotropin an Bleianoden.

128855. E. Merck, Darmstadt. 1901. Zusatz zu 115517. Pseudotropin aus Tropin.

133896. Dr. F. Escherich und Dr. Moest, München. 1901. Tetraalkylierte Diamidobenzhydrole aus den entsprechenden Diamidodiphenylmethanen.

138441. F. Darmstädter, Darmstadt. 1900. Zusatz zu 117949. Regeneration von Chromsäure.

138442. Dr. Martin Moest, Höchst a. M. 1901. Alkohole aus Salzen der Karbonsäuren.

147943. Dr. M. Lilienfeld, Berlin. 1902. Nitro- und Amidokohlenwasserstoffe durch Elektrolyse der Kupfersalze entsprechender Karbonsäuren.

149983. Farbwerke vorm. Meister, Lucius & Brüning, Höchst a. M. 1902. Bromierter Indigo aus Indigo in Gegenwart von Bromwasserstoffsäure.

152063. Farbwerke vorm. Meister, Lucius & Brüning, Höchst a. M. 1902. Oxydation in saurer Lösung in Gegenwart von Zerverbindungen. Regeneration.
152926. C. F. Boehringer & Söhne, Waldhof. 1902. Saure Azofarbstoffe aus den Aminen in Gegenwart von Nitrit an der Anode.
158609. Farbwerke vorm. Meister, Lucius & Brüning, Höchst a. M. 1902. Chemische Oxydation aromatischer Kohlenwasserstoffe mit Zerverbindungen.
163813. Badische Anilin- und Sodafabrik, Ludwigshafen. 1903. Darstellung von Mangan(4)sulfat.
166357. Dr. W. Lang, Ems. 1902. Aldehyde und Ketone aus Alkoholen in Gegenwart von Mangan(2)salzen.
172654. Farbwerke vorm. Meister, Lucius & Brüning, Höchst a. M. 1903. Organische Verbindungen durch Oxydation oder Reduktion in Gegenwart von Vanadinverbindungen.
174238. Farbwerke vorm. Meister, Lucius & Brüning, Höchst a. M. 1903. Zusatz zu 158609. Oxydation von Kernsubstitutionsprodukten mit Zerverbindungen in saurer Lösung.
175295. Badische Anilin- und Sodafabrik, Ludwigshafen. 1903. Oxydation von substituierten Kohlenwasserstoffen.
182287. Dr. M. Le Blanc, Leipzig, übertragen auf Badische Anilin- und Sodafabrik, Ludwigshafen (1907). 1905. Kontinuierlicher Betrieb zur Chromsäureregeneration.
189178. Dr. W. Lang, Ems. 1902. Aldehyde und Chinone durch Oxydation von Kohlenwasserstoffen bzw. Seitenketten mit Mangan(3)salzen.
192519. Dr. O. Dieffenbach, Darmstadt. 1905. Nitrosobenzol aus Nitrobenzol durch Elektrolyse ohne Diaphragma oder abwechselnde kathodische und anodische Stromwirkung mit Diaphragma.
199248. Chemische Fabrik Buckau, Magdeburg. 1906. Regeneration von Chromsäure, kein Diaphragma. Reduktionshemmende Zusätze.
217555. Dr. Géza Austerweil, Neuilly b. Paris. 1908. Kampfer aus Borneol und Isoborneol in salpetersaurer Lösung in Gegenwart von Vanadinsalzen.
218863. Charles Henri Jacob, Lyon. 1908. Essigsaure Salze aus Alkohol.
223208. Dr. E. A. Behrens und Dr. J. Behrens, Bremen. 1908. Essigsäure aus Alkohol; zuerst kathalytisch zum Aldehyd oxydiert und abgetrennt.
239672. Dr. E. Kunz, Konstanz. 1909. Halogenierter Indigo durch Elektrolyse einer Lösung von Indigo in Pyridin mit Halogensalzen.
251694. C. F. Boehringer & Söhne, Waldhof. 1911. Apparat zur Regeneration von Chromsäure ohne Diaphragma.
252759. Farbenfabriken vorm. F. Bayer & Co., Elberfeld. 1911. Elektroden aus Blei mit geringem Kupfergehalt.
257559. Georg Kolsky, Zürich. 1911. Hohle, durchbrochene, ineinanderliegende Elektroden, innere rotierend.
274032. Konsortium für Elektrochemische Industrie, G. m. b. H., Nürnberg. 1911. Essigsäure aus Azetaldehyd, Kathode Graphit, Anode Platin.
293011. Farbenfabriken vorm. F. Bayer & Co., Elberfeld. 1913. Essigsäure aus Azetylen in sauren quecksilberhaltigen Elektrolyten.
297019. Gesellschaft für Chemische Industrie, Basel. 1915. Beschreibung einer elektrolytischen Zelle, Schichtung durch spezifisches Gewicht, schwingende Elektrode.
300672. R. Willstätter, München. 1917. Sukzinyldiessigester aus Azetondikarbonsäureestern in neutraler oder schwach saurer Lösung.
303165. Dr. Paul Goldberg, Berlin-Karlshorst. 1916. Regeneration von Chromsäure ohne Diaphragma, Metallscheidung an der Kathode.
318200. Dr. R. Lorenz und Dr. J. Hausmann, Frankfurt. 1917. Darstellung von Mellithsäure aus Kohlenanoden.
360417. Chemische Fabrik Griesheim-Elektron und N. Grünstein, Frankfurt. 1916. Azetaldehyd aus Azetylen in Gegenwart von Quecksilberverbindungen in saurer Lösung.

360418. Chemische Fabrik Griesheim-Elektron und N. Grünstein, Frankfurt. 1917. Zusatz zu 360417. Quecksilber als Kathode und Anode, Wechselstrom.
360588. Chemische Fabrik Griesheim-Elektron und N. Grünstein, Frankfurt. 1917. Essigsäure aus Azetaldehyd und Regeneration der Quecksilbersalze, die Azetylen in Azetaldehyd übergeführt haben.
368520. Deutsche Gold- und Silber-Scheideanstalt vorm. Rößler, Frankfurt. 1917. Alkalizyanat aus Alkalizyanid.
389624. Diamalt A. G., München. 1918. Weinsäure aus Zuckersäure.
396649. Charles J. Thatcher, New York. 1921. Elektrolysiergefäß.
408181. Chemische Fabrik Griesheim-Elektron und N. Grünstein, Frankfurt. 1916. Azetaldehyd aus Azetylen, Anwesenheit von Quecksilberverbindungen und Eisen(2)salzen.
424068. Stockholm's Superfosfat Fabriek Aktiebolag, Stockholm. 1920. Azetaldehyd aus Azetylen.

# Elektrophorese, Elektroendosmose und Elektrodialyse.

## Allgemeine Übersicht.

Während alle bisher besprochenen Erscheinungen auf der elektrolytischen Überführung von Ionen unter Einwirkung eines elektrischen Felds und deren Entladung an der Kathode bzw. Anode beruhen, soll zum Schluß noch ein Gebiet besprochen werden, das zwar nicht unmittelbar den Erscheinungen der Elektrolyse anzugliedern ist, zu dieser aber mannigfache Beziehungen aufweist.

Außer zur Überführung von Ionen ist nämlich der elektrische Strom auch zur Überführung suspendierter, nicht gelöster Stoffe (fester Partikel, Flüssigkeitströpfchen oder Gasbläschen) in verschiedenem Verteilungsgrad, einschließlich kolloider Verteilung, oder wenn diese unbeweglich sind, zur Überführung der reinen Flüssigkeiten befähigt.

Bei diesen von der elektrolytischen Überführung von Ionen grundsätzlich verschiedenen sogenannten elektrokinetischen Erscheinungen handelt es sich um mechanische Bewegungen, welche an den Grenzflächen zweier Phasen, meist Flüssigkeit und feste Stoffe, durch Anlegen eines elektrischen Felds hervorgerufen werden.

Man darf daraus schließen, daß die beiden Phasen irgendwie mit elektrischen Ladungen behaftet sind, welche durch die ungleichnamig geladenen Elektroden, die positiv geladene Phase durch die Kathode, die negative Phase durch die Anode, angezogen werden.

Es handelt sich also um Überführungserscheinungen in zweiphasigen Systemen, welche, je nachdem, ob sich in einer Flüssigkeit suspendierte Teilchen im elektrischen Felde bewegen, oder ob sich eine Flüssigkeit durch eine poröse, unbeweglich feste Wand bewegt, als Elektrophorese oder als Elektroendosmose bezeichnet werden. Je nachdem bei der Elektrophorese die beweglichen Teilchen positiv geladen sind und sich zur Kathode bewegen, oder die beweglichen Teilchen negativ geladen sind und sich zur Anode bewegen, spricht man von Kataphorese oder

Anaphorese. Da man der Hauptsache nach die Erscheinungen der Kataphorese zeitlich zuerst beobachtet hat, bezeichnete man längere Zeit die elektrophoretischen Erscheinungen schlechthin als kataphoretische.

Für beide Erscheinungsgruppen der Elektrophorese und der Elektroendosmose sind auch die umgekehrten Phänomene bekannt, nämlich die Erzeugung elektrischer Ströme beim Hindurchfallen suspendierter Teilchen durch eine Flüssigkeit bzw. beim Durchpressen einer Flüssigkeit durch einen porösen, festen Körper. Die durch Umkehrung der Elektrophorese erzeugten Ströme nennt man elektrophoretische Ströme, die durch Umkehrung der Elektroendosmose erzeugten nennt man Strömungsströme oder Diaphragmenströme[1].

Die Natur der elektrischen Ladungen, welche diese Erscheinungen verursachen, kann verschieden sein.

Entweder handelt es sich um eine Dissoziation einzelner an der Oberfläche der Phasen befindlicher Moleküle in entgegengesetzt geladenen Ionen, wobei ein Ion als solches abdissoziiert, während das entgegengesetzt geladene fest mit der Phase verbunden bleibt. Dieser Fall tritt häufig bei solchen Stoffen auf, die saure oder basische Natur besitzen.

Bei sauren Stoffen dissoziiert Wasserstoff in Ionenform ab, während der negativ geladene Säurerest zurückbleibt, bei basischen Stoffen dissoziieren $OH'$-Ionen ab und der positiv geladene Basenrest bleibt zurück.

Die zweite Möglichkeit besteht darin, daß an der Oberfläche fein verteilter Stoffe durch deren Oberflächenkräfte Ionen adsorbiert werden, die diesen dann eine bestimmte Ladung erteilen. In diesem Falle muß die Fähigkeit zu selektiver (auswählender) Adsorption vorhanden sein. Die S. 366 erwähnte Abhängigkeit des Ladungssinns von festen und flüssigen Phasen von der Dielektrizitätskonstante läßt außerdem schließen, daß gelegentlich Oberflächenladungen auch auf elektrostatische Aufladungsvorgänge (Reibungselektrizität, Berührungselektrizität) zurückzuführen sind.

In Wirklichkeit werden wahrscheinlich mehrere dieser Ursachen gleichzeitig in Betracht kommen.

Es ist zu erwarten, daß bei Kolloiden wegen deren außerordentlich großen Oberflächenentwicklung die erwähnten elektrokinetischen Erscheinungen besonders ausgeprägt auftreten.

Dies trifft auch in jeder Beziehung zu. Es ist ja bekanntlich für die Kolloide ihr Ladungszustand eine der wichtigsten Bedingungen für ihre Beständigkeit und Existenz. Denn die gleichnamigen Ladungen, welche die Phasen des kolloiden Systems tragen, verhindern durch ihre Abstoßung eine Vereinigung der hochdispersen Teilchen zu größeren Aggregaten. Alle Maßnahmen, welche die Oberflächenladungen kolloider Teilchen neutralisieren oder zum Verschwinden bringen können, wirken daher auf Kolloide fällend oder koagulierend.

So z. B. das Hinzufügen adsorbierbarer, entgegengesetzt geladener Ionen oder Kolloide; ebenso auch Entfernung der Elektrolytladungen

[1] Siehe z. B. E. Dorn: Wied. Ann. **10**, 70 (1880). — U. Saxen: Wied. Ann. **47**, 46 (1892).

durch Dialyse oder durch Berührung mit entgegengesetzt elektrisch geladenen Leitern (Elektroden).

Den Vorgängen der Elektrophorese und Elektroendosmose schließen sich noch eine Reihe weniger übersichtlicher Erscheinungen an, die je nach ihrer praktischen Anwendung als „Elektrodialyse" oder „Elektroultrafiltration", „elektrisches Imprägnieren" usw. bezeichnet werden.

Falls ein Elektrolyt unter dem Einfluß des elektrischen Stroms durch ein Diaphragma hindurchbefördert wird, wobei das Diaphragma durch seine Oberflächenladungen fördernd auf diesen Transport einwirkt, so spricht man von Elektrodialyse. Es handelt sich hier um eine Beschleunigung der auch sonst eintretenden gewöhnlichen Dialyse durch ein elektrisches Spannungsgefälle. In den meisten Fällen erfordert dieser Vorgang zwei Diaphragmen, welche einen Mittelraum einschließen, welcher mit der betreffenden kolloiden Lösung gefüllt ist, während die Elektroden in den Außenkammern stehen.

Am einfachsten zu übersehen sind die Verhältnisse der Elektrophorese, also der Wanderung fester, flüssiger oder gasförmiger, in einem flüssigen oder gasförmigen Mittel suspendierter Teilchen unter der Wirkung eines elektrischen Felds.

Die Überführung fester, in einer Flüssigkeit suspendierten Teilchen bei Durchgang des elektrischen Stroms ist zuerst von F. Reuß[1] an einer Tonaufschlämmung in Wasser beobachtet worden.

Ähnliche Erscheinungen beobachteten später M. Faraday[2] an Gewebefasern, E. du Bois-Reymond[3] und E. Heidenhain und Jürgensen[4] an Stärkekörnern.

Nach weiteren Untersuchungen von G. Quincke[5] wandern auch andere fein verteilte Substanzen, wie Platin, Gold, Kupfer, Eisen, Graphit, Quarz, Feldspat, Braunstein, Asbest, gebrannter Ton, Porzellanerde, Schwefel, Baumwolle, Seide, Lykopodium, Karmin, Zellstoff und andere pflanzliche und tierische feste Stoffe, ferner Tröpfchen von Schwefelkohlenstoff, von Terpentinöl, ferner Bläschen von Luft, Sauerstoff, Wasserstoff, Äthylen in Wasser zur Anode, in Terpentinöl dagegen zur Kathode, mit Ausnahme von Schwefel, der auch in dieser Flüssigkeit zur Anode wanderte.

Quantitative Messungen ergaben Proportionalität der Wanderungsgeschwindigkeit mit der Stromintensität, unabhängig von der Länge der Flüssigkeitssäule und dem Potentialgefälle zwischen den Elektroden.

Besondere Neigung zur Elektrophorese besitzen die dispersen Teilchen der Kolloide. Kolloide Teilchen wandern, je nachdem es sich um negative oder positive Kolloide handelt, zur Anode oder Kathode, werden an dieselbe angepreßt, entladen und somit koaguliert und überziehen die Elektrode als mehr oder minder dichtes Gel, welches, wie schon im 1. Band, S. 287, erwähnt wurde, unter Umständen eine den Stromdurchgang hemmende Haut bilden kann.

Auch die Erscheinungen der Elektroendosmose wurden zuerst von F. Reuß[6] aufgefunden und untersucht.

---

[1] F. Reuß: Mem. Soc. Nat. Moskau **2**, 327 (1809).
[2] Exp. Res. Nr. 1562 (1838).
[3] Ber. Berliner Akad. **1860**, 895.
[4] Arch. Anat. Phys. **1860**, 573.
[5] Pogg. Ann. **113**, 513 (1861).
[6] Mem. Soc. Nat. Moskau **2**, 327 (1809).

Man beobachtet diese Erscheinungen leicht, wenn man, wie Abb. 112 zeigt, in ein U-Rohr, dessen Biegung mit einem porösen Körper, wie Watte, Sand, Ton od. dgl., als Diaphragma verstopft ist, in beide Schenkel reines Wasser oder eine Lösung einfüllt und beiderseits des Diaphragmas eine größere Spannung anlegt. Dabei wird das Wasser nach der Kathode zu verschoben und steigt in den betreffenden Schenkel des U-Rohrs und damit in der Kapillare an.

Sobald eine bestimmte Flüssigkeitshöhe erreicht ist, stellt sich ein Gleichgewichtszustand ein, der von der Spannung, der Natur und Porenweite des Diaphragmas und anderen Bedingungen abhängt. Bringt man statt des senkrechten Kapillarrohrs ein seitlich verlaufendes Rohr an (Abb. 112, rechts), so fängt bei Stromschluß die Flüssigkeit an, auszutropfen. Je nach den elektrischen Bedingungen wird dann eine bestimmte Flüssigkeitsmenge in einer gegebenen Zeit übergeführt.

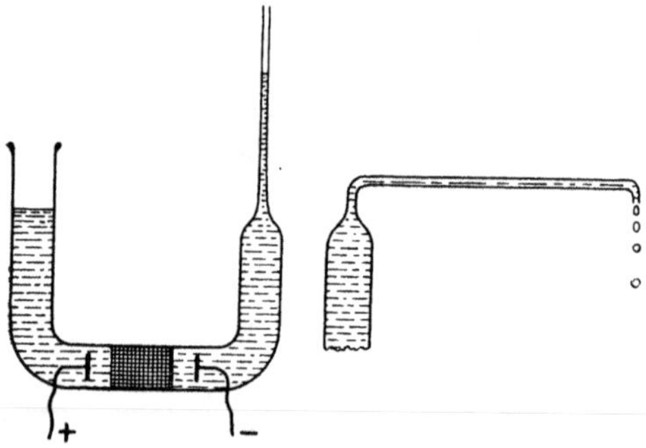

Abb. 112. Versuchsanordnung zur Durchführung der Elektroendosmose.

Diese Erscheinungen treten ebenso mit wäßrigen als auch mit anderen Flüssigkeiten, z. B. mit Alkohol, auf, bleiben aber aus, wenn das Lösungsmittel größere Mengen von Elektrolyten enthält.

Quantitative Untersuchungen über die Erscheinungen der Elektroendosmose hat erst später G. Wiedemann[1] ausgeführt, indem er die Flüssigkeitsmengen bestimmte, welche mit Hilfe von Strömen bekannter Stärke durch poröse Tondiaphragmen hindurchgeführt werden. Es erwies sich, daß die hierbei übergeführten Flüssigkeitsmengen sehr bedeutend waren, die gleichzeitig an den Elektroden zersetzte Wassermenge um das Mehrhundertfache übertrafen und die überführte Flüssigkeitsmenge unter sonst gleichen Bedingungen der Stromstärke direkt proportional und von der Dicke und Oberfläche des Diaphragmas unabhängig war.

Die Feststellung der Unabhängigkeit von der Dicke wurde durch W. Hittorf[2] mit Hilfe eines von ihm konstruierten Überführungsapparats bestätigt, in welchem eine allfällige Differenz in der Überführung des Wassers durch zwei verschieden dicke Diaphragmen direkt zum Ausdruck gekommen wäre.

Dagegen erwies sich die überführte Menge der Flüssigkeit als außerordentlich stark abhängig von ihrer Natur und der Oberfläche des Diaphragmas.

So konnte z. B. H. Munck[3] in einigen Fällen nicht nur sehr große quantitative Unterschiede in der überführten Menge, sondern auch eine Umkehrung der Wanderungsrichtung beobachten.

Um genauere Ergebnisse zu gewinnen, maß später Wiedemann an Stelle der überführten Flüssigkeitsmenge den diese Überführung kompensierenden hydrostatischen Druck, indem das Gefäß, in welches die Flüssigkeit durch

---

[1] Pogg. Ann. **87**, 321 (1852). [2] Pogg. Ann. **98**, 8 (1856).
[3] Pflügers Arch. Physiol. **1873**, 241, 505.

die Elektroendosmose getrieben wurde, verschlossen und mit einem Quecksilbermanometer verbunden wurde.

Die hierbei von Wiedemann mit Kupfersulfatlösungen erhaltenen Resultate ließen sich in folgender, angenähert gültigen Formel zusammenfassen:

$$P = k \frac{i d \sigma}{O},$$

worin $i$ die Stromstärke, $O$ die freie Oberfläche des Diaphragmas, $d$ dessen Dicke, $\sigma$ den spezifischen Widerstand der Flüssigkeit, $P$ den elektroosmotischen Druck und $k$ eine Konstante bedeutet.

Da $\frac{i d \sigma}{O}$ nach dem Ohmschen Gesetz der Potentialdifferenz $\varepsilon_1 - \varepsilon_2$ zu beiden Seiten des Diaphragmas proportional ist, so ergibt sich auch

$$P = k (\varepsilon_1 - \varepsilon_2),$$

oder mit Worten: Der elektroendosmotische Druck für verschiedene Flüssigkeiten ist annähernd proportional der angelegten Potentialdifferenz.

Einen wesentlichen Fortschritt in der Erforschung der elektroendosmotischen Erscheinungen brachten die Versuche von G. Quincke[1], der, um genauer definierte Versuchsbedingungen zu erzielen, an Stelle eines Tondiaphragmas Glaskapillaren benutzte.

Er stellte zunächst fest, daß auch in diesen eine Überführung bzw. ein elektroendosmotischer Druck auftritt, nur erwiesen sich die Wirkungen als bedeutend schwächer.

Es mußten also zur Erzielung merklicher Wirkungen erhebliche Potentialdifferenzen angewendet werden.

Schon aus Vorversuchen ergab sich, daß die Überführung auch stark vom Querschnitt der Kapillaren abhängig ist, in dem Sinne, daß bei Verengung der Kapillare die Überführung bzw. der Druck zunahm, sowie der Grad der Überführung in hohem Grade von der Reinheit des Wassers abhängig ist. Gemäß der Tatsache, daß sich mit der Zeit im Wasser Kohlensäure der Luft und spurenweise auch Bestandteile des Glases lösen, nimmt die überführte Menge bzw. der elektroendosmotische Druck mit der Zeit ab. Auch Zusatz anderer Elektrolyte wirkt in diesem Sinne.

Weiter fand Quincke, daß die dem elektroendosmotischen Druck entsprechende Steighöhe der angewandten elektromotorischen Kraft ohne Rücksicht auf die Länge der Flüssigkeitssäule proportional und umgekehrt proportional dem Querschnitt der stromdurchflossenen Röhre ist.

Was die Wanderungsrichtung der Flüssigkeit betrifft, so fand Quincke, daß, so wie Wasser, auch reiner Alkohol in Glasröhren zur Kathode wandert, während stark verunreinigter Alkohol sowie Terpentinöl zur Anode gehen. Auch in mit Schellack überzogenen Röhren wandert Terpentinöl zur Anode, dagegen in solchen, die mit Schwefel überzogen waren, zur Kathode.

Schwefelkohlenstoff wurde in den meisten Glaskarpillaren zur Kathode und nur in einer bestimmten Glassorte zur Anode getrieben. An Quecksilber konnte selbst in den feinsten Röhrchen keine Überführung wahrgenommen werden, ebensowenig bei Verwendung von Äther, Petroleum oder Knochenöl.

Zur Erklärung des ganzen Erscheinungsgebiets hat zuerst Quincke angenommen, daß sich an den Berührungsflächen der beiden Phasen, also etwa an der Grenzfläche Flüssigkeit/fester Stoff, eine Doppelschicht ausbildet.

Nimmt man nun z. B. an, daß die positive Belegung der Doppelschicht in die bewegliche Flüssigkeit, die negative in die an der Oberfläche des festen Körpers festhaftende Flüssigkeitshaut fällt, so wird, falls es sich um eine bewegliche Flüssigkeit in einem festen Rohr handelt, beim Vor-

[1] Pogg. Ann. **113**, 513 (1861).

handensein eines tangentialen Potentialgefälles, bei welchem also die Stromlinien parallel zu der festen Wand verlaufen, die positiv geladene Flüssigkeitsschicht längs der Wand des Rohrs gegen die Kathode hin verschoben werden, und sie wird infolge der inneren Reibung die übrige Flüssigkeit mitziehen.

Umgekehrt wird eine mechanisch veranlaßte Flüssigkeitsströmung einen elektrischen Strom hervorrufen, da sie die an den Wänden anliegenden entgegengesetzt geladenen Schichten gegeneinander verschieben wird.

Es sind also sowohl die Elektroendosmose als auch die Elektrophorese, die ihrer Natur nach ja identische Erscheinungen darstellen, bedingt durch elektrische Ladungen der sich berührenden Phasen bzw. durch sich zwischen ihnen ausbildende Doppelschichten, welche die Größe der Wirkung sowie den Wanderungssinn bestimmen.

# Theorie der elektroendosmotischen und elektrophoretischen Erscheinungen.

## Die Helmholtzsche Theorie der Elektroendosmose.

Eine vollständige theoretische Ableitung der elektroendosmotischen Erscheinungen gab zuerst H. v. Helmholtz[1].

Unter der Voraussetzung, daß die eine Belegung sich festhaftend auf der Wand der isolierenden festen Phase, die andere in der Flüssigkeit befindet, die Doppelschicht von äußerst geringer, aber nicht von verschwindender Dicke ist, daß ferner hinreichend enge Röhren, also Kapillaren, verwendet werden und nur geringe Strömungsgeschwindigkeiten zustande kommen, die rein lamellarer Natur sind, d. h. die Strömungslinien parallel zur Rohrachse verlaufen, und endlich, daß die von außen angelegte elektromotorische Kraft sich einfach über die der Doppelschicht überlagert, leitete H. v. Helmholtz für die durch den elektrischen Strom fortgeführte Flüssigkeitsmenge $v$ pro Zeiteinheit die Beziehung

$$v = \frac{\varepsilon r^2 \zeta}{4 \pi \eta l}$$

ab. Darin bedeutet $\varepsilon$ die angelegte elektromotorische Kraft, $r$ den Radius der Kapillare, $\zeta$ den Potentialsprung zwischen dem unverschieblichen Teil und dem verschieblichen in der Flüssigkeit gelegenen Teil der Doppelschicht, $\eta$ die innere Reibung der Flüssigkeit und $l$ die Länge der Röhre.

Da H. v. Helmholtz annahm, daß die Vorgänge sich an Schichten von so geringer Molekelzahl abspielen, daß die Dielektrizitätskonstante keine Rolle spielt, hat er sie in seine Formel nicht eingeführt.

Pellat[2] wies jedoch zuerst darauf hin, daß eine Übereinstimmung zwischen beobachteten und berechneten Größen sich nur dann erreichen

---

[1] Wied. Ann. **7**, 337 (1879); Gesam. Abh. **1**, 885 (1882).
[2] Siehe bei J. Perrin: Journ. Chim. physique **2**, 607 (1904).

läßt, wenn man auch die Dielektrizitätskonstante $D$ der Flüssigkeit berücksichtigt, so daß die Gleichung dann

$$v = \frac{D \varepsilon r^2 \zeta}{4 \pi \eta l}$$

lautet.

Es ist also die elektroendosmotisch übergeführte Flüssigkeitsmenge direkt proportional dem Querschnitt, dem Potentialsprung der Doppelschicht, dem äußeren Potentialgefälle auf die Längeneinheit $\varepsilon/l$ und der Dielektrizitätskonstante $D$, und umgekehrt proportional der inneren Reibung $\eta$.

Ersetzt man $\varepsilon$ durch die Stromstärke $i$ mal dem Widerstand $W$ und letzteren durch den Quotienten aus der Länge $l$ in das Produkt der spezifischen Leitfähigkeit $\varkappa$ und dem Querschnitt $q$, so folgt für

$$v = \frac{\zeta i D}{4 \pi^2 \eta \varkappa}.$$

Das heißt: Hält man die Stromstärke konstant, so ist die transportierte Flüssigkeitsmenge unabhängig vom Querschnitt und von der Länge der Kapillare. Läßt man die Flüssigkeit nicht ausfließen, sondern schließlich der elektrischen Kraft, wie bei den S. 362 erwähnten Versuchen, durch einen hydrostatischen Gegendruck $P$ das Gleichgewicht halten, ist $P$ für die Kapillare bzw. das Diaphragma für eine einzelne Röhre mit $v$ nach dem Poiseuilleschen Gesetz durch die Gleichung

$$v = \frac{\pi P r^4}{8 \eta l}$$

verknüpft.

Setzt man für $v$ obigen Ausdruck, so folgt $v = \frac{r^2 \zeta \varepsilon D}{4 \pi \eta l} = \frac{\pi P r^4}{8 \eta l}$ woraus sich für

$$P = \frac{2 \zeta \varepsilon D}{\pi^2 r^2}$$

ergibt.

Es ist also, wie auch das Experiment ergab, bei gegebenem Röhrenradius und Wandmaterial die Höhe, bis zu der die Flüssigkeit gehoben wird, der äußeren elektromotorischen Kraft proportional. Bei wechselndem Röhrenradius ist die Steighöhe dem Quadrate desselben umgekehrt proportional.

Da es nicht ohneweiteres anging, obige Helmholtzsche Gleichung auf die früher S. 362 bzw. 363 erwähnten Wiedemannschen und Quinckeschen Versuche an Tondiaphragmen und Tonplatten anzuwenden, indem von vornherein nicht feststand, ob jene Diaphragmen oder Platten als Systeme von geraden Kapillaren mit konstantem kreisförmigem Querschnitt aufgefaßt werden können, gab v. Smoluchowski[1] eine Verallgemeinerung der Helmholtzschen Theorie für Rohre beliebiger Form, nach welcher die ursprünglichen Helmholzschen Gleichungen ihre Gültigkeit unter der Voraussetzung behalten, daß der hydrodynamische Widerstand der betreffenden Rohre Berücksichtigung findet (S. 373).

Bei einer Reihe von älteren Untersuchungen ließen sich die nach den Helmholtzschen Gleichungen zu erwartenden quantitativen Ergebnisse deshalb nicht feststellen, weil die vorauszusetzende Bedingung einer lamellaren Flüssigkeitsbewegung, bei der also die Strömungslinien parallel zur Rohrachse verlaufen, und welche entweder relativ langsame Strömungsgeschwindigkeit bzw. geringen Überdruck oder relativ enge Kapillaren verlangt, nicht mehr zutraf, sondern die Nachprüfung an Hand der Daten dieser Arbeiten ergab, daß tatsächlich bereits turbulente Strömungsform vorlag.

Eine weitere Quelle von Unstimmigkeiten ist der Umstand, daß einerseits die Dielektrizitätskonstante in den dünnen Häutchen der Doppelschichten nicht mit jener der Flüssigkeit gleichgesetzt werden kann, anderseits darin, daß auch die innere Reibung der Flüssigkeitsschicht, welche die eine Belegung der Doppelschicht enthält, nicht gleich der der ganzen Flüssigkeit gesetzt werden kann.

## Abhängigkeit der Wanderungsrichtung bei der Elektroendosmose von der Natur des Diaphragmenmaterials.

Die Abhängigkeit des Ladungssinnes von dem verwendeten Material hat vor allem A. Coehn[1] eingehend studiert, und es ist ihm gelungen, eine diesbezügliche Regel aufzustellen.

Er fand, daß bei der Berührung sich im allgemeinen der Stoff mit der höheren Dielektrizitätskonstante $D$ positiv gegen den mit niedrigerer Dielektrizitätskonstante auflädt.

Auf Grund ähnlicher Versuche kam dann J. Perrin[2] zu dem Ergebnis, daß eine merkliche Überführung bei der Verwendung beliebiger Diaphragmen nur mit Wasser, Methylalkohol, Äthylalkohol, Azeton, Azetylazeton und Nitrobenzol stattfindet, also in verhältnismäßig stark ionisierenden Medien mit großer Dielektrizitätskonstante, während mit Chloroform, Äther, Benzol, Petroleum, Terpentinöl und Schwefelkohlenstoff nur schwache oder überhaupt keine merkliche Überführung stattfand.

In einer späteren Arbeit kamen A. Coehn und U. Raydt[3] auf Grund der systematischen Untersuchung der Steighöhen von 24 Flüssigkeiten in Glaskapillaren nach der S. 363 erwähnten Quinckeschen Methode auch zu einer quantitativen Formulierung der oben erwähnten Regel.

Dieses sogenannte Ladungsgesetz sagt aus, daß die bei Berührung zweier Dielektrika entstehende Potentialdifferenz proportional der Differenz der Dielektrizitätskonstanten der sich berührenden Stoffe ist. Gegen die quantitative Formulierung des Coehn-Raydtschen Ladungsgesetzes wurden mehrfache Bedenken geäußert und auch experimentell Unstimmigkeiten nachgewiesen. Auch die Voraussage des aus dem genannten Gesetz geforderten Ladungssinns kann nicht als allgemeingültig bezeichnet werden, da besonders dann, wenn in der Flüssigkeit kleine Mengen gelöster Körper vorhanden sind, starke Abweichungen auftreten. So zeigt sich, daß minimale Zusätze von Säuren oder anderen Elektrolyten, welche die Dielektrizitätskonstante nicht merklich beeinflussen können, die Ladung stark verändern und sogar umkehren können.

Dies erscheint vollkommen begreiflich, wenn man berücksichtigt, daß die elektroendosmotische Erscheinungen bedingenden Oberflächenladungen nicht allein durch die bei Berührung von Dielektrika auftretenden elektrostatischen Erscheinungen, sondern auch durch Adsorption von den außen zugeführten Ionen wesentlich bedingt wird (S. 360).

---

[1] Wied. Ann. **64**, 217 (1898).
[2] Journ. Chim physique **2**, 601 (1904).
[3] Ann. Phys. **30**, 777 (1909).

Praktisch kann man als allgemeine Regel aufstellen, daß Wasser oder verdünnte wäßrige Lösungen die Tendenz haben, elektroosmotisch zur Kathode zu fließen. Wenn einmal die entgegengesetzte Bewegungsrichtung bei der Elektroosmose beobachtet wird, so ist die Quantität der beförderten Flüssigkeit stets wesentlich geringer. Die Mehrzahl der Diaphragmen sind also negativer Natur.

Als besondere Beispiele negativer Diaphragmen seien erwähnt:

Diaphragmen aus gebranntem Ton oder Porzellan, Asbest[1], gesintertem Quarzpulver (Glassand)[2] oder die porösen Kieselsäurediaphragmen aus „Filtros"-Material der Filtros Co., East Rochester, N. Y., U. S. A.[3], Glaspulver[4], gefrittete Glasfilter[5], Zsigmondys Membranfilter[6], bzw. Kollodium, regenerierter Zellulose (Viskose) bzw. Zellophan[7] und (in geringerem Maße Gelatine[8].

Von praktischem Interesse können Holzdiaphragmen werden, deren Wirkungsweise bei der Elektroosmose im Apparat von Strikler und Mathews[9] durch A. J. Stamm[10] untersucht wurde. Auch das Holz erwies sich als negativ geladen; die Ladung wurde durch Alkalien erhöht, durch Säuren erniedrigt.

„Neutrale" (oder amphotere, ampholytoide) Diaphragmen sind gewisse Arten von Kohle[11], Karborundum (= SiC)[12], Pergamentpapier[13], Zellulose (ganz schwach kathodisch), dichtes Leinengewebe oder Kuttertuch[14]. Das Siliziumkarbid gibt mit Wasser und n/500 NaOH eine ganz schwach kathodische, mit n/100 NaOH und n/1000—n/100 HCl eine ganz schwach anodische Elektroosmose.

Positive Diaphragmen sind nicht leicht herstellbar. Nach Graf Schwerin sind reine unplastische Oxyde für diesen Zweck verwendbar[15]. So eignet sich z. B. Zirkonoxyd von der Staatlichen Porzellan-Manufaktur Berlin[16] oder ein sehr feines und dichtes Gewebe aus echter Rohseide[17]. Goldschlägerhaut

[1] T. R. Briggs, H. S. Bennet u. H. L. Pierson: Journ. physical Chem. **22**, 256 (1918).

[2] Elektro-Osmose A. G.: DRP. 274039; Ö. P. 78812; E. P. 2626 (1911).

[3] S. E. Sheppard, S. S. Sweet u. A. J. Benedict: Journ. Amer. chem. Soc. **44**, 1857 (1922).

[4] T. R. Briggs, H. S. Bennet u. H. L. Pierson: Journ. physical Chem. **22**, 256 (1918).

[5] F. Fairbrother u. H. Varley: Journ. chem. Soc. London **1927 II**, 1584.

[6] P. H. Prausnitz: Kolloid-Ztschr. **29**, 293 (1921).

[7] Gesellschaft für Elektroosmose m. b. H.: DRP. 271001, 355666; E. P. 9265 (1914); Ö. P 69180. — Graf B. Schwerin: A. P. 1352763.

[8] J. O. W. Barratt u. A. B. Harris: Ztschr. Elektrochem. **18**, 221 (1912).

[9] Journ. Amer. chem. Soc. **44**, 1647 (1922).

[10] Coll. Sympos. Monogr. **4**, 246 (1926); **5**, 361 (1927); Ref. Chem. Ztrbl. **1928 II**, 228, 860.

[11] A. Gyemant: Ztschr. physikal. Chem. **103**, 260 (1923).

[12] T. R. Briggs, H. S. Bennet u. H. L. Pierson: Journ. physical Chem. **22**, 256 (1918). — F. Fairbrother u. H. Mastin: Journ. chem. Soc. London **125**, 2319 (1924); **127**, 322 (1925). — F. Fairbrother: Ebenda **125**, 2495 (1924). — Elektro-Osmose A. G.: DRP. 274039, 276244; Ö. P. 67178. — P. A. Boeck u. Norton Co.: A. P. 1081573. — G. N. Jeppson u. Norton Co.: A. P. 1081536.

[13] J. O. W. Barratt u. A. B. Harris: Ztschr. Elektrochem. **18**, 221 (1912).

[14] Elektro-Osmose A. G. u. W. Ruppel: DRP. 423822 (1924); ferner Ö. P. 83398 (1919).

[15] Elektro-Osmose A. G.: DRP. 274039, 276244, 292334; Ö. P. 67178.

[16] H. Kautsky u. H. Thiele: Ztschr. anorgan. allg. Chem. **152**, 342 (1926).

[17] Max Lehmann: DRP. 464896 (1925).

und ähnliche tierische Gewebe sind zwar geeignet, haben aber für viele Zwecke allzu beschränkte Oberflächengrößen und neigen in ihrer Struktur zur Uneinheitlichkeit. Wollstoff, der mit Gelatine imprägniert wird, läßt sich durch Behandlung mit Alkalibichromat und nachherige Belichtung in ein gutes positives Diaphragma überführen[1]. Ähnliche Diaphragmen können auch aus Chromoxyd, das mit einem organischen Bindemittel angemacht wird, dessen einer Bestandteil bei niederer Temperatur verflüchtigt wird, hergestellt werden[2].

Neuerdings empfiehlt man z. B. die Herstellung poröser Körper folgender Art für elektroosmotische Diaphragmen: 40 g $Al_2O_3$, 20 g Alkali + Erdalkali werden mit Wasserglas teilweise verfestigt, vermahlen, gepreßt und gebrannt. Noch porösere Diaphragmen erhält man aus $Cr_2O_3$ und Naphthalin in gleicher Weise verarbeitet. Auch kann eine Mischung von Chromoxyd mit Chromsalzen, eventuell unter Zusatz porenbildender Stoffe, in Formen gepreßt und erhizt werden, bis alles in Chromoxyd übergegangen ist. Wesentlich für die Ladung ist die Art des zu verwendenden Oxyds.

Erwähnenswert ist, daß A. Nathanson[3] den Schluß zog, die Ladung eines Diaphragmas sei abhängig vom Oxydations- oder Reduktionspotential seiner Substanz, so daß die Peroxyde von Schwermetallen, wie z. B. $NiO_3$ oder $MnO_2$, zur Herstellung positiver Diaphragmen geeignet wären; von einer Bestätigung dieser Auffassung ist nichts bekanntgeworden.

## Der Elektrolyt- und Temperatureinfluß auf die Elektroendosmose.

Die Untersuchungen der Elektroendosmose bei Verwendung von Salzlösungen statt reinem Wasser zeigen erhebliche experimentelle Schwierigkeiten, einmal infolge der Störungen durch Polarisation, falls man nicht unpolarisierbare Elektroden verwendet, zum zweiten wegen der Erwärmung durch den Strom.

Besonders eingehend hat zuerst J. Perrin[4] den Einfluß von Elektrolytzusätzen auf die Elektroendosmose untersucht, ohne daß sicherzustellen ist, ob obige Schwierigkeiten bei seinen Versuchen völlig ausgeschaltet waren. Er fand zunächst, daß schon geringe Zusätze von Säuren oder Alkalien den Wanderungssinn umkehren können, also von sehr großem Einfluß sind. Schwach alkalische Lösungen wanderten zur Kathode, schwach saure zur Anode, wobei als Diaphragma $Al_2O_3$, $Cr_2O_3$, CoO, NiO, ZnO, CuO, $ZnCO_3$, ZnS, $BaSO_4$, AgCl, $CrCl_3$, C, S, $B_2O_3$, Karborundum, Naphthalin, Salol oder Gelatine verwendet wurden.

Aus der Tatsache, daß alle Säuren und Basen im gleichen Sinne wirken, hat Perrin geschlossen, daß die Wasserstoff- und Hydroxylionen es sind, welche durch Adsorption den Wanderungssinn bzw. primär den Ladungssinn der festen Phase gegen die Flüssigkeit bestimmen.

Es bleibt also bei negativen Diaphragmen, wie Naphthalin, Karborundum usf., bei denen Wasser zur Kathode geht, die Ladung in sehr verdünnten Alkalilösungen negativ, die zum negativen Pol zur Kathode

---

[1] J. Reitstötter u. G. Lasch: Biochem. Ztschr. **165**, 90 (1925). — Elektro-Osmose A. G.: Dän. P. 33578; E. P. 236535, 254579. — R. Stern: Biochem. Ztschr. **144**, 115 (1924). — H. Freundlich u. L. Farmer-Loeb: Biochem. Ztschr. **150**, 522 (1924).

[2] E. P. 305020.

[3] DRP. 329720 (1919); Kolloidchem. Beih. **11**, 261 (1919).

[4] Journ. Chim. physique **2**, 601 (1904); **3**, 50 (1905).

übergeführte Flüssigkeitsmenge wächst mit steigender Alkalikonzentration einem konstanten Endwert zu.

In Säurelösungen nimmt die zum negativen Pol übergeführte, von einer gewissen Säurekonzentration an wieder praktisch einem konstanten Grenzwert entsprechende Flüssigkeitsmenge mit sinkender Säurekonzentration ab und bei einer gewissen, sehr geringen Konzentration tritt praktisch keine Elektroendosmose ein. Man nennt diesen Punkt den isoelektrischen.

Bei weiterer Abnahme der Konzentration der Säure wird die Flüssigkeit zum positiven Pol übergeführt. Das Diaphragma erleidet einen Ladungswechsel.

Bei positiven Diaphragmen, wo also die Lösung zum positiven Pol geht, wird durch Säuren ein stärkerer Transport in positiver Richtung beobachtet.

In alkalischer Lösung nimmt der positive Transport ab und wird schließlich negativ.

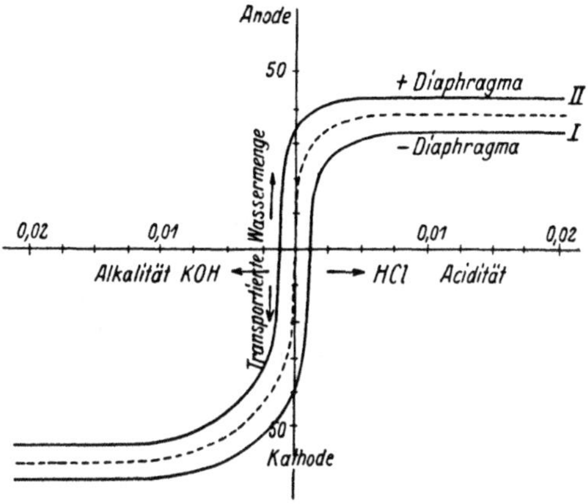


Abb. 113. Abhängigkeit der elektroendosmotisch übergeführten Flüssigkeitsmenge von der H˙-Ionen bzw. OH′-Ionenkonzentration bei positiven und negativen Diaphragmen.

Der Nullpunkt, in dem keine Elektroendosmose erfolgt, liegt innerhalb ziemlich enger Grenzen; immerhin waren Zellulose und Jodoform noch in ziemlich sauren Lösungen negativ, $BaCO_3$ bereits in einer alkalischen Lösung positiv.

Nach der Formel

$$v = \frac{q\,\zeta\,\varepsilon\,D}{4\,\pi\,\eta\,l}$$

kann sich bei Übergang in saure oder alkalische Lösungen infolge verschiedener Adsorption von H˙- bzw. OH′-Ionen nur der Wert von $\zeta$ ändern, indem sie entsprechend ihrer Konzentration bis zu einem Grenzwert die Diaphragmen positiv oder negativ aufladen.

Da in reinem Wasser negative Diaphragmen eine stärkere OH′-Beladung, positive eine stärkere H˙-Beladung haben, erhält man, wie Abb. 113 es zeigt, für die graphische Darstellung der Abhängigkeit der überführten Flüssigkeitsmengen als Ordinaten (positive Werte nach oben, negative Werte nach unten) von der Konzentration der H˙-Ionen bzw. OH′-Ionen als Abszissen, bei der für eine Konzentration derselben von $10^{-7}$ die Ordinatenachse die Abszissenachse schneidet, je nach der Ladung der Diaphragmen zwei Kurven. Die Kurve der negativen Diaphragmen (I) erscheint nach abwärts, die für positive Diaphragmen (II) nach aufwärts verschoben, gegenüber dem gestrichelten Verlauf, der einträte, wenn der isoelektrische Punkt bei einer gleichen H˙- bzw. OH′-

Ionenkonzentration von $10^{-7}$, wie sie reinem Wasser entspräche, läge. Bei positiven Diaphragmen liegt der isoelektrische Punkt im Gebiet der alkalischen, bei negativen Diaphragmen im Gebiet der sauren Lösungen.

Zur Untersuchung des Einflusses anderer Ionen hat J. Perrin die elektroendosmotisch übergeführten Flüssigkeitsmengen bei geringem Säure- oder Basenzusatz mit denen verglichen, die auftraten, wenn die Lösung außer der Säure oder Base noch andere Elektrolyte enthielt. Es zeigte sich dann die merkwürdige Gesetzmäßigkeit, daß auf ein positiv geladenes Diaphragma die Anionen entladend wirkten, und zwar stieg diese Wirkung auffallend stark mit der Wertigkeit, während bei einem negativ geladenen Diaphragma die Kationen und ihre Wertigkeit maßgebend waren.

Ionen der Leichtmetalle und der anorganischen Säuren gleicher Wertigkeit zeigten nur geringe Unterschiede in ihrem Verhalten.

Dieser entladende Einfluß hängt in ähnlicher Weise von der Konzentration ab, wie die ladende (bzw. entladende) des $H^{\cdot}$- und $OH'$-Ions. Schon kleine Zusätze üben die größte Wirkung aus.

Schreibt man den anderen Elektrolyten eine entsprechende Konzentrationsfunktion zu, so lassen sich die Konzentrationen extrapolieren, die gerade nötig sind, um die übergeführte Flüssigkeitsmenge auf den halben Wert herabzusetzen, wodurch ein Vergleich der verschiedenen Elektrolyte möglich wird. Die nachfolgende Tabelle 30 enthält einige derartige Berechnungen.

Tabelle 30.

| Salz | Konzentration (Millimol/Liter), die den Wert von $v$ auf die Hälfte herabsetzt |
|---|---|
| Negativ geladenes Diaphragma aus Karborundum | |
| NaBr | 50 |
| $Ba(NO_3)_2$ | 2 |
| $La(NO_3)_3$ | 0,1 |
| Positiv geladenes Diaphragma aus Chromchlorid | |
| KBr | 60 |
| $MgSO_4$ | 1 |
| $K_3Fe(CN)_6$ | 0,1 |

Man sieht, daß hier gleichfalls bei größerem Zusatz eines mehrwertigen Kations eine positive, bei der eines mehrwertigen Anions eine negative Aufladung statthat, wenn auch Perrin im allgemeinen nicht zu ähnlich großen Werten der entgegengesetzten Ladung gelangt ist wie beim Wasserstoffion.

Bei den Kationen der Schwermetalle $Ag^{\cdot}$ und $Tl^{\cdot}$ beobachtete Perrin eine merklich stärker positiv ladende Wirkung, als ihrer Wertigkeit entsprach.

Während also für reine Flüssigkeiten die S. 366 erwähnte Auffassung A. Coehns, daß die Dielektrizitätskonstanten der beiden sich berührenden Phasen für die Größe und den Sinn der Ladung maßgebend sind, zuzutreffen scheint, überlagert sich bei Gegenwart von Elektrolyten, insbesondere von $H^{\cdot}$- und $OH'$-Ionen, der viel stärkere Einfluß der Adsorption und bestimmt praktisch allein die Aufladung.

$\zeta$ nimmt bei negativer Einwirkung anorganischer Kationen zunächst zu, erreicht ein Maximum und nimmt dann ab. D. h. es supponiert zuerst die aufladende Wirkung der Anionen durch ihre stärkere Adsorption, dann tritt mit steigender Konzentration der Elektrolyte die entladende Wirkung der Kationen in den Vordergrund, und der Anioneneinfluß tritt zurück. Im allgemeinen wird letztere Wirkung mit steigender Ladungszahl der Kationen immer mehr in den Vordergrund treten, so daß erstens das Maximum mehr oder weniger verwischt wird, zum zweiten schon bei relativ kleinen Ionenkonzentrationen die Entladung durch den Nullwert von $\zeta$, den isoelektrischen Punkt, zu einer positiven Aufladung führt, die bei weiter steigenden Konzentrationen wieder abnimmt und von neuem dem Nullwert zustrebt. Dieser Fall tritt besonders bei Zusatz von Salzen mit höherwertigen Ionen in Erscheinung.

Das Vorliegen einer durch Ionenadsorption bedingten Doppelschicht an einem Diaphragma hat naturgemäß zur Folge, daß es bei der Elektrolyse von Lösungen an beiden Seiten des Diaphragmas zu Konzentrationsänderungen kommt[1].

Die Wandschicht ist bei einem Diaphragma z. B. aus Kollodium oder Schweinsblase in einer wäßrigen NaCl-Lösung von vornherein negativ geladen, im Verlauf der Elektrolyse tritt auf der der Anode zugekehrten Seite der Membran eine Konzentrationsabnahme und alkalische Reaktion, auf der anderen, der Kathode zugekehrten Seite eine Konzentrationszunahme und eine saure Reaktion ein.

Bethe und Toropoff haben hierfür die folgende Erklärung entwickelt: In der beweglichen Flüssigkeitsschicht sind als bewegliche Belegung der Doppelschicht Kationen im Überschuß vorhanden, die zum negativen Pol wandern und Wasser mitnehmen, zum Teil auch solches, das als ihr Hydrationswasser an sie gebunden ist.

Es wird auch das im Wasser stets vorhandene $H^{\cdot}$-Ion an der Ausbildung der Doppelschicht beteiligt sein und wird sich als Kation in der beweglichen Schicht befinden. In der negativen Wandschicht sind umgekehrt alle in Frage kommenden Anionen, nicht nur das Anion des Elektrolyten und das träge Anion des Wandmaterials, sondern auch das dem Wasser entstammende $OH'$-Ion. Da in den engen Poren des Diaphragmas ein erheblicher Teil des elektrischen Stroms durch die festhaftende Flüssigkeitshaut geht, werden sich die Anionen eben wegen ihres festen Haftens weniger an der Überführung des Stroms beteiligen; sie werden sich so verhalten, als hätten sie eine kleinere Überführungszahl, während die nichtgebundenen Kationen, die erheblicher an der Überführung des Stroms beteiligt sind, sich benehmen, als hätten sie eine größere Überführungszahl.

Obwohl also der Strom auch im Diaphragma durch eine wäßrige Lösung hindurchgeht, so verhält sich die in ihm enthaltene Lösung anders, und zwar so, als wenn sie in größerer Masse vorhanden wäre; man kann demgemäß die Flüssigkeit im Diaphragma als ein zweites Lösungsmittel betrachten, in welchem die Überführungszahlen von denen in einer gewöhnlichen wäßrigen Lösung verschieden sind, und gelangt dann[2] zum Ergebnis, daß notwendig an Grenzflächen des Diaphragmas Verschiebungen der Konzentration aller in Frage kommenden Ionen auftreten. Das Diaphragma ist aber insofern von einem solchen Lösungsmittel verschieden, als die Überführungszahlen der Ionen nicht eindeutig durch die Natur des Lösungsmittels gegeben sind,

[1] W. Hittorf: Ztschr. physikal. Chem. **39**, 613 (1902). — Vgl. Cybulski u. Dunin-Borkowski: Anz. Krak. Akad. **1909**, 660. — A. Bethe u. Th. Toropoff: Ztschr. physikal. Chem. **88**, 686 (1914); **89**, 597 (1915).

[2] Nernst u. Riesenfeld: Ann. Phys. (4), **8**, 600 (1902).

sondern stark von der Natur der anderen anwesenden Ionen, der Ladung der Wand usw. abhängen.

Verändert man die Zusammensetzung der Lösung, so lassen sich Ionenkonzentrationen finden, bei denen keine Konzentrationsänderung beobachtet wird. Dieser Indifferenzpunkt ist wohl der wahre isoelektrische Punkt, bei dem die bewegliche Belegung nicht verschoben wird, $\zeta$ also Null sein muß. Er liegt dicht bei dem oben definierten isoelektrischen Punkt, in dem die elektroosmotisch übergeführte Flüssigkeitsmenge Null ist.

Daß beide nicht streng aufeinanderfallen, beruht jedenfalls darauf, daß neben der elektroosmotischen Wanderung stets die Wasserbewegung zu berücksichtigen ist, die durch die verschieden starke Hydratation der Ionen bedingt wird.

Bei Wandschichten, die sich leicht durch H -Ionen oder durch mehrwertige Ionen umladen lassen, wie solchen von chromierter Gelatine u. a. m., kann man auf diese Weise gut die Abhängigkeit des isoelektrischen Punkts von der Natur und Konzentration verschiedener Ionen verfolgen. Bei anorganischen Neutralsalzen, wie KCl und NaCl, liegt der isoelektrische Punkt schon ziemlich stark im sauren Gebiet, es gehört eine merkbare Säurekonzentration dazu, um die Wandschicht umzuladen. Bei mehrwertigen Kationen, die stärker positiv aufladen, wird der isoelektrische Punkt daher schon bei kleineren H$^{\cdot}$-Ionenkonzentrationen erreicht. Umgekehrt verschieben mehrwertige und stark adsorbierbare Anionen den isoelektrischen Punkt nach der sauren Seite hin, weil sie selbst die Wandschicht negativ aufzuladen bestrebt sind.

Die Konzentrationsänderung ist nur stark in verdünnten Elektrolytlösungen, denn nur dort ist der Bruchteil an Ionen groß, die, in der Wandschicht festgehalten, eine kleine relative Beweglichkeit haben.

Was den Einfluß der Temperatur auf die Elektroendosmose anlangt, so zeigten Versuche[1] mit destilliertem Wasser und Tondiaphragmen, daß ein Maximum der überführten Flüssigkeitsmenge bei etwa 40° auftritt. v. Smoluchowski[2] hat darauf aufmerksam gemacht, daß in der zweiten Formel für $v$ auf S. 365 $\zeta$, $\eta$ und $\varkappa$ von der Temperatur abhängig sind. Nimmt man zunächst $\zeta$ als konstant an, so zeigt der Ausdruck $1/\varkappa\eta$ einen Verlauf mit der Temperatur, der dem der überführten Flüssigkeitsmenge durchaus ähnlich ist.

## Die Theorie der elektrophoretischen Erscheinungen.

Im Anschluß an die verallgemeinerte Helmholtzsche Theorie konnte Smoluchowski[3] auch einen quantitativen Ausdruck für die elektrophoretische Wanderungsgeschwindigkeit suspendierter Teilchen geben.

Wenn es sich um suspendierte Teilchen handelt, wie z. B. in Suspensionen bzw. in einem kolloidalen System, so bildet sich, falls die Teilchen annähernd kugelig sind, um sie herum ebenfalls eine kugelschalenförmige

---

[1] Cruse: Physikal. Ztschr. 6, 201 (1905).
[2] Physikal. Ztschr. 6, 529 (1905). [3] Anz. Krak. Akad. **1903**, 182.

Doppelschicht aus. Das angelegte Feld wird dann einerseits die Ionenbelegung des Teilchens und mit ihr das Teilchen selber nach der einen Richtung bewegen, die andere Belegung und mit ihr das Wasser aber nach der anderen Richtung. Wenn sich diese zunächst kugelförmig angenommenen Teilchen, die voraussetzungsgemäß aus isolierendem Material bestehen, sich in einer unendlichen, ausgedehnten Flüssigkeit befinden, so daß Wandeinflüsse fortfallen, so laufen die Stromlinien an der Oberfläche des Teilchens tangential. Ist die Flüssigkeit an der Fortbewegung behindert, so wird das Teilchen im elektrischen Felde in Bewegung gesetzt, und zwar mit einer Geschwindigkeit, die genau jener entspricht, die die Flüssigkeit annehmen würde, falls das Teilchen unbeweglich wäre. In großer Entfernung von dem Teilchen ist die Geschwindigkeit $u$ nach der Smoluchowskischen Ableitung von der Größe:

$$u = \frac{D \varepsilon \zeta}{4 \pi \eta l}.$$

Obwohl für die Ableitung der Helmholtz-Smoluchowskischen Beziehungen als Voraussetzung verlangt wurde, daß die feste Phase ein Nichtleiter ist, scheint wenigstens für kleine Metallteilchen diese Voraussetzung entbehrlich zu sein, da sich diese so verhalten, als ob sie von einer isolierenden Schicht umgeben wären, wie aus den Versuchen von A. Coehn und O. Schafmeister[1] sich wenigstens qualitativ ergibt.

In der oben gegebenen Form ist die Formel unabhängig von der besonderen Form, Größe und Gestalt des Teilchens. Später haben P. Debye und E. Hückel[2] eine verallgemeinerte Form der Helmholtz-Smoluchowskischen Formel abgeleitet:

$$u = C \frac{D \cdot \varepsilon \cdot \zeta}{\eta},$$

in welcher $C$ einen Proportionalitätsfaktor bedeutet, der sich auf die Teilchenform bezieht, und für jede besondere Form, wie Stäbchen, Plättchen u. dgl. durch geeignete Methoden bestimmt werden muß.

Für zylindrische Teilchen z. B. beträgt er nach Debye und Hückel $\frac{1}{4}\pi$.

Auch dieser Ausdruck ist nur dann unabhängig von der Teilchenform, wenn die Dicke der Doppelschicht klein ist gegen die Dimensionen der Teilchen. Nur für kugelige Teilchen fällt diese Voraussetzung weg, in diesem Falle ist für $C = \frac{1}{6}\pi$ zu setzen. Bis zu einer gewissen Teilchengröße scheint die Wanderungsgeschwindigkeit unabhängig vom Radius des Teilchens zu sein, wie es auch der Smoluchowskische Ausdruck fordert.

Gelegentlich auftretende Abweichungen lassen entweder auf eine bestimmte Grenze der zulässigen Teilchengröße oder auf einen Einfluß der Wandnähe schließen, der ja voraussetzungsgemäß ausgeschaltet sein sollte, doch liegen zuverlässige Meßergebnisse darüber noch nicht vor.

[1] Ztschr. physikal. Chem. **125**, 401 (1927).

[2] Physikal. Ztschr. **25**, 49 (1924).

Die elektrophoretische Wanderungsgeschwindigkeit läßt sich nach verschiedenen Methoden direkt messen[1].

Ebenso wie die Elektrophorese fester Teilchen in einer flüssigen Phase auf Grund der an der Berührungsfläche beider sitzenden Doppelschichten statthat, vollzieht sich die Elektrophorese von Öltröpfchen in wäßrigen Lösungen[2]. Allerdings lassen sich die auf S. 372ff. gegebenen Ableitungen für den Fall Flüssigkeit/fester Stoff nicht ohne weiteres auf Grenzflächen zweier Flüssigkeiten oder auf die von Flüssigkeiten und Gasen übertragen. Denn in den letzteren beiden Fällen übt das elektrische Feld auf die beiderseitigen Grenzschichten Kräfte aus[3] und es werden in beiden Flüssigkeiten Strömungen entstehen. Die Grenzfläche wird zwar auch im allgemeinen eine tangentiale Bewegung annehmen, doch wird der Bewegungszustand ganz verschieden von jenem sein, der obigen Formeln zugrunde liegt.

## Die Elektrophorese von Suspensionen und Suspensionskolloiden und ihre Abhängigkeit von Temperatur und Elektrolytzusätzen.

Daß die Teilchen einer kolloiden Lösung durch den elektrischen Strom zu einer der beiden Elektroden übergeführt werden, haben wohl zuerst C. Barus und E. A. Schneider[4] und H. Pickton und S. E. Linder[5] bemerkt.

A. Coehn[6] hat dann erkannt, daß es sich hierbei um wesensverwandte Erscheinungen mit der elektrophoretischen Überführung kleiner Teilchen, wie sie zuerst Rueß, Quincke u. a. beobachtet hatten, handelt[7].

Ganz ähnlich wie die groben Suspensionen, die im allgemeinen die Brownsche Molekularbewegung zeigen und im Stromfeld der Elektrophorese unterliegen, also je nach ihrer Ladung als positive oder negative Suspensionen zur Kathode oder zur Anode mit einer Geschwindigkeit der Größenordnung $20 \cdot 10^{-5}$ Sek. bei einem Potentialgefälle von 1 Volt/cm

---

[1] E. F. Burton: Philos. Magazine (6), **11**, 440 (1906). — J. Billiter: Ztschr. physikal. Chem. **51**, 143 (1905). — H. Bechhold: Ztschr. physikal. Chem. **60**, 302 (1907). — A. Coehn: Ztschr. Elektrochem. **15**, 653 (1909). — R. Ellis: Ztschr. physikal. Chem. **78**, 321 (1912). — F. Powis: Ztschr. physikal. Chem. **89**, 91 (1915). — Svedberg u. Andersson: Kolloid-Ztschr. **24**, 156 (1919). — Cotton u. Mouton: Compt. rend. Acad. Sciences **138**, 1584 (1904). — L. Michaelis: Biochem. Ztschr. **16**, 84 (1909).

[2] R. Ellis: Ztschr. physikal. Chem. **80**, 597 (1912); **78**, 321 (1912). — F. Powis: Ztschr. physikal. Chem. **89**, 186 (1915).

[3] B. W. Rybczynski: Anz. Krak. Akad. **1911**, 40. — J. Hadamard: Compt. rend. Acad. Sciences **152**, 1735 (1911).

[4] Ztschr. physikal. Chem. **8**, 278 (1891).

[5] Journ. chem. Soc. London **61**, 148 (1892).

[6] Ztschr. Elektrochem. **4**, 63 (1897). — Siehe auch Ztschr. Elektrochem. **15**, 652 (1909). — W. Spring: Bull. Acad. Roy. Belg., Classe Sciences **35**, 780 (1898). — Lobry de Bruyn u. L. K. Wolff: Rec. Trav. chim. Pays-Bas **23**, 155 (1904).

[7] A. Mayer u. E. Salles: Compt. rend. Acad. Sciences **146**, 826 (1908).

wandern, wandern auch die ultramikroskopischen Suspensionen, die Suspensionskolloide, oder, wie man sie auch nach Freundlich als lyophobe Sole bezeichnet, je nach ihrer Ladung zur Kathode oder zur Anode.

Zu den positiven gehören die Sole einer Reihe von Hydroxyden bzw. Oxyden, so die des Aluminiumhydroxyds, Eisenhydroxyds, Zerhydroxyds, des Kupferhydroxyds, des Quecksilberhydroxyds und des Uranoxyds[1] sowie die Sole unedler Metalle, wie z. B. von Blei, Wismut, Eisen, die infolge der oxydierenden Wirkung des Dispersionsmittels als Hydroxyde vorliegen oder mit solchen bedeckt sind.

A. Schmauß[2] zeigte zwar, daß nur grünes, kolloidales Eisenhydroxyd zur Kathode, das braune Eisenhydroxyd zur Anode wandert, doch kann für diese Unstimmigkeit möglicherweise eine verschiedene Elektrolytbeladung die Ursache sein.

Zu den negativen Solen gehört die Mehrzahl der lyophoben Sole, die des Schwefels, Selens, Tellurs, Silbers, Golds, Platins und der Platinmetalle, des Arsentrisulfids, Antimontrisulfids, Quecksilbersulfids und anderer Sulfide, des Molybdänpentoxyds und des Vanadinpentoxyds.

Die Temperaturabhängigkeit der Elektrophorese scheint in erster Linie von der entsprechenden Abhängigkeit der Zähigkeit bestimmt. Nach H. Puiggari[3], der den Einfluß von Temperatur und Stromdichte auf die Elektrophorese von Ferrihydroxyd untersuchte, erhöht die Steigerung der Temperatur die an der Kathode koagulierte Menge.

So wie bei der Elektroendosmose wird auch bei der Elektrophorese der Einfluß von Elektrolytzusätzen im analogen Sinn wirksam sein. Auch hier wirken fremde Ionen aufladend bzw. entladend, so daß z. B. Zusatz von $OH'$-Ionen bei einem negativ geladenen Teilchen die kataphoretische Wanderungsgeschwindigkeit zum positiven Pol hin erhöht, während Säuren und mehrwertige Kationen bei steigender Konzentration sie verringern, durch Null gehen lassen und schließlich ihre Vorzeichen umkehren. Bei positiv geladenen Teilchen wirken $OH'$-Ionen und mehrwertige Anionen im gleichen Sinn.

Auch hier nennt man den bei bestimmter Elektrolytkonzentration auftretenden Punkt, bei dem sich die Bewegungsrichtung des Kolloids gerade umkehrt, seine Überführung also Null ist, den isoelektrischen Punkt. In diesem Punkt muß die Ladung der diffusen Doppelschicht verschwinden, was auch mit der Beobachtung übereinstimmt, daß bei diesem Punkte die Kolloide ausflocken, d. h. daß sich die Teilchen wegen mangelnder elektrischer Abstoßung zu größeren Flocken vereinigen.

Anschließend mögen noch die elektrophoretischen Erscheinungen der sogenannten Emulsionskolloide erwähnt werden, bei denen es sich um ultramikroskopisch verteilte Systeme zweier flüssiger Phasen handelt.

Die suspendierten Teilchen der Emulsionskolloide wandern in praktisch elektrolytfreier Lösung ganz wie die der Suspensionskolloide im Stromgefälle. Nur ist die Geschwindigkeit ersterer meist merklich geringer.

---

[1] A. Samsono: Kolloid-Ztschr. 8, 96 (1911).
[2] Physikal. Ztschr. 6, 506 (1905).
[3] Anales Soc. cient. Argentina 13, 23 (1925).

Während bei Suspensionskolloiden wenigstens im mittleren Drittel des Rohrs eine Wanderung mit konstanter Geschwindigkeit erfolgt und erst in den in der Nähe der Elektroden gelegenen Teilen sich die durch die anziehende Elektrode bedingte Störung bemerkbar macht, ist bei Emulsionskolloiden diese Störung eine viel weitgehendere, d. h. sie tritt schon früher hervor.

Dies geht bei Gelatinesolen so weit, daß von vornherein die Teilchen von beiden Elektroden aus wandern, indem sie an der einen durch H˙-Ionen positiv, an der anderen durch OH′-Ionen negativ geladen werden und sich schließlich in der Mitte des Rohrs ausflocken[1]. Es ist die Messung der elektrophoretischen Wanderungsgeschwindigkeit bei diesen Solen daher schwieriger als bei den lyophilen Solen, den Suspensionskolloiden. Da die lyophilen Sole keine ausgeprägte Farbe haben und sich ultramikroskopisch die disperse Phase von dem Dispersionsmittel nur selten abhebt, versagen hier, wie erwähnt, fast immer sowohl die makroskopische Verfolgung als auch die ultramikroskopischen Verfahren.

Die Eigenart der hydrophilen Sole bringt es mit sich, daß es oft schwer ist, zu entscheiden, ob elektrolytische oder elektrophoretische Wirkung vorliegt. Vor allem ist man geneigt, von Elektrophorese zu sprechen, wenn die Sole möglichst elektrolytfrei und die Teilchen der dispersen Phase als ziemlich groß anzusehen sind. Auch bei hydrophilen Solen findet man die Teilchen der dispersen Phase meist negativ gegen Wasser geladen, so in den Solen der Kieselsäure[2], des möglichst elektrolytfreien Albumins[3], der Stärke[4] u. a. m.

Bei den Solen der Eiweißstoffe, der Gelatine und anderen macht sich der Umstand geltend, daß die Stoffe ausgesprochen amphoter sind; die Elektrophorese erweist sich als sehr empfindlich gegen kleine H˙- oder OH′-Ionenkonzentrationen, und man kann durch ihre Veränderung eine Umladung der Teilchen der dispersen Phasen so leicht erreichen, wie dies für die Teilchen lyophober Sole nicht bekannt ist.

Diese ausgezeichnete Minimumkonzentration nennt L. Michaelis[5], der diese Erscheinungen weitgehend aufgeklärt hat, in Analogie mit den analogen vorbesprochenen Erscheinungen bei Suspensionskolloiden wieder den isoelektrischen Punkt des betreffenden Eiweißstoffes. Man kann ihn mit Hilfe der elektrischen Überführung des Eiweißes in Lösungen von abgestufter H˙- und OH′-Ionenkonzentration — Gemische von Essigsäure und Natriumazetat — bestimmen.

Dieser isoelektrische oder elektrische Neutralpunkt ist auch für andere Eigenschaften der hydrophilen Sole ein ausgezeichneter Punkt. Im isoelektrischen Punkt ist, ebenso wie bei den Suspensionskolloiden, die Beständigkeit der Sole ein Minimum.

---

[1] Whitney u. Blake: Journ. Amer. chem. Soc. **26**, 1379 (1904).

[2] Whitney u. Blake: Journ. Amer. chem. Soc. **26**, 1374, 1380 (1904).

[3] Pauli u. Handovski: Biochem. Ztschr. **18**, 356 (1909). — Vgl. auch Pauli: Beitr. chem. Physiol. u. Pathol. **7**, 531 (1906). — L. Michaelis: Biochem. Ztschr. **19**, 181 (1909).

[4] Samec u. van t'Hoff: Kolloidchem. Beih. **5**, 192ff. (1914).

[5] Ztschr. Biochem. **33**, 182 (1911); **47**, 250 (1912); Nernst-Festschrift, S. 308. 1912. — L. Michaelis u. Mostynski: Ztschr. Biochem. **24**, 79 (1910). — L. Michaelis u. Rona: Ibidem **27**, 38 (1910); **28**, 193 (1910). — L. Michaelis u. H. Davidson: Ibidem **30**, 143 (1910); **33**, 456 (1911). — Vgl. auch Sörensen: Ztschr. physiol. Chem. **103**, 1 (1918).

Zu den hydrophilen Solen kann man auch eine Reihe von Lösungen zählen, die einen unverkennbaren Übergang zu den wahren Lösungen bilden. Zu diesen nach H. Freundlich[1] als Semi-oder Halbkolloide bezeichneten Lösungen gehören z. B. die Lösungen vieler Farbstoffe der Dextrine und der Seifen.

Demgemäß ist zu erwarten, daß auch sie zum Teil Elektrophorese zeigen werden.

## Die elektrophoretische Wanderung suspendierter Gasteilchen.

In ganz ähnlicher Weise und aus den gleichen Ursachen wie bei der Wanderung von festen und flüssigen Teilchen erfolgt eine elektrophoretische Wanderung von Suspensionen von Gasbläschen[2]. MacTaggart[3] stellte fest, daß für die Wanderungsgeschwindigkeit von in einer Flüssigkeit suspendierten Gasteilchen in einiger Annäherung die S. 373 erwähnte Gleichung

$$u = \frac{\zeta \varepsilon D}{4 \pi \eta l}$$

anwendbar ist, sie also dem Potentialgefälle proportional und von der Blasengröße unabhängig ist. Die Gase Luft, Wasserstoff und Sauerstoff wandern alle zur Anode, ihre Wandschicht ist demgemäß negativ geladen. Die absolute Größe der kataphoretischen Wanderungsgeschwindigkeit $u$ entspricht völlig der bei festen und flüssigen Teilchen beobachteten, sie beträgt für ein Potentialgefälle von 1 Volt/cm

für Wasserstoff $4{,}2 \cdot 10^{-4}$ cm/sec, für Luft $4{,}1 \cdot 10^{-4}$ cm/sec,

die des Sauerstoffs unterscheidet sich nicht merkbar von diesen Zahlen.

Elektrolyte erniedrigen auch hier wieder die Geschwindigkeit und das Potential $\zeta$. Beide Größen sinken bei Säuren, wie HCl und $HNO_3$, auf Null, ohne daß eine Umladung statthat, wie dies auch bei der Elektroendosmose und den Strömungspotentialen an Glas und anderen Stoffen beobachtet wurde. Besonders stark ist die entladende Wirkung mehrwertiger Kationen. Bei drei- und vierwertigen Ionen, wie $Al^{\cdot\cdot\cdot}$, $La^{\cdot\cdot\cdot}$, $Zr^{\cdot\cdot\cdot\cdot}$ und $Th^{\cdot\cdot\cdot\cdot}$ kommt es zu einer ausgeprägten Umladung.

# Praktische Anwendungen.

## Elektroendosmotische Entwässerung.

Die praktische Anwendung der elektrokinetischen Erscheinungen erstreckt sich vor allem auf die Möglichkeit, aus sehr porösen bzw. gelatinös gequollenen, festen Körpern das sehr festhaftende Wasser elektroendosmotisch herauszutreiben, kurz also, auf die Trocknung von Substanzen mit großer Oberfläche.

---

[1] Kapillarchemie. 1922.
[2] Quincke: Pogg. Ann. **113**, 513 (1861).
[3] Philos. Magazine (6), **27**, 297 (1914); **28**, 367 (1914).

So hat als erster Bodo Graf v. Schwerin[1] auf die Möglichkeit der Torftrocknung auf diesem Wege sowie auf die Trocknung breiiger, wäßriger Aufschlämmungen, z. B. von Ton u. a., hingewiesen.

Die Entwässerung von Torf

stellt die älteste technische Anwendung der Elektroendosmose dar. Der nasse Torf enthält etwa 95% Wasser. Um ihn zu entwässern, wird er

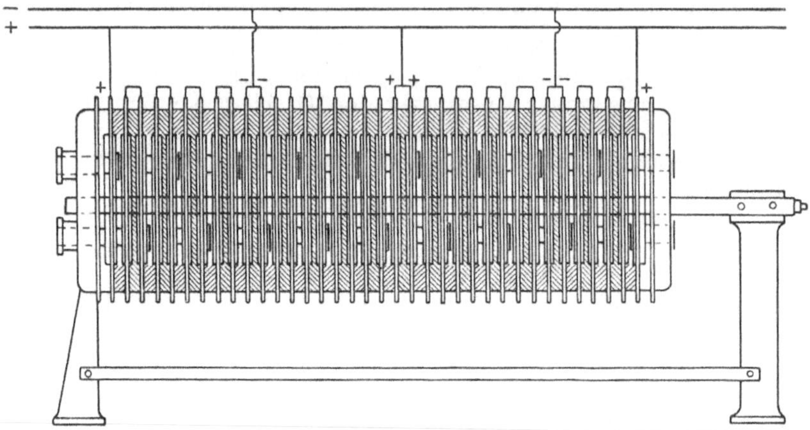

Abb. 114. Elektroosmotische Filterpresse.

zunächst in Mühlen zerrieben, auf 45 bis 50° C erwärmt und nach Zusatz peptisierender Stoffe, z. B. Alkalien, unter 2—4 Atm. Druck in die sogenannte elektroosmotische Filterpresse[2] gepumpt. Diese besteht aus einer größeren Zahl von Einzelzellen, die durch Druck zusammengehalten werden (Abb. 114). Die Mitte der Zelle (Abb. 115) wird von einer Hartbleianode *1* eingenommen; von beiden Seiten werden die Filterrahmen *2*, bestehend aus Eisen mit Hartgummiisolation, gegen die Anode gedrückt; die Rahmen sind mit Filtertüchern *3*, *3* bespannt. Von außen werden perforierte Kathoden aus Messing oder Eisen *4*, *4* gegen die Tücher gepreßt. Das Wasser fließt längs der Kathoden ab, gegen die von der anderen Seite die nächsten Tücher sich anschmiegen. Eine beliebige Anzahl solcher Kammernpaare läßt sich in einer einzigen Filterpresse vereinigen, wobei alle Kathoden und Anoden parallel geschaltet sind. Im Mittel ist eine Klemmenspannung von 70 Volt erforderlich.

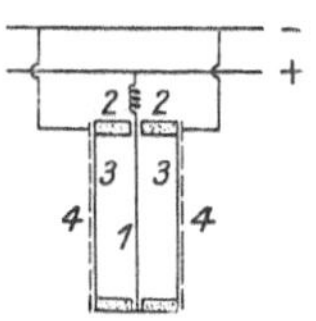


Abb. 115. Schematisches Bild eines elektroendosmotischen Filterpreßzellenelementes.

Unter dem Einfluß dieser Spannung streben die negativen Torfteilchen zur Anode, während das Wasser elektroendosmotisch an die

[1] Ztschr. Elektrochem. 7, 652 (1901); 8, 21, 423, 798 (1902); 9, 739 (1903).
[2] DRP. 266971 (1912), 306666 (1917), 311053 (1917), 397684 (1922).

Kathode übergeführt wird und durch die perforierte Kathode den Apparat verläßt. Auf diese Weise kann man in zirka 50 Minuten den Wassergehalt des Torfs von 95% auf 68%, äußerst auf 65% herabsetzen; bei weiterer Entwässerung sperrt die anodisch angepreßte Torfschicht den Stromdurchgang. Dies bedeutet, daß aus 100 kg Torf mit 95% Wasser, enthaltend 5 kg Trockentorf und 95 kg Wasser, 14,3 kg Torf mit 65% Wasser, enthaltend 5 kg Trockentorf und 9,3 kg Wasser, entstehen, so daß etwa 94% des ursprünglich vorhandenen Wassers entfernt worden sind. Die verbrauchte elektrische Energie beträgt zirka 130 kW pro Tonne Trockensubstanz.

Da marktfähiger Torf nur zirka 15% Wasser enthalten darf, so ist noch eine Nachtrocknung erforderlich. Auch um den Wassergehalt von 65% auf nur 60%, dem maximal zulässigen Wassergehalt bei der Torfvergasung nach dem Mondverfahren, herabzusetzen, ist eine Nachtrocknung unvermeidlich[1]. Aber es bestehen noch andere Schwierigkeiten. Vom Torf selbst wandern nur die Humusstoffe zur Anode, was eine Schichtung der Torfmasse in der Zelle bewirkt. Auch war die Leistung der Apparate zu klein, da die Rahmenstärken der Filterpresse höchstens 3 cm betragen können, um die Torfschicht gleichmäßig durchtrocknen zu können.

So konnte die Torfentwässerung nach diesem Verfahren wirtschaftlich nicht bestehen. Nur im Weltkrieg wurde sie zeitweilig durchgeführt.

Die Verfahren und Apparate zur Torfentwässerung lassen sich naturgemäß auch zur Entwässerung oder Entsäftigung anderer pflanzlicher oder tierischer Stoffe verwenden, und es beziehen sich die im folgenden angeführten Patente nicht ausschließlich auf die Torfentwässerung[2].

So lassen sich z. B. auch in der Farbstoffindustrie die salbenartigen Farbstoffe der Alizarinreihe, die in gewöhnlichen Filterpressen nur bis auf einen Restgehalt von 30—40% Wasser ausgepreßt werden können, durch Elektroosmose bis auf einen Wassergehalt von 10—20% herunterbringen.

Vielfach wurde auch der Vorschlag gemacht, die elektroendosmotische Entwässerung durch mechanische Mittel wie Pressung, Zentrifugieren, zu unterstützen und zu beschleunigen[3].

---

[1] Wo. Ostwald: Kolloid-Ztschr. **29**, 316 (1921).

[2] Patente zur elektroosmotischen Entwässerung: Graf B. Schwerin: DRP. 124509; A. P. 670350; Ö. P. 5487; E. P. 12431 (1900); DRP. 128085, 131932; A. P. 720186; Ö. P. 7612. — Farbwerke vorm. Meister, Lucius u. Brüning: DRP. 150069; Ö. P. 53260; DRP. 179086, 179985, 185189; Ö. P. 31329. — W. Adler: Ö. P. 32227. — V. A. Lapenta: A. P. 1546908. — Elektro-Osmose A. G.: DRP. 310681, 311052; E. P. 135817; DRP. 311053, 311663; E. P. 135820; DRP. 314338, 316443, 316444, 316494; E. P. 135815. — A. Schrey: Ö. P. 65646.

[3] Vorrichtungen zum Entwässern feuchter Stoffe durch gleichzeitige Anwendung von Elektroosmose und Pressung: Möller & Pfeifer: DRP. 154114. — Farbwerke vorm. Meister, Lucius u. Brüning: DRP. 155453, 163549; A. P. 894070; E. P. 24670 (1904); DRP. 166742. — W. Böhm u. A. Milch: DRP. 259500. — W. Simm: E. P. 4792 (1905). — Gesellschaft für Elektro-Osmose m. b. H.: DRP. 266971; A. P. 1156715, 1266329; E. P. 23545

Während des Weltkriegs wurde auch die nach der Nitrierung etwa 30% Wasser enthaltende Schießwolle elektroendosmotisch entwässert, um einen Teil des zur Entwässerung notwendigen Alkohols zu ersparen. Es wurde die abgeschleuderte, noch etwa 30% Wasser enthaltende Schießwolle in einen Holzrahmen mit etwa quadratischer Öffnung von 1 m Seitenlänge unter starkem Druck eingepreßt. Die Dicke der gepreßten Schießwollschicht betrug etwa 5 cm. Eine größere Anzahl solcher Rahmen wurde sodann zwischen die Elektrodenrahmen, welche einen Hohlraum zur Aufnahme des Alkohols bzw. abfließenden Wassers besaßen, eingehängt; die Elektroden bestanden aus gelochtem Hartblei und waren mit dichten Baumwollgeweben bespannt, so daß die Schießwolle nicht direkt mit den Elektroden in Berührung kam. Nachdem die Apparatur durch Anpressen der zwischen den Rahmen liegenden Gummipackungen abgedichtet war, wurde auf der Kathodenseite 96%iger Alkohol aus einem Vorratsgefäß einfließen gelassen und darauf der Strom (Gleichstrom von 110 Volt) eingeschaltet. Da die Schießwolle in wäßriger und alkoholischer Suspension sich positiv auflädt, wurde das Wasser bzw. der Alkohol zum Wandern durch die Schießwolle hindurch zu den Anoden veranlaßt. Die Vorteile dieser elektroosmotischen Verdrängung gegenüber den älteren Verfahren (Topf- und Zentrifugenverfahren) bestehen in dem geringen Verbrauch an Alkohol, der gleichmäßigen Verdrängung und dem geringen Verlust an Nitrozellulose. Beim Topfverfahren wird bei dem hohen Druck (zirka 20 Atm.), mit dem der Alkohol durch die Schießwolle gepreßt wird, relativ viel niedrignitrierte Zellulose herausgelöst, da die Löslichkeit der Nitrozellulosen bekanntlich mit steigendem Druck zunimmt. Es können somit auf elektroosmotischem Weg auch noch Pulverkollodiumwollen mit niedrigem Stickstoffgehalt verdrängt werden, deren Verdrängung nach dem Topfverfahren unmöglich ist. Gleichzeitig mit der Verdrängung erfolgt eine geringe Stabilisierung der Schießwolle, da die instabilen Schwefelsäureester der Zellulose mit herauswandern; eine vollständige Stabilisierung kann aber dadurch nicht erreicht werden[1].

## Elektrophoretische Reinigungsmethoden.

Auch die elektrophoretische Überführung findet in der Technik Anwendung und wird zur Abscheidung von Tonsuspensionen, zur fraktionierten Abscheidung der feinst verteilten Anteile von Aufschlämmungen von Karborundum, Zirkondioxyd, Kieselsäure, Speckstein und anderen Materialien verwendet, wodurch es gelingt, diese Stoffe in besonders hohem Dispersionsgrad, in welchem sie verschiedene Verwendungsarten finden, herzustellen. Namentlich feine Aufschlämmungen von Ton, Zement und Kaolin verhalten sich negativ, wandern daher im Stromfeld

(1912), 10873 (1913); Ö. P. 67414. — J. C. Verey u. L. Downes: E. P. 2226 (1907). — A. Marx: F. P. 566147, Zusatz-P. 28332 (Beförderung der Elektroosmose durch Zentrifugalkraft).

[1] Elektro-Osmose A. G.: DRP. 305512, 307701, 307702, 348136, 296053, 305118, 309260, 357057, 354235; E. P. 146865. — Elektro-Osmose A. G., K. Wolf u. A. Jenny: DRP. 397480; E. P. 214576.

zur Anode, wo sie sich als dicke Schicht abscheiden, während die übrige Lösung sich klärt. Diese Tatsache wird von der Elektro-Osmose A. G. (Graf Schwerin-Gesellschaft) seit einer Reihe von Jahren in großem Maßstab zur Abscheidung von Ton, Kaolin, Zement, bzw. ganz allgemein in der Technik zur elektrophoretischen Abscheidung fein verteilter Stoffe verwendet.

## Ton- und Kaolinreinigung.

Kaolin und Ton, welche sich aus Granit und anderen feldspathaltigen Gesteinen durch Einwirkung von Wasser und Kohlensäure gebildet haben, enthalten vorwiegend Kieselsäure und Glimmer als Verunreinigungen. Letzterer enthält noch Eisen und Karbonate. Eine direkte Verwendung besonders der stark verunreinigten Rohprodukte ist nicht möglich.

Nach dem Verfahren von Graf Schwerin[1] wird das Rohmaterial mit etwa der vierfachen Menge Wasser aufgeschlämmt, wobei ihm kleine Mengen Elektrolyt, meist Wasserglas, zugegeben werden. Letzteres verflüssigt (peptisiert) den Rohkaolin, es bildet sich eine stabile Tonsuspension von 1,2—1,4 Bé. Die gröbsten Verunreinigungen fallen schon dabei aus. Durch Überleiten dieser Suspension über Absetzkästen kann sie noch weitergehend von den Beimengungen, z. B. Glimmer, befreit werden.

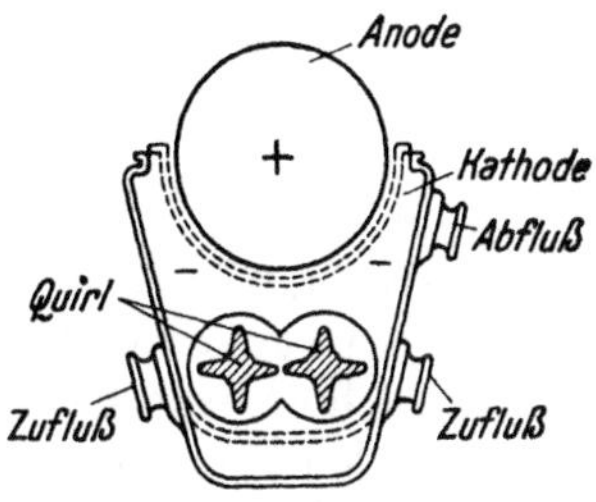


Abb. 116. Elektrophoretische Tonreinigung.

Nun ist der Tonbrei nach seiner Reinigung viel zu fein und zu stabil, um ihn mittels Filterpresse oder Zentrifuge von Wasser befreien zu können. Man könnte einen Elektrolyten zusetzen, um das Alkali zu neutralisieren, aber das würde in gefährlicher Weise die plastischen Eigenschaften des Tons beeinträchtigen, welche man zum Gießen oder Formen braucht. Die elektrophoretische Behandlung hat sich als weit sicherer und billiger herausgestellt.

Für die Elektrophorese von Ton wurden zwei Typen von Maschinen ausgearbeitet: die „Osmose-Maschine" und die „elektroosmotische Filterpresse"[2]. Die Osmosemaschine (Abb. 116)[3] besteht aus einem Behälter, welcher die zylindrisch rotierende, 100—170 cm lange Anode von zirka 60 cm Durchmesser aus Hartblei enthält, die im Halbkreis von der Kathode aus Metalldrahtnetz umgeben ist. Darunter sind zwei entgegengesetzt rotierende Rührer angebracht. Der Zulauf für die Suspension erfolgt von unten, oben befindet sich die Öffnung für den Ablauf. Unter der Wirkung eines Gleichstroms wandern die Tonteilchen zur Anode und setzen sich dort in 6—12 mm dicker Schicht mit etwa 20—23% Wassergehalt ab. Durch die Umdrehung der Anode wird diese aus der Flüssigkeit gehoben und mit einem Schaber von der Elektrode dauernd entfernt.

[1] DRP. 233281, 241177, 249983; E. P. 2379-II, 3364-II, 27930-II; A. P. 993888, 1029579; Ö. P. 59296.
[2] F. Ulzer: Ztschr. angew. Chem. 28, 308 (1915).
[3] DRP. 252370, 263454, 272283; E. P. 725-12.

Die Rührer sorgen dafür, daß in der Nähe der Elektroden kein Verarmen an Ton eintritt, wie auch dafür, daß die verbrauchte Suspension die Kammer möglichst bald verläßt. Es wird mit zirka 100 Volt Gleichstromspannung und zirka 0,01 A/cm² Stromdichte gearbeitet. Der Energieverbrauch schwankt zwischen 25—60 kWh/t.

Die bereits anläßlich der Torfentwässerung (S. 378) beschriebene elektroosmotische Filterpresse[1] wird für die Kaolinreinigung insofern geändert, als hier vor allem vor die Kathode ein Filtertuch gespannt wird. Ein solches wird allerdings auch manchmal als Schutz vor die Anode gelegt. Die Kaolinteilchen der eingepumpten Suspension wandern zur Anode, das Wasser jedoch zur Kathode und verläßt dort den Apparat. Im selben Maße wird neue Suspension zugeführt, bis die Elektrodenrahmen vollständig mit 20—25% Wasser enthaltendem Kaolin gefüllt sind. Die Filterpresse wird dann geöffnet und der abgeschiedene Kaolin herausgenommen. Der ganze Vorgang dauert 45—55 Minuten. Der Energieveverbrauch beträgt 12—20 kWh pro Tonne gereinigten Kaolin.

Der so gewonnene Kaolin besitzt große Feinheit, eine hohe Plastizität und ist hoch feuerbeständig.

Nach diesem Verfahren erzeugen die Karlsbader Ton- und Kaolinwerke zirka 1500 Waggons jährlich. Die Gesamtproduktion von elektrophoretisch entwässertem Kaolin beträgt zirka 18000 t pro Jahr. Das Verfahren wird in der Tschechoslowakei, in Deutschland und Österreich industriell angewendet[2].

Auch andere Stoffe, die von Natur aus kaum plastische Eigenschaften haben, können in gleicher Weise aus kolloiden Suspensionen elektrophoretisch niedergeschlagen und in plastischer Form gewonnen werden.

Solche Stoffe, wie Glassand, amorphe Kieselsäure, Zirkonoxyd, Karborund und Steatit, lassen sich dann für keramische Zwecke verwenden, formen und brennen[3].

Auch reines Kieselsäurepulver, das auf diese Art hergestellt wurde, bot erhebliches pharmazeutisches Interesse und ist unter dem Namen Osmosil, Salusil und Elmusil in den Handel gekommen[4].

H. Herzfeld[5] erzeugte mittels Elektrophorese eine oberflächliche Schutzschicht aus Zirkonoxyd auf Tiegeln, die vorher mittels Graphitbestäubung leitend gemacht worden waren.

Bei der Portlandzementfabrikation nach dem Naßverfahren ist es erforderlich, eine Suspension mit 65—70% Wassergehalt

[1] DRP. 316493/5/6, 347598.

[2] Siehe auch W. R. Ormandy: Trans. Ceram. Soc. (Engl.) **12**, 36 (1912/13), **13**, 36 (1913/14). — J. H. Brown u. L. W. Howat: Trans. Amer. Ceram. Soc. **17**, 81 (1915). — A. V. Bleininger: Trans. Amer. Ceram. Soc. **15**, 343 (1913). — M. Störmer: Tonind.-Ztg. **36**, 2183 (1912).

[3] DRP. 292334; A. P. 1121408; E. P. 3434 (1913). — Elektro-Osmose A. G. u. Plauson's (Parent) Co. Ltd.: F. P. 551174; E. P. 184880; DRP. 276244; A. P. 1050303; E. P. 14235 (1912). — Elektro-Osmose A. G. u. A. Gerlach: DRP. 305217. — Elektro-Osmose A. G.: DRP. 397898.

[4] R. Marcus: DRP. 268057, 297075, 300303, 303122, 317874, 322088, 323908. — Elektro-Osmose A. G.: DRP. 329672.

[5] DRP. 289992 (1914).

zu trocknen. In der elektroosmotischen Filterpresse kann man den Wassergehalt derselben auf 14—23% mit einem Energieaufwand von 14—20 kWh pro Tonne Zement herabsetzen. Das erzielte Produkt ist ein steinharter Kuchen, der durch keine Strangpresse geführt zu werden braucht und ohne weitere Trockenbehandlung kalzinierfähig ist[1].

## Kautschukabscheidung.

Die elektrophoretische Aufbereitung von Kautschuk aus Latex hat für die Kautschukindustrie erhebliche praktische Bedeutung erlangt. Th. Cockerill hat zuerst aus Latex, d. i. die natürliche kolloide Emulsion des Rohkautschuks, durch Elektrophorese den Kautschuk zu gewinnen versucht[2]. Er hat wohl als erster die Ladung des Milchsafts der Hevea bestimmt und gefunden, daß der Milchsaft eine negative Emulsion bildet. Man versuchte zunächst nach diesem Verfahren den Kautschuk aus dem Latex vor der Verschiffung niederzuschlagen. Dieser Prozeß wurde zunächst aufgegeben, weil es wertlos ist, wenn man nicht gleichzeitig Schwefel, Stoffe zum Füllen und Weichmachen und Vulkanisationsbeschleuniger mit dem Kautschuk in einer einzigen zusammenhängenden Schicht niederschlägt. Auch war die Dichtigkeit der abgeschiedenen Kautschukschichten durch die Gasentwicklung an der Anode sehr mangelhaft.

Um die anodischen Gase, hauptsächlich Sauerstoff, unschädlich zu machen, haben S. E. Sheppard und L. W. Eberlin[3] von der Eastman Kodak Co. der Kautschukdispersionen leicht oxydierbare Stoffe, wie Sulfite, Hydrosulfite, Thiosulfate usw., sowie organische Verbindungen, wie Hydrochinon, Resorzin, Leukofarbstoffe usw. sowie auch solche, die die Oxydation dieser Stoffe begünstigen (Zer- und Mangansalze), zugesetzt. Anderseits haben sie auch solche Elektroden benutzt, die Sauerstoff binden (Zink, Magnesium, Kadmium).

Man kann ausgehen von natürlichem Latex unter Zusatz von 0,5% $NH_3$ oder von künstlichen Kautschukdispersionen, z. B. von Regenerat, das durch Rühren, Mahlen oder Zerstäuben in Benzol mit Kerosin, Seife und Türkischrotöl verteilt wird. Frischer Latex zeigt einen $p_H$-Wert von 5,8—6,4; Ausflockung erfolgt bei $p_H = 4,8$, dem üblichen isoelektrischen Punkt der meisten Eiweißstoffe. Die elektrophoretische Wanderungsgeschwindigkeit in Kautschuksolen wurde zu $27 \cdot 10^{-5}$ cm pro Sekunde, Volt/cm bestimmt.

Diesen Kautschukdispersionen können fein verteilte anorganische Stoffe in wäßrigen Suspensionen, wie Schwefel, Mennige, Bleiglätte, Blei-

---

[1] Elektro-Osmose A. G.: DRP. 397898 (1920). — R. Ed. Liesegang: Kolloidchemische Technologie, S. 111. Dresden. 1926. — Elektro-Osmose A.G.: DRP. 263454; A. P. 1174946; E. P. 298826 (1912). — B. J. Allen: E. P. 111775, 111726. — Gesellschaft für Elektroosmose m. b. H.: DRP. 272383; A. P. 1133967; E. P. 26061 (1913); DRP. 253429; A. P. 1229203; E. P. 28185 (1911). — Graf B. Schwerin: DRP. 274039; A. P. 1027004; E. P. 2626 (1911). — Stettiner Portland-Zement-Fabrik: DRP. 476144.

[2] DRP. 218927; E. P. 21441 (1908). — v. Henri: Gutta-Percha 1906, Nr. 27; Gummi-Ztg. **20**, 1229 (1905/06).

[3] DRP. 509980; E. P. 25309; A. P. 1476374, 1580795.

weiß, Lithopone, Zinnoxyd, Magnesiumkarbonat, Ruß, Bariumhydroxyd, die ebenfalls anodisch wandern, zugegeben und mit Kautschuk zusammen abgeschieden werden[1]. Weiterhin werden zum Weichmachen pflanzliche und mineralische Öle zugesetzt, zum Beschleunigen der Vulkanisation Anilin und Diphenylguanidin zugegeben. Mitunter empfiehlt sich der Zusatz geringer Mengen von Eiweiß und Seifen sowie von Wachs- und Harzarten zur Erhöhung des Dispersitätsgrads. So wurden mit einem Bad von der Zusammensetzung: 317,5 g Gummi, 45,3 g Schwefel, 68,1 g ZnO, 20,4 g Ruß, 2,2 g Diphenylguanidin auf 3 l Wasser bei Stromdichten von 1,5—15,5 A/dm² Kautschukschichten erhalten, die nachträglich vulkanisiert werden konnten.

Die Abscheidung erfolgt mit zirka 100 Volt Gleichstrom. Wenn es sich nicht um Kautschuküberzüge handelt, sondern nur um dessen Abscheidung, werden Stromdichten von 30—50 A/dm² verwendet. Die Abscheidung erfolgt anodisch und gelingt auf Blei, Zink, Kadmium, Zinn, Antimon und Legierungen dieser Metalle, aber nicht auf Kupfer und Nickel. Die Abscheidung von Gummi auf nichtleitende Materialien kann durch Graphitieren bewirkt werden.

Die Zusammensetzung des Niederschlags stimmt praktisch überein mit derjenigen des Bades, dessen Gesamtkonzentration an festen Substanzen auf 1,3% gehalten werden kann.

Die Schichtdicke kann von 2,5—30 mm betragen. Winkel und Ecken überziehen sich gut. Die Niederschlagszeit beträgt 5 Minuten bei Zimmertemperatur. Gründliches Rühren der Flüssigkeit ist von günstiger Wirkung. Auch Gewebe lassen sich mit Gummi überziehen oder imprägnieren, nachdem man sie durch Graphit stromleitend gemacht hat. Man kann sie auch dadurch gummieren, daß man sie als Diaphragmen vor die Anode stellt. Ebenso läßt sich Holz nach dem Graphitieren gummieren. Hohlgegenstände werden durch Niederschlag auf graphitiertem Wachs und nachfolgendes Ausschmelzen des Wachses gebildet.

Je nach dem Ansatz der Mischung führt die Vulkanisation nach der Elektrophorese zu weichen oder harten Produkten.

Andere Wege geht das Verfahren von P. Klein bzw. der Anode Rubber Co. Ltd.[2]. Um die störenden anodischen Gase vom Kautschukniederschlag fernzuhalten, wurden poröse Körper, wie Gips, Ton usw., als Diaphragmen vor die Anode gebracht oder solche als Abscheidungsformen benutzt. Die dahinter an den Elektroden sich bildenden Gase konnten dann die Güte des Niederschlags nicht beeinträchtigen.

Bei der direkten Abscheidung an der Anode mußten jedoch andere Maßnahmen getroffen werden. In diesem Falle wurde mit möglichst elektrolytarmem Latex gearbeitet, wobei zweckmäßig das Anodenpotential weniger als 1,7 Volt betrug. Ammoniak wurde aus dem Latex durch Dia-

[1] India Rubber World **68**, 763 (1923).

[2] P. Klein u. A. Szegvary: DRP. 413038 (1923), 484864 (1925), 498010 (1925); E. P. 223188 (1923), 253069 (1925), 254765 (1925), 257885 (1925). — P. Klein: Trans. Institutions Rubber Ind. **4**, 343 (1928); India Rubber Journ. **68**, 29 (1925).

lyse, Binden an Formaldehyd, Erwärmen, wie auch Durchleiten von $H_2$ oberhalb 58° entfernt. Im allgemeinen benutzten Klein und Szegvary Latex mit zirka 30% Kautschukgehalt und arbeiteten bei etwa 15 Volt Spannung und zirka 0,3 A/dm² Stromdichte. Der Energieverbrauch betrug pro Kilogramm Kautschuk 0,4 kWh. Dem Latex wurden ebenfalls Fremdstoffdispersionen zugegeben, die vorher in einer von ihnen konstruierten Kolloidmühle hergestellt worden sind. Der so erhaltene Kautschuk läßt sich vulkanisieren[1] und weist eine Zugfestigkeit von 3,5 kg/mm² sowie eine Ausdehnungsfähigkeit von zirka 700% auf. Um die Zugfestigkeit des niedergeschlagenen Kautschuks zu erhöhen, können peptisierende Schutzkolloide, z. B. Schmierseife, zugegeben werden. Außer dem Latex werden aus Kautschuk, Regeneraten usw. wäßerige Dispersionen hergestellt, indem diesen Stoffen eine Verbindung zugesetzt wird, die nachher mit Alkali ein Schutzkolloid oder ein Dispersionsmittel liefert, wie Ölsäure + Ammoniak. Empfehlenswert ist der Zusatz von Desinfektionsmitteln, wie Thymol.

Die Verfahren der Siemens-Elektroosmose G. m. b. H.[2] bezwecken die Verringerung der Gasentwicklung an der Anode entweder durch direkten Zusatz von Flüssigkeiten, wie Glyzerin, zum Latex (Mischungsverhältnis z. B. 1 : 1) oder durch Einbringen solcher Flüssigkeiten in einem vom Latex durch eine poröse Wand getrennten Raum. Man arbeitet dann mit höheren Gleichstromspannungen.

Von der Siemens-Elektroosmose G. m. b. H. ist auch ein Verfahren[3] bekannt, das den Kautschuk nicht anodisch, sondern kathodisch abscheidet. Dies wird durch Zusatz geringer Mengen $Th(NO_3)_4$ bei einem $p_H < 7$ erreicht, wodurch die Kautschukteilchen umgeladen werden.

Nach dem Verfahren der Dunlop Rubber Co. Ltd.[4] wird ebenfalls eine Umladung durch Erniedrigung des $p_H$-Wertes unterhalb 5 unter Zusatz von Koagulation verhindernden Schutzkolloiden, wie Kasein, Saponin, Ovalbumin usw., bewirkt. Die Umladung kann auch durch Erniedrigung des $p_H$-Wertes in Gegenwart von Formaldehyd, z. B. durch Essigsäure, erreicht werden.

Man kann sich zur anodischen Abscheidung von Kautschuk auch des sogenannten Kurzschlußverfahrens von W. Williams[5] bedienen, indem man nur die Spannungsdifferenz der Elektroden zur Abscheidung von Gummi benutzt. Ähnlich ist das von der Dunlop Rubber Co. Ltd.[6] ausgearbeitete Verfahren, das als Anode Zink, als Kathode z. B. Kohle (ähnlich wie beim Leclanchéelement) benutzt. Die Anode, z. B. ein Zinkzylinder, enthält einen porösen, mit einer Paste $MnO_2$ + Essigsäure bekleideten Körper, der seinerseits die Kathode, ein Kohlenstabbündel, enthält.

Die Siemens & Halske A. G.[7] hat ferner Verfahren ausgearbeitet, um Kautschuk aus Latex mit Hilfe von Wechselstrom abzuscheiden. Der Kautschuk wird dabei an beiden Elektroden niedergeschlagen. Zweckmäßig wird mit Al- oder Tantalelektroden gearbeitet. Dem Latex können dabei Schwefel, Füll- und Farbstoffe zugesetzt werden, die sich mit dem Kautschuk abscheiden. Um den Energieverbrauch zu verringern, wird

---

[1] E. P 297850 (1927).
[2] DRP. 526303; E. P. 307830 (1928), 307879 (1928).
[3] E. P. 305630.
[4] E. P. 331563 (1929), 334581 (1929).
[5] E. P. 293095 (1927).
[6] E. P. 299737 (1927).
[7] DRP. 432556; E. P. 307747, 309947.

Wechselstrom benutzt, der keinen reinen sinusförmigen Verlauf hat[1]. Dies kann durch Einschalten von Drosselspulen oder Kondensatoren durch Überlagern zweier Wechselströme sowie durch Hindurchleiten von Gleichstrom durch rotierende oder oszillierende Kommutatoren erreicht werden[2].

Während bei sinusförmigem Wechselstrom aus 10% Latex die niedergeschlagene Kautschukmenge bei 20 Volt, 20 mA/cm² pro Watt 1,4 g ist, beträgt diese für kommutierten Gleichstrom 2,4 g.

Von den nach elektrophoretischen Verfahren arbeitenden Firmen haben sich 1927 die Anode Rubber Co. Ltd. (England), B. P. Goodrich Rubber Co. und die Eastman Kodak Co. in Amerika zur American Anode Co. vereinigt, deren Interessen in Europa die Dunlop Rubber Co. Ltd. wahrnimmt.

**Patente zur Kautschukabscheidung.**

DRP. 500643, E. P. 246532, F. P. (Zusatz) 20139. Anode Ruber Co. Ltd.
E. P. 252673. Anode Rubber Co. Ltd.
E. P. 253069. Anode Rubber Co. Ltd. P. Klein und A. Szegvary.
E. P. 254765, F. P. 619682. Anode Rubber Co. Ltd., P. Klein und A. Szegvary.
DRP. 498010, E. P. 257885 (1926), F. P. 628296. Anode Rubber Co. Ltd. Vgl. ferner E. P. 296138 (F. P. 650566), 297780 (F. P. 651730) und 316594 (F. P. 672323).
E. P. 299463. Anode Rubber Co. Ltd. und C. L. Darby.
F. P. 680884. Anode Rubber Co. (England) Ltd.
DRP. 485797. Anode Rubber Co. Ltd. (vgl. E. P. 257885, F. P. 628296).
DRP. 512170. Anode Rubber Co. Ltd.
E. P. 279474. Anode Rubber Co. Ltd.
E. P. 284736. Anode Rubber Co. Ltd., P. Klein und A. Healey.
E. P. 283387, F. P. 647413. Anode Rubber Co. Ltd.
E. P. 298117, F. P. 650977. P. Klein, A. Szegvari, R. F. MacKay, C. Hayes und G. W. Trobridge.
E. P. 297850, F. P. 653215. Anode Rubber Co. Ltd., W. C. Geer, W. Dales und B. F. Goodrich Co.
DRP. 511154, E. P. 293071, F. P. 650673. Anode Rubber Co. Ltd.
E. P. 296107. Anode Rubber Co. Ltd. und P. Klein.
E. P. 297127. Anode Rubber Co. Ltd., P. Klein, F. Gebor und A. Szegvary.
DRP. 511837, E. P. 296685, F. P. 648631. Anode Rubber Co. Ltd.
E. P. 309630, F. P. 647413. Anode Rubber Co. (England) Ltd. und P. Klein.
E. P. 293061, F. P. 647232. Anode Rubber Co. Ltd. und P. Klein.
E. P. 312443. Dunlop Rubber Co. Ltd. und E. W. Madge.
E. P. 301367, F. P. 657611. Dunlop Rubber Co. Ltd., R. F. MacKay und W. H. Chapman.
E. P. 293343. Dunlop Rubber Co. Ltd. und F. H. Lane.
E. P. 301100, F. P. 657948. Dunlop Rubber Co. Ltd. und D. F. Twiss.
DRP. 500601, E. P. 301300, F. P. 654633. Anode Rubber Co. (England) Ltd.
E. P. 303765. Dunlop Rubber Co. Ltd. und W. H. Paull.
E. P. 316594, F. P. 672323. Anode Rubber Co. (England) Ltd. und P. Klein.
E. P. 304157, F. P. 640415. Anode Rubber Co. (England) Ltd.
E. P. 321398. Dunlop Rubber Co. Ltd., D. F. Twiss und E. A. Murphy.
E. P. 319344, F. P. 680883. Anode Rubber Co. Ltd. und E. B. Newton.
E. P. 331563. Dunlop Rubber Co. Ltd., D. F. Twiss und R. G. James.
E. P. 328980. Dunlop Rubber Co. Ltd., R. F. MacKay und E. W. Madge.

[1] E. P. 305401.
[2] Siehe auch Bataafsche Petroleum Mij.: DRP. 431222.

E. P. 334581. Dunlop Rubber Co. Ltd., R. G. James und D. F. Twiss.
E. P. 291477. Dunlop Rubber Co. Ltd. und R. C. Davies.
DRP. 503644, E. P. 269505, F. P. 632144. Anode Rubber Co. Ltd.
DRP. 509980, E. P. 253091. Anode Rubber Co. Ltd., bzw. Kodak Co. Ltd., S. E. Sheppard und L. W. Eberlin.
E. P. 251271, A. P. 1589325, F. P. 614859. Eastman Kodak Co. Ltd., S. E. Sheppard und L. W. Eberlin.
E. P. 251979. Eastman Kodak Co., S. E. Sheppard und C. L. Beal.
E. P. 253085. Eastman Kodak Co., S. E. Sheppard und L. W. Eberlin.
E. P. 261700. Eastman Kodak Co., S. E. Sheppard und L. W. Eberlin.
DRP. 469602, E. P. 268717, F. P. 619684. Anode Rubber Co. Ltd.
E. P. 269504, F. P. 632143. Anode Rubber Co. Ltd. (vgl. E. P. 279474).
A. P. 1476374. S. E. Sheppard, L. W. Eberlin und Eastman Kodak Co.
A. P. 1580795. S. E. Sheppard, L. W. Eberlin und Eastman Kodak Co.
DRP. 505824, A. P. 1589329. Anode Rubber Co. Ltd. (vgl. DRP. 218927).
A. P. 1589327, 1589328, 1589330, 1589331, 1589332. L. W. Eberlin, C. L. Beal und Eastman Kodak Co.
E. P. 307830. Siemens-Elektro-Osmose G. m. b. H.
E. P. 307879. Siemens-Elektro-Osmose G. m. b. H.
E. P. 317129. Dunlop Rubber Co. Ltd., E. A. Murphy und D. F. Twiss.
E. P. 285113. Dunlop Rubber Co. Ltd. und G. W. Trobridge.
E. P. 327452. C. Macintosh & Co. Ltd., H. C. Joung und C. Hemm.
Hier einzureihen ist auch das folgende Verfahren:
E. P. 121533. British Thomson-Houston Co.

## Abscheidung anderer organischer Produkte.

Die Elektrophorese kann auch zur Abscheidung organischer Präparate, insbesondere Farbstoffe, verwendet werden. In Pastenform erhaltene Produkte lassen sich durch eine Filterpresse der oben beschriebenen Art entwässern[1] (S. 379).

Saure Farbstoffe, die durch Salze verunreinigt sind, verhalten sich oft ungünstig wegen der Gegenwart des dissoziierten Salzes; sie lassen sich daher nicht vom Wasser trennen und befreien. Wenn diese Farbstoffe dagegen in Alkohol suspendiert werden, wird die Dissoziation der Salze so weit herabgedrückt, daß die Farbstoffe sich elektrophoretisch abscheiden lassen[2].

Auch lackbildende Stoffe können in Wasser unter Zusatz von $NH_3$ oder einem anderen Alkali in Emulsionsform gebracht werden. Der Lack kann dann auf beliebige Gegenstände, welche elektrisch leitend sind, niedergeschlagen werden. Der Gegenstand selbst bildet die Anode, das den Lack enthaltende Gefäß dient als Kathode, welches aus Eisen, Zinn usw. bestehen kann.

## Trennung von Öl-Wasser-Emulsionen.

Rohöl, insbesondere das kalifornische, enthält wechselnde Menge Wasser bis zu 25%. Diese Emulsionen sind ziemlich stabil. Andererseits enthält Kondenswasser aus Dampfmaschinen Schmieröl in emulgierter Form.

Es war naheliegend, das in Erdöl als Emulsion verteilte Wasser oder das im Wasser verteilte Öl durch Elektrophorese abzuscheiden oder zu größeren Tropfen zu vereinigen.

---

[1] Graf B. Schwerin: Ztschr. Elektrochem. 9, 730 (1903); DRP. 251098, 266971, 320149; Ö. P. 67414, 81242; ferner A. P. 1266329, 1156715; E. P. 23545 (1912), 10873 (1913).

[2] Felten & Guilleaume Carlswerk A. G. u. Graf B. Schwerin: DRP. 253931; Ö. P. 55755; E. P. 17597 (1911).

A. Leipold[1] konstruierte einen Turm mit eingebauten Metallplatten, die abwechselnd mit dem (+)- und (—)-Pol einer Gleichstromquelle verbunden sind, und durch den ölhaltiges Kondenswasser aus einer Dampfmaschine fließt. Die hierin stets vorhandene Emulsion wird unter dem Einfluß der angelegten Spannung zur Abscheidung gebracht. Wegen des hohen elektrischen Widerstandes vom Kondenswasser ist der Stromverbrauch verschwindend.

F. M. Seibert und J. D. Brady[2] arbeiten mit zwei konzentrischen Elektroden unter Verwendung von Gleichstrom bei 250—600 Volt und 5—3 Amp. Die von ihnen benutzte Anordnung besteht aus einem 2—3 m hohen, zylinderförmigen Behälter mit 60 cm Durchmesser, der Anode, die mit einem Ablauf für Wasser und einem Zu- und Ablauf für Öl versehen ist. In diesem befindet sich konzentrisch die Kathode aus Gußeisen, wobei der Abstand der Elektrodenwände zirka 10—15 mm beträgt. Beim Durchströmen des Rohöls wandern die Öltröpfchen zur oberen Anodenwand, während das Wasser aus dem Behälter unten dauernd abgelassen wird. Das Rohöl fließt in Serie durch eine Anzahl derartiger Einheiten. Falls die Leitfähigkeit anfangs zu gering ist, wird das Rohöl erst durch ein Faß mit Salzwasser geleitet. Dieses Verfahren wird von der Gulf Production Company in Texas ausgeführt. Die Arbeitstemperatur wird mit 70° C angegeben. Der Durchsatz soll stündlich 40 Faß Erdöl betragen.

Auch für die technische Entwässerung von gewöhnlichem Teer ist die Elektroosmose von C. Mazzetti[3] vorgeschlagen worden. Man scheint aber nicht über Laboratoriumsversuche hinausgekommen zu sein, da vermutlich der Nutzeffekt nicht günstig, die Verstopfungsgefahr im Diaphragma groß und das Endprodukt nicht wertvoll genug ist. Nach Mazzetti kann man in einem Glasbecher mit eingesetzter poröser Zelle zwischen zwei Elektroden mit Gleichstrom von 275 Volt und 0,06 Amp. bei 45—50° einen Teer mit 8,7% Wassergehalt während 12 Stunden auf 1% Wassergehalt herabdrücken, ebenfalls einen Teer mit 15—16% Wassergehalt; im ersteren Fall ist der Leichtölverlust etwa 0,3%, im letzteren aber 1,1%.

Nach dem Verfahren der Bataafsche Petroleum Maatschappij und J. H. C. de Brey[4] dient zur Ölentwässerung hochgespannter pulsierender Gleichstrom, der durch Ventilröhren (Gleichrichter) aus ebensolchem Wechselstrom erzeugt wird. Besonders günstige Wirkung ergibt sich, wenn die Stromstöße nicht sinusförmig, sondern spitzenförmig anschwellen, da gefunden wurde, daß für die Raschheit der Trennung nicht die Dauer der Spannung, sondern nur deren Spitze maßgebend ist.

Rohpetroleum mit 35% Wassergehalt wird z. B. durch Behandlung mit 1500 Volt in einem geeigneten Behälter während 15 Minuten auf 15% Wassergehalt heruntergebracht. Die nämliche Emulsion mit 35% Wassergehalt kann, während 15 Minuten einer Spannung von 10000 Volt unterworfen, auf 5% Wassergehalt heruntergebracht werden. Eine weitere

---

[1] DRP. 154105, 170342. [2] A. P. 1290369 (1918).
[3] Annali Chim. appl. **14**, 379 (1924); Ref. Chem. Ztrbl. **1925 I**, 919. — Vgl. auch Elektro-Osmose A. G.: DRP. 347537.
[4] DRP. 431222.

Heruntersetzung des Wassergehaltes könnte durch Anwendung einer noch höheren Spannung möglich sein.

Einer allzu großen Erhöhung der Spannung ist unter anderem aber deshalb eine Grenze gesetzt, weil der Widerstand des Rohöls mit zunehmender Spannung kleiner wird. So sinkt der Widerstand eines Rohöls von 75000 Ohm bei 1500 Volt auf 40000 Ohm bei 10000 Volt, der Widerstand derselben Emulsion unter denselben Bedingungen von 75000 Ohm bei Anwendung von 1500 Volt auf 40000 Ohm bei Anwendung von 10000 Volt. Es ist ja eine wohlbekannte Erscheinung, daß auch der Widerstand eines Elektrolyten nicht gleichbleibend, sondern eine Funktion der angewendeten Spannung ist. In dieser Hinsicht verhalten sich Petroleumemulsionen wie Elektrolyte. Dies verursacht höheren Energieverbrauch bei höherer Spannung.

Es sei noch in diesem Zusammenhang auf das Verfahren der Siemens & Halske A. G.[1] hingewiesen, das mit 30000—40000 Volt Gleichstromhochspannung die Entfernung von feinen Suspensionen aus Ölen ermöglicht[2]. Schließlich sei erwähnt, daß L. G. Gates[3] lediglich dadurch die Trennung der negativ geladenen Wasserteilchen und der positiv geladenen Ölteilchen in den natürlichen Petroleum-Wasser-Emulsionen zu befördern trachtet, daß er die Emulsion durch Filterpressen drückt, deren Filtertücher oder aus perforiertem Monelmetall bestehenden Stützen für dieselben geerdet sind, wodurch die negativen Ladungen von der positiven Erdung ständig entfernt werden. Eine künstliche Elektrizitätszufuhr ist nicht vorgesehen.

Größere Bedeutung haben die Abscheidungsverfahren erlangt, welche mit Wechselstrom betrieben werden.

Zur Abscheidung bzw. Vereinigung der Öltröpfchen oder Wassertröpfchen ist nicht Gleichstrom notwendig. Die Zerstörung solcher Emulsionen gelingt schneller und sicherer durch hochgespannten Wechselstrom. Die Wirkung dürfte auch hier zum Teil eine kataphoretische sein, indem die Tröpfchen der Emulsion durch die fortwährende Umladung in rasche Schwingungen versetzt werden und sich zu großen Tropfen vereinigen. Je feiner die Emulsion ist, um so höhere Spannungen muß man anwenden.

Grundlegend in dieser Richtung ist das Verfahren von F. G. Cottrell[4]. Mittels Wechselströmen von 10000—15000 Volt Spannung konnte Cottrell bei der von ihm untersuchten Emulsion genügend große Wassertropfen erzielen, um das betreffende Rohöl bis auf 0,5% Wasser zu entwässern.

Die Abscheidung erfolgt im sogenannten „treater". Das sind geerdete große Behälter von zirka 3—5 m Durchmesser und zirka 5 m Höhe aus Stahl mit isoliert eingeführter Elektrode. Es wird Wechselstrom von 1100 Volt angelegt, über dessen Periodenzahl Angaben fehlen. Die Arbeitstemperatur ist 50—60° C. Der Energieverbrauch beläuft sich auf 5—80 Wh pro 100 l Öl je nach dem Wassergehalt der Emulsion.

---

[1] DRP. 432556.

[2] Weitere Patente über Ölabscheidung mit Gleichstrom siehe: Elektro-Osmose A. G.: (DRP. 347537), DRP. 185189, 291672, 305217. — Brit. Thomson Houston Co. u. F. W. Peek: A. P. 1170184. — Siehe auch H. M. Goodwin u. R. Ellis: Chem.-Ztg. **34**, 724 (1910). — M. S. Skaer: A. P. 1555231.

[3] A. P. 1573389.

[4] F. G. Cottrell u. J. Buckner: A. P. 987115. — Siehe auch W. O. u. H. C. Eddy: Ind. engin. Chem. **13**, 1016 (1921). — A. P. 1440774/775/776.

Die Leistungsfähigkeit einer Anlage beläuft sich auf 300—1600 Faß täglich.

Solche Anlagen bestehen vor allem in Kalifornien und in Texas. 95% des in Kalifornien gewonnenen Öls werden nach dem elektrischen Prozeß behandelt. In dem Coalinga-Feld in Kalifornien sind 8 „treaters" an einen Transformator angeschlossen, es wird mit 15—20%iger Emulsion gearbeitet und 8000 Faß Erdöl täglich erzeugt.

Ein von C. W. Mc Kibben[1] angegebenes Verfahren bezieht sich hauptsächlich auf die Entwässerung der schweren wasserreichen Ölschicht am Boden des Tanks („tankbottoms" genannt), die im Laufe der Zeit ständig anwächst. „Tankbottoms" mit 20—30% Erdölgehalt sollen sich auf diese Weise gut verarbeiten lassen.

Eine Kombination von hochgespannten Strömen und der Zentrifugalkraft enthält das Verfahren der Siemens-Schuckert-Werke A. G.[2]

Neuerdings ist es auf Grund der Versuche der Siemens-Lurgi-Cottrell-Elektrofilter-Gesellschaft m. b. H., die auch die Patentverwertung innehat, gelungen, auch solche Emulsionen zu zerstören, die bisher nicht oder nur sehr schwer zu trennen waren. Den Vertrieb dieser Anlagen betreibt die Lurgi Apparatebau-Ges. m. b. H.[3].

## Elektrische Gasreinigung.

Der Grundgedanke der elektrischen Gasreinigung beruht auf der alten Erkenntnis, daß durch hochgespannten Gleichstrom Rauch- und Staubteilchen aus der Luft niedergeschlagen werden.

Während bei den bisherigen Verfahren die Wanderung der suspendierten Teilchen bedingt war durch eine Ladung, welche sie von selbst annehmen, ist es bei der Gasreinigung notwendig, die zu entfernenden Staub- oder Rauchteilchen durch Anwendung sehr hoher Spannungen und die dadurch bedingte Ionisierung der Luft erst aufzuladen. Die der elektrischen Gasreinigung zugrunde liegenden physikalischen Vorgänge sind soweit geklärt, daß sie sich quantitativ übersehen lassen, und zwar auf Grund der Annahme, daß sich die Schwebeteilchen innerhalb der Ionenatmosphäre des Filters aufladen und infolge des

---

[1] A. P. 1299589/590.

[2] DRP. 334120. — Siehe auch E. W. Girvin: A. P. 1565997. — A. André: DRP. 27797. — R. E. Laird u. J. H. Raney: A. P. 1116299, 1142759, 1142760, 1142761. — Siemens-Schuckert-Werke A. G.: DRP. 628205 (1933). — Weitere hierher gehörige Verfahren: Ford W. Harris: A. P. 1281952. — R. E. Laird u. J. H. Raney: A. P. 1116299, 1142759. — National Dehydrator Comp., Los Angeles: DRP. 359917. — H. R. Quinby: A. P. 1382234. — Bataafsche Petroleum Maatschappij: DRP. 431222 (J. H. C. de Brey). — R. E. Land: A. P. 1543928.

[3] Weitere Literatur: A. Lottermoser u. N. Calantar: Kolloid-Ztschr. 48, 179 (1929). — R. Kötschau in R. E. Liesegang: Kolloidchemische Technologie, S. 801 f. Dresden. 1927. — Weitere Angaben bei W. Clayton: Die Theorie der Emulsion. Berlin. 1927. — P. H. Prausnitz u. J. Reitstötter: Elektrophorese, Elektroosmose, Elektrodyalyse. Dresden-Leipzig. 1931.

elektrischen Feldes durch das Gas zur Niederschlagselektrode wandern[1].

Der Engländer Lodge und der Deutsche Möller haben Anfang der achtziger Jahre als erste die praktische Anwendung dieser physikalischen Tatsache versucht. Doch konnte damals die elektrische Gasentstaubung nicht durchdringen, da der damaligen Technik die geeigneten Mittel zur Erzeugung der hochgespannten Ströme fehlten. Erst Cottrell (Amerika) und Möller (Deutschland) gelang es 1906/07, betriebssichere elektrische Reinigungsanlagen zu schaffen, indem sie Wechselstrom mit Hilfe eines Transformators und eines Gleichrichters in hochgespannten pulsierenden Gleichstrom umwandelten. Cottrell verwandte bei seinen Anlagen Sprühelektroden mit rauhen Oberflächen, die zwischen glatten Metallwänden hingen. Möller nutzte den Koronaeffekt bei Drähten aus und leitete den Gasstrom durch ein Rohrsystem, in dessen Mitte ein Draht als Sprühelektrode gespannt war. Beide Verfahren wurden 1911, da sie die gleiche Grundlage hatten, zu dem Cottrell-Möller-Verfahren vereinigt[2].

Das zu reinigende Gas strömt durch ein Rohr, die Niederschlagselektrode, in dem axial ein Draht, die Sprühelektrode, isoliert angebracht ist, die mit hochgespanntem Gleichstrom gespeist wird. Durch die Entladung wird um die Sprühelektrode eine ionisierende Gasschicht, die Sprühzone, erzeugt. In ihr befinden sich positive und negative Ionen. Um die Sprühzone gelagert ist die Ladungszone, in der Ionen mit nur einem Vorzeichen vorhanden sind. In dieser Zone werden die Schwebeteilchen im Gas aufgeladen und durch das elektrische Feld zur Niederschlagselektrode getrieben.

Die Niederschlagselektrode besteht z. B. aus eisernen Röhren, die 200—300 mm Durchmesser und 3—5 m Höhe besitzen.

Die Sprühelektrode hat einen Durchmesser von 2—3 mm. Die Strömungsgeschwindigkeit des zu reinigenden Gases beträgt etwa 0,5—2 m/sec. Der erzielte Entstaubungsgrad geht bis zu 99% und darüber. Die Spannung beträgt 40000—100000 Volt Gleichstrom. Die Stromstärken sind gering und schwanken je nach Größe der Anlage zwischen 0,01—0,5 A. Der Energieverbrauch stellt sich auf zirka 0,05—2 kWh pro 1000 m³ Gas. Man benutzt in der Praxis meistens die Kammerfilter, bei denen der Gasstrom durch eine größere Anzahl paralleler Plattenreihen hindurchgeführt wird, zwischen denen sich die Sprühelektroden befinden.

Der zum Betrieb eines Elektrofilters erforderliche hochgespannte Gleichstrom wird mit Hilfe einer mechanischen Gleichrichtungsanlage aus Wechselstrom erzeugt[3].

---

[1] W. Deutsch: Ztschr. techn. Physik **6**, Nr. 9 (1925); **7**, Nr. 12 (1926); Ann. Physik **5**, Bd. 9, H. 2, 249 (1931); Bd. 10, Nr. 7, 847 (1931); Bd. 16, Nr. 5, 588 (1933); Physikal. Ztschr. **34**, 448 (1933). — R. Seeliger: Ztschr. techn. Physik **7**, 49 (1926). — W. Deutsch u. W. Hoß: Elektrotechn. Ztschr. **51**, 1480 (1930). — G. Mierdel: Ztschr. techn. Physik **15**, 169 (1934).

[2] R. Seeliger: Siemens-Ztschr. **1927**, H. 1, 3.

[3] W. Deutsch u. W. Hoß: Elektrotechn. Ztschr. **51**, 1480 (1930).

An Stelle des mechanischen Gleichrichters können auch Ventilröhrengleichrichter (Senderöhren), wie solche für Funkzwecke verwendet werden, oder Kupferoxydgleichrichter treten.

Im Laufe der Zeit wurden die einfachen Drahtelektroden weitgehend verbessert. An ihre Stelle traten isoliert aufgehängte Rohrrahmen, die mit Drähten oder scharfkantigen Bändern bespannt sind. Weiter sind Sprühelektroden in Anwendung, bei denen aus einem Metallnetz Stege so herausgeschnitten sind, daß besondere Spitzen mit hoher Sprühwirkung stehenbleiben.

Die Länge der Filterkammern und die Durchströmungsgeschwindigkeit des Gases richten sich nach den Betriebsbedingungen. Die Länge der Zelle schwankt zwischen 3 und 10 m und die Gasgeschwindigkeit zwischen 0,2 und 4 m je Sekunde. Die Einwirkungszeit der Elektrizität in der Reinigungsanlage liegt je nach Art des Staubes, Zusammensetzung und Temperatur des Gases zwischen 2 und 20 Sekunden. In dem elektrischen Feld des Filters lassen sich die feinsten Staub- und Nebelteilchen bis herunter zu etwa 0,005 mm Korndurchmesser niederschlagen. Der Reinigungsgrad der Anlage ist hierbei von der Strömungsgeschwindigkeit des Gases und von der Berührungsdauer des Staubes mit dem elektrischen Feld abhängig. Er läßt sich unter günstigen Bedingungen bis auf 98% bringen. Eine Reinigung des Gases bis auf einen Staubgehalt von 0,004 g/m³ Gas ist durchaus möglich. Jedoch genügt in den meisten Fällen ein Staubgehalt von 0,05 g je Kubikmeter Reingas.

Der Energieaufwand bei den elektrischen Gasreinigern beläuft sich auf höchstens 2,5 kWh/1000 m³ Gas, einschließlich Arbeitsaufwand für Gasförderung gegen durchschnittlich 7—7,5 kWh/1000 m³ bei anderen Verfahren. Außerdem lassen sich die elektrischen Gasreiniger, da sie keine brennbaren Teile besitzen, zum Entstauben und Entnebeln von heißen Gasen bis 500° C Gastemperatur mit Vorteil verwenden.

Anlagen zur Abscheidung von Schwebeteilchen aus industriellen Gasen nach dem Verfahren von Cottrell-Möller, im neueren technischen Sprachgebrauch kurz „Elektrofilter“ genannt, haben in Europa seit ihrer Einführung[1] durch die Metallgesellschaft A. G., Frankfurt a. M., vielseitige Anwendung gefunden. Dazu haben insbesondere die grundlegenden Arbeiten der Lurgi Apparatebau-Gesellschaft m. b. H., einer Tochtergesellschaft dieses Unternehmens, beigetragen, der die Weiterentwicklung des Verfahrens übertragen wurde. Zwischen diesen Firmen und den auf dem gleichen Arbeitsgebiet bisher ebenfalls tätigen Siemens-Schuckert-Werken A. G., Berlin-Siemensstadt, bestand schon seit mehreren Jahren ein Patentaustausch. Kürzlich wurde von den Siemens-Schuckert-Werken A. G., Berlin-Siemensstadt, und der Metallgesellschaft die Verwaltung des beiderseitigen umfangreichen Patentbesitzes von über 100 einschlägigen Patenten sowie die Forschung auf dem Elektrofiltergebiet einer Gemeinschaftsgesellschaft der „Siemens-Lurgi-Cottrell-Elektrofiltergesellschaft m. b. H. für Forschung und Patentverwertung“ in Berlin übertragen. Von dieser neuen Gesellschaft erhielt die Lurgi-Apparatebau-Gesellschaft m. b. H das ausschließliche Recht zu Bau und Lieferung von Elektrofilteranlagen, die von ihr nunmehr unter der

---

[1] Vgl. Mitt. a. d. Arbeitsbereich d. Metallgesellsch. **1929**, Nr. 1, 15ff. „Einführung der elektrischen Gasreinigung in die europäische Industrie“ von Dr. Hermann Fiesel.

Bezeichnung „Siemens-Lurgi-Cottrell-Elektrofilter" vertrieben werden. Gleichzeitig sind bereits bestehende Vereinbarungen mit den führenden ausländischen Elektro-Filter-Gesellschaften, nämlich der International Precipitation Co., Los Angeles, Western Precipitation Co., Los Angeles, Research Corporation, New York, und Lodge Cottrell Ltd., London, weiter ausgebaut worden.

Die elektrische Gasreinigung wird sowohl in der chemischen als auch in der Hüttenindustrie, Braun- und Steinkohlenindustrie, Zementindustrie zur Gichtgas und Generatorgasreinigung sowie in der Textilindustrie verwendet[1].

Bei der Schwefelsäurefabrikation oder Papierindustrie werden die durch Abrösten von Eisenkies und Zinkblende entstehenden heißen, 7—8% $SO_2$ enthaltenden Röstgase bei 400—500° C entstaubt. In der Metallhüttenindustrie wird der durch verschiedenste Prozesse in die Abgase gelangte Pb-, Zn-, Be-, Ag-, As-, Se- usw. Staub wiedergewonnen. Der Staubgehalt beträgt etwa 2,5—10 g/$m^3$, die für ihre Wiedergewinnung erforderliche Energie 1,25—1,7 kWh/1000 $m^3$. Der Wirkungskreis beträgt zirka 99%. Es dürften noch für zirka 100 Millionen Reichsmark Metallverluste in der Welt durch Nichtreinigung der Abgase entstehen[2]. Bei der Braun- und Steinkohlenverarbeitung enthalten Brüden der Braunkohlentrockner etwa 6—12% des Trockenkohlendurchsatzes als feinsten Kohlenstaub. Für die elektrische Entstaubung der stündlichen Brüdenmenge eines Dampftrockners für 100 t Tagesdurchsatz wird eine Leistung von nur etwa 0,8—1 kW benötigt. Durch Trocknen der Steinkohle gehen 3—5% der Kohle verloren, die durch Elektrofilter rentabel wiedergewonnen werden können.

In der Zementindustrie muß für die Staubfeuerung der Drehöfen die Kohle getrocknet werden. Der Trockenbrüden enthält etwa 3—6% des Kohlendurchsatzes an Staub, der durch Elektrofilter bis 98% und darüber wiedergewonnen und für die Staubfeuerung verwendet werden kann. Vor allem entstehen aber im Drehofen selbst beim Brennen große Staubverluste, die beim Naßverfahren etwa 6—10%, beim Trockenverfahren sogar 8—20% des Drehofendurchsatzes betragen. Mittels Elektrofilter können die für die Umgebung sehr lästigen Abgase, deren Temperatur etwa zwischen 100—350° C liegt, entstaubt werden. Der Energieverbrauch zur Reinigung der stündlichen Abgasmenge eines Drehofens für einen Tagesdurchsatz von 250 t Klinker beträgt etwa 4—5 kW. Das Elektrofilter ist auch für das Mahlen von Zement von Wichtigkeit, da bei diesem Vorgang wertvoller Zementstaub verlorengeht. Der Verlust beträgt 4—6% des Durchsatzes und kann ebenfalls wirtschaftlich wiedergewonnen werden.

Gichtgase werden mit einem Staubgehalt von 8—13 g/$m^3$ einem vor der elektrischen Gasreinigungsanlage stehenden, als Verdampfungskühler ausgebildeten Standrohr zugeführt. Beim Eintritt in das Rohr schwankt die Temperatur des Gases zwischen 120°—300° C. In der dem Standrohr

[1] R. Heinrich: Ztschr. Ver. Dtsch. Ing. **1930**, Nr. 7; Elektrotechn. Ztschr. **51**, 27, 971 (1930).

[2] W. Deutsch: Ztschr. Metallkunde **20**, H. 1, Jänner 1928.

nachgeschalteten 1. Stufe der Reinigung sinkt der Staubgehalt auf zirka 0,2 g/m³, wobei der abgeschiedene Staub trocken anfällt. Die Temperatur des Gases wird dann durch berieselte Gaskühler auf die Wassertemperatur erniedrigt. In der 2. Stufe erfolgt eine Entfernung des Wassers sowie des noch verbliebenen Staubes bis auf 1—5 mg/m³. Man erhält so ein kaltes, trockenes und reines Gas. Der für die zweistufige Reinigung erforderliche Energiebedarf beträgt 0,85—1,1 kWh/1000 m³ Gas[1].

Generatorgas enthält neben Staub etwa 5—8% Teer und 0,5—0,8% Öl. Die Entteerung erfolgt bei 90—100° C, wobei an Teer nur noch 0,05 bis 0,2 g/m³ im Reingas verbleiben. Die Entölung geschieht bei 25—30° C. Das Reingas enthält nach dem Entölen etwa 0,01—0,03 g/m³ an Öl. Der Energieverbrauch hierfür beträgt 0,8—1 kWh/1000 m³ Gas.

Auch die Rauchgasreinigung ist ein sehr wichtiges Anwendungsgebiet für das Elektrofilter. Der Energieverbrauch beträgt zirka 0,05 kWh/1000 m³ Rauchgas. Es sind zum Teil Anlagen mit mehreren hunderttausend Kubikmetern Gas Stundenleistung in Betrieb.

In der Textilindustrie ist es wichtig, die Maschinensäle zu entstauben, wobei die betriebsnötige warme Luft ohne wesentlichen Wärmeverlust nach dem Entstauben dem Betriebe zurückgeführt wird[2].

### Literatur über elektrische Gasreinigung.

F. Blaß: Elektrofilter in Drehrohrofenbetrieben. Mitt. a. d. Arbeitsbereich d. Metallgesellsch. Frankfurt a. M., H. 6. — N. Heymann: Die Entwicklung der elektrischen Gasreinigung. Montan. Rdsch. **27**, Nr. 10 (1935). — W. Deutsch: Elektrische Fällung metallhaltigen Staubes aus Industriegasen. Metall u. Erz **24** (N. F. 15), H. 15 (1927). — F. Rathert: Die Bedeutung des Elektrofilters für den Betrieb moderner Staubkohlenkessel. Mitt. a. d. Arbeitsbereich d. Metallgesellsch. Frankfurt a. M., H. 10. — F. Fischer: Elektrische Reinigung von Brüden in Braunkohlen-Brikettfabriken. Ztschr. Ver. Dtsch. Ing. **70**, Nr. 8, 253 (1926). — K. Guthmann: Die maßgebenden Einflüsse auf den Betrieb der elektrischen Hochofengasreinigung. Stahl u. Eisen **52**, H. 22, 529/39 (1932). — F. Blaß: Elektrofilteranlagen für Metallhütten. Metallwirtschaft **10**, 244/247, 274/277, 297/299 (1931). — E. Zopf: Elektrische Gasreinigung und Entstaubung. Ruhr-Bezirksverein des Vereins Deutscher Ingenieure, Essen, 16. 9. 1925.

## Elektrodialyse, Elektro-Ultrafiltration und verwandte Methoden.

Unter gewöhnlicher Dialyse versteht man den Vorgang der Elektrolytbefreiung von Kolloiden, dadurch, daß sie in einer Membran eingeschlossen werden, welche zwar den Elektrolyten, nicht aber das Kolloid hindurchdiffundieren läßt.

Dieser Vorgang kann durch Anlegen einer Gleichstromspannung wesentlich beschleunigt werden. Praktisch wird man dazu einen Dreizellenapparat (Abb. 117) verwenden, in welchem in den beiden äußeren Zellen die Elektroden, in der mittleren, durch zwei Diaphragmen abge-

---

[1] H. Bosse: Stahl u. Eisen **32**, A-Nr. 52 (1929). — J. Dreher: l. c. **51**, 577/87 (1931).

[2] Siehe auch H. Kirchrath: Chem.-Ztg. **60**, 473 (1936).

grenzten Zelle sich der zu reinigende Stoff befindet. Der Vorgang der Elektrodialyse ist eigentlich ein rein elektrolytischer, indem die Ionen gemäß ihrer Ladung aus dem Mittelraum durch das Diaphragma zur Anode oder Kathode wandern und sich in den äußeren Räumen ansammeln.

Man nannte diese Verfahren „Elektroosmotische Reinigungsverfahren". Diese Namengebung ist nicht glücklich gewählt, da man die Vorgänge der Elektrodialyse nicht oder nur zum geringsten Teil als durch „elektroosmotische" oder „elektroendosmotische" Vorgänge bedingt auffassen darf.

Die bei zunehmender Verarmung an Salzen schließlich hinzutretende Wasserüberführung durch Elektroendosmose wirkt eher störend und wird möglichst zurückgedrängt.

Die Tatsache, daß bei der Elektrodialyse auch die Ladung der verwendeten Diaphragmen oder Membrane eine Rolle spielt, indem diese den Ionendurchgang begünstigt oder hemmt, sowie, daß Adsorptionskräfte bei der Befreiung von Kolloiden von adsorbierten Ionen zu überwinden sind, rechtfertigt die Besprechung an dieser Stelle.

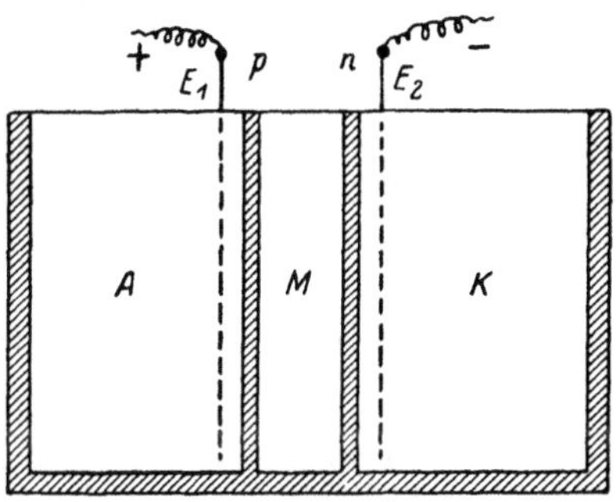

Abb. 117. Dreizellenapparat zur elektrodialytischen Reinigung von Kolloiden.

E. Heymann[1] kommt auf Grund mathematischer Entwicklungen zu dem Ergebnis, daß Elektrolyse mit vorgeschalteten Diaphragmen, also Elektrodialyse, eine Geschwindigkeit der Ionenabwanderung hervorbringt, die wenigstens 20mal so groß ist wie die bei der gewöhnlichen Dialyse unter sonst vergleichbaren Versuchsbedingungen. Die Entfernung der Elektrolyte aus einem Blutserum kann nach Heymann bei Verwendung vergleichbarer Apparatetypen mit bloßer Dialyse in 42 Stunden erfolgen, gegenüber einer Zeit von 15 Minuten bei Elektrodialyse.

Der älteste Dreizellenapparat findet sich für die Reinigung von Zuckersäften beschrieben[2], während der Ausdruck Elektrodialyse erstmalig von A. Kollrepp und A. Wohl[3] sowie von A. Baudry[4] gebraucht wird.

In der Regel werden die Kationen wegen ihrer größeren Beweglichkeit leichter und rascher in den Kathodenraum strömen, als dies die Anionen tun. Um die Ausbildung von elektromotorischen Gegenkräften durch diese Konzentrationsverschiebung zwischen Anionen und Kationen zu vermeiden, ist es vorteilhaft, an der Kathodenseite ein neutrales Diaphragma (z. B. Pergament, Kuttertuch), an der Anodenseite ein positives Diaphragma (z. B. Wollstoff imprägniert mit belichteter Chromgelatine,

---

1 Ztschr. physikal. Chem. **118**, 65 (1925).
2 E. Maigrot u. J. Sabates: DRP. 50443 (1889).
3 A. Kollrepp u. A. Wohl: DRP. 136670 (1901).
4 A. Baudry: A. P. 711375 (1902).

mit Chinon gegerbtes Leder) zu verwenden. Auch mit Rücksicht auf die Neigung des Wassers, elektroosmotisch zur Kathode zu fließen, müssen Diaphragmen mit geeignetem „Potential“ ausfindig gemacht werden.

Praktisch wird die Elektrodialyse zur Reinigung verschiedenster kolloider oder hochmolekularer nichtleitender Stoffe, wie Eiweiß, Serum, Leim, Gelatine, Glyzerin, Zucker, ferner zum Imprägnieren von Stoffen, zum Gerben u. a. verwendet. Schließlich ist hier auch die elektrische Wasserreinigung zu behandeln.

Man kann die Laboratoriumsapparate für Elektrodialyse in zwei Haupttypen einteilen (Wo. Pauli[1] und L. Reiner[2]). Der hauptsächliche Unterschied besteht in der Verwendung einmal von vertikalen, das andere Mal von sackförmigen Membranen.

Einen besonders einfachen und eleganten Mikroelektrodialysierapparat beschreibt E. Baer[3]. Er besteht aus drei ineinandergesteckten Glaszylindern, denen horizontale Membranen aufgebunden und mit weißem Zellonlack abgedichtet sind[4]. Neuerdings wurde versucht, fußend auf der Methodik der Ultrafiltergeräte nach Bechhold-König[5], einen Glaszylinder mit zwei eingeschmolzenen Schottschen Glasfilterdiaphragmen mittlerer Porenweite zu versehen, welche den jeweils gewünschten Membranen als Skelett dienen können[6].

## Elektrodialyse von Kolloiden und nichtleitenden Stoffen.

### Serumreinigung.

Ganz allgemein kann man nach den geschilderten Methoden ausgesprochene Kolloide, die man bisher nur durch Dialyse reinigte, auf elektrodialytischem Wege reinigen.

Nach dieser Methode hat zuerst die Elektro-Osmose A. G. die Zerlegung des Blutserums in seine Fraktionen (Albumin, Globulin) durchgeführt.

Eines der wichtigsten elektroosmotischen Anwendungsgebiete ist die Reinigung und Konzentrierung der Heilsera.

Das tierische Serum enthält verschiedene Eiweißkörper, deren Hauptbestandteile die Albumine, die Para- und Pseudoglobuline und die Euglobuline sind. Die im Serum auf Grund einer zielbewußten Immunisierung auftretenden Immunkörper sind bis zu 90% im Pseudoglobulin, der Rest hauptsächlich im Euglobulin enthalten. Dieses letztere stellt den lyophoben Anteil des Serumeiweißes dar, der auch die Toxin- bzw. Antigenreste enthält und daher die Hauptquelle der durch Anwendung von artfremdem Serum verursachten Überempfindlichkeitserscheinungen (Anaphylaxie) ist. Die Reindarstellung der lyophilen Pseudoglobuline geschieht

---

[1] Biochem. Ztschr. **152**, 355 (1924). Hersteller: Fritz Köhler, Leipzig.
[2] Kolloid-Ztschr. **40**, 123 (1926). [3] Kolloid-Ztschr. **46**, 176 (1928).
[4] Siehe auch A. Toth: Biochem. Ztschr. **189**, 270 (1927). Hersteller: F. Fischer u. Rower, Stützerbach (Thüringen).
[5] H. Bechhold u. L. Gutlohn: Ztschr. angew. Ghem. **37**, 494 (1924).
[6] P. H. Prausnitz: Chem.-Ztg. **53**, 935, 955 (1929). Hersteller: Jenaer Glaswerk Schott u. Gen., Jena; siehe auch G. Ettisch u. W. Ewig: Biochem. Ztschr. **200**, 250 (1928).

nach vorheriger, durch Aussalzung mittels Ammonsulfats erfolgter Entfernung der Albumine auf elektroosmotischem Wege. Dieser Vorgang wird in Dreikammersystemen ausgeführt. Bei fortschreitender Abwanderung der Elektrolyte beginnt in der Nähe des isoelektrischen Punkts ($p_H$ 6,4) das hydrophobe Euglobulin auszuflocken und kann durch Zentrifugieren quantitativ entfernt werden. Die Lösung wird durch Zusatz von NaCl auf isotonische Konzentration (0,85%) eingestellt (peptisiert) und enthält in reinster Form die Immunkörper, einzig und allein in Pseudoglobulinen aufgelöst, frei von den übrigen Serumbestandteilen, also Albuminen, Euglobulinen und Eiweißabbauprodukten, wie Albumosen, Peptonen, Aminosäuren, Blutsalzen, Hämoglobin usw. Durch das Verfahren wird der Immunkörpergehalt auf das Doppelte bis Dreifache konzentriert. Das Präparat ist dauernd haltbar, frei von Nebenwirkungen, völlig wasserklar und leicht resorbierbar.

Infolge der vielen Vorzüge dieses Verfahrens wird heute ein sehr großer Teil des Diphtherie-, Tetanus-, Streptokokkus-, Scharlach- usw. Serums elektroosmotisch gereinigt. Von den nach diesem Verfahren arbeitenden Firmen seien vor allem die I. G. Farbenindustrie A. G. (Behringwerke A. G.) in Höchst, Chemische Fabrik und Seruminstitut „Bram" G. m. b. H. in Pelzschau bei Leipzig, die Firma Comar & Co., Paris, und das Staatliche Niederländische Seruminstitut angeführt.

Auf der elektrodialytischen Wirkung und der dadurch eintretenden Zerstörung von Zellen beruht auch die elektrische Entkeimung oder Bakterientötung (S. 418). Durch Behandlung von Bakterien im Mittelraum des Dreizellenapparats können diese Mikroorganismen getötet werden. Infolge des Verlustes an Elektrolyt quellen sie auf und bersten, werden also verläßlich zerstört[1].

Es gibt ferner ein technisches Verfahren, das in Beziehungen zu demjenigen der Bakterientötung steht, nämlich die Rogers-Bennett-Methode zur Herstellung von Dorschlebertran[2]. Die Dorschlebern werden in einem Trog mit Salzwasser zwischen Elektroden gepackt und einem Strom beträchtlicher Dichte ausgesetzt, so daß die Leberzellen aufbersten. Der Tran läßt sich dann leicht abziehen und mittels Zentrifuge vom Wasser trennen. Für 1000 kg Tran sollen nur 5 kWh nötig sein.

## Patente zur elektrodialytischen Serumreinigung und elektrodialytischen Behandlung von Bakterien.

Ö. P. 83398, DRP. 294667, E. P. 145045. Elektro-Osmose A. G.
DRP. 353307, E. P. 146260. Elektro-Osmose A. G.
DRP. 355666, E. P. 104688. Elektro-Osmose A. G.
DRP. 356257, E. P. 159511. Elektro-Osmose A. G.
DRP. 514168. Chemische Fabrik und Seruminstitut „Bram" G. m. b. H. und B. Böttcher.
DRP. 167853. Graf B. Schwerin.

---

[1] DRP. 383481, 397888; E. P. 17554, 150318/319; A. P. 1577659.
[2] Chemist and Drogist **95**, 68 (1921); Ztschr. Dtsch. Öl-Fettind. **41**, 766 (1921).

DRP. 383481, vgl. auch E. P. 150318, 150319, A. P. 1577659. Elektro-Osmose A. G. (Vgl. H. Thiele u. K. Wolf: Arch. Hygiene **34**, 43 [1899]; auch P. v. Baumgarten: Lehrbuch der pathogenen Mikroorganismen, S. 96. Leipzig. 1911.
E. P. 17554 (1911). A. Shelmerdine.
DRP. 397888, A. P. 1577659, E. P. 150319. Elektro-Osmose A. G. (vgl. auch DRP. 238388, 239560, 261702).
DRP. 396663, E. P. 150328. Elektro-Osmose A. G.
DRP. 397551, E. P. 150334. Elektro-Osmose A. G.
DRP. 423822, E. P. 236535. Elektro-Osmose A. G. (vgl. auch E. P. 254579).
DRP. 436520. I. G. Farbenindustrie A. G. und J. Reitstötter.
DRP. 375293. Elektro-Osmose A. G.

## Gelatine, Leim.

Für Zwecke der Photographie und Heilkunde läßt sich Gelatine oder Leim elektrodialytisch reinigen.

Die reine Leimsubstanz, das amphotere Glutin liegt im Ausgangsmaterial als salzartige Verbindung vor. Die wanderungsfähigen Ionen treten durch die Diaphragmen in die Elektrodenräume über, während das Glutin zurückbleibt und sich im Laufe der elektrodialytischen Behandlung dem isoelektrischen Punkte nähert, der durch eine bestimmte Wasserstoffionenkonzentration von $2 \times 10^{-5}$ ($p_H$ 4,7) gekennzeichnet ist. Alle Abbauprodukte, soweit sie bereits molekulardisperse Dimensionen angenommen haben, wandern gleichfalls mit in die Elektrodenräume, so daß die Elektrodenwässer gefärbt sind.

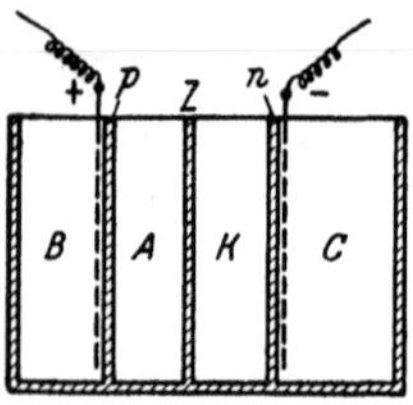

Abb. 118. Vierzellenapparat.

Leim- und Gelatinelösungen werden meistens zuerst in Dreikammersystemen vorgereinigt und dann in Vierkammersystemen oder Vierzellenapparat (Abb. 118) weiterbehandelt. Die Vorreinigung, bei der die Spannung von 15—20 Volt auf 70—100 Volt gesteigert wird, arbeitet mit Stromdichten von 10–50 A/m². Der Energieverbrauch beträgt 1–2,5 kWh pro Kilogramm Trockensubstanz. Im Vierkammersystem, bei dem zwei Mittelräume vorhanden sind, müssen die beiden Diaphragmen *p* und *n* undurchlässig für Leim- oder Gelatinelösung sein, wogegen das Mitteldiaphragma *Z* für Glutin, nicht aber für andere Kolloide, wie Gelatosen, durchlässig ist.

Der anodische Mittelraum *A* wird mit der gereinigten, d. h. elektrolytfreien Leimbrühe gefüllt, der kathodische Teil *K* sowie die Elektrodenräume B und *C* werden mit Wasser gespült. Trotzdem das Glutin im isoelektrischen Punkte liegt, also nach Anode und Kathode eine gleich starke Wanderungstendenz haben müßte, ist in der vorliegenden Apparatur die Wanderungstendenz ausgesprochen kathodisch.

Im Vierkammersystem wird mit 100—110 Volt Spannung, 4—6 A/m² Stromdichte gearbeitet. Der Energieverbrauch pro Kilogramm Reinmaterial beträgt bei einem Aschegehalt von zirka 2—3% 0,8—2 kWh, die Verluste an Trockensubstanz 5—10%.

Durch die Verwendung von tierischen Membranen oder gebranntem

Aluminiumoxyd als anodisches Diaphragma und pflanzlichen Membranen oder gebrannter reiner Kieselsäure als kathodisches Diaphragma ist die beste Gewähr dafür gegeben, daß Anionen und Kationen gleichmäßig aus dem Mittelraum abwandern, ohne vorübergehend Alkali oder Säure im Überschuß zu bilden, was der Fall wäre, wenn nur tierische oder pflanzliche Diaphragmen eingesetzt würden[1]. Als Mitteldiaphragma im Vierkammerapparat wird eine relativ weitporige Membran benutzt, die zur Unterstützung der ausgesprochenen kathodischen Wanderungstendenz des Glutins zweckmäßig aus pflanzlichen Stoffen besteht.

Die rohen Sole werden in 5- und 20%iger Konzentration verarbeitet; in ihren Einzelheiten hängt die Arbeitsweise von der Konzentration ab. Da beide Teilvorgänge eine lebhafte kathodische Elektroosmose begleitet, tritt hierdurch eine Konzentrierung der Brühen ein.

Die großen, an diese Arbeitsweise geknüpften Erwartungen, Gelatine insbesondere für photographische Emulsionen herzustellen, haben sich nicht erfüllt, zumal bei der elektrodialytischen Reinigung der Gelatine ihr auch die für solche Emulsionen wichtigen, die Lichtempfindlichkeit erhöhenden Stoffe entzogen werden. Auch die Annahme, aus Leimlösungen die edlere Gelatine gewinnen zu können, hat sich nicht bestätigt.

Immerhin ist im großen Maßstab im technischen Versuchsbetrieb mehrere Jahre von F. Supf und von G. Hedrich bei der Scheidemandel A. G. und der Elektro-Osmose A. G. nach diesem Verfahren gearbeitet worden[2].

Neuerdings ist ein durch Elektroosmose gereinigter Leim für Autotypiezwecke in Vorschlag gebracht worden[3].

Von einiger praktischer Bedeutung kann die Herstellung eines elektrisch gereinigten Gelatineuntergusses, in dem kolloid verteilter Braunstein enthalten ist, für die Herstellung lichthoffreier Platten und Filme werden[4].

## Anorganische Kolloide.

Auch die Reinigung anorganischer Kolloide kann auf elektrodialytischem Weg erfolgen. Technische Bedeutung hat z. B. die elektrodialytische Reinigung von Kieselsäurelösungen gefunden[5]. Man geht hierbei von Wasserglaslösungen aus, denen man zuerst in einem Zweizellenapparat mit negativem Diaphragma den Hauptteil des Alkalis entzieht, indem man die Spannung bis 15 Volt steigert. Die Wasserglaslösung kommt in den Anodenraum, das Alkali sammelt sich im Kathodenraum. Das so

---

[1] Ö. P. 78812.

[2] P. H. Prausnitz, Ztschr. Elektrochem. **28**, 27 (1922). — G. Hedrich: Ebenda **36**, 156 (1930).

[3] I. G. Farbenindustrie A. G.: DRP. 507023.

[4] Weitere Patente: I. G. Farbenindustrie A. G. u. W. Dieterle, O. Matthies u. J. Reitstötter: DRP. 437900; A. P. 1667589; E. P. 259538; F. P. 619077. — I. G. Farbenindustrie A. G. u. W. Dieterle, O. Matthies u. J. Reitstötter: DRP. 448775; F. P. 619077. — I. G. Farbenindustrie A. G., J. Eggert u. J. Reitstötter: DRP. 450635; E. P. 275933; F. P. 630717. — G. Schwarz: DRP. 493063, 499107.

[5] Siemens & Halske A. G., Berlin: E. P. 9237.

vorgereinigte Produkt wird dann im Mittelraum eines Dreikammerapparats bei zirka 32 Volt von den noch verbliebenen Verunreinigungen befreit. Die so gewonnenen, jahrelang haltbaren Kieselsäuresole kommen mit einem Gehalt von 4—6% unter dem Namen „Elmosol“ in den Handel. Man kann so auch ein Kieselsäuresol mit einem Höchstgehalt von 10% $SiO_2$ gewinnen, das monatelang klar bleibt. Die zum Herstellen dieser Sole erforderliche Energie schwankt zwischen 0,3—0,6 kWh pro Liter 4%iges Elmosol.

Auch aus Aluminatlösungen gefälltes Aluminiumhydroxyd kann im Dreizellenapparat gereinigt werden, wobei man nach einem Patent der Elektro-Osmose A. G.[1] Diaphragmen aus Zellulose, die aus Viskose regeneriert wurde, verwendet.

## Glyzerin und Zuckerreinigung.

**Glyzerin.** Nicht nur Kolloide, auch echte Lösungen nichtleitender Stoffe oder solche allein können elektrodialytisch gereinigt werden.

Die bei der Fettspaltung entstehenden glyzerinreichen Laugen enthalten außer organischen und anorganischen Verunreinigungen auch reduzierende Stoffe, wie Aldehyde usw. Die Vorreinigung des Glyzerins erfolgt durch chemische Entfernung dieser reduzierenden Stoffe. Die elektrodialytische Reinigung von Glyzerin wird in kombinierten Zwei- und Dreikammersystemen vorgenommen. Es gelingt dadurch, ein 0,1 bis 0,2% Asche enthaltendes Rohglyzerin bis auf Aschefreiheit zu reinigen. Die hierfür erforderliche Energie beträgt 0,1—0,2 kWh Reinglyzerin. Die Stromstärke wird so gewählt, daß die Salze zersetzt werden, ohne daß das Glyzerin angegriffen wird[2].

**Zucker.** Von der großen Anzahl von Verfahren und Vorschlägen auf diesem Gebiete seien nur zwei, die Aussicht auf Wirtschaftlichkeit versprachen, näher erläutert. Von diesen beiden ist das ältere Verfahren das von Say-Gramme[3], das jüngere das von der Elektro-Osmose A. G.[4]. Das Say-Grammesche Verfahren arbeitete mit löslichen Anoden aus Eisen, wodurch ein Teil der Nichtzuckerbestandteile von den Eisensalzen koaguliert wurde. Die Kathode bestand aus Eisen oder Zink. Die verbrauchte Energie pro Kilogramm Zucker betrug bei Zunahme des Reinheitsgrads um 1° RQ zirka 14 Wh. Die Spülung erfolgte anodisch mit saurem, kathodisch mit alkalischem Wasser.

Bei niedriger Spannung wandern die Elektrolyte und bei höherer Spannung die Eiweißkörper, und endlich Invertzucker, Farbstoffe und andere Beimengungen aus, während im Mittelraum die reine Zuckerlösung zurückbleibt.

Das Say-Grammesche Verfahren wurde in der Zuckerfabrik El-Havandieh in Ägypten, in der Zuckerfabrik Piesdorf in Deutschland, in

[1] DRP. 305364; A. P. 1216371; E. P. 6727 (1915), 7212 (1915).

[2] Ferrier: F. P. 290581. — C. u. H. Harries: DRP. 425629, 424679. — Siemens & Halske A. G.: DRP. 418210. — Elektro-Osmose A. G.: DRP. 348853.

[3] Sucrerie Belge Nr. 15 (1928).

[4] DRP. 361594; Ö. P. 89930.

der Zuckerraffinerie in Amsterdam sowie in der Raffinerie in Tirlemont in Frankreich angewendet, wobei in El-Havandieh Rohrzucker, in Piesdorf Rübenzucker, in Amsterdam und Tirlemont Melasse verarbeitet wurden. Die Zuckerfabrik El-Havandieh, einer der rationellsten Betriebe, arbeitete mit einer Filterpresse aus Holzrahmen, die 20 in 3 Räume geteilte Zellen enthielt. Die Diaphragmen bestanden aus Vulkanfiber. Die Spannung pro Zelle betrug zirka 6 Volt, die Anodenspannung zirka 3,5 Volt, die nutzbare Diaphragmenfläche 1 $m^2$, die Stromdichte 65 $A/m^2$. Das Ausgangsmaterial war Diffusionssaft.

Das Verfahren der Elektro-Osmose A.-G. benutzte ebenfalls die Filterpressenanordnung mit in 3 Räume geteilten Zellen aus gummierten Eisenrahmen.

Als geeignetes Diaphragmamaterial für das kathodische Diaphragma hat sich Zellulose, z. B. die Viskose, erwiesen, während als anodisches Diaphragma vorteilhaft Eiweißkörper, die in dieser Anordnung als positives Diaphragma wirken, z. B. tierische Blase, zu verwenden sind. Deren Ladung ist zwar positiv, aber nicht so hoch, daß sie den elektrisch nicht ganz indifferenten Zucker bei alkalischer Reaktion nach der Anode wandern ließe. Anderseits ist die Viskose zwar elektronegativ, aber nicht so stark, daß der Zucker nach der Kathode wandern würde.

Die Diffusion des Zuckers aus dem Saft sowohl nach dem Anoden- wie nach dem Kathodenraum ist unter diesen Umständen praktisch Null.

Die Apparatur besteht im wesentlichen aus einer Zelle, die durch ein Diaphragma, z. B. aus Viskose[1], und ein solches z. B. aus tierischer Blase in drei Teile geteilt ist. In den beiden äußeren Räumen liegen die perforierten Pole an den Diaphragmen an, und zwar die Anode an der positiven Blase, die Kathode an der negativen Viskose. Der Mittelraum nimmt die Zuckerlösung auf, während Anoden- und Kathodenraum mit Wasser gespült werden. Die Anode bestand hier aus unlöslichem Magnetit. Um im Mittelraum ständig eine alkalische Reaktion zu erzielen, wurde sowohl im Anoden- wie auch im Kathodenraum mit alkalischem Wasser gespült. Der Energieverbrauch betrug 50 Wh und mehr pro Kilogramm Zucker mit 1° RQ.

Obwohl diese Verfahren technisch sorgfältig durchgebildet worden sind, konnte später wegen der zunehmenden Verwertung und des damit zusammenhängenden wesentlich gestiegenen Preises der Melasse nicht mehr rentabel gearbeitet werden.

Ohne Diaphragmen (also rein elektrolytisch) arbeiteten P. von der Weyde und O. Lugo[2]. Sie wollten durch Verwendung von Aluminiumanoden und Einleiten von Sauerstoff $Al(OH)_3$ erzeugen, um mit der Suspension dieses Stoffs die Zuckersäfte zu reinigen. M. Pridham[3] führte statt dessen Ozon als oxydierendes Agens den Elektroden zu[4].

[1] Elektro-Osmose A. G.: DRP. 271001; Ö. P. 69180.
[2] P. H. van der Weyde und O. Lugo: A. P. 512133.
[3] A. P. 573289/290/355.
[4] Siehe auch J. H. Lavollay u. G. E. Bourgoin: A. P. 693408. — A. Nodon u. J. Piettre: DRP. 131875. — J. Görz: DRP. 29015. — G. Schollmeyer u. C. Dammeyer: DRP. 76833. — H. Palm (Michalecki & Co.): DRP. 115630.

Es zeigte sich, daß an den Elektroden eine substantielle Zerstörung des Zuckers selbst eintritt, wenn man diesen nicht durch Diaphragmen fernhält.

Ein einzelnes Diaphragma wurde von A. Baudry[1] benutzt; die Zuckerlösung wurde erst in den Anoden- und nachher in den Kathodenraum gebracht[2].

## Elektrische Wasserreinigung.

Wasser wird gewöhnlich durch chemische Mittel (Kalk-, Soda-, Permutit, Trinatriumphosphat) oder durch Destillation gereinigt.

Es ist aber auch möglich, die Reinigung (Entsalzung) mit dem elektrischen Strom auf elektrodialytischem Wege durchzuführen.

Den ersten Vorschlag, gelöste oder suspendierte Anteile aus Flüssigkeiten unter Anwendung zweier Diaphragmen auf elektrischem Wege zu entfernen, dürfte die Siemens & Halske A. G. (Abel) im Jahre 1903 gemacht haben[3].

Auch heute wird zur elektrischen Wasserreinigung im Prinzip der Dreikammerapparat (S. 395) verwendet. Wichtig für das Gelingen ist die Wahl der Diaphragmen. Diese sollen vor allem die Ionen der salzartigen Verunreinigungen möglichst widerstandslos im Gleichstromfeld hindurchtreten lassen und sollen anderseits die Rückdiffusion der meist ebenfalls in Ionenform vorliegenden Zersetzungsprodukte in den Mittelraum möglichst hindern.

Hinzu kommt noch die Forderung, daß sie von der in den Elektrodenräumen entstehenden sauren bzw. alkalischen Lösung oder von dem Hindurchtretenden Ion selbst chemisch möglichst wenig angegriffen werden. Aus den vorstehenden Forderungen, die an die Eignung von Diaphragmen für den besagten Zweck gestellt werden müssen, ergibt sich ohne weiteres, daß für die Anoden- und Kathodenseite verschiedene Diaphragmenarten in Betracht kommen.

Dazu kommt noch, daß die Diaphragmen nicht neutrale Systeme feiner Poren darstellen, sondern meist selbst eine Ladung tragen. Und

---

[1] A. P. 711375.

[2] Siehe auch M. H. Miller: A. P. 741689, 742689. — M. H. Miller, A. H. Hough, A. McNeill u. R. Fisher: DRP. 156858. — G. D. Burton: A. P. 976779.

Weitere Patente: DRP. 28353. L. H. Despeisis. — DRP. 41714. L. Wollheim. — DRP. 50443. E. Maigrot u. J. Sabates. — DRP. 78972. G. E. Cassel u. D. Kempe. — DRP. 111324. A. Baudry u. P. Charitonenko. — DRP. 124430; A. P. 687386. Graf B. Schwerin. — DRP. 148971; A. P. 723928. Graf B. Schwerin. — DRP. 152591. Graf B. Schwerin. — DRP. 131894. H. Aschermann. — DRP. 136670. A. Kollrepp u. A. Wohl. — DRP. 423695; E. P. 248998. Elektro-Osmose A. G., W. Dietrich, F. Nilges, W. Ruppel u. Meierei C. Bolle A. G. — DRP. 365780; A. P. 1371997; E. P. 178488; F. P. 528816. E. Delafond. — DRP. 410164; E. P. 214578; A. P. 1577669. Elektro-Osmose A. G., K. Wolf u. E. Langstein. — P. P. Budnikoff u. A. J. Sworykin: Ztschr. angew. Chem. **35**, 677 (1922).

[3] E. P. 14195 (1903). — Siehe auch Morse und Pierce: Ztschr. physikal. Chem. **45**, 589 (1903).

zwar hat es sich gezeigt, daß pflanzliche Membrane meist negativ, tierische Membrane meist positiv geladen sind.

Es ist leicht einzusehen, daß geladene Diaphragmen entgegengesetzt geladene Ionen festhalten werden, ihrem Durchtritt also einen größeren Widerstand entgegensetzen werden als gleichnamig geladene Diaphragmen. Daher würde man für die Abtrennung des Anodenraums vorteilhaft tierische, für jene des Kathodenraums pflanzliche Diaphragmen verwenden.

Außerdem ist bei der Auswahl der Diaphragmen auf die verschieden große Wanderungsgeschwindigkeit der Ionen Rücksicht zu nehmen, und es sind solche Diaphragmen zu wählen, welche die Unterschiede der Wanderungsgeschwindigkeit möglichst ausgleichen.

Einer der ersten brauchbaren Vorschläge zur elektrischen Wasserreinigung ist von der Elektro-Osmose A. G.[1] gemacht worden, welche die elektroosmotische Entsalzung in Dreikammerapparaten, bei Verwendung von Diaphragmen bestimmter und voneinander verschiedener Potentiale vorschlug[2].

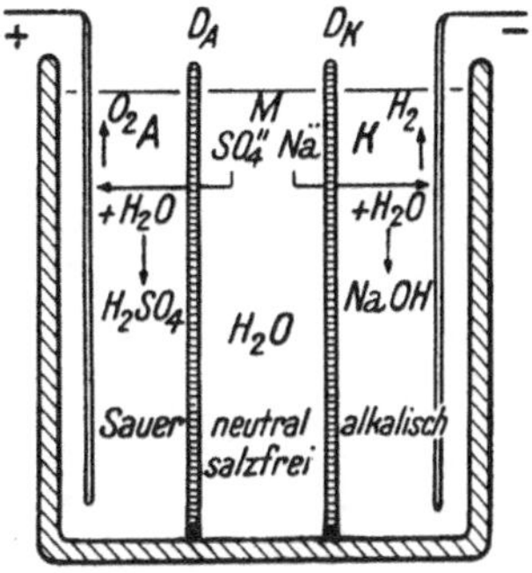


Abb. 119. Schema der elektrischen Wasserreinigung.

Das Schema einer solchen Wasserreinigungszelle zeigt Abb. 119.

In dem Mittelraum (*M*) einer durch Einführung zweier Diaphragmen erhaltenen dreiteiligen Zelle befindet sich das die gelösten Salze enthaltende zu reinigende Rohwasser. In den beiden äußeren Räumen *A* und *K*, die die Anode bzw. Kathode enthalten, befindet sich Wasser gleichen Reinheitsgrads. Unter dem Einfluß des Gleichstroms wandern die Anionen durch das Diaphragma $D_A$ hindurch zur Anode, um dort entweder gasförmig zu entweichen oder mit dem im Anodenraum befindlichen Wasser Zersetzungsprodukte zu bilden, während die Kationen umgekehrt durch das der Kathode vorgelagerte Diaphragma $D_K$ in den Kathodenraum wandern und hier entweder abgeschieden werden oder ebenfalls Umsetzungsprodukte bilden. Da die Anionen sauren, die Kationen basischen Charakter haben, erhält man dementsprechend nach einiger Zeit im Anodenraum ein saures und im Kathodenraum ein alkalisch reagierendes Wasser, während gleichzeitig das im Mittelraum befindliche Rohwasser allmählich salzärmer wird. Die Geschwindigkeit, mit der die Ionen nach dem Elektrodenraum abbefördert werden, hängt von der Stromdichte ab. Theoretisch müßten also sämtliche im Mittelraum ursprünglich vorhanden gewesenen Salze bzw. deren Ionen entsprechend der angewandten Strommenge nach und nach vollkommen entfernbar sein. Bei der praktischen Durchführung stehen dieser theoretischen Möglichkeit verschiedene Schwierigkeiten gegenüber.

[1] E. P. 11823 (1914); DRP. 291672 (1914).
[2] DRP. 383666 (1921); E. P. 311562; F. P. 557861.

Da die völlige Entfernung der Salze wegen der Unvollkommenheit der Diaphragmen nicht in einer Zelle allein gelingt, führt man die Wasserreinigung praktisch in mehreren hintereinandergeschalteten Zellen durch. Diese Bauart ermöglicht auch einen fortlaufenden Betrieb ohne fortwährende Regelung der Stromverhältnisse, wie sie in einer einzigen Zelle notwendig wäre. Von der Siemens-Elektro-Osmose A. G.[1] werden zehn solcher Einzelzellen hintereinandergeschaltet. Die Anordnung ist schema-

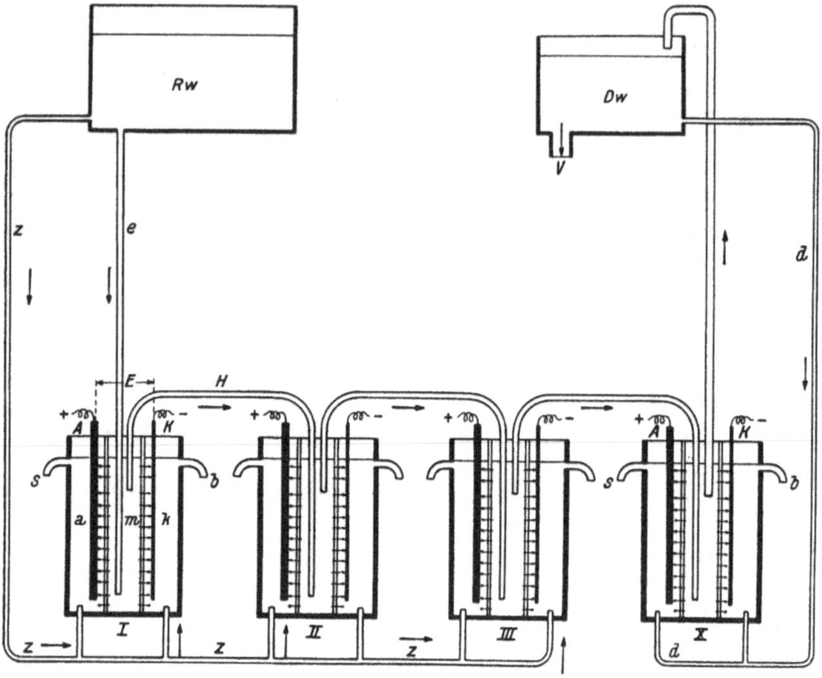


Abb. 120. Elektrische Wasserreinigung, System Siemens.

tisch in Abb. 120 wiedergegeben, in der aus Raummangel nur vier Zellen gezeichnet sind.

Das Rohwasser (*Rw*) wird dem Mittelraum (*m*) der ertsen Zelle zugeführt[2]. Ein Teil des Rohwassers wird zur Spülung der Elektrodenräume verwendet und führt die sich hier sammelnden abgewanderten Bestandteile weg.

Um eine wirksame Durchspülung der gesamten Elektrodenräume zu erzielen, fließt jedoch das einlaufende Spülwasser nicht unmittelbar in die Zellen, sondern in oben trichterförmig erweiterte Hartgummiröhrchen, die bis auf den Boden der Elektrodenräume geführt sind.

Das aus dem Kathodenraum abfließende Wasser (sogenanntes Ka-

[1] K. Illig: Siemens-Ztschr. 8, 349 (1928).
[2] Siemens & Halske A. G.: DRP. 397684, 440979.

thodenwasser) (*b*) kann, da die Verunreinigungen meist ausfallen, als schon vorgereinigtes Wasser dem Mittelraum (*m*) zur weiteren Reinigung zugeführt werden.

Durch Heber (*H*) wird das Wasser zur weiteren Reinigung aus dem Mittelraum der ersten Zelle (*I*) zum Mittelraum der zweiten Zelle (*II*) geleitet, von hier zur dritten Zelle und so fort. Im ganzen sind zehn Zellen vorgesehen. Als Spülwasser dient in den letzten drei Zellen eine geringe Menge des gereinigten Wassers, das aus dem Hochbehälter (*Dw*) den Elektrodenräumen zugeleitet wird (*d*).

In der letzten Zelle (*X*) werden unter dem Einfluß der hohen Spannung die letzten Reste kolloider Beimengungen entfernt.

Nach dem Verlassen der letzten Zelle ist das Wasser als destilliertes Wasser anzusprechen. Es wird in einen Hochbehälter (*Dw*) geleitet, aus dem es zum Verbrauch (*V*) geführt wird.

Die Spannung zwischen den Elektroden ist in den ersten Zellen niedrig gehalten. Sie wird in den folgenden Zellen stufenweise erhöht; in der letzten Zelle (*X*) liegt volle Netzspannung (110 oder 220 Volt Gleichstrom) an den Elektroden.

Die Apparate werden in Wirklichkeit filterpressenartig gebaut, so daß sie jederzeit leicht auseinandergenommen werden können. Jede Zelle besteht aus drei Eisenrahmen, die allseitig mit Gummi überzogen sind. Hierdurch erreicht man eine gute Isolation der einzelnen Räume gegeneinander bei einer gleichzeitigen restlosen Widerstandsfähigkeit des Baustoffs gegen die Angriffe der Lösungen in den einzelnen Räumen. Jede in sich geschlossene dreiteilige Zelle wird von der nächsten durch eine Hartgummitrennwand oder mit Hartgummi überzogenes Eisenblech getrennt.

Um zu vermeiden, daß neue Verunreinigungen in das Wasser hineingelangen, muß man völlig unlösliche Anoden verwenden. Die einzige Anode, die sich bisher als völlig geeignet erwiesen hat, ist Magnetit ($Fe_3O_4$). Die Kathode kann man aus Eisen, Zink oder Zinn sowie fallweise auch aus anderen Metallen herstellen.

Besonders wichtig für eine praktische rationelle Durchführung des Verfahrens ist es, die richtigen Diaphragmen zu verwenden.

Als Diaphragmenmaterial kommt in Betracht: besonders angefertigte Gewebe aus Pflanzenfasern für die Kathodenseite und Chinonleder oder besser Chromgelatinediaphragmen für die Anodenseite. Da letztere auf die Dauer der Einwirkung der Chlorionen nicht widerstehen, verwendet man in den neun ersten Zellen der Reinigungsapparate beiderseits Pflanzengewebediaphragmen und erst in der letzten Zelle das Chromgelatinediaphragma.

In neuerer Zeit ist es gelungen, auch keramische Diaphragmen in geeigneter Weise herzustellen.

Die im Anoden- und Kathodenraum vorhandenen Elektrolyte werden natürlich ebenfalls der Elektrolyse unterworfen. Es wandern also Anionen aus dem Kathodenraum durch den Mittelraum nach der Kathode. Es wird demnach aus dem den Kathodenraum durchfließenden Spülwasser ein Teil der darin gelöst vorhandenen Anionen elektrolytisch entfernt, so daß es dadurch z. B. Cl- und $SO_4$-ärmer wird. Gleichzeitig werden aus Anodenraum und Mittelraum Kalzium- und Magnesiumionen in den Kathodenraum befördert, wobei das Kalziumion mit dem Wasser Kalziumhydroxyd bildet und dieses wiederum mit den im kathodischen Spülwasser vorhandenen Karbonaten unter Bildung von basischen Karbonaten reagiert. Diese fallen dann allmählich aus, was schon daran zu erkennen ist, daß bereits im Kathodenraum ein Schlamm entsteht, ja sogar das kathodische Diaphragma selbst allmählich verkrustet wird. Auch die kathodische Spülrinne bedeckt sich allmählich mit einem gelblichweißen Niederschlag. Es wird daher bei stark karbonathaltigen Wässern das aus der Kathodenspülrinne auslaufende Wasser in ein Absitzgefäß geleitet; in diesem findet allmählich eine vollkommene Ausfällung der gebildeten Niederschläge statt, dann tritt das Wasser schließlich durch ein Kiesfilter in ein Sammelgefäß. Von hier wird es in einen Hochbehälter geführt, von wo aus das vorgereinigte, aus den Kathodenräumen stammende Wasser an Stelle von Rohwasser dem Mittelraum der ersten Zelle zugeführt wird. Ein selbsttätiger Schwimmerschalter bewirkt, daß das Hochgefäß jederzeit mit einer genügenden Menge gereinigten Kathodenwassers gefüllt ist.

Bei den letzten beiden Zellen werden die Elektrodenräume nicht mit Rohwasser, sondern mit entsalztem Wasser gespült. Diese Maßnahme ist erforderlich, weil das zu reinigende Wasser aus dem Mittelraum der achten Zelle bereits so rein in die neunte Zelle übertritt, daß bei Verwendung von Rohwasser zu Spülzwecken durch den vorher geschilderten Vorgang wieder fremde Ionen aus den Elektrodenräumen in den Mittelraum gebracht würden. Hiermit würde jedoch eine elektroosmotische Entfernung der im Wasser etwa noch vorhandenen Kolloide verhindert; denn diese können erst dann bei Vorhandensein einer verhältnismäßig hohen Spannung abwandern, wenn praktisch nur noch so viele Ionen vorhanden sind, als von den Kolloiden gerade zur Adsorption benötigt werden (S. 368). Die Menge dieses zur letzten Spülung erforderlichen entsalzten Wassers beträgt etwa 8% des von der gesamten Vorrichtung erzeugten gereinigten Wassers.

Der Strombedarf hängt ebenso wie die Leistung der Apparate im wesentlichen von der Zusammensetzung des zur Verfügung stehenden Rohwassers ab. Er schwankt im allgemeinen zwischen 1,5 und 4 kWh auf 100 l entsalzten Wassers und wird bei Wiederverwendung des Kathodenwassers noch verringert, da ja der Strom bei dieser Schaltung praktisch zweimal ausgenutzt wird.

Bei Stromunterbrechungen wird durch eine Relaisschaltung bewirkt, daß die Einflußröhre des in den ersten Mittelraum einfließenden Wassers abgelenkt wird, so daß während der Stromunterbrechung dem Apparat kein weiteres Rohwasser zugeführt werden kann.

Im Verlauf der letzten Jahre wurden Wasserreiniger der Siemens-Elektro-Osmose A. G. weiter verbessert[1].

[1] O. Gerth: Siemens-Ztschr. **12**, 211 (1932).

Die neuen Zellen sind so gebaut, daß nicht mehr Rohwasser zur Spülung der Elektrodenräume verwendet wird, sondern daß das Wasser im Mittelraum etwas höher steht als in den Elektrodenräumen. Infolge des Überdrucks tritt ein kleiner Anteil des zu entsalzenden Mittelraumwassers durch die Diaphragmen hindurch nach den Elektrodenräumen, wodurch die Rückdiffusion in den Mittelraum verhindert wird. Diese Arbeitsweise bietet eine Reihe von Vorteilen.

Bei der Elektrolyse wird der Anolyt sauer, der Katholyt alkalisch. Im Anodenraum befinden sich also sehr bewegliche $H^{\cdot}$-Kationen, neben trägeren Anionen, im Kathodenraum umgekehrt sehr bewegliche $OH'$-Anionen, neben langsamer wandernden Kationen. Da sich unter dem Potentialgefälle die Anionen von der Kathode weg, die Kationen von der Anode weg bewegen, werden sich die Diaphragmen durch Voraneilen des beweglicheren Ions an der der Anode abgekehrten Seite positiver, an der der Kathode abgekehrten Seite negativer aufladen, in ähnlicher Weise, wie es etwa zwischengeschaltete bipolare Elektroden tun würden. Es ist einleuchtend, daß eine Gegenbewegung des zu reinigenden Wassers durch die Diaphragmen zu den Elektroden einen Ausgleich dieser Aufladungen herbeiführen wird, so daß die Aufladung dadurch auf ein Minimum verringert werden kann.

Dieser Ausgleich der Ladungen des Diaphragmas bewirkt nicht nur ein Überwiegen der Elektrolyse vor der Elektroosmose, er hat noch die Wirkung, die Haltbarkeit der Diaphragmen zu erhöhen. Da nämlich die Diaphragmenmateriale stets ein geringes Leitvermögen besitzen, bilden sich bei Vorhandensein nennenswerter Potentialdifferenzen an ihren beiden Flächen Lokalströme in ihnen aus, welche die Zerstörung des Diaphragmenmaterials befördern. Der Ausgleich der Spannungen erhöht deshalb gleichzeitig die Lebensdauer der Membranen.

Durch diese vereinfachte Arbeitsweise ergeben sich auch eine Reihe konstruktiver Vorteile. Die Heber werden überflüssig; die vor allem dem Bau einer Kleinapparatur im Wege stehende verwickelte und viel Platz beanspruchende Spülwasserleitung kann fortfallen und die Apparatur rinnen- oder bei großen Einheiten kaskadenförmig gestaltet werden, so daß die bei der Filterpressenanordnung erforderlichen starken Bauelemente und teure Baustoffe entbehrlich sind. Für den Betrieb hat die neue Bauart den großen Vorteil, daß auch mit Unterbrechung gearbeitet werden kann.

Auf dieser Grundlage wurde von der Siemens-Elektro-Osmose A. G. auch eine Großapparatur durchgebildet, da die Filterpressenapparate den gesteigerten Anforderungen der Großindustrie in bezug auf Mengenleistung nicht mehr genügten. Außerdem verbraucht der Filterpressenapparat einen erheblichen Teil des Rohwassers für Spülzwecke, was sich bei großen Durchsatzmengen trotz niedrigen Rohwasserpreises nachteilig bemerkbar machen kann. Es gelang nach Überwindung erheblicher Schwierigkeiten, namentlich in bezug auf die Wahl geeigneter Diaphragmen eine leistungsfähige Wasserreinigungsgroßanlage zu entwickeln, die infolge ihrer stufenförmigen Aufstellungsweise „Kaskadenapparatur“ genannt wurde[1].

Auf ein stufenförmig gebautes Podest werden acht Betonwannen (*a*) gestellt, die mit Diaphragmen und Elektroden ausgerüstet sind (Abb. 121).

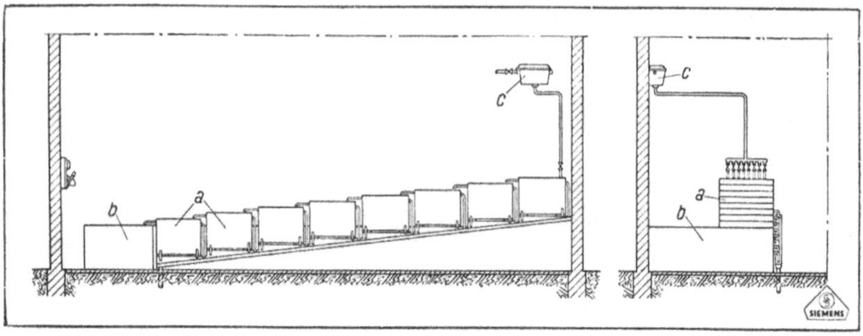


Abb. 121. Kaskadenapparatur zur elektrischen Wasserreinigung nach Siemens.

Die zu reinigende Flüssigkeit fließt durch den Druckregler (*c*) in die oberste Wanne, dann von Stufe zu Stufe bis zu dem Sammel- und Absitzgefäß (*b*), von wo das gereinigte Produkt zu den Verbraucherstellen geleitet wird. Die Elektrodenspülwässer treten an den Stirnseiten der Wannen durch

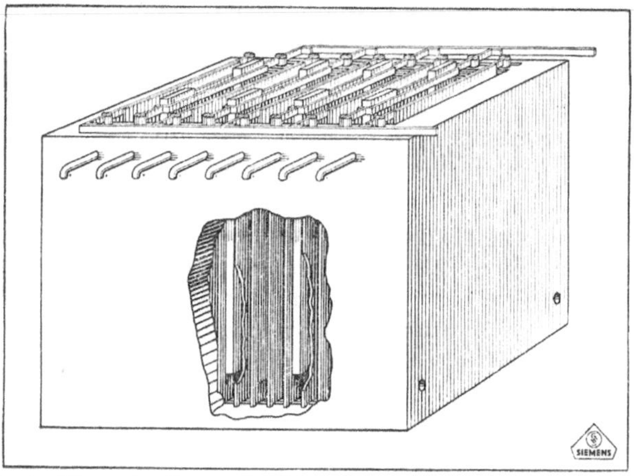

Abb. 122. Einzelne Wanne der Siemensschen Kaskadenapparatur zur elektrischen Wasserreinigung.

Bohrungen in eine Sammelleitung und werden gemeinsam abgeführt. Die Betonwannen sind innen zum Schutz gegen chemische Angriffe imprägniert.

Jede Wanne enthält (Abb. 122) 16 fest eingebaute, starre, keramische Diaphragmen, so daß 17 Abteilungen entstehen, von denen acht als Mittelräume für die Aufnahme der zu reinigenden Flüssigkeiten bestimmt

[1] O. Gerth: Siemens-Ztschr. **12**, 241 (1932).

sind, während die übrigen Abteilungen Anoden- bzw. Kathodenräume darstellen. Durch bipolare Anordnung von Elektrodenraum — Mittelraum — Elektrodenraum — Mittelraum usw. wird eine wesentliche Ersparnis an Elektrodenmaterial sowie bessere Ausnutzung des Raums gegenüber dem Dreizellensystem der Filterpressenapparate erzielt. Der Flüssigkeitstransport erfolgt von Mittelraum zu Mittelraum durch einfache Überläufe, so daß sämtliche Heber fortfallen. Desgleichen wird zur Spülung der Elektrodenräume ein Teil des Mittelraumwassers verwendet und mit Hilfe des dort herrschenden hydrostatischen Überdrucks durch die Poren der Diaphragmen getrieben, wobei wiederum das Gegenstromprinzip zur Anwendung kommt. So kann bei dem neuen Spülverfahren die Hälfte des sonst benötigten Spülwassers gespart werden; denn während bei den Filterpressenapparaten das Verhältnis von gereinigtem Wasser zum Spülwasser 1 : 2 ist, verhält sich die Reinwasser- zur Spülwassermenge in der Kaskadenapparatur wie 1 : 1. Überall da, wo die Enthärtung nur in geringem Maße zu erfolgen braucht, kann die Spülwassermenge noch viel weitgehender vermindert werden.

Die Zellen enthalten Magnetitanoden und Eisenblechkathoden. Die Schaltung innerhalb einer Kaskade richtet sich nach dem vorhandenen Betriebsstrom, nach der geforderten Leistung und nach der Zusammensetzung des Rohwassers, so daß die Entscheidung darüber von Fall zu Fall getroffen werden muß.

Angenommen, es steht Gleichstrom von 110 Volt zur Verfügung und es handelt sich um die Enthärtung eines mittelharten Rohwassers auf 2° Resthärte, so ist die Kaskade zweckmäßigerweise in Gruppen zu 3 : 2 : 2 : 1 zu schalten, d. h. vier Gruppen zu bilden, von denen die erste drei hintereinandergeschaltete Wannen, die zweite und dritte je zwei Wannen, ebenfalls hintereinandergeschaltet, und die letzte eine Wanne enthält. Die vier Gruppen liegen parallel zueinander an der Spannung. Auf diese Weise wird unnötige Erwärmung der ersten Zelle vermieden und zugleich erreicht, daß die Stromdichte in sämtlichen Zellen annähernd den gleichen Wert erhält.

Die Leistung einer Kaskade beträgt bei mittelhartem Rohwasser etwa 400 l/h. Für größere Mengenleistungen ist demnach eine entsprechende Anzahl Kaskaden zu einer Gesamtanlage oder mehreren Teilanlagen zusammenzustellen, je nach den räumlichen Verhältnissen des Aufstellungsorts.

Der Stromverbrauch bei der elektrischen Wasserreinigung richtet sich naturgemäß nach dem Salzgehalt bzw. Härtegrad der zu behandelnden Wässer. In Tabelle 31 sind die Leistungen der jetzt verfügbaren Siemens-Typen einschließlich der Großanlage zusammengestellt.

In letzter Zeit wurde auch eine von J. Billiter[1] konstruierte Wasserreinigungsapparatur von der Firma L. Seibold, Wien, herausgebracht.

---

[1] E. P. 431695 (1935). — Siehe R. Sommer: Österr. Chemiker-Ztg. **39**, 36 (1936).

Tabelle 31.

| Type | Platzbedarf etwa m² | Stundenleistung für Rohwasser mittlerer Güte etwa Liter | Höchste Stromaufnahme bei 110 Volt |
|---|---|---|---|
| Filterpreßapparat I .... | 4,25 | 200 Aqua dest. | bis 80 A |
| " II ... | 3,25 | 100 Aqua dest. | " 40 A |
| " III... | 1,75 | 25 Aqua dest. | " 9 A |
| " IVa . | 0,5 | 8 Aqua dest. | " 5 A |
| " IV... | 0,4 | 4 Aqua dest. | " 3 A |
| Kleintyp ............. | 0,4 | 2 Aqua dest. | " 2 A |
| Kaskadenapparatur .... | 5 | 400 z. T. enthärtet | " 80 A |

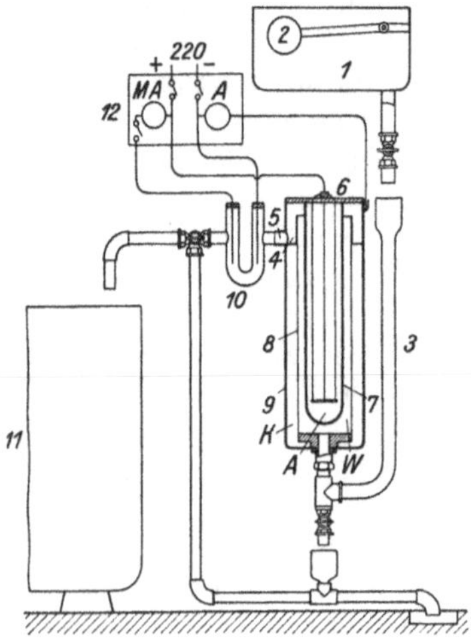


Abb. 123. Billiter-Hydor-Anlage.

Das zu reinigende Wasser (Rohwasser) wird aus einem Druckreglergefäß *1* und *2* (Abb. 123) durch das Einflußrohr *3* von unten in die zylindrische Zelle geleitet. Es streicht durch den ringförmigen Wasserraum *W* von unten nach oben, tritt dann in die Kreisrinne *4* über und verläßt die Hydorzelle bei *5* in gereinigtem Zustand (Reinwasser). Auf dem Weg durch die Zelle steht das Rohwasser unter der Einwirkung des elektrischen Gleichstroms. Dieser fließt von der Anode *6* durch das Anodendiaphragma *7*, den Wasserraum *W* und das Kathodendiaphragma *8* zur Kathode *9*, die, aus Metall bestehend, gleichzeitig das Außengefäß bildet. Die Wirkung des elektrischen Gleichstroms besteht darin, daß die im Rohwasser gelösten Salze aus dem Wasserraum *W* in den Kathodenraum *K* bzw. Anodenraum *A* transportiert werden. Die Geschwindigkeit des Durchlaufs des Rohwassers wird dabei so bemessen, daß es in vollkommen entsalztem Zustand (Reinwasser) die Zelle bei *5* verläßt.

Um das Reinwasser auf einfache Weise auf seinen Reinheitsgrad zu prüfen, fließt es (bevor man es seinem Verwendungszweck zuführt) durch eine Meßvorrichtung (*10*). Diese besteht aus einem Leitfähigkeitsgefäß und einem Milliamperemeter.

Zweckmäßig vereinigt man mehrere solcher Einzelzellen zu einer Batterie, die vom Wasser der Reihe nach durchflossen werden und auch elektrisch zumeist in Serie geschaltet sind.

Die Zahl der zu einer Batterie vereinigten Zellen richtet sich nach der Natur des Rohwassers, der zur Verfügung stehenden Spannung und dem Verwendungszweck, doch sind bis zu einem gewissen Grad auch Momente der Kalkulation, wie Anschaffungs- und Betriebskosten, maßgebend.

Bei einer Spannung von 110 Volt und darunter sowie einem Salzgehalt des Rohwassers von höchstens 200 mg/l kann die Reinigung — allerdings mit entsprechendem Energieverbrauch — in einer einzigen Zelle durchgeführt werden. Bei großem Reinwasserbedarf und einem Salzgehalt des Rohwassers von mehr als 200 mg/l sowie bei Spannungen über 100 Volt ist es ökonomischer, oft sogar unbedingt notwendig, mehrere Zellen (2—15) zu einer Batterie zu vereinigen und diese sowohl hinsichtlich des Wasserdurchlaufs als auch hinsichtlich des Stroms in Serie zu schalten. Die Zellen werden stufenförmig hintereinander aufgestellt oder gehängt (z. B. an die Wand).

Die Billiter-Hydorzellen sind in ihrem Aufbau einfach und übersichtlich. Die Kontrolle einer solchen Anlage erfordert nur wenige Minuten im Tag, sie kann, ebenso wie die nach längerer Betriebsperiode (3—6 Monate) notwendige, ebenfalls einfach durchzuführende Reinigung, auch von ungeschultem Personal durchgeführt werden.

Der Reinheitsgrad des Endprodukts ist nach Angaben der Firma unabhängig von der Zusammensetzung des Rohwassers, der Zellenzahl und der Durchflußgeschwindigkeit (bis zu der in der Tabelle 32 angegebenen Maximalleistung). Erhöht man die Durchflußgeschwindigkeit über das höchstzulässige Maß, wird der Reinheitsgrad des Reinwassers mit zunehmender Durchflußgeschwindigkeit schlechter, d. h. es findet nur teilweise Reinigung statt. Eine Schwankung des Rohwassers hinsichtlich seines Salzgehalts hat auf die Güte des Reinwassers keinen Einfluß, da sich die Billiterhydorzellen allfälligen Schwankungen im Salzgehalt des Rohwassers automatisch anpassen.

Der Energieverbrauch ist proportional der angelegten Spannung (bei Serienschaltung der Zellen) und dem Salzgehalt des Rohwassers, jedoch verkehrt proportional der Zellenzahl (Tab. 32).

Tabelle 32.

| Salzgehalt im Liter Rohwasser in mg | Zellenzahl 1 | | Zellenzahl 2 | | Zellenzahl 4 | | Zellenzahl 8 | |
|---|---|---|---|---|---|---|---|---|
| | 110 Volt | 220 Volt | 110 Volt | 220 Volt | 110 Volt | 220 Volt | 110 Volt | 220 Volt |
| | Energieverbrauch für die Reinigung von 1 m³ (kW) | | | | | | | |
| 50 | 12,5 | 25 | 6 | 12 | 3 | 6 | 1,5 | 3 |
| 100 | 25 | 50 | 12,5 | 25 | 6 | 12 | 3 | 6 |
| 150 | 37,5 | 75 | 19 | 37,5 | 9 | 18 | 4,5 | 9 |
| 200 | 50 | 100 | 25 | 50 | 12,5 | 25 | 6 | 12 |
| 300 | 75 | 150 | 37,5 | 75 | 18,5 | 37 | 9 | 18 |
| 400 | 100 | 200 | 50 | 100 | 25 | 50 | 12,5 | 25 |

Die Literleistung einer Anlage ist abhängig von der angelegten Spannung und der absoluten Größe der Zellen, hingegen unabhängig von der Zusammensetzung des Rohwassers und deren allfälligen Schwankungen, ebenso von der Anzahl der zu einer Batterie vereinigten Zellen.

Die Billiterhydorapparate sind in sechs verschiedenen Größen lieferbar (Tabelle 33). Dieselben überschneiden sich insofern hinsichtlich der Leistung, als es ohne weiteres möglich ist, eine größere Anlage ohne unnützen Energiemehrverbrauch gedrosselt laufen zu lassen, d. h. der Stromverbrauch entspricht immer der jeweiligen Literleistung.

Tabelle 33.

| Type | Liter pro Stunde bei | | | | Maße einer Zelle | |
|---|---|---|---|---|---|---|
| | 110 Volt | 150 Volt | 220 Volt | 380 Volt | Durchmesser in mm | Höhe in mm |
| 3 | 4 | 5 | 6 | 9 | 100 | 250 |
| 10 | 12 | 16 | 25 | 40 | 100 | 650 |
| 25 | 30 | 40 | 60 | 95 | 160 | 1000 |
| 50 | 55 | 75 | 110 | 190 | 220 | 1000 |
| 100 | 110 | 150 | 220 | 380 | 380 | 1000 |
| D | 230 | 320 | 460 | 800 | 500 | 1000 |

Der Platzbedarf der Billiterhydorzellen ist gering. Die kleinste Type benötigt nur wenige Quadratdezimeter, die ganz großen Industrietypen zirka 35 $dm^2$ Bodenfläche pro Zelle.

Das elektroosmotische Reinigungsverfahren arbeitet naturgemäß da am wirtschaftlichsten, wo die Kosten für den Betriebsstrom niedrig liegen. Im allgemeinen ist ein Stromverbrauch von 20 kWh je Kubikmeter anzusetzen, wenn ein normales Leitungswasser auf 2 deutsche Härtegrade gebracht werden soll. Demnach würden bei einem Strompreis von 2—3 Pfg. je Kilowattstunde, wie es in der Industrie anzutreffen ist, für 1 $m^3$ enthärtetes bzw. entsalztes Wasser etwa RM 0,50 an Stromkosten aufzubringen sein. Das erscheint im ersten Augenblick etwas hoch, wenn man andere Enthärtungsverfahren, beispielsweise Kalk-Soda- und Permutitenthärtung dagegen vergleicht. Aber man darf nicht vergessen, daß bei Permutitverfahren nur ein Basenaustausch vor sich geht, wobei an Stelle der Härtebildner (Kalzium und Magnesium) das lösliche und in Lösung bleibende Natriumsalz eingetauscht wird, so daß sich der Gesamtsalzgehalt praktisch nicht ändert. Ähnliche Verhältnisse liegen bei der Kalk-Soda-Enthärtung vor, wo mit großen Chemikalienüberschüssen gearbeitet werden muß, um kleine Resthärten zu erreichen.

Die Destillation erfordert aber einen sehr großen Aufwand an kalorischer Energie; denn für die Überführung von einem Kubikmeter Wasser in Dampf von 100° ist eine Energiemenge erforderlich, die, im elektrischen Maße ausgedrückt, theoretisch etwa 750 kWh, bei einem Wirkungsgrade von 70% aber mehr wie 1000 kWh beträgt.

Im übrigen ist es mittels des elektro-osmotischen Wasserreinigungsverfahrens auch ohne weiteres möglich, jeden beliebigen Entsalzungsgrad des zu verarbeitenden Wassers zu bewirken. Sobald der Durchlauf durch die Wasserreinigungsapparate gesteigert wird, werden naturgemäß nur so viele Härteeinheiten entfernt, als der angewendeten Stromdichte und der Zeitdauer entspricht. Da jedoch die verschiedenen Salzarten verschieden stark dissoziiert sind, außerdem die Ionen unterschiedliche Überführungszahlen haben und da schließlich die Zersetzungsspannung für die Reihenfolge der Abscheidung einzelner Salze auch eine gewisse Rolle spielt, lassen sich die verschiedensten Variationen in der bevorzugten Entfernung der einen oder anderen Salzgruppe in gewissem Umfang durchführen, und es gelingt sogar, besonders unerwünschte

Stoffe, z. B. Magnesiumsalze, bevorzugt zu entfernen und auf diese Weise Trink- und Brauwasser zu verbessern.

Zugleich mit den Härtebildnern wird auch der Gehalt an den übrigen gelösten Stoffen weitgehend verringert, und da das Wasser auch entkeimt wird, verhält es sich wie thermisch destilliertes Wasser; es kann wie dieses in Drogerien, Apotheken, Krankenhäusern und ähnlichen Instituten verwendet werden. Nur Kieselsäure läßt sich elektrisch schwer vollständig entfernen.

## Patente zur Wasserreinigung.

DRP. 306102. W. Wiebelitz (vgl. auch DRP. 272219, 265628, 283886, A. P. 982705, 1012808).
DRP. 383666, E. P. 211562. Elektro-Osmose A. G., W. G. Ruppel und W. Dietrich.
DRP. 394360, vgl. auch E. P. 211562.
DRP. 395752.
DRP. 498048. Siemens-Elektro-Osmose A. G.
F. P. 619080. Elektroosmose Latine.
DRP. 626518 (1931). K. Kaißer, München.

## Literaturverzeichnis.

K. Illig: Ztschr. angew. Chem. **39**, 1085 (1926). — A. S. Behrman: Ind. engin. Chem. **19**, 1229 (1927). — P. Patin: Chim. et Ind. **19**, 158 (1928). — E. Mayer u. R. Schön: Österr. Chemiker-Ztg. **29**, Nr. 6 (1926). — E. Mayer: Elektrotechnik u. Maschinenbau, 1925, S. 306. — F. Gerlach: Ztrbl. Bakter., Parasitenk. **98**, 125 (1926). — v. Bezold: Brennstoff- u. Wärmewirtsch. **1926**, H. 15. — C. G. Hammar: Nya Mineralvattenfabrikanten **1926**, Nr. 3, 2. — K. Illig: Umschau **31**, 152 (1927). — A. H. W. Aten: Pharmac. Weekbl. **64**, 165 (1927). — H. Sarrot du Bellay: La Nature **1927**, Nr. 2761, 462; Süddtsch. Apoth.-Ztg. **67**, 338 (1927); Seifensieder-Ztg. **54**, 175 (1927); Dtsch. Parfümerieztg. **13**, 220 (1927). — Br. Ponce de Léon: Ingenieriy Construccion **5**, Nr. 56 (1927); Technische Blätter, Wchschr. Dtsch. Bergwerksztg. **17**, 361 (1927). — E. Schaffnit: Forschungen auf dem Gebiete der Pflanzenimmunität im Pflanzenreich **4**, 4 (1927). — Zipperer: Wissenschaftl. Mitt. österr. Heilmittelst. G., Okt. 1926, Folge Nr. 2; Süddtsch. Apoth.-Ztg. **67**, Nr. 72 (1927). — Em. Mayer: Dtsch. Destillateur-Ztg. **48**, 856 (1927). — K. Illig: Das elektro-osmotische Wasserentsalzungsverfahren der S. E. O. G. m. b. H. Siemens-Ztschr. **1928**, H. 6. — Diamant: Glasindustrie-Ztg. **50**, 558 (1928). — O. Gerth: Fortschritte in der Herstellung von destilliertem Wasser. Chem. Ztg. **53**, 52 (1929). — M. Strell: Wchschr. Brauerei **44**, 611 (1927). — E. Roller: Monatsschr. naturwiss. Unterr. **8**, 278 (1928). — M. Hamburg: Die Brau- u. Malzind. **28**, Nr. 4 (1928). — E. Mayer: Auslandswarte **1928**, Nr. 2, 52. — G. Bode: Tagesztg. Brauerei **1928**, Nr. 201. — M. R. Marie: Science et Ind. **12**, 96 (1928). — K. Illig: Chemické Listy **23**, 16 (1928). — J. Becker: Iberica **16**, Nr. 761, 57 (1929); El Progreso de la Ingenieria **10**, 216 (1929); Die Räder **10**, 316 (1929); Pharmaz. Ztg. **74**, 1402 (1929). — O. Gerth: Wasser u. Gas **19**, 869 (1929). — H. Klut: Gas u. Wasser, Sonderbeil. d. Dtsch. Allg. Ztg. 11. Juni 1929; Ill. Techn. Ztg. (Berliner Volksztg.) **77**, Nr. 238 (1929); Techn. Welt (Ind.- u. Handelsztg.) **10**, Nr. 193 (1929); Monatsbl. f. d. Stromabnehmer d. Main-Kraftwerke A. G. **5**, 104 (1929). — J. Becker: Chem. Apparatur **17**, 85 (1930). — Anonym: Glaces et Verres **3**, 19 (1930). — E. Mayer in R. E. Liesegang: Kolloidchem. Technol., S. 123.

## Elektro-Ultrafiltration.

Eine Vereinigung des Grundsatzes der Elektrodialyse mit der Ultrafiltration führt zur Elektro-Ultrafiltration[1].

Bei der Elektro-Ultrafiltration treten an die Stelle der Dialysiermembranen im Dreizellenapparat (Abb. 117, S. 395) zwei Ultrafiltermembranen, in einer Zelle ist an Stelle von Wasser ein Vakuum, das durch eine Wasserstrahlluftpumpe erzeugt wird, und die Elektrolysenprodukte werden durch das die Ultrafiltermembranen durchdringende Wasser von den Elektroden weggespült. Dazu können z. B. die in Abb. 124 und 125 dargestellten Vorrichtungen verwendet werden. In diesem Falle wirkt die Ultrafiltration nur auf der einen Seite des Systems, aber es ist natürlich durchaus möglich — und auch vorgeschlagen worden — das Gerät so umzugestalten, daß mechanische Druckdifferenzen an beiden Diaphragmen wirken.

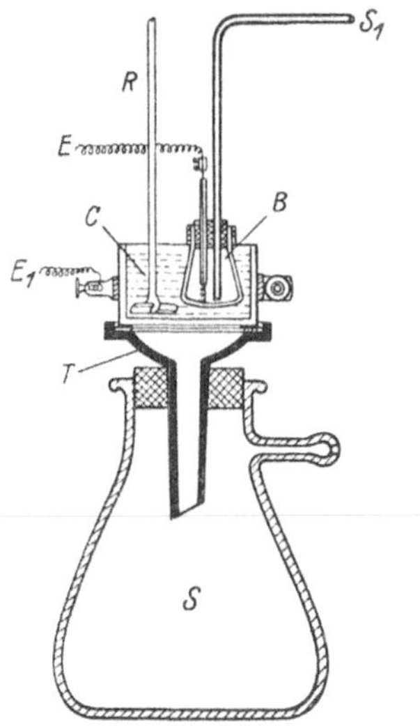


Abb. 124. Elektro-Ultrafiltrationsapparatur für kleine Mengen.

*S* Saugflasche, *T* Trichter, *C* Elektroultrafiltertiegel, *E*, $E_1$ Elektroden, *R* Rührer, *B* Elekto-Ultrafilterballon, $S_1$ Glasrohr zum Absaugen.

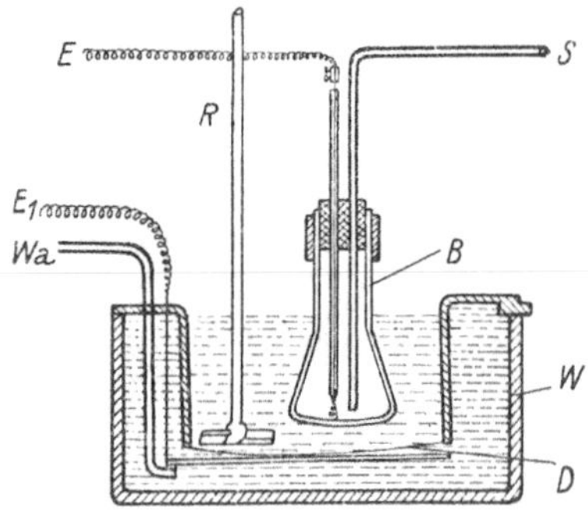


Abb. 125. Apparatur zur Elektro-Ultrafiltration großer Flüssigkeitsmengen.

*B* Elektro-Ultrafilterballon, *D* Dialysiermembran, *W* Wasser, *Wa* Wasserzufluß, *E*, $E_1$ Elektroden, *R* Rührer, *S* Saugrohr.

Nach dem vorhin erwähnten Prinzip der Ultrafiltergeräte von Bechhold-König, keramische poröse Materialien als Unterlage bzw. Skelett für Ultrafiltermembranen zu benutzen, hat die Staatliche Porzellan-Manufaktur, Berlin[2], kerzenförmige Elektro-Ultrafiltergeräte aus porösem Porzellan und J. J. Bronfenbrenner[3] ebensolche aus porösem Alundum ($Al_2O_3$)

---

[1] H. Bechhold u. A. Rosenberg: Biochem. Ztschr. **157**, 85 (1925). — H. Bechhold: Ztschr. Elektrochem. **31**, 496 (1925).

[2] Staatl. Porzellan-Manufaktur, Berlin: D. R. G. M. 941691 (1926).

[3] Journ. gen. Physiol. **10**, 23 (1926/27).

beschrieben. Die Filtrationseinrichtung kann auch durch eine Zentrifuge ersetzt werden[1].

Mit Hilfe dieser Methode ist es möglich, während der Entsalzung gröbere kolloide Stoffe, die aus dem Ultrafilter zurückbleiben, von feineren (z. B. Albumosen, Peptone), die durchs Filter hindurchgehen, abzutrennen.

Die Elektro-Ultrafiltration dient bis jetzt im wesentlichen dazu, als Schnellmethode Serum in seine Bestandteile zu zerlegen, sie dient auch zur Reindarstellung der Eiweißkörper, Trennung von Immunbestandteilen sowie zur Reinigung und Trennung von Kolloiden[2]. E. Heymann konnte durch Analyse der den einzelnen Methoden zugrunde liegenden physikalisch-chemischen Vorgänge zeigen, daß man mit Hilfe der Elektrodialyse und der Elektro-Ultrafiltration etwa 100mal so schnell zum Ziel kommt als mit der reinen Dialyse, und etwa 10—40mal so schnell als mit der reinen Ultrafiltration.

## Imprägnieren, Gerben, Konservieren.

### Allgemeines.

Zum Schlusse sollen hier noch einige praktische Anwendungen elektroosmotischer bzw. elektrodialytischer Erscheinungen erwähnt werden, deren Einteilung nicht so klar zu treffen ist wie bei den bisher besprochenen Verfahren.

Beim Imprägnieren kann es sich sowohl um eine Niederschlagsbildung in den Poren von Diaphragmen durch Elektrophorese als auch um eine Infiltration von gelösten oder kolloiden Stoffen in poröse, diaphragmenartige oder gelatinöse Systeme handeln, also um eine umgekehrte Dialyse. Das elektrische Gerben ist zum Teil ein solcher Vorgang, zum Teil ein elektroendosmotischer, indem den Kolloiden der tierischen Häute Wasser entzogen und diese koaguliert werden.

Beim Konservieren handelt es sich weniger um eine Entwässerung des zu konservierenden Stoffs als vielmehr um eine elektrische Sterilisierung (S. 418) durch die Wirkung des Stroms und der Jouleschen Wärme. Das elektrische Gerben beruht einerseits darauf, daß der Gerbstoff elektrophoretisch in die tierischen Häute getrieben wird, anderseits wahrscheinlich auch auf einer die Koagulation begünstigenden Wirkung des elektrischen Stroms.

---

[1] Elektro-Osmose A. G.: DRP. 298283; A. P. 1230524; E. P. 7590 (1915). — Vgl. W. Boehm u. A. Milch: DRP. 259500. — Siehe ferner Graf B. Schwerin: DRP. 266825; A. P. 1326105; E. P. 24666 (1912); Ö. P. 70744. — Vgl. Elektro-Osmose A. G.: A. P. 1577660; E. P. 214579; DRP. 295666, 295043, 291672; Ö. P. 78812. — H. Bechhold u. E. Heymann: Biochem. Ztschr. **171**, **37** (1926). — H. P. Prausnitz: Ztschr. Elektrochem. **28**, 27 (1922). — J. Reitstötter: Kolloid-Ztschr. **43**, 38 (1927).

[2] Bechhold u. Rosenberg: Biochem. Ztschr. **157**, 85. — Laubenheimer u. Vollmar: Ztschr. Hyg., Infekt.-Krankh. **106**, H. 1 (1926). — E. Heymann: Ztschr. physikal. Chem. **118**, 65 (1925); Kolloid-Ztschr. **38**, 58 (1926).

## Imprägnieren von Stoffen.

Im Jahre 1909 hat A. O. Tate[1] ein Verfahren zur Herstellung von wasserdichten Geweben angemeldet. Nach diesem wird der zu imprägnierende Stoff kontinuierlich durch ein Natriumoleatbad gezogen. Die Elektroden bestehen aus Aluminuim, stehen parallel zur Stoffbahn und werden in Flanell eingehüllt. Durch die von der Anode in die Lösung gelangenden Aluminiumionen wird in dem Gewebe ein wasserabweisender Niederschlag von Aluminiumoleat erzeugt[2].

Um den Prozeß zu beschleunigen, kann auch essigsaure Tonerde an der Kathodenseite zugeführt werden.

Das Verfahren wurde in Amerika in größerem Maßstab angewendet. Ähnlich ist auch der Verlauf der elektrischen Gummierung von Geweben (S. 383ff.), bei der allerdings der Niederschlag nicht erst durch chemische Reaktion erzeugt, sondern nur elektrophoretisch in das Gewebe gebracht wird.

In ähnlicher Weise ist es nach den Untersuchungen von F. Drießen[3] möglich, mit Hilfe des elektrischen Stroms Stoffe zu beizen und dann anzufärben. Zwei in ein Alaunbad tauchende, mit geöltem Baumwollstoff umgebene Elektroden wurden 12 Stunden lang einem Potentialgefälle von 2 Volt ausgesetzt; behandelte man dann den Stoff mit Alizarin und Kalziumazetat, so färbt sich nur die der Kathode vorgespannte Baumwolle prachtvoll rot, während die anodisch behandelte Baumwolle keinen Farbstoff festhält.

Die Ursache liegt in der Bildung eines Tonerdeniederschlags auf dem kathodischen Stoffdiaphragma. Durch Verwendung anderer Metallsalze oder Elektroden (Mg, Fe, Cu, Pb) kann ebenfalls eine Beizung des Stoffs erreicht werden.

Mit Azoponceaux oder Phloxinen angefärbte Baumwolle, zwischen einer Mg-Anode und einer Aluminiumkathode aufgehängt, färbt sich nach einer Minute bei 8 Volt Spannung prachtvoll durch; die so fixierte Farbe erwies sich als echt, auch gegenüber einem kochenden Seifenbad, während eine gewöhnliche Phloxin-Magnesia-Färbung schon in gewöhnlichem heißen Wasser unecht ist. Es ist nicht ausgeschlossen, daß in Zukunft das Beizen und Färben von Geweben durch diese Art von elektrischer Behandlung wesentlich beschleunigt und verbessert werden könnte.

Hierher gehören auch die Versuche zur elektrischen Holzimprägnierung mit fäulnishemmenden Stoffen.

So gelingt es[4], das Holz elektrisch mit Schwermetallsalzen, wie $CuSO_4$ oder $HgCl_2$, zu durchdringen und auch seine Quellfähigkeit und Angreifbarkeit durch Bakterien und Pilze herabzusetzen[5].

Mit Hilfe des elektrischen Stroms gelingt es, auch in Viskosefilmen, welche als Diaphragmen ein Bad, enthaltend $Ag^{\cdot}$-Ionen, und ein zweites, enthaltend $Br'$-Ionen, trennen, eine lichtempfindliche AgBr-Fällung zu erzeugen[6]. Schließlich sei hier auch die Möglichkeit erwähnt, Lösungen oder

---

[1] E. P. 19213 (1909), 179247.

[2] Chem.-Ztg. **46**, 255 (1922). — H. J. M. Creighton: India Rubber Journ. **62**, 725 (1921); auch Ref. Gummi-Ztg. **36**, 638 (1922).

[3] Bull. Soc. ind. Mulhouse, März 1921; Ref. R. E. Liesegang: Kolloid-Ztschr. **30**, 76 (1922).

[4] H. Bechhold u. E. Heymann: Ztschr. Elektrochem. **33**, 161 (1927).

[5] Siehe auch B. F. Schwarz: Bull. Inst. Pin. **1929**, 88; Ref. Chem. Ztrbl. **1929 I**, 2497.

[6] Wolff & Co., E. Czapek u. R. Weingand: DRP. 421115; E. P. 254946; DRP. 453333; Ö. P. 97694; Schweiz. P. 117374; A. P. 1641322.

Pasten auf elektrischem Wege zu Heilzwecken in den Körper zu bringen, also bestimmte Körperteile mit solchen Stoffen zu „penetrieren"[1].

## Elektrisches Gerben.

Bei der elektrischen Gerbung handelt es sich um Durchdringung der tierischen Häute mit dem elektrophoretisch wandernden Gerbstoff (Tannin). Hierdurch wird der Gerbprozeß wesentlich beschleunigt und die Entquellung der tierischen Eiweißstoffe begünstigt. Die Gerbstoffextrakte müssen dabei von Harzen und Pflanzenschleimen befreit werden[2]. Schon 1895 sollen Millers Tanning Co. Ltd., London, und die Mitrowitzer Eisenholzextraktfabrik mit elektrophoretisch vorbehandelten Gerbstoffextrakten elektrisch gegerbt haben. Auch in Schweden in Wennersberg sollen Ende des 19. Jahrhunderts wöchentlich 400—500 Blößen elektrisch gegerbt worden sein.

Das von der Elektro-Osmose A. G. ausgearbeitete Verfahren[3] benutzt zwecks Vorreinigung der Gerbstoffextrakte Diaphragmen, um eine anodische Zersetzung der Gerbstoffe zu vermeiden. Das elektroosmotische Gerben selbst erfolgt in den Gerbgruben, in die die zu gerbenden Blößen hineingehängt werden. Ein Gerbsystem besteht aus 3—4 Gerbgruben. Eine Gerbgrube kann 30—150 Blößen enthalten. Die Gruben bestehen aus Beton oder Holz und enthalten an ihren Enden die Hartbleielektroden. Den Elektroden werden Diaphragmen z. B. aus Kuttertuch vorgespannt, sie werden mit Wasser gespült. In die erste Gerbgrube kommt die Gerbbrühe, eine Gerbstofflösung mit zirka 2% Gerbstoffgehalt. In dieser werden die Blößen 12—24 Stunden belassen, um dann in die nächste Gerbgrube mit jeweils zirka um 2% stärkerer Brühe zu gelangen. Die noch nicht vollkommen durchgegerbte Blöße kommt dann nach 3—5 Tagen in die Gerbbäder, um fertiggegerbt zu werden. In 4—6 Wochen sind außer den schwersten Blößen dann alle durchgegerbt. Die Spannung schwankt zwischen 80—100 Volt, der Strom 100—150 A, der Energieverbrauch beträgt zirka $^1/_{10}$ kWh pro kg Leder. Trotz wesentlicher Verkürzung des Gerbverfahrens ist von einer derzeitigen Verwendung der elektroosmotischen Gerbung in der Industrie nichts bekannt.

Auch die Alterung des Holzes läßt sich durch Elektroosmose wesentlich verkürzen[4]. Entsprechende Versuche wurden bei den Magasins Généraux in Aubervilliers in Frankreich ausgeführt. Doch wird auch dieses Verfahren industriell nicht verwendet.

## Patente zur elektrischen Ledergerbung.

A. P. 1229150, 1174903; E. P. 21190 (1914); DRP. 352671 (E. P. 143921), 357861 (E. P. 146938), 359997 (E. P. 152641). Elektro-Osmose A. G.
DRP. 2052. L. Gaulard.
DRP. 27273.
DRP. 40884. J. W. Abom und J. Landin.
DRP. 41516. Worms & Balé.
DRP. 56948. C. Pieper.
E. P. 4488 (1909). F. H. E. Lehmann.
DRP. 352671; E. P. 143921. Elektro-Osmose A. G.
DRP. 357861; E. P. 146938. Elektro-Osmose A. G.
DRP. 359997; E. P. 152641. Elektro-Osmose A. G.
DRP. 110771, 107866. N. P. Andersen, P. W. Westengaard und H. Zerener.
DRP. 108428. G. D. Burton.
DRP. 72053. E. J. Finot.

---

[1] L. C. Barail: Medizin. Welt **3**, 539 (1929); Ref. Chem. Ztrbl. **1930 II** 778. — H. Rein: Ber. ges. Physiol. **33**, 245 (1926).
[2] DRP. 66762.
[3] DRP. 283285, 286678, 359997; E. P. 19849-14, 21190-14, 152641; A. P. 1229150, 1174903.
[4] E. P. 25175-10.

Literatur:

Sarrot du Bellay: Le Cuir technique **15**, 76 (1926). — R. E. Liesegang: Kolloidchemische Technologie, S. 127. Dresden. 1926. — F. Roever: Wied. Ann. N. F. **57**, 397 (1896). — A. Foelsing: Ztschr. Elektrochem. **2**, 167 (1895). — H. R. Kruyt: Kolloidchem. Beih. **29**, 432 (1929). — E. K. Rideal u. U. R. Evans: Journ. Soc. chem. Ind. **32**, 633 (1913).

## Elektrische Sterilisierung.

Über die Möglichkeit, Bakterien durch den elektrischen Strom abzutöten, wurde schon S. 397 gesprochen.

Von besonderem praktischen Interesse ist die Konservierung von Grünfutter, welche die Bildung von Essig- und Buttersäure durch Abtötung der Gärungserreger verhindern will. Teilweise dürfte die hierdurch herbeigeführte Sterilisation der Hitze zuzuschreiben sein. Es ist aber anzunehmen, daß auch eine Plasmolyse herbeigeführt wird, die nicht nur die lebenden Pflanzenzellen tötet, sondern gleichzeitig auch die Infusorien und Bakterien, die das Futter später zersetzen würden.

Die Konservierung erfolgt nach dem am besten bewährten Verfahren von Th. Schweizer[1] in Silos von zirka 2,8 m Breite und zirka 3,5 m Höhe mittels elektrischen Drehstroms. Der Boden vom Silo enthält ein Maschendrahtnetz, den Nulleiter. Das zerkleinerte Futter kommt in den Silo, wobei die Elektrodenstäbe in sie eingelagert werden. Sie stehen mit je einer Phase des Drehstroms in Verbindung. Auf das Futter kommt der mit Zinkblech beschlagene Holzdeckel. Beim Durchgehen des Stroms tritt eine Erwärmung der Futtermassen ein. Bei 35° beginnt, unterstützt durch die Anwesenheit der Milchsäurebakterien, das Absterben der Essigsäurebakterien, während die Buttersäurebakterien dabei noch beständig sind. Um sie ebenfalls abzutöten, wird bis 50° C erhitzt, bei welcher Temperatur die für das Futter so wichtigen Milchsäurebakterien noch beständig sind. Das Verfahren, das an eine bestimmte Spannungsart nicht gebunden ist, verbraucht durchschnittlich 1 kWh für einen Zentner Frischfutter[2].

Das Verfahren zur Konservierung von Grünfutter wird von der Elektrofutter G. m. b. H. in Dresden vertrieben. Es ist noch immer die rentabelste Methode, um Grünfutter saftig haltbar zu machen.

Auf ähnliche Weise kann z. B. durch Wechselstrom von 110 Volt Milch sterilisiert werden, ohne daß dabei eine chemische Schädigung derselben eintritt[3].

## Patente zur Grünfutterkonservierung.

DRP. 357409. R. Aurich.
DRP. 114497; E. P. 23893 (1900); A. P. 325365.
DRP. 372156; auch E. P. 4695 (1897); A. P. 223558, 592735. Gärtner und Aurich.
DRP. 372157.
DRP. 380219. Mercator A. G.
DRP. 387248. Allgemeine Elektrizitätsgesellschaft.
DRP. 387416. Siemens-Schuckert-Werke G. m. b. H. und O. Kaufmann.
DRP. 399924, 403901. Elektro-Futter G. m. b. H.
DRP. 402471. H. E. Kohl.
DRP. 415169. Siemens-Schuckert-Werke G. m. b. H.
DRP. 418481. Siemens-Schuckert-Werke G. m. b. H.
DRP. 448773. Siemens-Schuckert-Werke G. m. b. H.
DRP. 472570. O. Meyer-Keller und Cie.
DRP. 473021, 451143. Elektro-Futter G. m. b. H.

---

[1] DRP. 495244. [2] DRP. 473021, 473069, 490552.
[3] G. Guarini: Ztschr. Elektrochem. **10**, 693 (1904). — Vgl. auch A. Shelmerdine: E. P. 17554 (1911).

DRP. 473069.
DRP. 474530.
DRP. 476111. O. Meyer, Keller und Cie.
DRP. 485890. Brown-Boveri & Cie. A. G.
DRP. 490522. Elektro-Futter G. m. b. H.
DRP. 492191. Siemens-Schuckert-Werke G. m. b. H.
DRP. 495244. Th. Schweizer.

Literatur:

P. H. Prausnitz: Ztschr. Elektrochem. **28**, 27 (1922). Wallem: Mitt. Vereinig. Elektr.-Werke **20**, 215 (1921). Vgl. dazu auch A. Vietze: Die elektrische Futterkonservierung (Berlin 1923).

# Namenverzeichnis.

# Sachverzeichnis.

Manzsche Buchdruckerei, Wien IX.

GPSR Compliance

*The European Union's (EU) General Product Safety Regulation (GPSR) is a set of rules that requires consumer products to be safe and our obligations to ensure this.*

*If you have any concerns about our products, you can contact us on ProductSafety@springernature.com*

In case Publisher is established outside the EU, the EU authorized representative is:

Springer Nature Customer Service Center GmbH
Europaplatz 3
69115 Heidelberg, Germany

**Batch number: 10682323**

Printed by Printforce, the Netherlands